U0197360

靶器官毒理学丛书

TARGET ORGAN TOXICOLOGY SERIES

生殖与发育毒理学

Reproductive and Development Toxicology

主编　李芝兰　张敬旭
主审　常元勋

北京大学医学出版社

SHENGZHI YU FAYU DULIXUE

图书在版编目（CIP）数据

生殖与发育毒理学/李芝兰，张敬旭主编.
—北京：北京大学医学出版社，2012.6
（靶器官毒理学丛书）
ISBN 978-7-5659-0384-7

Ⅰ.①生… Ⅱ.①李…②张… Ⅲ.①繁殖－毒理学
②发育－毒理学 Ⅳ.①Q418 ②R99

中国版本图书馆 CIP 数据核字（2012）第 076822 号

生殖与发育毒理学

主　　编：李芝兰　张敬旭
出版发行：北京大学医学出版社（电话：010-82802230）
地　　址：(100191) 北京市海淀区学院路 38 号　北京大学医学部院内
网　　址：http://www.pumpress.com.cn
E - mail：booksale@bjmu.edu.cn
印　　刷：北京东方圣雅印刷有限公司
经　　销：新华书店
责任编辑：庄鸿娟　　责任校对：金彤文　　责任印制：张京生
开　　本：880mm×1230mm　1/32　印张：20　字数：586 千字
版　　次：2012 年 7 月第 1 版　2012 年 7 月第 1 次印刷
书　　号：ISBN 978-7-5659-0384-7
定　　价：72.00 元

本书由
北京大学医学部科学出版基金
资助出版

编写人员名单

主　　审　常元勋　北京大学公共卫生学院

主　　编　（以编写章节前后顺序排列）

李芝兰　兰州大学公共卫生学院

张敬旭　北京大学公共卫生学院

编　　委　（以编写章节前后顺序排列）

李芝兰　兰州大学公共卫生学院

薛红丽　兰州大学公共卫生学院

孙应彪　兰州大学公共卫生学院

卢庆生　北京市疾病预防控制中心

崔京伟　北京大学公共卫生学院

穆效群　北京市疾病预防控制中心

仝国辉　北京市疾病预防控制中心

王民生　江苏省疾病预防控制中心

蒋晓红　江苏省疾病预防控制中心

施伟庆　江苏省疾病预防控制中心

吕中明　江苏省疾病预防控制中心

谭壮生　北京市疾病预防控制中心

张敬旭　北京大学公共卫生学院

马文军　北京大学公共卫生学院

俞　萍　江苏省疾病预防控制中心

徐　军　江苏省疾病预防控制中心

刘建中　北京市疾病预防控制中心

张本忠　兰州大学公共卫生学院

梁　婕　江苏省疾病预防控制中心

李　煜　北京市疾病预防控制中心

马　玲　北京市疾病预防控制中心

作 者 名 单　（以编写章节前后顺序排列）

党瑜慧　兰州大学公共卫生学院

汪燕妮　兰州大学公共卫生学院

聂燕敏　北京市疾病预防控制中心

丛　泽　北京出入境检验检疫局

李　芳　北京市疾病预防控制中心

杜宏举　北京市疾病预防控制中心

秘　　　书　赵　茜　北京大学公共卫生学院

序

　　《靶器官毒理学丛书》，以机体各系统（器官）为"靶器官"，以靶器官损伤与外源化学物的关系为切入点，全面总结和介绍外源化学物对神经、血液、心血管、呼吸、免疫、消化、泌尿和生殖系统，以及眼、皮肤与骨的毒性表现、毒性机制、防治原则。重点介绍近几十年来外源化学物对人和动物致突变、生殖发育（致畸）毒性及致癌性。这将填补我国这一领域的空白。

　　本丛书是国内第一套全面介绍外源化学物对各系统（器官）损伤的丛书。北京大学医学出版社委托常元勋教授担任本丛书总主编，组织全国部分院校、省（市）疾病预防控制中心的教授、研究员，作为本丛书各分册的主编。

　　本丛书作为毒理学综合参考书，具有系统性、完整性和先进性。我相信本丛书对从事环境卫生、劳动卫生、环境保护和劳动保护等领域的专业人员的工作和研究会有所帮助。

中国科学院院士　　王蒙
北京大学教授

2009 年 4 月 24 日

丛书前言

20世纪人类进步的一个表现是通过使用天然的和合成的化学物质解决迅猛增加的人口的生存问题，并且提高了人类的生活水平。但是经过一百多年的迅猛发展后，人们慢慢觉悟到生存、生活质量和安全是互相关联的，不可忽略其中任何一个方面。因此，环境有害化学因素对人体健康的影响已受到全社会的关注。

人体的生命活动是组成人体的各个系统（器官）功能的综合。因此，在健康状态下系统（器官）方能行使正常功能，如血液系统中血液的循环，呼吸系统对气体的吸入和排出，消化系统对食物的消化和吸收，泌尿系统对代谢产物的排出，免疫系统的防御功能，健康的生殖系统关系到出生人口的素质，皮肤是人体重要的保护器官，眼是重要的视觉器官。然而，神经系统在人体各系统（器官）中起着主导作用，它全面地调节着体内各系统（器官）的功能，以适应内外环境的变化。由此可见，环境中任何一种化学因素，如果影响到某一系统（器官）或多种系统（器官）功能，将会引起人体综合功能的改变，导致损伤或死亡。

本丛书分为《神经系统毒理学》、《血液毒理学》、《呼吸系统毒理学》、《心血管系统毒理学》、《免疫毒理学》、《消化系统毒理学》、《泌尿系统毒理学》、《生殖与发育毒理学》、《皮肤、眼与骨毒理学》，以及《靶器官肿瘤毒理学》等10个分册。以机体各系统（器官）为"靶器官"，以靶器官损伤与外源化学物的关系为切入点，全面总结和介绍外源化学物对神经、血液、心血管、呼吸、免疫、消化、泌尿和生殖系统，以及眼、皮肤与骨的毒性表现、毒性机制、防治原则。重点介绍近几十年来外源化学物对人和动物致突变、生殖发育（致畸）毒性及致癌性。这将填补我国这一领域的空白。

由于本丛书是国内第一套全面介绍外源化学物对各系统（器官）损伤的丛书。为此，我们组织全国部分院校、省（市）疾病预防控制中心的教授、研究员，作为本丛书各分册的主编。尤其令人振奋的是，作者群中有相当数量的年轻、学有所长的硕士、博士，显示了我国未来毒理学领域发展的巨大潜力。本丛书的编写得到了北京市疾病预防控制中心和江苏省疾病预防控制中心的资助，以及北京大学医学部科学出版基金资助。同时还得到各分册主编、编委及编写人员所在单位领导的大力支持，使得本丛书顺利出版发行。

本丛书作为毒理学综合参考书，具有系统性、完整性和先进性。对从事环境卫生、劳动卫生、食品卫生、毒理学、中毒抢救、环境保护和劳动保护等领域的专业人员的工作有所帮助。

由于编写人员较多，文笔水平有差别。此外，对编写内容的简繁可能有所不同，难免有些疏漏之处，请读者谅解。

常元勋

2009.3.17

前　言

生殖系统是生物体内和生殖密切相关的器官成分的总称。生殖系统的功能是产生生殖细胞，繁殖新个体，分泌性激素和维持副性征。人体生殖系统有男性和女性两类。

生殖是高度复杂的生命现象，诸如细胞和组织特异的基因表达与调控、细胞的增殖分化、细胞之间的识别和作用、细胞凋亡、细胞外基质的局部合成降解、血管发生等，贯穿了生殖和发育的全过程。生殖发育的任何环节和过程都可能受到环境有害因素的影响，并产生损害作用，导致各种形式的先天缺陷和发育障碍，严重影响人口素质。环境污染对生殖健康的影响，已成为新世纪人类健康所面临的最大挑战之一。

近年来，在环境中广泛存在的农药、多氯联苯、重金属和化工产品（例如溶剂、增塑剂）等种类繁多的环境污染物，通过多种途径暴露于人体，由于其具有激素样作用，可干扰生物体的内分泌活动，影响人类和动物的正常生殖功能及胚胎发育，引起生殖系统肿瘤、男女不孕不育、胎儿及婴幼儿发育障碍等生殖健康损害。目前，对这些具有生殖发育毒性效应的外源性有害因素的关注，已从化学因素扩展到物理、生物因素，甚至是食品等范畴；并在整体、器官、细胞、亚细胞和分子等不同水平上探索其与机体的交互作用及其机制；生殖发育毒理学的研究内容、研究方法等与一些基础学科和应用学科都有不同程度的重叠，充分体现了不同学科间的交叉及渗透，同时也促进了生殖发育毒理学科的发展。

本分册分总论和各论两部分，总论主要介绍了生殖发育毒理学研究的目的、意义、进展及发展历史，雄（男）性生殖系统结构与功能，雌（女）性生殖系统结构与功能，外源化学物致雄性动物生殖发育毒性表现、致雌性动物生殖发育毒性表现、致人类生殖损伤的表现，外源化学物致生殖系统损伤的机制，雄（男）性生殖毒性研究方法，雌（女）性生殖毒性研究方法，发育毒性研究方法等。各论重点介绍了一些常见具有生殖发育毒性的外源化学物的理化特性，来源、存在与接触机会，吸收、分布、代谢与排泄，毒性概述（动物急性、慢性毒性、致突变、致癌，流行病学资料，中毒临床表现及防治原则），生殖发育毒性表现，生殖发育毒性机制等。为了方便业内人士理解，本书保留了国外习惯使用的非法定计量单位 ppm（10^{-6}）和 ppb（10^{-9}），特此说明。

本分册的作者都是国内多年从事毒理学研究和职业病危害评价、环境影响评价方面的专家教授和毒理学博士、硕士，他们的编写过程是利用繁忙的工作之余，尽心竭力，付出了辛勤的劳作。兰州大学硕士研究生冯玉娟、李福轮、裴凌云、陈亚、张晴晴、吴双同学在资料的收集、查阅及文稿的校对等方面做了大量的工作，特此致谢！

由于生殖发育毒理学涉及众多学科和现代毒理学常用实验室技术，加之各位编著者各有所长，书写风格各异，少数内容可能在部分不同章节均有涉及，本书予以充分尊重，由此给读者带来的不便，尚请见谅。尤其由于主编人员业务水平和经验所限，书中难免存在不妥和疏漏之处，真诚希望各位同仁与读者不吝赐教。

承蒙北京大学公共卫生学院常元勋教授对本书主审、对总论的撰写进行指导和内容审校，对北京市疾病预防控制中心与江苏省疾病预防控制中心参与本书各论编写的编委和作者，以及北京大学医学出版社对本书出版的大力支持，在此谨表衷心感谢！

李芝兰　张敬旭

2011 年 11 月

目　录

第一部分　总　论

3

第二部分　外源化学物致生殖与发育毒性

总 论

第一章

概　述

　　生殖发育是哺乳动物（人类）繁衍种族的生理过程，其中包含生殖细胞的发生，即精子发生和卵子发生、配子的释放、性周期和性行为、卵子受精、受精卵的卵裂、胚泡的形成、植入和着床、胚胎形成、胚胎发育、器官发生（或称器官形成）、胎体（儿）发育、分娩和哺乳过程。生殖发育也可称为繁殖过程。

　　生殖发育的任何过程都可能受到环境有害因素的影响。比如，通过作用于性腺，直接影响生殖发育；也可通过影响神经系统对内分泌功能的调节作用，通过下丘脑-垂体-睾丸轴（下丘脑-垂体-卵巢轴）影响生殖发育过程；还可直接干扰胚胎的正常发育，导致形态或功能的异常。由于生殖发育较机体其他系统对环境有害因素更敏感，因此，其对生殖发育过程的影响也更广泛和深远。如 1940 年澳大利亚风疹大流行及随后数万名先天性风疹综合征（CRS）的患儿出生；1950 年美国霍普金斯大学医院发现，怀孕期间服用黄体酮，先后有 600 多名女婴出现生殖器男性化畸形；1956 年用于治疗妊娠反应的反应停，在 1961 年后出现了近万例短肢畸形儿（海豹畸形）；二噁英（TCDD）造成的大面积污染及其与人群生殖危害的关系至今仍不十分清楚。人类在 20 世纪经历了工业的迅速发展，每年有约 1000 种新化学物被推向市场，而今已有大约 6 万～7 万种化合物进入我们的日常生活。这些外源化学物（包括杀虫剂、工业化学物、合成化学产品和某些金属）以及外源性激素（如植物雌激素、二噁英等环境激素）通过各种途径进入体内，不断蓄积而影响性与生殖功能。此外，物理因素、社会行为因素如吸烟或酗酒等可以影响生殖功能或引起不良妊娠结局。

　　生殖毒理学是研究化学因素、物理因素及生物因素对雄（男）性和雌（女）性生殖系统有害生物效应的一门毒理学分支学科。生殖毒性可导致雄（男）性或雌（女）性生殖器官、相关内分泌系统、性周期、性行为，以及生育力和妊娠结局的改变。发育毒理学是研究生物体孕前、出生前和/或出生后直至性成熟暴露各种有害因素对发育过程影响的一门分支学科。发育毒理学是 20 世纪 80 年代末才从生殖毒理学分化出来的，发育毒性可导致发育生物体从受精卵到成体之前生存、生长发育、形态结构异常和功能缺陷，包括胚胎期和胎儿期诱发或显示的影响，以及在出生后诱发和显示的影响。传统的概念中生殖毒性包括发育毒性，不把出生后幼年动物暴露或儿童直接接触的效应看成是生殖毒理学的一部分。因为就亲代而言，从配子生成、受精到胎体（儿）分娩是生殖过程。就子代而言，从受精卵到性成熟的青春期甚至一直到衰老都属于发育过程，即使是配子发生、成熟也可被认为是一个发育过程。因此，广义地讲生殖毒理学可以包括发育毒理学。生殖毒性既可发生于妊娠期，也可发生于妊娠前期和哺乳期，其毒性表现包括青春期的开始、配子的产生及其转运、生殖周期、性行为、生育能力、妊娠、分娩、哺乳、发育或者依赖于生殖系统完整性的其他功能的改变；狭义地讲则主要包括对性成熟、配子生成、生殖周期、性行为、受精等生殖功能或能力的损害作用。

环境包括自然环境（物理、化学、生物因素）和社会环境（经济、职业、文化、教育、行为等因素）。环境有害因素涵盖了自然环境、污染环境、生活环境、职业环境等所有环境的有害因素。这些环境有害因素能够长期地、综合地作用于动物（人），干扰生殖发育的任何环节，危害生殖健康。其危害的发生及严重程度取决于环境因素的特性、强度、作用时间，以及生殖过程的阶段（如生殖细胞、胚胎），母体基因型及生理病理特点等。环境有害外源化学物包括铅、镉、汞等金属及其化合物、有机溶剂（如苯、二甲苯、二硫化碳等）、农药、高分子化合物生产中的外源化学物（如氯乙烯、环氧氯丙烷）、环境激素类物质、烟草和酒精等。目前，关于环境内分泌干扰物（environmental endocrine disruptors，EEDs）对生殖系统的影响研究已成为国际性热点问题。大量实验及流行病学资料表明：EEDs 具有生殖和发育毒性，能导致男性精子质量下降、男性和女性生殖系统发育异常及某些恶性肿瘤；EEDs 还可影响发育中的胚胎，引起出生缺陷等不良生殖结局。此外，环境有害物理因素中的射频电磁辐射和工频电磁辐射，以及不良生活行为因素和过度精神压力等对生殖健康的影响也日益受到人们的重视。

第一节 生殖毒理学概述

生殖毒理学是毒理学的分支学科，是随着毒理学的发展而逐步深入开展起来的。20世纪60年代以评价外源化学物致畸效应为主，20世纪70年代出版的《卫生毒理学实验方法》介绍了致畸和繁殖实验。20世纪80年代中国制定的一系列法规，均规定喂养繁殖实验、喂养致畸实验和传统致畸实验等生殖毒理实验，为药品、食品、农药等外源化学物进行安全性毒理学评价必做的实验。20世纪90年代是中国生殖毒理学蓬勃发展的时期，生殖毒理学研究进入了新的阶段。1993年10月中华预防医学会卫生毒理专业委员会生殖毒理学组成立，同年中国毒理学会生殖毒理专业委员会成立，《生殖医学》、《环境与生殖》、《雄（男）性生殖毒理学》、《男性生殖毒理学》等书相继出版，研究手段由整体动物实验扩大至全胚胎培养、组织培养、细胞培养，并将分子生物学理论和技术应用于生殖毒理学研究中。

一、生殖毒理学的定义

生殖毒理学（reproductive toxicology）指应用生殖医学知识和毒理学方法研究外源化学物（农药、药物及工业化学品等）对生殖系统产生的损害作用，抑制或干扰卵子或精子生成的机制以及所致损害作用对后代影响的一门交叉学科。这些损害作用包括生殖系统的结构与功能和妊娠结局的改变，主要表现为对性腺发育、配子发生与成熟、受精、着床、胚胎形成与发育、妊娠、胎盘发育、分娩与泌乳、性周期和性行为等以及维持生殖系统完整性的其他功能的有害影响。生殖毒性（reproductive toxicity）指外源化学物对雄（男）性和雌（女）性生殖功能或能力的损害和对后代的有害影响。生殖毒性既可发生于妊娠期，也可发生于妊娠前期和哺乳期，表现为外源化学物对生殖过程的影响，例如生殖器官及内分泌系统的变化，对性周期和性行为的影响，以及对生育力和妊娠结局的影响等。

二、生殖毒性的危害

据估计，我们日常生活中使用的外源化学物有 6 万～7 万余种，每年还有 1000 多种新的外源化学物投入市场。这些外源化学物在给人类带来生活的便利和生产力提高的同时，对人类和动物的生殖功能也带来多种有害效应。如男性的精子数量和质量的下降、性欲的降低、睾丸的异常和癌变，女性排卵周期的紊乱、流产或难产率的增高、宫颈癌和卵巢癌发生率的增加、经胎盘致癌作用，其最终结果则是亲代的不孕或不育以及子代的出生缺陷。如 1992 年 Carlsen 等报道在 1938—1990 年间，人类精液量由平均 3.4ml 降至 2.75ml，精子密度由平均 113×10^6/ml 降至 66×10^6/ml，并发现男性睾丸癌、隐睾和尿道下裂等泌尿生殖器异常发生率也逐年增加。

三、可能对人类生殖健康产生影响的环境有害因素

对人类生殖系统产生有害影响的环境因素种类繁多，主要包括化学因素、物理因素和生物因素。对生殖系统有害的环境化学因素包括工业（环境）化学物如农药（有机氯农药、有机磷农药等），芳香烃（多氯联苯）、氯代烯烃（二噁英等），金属与类金属（铅、汞、锰、镉、铬、砷、镍等），有机溶剂（苯系物、二硫化碳、正己烷、汽油等），表面活性剂（烷基苯磺酸、壬基酚等），塑料添加剂（邻苯-二甲酸酯类、双酚 A 等），人工合成的雌激素（己烯雌酚、炔雌醇、炔雌醚等）和汽车尾气等。物理因素主要有噪声、振动、电离辐射和非电离辐射以及环境温度等；生物因素包括弓形虫、风疹病毒、巨细胞病毒、单纯疱疹病毒、性传播病原体感染等。

四、环境内分泌干扰物

20 世纪 90 年代以来，毒理学家日渐关注环境内分泌干扰物（environmental endocrine disruptors，EEDs）对人类及野生动物生殖

发育的毒效应。根据美国环境局内分泌干扰物筛检评价咨询委员会（Endocrine Disruptor Screening and Testing Advisory Committee，EDSTAC）及国际化学品安全规划署（International Programme on Chemical Safety，IPCS）的定义，EEDs 是指能改变机体内分泌功能并对机体、子代或（亚）群引起有害效应的工业（环境）化学物。依据作用功能分为：环境雌激素、环境雄激素、环境甲状腺激素、干扰其他内分泌功能的化学物，如铅可干扰儿茶酚胺、促性腺激素、泌乳素等。目前研究较多的是环境雌激素，根据其来源、化学结构分为：人工合成的雌激素如己烯雌酚（DES）；植物、真菌性雌激素，如异黄酮、玉米赤霉烯酮等；环境化学污染物，如烷基酚类（壬基酚，辛基酚），多氯联苯类（PCBs），二噁英类（TCDDs），有机氯农药（如DDT），邻苯二甲酸酯类（PAEs），双酚 A（BPA）及金属（铅、汞、镉）等。大量研究表明，鸟和鱼类的甲状腺功能异常，鸟、鱼、贝类和哺乳动物的生育率下降，以及鱼、腹足类动物和鸟的雄性征丧失及雌性化，均可能与接触 EEDs 有关。此外，EEDs 还可能与女性乳腺疾病和男性前列腺疾病、尿道下裂及睾丸异位等异常有关。

第二节　发育毒理学概述

哺乳动物（人类）的生长发育是一个非常复杂、有序的生理过程，始于精子和卵细胞发生，历经受精、着床、器官形成、胎体发育、围生期，直到性成熟。外源化学物或其他环境有害因素与机体接触后，可干扰机体发育的某一或多个环节，并造成损害作用，特别是精卵结合后至出生为止的这段时间内，机体发育的速度及发育的待完善性导致损害作用通常较成体影响大，可引起众多发育异常。

一、发育毒理学的定义

发育毒理学（development toxicology）是研究发育中的生物体从受精卵、妊娠以及出生后直到性成熟期间，由于暴露于外源化学物而产生的各种发育异常及其机制，为外源化学物的危险度或安全性评价和预防措施提供依据的一门学科。发育毒理学是在实验畸胎学和化学致畸作用研究基础上发展起来的一门毒理学的分支学科。从毒理学角度而言，发育毒性作为生殖毒性研究的内容，直到 20 世纪 80 年代末才从生殖毒理学中分化出来。因此，发育毒理学是一门年轻的综合性边缘学科。它涉及的基础学科有发育生物学、发育遗传学、胚体学、细胞生物学、行为科学、实验畸胎学、临床畸胎学、畸胎流行病学、发育药理学、遗传毒理学和毒代动力学等。

生殖毒理学是研究暴露于外源性有害因素而对生殖系统产生有害效应的一门科学。因此，广义地说，生殖毒理学可以包括发育毒理学，生殖毒性包括生殖器官、相关的内分泌系统和妊娠结局的改变三方面。目前，比较一致的看法是：生殖毒理学研究对生殖系统主要是受精能力或生殖过程的毒性作用，包括配子发生、成熟、释放及生殖内分泌、性周期和性行为、排卵和受精等。发育毒理学主要研究从受精卵到性成熟这一发育期间对发育体的毒性作用，也可包括对生殖细胞的毒性，如雄性或雌性生殖细胞介导的发育毒性。狭义的发育毒性概念则主要指孕期暴露对发育体的毒性作用。生殖毒性的表现主要包括对性成熟、配子生成和转移、性周期、性行为、受精的有害作用，广义的生殖毒性还包括对妊娠、分娩、哺乳等的有害作用。发育毒性的表现主要包括形态异常、生长发育改变、发育生物体死亡、行为功能缺陷或异常。

二、发育毒理学的发展简史

发育毒理学是在畸胎学或机体结构的出生缺陷研究的基础上发展形成的一门现代毒理学分支学科。在有文字之前，畸胎学作为一种描述性科学就已经出现了。公元前 6500 年的土耳其南部出现的石雕就有联体儿的记载，5000 年前的古埃及壁画也记载了腭裂和软骨发育不全。据认为，神话图形中如独眼畸形和妖女被认为是畸形婴儿发生的起源。巴比伦、希腊和罗马人认为畸形婴儿的出现是星象的反映和未来的征兆。希波格拉底和亚里斯多德则认为异常发育起源于物理因素如子宫创伤和压迫所致，而亚里斯多德也认为胎教和情绪也影响胎儿的发育。1649 年，法国外科医生 Ambrois Pare 阐述了希波格拉底和亚里斯多德的理论，认为出生缺陷可能是由于子宫狭窄、孕妇不良的体位和身体创伤如跌倒等引起。1651 年，William Harvey 提出了发育受阻学说，认为畸胎的形成是由于器官或组织结构发育不完全所致。随着 1880 年 Weissmann 的种质理论和 1900 年孟德尔定律的提出，遗传学被认为是某些出生缺陷的理论基础。1894 年，Bateson 发表了以动物为工具研究进化过程中有关变异的论文，发现遗传的变异是物种形成的基础，并详细阐述了人类出生缺陷如多指和并指，多出的颈和胸肋骨，重复的附属物及马蹄肾等。

现代实验畸胎学由 Etienne Geoffrey Saint-Hilaire 于 19 世纪初建立。他通过鸡卵暴露于不同的环境条件如物理性因素（振动、翻转、刺伤）和毒物产生了畸形的鸡胚。之后，Camille Dareste 用鸡胚进行了更加广泛的试验，在不同的时间采用伤害性刺激、物理性的损伤或热休克等处理受精卵而产生不同的胚胎畸形，并发现作用时间与畸形类型密切相关，这些畸形主要为无脑儿的神经管缺陷、脊柱裂、独眼、心脏缺陷、内脏移位和联体儿。

在 20 世纪早期，科学家发现大量的环境因素（如微生物毒素、药物、温度）干扰鸟类、爬虫类、鱼类和两栖动物的正常发育。在哺乳类动物诱发出生缺陷研究于 1930 年首例报道，采用实验性的孕体营养缺乏而致出生缺陷。Hale 等给母猪喂饲缺乏维生素 A 的饲料，其幼仔出现包括无眼和腭裂等畸形。此后，多数学者通过大量的实验研究证实，大鼠孕体饮食缺乏和暴露于其他环境因素均可影响子宫内仔鼠的发育。1965 年 Warkany 等报道，外源化学物和其他物理因素如氮芥、锥虫蓝、激素类、抗生素类、烷化剂、母体缺氧和 X - 射线均可导致哺乳类动物畸形的发生。

人类畸形的流行始于 1941 年 Gregg 的报道，在澳大利亚发生风疹大流行，母亲病毒感染者中其胎儿眼、心脏和耳缺陷的发生率升高。心脏和眼缺陷主要见于孕期前 2 个月感染风疹病毒，而听力和语言缺陷以及智力低下可能与孕期第 3 个月感染风疹病毒有关。1945 年日本广岛和长崎原子弹爆炸，受到核辐射的胎体发生小头畸形、智力低下、先天性耳聋等，且距离爆炸中心越近，损害越严重。1953年日本水俣湾氮肥厂排放含汞工业废水污染了水体，居民因食用甲基汞污染的鱼类引起中毒，主要表现为神经系统症状，并定名为水俣病。甲基汞可通过胎盘进入胚胎体内致先天性水俣病，也可通过母乳进入婴儿体内。1960 年在西德等欧洲国家发现大量的海豹畸形儿，是孕妇服用抗妊娠反应药物反应停（thalidomide）后出现的畸形，主要表现为肢体缩短或完全缺失、无耳、无眼、腭裂、缺肾或胆囊、肛门闭锁及心脏畸形等。1970 年 Jones 和 Smith 描述了胎儿酒精综合征（FAS），包括颅面畸形，宫内和产后发育迟缓，精神运动和智力发育迟缓和其他畸形；FAS 小孩平均智商（IQ）为 68，且随着时间的推移变化不大。

尽管发现了包括人类在内的哺乳动物胎体对营养缺乏和宫内感染等敏感，但这些发现当时影响并不大。直到 1961 年确定了妊娠妇女摄取反应停与严重畸形儿出生的联系后，情况才发生了变化。反应停事件是人类历史上最为严重的药害事件，它一方面促使人们改变"哺乳动物胚体具有抵抗致畸作用"的旧观念和认识，另一方面直接促成了新药管理的立法和美国食品及药物管理局（FDA）三段生殖毒性实验指南的颁布。然而，人们对发育毒性的关注仍然集中在外源化学物的致畸效应上，直到 20 世纪 80 年代后期，美国环境保护局（EPA）提出可疑发育毒物的危险性评价指南，首次提出了发育毒性和发育毒理学的概念。

三、发育毒性的危害

美国学者统计发现，在不良妊娠结局中，着床后流产和死胎占31%；出生时严重出生缺陷在出生时占 2%～3%，出生 1 年后上升到 6%～7%；轻微的出生缺陷占 14%，低出生体重儿占 7%，1 岁前婴儿死亡占 1.4%，神经功能异常占 16%～17%。不良妊娠结局导致的人类出生缺陷究其病因，遗传因素大约占 15%～25%，产妇个体状况占 4%，产妇感染占 3%，畸形占 1%～2%，外源化学物及其他环境有害因素低于 1%，未知病因者占 65%。目前，有 4100 种外源化学物进行了致畸实验，大约66％没有致畸性，7％在超过一个物种具有致畸性，18％在多物种具有致畸性，大约9％其实验结果致畸性不明确。

四、目前已知对人类具有致畸效应的有害因素

目前已知的对人类具有致畸效应的有害因素包括电离辐射（如放射治疗、放射性碘、原子武器）、感染（如风疹病毒、巨细胞病毒、单纯疱疹病毒、梅毒螺旋体、弓形虫等）、代谢失调（如克汀病、糖尿病、苯丙酮尿症）、药物（如甲硝唑、反应停、二乙基己烯雌酚、苯妥英钠、氨甲蝶呤、双香豆素、维生素A、维生素D、锂等）、外源化学物（如铅、汞、锰、镉、砷、一氧化碳、苯、二硫化碳、甲基汞、2，4，5-三氯苯氧乙酸、甲醛、氯乙烯、麻醉剂气体等）以及物理因素（噪声、高温等）和过量吸烟与饮酒等。

第三节　生殖发育毒理学研究展望

整体动物实验可提供最可靠的发育毒性风险评价资料，但由于在很多情况下缺乏毒作用机制信息，故在一定程度上影响了对外源化学物发育毒性风险的评价。因此，建立基于机制的发育毒性评价模型是发育毒理学未来的发展方向和首要任务。2000年，美国国家研究委员会发育毒理学研讨会报告认为：正常发育机制在后生动物（尤其是发育生物学广泛使用的模式动物如果蝇、线虫、斑马鱼、蛙、鸡和小鼠）中具有较高的进化保守性。研究表明约有17种保守性胞内信号通路在不同的发育阶段和发育部位被重复使用。这种信号通路的进化保守性为利用模式动物开展发育毒理学研究提供了坚实的基础。模式动物具有遗传学和胚体学信息丰富、世代更新快、胚体透明等特点，因此不仅适合于发育毒理学研究，而且易于进行遗传操纵以提高某一发育途径的敏感性或者插入某些人体基因（如药物代谢酶基因）以便解决种属间外推问题。

对果蝇SHH（sonic hedgehog）信号通路的研究过程表明：遗传

学、胚体学和毒理学研究可相得益彰，共同阐明先天性和后天性出生缺陷的发生机制。该信号通路最先发现于果蝇，也存在于脊椎动物，对中枢神经系统、四肢和面部等器官的发育都很重要。SHH 信号转导过程为：加入胆固醇使 SHH 发生蛋白裂解后激活，活化的 SHH 结合细胞膜上的 SHH 受体 Patched（Ptc，一个 12 跨膜蛋白），并解除 Ptc 对 Smoothened（Smo，信号转导子）阻遏作用，最终导致转录因子活化和靶基因的转录。SHH 基因突变可导致人和小鼠的前脑整体肿大，而环巴胺（独眼胺）和蒜藜芦碱等植物生物碱可结合 Ptc，也引起动物前脑整体肿大。此外，因 SHH 激活需要与胆固醇共价结合，故胆固醇合成抑制剂也可诱发前脑整体肿大。由此可见，阐明正常发育过程中信号通路生化和功能有助于解释前脑整体肿大的发生机制；反之，用发育毒物作为药理学探针，进一步证明了 SHH 信号通路在脑发育中的作用。

随着对人类基因多态性和出生缺陷易感性的进一步了解，剂量外推敏感动物模型的使用，更多发育毒性生物标志的发现，生物信息学的飞速发展，发育毒理学研究的前景乐观。

近年来，环境内分泌干扰物对生殖系统的潜在影响已引起学术界和公众的密切关注，有大量文献报道环境雌激素具有雌激素样活性或拮抗雄激素样作用，对人体的生殖内分泌系统产生不良作用，已成为近年毒理学研究的新热点。通常，对于生殖结局的研究，主要针对母方，但近年来开始探讨雄（男）性暴露于外源化学物对生殖功能的影响，认为生殖毒性涉及两性双方。总之，由于生殖健康关系到人类的生存和繁衍，环境因素对生殖健康的影响越来越受到人们和社会的关注，生殖发育毒理学已成为现代毒理学研究的重点和热点问题。

（李芝兰　张敬旭）

主要参考文献

1. 保毓书. 环境因素与生殖健康. 北京：化学工业出版社，2002.
2. 卡萨瑞特·道尔. 毒理学. 北京：人民卫生出版社，2002.

3. 陈在贤. 实用男科学. 北京：人民军医出版社，2006.

4. 庄志雄. 靶器官毒理学. 北京：化学工业出版社，2006.

5. 顾祖维. 现代毒理学概论. 北京：化学工业出版社，2005.

6. 王心如. 毒理学基础. 5 版. 北京：人民卫生出版社，2007.

7. 夏世钧，吴中亮. 分子毒理学基础. 武汉：湖北科学技术出版社，2001.

8. 裴秋玲. 现代毒理学基础. 北京：中国协和医科大学出版社，2008.

9. Bhatt RV. Environmental influence on reproductive health. Int Gynecol Obstet，2000，70：69-75.

10. Toft G，Hagmar L，Giwercman A，et al. Epidemiological evidence on reproductive effects of persistent organochlorines in humans. Reprod Toxicol，2004，19：5-26.

11. Amaral Mendes JJ. The endocrine disrupters：a major medical challenge. Food Chem Toxicol，2002，40：781-788.

12. Woodruff TJ，Carlson A，Schwartz JM，et al. Proceedings of the Summit on Environmental Challenges to Reproductive Health and Fertility：executive summary. Fertil Steril，2008，89：281-300.

13. Jauchem JR. Effects of low-level radio-frequency（3kHz to 300GHz）energy on human cardiovascular，reproductive，immune，and other systems：a review of the recent literature. Int J Hyg Environ Health，2008，211：1-29.

14. Feychting M，Ahlbom A，Kheifets L. EMF and health. Ann Rev Public Health，2005，26：165-189.

第二章

雄（男）性生殖系统结构与功能

第一节　雄（男）性生殖系统结构

雄（男）性生殖系统（male genital system）包括内生殖器和外生殖器两个部分。内生殖器由睾丸、输精管道（附睾、输精管、射精管和尿道）和附属腺（精囊腺、前列腺、尿道球腺）组成。外生殖器包括阴囊和阴茎。

一、内生殖器

（一）睾丸

睾丸（testis）位于阴囊内，左右各一。睾丸的表面包裹着一层致密结缔组织为白膜。在睾丸的前缘和两侧，白膜表面覆以浆膜，即鞘膜脏层。在鞘膜脏层与壁层之间有鞘膜腔，腔内含少量液体，有润滑作用。白膜在睾丸后缘增厚形成睾丸纵隔（testis mediastinum）。纵隔的结缔组织呈放射状伸入睾丸实质，将睾丸实质分成约 250 个锥形小叶，每个小叶内有 1～4 条弯曲细长的生精小管，生精小管在近睾丸纵隔处变为短而直的直精小管，直精小管进入睾丸纵隔相互吻合形成睾丸网。生精小管之间的疏松结缔组织称睾丸间质。

1. 生精小管　生精小管（seminiferous tubule）为高度弯曲的复层上皮管道。管壁由生精上皮（spermatogenic epithelium）构成，生精上皮由支持细胞和 5～8 层的生精细胞（spermatogenic cell）组成。生精上皮下面基膜明显，基膜外侧有胶原纤维和梭形的肌样细胞。肌样细胞收缩有助于精子排出。（1）精原细胞　精原细胞（spermatogonium）紧贴生精上皮基膜，呈圆形或椭圆形，胞质内除核糖体外，其余细胞器不发达。　（2）初级精母细胞　初级精母细胞（primary spermatocyte）位于精原细胞近腔侧，体积较大，核大而圆。细胞经过 DNA 复制后（4n DNA），进行第一次成熟分裂，形成 2 个次级精母细胞。（3）次级精母细胞　次级精母细胞（secondary spermatocyte）位置靠近管腔，核圆形，染色较深。由于次级精母细胞存在时间短，故在生精小管切面中不易见到。（4）精子细胞　精子细胞（spermatid）位近管腔，核圆，染色质致密。精子细胞是单倍体，细胞不再分裂，它经过复杂的变化，由圆形逐渐转变为蝌蚪形的精子。（5）精子　精子（spermatozoon）包括头、颈（中段）、尾 3 部分。细胞核占据了整个头部，含有遗传物质。哺乳动物精子的头部还包括顶体，可帮助精子进入卵子；中段含有线粒体，线粒体内存在与代谢有关的酶，能为精子运动提供能量；尾部由位于中段的中心粒的纤维组成，这些纤维自收缩和摆动引起精子的运动。

2. 支持细胞　支持细胞（sustentacular cell）又称 Sertoli 细胞。每个生精小管的横断面上有 8～11 个支持细胞。支持细胞可以合成雄激素结合蛋白（androgen binding protein，ABP），与雄激素发生特异性的结合，从而提高生精组织局部的雄激素浓度，确保精子形成的必要条件。支持细胞底部间的紧密连接构成了血-睾屏障（blood-testis barrier），既限制了血浆中某些物质进入生精小管，又防止抗原性极强的精子进入血液。

3. 间质细胞　间质细胞（interstitial cell），又称 Leydig 细胞，细胞成群分布，体积较大，具有分泌类固醇激素细胞的超微结构特点。间质细胞分泌的雄激素（androgen）有促进精子发生，促进雄（男）性生殖器官的发育与分化等作用。

（二）附睾

附睾（epididymis）位于睾丸的后外侧，紧贴睾丸的上端和后缘，是一条单根高度螺旋的管道，外面包绕着结缔组织和血管，附睾管上皮为假复层柱状上皮（圆形基底细胞和柱状细胞）。上皮表面覆盖着微绒毛，称为立体纤毛（这些细胞有吸收液体的功能），有纤毛的细胞负责睾丸液和精子的运输。附睾从近端至末端分为头、体、尾三部分，末端与迂曲的输精管相连。头部由输出小管蟠曲而成。附睾管蟠曲构成体部和尾部。管的末端急转向上直接延续成为输精管。附睾管的上皮基膜外侧有薄层平滑肌围绕，并从管道的头端至尾端逐渐增厚，肌层的收缩有助于管腔内的精子向输精管方向缓慢移动。附睾除贮存精子外还能分泌附睾液，为精子生长成熟提供营养。哺乳动物的精子生成后本身并不具有运动能力，需要靠生精小管外周肌样细胞的收缩和管腔液的移动运送到附睾，在附睾内进一步发育成熟，并获得运动能力。但是由于附睾液内含有数种抑制精子运动的蛋白，所以只有在射精之后，精子才真正具有自运动能力。

（三）输精管、射精管与精囊

输精管（ductus deferen）是输送精子的管道，位于精索内，与睾提肌、精索动脉、蔓状静脉丛并行，上接附睾尾，经腹股沟管进入盆腔，在膀胱底后方和精囊腺排泄管合并成射精管。射精管穿过前列腺，开口于尿道。输精管黏膜为假复层柱状上皮，管壁肌层由内纵、中环、外纵排列的肌细胞组成。成熟精子经过附睾尾部进入输精管时呈稠厚的团块，它们的运送不再是静水压推动，而是由输精管肌肉收缩作用来推动。

精囊（seminal vesicle）又称精囊腺，位于膀胱底的后方，输精管壶腹的外侧。是一对长椭圆形的囊状器官，表面凹凸不平，与输精管末端合成射精管。精囊腺上皮细胞有巨大的含有分泌颗粒的高尔基体，大约 50%～70% 的精囊液在此产生。分泌物参与组成精液，有稀释精液使精子易于活动的作用。精囊腺分泌产生Ⅲ型 IgG-Fc 受体可以保护精子免受雌（女）性免疫反应物的攻击。

（四）前列腺

前列腺（prostate gland）是最大的附属腺体，腺实质主要由 30～50 个复管泡腺组成，有 15～30 条导管开口于尿道精阜的两侧。前列腺分泌一种含较多草酸盐和酸性磷酸酶的乳状碱性液体，称为前列腺液。其作用是可以中和射精后精子遇到的酸性液体，从而保证精子的活动和受精能力。前列腺具有内分泌作用，可以分泌激素，称之为前列腺素，具有参与维持精子的正常活动和促进子宫收缩等功能。

（五）尿道球腺

尿道球腺（bulbourethral gland）为埋藏于尿生殖膈肌肉的一对

豌豆形腺体，导管开口于尿道球部。上皮为单层立方或单层柱状，上皮细胞内富含黏原颗粒。尿道球腺分泌蛋清样碱性液体，排入尿道球部，参与精液组成，以润滑尿道。

二、外生殖器

（一）阴囊

阴囊（scrotum）为一个皮肤囊袋，位于阴茎根的后下方。阴囊壁由皮肤和肉膜组成，是腹壁皮肤和浅静脉的延续。阴囊皮肤薄而柔软，色素沉着，具有伸展性。肉膜（dartos coat）是阴囊浅筋膜，内含散在的平滑肌，平滑肌随外界温度的变化反射性的收缩和舒张，以调节阴囊内的温度，有利于精子的生存与发育。

（二）阴茎

阴茎（penis）可分为头、体、根三部。后端为阴茎根，中部为阴茎体，前端膨大为阴茎头，头的尖端有尿道外口。头与体的移行部缩细称阴茎颈。阴茎有两个阴茎海绵体和一个尿道海绵体构成。三个海绵体分别被致密结缔组织（白膜）所包绕，外面又共同包有阴茎筋膜和皮肤。海绵体为勃起组织，由许多小梁和腔隙组成，这些腔隙直接沟通血管，当充血时，阴茎则变硬勃起。阴茎的皮肤薄而柔软，极易活动，富于伸展性，自阴茎游离向前延伸，形成双层皮肤皱襞，包绕阴茎头，称阴茎包皮（prepuce of penis）。

三、男性尿道

男性尿道（male urethra）兼有排尿和排精功能。起自膀胱的尿道内口，止于尿道外口。男性成人尿道长约 16～22cm，管径平均为 5～7mm。全长分为三部：前列腺部、膜部和海绵体部。临床上把前列腺部和膜部称为后尿道，海绵体部称为前尿道。

前列腺部（prostatic part）为尿道穿过前列腺的部分，管腔最宽，长约 2.5cm。后壁上有一纵行隆起，称为尿道嵴，嵴中部隆起的部分称为精阜。其两侧有细小的射精管口，精阜两侧的尿道黏膜上有许多前列腺排泄管的开口。

膜部（membrane part）为尿道穿过尿生殖膈的部分，其周围有尿道括约肌环绕。膜部管腔狭窄，是三部中最短的一段，长度平均为1.2cm。此段位置比较固定。

海绵体部（cavernous part）为尿道穿过海绵体的部分。有尿道球腺开口于此。在阴茎头内的尿道扩大成尿道舟状窝。

尿道在行径中粗细不一，有三个狭窄、三个扩大和二个弯曲。三个狭窄：尿道内口、膜部和尿道外口。三个扩大：前列腺部、尿道球部和尿道舟状窝。一个弯曲为耻骨下弯，在耻骨联合下方 2cm 处，凹面向上，包括前列腺部、膜部和海绵体部的起始部，此弯曲恒定无变化。另一个弯曲为耻骨前弯在耻骨联合的前下方，凹面向下，位于阴茎根和体之间。如将阴茎向上提起，此弯曲可以消失。

第二节　雄（男）性生殖系统功能

一、睾丸的精子生成

生精上皮上面的生精细胞和支持细胞不断生长，在腺垂体分泌的促性腺激素作用下及间质细胞所产生的雄激素的影响下，精原细胞开始发育，增殖形成精子细胞，再变形为精子，脱落入生精小管腔内。

生成的精子脱落在管腔中，然后经生精小管、直精小管、输出小管进入附睾中贮存。射精时，精子随精浆一同排出。如果没有射精，精子贮存到一定时间后，就会被分解然后被组织吸收。

二、睾丸的内分泌功能

睾丸的间质细胞分泌睾酮（testosterone，T）、双氢睾酮（dihydrotestosterone，DHT）和雄烯二酮（androstenedione）等雄激素，其中主要是睾酮，以双氢睾酮活性最强。支持细胞分泌一种糖蛋白激素称抑制素（inhibin）。

（一）雄激素的主要功能
刺激雄性生殖器官的发育与成熟，维持生精作用。睾酮和双氢睾酮一方面与雄激素受体（androgen receptor）结合，另一方面还能与ABP 结合，从而促进精子的生成。对生殖器官，睾酮主要刺激内生殖器（如生精小管、输精管、附睾、精囊、射精管等）的生长；而双氢睾酮则促进外生殖器（如尿道、阴茎）、前列腺等的生长，刺激和维持雄性副性征的出现，影响性欲和性行为。刺激骨骼肌的蛋白质合成和肌肉的生长；促进促红细胞生成素的合成，从而促进红细胞的生成；促进骨骼钙磷沉积和生长。对下丘脑分泌促性腺激素释放激素（GnRH）及腺垂体分泌促性腺激素有负反馈抑制作用。

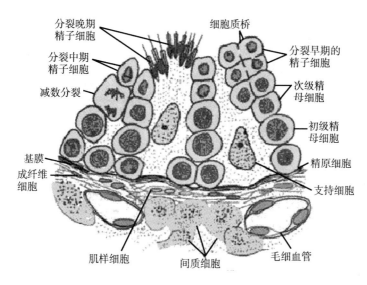

图 2-1　睾丸生精小管生精过程

引自：杨秀平，肖向红. 动物生理学. 北京：高等教育出版社，2009：184.

（二）抑制素的功能

抑制素由 α、β 两个亚单位组成，抑制腺垂体卵泡刺激素（FSH）的合成和分泌，进而影响精子的生成。生理剂量的抑制素对 FSH 的释放有抑制作用，而对间质细胞刺激素（ICSH）无明显作用，但大剂量的抑制素也能抑制 ICSH 的分泌。

三、睾丸的代谢功能

睾丸标志酶是性腺细胞分化是否正常的指标，目前有多种酶的作用已经作为性腺毒性的预测指标，检测这些指标可以评价生殖损伤的程度。乳酸脱氢酶（lactate dehydrogenase，LDH）属糖酵解酶系，主要位于精母细胞、精子细胞质及精子尾部中段线粒体上，催化丙酮酸转化为乳酸进行无氧代谢。乳酸脱氢-x酶（LDH-x）是睾丸组织和精子中的一种LDH同工酶，主要存在于精子中段线粒体和尾段浆膜内，是精子的一种特异酶。LDH-x通过代谢生精上皮支持细胞分泌的乳酸为精子的生成提供能量，其活性与精子的发育、成熟有关，在精母细胞的减数分裂、分化和成熟精子的能量代谢过程中起重要作用，影响精子的数量和活动力。山梨醇脱氢酶（sorbitol dehydrogenase，SDH）主要分布在生精小管和精子细胞的线粒体内，在精子能量代谢中起重要作用。精子主要以果糖为供能原料，SDH把果糖转化为山梨醇，进而转化为葡萄糖，才开始通常的代谢途径。SDH常被视为睾丸成熟、精子功能和形态完善的标志酶。酸性磷酸酶（acid phosphatase，ACP）主要分布于睾丸支持细胞的胞浆内，是支持细胞溶酶体的特异酶，可使己糖磷酸酯脱磷酸成果糖，供给精子游动之能源；ACP还可在性激素诱导下参与蛋白质合成，其活性降低与生精上皮变性有关。

四、睾丸的生物转化功能

睾酮是含19个碳原子的类固醇激素，体内超过90％的睾酮主要是由睾丸间质细胞合成和分泌的。睾丸间质细胞合成睾酮是一系列酶促反应，主要包括细胞色素P450家族（P450scc及P450c17）和羟基固醇脱氢酶（3β-HSD、17β-HSD）。

类固醇合成酶及蛋白表达的调控主要发生在转录水平，涉及多种反式作用因子。有些转录因子可直接结合在靶基因的启动子上，如SF-1、Nur77、SP-1、PPARs、AhR等，被激活后可直接调节靶基因的转录；有些转录因子需要通过调节其他的转录因子来间接地实现对基因的调控，如核因子-κB（NF-κB）。此外，转录因子主要通过磷酸化而被激活，睾丸间质细胞中的酪氨酸磷酸脂酶、促分裂原活化蛋白激酶磷酸酯酶（MKPs）通过调节转录因子的活化状态也起到间接调控的作用。而睾丸间质细胞自分泌产生的转化生长因子-α（TGF-α），也可调节类固醇合成相关酶及蛋白来维持睾酮的合成。促性腺激素调节睾丸解螺旋酶（GRTH）在维持睾丸合成酶的活性中起重要作用。

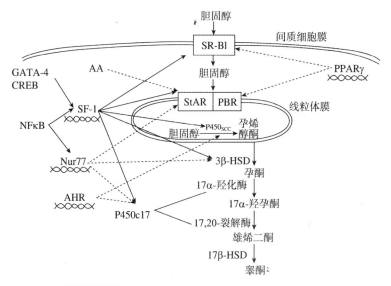

SR-B1：清道夫受体B-1 scavenger receptor B-1
StAR：类固醇合成快速调节蛋白steroidogenic acute regulatory protein
PBR：外周苯并二氮受体peripheral benzodiazepine receptor
P450scc：胆固醇侧链裂解酶cholesterol side chain cleavage cytochrome P450
3β-HSD：3-羟基-5类固醇脱氢酶3- hydroxyl -5-steroid dehydrogenase
P450c17：17α-羟化酶/17,20裂解酶 17α-hydroxylase/17,20lyase
17β-HSD：17β-羟基固醇脱氢酶17β-hydroxysteroid dehydrogenase
SF-1：类固醇合成因子1 steroidogenic factor-1
PPARγ：过氧化物酶体增殖激活受体γperoxisome proliferator activated receptor γ
CREB：cAMP应答元件结合蛋白cAMP response element binding protein

图 2-2 睾酮合成酶及蛋白的调控

引自：孙佳音，应锋，韩晓冬.睾丸间质细胞中睾酮合成酶及蛋白表达的调控因子.生殖与避孕，2009，29（1）：42-47.

睾丸中对外源化学物具有生物转化能力的主要是间质细胞，其酶系包括细胞色素 P450、NADPH、细胞色素 P450 还原酶、谷胱甘肽-S-转移酶、环氧化物水解酶、乙醇脱氢酶等。

五、睾丸功能的调节

睾丸生精小管的精子生成、间质细胞和支持细胞的内分泌功能均在下丘脑-腺垂体的控制下；而后者分泌活性又受到睾丸产生的睾酮和抑制素负反馈调节，从而构成了下丘脑-腺垂体-生精小管和下丘脑-腺垂体-间质细胞两个反馈调节环路。

(一) 下丘脑-腺垂体-生精小管轴

从青春期开始，下丘脑以脉冲方式分泌 GnRH。经垂体门静脉到达腺垂体，GnRH 与靶细胞膜受体结合，经细胞内第二信使钙调蛋白（calmodulin）介导，促进腺垂体分泌 ICSH 和 FSH。FSH 经血液循环到达睾丸并与生精小管支持细胞相应受体结合并激活腺苷酸环化酶，产生第二信使环磷酸腺苷（cAMP），促进支持细胞分泌促精子生成的各种物质；在 ICSH 的作用下，间质细胞分泌大量的睾酮并扩散至生精小管，促进精子的生成。当生精小管无精子生成时，血中 FSH 水平升高；反之，精子生成加速时，FSH 水平下降。这是由于支持细胞在 FSH 刺激下产生的一种糖蛋白激素抑制素，对腺垂体 FSH 分泌的负反馈作用所致。这种负反馈调节是和睾酮对下丘脑和腺垂体负反馈调节同时进行，保证了精子生成的正常进行。

(二) 下丘脑-腺垂体-间质细胞轴

GnRH 可同时刺激腺垂体分泌 ICSH 和 FSH，伴随着 GnRH 的脉冲式的分泌，ICSH 分泌也明显呈周期性变化；而 FSH 则只呈现轻微的波动。ICSH 经血液循环到达睾丸，促进间质细胞的睾酮分泌，睾酮的分泌量与 ICSH 的浓度成正比。血中游离睾酮主要作用于下丘脑，抑制 GnRH 的分泌，对腺垂体 ICSH 的负反馈作用较弱。通过睾酮的负反馈作用，使得血中睾酮的含量稳定至一定水平。

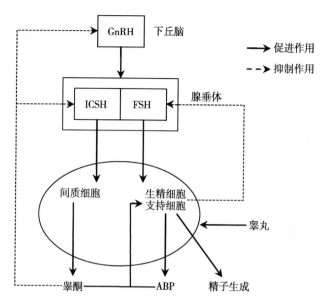

图 2 - 3 下丘脑 - 垂体 - 睾丸轴

　　腺垂体促性腺激素的分泌，受到下丘脑及其靶腺激素的双重控制；下丘脑、腺垂体和睾丸在功能上又密切联系和互相影响，构成了下丘脑 - 腺垂体 - 睾丸轴调节环路。保证了睾丸精子生成和激素分泌的正常进行。

（党瑜慧　薛红丽）

主要参考文献

1. 邹仲之，李继承. 组织学与胚胎学. 北京：人民卫生出版社，2008.
2. 石玉秀. 组织学与胚胎学. 北京：高等教育出版社，2007.
3. 朱大年，郑黎明. 人体解剖生理学. 上海：复旦大学出版社，2002.
4. 姚泰. 生理学. 北京：人民卫生出版社，2005.
5. 杨秀平，肖向红. 动物生理学. 北京：高等教育出版社，2009.
6. 林守清主译. 生殖内分泌学. 北京：人民卫生出版社，2006.
7. 孙佳音，应锋，韩晓冬. 睾丸间质细胞中睾酮合成酶及蛋白表达的调控因子.
　 生殖与避孕，2009，29（1）：42 - 47.

第三章

雌（女）性生殖系统结构与功能

第一节　雌（女）性生殖系统结构

雌（女）性生殖器官包括内生殖器卵巢、生殖管道（输卵管、子宫、阴道）和外生殖器阴门（阴阜、大阴唇、小阴唇、阴蒂、阴道前庭、前庭大腺和处女膜）。

一、内生殖器

（一）卵巢

卵巢（ovary）是成对的，以韧带附着于腹腔内。表面覆盖一层单层扁平或立方的表面上皮，上皮下方为薄层致密结缔组织构成的白膜。卵巢的外周部分称皮质，中央为髓质。皮质较厚，含有不同发育阶段的卵泡以及黄体和退变的闭锁卵泡等，卵泡间的结缔组织富有网状纤维和梭形基质细胞。髓质由疏松结缔组织构成，与皮质无明显分界，含有许多血管和淋巴管等。

（二）输卵管

输卵管（fallopian tube）管壁由黏膜、肌层和浆膜三层组成。卵细胞从卵巢表面排入腹膜腔后，再经输卵管腹腔口进入输卵管。输卵管内黏膜层上皮细胞纤毛的摆动和输卵管壁平滑肌的收缩，帮助卵子向子宫腔运行。

（三）子宫

子宫（uterus）为肌性器官，腔窄壁厚，分底部、体部、颈部三部分。体部和底部的子宫壁由外向内分为外膜、肌层和内膜（又称黏膜）。子宫外膜（perimetrium）于底部和体部为浆膜，其余部分为纤维膜。子宫肌层（myometrium）甚厚，由成束或成片的平滑肌组成，肌束间以结缔组织分隔。肌层分层不明显，各层肌纤维互相交织，自内向外大致可分为黏膜下层、中间层和浆膜下层。黏膜下层和浆膜下层主要为纵行平滑肌束，中间层较厚，分内环行和外纵行肌，富含血管。子宫内膜（endometrium）由单层柱状上皮和固有层组成。内膜表面的上皮向固有层内深陷形成许多管状的子宫腺，其末端近肌层处常有分支。子宫动脉的分支经外膜穿入子宫肌层，在中间层内形成弓形动脉。从弓形动脉发出许多放射状分支，垂直穿入内膜，在内膜与肌层交界处，每条小动脉发出一小而直的分支称基底动脉，分布于内膜基底层，它不受性激素的影响。小动脉主干从内膜基底层一直延伸至功能层浅部，呈螺旋状走行，称螺旋动脉。螺旋动脉在内膜浅部形成毛细血管网，毛细血管汇入小静脉，穿越肌层，汇合成子宫静脉。螺旋动脉对卵巢激素的作用很敏感。

（四）宫颈

在阴道与子宫会合处，子宫突入阴道形成子宫颈（cervix）。子宫颈管腔细窄呈梭形，子宫颈壁由外向内分为外膜、肌层和黏膜。外膜是结缔组织构成的纤维膜，肌层由平滑肌及含有丰富弹性纤维的结缔组织组成，平滑肌数量从宫颈上端至下端逐渐减少。子宫颈黏膜由单层柱状上皮及固有层组成。子宫颈管前、后壁黏膜分别形成一条纵襞，从纵襞向外又伸出许多斜行皱襞，皱襞之间的裂隙形成腺样隐窝。

（五）阴道

阴道（vagina）是大而富有肌肉的管道，一端与子宫相连，另一端通体外。阴道壁由黏膜、肌层和外膜组成。阴道黏膜形成许多横形皱襞，黏膜上皮为非角化型复层扁平上皮，较厚。阴道上皮的脱落与更新及其一定的周期性变化受卵巢激素的影响，雌激素促使阴道上皮增厚，并使细胞合成大量糖原。可通过阴道上皮脱落细胞的涂片观察，了解卵巢内分泌功能状态。黏膜固有层的浅层是较致密的结缔组织，含有丰富的毛细血管和弹性纤维，深层有丰富的静脉丛。

阴道肌层为平滑肌，较薄弱，肌束呈螺旋状，交错成格子状排列，其间的结缔组织中弹性纤维较丰富。阴道外口有骨骼肌构成的环行括约肌，称尿道阴道括约肌。外膜为富含弹性纤维的致密结缔组织。

阴道具有较大的伸展性，分娩时高度扩张，成为胎儿娩出的产道。

二、外生殖器

女性外生殖器指生殖器官的外露部分，又称外阴。包括阴阜、大阴唇、小阴唇、阴蒂、前庭、前庭大腺、前庭球、尿道口、阴道口和处女膜。

1. 阴阜　阴阜（mons pubis）为耻骨联合前面隆起的外阴部分，由皮肤及很厚的脂肪层所构成。性成熟后此区长有阴毛。

2. 大阴唇　大阴唇（greater lips of pudendum）为外阴两侧、靠近两股内侧的一对长圆形隆起的皮肤皱襞。前连阴阜，后连会阴；由阴阜起向下向后伸张开来，前面左、右大阴唇联合成为前联合，后面的二端会合成为后联合。大阴唇外面长有阴毛。

3. 小阴唇　小阴唇（lesser lips of pudendum）是一对黏膜皱襞，在大阴唇的内侧，表面湿润。小阴唇的左右两侧的上端分叉相互联合，其上方的皮褶称为阴蒂包皮，下方的皮褶称为阴蒂系带。小阴唇的下端在阴道口底下会合，称为阴唇系带。小阴唇黏膜下有丰富的神经分布，故感觉敏锐。

4. 阴蒂　阴蒂（clitoris）位于两侧小阴唇之间的顶端，是一长圆形的小器官，末端为一个圆头，内端与一束薄的勃起组织相连接。勃起组织是海绵体组织，有丰富的静脉丛，又有丰富的神经末梢。

5. 阴道前庭　阴道前庭（vaginae vestibulum）两侧小阴唇所圈围的棱形区称前庭。表面有黏膜遮盖，近似一三角形，三角形的尖端是阴蒂，底边是阴唇系带，两边是小阴唇。尿道开口在前庭上部。阴道开口在它的下部。此区域内还有前庭球和前庭大腺。

6. 前庭球　前庭球（bulbus of vestibulum）系一对海绵体组织，又称球海绵体，有勃起性。位于阴道口两侧。前与阴蒂静脉相联，后接前庭大腺，表面为球海绵体肌所覆盖。

7. 前庭大腺　前庭大腺（greater vestibular gland）又称巴氏腺

（bartholin's gland）位于阴道下端，大阴唇后部，也被球海绵体肌所覆盖。是一边一个如小蚕豆大的腺体。腺管很狭窄，约为 1.5～2cm，开口于小阴唇下端的内侧，腺管的表皮大部分为鳞状上皮，仅在管的最里端由一层柱状细胞组成。性兴奋时分泌黄白色黏液，起滑润阴道口作用。

三、乳房

乳房（mamma）形态为半球形，其表面是皮肤，皮肤下面是脂肪组织，再下面是乳腺（mammary gland）腺体组织。在腺体组织中分许多乳腺小叶，每个小叶中都有乳腺导管和腺体，它们是泌乳的功能单元。乳腺导管由乳腺深部向乳头的方向延伸集中开口于乳头上。

四、会阴

会阴（perineum）有狭义和广义之分。狭义的会阴仅指肛门和外生殖器之间的软组织。广义的会阴是指盆隔以下封闭骨盆下口的全部软组织。

第二节 雌（女）性生殖系统功能

一、卵巢卵泡的发育

卵巢的生卵（oogenesis）起源于卵原细胞（oogonium）。雌性动物早在胚胎期，就由移至卵巢内的卵囊分化为卵原细胞，并经多次有丝分裂，成为初级卵母细胞（primary oocyte），初级卵母细胞外面包一层扁平卵泡细胞，形成原始卵泡（primordial follicle），这个过程称为卵子的发生或增殖期。卵泡和卵母细胞的发育同时进行，但又不完全同步。卵泡经历了初级卵泡、次级卵泡和成熟卵泡 3 个阶段。与此同时，卵母细胞逐步完成第一次减数分裂，形成次级卵母细胞和排出一个第一极体。次级卵母细胞紧接着进入第二次减数分裂，并停止在第二次减数分裂中期，直到从成熟的卵泡中排出，且受精后才完成第二次减数分裂，排出第二极体，发育成成熟的卵母细胞。

（一）原始卵泡

原始卵泡（primordial follicle）位于皮质浅部，体积小，数量多。卵泡中央有一个初级卵母细胞（primary oocyte），周围为单层扁平的卵泡细胞（又称颗粒细胞）。初级卵母细胞呈圆形，较大，核大而圆，染色质细疏，着色浅，核仁大而明显，胞质嗜酸性。电镜下观察，胞质内除含有一般细胞器外，核周处有层状排列的滑面内质网（称环层板），并可见内质网与核膜相连，这可能与核和胞质间物质传递有关。

（二）初级卵泡

初级卵泡（primary follicle）由原始卵泡发育形成。此时期的初级卵母细胞体积增大，卵泡细胞由单层扁平变为立方形或柱状，随之细胞增殖成多层（5～6 层）。在排列紧密的卵泡细胞间开始出现考尔-爱克斯诺小体（Call-Exner body），其数量随卵泡的生长而增多。

（三）次级卵泡

初级卵泡继续生长成为次级卵泡（secondary follicle），卵泡体积更大，卵泡细胞增至 6～12 层，细胞间出现一些不规则的腔隙，并逐渐合并成一个半月形的腔，称为卵泡腔（follicullar antrum），腔内充满卵泡液。卵泡液是由卵泡细胞分泌液和卵泡膜血管渗出液组成，卵泡液除含有一般营养成分外，还有卵泡分泌的类固醇激素和多种生物活性物质，对卵泡的发育成熟有重要影响。

（四）成熟卵泡

成熟卵泡（mature follicle）是卵泡发育的最后阶段。卵泡体积很大，直径可达 20mm，并向卵巢表面突出。成熟卵泡的卵泡腔很大，颗粒层甚薄，颗粒细胞也不再增殖。此时的初级卵母细胞又恢复成熟分裂，在排卵前 36～48 小时完成第一次成熟分裂。产生 1 个次级卵母细胞（secondary oocyte）和 1 个很小的第一极体（first polar body）。

卵泡发育过程中还有内分泌功能，主要分泌雌激素。雌激素是颗粒细胞和膜细胞在卵泡刺激素（FSH）和黄体生成素（LH）的作用下协同合成的。膜细胞合成的雄激素透过基膜进入颗粒细胞，在芳香化酶系的作用下雄激素转变为雌激素，这是雌激素合成的主要方式，称此为"两细胞学说"。合成的雌激素小部分进入卵泡腔，大部分释放入血，调节子宫内膜等靶细胞的生长分化。

二、黄体的形成

成熟卵泡排卵后，残留在卵巢内的卵泡壁塌陷，卵泡膜内的血管和结缔组织伸入颗粒层。在 LH 的作用下，卵泡壁的细胞体积增大，分化为一个体积很大并富含血管的内分泌细胞团，新鲜时呈黄色，称为黄体（corpus luteum）。颗粒细胞分化为粒黄体细胞（granular lutein cell），膜细胞分化为膜黄体细胞（theca lutein cell）。粒黄体细胞较大，呈多角形，染色较浅，数量多；膜黄体细胞较小，圆形或多角形，染色较深，数量少，分布于黄体的周边部。这两种细胞具有分泌类固醇激素细胞的结构特征，细胞内有丰富的滑面内质网和管状嵴的线粒体，还有脂滴和黄色脂色素。黄体的主要功能是分泌孕激素和一些雌激素，前者由粒黄体细胞分泌，后者主要由两种细胞协同分泌。

黄体的发育因卵细胞是否受精而差别甚大。卵细胞若未受精，黄体仅维持 2 周，称月经黄体（corpus luteum of menstruation），黄体细胞迅速变小和退化，渐被结缔组织取代，称为白体（corpus albicans）。卵细胞若受精，黄体在胎盘分泌的人绒毛膜促性腺激素（HCG）的作用下继续发育增大，直径可达 4～5cm，称妊娠黄体（corpus luteum of pregnancy）。妊娠黄体可保持 6 个月，以后也退化为白体。妊娠黄体的粒黄体细胞还分泌松弛素（relaxin），它可使妊娠子宫平滑肌松弛，以维持妊娠。

三、月经周期中激素水平的变化

性成熟后，在卵巢甾体激素周期性分泌影响下，子宫内膜（endometrium）周期性剥落，发生阴道流血现象，称为月经（menstruation）。所以女性生殖周期也称为月经周期（menstrual cycle）。在生理上，与卵巢周期性变化相对应，月经周期可分为卵泡期（follicular phase）、排卵期（ovulatory phase）和黄体期（luteal phase）。卵泡期从经血出现开始，平均延续 15 天；排卵期 1～3 天；黄体期持续 13～14 天，结束于下一个周期经血出现。月经周期在 21～35 天内均属正常，主要取决于卵泡期的长短。

调节卵巢功能周期性变化的主要激素是腺垂体分泌的 FSH 和 LH。在卵泡期开始之前，血中 FSH 和 LH 的浓度降至最低值，LH/FSH 比率稍大于 1。在月经出血前一天开始，FSH 逐渐升高，直到此期的前半段，随后有所下降。LH 水平升高较迟，但持续整个卵泡期，在末期 LH/FSH 的比率增加至 2。在 FSH 刺激下，卵巢内的颗粒细胞雌二醇（estradiol，E_2）的分泌及血中水平在卵泡期的前半段轻度增加，此后，升高幅度加大，在排卵期前达到高峰。此时 E_2 主要是由 "优势卵泡" 分泌的。此期前半段较高水平的 E_2 和抑制素通过对下丘脑和腺垂体的负反馈调节，使 FSH 水平在后期逐渐下降，排卵期最显著的特点是血中 LH 浓度急速升高并达到高峰，FSH 也出现一个较小的峰值；在促性腺激素达到高峰之前，可见锯齿状 E_2 及 GnRH 分泌高峰。说明在卵巢和下丘脑共同作用下 FSH 和 LH 高峰才能出现。排卵后，由于黄体产生的孕酮（progesterone，P）和 E_2 对下丘脑-腺垂体的负反馈抑制作用，血中 FSH 和 LH 逐渐降低，在黄体期末期降至最低。本期最明显的特征是卵巢黄体 P 分泌可增加 10 倍，而 E_2 仅轻度升高。若未妊娠，黄体退化，P 和 E_2 急剧下降，到末期降到最低，经血开始出现，下一个月经周期开始。

四、卵泡发育的激素调节

卵巢的生卵作用和内分泌功能主要受下丘脑-腺垂体-卵巢轴（hypothalamus-adenohypophysis-ovary axis）的调节，即下丘脑分泌 GnRH，可促进腺垂体合成和分泌促性腺激素（包括 FSH 和 LH），而促性腺激素能引起性腺合成和分泌性激素，从而影响到性腺中卵泡发育、成熟和排卵；另一方面，性腺分泌的性激素对腺垂体和下丘脑的分泌具有反馈性作用。

1. 原始卵泡及初级卵泡的早期发育阶段　此阶段基本上不受垂体的调控，主要取决于卵泡内部因子。如生长激素（growth hormone，GH）、胰岛素或胰岛素样生长因子，可刺激颗粒细胞增生；颗粒细胞的分泌物又可促进卵泡膜的形成。初级卵泡发育期，卵泡中可能有一种促 FSH 分泌的蛋白（FSH-releasing protein，FRP）能使 FSH 的分泌增加。

2. 初级卵泡发育后期　颗粒细胞上出现 FSH 和 E_2 受体；在 FSH 和 E_2 的协同作用下，诱发颗粒细胞与内膜细胞出现 LH 受体；在此期间仅有少量获得了 FSH 和 LH 受体的卵母细胞，才能得以发育。

3. 性成熟前（即青春期前）　卵巢激素分泌量并不大，但由于下丘脑对卵巢激素的反馈抑制作用比较敏感，而且 GnRH 神经元尚未发育成熟，GnRH 分泌量很少，从而使腺垂体分泌促性腺激素和卵巢的功能处于低水平状态。在卵泡发育成熟至排卵阶段则受到垂体促性腺激素和卵巢激素的调控。

4. 性成熟（青春期）阶段　即次级卵泡后期阶段，下丘脑神经元发育成熟，对卵巢的负反馈作用敏感性明显下降。随着 GnRH 分泌增加，FSH 和 LH 分泌也相应增加，卵巢功能活跃并呈周期性变化：（1）卵泡期初始：血液中的雌激素、孕激素的浓度均处于低水平，对垂体的 FSH 和 LH 分泌的反馈作用较弱，血液中的 FSH 含量逐渐升高，随之 LH 也有所增加。（2）排卵期前夕：排卵前 1 周，卵巢分泌的雌激素明显增多，血液中的浓度也迅速升高；与此同时，由于雌激素和抑制素对垂体分泌 FSH 的反馈性抑制作用，使血液中的 FSH 水平有所下降。虽然此时血液中 FSH 浓度暂时处于低水平，但雌激素的浓度并没下降，却反而继续上升。另外，排卵前夕血中雌激素浓度达到高峰，通过对下丘脑 GnRH 分泌的正反馈作用而促进 FSH 和 LH 的释放，使 FSH 达到高峰。在进入卵泡成熟的卵母细胞仅停留在第一次成熟分裂前期，是由于卵泡受到一种卵母细胞成熟抑制因子（oocyte maturation inhibitor，OMI）的抑制作用，当 FSH 高峰出现的瞬间，FSH 抵消了 OMI 的抑制作用，促使卵母细胞恢复和完成第一次成熟分裂，从而诱发排卵。

5. 黄体期   黄体的生成和维持主要靠 FSH 的调节。黄体期血中雌激素水平逐渐升高，使黄体细胞上 FSH 受体的数量增加，并促进 FSH 作用于黄体细胞，增加孕激素的分泌。但随着雌激素和孕激素的进一步升高，反馈性抑制了下丘脑和腺垂体对 FSH、LH 的分泌。若未妊娠，排卵后不久黄体退化，血中雌激素、孕激素浓度也明显下降。随后，卵巢的内分泌功能完全终止，对下丘脑、腺垂体的负反馈作用消失，使下一个卵泡周期开始；若妊娠，则由胎盘组织分泌可替代 FSH 的促性腺激素（如人绒毛膜促性腺素，HCG），以继续维持黄体的内分泌功能。

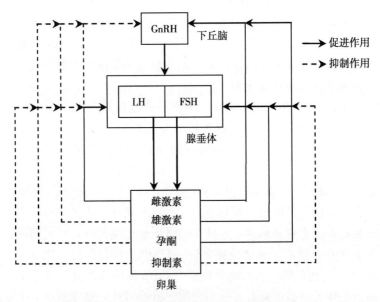

图 3 - 1   下丘脑-垂体-卵巢轴内分泌作用轴

五、卵巢的内分泌功能

卵巢主要分泌雌激素、孕激素、少量的雄激素、松弛素（哺乳动物）和抑制素，在卵泡液中还存在一种可促进 FSH 分泌的蛋白质，称促卵泡刺激素释放蛋白（FSH-releasing protein）。在排卵前主要由卵泡颗粒细胞层分泌雌激素。排卵后的哺乳动物主要由黄体分泌孕激素和雌激素。

雌二醇、雌酮和雌三醇是卵巢分泌的 3 种主要雌激素，其中雌二醇（estradiol，E_2）最为重要。雌激素的合成，需要卵泡的颗粒细胞与卵泡内膜细胞层共同参与完成（即双重细胞学说）。FSH 可与卵泡内膜细胞上的 FSH 受体结合，通过 G 蛋白-AC-cAMP-蛋白激酶系统，使胆固醇合成雄激素（雄烯二酮），后者通过扩散的方式转运到颗粒细胞，在 FSH 与各种生长因子的作用下，使颗粒细胞的发育和分化明显增强，产生芳香化酶，从而把雄烯二酮转化为雌激素。雌激素的浓度随着卵泡的发育不断升高，在排卵前达到高峰，排卵期下降，而黄体期雌激素分泌量会再度升高。

孕激素由黄体细胞分泌，主要有孕酮、20α-羟孕酮与 17α-羟孕酮，其中孕酮活性最强。

（一）雌激素的生理功能

促进雌性主性生殖器官的发育和功能活动。雌激素协同 FSH 促进卵泡发育，诱导排卵前 FSH 峰的出现，促进排卵。促进雌性附性生殖器官的发育和功能活动。对哺乳动物来说，雌激素促进输卵管上皮增生，分泌与运动加强，以利于精卵运行；促进子宫发育，内膜增生，分泌大量清亮稀薄液体，其中的黏蛋白沿子宫颈纵行排列，有利于精子穿行；分娩前雌激素能提高子宫平滑肌对催产素的敏感性；使阴道上皮细胞增生，表层细胞角质化，糖原分解加速，使阴道呈酸性，有利于排斥其他微生物的繁殖。促进并维持雌性副性特征的发育和维持性行为。刺激乳腺导管及结缔组织增生。对机体代谢的调节作用。促进蛋白质合成，促进成骨细胞活动和骨骼生长；高浓度雌激素导致水、钠潴留，降低血中胆固醇。对下丘脑及腺垂体具有反馈性调节作用。雌激素可在其他药物的协同下，诱导动物发情、刺激泌乳或用于人工流产。

（二）孕激素的生理功能

对子宫及其机能的影响。在雌激素作用的基础上使子宫内膜继续增生，内部腺体继续生长且分泌增强，以利于胚胎着床；降低子宫平滑肌的兴奋性，抑制子宫收缩，抑制母体对胎儿的排斥反应；使子宫黏液减少而变黏稠，黏蛋白分子弯曲，交织成网，使精子难以通过。对乳腺及其机能的影响。在雌激素作用的基础上，促进乳腺腺泡发育，为妊娠后的泌乳做好准备。对产热的影响，使人体在排卵后基础体温可升高 0.5℃，直到黄体期结束。

（三）雄激素、松弛素和抑制素

雌性动物中的雄激素都是作为雌激素的前体形式存在，所以有时在卵巢中可以测到较高水平的雄激素。在人类，适量雄激素配合雌激素可刺激阴毛及腋毛的生长，雄激素过多可出现男性化特征和多毛症。对于妊娠期哺乳动物，还可由妊娠黄体或胎盘分泌松弛素，使雌性动物骨盆韧带松弛，子宫颈和产道扩张，有利于分娩。另外，卵巢颗粒细胞能分泌抑制素，于卵泡成熟时抑制卵母细胞成熟，停留在第一次成熟分裂前期直至排卵前。

（四）促 FSH 释放蛋白

促 FSH 释放蛋白（FSH-releasing protein）与 FSH 的分泌增加有关。

六、妊娠

（一）受精

精子和卵子结合的过程叫做受精或受孕（fertilization），受孕就是怀孕的开始。

（二）植入

植入（implantation）是胚泡通过与子宫内膜相互作用而植入子宫内膜的过程。植入成功的关键在于胚泡与子宫内膜的同步发育与相互配合。胚泡的分化程度与到达子宫的时间必须与子宫内膜发育程度相一致。胚泡过早或过迟到达子宫叫做失同步，将使植入率明显降低，甚至不能植入。

（三）妊娠的维持及激素调节

妊娠（pregnancy）是胎儿在母体内发育成长的过程，包括受精、着床、妊娠的维持、胎儿的生长发育以及分娩。正常妊娠的维持有赖于垂体、卵巢和胎盘分泌的各种激素相互配合，在受精与着床之前，在腺垂体促性腺激素的控制下，卵巢黄体分泌大量的孕激素与雌激素，导致子宫内膜发生分泌期的变化，以适应妊娠的需要。如果受孕，在受精后第六天左右，胚泡滋养层细胞便开始分泌人绒毛膜促性腺激素，刺激卵巢黄体变为妊娠黄体，继续分泌孕激素和雌激素。胎盘形成后，胎盘成为妊娠期一个重要的内分泌器官，大量分泌蛋白质激素、肽类激素和类固醇激素。

1. 人绒毛膜促性腺激素　人绒毛膜促性腺激素（human chorionic gonadotropin，HCG）是由胎盘绒毛组织的合体滋养层细胞分泌的一种糖蛋白激素，相对分子质量为 45 000～50 000。HCG 分子由 α 亚单位与 β 亚单位组成。其 α 亚单位氨基酸的数量与序列几乎与 FSH 相同，其 β 亚单位的氨基酸也有很大部分与 FSH 相同，但在 β 亚单位的羧基端约有 30 个氨基酸是独特的。因此，HCG 与 FSH 的生物学作用与免疫特性基本相似。

卵子受精后第六天左右，胚泡形成滋养层细胞，开始分泌 HCG，但其量甚少。妊娠早期形成绒毛组织后，由合体滋养层细胞分泌大量的 HCG，而且分泌量增长很快，至妊娠 8～10 周，HCG 的分泌达到高峰，随后下降，在妊娠 20 周左右降至较低水平，并一直维持至妊娠末。如无胎盘残留，于产后四天血中 HCG 消失。在妊娠过程中，尿中 HCG 含量的动态变化与血液相似。因为 HCG 在妊娠早期即出现，所以检测母体血中或尿中的 HCG，可作为诊断早孕的准确指标。

在早孕期，HCG 刺激卵巢黄体转变成妊娠黄体，妊娠黄体的寿命只有 10 周左右，以后便发生退缩，与此同时胎盘分泌孕激素和雌激素，逐渐接替了妊娠黄体的作用。

2. 类固醇激素　胎盘本身不能独立产生类固醇激素，需要从母体或胎体得到前身物质，再转变成孕激素与雌激素。（1）孕激素　由胎盘合体滋养层细胞分泌，胎盘不能将醋酸盐转变为胆固醇，而能将自母体进入胎盘的胆固醇变为孕烯醇酮，然后再转变为孕酮。胎儿肾上腺虽能合成孕烯醇酮，但由于缺乏 3β-醇甾脱氢酶，故不能将孕烯醇酮转变为孕酮，而胎盘此种酶的活性很强，能把来自胎儿和母体的孕烯醇酮转变为孕酮。在妊娠期间，母体血中孕酮浓度随着孕期的增长而稳步上升，在妊娠 10 周以后，由胎盘代替卵巢持续分泌孕酮，血中孕酮迅速增加，至妊娠足月时达高峰。（2）雌激素 由母体和胎儿肾上腺产生的脱氢异雄酮硫酸盐，进入胎盘最后转变为雌酮和雌二醇，但生成量极少。胎盘分泌的雌激素主要为雌三醇，其合成的途径是，胎儿肾上腺的脱氢异雄酮硫酸盐先在胎儿肝中羟化，形成 16α-羟脱氢异雄酮硫酸盐，然后随血液进入胎盘，在胎盘内脱去硫酸基，成为 16α-羟脱氢异雄酮，再经芳香化酶的作用，转化为雌三醇。由此可见，雌三醇的生成是胎儿、胎盘共同参与的，故把两者称为胎儿-胎盘单位。检测母体血中雌三醇的含量多少，可用来判断胎儿是否存活。（3）其他蛋白质激素和肽类激素 胎盘还可分泌人绒毛膜生长素、绒毛膜促甲状腺激素、促肾上腺皮质激素、GnRH，以及 β-内啡肽等。

人绒毛膜生长催乳激素（human chorionic somatomammotropin，HCS）为合体滋养层细胞分泌的单链多肽，含 191 个氨基酸残基，其中 96% 与人生长素相同，因此具有生长素的作用，可调节母体与胎儿的糖、脂肪与蛋白质代谢，促进胎儿生长。最初发现 HCS 时，证明它对动物有很强的催乳作用，故命名为人胎盘催乳素（human placental lactogen，HPL）。后来的研究证明，HPL 对人几乎没有催乳作用，而主要是促进胎儿生长，因此在国际会议上将其定名为 HCS。

（四）胎盘的功能

妊娠的重要标志是胎盘（placenta）的形成。对胎儿来说，胎盘既可作为消化器官以吸收营养物质、作为肺以吸收 O_2 并排出 CO_2、作为肾脏以调节体液量和排出代谢废物；胎盘还是一个内分泌腺体，能分泌多种调节母体和胎儿代谢活动的激素。这些激素在胎儿血浆、尿囊液和母体血中的浓度随妊娠进展呈现特征性的变化。

胎盘的细胞滋养层分泌类似于下丘脑的刺激激素和抑制激素，如促肾上腺皮质激素释放激素（CRH），以旁分泌方式调节胎盘合体滋养层分泌腺垂体样促激素如促肾上腺皮质激素（ACTH），此外，随妊娠进展合体滋养层也分泌大量性甾体激素。

（五）分娩

分娩（parturition）是指胎儿脱离母体作为独自存在的个体的这段时期和过程。分娩的全过程共分为 3 期，也称为 3 个产程。第一产程，即宫口扩张期。第二产程，即胎儿娩出期。第三产程，胎盘娩出期，指胎儿娩出到胎盘排出的过程。随后子宫肌强烈收缩压迫血管，防止子宫过量失血。在胎盘排出母体后 2～3 天，体内与分娩有关的激素迅速恢复到正常水平。

（六）泌乳

在催乳素的作用下，乳腺腺泡细胞将蛋白质、乳糖、Ca^{2+} 和 HPO_4^- 包装成囊泡，而免疫球蛋白可经囊泡膜受体介导进入囊泡。腺泡细胞将囊泡内含物释放至腺泡腔。婴儿吸吮乳头或要求性哭喊，经传入神经到达中枢神经系统的孤束核，后者分泌催产素促进腺泡脱上皮细胞和乳腺导管平滑肌的收缩，将乳汁经乳头排至婴儿口内。母体在婴儿娩出后 24 小时，乳腺可分泌富含蛋白质的初乳，含有 2％～3％的蛋白质，主要是酪蛋白、乳白蛋白和乳球蛋白。

（党瑜慧　薛红丽）

主要参考文献

1. 邹仲之、李继承. 组织学与胚胎学. 北京：人民卫生出版社，2008.
2. 石玉秀. 组织学与胚胎学. 北京：高等教育出版社，2007.
3. 朱大年，郑黎明. 人体解剖生理学. 上海：复旦大学出版社，2002.
4. 姚泰. 生理学. 北京：人民卫生出版社，2005.
5. 林守清主译. 生殖内分泌学. 北京：人民卫生出版社，2006.

致动物（人）生殖发育毒性的
外源化学物及毒性表现

第一节 致雄性动物生殖发育毒性的外源
化学物及毒性表现

　　近年来，从器官水平、细胞水平、分子水平和基因水平对外源化学物致雄性生殖毒性的研究报道剧增。包括（1）金属与类金属：铅、汞、镍、砷、镉、锰、钐、铈、铝、硒、镧、硅等。（2）有机化合物：1，2-二氯乙烷、1-溴丙烷、2-溴丙烷、正己烷、2，2-双-(对氯苯基)-1，1-二氯乙烯、甲醛、对二氯苯、间二硝基苯、二硝基甲苯、过氧基异丙苯、全氟辛烷磺酸、氯丙醇、2-乙氧基乙醇、辛基酚、壬基酚、双酚A、甲基丙烯酸甲酯单体、氯乙酸甲酯、甲苯二异氰酸酯、磷酸二丁酯、邻苯二甲酸二丁酯、邻苯二甲酸二（2-乙基己基）酯、邻苯二甲酸二异辛酯、邻苯二甲酸丁基苄酯、2，4-D-异辛酯、二苯基甲烷二异氰酸酯、异佛尔酮二异氰酸酯、丙烯腈、氟他胺、3，4-二氯苯胺、三苯氧胺、丙烯酰胺、苯并(a)芘、二月桂酸二丁基锡等。（3）农药：甲氧滴滴涕、对硫磷、甲基对硫磷、辛硫磷、敌敌畏、氧乐果、敌百虫、毒死蜱、硫丹、联苯菊酯、氰戊菊酯、高效氯氰菊酯、氯氰菊酯、快杀灵、灭多威、异丙酯草醚、杀螟丹、草甘膦、苯磺隆、2-甲-4氯苯氧乙酸、高效吡氟氯禾灵、敌鼠钠等。（4）药物：奥硝唑、美他多辛、伊维菌素、维生素A、腺嘌呤、维生素B_6、羟基脲、环孢霉素A、环磷酰胺、雷公藤等。（5）物理与生物因素：电离辐射、非电离辐射、弓形虫速殖子、微囊藻毒素等。（6）其他因素：氟、吸烟、饮酒、水中有机物质以及污染的水源等对雄性生殖系统的影响，以及芹菜、可乐等的抗生育作用屡见报道。

外源化学物对雄性动物的生殖毒性主要有以下方面的表现。

一、致雄性动物生殖器官形态学的改变

通过脏器称重和计算脏器系数，大体观察，以及借助光学显微镜和电子显微镜，可以比较直观的发现生殖器官和组织的损伤程度。

（一）对生殖器官脏器湿重和脏器系数的影响

脏器的湿重也在一定程度上反映脏器的损伤状况，体重由于受到饲料、饮水等因素的影响，波动比较大，相对的脏器湿重比较恒定。脏器系数又称脏体比，即脏器的湿重与其体重的比值。在正常状态下动物的各脏器脏器系数是较恒定的，若脏器发生充血、水肿、增生肥大等现象时，则会引起脏器系数的增大；脏器发生萎缩或其他退行性改变以后，脏器系数会相应的缩小。脏器系数的变化，在一定程度上可以间接说明脏器的损伤程度。常见外源化学物对雄性动物生殖器官湿重和脏器系数的影响，详见表4-1、表4-2、表4-3、表4-4、表4-5、表4-6。

（二）对雄性动物生殖器官组织形态学的影响

1. 金属与类金属及其化合物　小鼠0.5、1.0、2.0g/kg醋酸铅灌胃3天后，光镜下发现随着染毒剂量的增加，睾丸生精上皮细胞的层数减少，低剂量组睾丸出现灶性生精细胞层次减少，次级精母细胞脱落，细胞稀疏，附睾管结构完整，仍可见大量精子，但有个别脱落精母细胞存在；中剂量组睾丸病变进一步加重，出现广泛性的生精细胞层次减少稀疏，仅剩2～3层，脱落细胞主要为次级精母细胞和精子细胞，附睾管内精子减少，含大量次级精母细胞和精子细胞；高剂量组睾丸生精细胞广泛脱落，仅剩1～2层，残留以精原细胞和支持细胞组成的网状结构，胞质中有大小不等的空泡变性、细胞核皱缩、溶解，细胞浆嗜伊红染色，胞浆不完整，间质结缔组织增生，间隙扩大，可见有新生的间质细胞团，附睾管内仅含极少量精子，多为生精小管脱落的次级精母细胞和精子细胞，附睾管上皮细胞变性、萎

表 4-1　金属与类金属化合物对雄性动物生殖器官湿重和脏器系数的影响

类型	动物	染毒方式	染毒剂量（染毒时间）	结果	文献
醋酸铅	大鼠	灌胃	10, 50, 200mg/kg (15, 45d)	睾丸重量明显下降	Gorbel F et al, 2001
	小鼠	饮水染毒	100, 300, 500mg/L（出生后 0~21d）	高、中浓度组睾丸重量明显下降	刘海涛等, 2006
醋酸铅和乙醇	大鼠	灌胃	乙醇（分析纯）组：0.9, 1.8 g/kg, 铅组：14, 28mg/kg, 以及两者两两联合染毒（4周）	高剂量联合染毒组附睾脏器系数显著增大	江俊康等, 2005
	大鼠	饮水染毒/灌胃	乙醇（26%）组：2.16 g/kg（灌胃），铅组：5‰（自由饮水），以及两者联合染毒（8周）	联合染毒组睾丸脏器系数显著增高	谭成森等, 2006
氯化汞	大鼠	腹腔注射	1.0, 3.0mg/kg（3周）	高剂量组睾丸和附睾器系数均下降	陈小玉等, 2001
氯化镉	大鼠	腹腔注射	0.25, 0.5, 1.0mg/kg（1周）	高、中剂量组睾丸重量和脏器系数均明显下降	李增元等, 2007; 朱善良等, 2003
	小鼠	皮下注射	0.5, 1.0, 2.0mg/kg（5周）	睾丸重量随着染毒剂量的增加而下降	余荣等, 2007

续表

类型	动物	染毒方式	染毒剂量（染毒时间）	结果	文献
氯化镉	鹌鹑	灌胃	10、20、40mg/kg（1、2周）	睾丸脏器系数明显下降	江燕琼等，2007
氯化锰	小鼠	腹腔注射	2.5、5、7.5、10mg/kg（12周）	睾丸脏器系数降低	宣登峰等，2002
			10、20、40mg/kg（7周）	高剂量组睾丸的重量和脏器系数增大，附睾的重量和脏器系数降低	张玉敏等，2004
三氧化二砷	小鼠	灌胃	2、4、8mg/kg（1周）	高剂量组睾丸的重量降低	夏雅娟等，2009
	大鼠	灌胃	0.375、0.75、1.5mg/kg（16周）	高、中剂量组睾丸脏器系数降低	陈伟等，2008；陆祥等，2008；舒小林等，2007
氯化铝	小鼠	腹腔注射	50、75、100mg/kg（2周）	随着染毒剂量的增加睾丸的脏器系数下降	崔慧等，2009

表4-2 有机化合物对雄性动物生殖器官湿重和脏器系数的影响

有机物	动物	染毒方式	染毒剂量（染毒时间）	结果	文献
二硫化碳	大鼠	灌胃	0.4、0.8、1.2、1.6g/kg（1周）	睾丸和附睾的重量显著下降	季佳佳等，2008
1-溴丙烷	大鼠	吸入染毒	1、2、4g/m³（8h/d，1周）	高浓度组前列腺和精囊重量显著下降	王海兰，2005
正己烷	大鼠	吸入染毒	35.2mg/m³，8h/d（1、3、7d）	随着时间的延长睾丸的重量和脏器系数有降低的趋势，其中7d染毒组睾丸重量和脏器系数的下降有统计学意义	曹静婷等，2007
甲醛	小鼠	腹腔注射	0.2、2.0、20.0mg/kg（1周）	高、中剂量组睾丸和附睾脏器系数明显降低	王晓平等，2005
苯和甲醛	小鼠	灌胃	苯+甲醛：10+10、50+50、100+100（mg/kg）（8周）	随着染毒剂量的增加睾丸重量降低	李卫华等，2011
2-乙氧基	大鼠	灌胃	0.8、1.6、3.2g/kg（一次性）	睾丸脏器系数明显下降	马文军等，2005
乙醇	小鼠	灌胃	0.1、0.3、0.6g/kg（5周）	染毒组睾丸和附睾的脏器系数均明显下降	陶向东等，2007
壬基酚	小鼠	腹腔注射	21.25、42.50mg/kg（5周）	睾丸和附睾重量降低	Mai H et al，2007

续表

有机物	动物	染毒方式	染毒剂量（染毒时间）	结果	文献
双酚A	大鼠	饲喂染毒	1, 5g/kg（2周）	高剂量组右睾丸平均重量显著降低	邓茂先等，2004
		腹腔注射	1, 25mg/kg（8周）	睾丸脏器系数升高	桂军红等，2005
		灌胃	5, 50, 500mg/kg（出生后23~53 d）	低剂量组睾丸重量明显增加	宋清坤等，2008
	小鼠	腹腔注射	0.25, 0.5, 1.0mg/kg（5d）	高、中剂量组睾丸和附睾脏器系数均降低	孙延霞等，2008
		灌胃	163, 325, 650mg/kg（5d）	首次染毒后35d，精囊腺重量和脏器系数均明显下降	张玉敏等，2004
氯乙酸甲酯	大鼠	灌胃	4.3、8.6、17.2、34.4mg/kg（13周）	睾丸脏器系数随着染毒剂量的增加而增加	罗红等，2005
磷酸二丁酯	小鼠	灌胃	268.75、537.5、716.67mg/kg（5d）	睾丸重量明显降低	孙艳等，2006
邻苯二甲酸二丁酯	大鼠	灌胃	0.25、0.5、1.0、2.0 g/kg（30, 42d）	睾丸和附睾的脏器系数均明显降低	张晓峰等，2008；杨波等，2007；李环等，2010

续表

有机物	动物	染毒方式	染毒剂量（染毒时间）	结果	文献
邻苯二甲酸二(2-乙基己基)酯	大鼠	灌胃	10、100、1000mg/kg（30d）	高剂量组睾丸重量和脏器系数均下降	逯晓波等，2009
	小鼠	灌胃	0.25、0.5、1.0、2.0g/kg（30d）	睾丸和附睾重量显著降低，并与染毒剂量呈负相关	李丽萍等，2008
邻苯二甲酸二丁酯和邻苯二甲酸二(2-乙基己)酯	大鼠	灌胃	邻苯二甲酸二丁酯组：1.0 g/kg，邻苯二甲酸二(2-乙基己基)酯组：1.7 g/kg，以及二者联合染毒组（8周）	各染毒组睾丸和附睾器系数均下降，联合染毒具有协同作用	田晓梅等，2009
邻苯二甲酸二异辛酯	小鼠	饲喂染毒	0.75、1.5、3.0g/kg（4周）	高剂量组睾丸脏器系数显著降低	崔月美等，2009
2,4-D-异辛酯	大鼠	饲喂染毒	0.6、6、60mg/kg（3个月）	睾丸重量下降，横径比降低，高、中剂量组睾丸脏器系数降低	陈国元等，2004
二苯基甲烷二异氰酸酯	小鼠	腹腔注射	62.5、125、250mg/kg（2周）	高剂量组睾丸重量和脏器系数均下降	周远忠等，2008

续表

有机物	动物	染毒方式	染毒剂量（染毒时间）	结果	文献
异佛尔酮二异氰酸酯	小鼠	腹腔注射	50、100、200mg/kg（2周）	高剂量组睾丸重量和脏器系数均降低	吴子俊等，2009
丙烯腈	大鼠	灌胃	10mg/kg（60d）	睾丸重量下降	李和程等，2009
丙烯酰胺	大鼠	饮水染毒	5、10mg/kg（4、8周）	睾丸重量和脏器系数均明显下降	吴鑫等，2000
三苯氧胺	小鼠	灌胃	0.02、0.2、2mg/kg（20d）	高剂量组睾丸脏器系数降低	余同辉等，2004
苯并(a)芘	大鼠	灌胃	1、5mg/kg（30、60、90d）	染毒60d时的两个剂量组和90d的5mg/kg剂量组附睾脏器系数明显下降	赵清等，2009
二月桂酸二丁基锡	大鼠	灌胃	5、10、20mg/kg（5周）	随着染毒剂量的增加，睾丸及附睾重量有下降趋势	宋祥福等 2005

表4-3　农药对雄性动物生殖器官湿重和脏器系数的影响

农药	动物	染毒方式	染毒剂量（染毒时间）	结果	文献
对硫磷	6～8周龄大鼠	灌胃	0.1、0.2、0.5mg/kg（4周）	睾丸器官系数显著升高	宋春华等，2008
甲基对硫磷	大鼠	灌胃	1.2、6、30mg/kg（6周）	高剂量组睾丸脏器系数明显降低	黄斌等，2009
毒死蜱	大鼠	灌胃	0.82、2.45、7.35mg/kg（8周）	睾丸和附睾的重量和脏器系数均随着染毒剂量的增加而增加	文一等，2008
氯氰菊酯	小鼠	吸入染毒	3.36、16.61、111.05mg/m³（4周）	高浓度组睾丸和附睾脏器系数均升高	黄振烈等，2009
	大鼠	灌胃	13.15、18.93、39.66mg/kg（12周）	睾丸的重量明显增大	Elbetieha A et al, 2001
快杀灵	小鼠	灌胃	9.1、18.2、36.4mg/kg(10d)	随着染毒剂量的增加，睾丸及附睾重量下降	甘亚平等，2003
硫丹	大鼠	皮下注射	2.5、5.0、7.5mg/kg（10周）	高剂量组睾丸和附睾的脏器系数增大，高、中剂量组前列腺的脏器系数增大	朱心强等，2002

续表

农药	动物	染毒方式	染毒剂量（染毒时间）	结果	文献
草甘膦	小鼠	灌胃	290, 580, 1160mg/kg (5d)	高剂量组附睾重量和脏器系数均降低	康菊芳等, 2008
苯磺隆	大鼠	灌胃	141, 281, 562mg/kg (5周)	高剂量组附睾重量下降	陈小玉等, 2004
2-甲-4-氯苯氧乙酸	小鼠	灌胃	20, 100, 200mg/kg (17d)	高、中剂量组睾丸器系数明显降低	赵淑华等, 2003
高效吡氟氯禾灵	大鼠	灌胃	1, 4, 15, 60mg/kg (90d)	睾丸脏器系数降低	顾军等, 2006
精吡氟氯禾草灵	4~6周龄大鼠	饲喂染毒	290, 1160, 4640mg/kg (90d)	高剂量组睾丸重量和脏器系数明显降低	杨校华等, 2007

表 4-4　物理与生物因素对雄性动物生殖器官湿重和脏器系数的影响

类型	动物	染毒方式	染毒剂量与强度（染毒时间）	结果	文献
极低频电磁场	小鼠	直接暴露	0.2、3.2、6.4 mT 的电磁场，暴露间断各 2h 为一周期（持续 2、4 周）	6.4 mT 强度下暴露 4 周后，睾丸重量明显下降	洪蓉等，2003
电磁辐射	小鼠	直接暴露	每组辐射时间固定为 15min，辐射后 3、6、24、72h 分批处死	睾丸重量增加	杨进清等，2010
	大鼠	直接暴露	辐射（电脑为辐射源）强度为 0.9～6.9 V/m（30、60、90 d）	睾丸、附睾、包皮腺和前列腺的重量均显著降低	王尚洪等，2009
弓形虫速殖子	大鼠	腹腔注射	2.5×10^3、5×10^3、1×10^4、2×10^4 个/毫升，0.2 毫升/只（一次性）	睾丸和附睾脏器系数低	杨瑞等，2006；胡玉红等，2004
微囊藻毒素	大鼠	腹腔注射	0.5、1.0、1.5 μg/kg（2 周）	睾丸重量和器官系数均下降	李燕等，2008

表 4-5　药物对雄性动物生殖器官湿重和脏器系数的影响

药物	动物	染毒方式	染毒剂量（染毒时间）	结果	文献
奥硝唑	大鼠	灌胃	0.1、0.4、0.8g/kg（20d）	随着染毒剂量的增加睾丸和附睾的脏器系数有逐渐降低的趋势，高剂量组显著低于对照组	熊芬等，2006
多效唑原药	大鼠	饲喂染毒	41.4、128.0、421.2mg/kg（F0代和F1代各8周）	睾丸脏器系数均明显降低	陈润涛等，2008
美他多辛	大鼠	灌胃	0.5、1.0、2.0g/kg（4周）	各剂量组睾丸、附睾、前列腺和精囊腺的脏器系数降低	陈江等，2003
			0.25、0.5、1.0g/kg（4周）	高剂量组睾丸、附睾、前列腺和精囊腺的脏器系数明显降低，中剂量组睾丸的脏器系数降低	陈江等，2007
			0.4、0.8、1.6g/kg（60d）	高剂量组睾丸脏器系数明显下降	王茵等，2005
苯甲酸雌二醇	21日龄大鼠	皮下注射	0.1、100.0μg/kg（出生后22～35d染毒，分别于出生后第50、64和150d处死）	在出生后第50和64d睾丸的重量下降	李和程等，2009

续表

药物	动物	染毒方式	染毒剂量（染毒时间）	结果	文献
己烯雌酚	大鼠	皮下注射	0.01、0.1、1.0、10.0μg/kg（出生后22~35d染毒，分别于出生后第50、64和150d处死）	在出生后第5d和64d，1.0、10.0μg/kg剂量组睾丸重量下降	李和程等，2008
腺嘌呤	大鼠	灌胃	0.3、0.5g/kg（30d）	睾丸和附睾的重量和脏器系数均显著降低	俞铮铮等，2009
维生素 B_6	大鼠	灌胃	140、280、560mg/kg（4周）	随着染毒剂量的增加，睾丸、附睾、精囊腺和前列腺的脏器系数降低	陈江等，2006
伊维菌素	大鼠	灌胃	0.17、3、5mg/kg（4次、1次/5天）	高、中剂量组睾丸和附睾的脏器系数下降	姜晓文等，2010
巴戟甲素	小鼠	灌胃	20、40、80、160、320mg/kg（30d）	80、160mg/kg剂量组精囊腺和前列腺脏器系数显著降低	林芳花等，2008
雷公藤甲素	小鼠	灌胃	25、50、100μg/kg（60d）	各剂量组睾丸出现萎缩，睾丸脏器系数降低	刘良等，2001
雷公藤甲素衍生物 MC004	小鼠	尾静脉注射	0.25、0.50、0.75mg/kg（4周）	睾丸和附睾的重量和脏器系数均明显降低	骆永伟等，2009

表 4 - 6 其他因素对雄性动物生殖器官湿重和脏器系数的影响

类型	动物	染毒方式	染毒剂量（染毒时间）	结果	文献
酒精加高脂饮食	大鼠	灌胃	5%、20%、40%的酒精溶液，以及5%、20%、40%的酒精溶液加高脂饮食，灌胃剂量均为10ml/kg（12周）	高剂量酒精组和高剂量酒精加高脂饮食组睾丸重量下降	于东等，2007
化工厂废水	小鼠	腹腔注射	生产用水组、已处理生产废水组、未处理生产废水组0.1毫升/只释释液（相当于原水样5.6ml）（1周）	各剂量组睾丸重量明显下降	钱晓薇等，2004
氯化消毒饮水中有机提取物	小鼠	灌胃	125、250、500mg/kg（15d）	高、中剂量组睾丸脏器系数降低	赵淑华等，2008
水中有机提取物	大鼠	灌胃	2、16、80L水样中的有机提取物/公斤（4周）	高剂量组附睾的重量明显增高	曹波等，2007
烹调油烟	大鼠	吸入染毒	（43±4）mg/m³（20、40、60d，30分钟/次）	睾丸和附睾的脏器系数均明显降低	李东阳等，2005

缩，附睾管内结缔组织增生（李建秀等，2002 年）。大鼠经口给予 10、50、200mg/kg 醋酸铅 15、45 天后，光镜下可见睾丸生精小管上皮细胞稀疏，基膜增厚，相邻的支持细胞膜呈指状镶嵌，间质毛细血管充血、扩张、增生，睾丸中凋亡细胞增多（Gorbel F et al，2007年）。哺乳期雄性小鼠（即出生后 0～21 日龄）自由饮用含浓度为100、300、500mg/L 醋酸铅的水，在光镜下可见睾丸生精小管内细胞排列松散，且随浓度的增加精母细胞明显减少，精子细胞减少（张妍等，2006 年）。大鼠经口饲喂 10、50、200mg/kg 醋酸铅 3 个月，光镜下可见生精小管萎缩，间质细胞退化，支持细胞中出现核裂、细胞质空泡化的现象（Batra N et al，2001 年；Hovatta O et al，1998年）。大鼠腹腔注射 2.5 mg/kg 硫酸镍 9 天，电镜下精原细胞核固缩，核质间隙增宽，核膜皱缩；精母细胞核膜不规整、染色质聚集、胞浆可见空泡；圆形精子细胞染色质浓缩，并出现坏死，胞浆中可见大量空泡，线粒体肿胀；支持细胞线粒体肿胀，溶酶体增多；间质细胞核皱缩，滑面内质网小泡样扩张，线粒体肿胀，溶酶体增多等（孙应彪等，2007 年）。鹌鹑灌胃 10、20、40mg/kg 氯化镉 1 和 2 周，光镜下可见中剂量组生精上皮细胞层数明显减少，各级生精细胞排列疏松，少量生精细胞脱落、坏死，管腔内游离精子很少，生精小管分离甚远，高剂量组睾丸组织的损伤进一步加剧，生精上皮细胞层次不清，部分生精细胞脱落、溶解，管中央有坏死脱落的细胞（江燕琼等，2007 年）。大鼠灌胃 0.375、0.75、1.5mg/kg 三氧化二砷 16 周，光镜下可见中剂量组睾丸生精上皮细胞结构疏松，生精小管管腔增宽，间隙增宽，细胞体积缩小；高剂量组出现了部分生精小管基膜溶解，生精上皮细胞层次紊乱，细胞间隙增大，细胞体积缩小，管腔中有脱落的细胞和精子，间质出现水肿和渗出（陈伟等，2008 年；陆祥等，2008 年；邹焰等，2007 年）；大鼠经自由饮用含 150 mg/L 三氧化二砷的饮用水 10 周后，郭贵华等（2008）观察到了同样的表现。大鼠腹腔注射 2、4、8mg/kg 三氧化二砷 2 周，光镜下中剂量组生精小管结构变化虽不明显，但精子形成有所减少，高剂量组部分生精小管出现破裂、渗出，基膜溶解，精子生成明显减少，间质出现水肿渗出，支持细胞和各级生精细胞也有所减少（张育等，2003 年）。小鼠腹腔注射 7.5、15.0、30.0mg/kg 氯化锰，分别于染毒第 3、7、14、28、42 和 56 天分批处死受试动物，光镜下发现染毒至第 7 和 14 天，可见各剂量组睾丸间质有充血、水肿现象，染毒至 28 天 30mg/kg 剂量组和染毒至第 56 天 15、30mg/kg 剂量组睾丸生精小管呈不同程度的萎缩、变性，管内各级生精细胞数目较少或缺如，精子形成极少或无，部分管腔内可见坏死细胞碎片，随着时间的延长和剂量的增加病变加重（才秀莲等，2009 年）。大鼠腹腔注射 15、30mg/kg 氯化锰 4 周，电镜下各剂量组大鼠均可见生精细胞凋亡，表现为细胞膜完整、细胞质空泡化，核固缩形成一个均质致密的团块（张先平等，2007 年）。大鼠自由饮用含 0.5、5g/L 氯化锰水溶液 60 天后，光镜下部分生精小管上皮细胞几乎或全部丢失，仅可见残余的基底膜和少量精原细胞构成的网状结构；部分生精小管管壁变形、萎缩、管腔破裂；各级生精细胞排列紊乱、数量减少；管腔内成熟的精子数目明显减少，精子细胞核固缩；支持细胞和间质细胞数量显著减少，间质内可见间隙增多、扩大，渗出增多（吴燕明等，2008 年）。小鼠自由饮用浓度为 5、50、500、2000mg/L 的硝酸铈水溶液 3 个月后，随着染毒剂量的增加，光镜下生精细胞层数减少，生精小管周围的间质细胞变少和脱落细胞数量增加，精子数量减少（干雅平等，2006 年）。小鼠灌胃 25、50、100μg/g 氯化镧 15 天，光镜下低剂量组生精小管中只有 4～6 层细胞，生精小管周围的间质组织变少，中剂量组生精小管周围的间质组织进一步减少，高剂量组睾丸内间质组织很少，整个生精小管出现大面积的空腔，几乎无精子（陈言峰等，2009 年）。小鼠饮用 1%、1‰焦亚硫酸钠水溶液 10 天，光镜下睾丸组织中，间质细胞胞质呈水样变性，出现红染细小的颗粒状物质，颗粒周围有大小不等的淡染区；电镜下可见生精细胞排列紊乱，细胞器多变性，精原细胞和支持细胞的线粒体空泡化、嵴消失、内质网肿胀（马全祥等，2006 年）。小鼠饲料添加 90、150、210mg/kg 硫酸锌饲喂 8 周后，光镜下低剂量组生精小管形状不规整，界膜部分剥脱，管壁游离面无精子；中剂量组生精小管部分生精细胞缺失，无精子；高剂量组生精小管的生精上皮大部分脱落，管腔中可见脱落的、碾碎的细胞（寇素茹等，2004 年）。

2. 有机化合物　大鼠吸入浓度为 1000、2000、4000mg/m³ 的 1-溴丙烷连续 1 周，每天 8 小时，生精小管的 IX～XI 期的 19 级精子释放延迟（王海兰，2005 年）。大鼠腹腔注射 0.2、0.6、1.8g/kg 2-溴丙烷 5 天，电镜下生精小管基膜下未见明显的精原细胞层，细胞结构几乎消失，核坏死崩溃（李卫华等，2011 年）。小鼠吸入 21、42、84 mg/m³ 甲醛 13 周，每天 2 小时，电镜下生精小管出现破坏，次级精母细胞有浊肿变性，成熟精细胞不同程度变性，尤其在高浓度组生精小管的破坏和次级精母细胞变性更明显，成熟精细胞减少，且有个别精细胞坏死现象（王南南等，2006 年）。小鼠连续腹腔注射 0.2、2、20mg/kg 甲醛 5 天，光镜下中、低剂量组次级精母细胞有浊肿变性；成熟精细胞部分轻度变性；高剂量组次级精母细胞变性更明显，成熟精细胞减少，且有个别精细胞坏死（谢颖等，2003 年；唐明德等，2003 年）。小鼠腹腔注射 0.2、2.0、20.0mg/kg 液态甲醛 7 天，光镜下中剂量组可见部分生精小管生精细胞层次减少，细胞稀疏、变性、脱落，有的生精小管内可见精子出现水肿；高剂量组睾丸病变进一步加重，出现广泛性的生精细胞层次减少稀疏，生精细胞层明显水肿，生精细胞及支持细胞变性坏死、脱落，生精小管内可见个别变性的精子（王晓平等，2005 年）。小鼠动态吸入 1.0、3.0 mg/m³ 气态甲醛 1 周，每天 6 小时，光镜下高浓度组睾丸白膜有破裂现象，生精小管部分上皮细胞脱落，管壁有严重溶解现象，管腔中央呈较大的空腔，各级精细胞排列非常不整齐，高倍镜下可见坏死脱落的初级和次级精母细胞，与空白组比较发现脱落的初级和次级精母细胞显得肥大，细胞膜边界不清楚，有精子坏死的现象（曾春娥等，2003 年）。大鼠腹腔注射 0.1、1、10mg/kg 甲醛 3 和 14 天，光镜下高、中剂量组生精小管萎缩，生精小管直径减小，生精上皮层数减少，细胞排列紊乱，支持细胞数量减少，细胞间的紧密连接破坏，间隙增大，部分细胞线粒体空泡化，核染色质边集；大量初级精母细胞脱落堆积在管腔，管腔内成熟精子数目明显减少，睾丸间质轻度充血、水肿（周党

侠等，2009 年）。小鼠灌胃 35、70、140 mg/kg 三硝基甲苯 30 天，
电镜下生精小管上皮层次变薄，精原细胞透明变性；生精小管间出现
精子，基膜绉缩，凹凸不平，大片未脱落的细胞质残余体出现（李建
秀，2003 年）。对性成熟期、断奶期的小鼠，0.16、0.8、4、20mg/
kg Aroclor 1254 腹腔注射 3 天和 6 天，光镜检查显示：（1）性成熟
期接触 Aroclor 1254 的雄鼠，睾丸生精小管管腔精子较多，精子大
小、形态、长短不一致，部分生精小管结构破坏，缺少精子，有的管
腔精子缺无而出现多量红染渗出物，附睾管中精子数量较多，管腔中
出现淋巴细胞。（2）断奶期接触 Aroclor 1254 的雄性子鼠，睾丸生精
小管大部分管腔精子较多，部分生精小管缺少精子，管腔出现球形精
子细胞，附睾管中除精子外，还存在脱落上皮细胞，且在此部分附睾
管内精子稀少（吉喆，2009）。大鼠自由进食含 10^{-8}、10^{-7}、10^{-6} mol/
L 多氯联苯的饲料 3 个月，光镜下低剂量组睾丸生精小管发生变性，
间质细胞排列散乱、细胞内有透明液体存在；中剂量组睾丸生精小管
间存有多量透明液体，初级精母细胞和精子数减少，支持细胞数目减
少；高剂量组生精小管中初级精母细胞和精子数目减少，支持细胞数
目进一步减少，生精小管完整结构破坏，间质细胞结构消失、水肿明
显（常德辉等，2005 年）。支持细胞在体外用 0.1、1、10μmol/L 6-
HO-BDE-137（一种典型的羟基化多氯联苯醚）培养 24 和 48 小时，
培养 48 小时后，光镜下支持细胞开始出现体积变小、皱缩变形，胞
质粗糙，颗粒感增强，部分细胞周围出现透明圈，胞浆中出现大小不
等的空泡等现象，并且此现象随处理浓度的增高而增强（胡伟等，
2009 年）。小鼠皮下注射 0.5、1.0、3.0、5.0μg/kg 2,3,7,8-四
氯二苯并对二噁英 1 周，电镜下能够观察到生殖上皮的溶解，精细胞
在整个发育阶段发生改变（Ibrahim Chahoud et al，1992 年）。小鼠
自由饮用含 1g/L 壬基酚自来水 10 天，电镜下生精细胞排列紊乱，
细胞器多变性，支持细胞线粒体空泡化、嵴消失、内质网肿胀（路军
秀等，2008 年）。大鼠灌胃 0.4、0.8、1.2、1.6g/kg 2-乙氧基乙醇
1 周，光镜下睾丸各级生精细胞，精子发生退行性改变，生精小管直
径测量各染毒组比对照组明显变小（阎向东等，2007 年）。小鼠灌胃

0.1、0.3、0.6g/kg 2-乙氧基乙醇 5 周，光镜下生精小管排列疏松，细胞层数明显减少，甚至仅见 2～3 层细胞，管腔萎缩，生精小管内各发育阶段的精母细胞均明显减少，成熟精子数量极少，甚至消失，生精小管部分管段脱落的生精上皮细胞排空后，出现管腔内仅剩单层精原细胞或只剩纤维性管壁的现象（聂燕敏等，2007 年）。大鼠腹腔注射 1、25mg/kg 双酚 A 8 周，光镜下高、低剂量组睾丸间质轻度水肿，生精小管细胞层次稍紊乱，支持细胞线粒体轻微肿胀，次级精母细胞轻微脂肪变性，溶酶体增多，高剂量组睾丸间质细胞轻微脂肪增加（桂军红等，2005 年）。4 周龄大鼠皮下注射 50、100、200 mg/kg 双酚 A 6 周，光镜下发现前列腺平滑肌细胞缺失，基底膜细胞排列紊乱，精囊内精囊液量明显减少（刘艳等，2008 年）。22 日龄大鼠灌胃 5 mg/kg 双酚 A 4 周，光镜下睾丸生精小管支持细胞与生精细胞分离，细胞排列稀疏、紊乱，细胞核染色质呈絮状，或固缩凝聚，有的生精小管的生精细胞发生空泡变性，精细胞发育不良，数量很少，附睾间质明显水肿，附睾管管腔中精子数量稀少，管腔空亮，散见残存的精细胞碎片（罗冬梅等，2008 年）。小鼠饲喂含 0.5％双酚 A 的饲料 2 周后，支持细胞与生精细胞分离，在生精小管与生精细胞基底膜之间形成较大的空隙，大量生精细胞脱落至管腔中，并且生精细胞稀疏，排列紊乱，大部分次级精母细胞和少量初级精母细胞的细胞核染色质凝聚成絮状（邓茂先，2001 年）。小鼠吸入 4.30、9.43、18.86、37.71mg/m³ 甲苯二异氰酸酯 2 周，每天 4 小时，光镜下在最高浓度组可见近睾丸被膜处生精小管内各级精原细胞脱落、缺失，精子减少，细胞有轻度固缩，随着染毒浓度的降低这种变化减轻；电镜下在最高浓度组中各级精原细胞有不同程度的固缩，细胞间隙明显增宽，线粒体肿胀、嵴消失，个别细胞有空泡变，粗面内质网扩张、脱颗粒，随着接触浓度的降低，各种病理改变减轻（季宇彬等，2006 年）。大鼠用 0.25、0.5、1.0g/kg 邻苯二甲酸丁基苄酯灌胃 6 周后，光镜检查结果显示，高剂量组可见睾丸萎缩，睾丸的生精小管呈不同程度的萎缩、变性，各级生精细胞减少或消失，管腔内无精子或精子极少（李环等，2010 年）；电镜检查显示，生精上皮内支持细胞与生精细胞结构明显紊乱，细胞间连接结构消失，出现大的液化池和脂滴，生精细胞体积变小，细胞核轻度固缩，染色质边集，游离核蛋白体丰富，线粒体少，支持细胞胞质内可见较多的脂滴和体积大、不规则的次级溶酶体，细胞核表面有切迹，核仁明显，滑面内质网丰富，部分线粒体空泡变性，部分生精细胞内线粒体电子密度增大，嵴消失，胞质内有较多的空泡结构（杨波等，2007 年）。4 周龄大鼠灌胃0.25、0.5、1.0 mg/kg 邻苯二甲酸二丁酯 8 周，分别恢复 4 和 8 周，光镜下高剂量组所有生精小管内出现生精上皮变性，几乎弥漫到整个生精上皮，没有发现有精子产生，生精小管中仅剩下支持细胞和少量精原细胞，多数的细胞质中具有空泡，组织结构的改变在恢复期未见明显改善；中剂量组出现局部生精上皮细胞变性，局部萎缩，生精小管可见明显的损伤，恢复期损伤有所减小（常兵等，2007 年）。大鼠灌胃 0.25、0.5、1.0、2.0g/kg 邻苯二甲酸二丁酯 30 天，恢复 15 天光镜下 2.0 g/kg 剂量组生精小管退变，生殖上皮变薄，胞浆淡染，管腔内生精细胞和精子数明显减少，恢复期未见明显好转（张晓峰等，2008 年）。大鼠灌胃 0.25、0.5、1.0g/kg 邻苯二甲酸二丁酯 4周，光镜下中剂量组睾丸生精上皮结构较疏松，生精小管管腔中精子数量减少，生精小管间隙增宽，细胞体积缩小；高剂量组部分生精小管部分出现基膜溶解，生精上皮细胞层次紊乱，细胞间隙增大、体积缩小，管腔中有脱落的精子和细胞，成熟精子数量明显减少，间质出现水肿、渗出（舒小林等，2010 年）。用 0.75、1.5、3.0g/kg 邻苯二甲酸（2 - 乙基）己酯与饲料混合饲喂小鼠 4 周后，光镜下中剂量组睾丸生精小管腔径变小，间质增宽，生精上皮层次减少，其中各种生精细胞与支持细胞减少，部分生精细胞有脱落现象；高剂量组睾丸生精小管外形明显不规则，生精上皮细胞严重损伤，仅基底部见到少量的支持细胞和精母细胞（崔月美等，2009 年）。大鼠灌胃 1.0 g/kg邻苯二甲酸二丁酯、1.7 g/kg 邻苯二甲酸二乙基己酯，以及二者联合灌胃 8 周，光镜下单独染毒时各染毒组生精小管外形尚规则，生精细胞与支持细胞连接明显减少，支持细胞数目明显减少，生精上皮层数减少，仅有少量的精母细胞和支持细胞组成，且有脱落的现象，细胞排列疏松紊乱，附睾上皮受损，细胞排列尚规则，有脱落的细胞，间质增宽，管腔内成熟精子数目减少；联合染毒组生精小管外形不规则、萎缩、变性、间质增宽，生精上皮退化变性、甚至消失，生精细胞耗竭，基底部仅有少量的支持细胞，且细胞肿胀、变性，出现空泡样改变，基膜尚完整，附睾上皮受损且变薄，间质增宽，管腔内几乎不见成熟精子（田晓梅等，2009 年）。大鼠腹腔注射 7.5、15、30mg/kg 丙烯腈 13 周，光镜下低剂量组少数生精小管边缘部生精细胞数量减少，少数生精细胞出现空泡样变；中剂量组睾丸生精小管边缘部出现大小不等的空泡，生精细胞和精子明显减少并伴有核固缩，有的生精小管中生精细胞大部分消失，偶见多核巨细胞；高剂量组生精小管内出现空泡，生精细胞明显减少，少数生精小管管腔中精子极少，个别生精小管萎缩，生精细胞全部消失。电镜下低剂量组，可见睾丸生精上皮内各层细胞均受损伤，许多生精细胞核内染色质发生浓缩并紧贴核膜边缘，核膜皱缩，许多早期精子出现头部畸形，同时还可以看到畸形核、坏死及凋亡的初级精母细胞；部分精原细胞也出现凋亡改变；中剂量组镜下可见生精小管基膜以上的生精上皮内有许多凋亡及坏死的细胞，但仍可区分不同发育过程中的细胞，生精小管管腔内可见到长形精子细胞和精子的横切面；高剂量组，可见生精小管管腔内基本无精子，生精小管基膜以上生精上皮内细胞出现空泡样变，细胞大部分坏死，间质细胞核膜水肿，核质淡染（钟先玖等，2006 年）。小鼠腹腔注射 1.25、2.5、5mg/kg 丙烯腈 5 天后，光镜下生精小管内生殖细胞的数量较阴性对照组减少，细胞排列紊乱，层次不清，管腔内成熟精子减少，高剂量组中还可见生精小管形态改变、基膜断裂等；电镜下可见精原细胞、精母细胞、精子细胞、支持细胞出现胞膜褶皱，核膜完整，核周间隙增宽，核固缩、碎裂、染色质凝集成块状、边集、核变形、核碎裂、凋亡小体出现等（肖卫等，2006 年）。小鼠灌胃 0.02、0.2、2mg/kg 他莫西芬（三苯氧胺）20 天，于末次给药 15 天后处死，光镜下中剂量组可见部分生精小管的细胞层次减少，高剂量组有多量生精小管的结构紊乱，可见皱缩、塌陷，只有 2～3 层细胞，排列疏松，或散碎于管腔中央；电镜下高剂量组睾丸组织生精小管的细胞层次减少，间隙增宽，生精细胞水肿，少数精原细胞的核染色质边集，支持细胞内有空泡变性、脂质增多及髓鞘样结构，间质细胞有明显的空泡变性，脂滴增多、密度降低，自噬泡与髓鞘样结构形成（余同辉等，2004 年）。大鼠灌胃 2，3，7，8 - 四氯二苯并二噁英 $10\mu g/kg$、Aroclor 1254 10mg/kg，以及二者联合染毒 12 天，电镜下 Aroclor 1254 单独染毒组部分睾丸生精小管发生变形，生精细胞和精子数减少，间质细胞排列散乱；2，3，7，8 - 四氯二苯并二噁英单独染毒组睾丸部分生精小管萎缩变形，大多数睾丸生精小管生精细胞明显减少，未见精子细胞和精子，支持细胞数减少，间质细胞明显减少；联合染毒组睾丸部分生精小管明显萎缩，各级生精细胞和精子显著减少，管腔内留下的生精细胞偶见变性，支持细胞数显著减少，个别生精小管生精细胞几乎消失，仅见少量精原细胞，间质细胞结构消失（卢春凤等，2009 年）。

3. 农药　小鼠用 50、100、150 mg/kg 甲氧滴滴涕灌胃 15 天，光镜下生精上皮变薄，细胞不连续，管腔中精子数目减少（杨静等，2005 年）。小鼠灌胃 100 mg/kg 甲氧滴滴涕 7、14 和 21 天，光镜下随着染毒天数的增加，生精小管上皮厚度依次变薄，管内细胞密度逐渐降低，精子数逐渐减少，在 21 天组某些生精小管的管腔还可以观察到管腔内精母细胞排列成多层（赵国军等，2005 年）。大鼠用 25.20mg/kg 辛硫磷和 0.47mg/kg 灭多威单独和联合灌胃 60 天，光镜下生精小管管腔内可见脱落的各级生精细胞，部分生精小管生精细胞层数和各级生精细胞数量均减少，细胞排列疏松紊乱，管腔内成熟精子数量减少（虎明明等，2008 年）。大鼠灌胃给予 0.82、2.45、7.35 mg/kg 毒死蜱 8 周，光镜下高剂量组生精小管排列稀疏，间质较正常组明显增宽，部分基膜脱落，生精小管的各级生精细胞数目呈不同程度地减少，严重时只有 1 层，腔内精子数减少，随着剂量的增加病变越严重（文一等，2008 年）。家兔自由采食 1.5、3.0、4.5mg/kg 高效氯氰菊酯喷洒的饲草 8 周，光镜下可见高剂量组间质细胞、支持细胞、初级精原细胞、次级精母细胞的数量明显减少，且后两种细胞层数显著减少，生精小管管腔中生成的精子数目减少明显，支持细胞出现部分脱落和退化，附睾管中精子数目和成熟精子减少；中剂量组间质细胞和生精细胞的数量虽比高剂量组有所增加，但仍明显少于对照组（李海峰等，2006 年）。大鼠用 20、40、80 mg/kg 高效氯氰菊酯灌胃 8 周，电镜下高剂量组支持细胞轮廓不清，核膜破损，胞质内线粒体呈空泡样改变，部分胞质溶解；各级生精细胞内均可见到呈空泡样改变的线粒体，核内染色质多凝集成块，核内基质变空，胞质内容物排列紊乱，生精小管管腔内可见成熟精子位于多个空泡变性的精子细胞间（安丽等，2003 年）。小鼠用 9.1、18.2、36.4mg/kg 快杀灵灌胃 10 天，光镜下高剂量组生精小管萎缩，生精细胞数量减少，排列紊乱，部分管壁不完整，生精细胞脱落或坏死，中、低剂量组生精小管上皮排列疏松，生精上皮细胞数量减少，呈一定的剂量-反应关系。电镜检查显示：①精原细胞：高剂量组精原细胞可见线粒体肿胀、嵴紊乱，甚至空泡化，溶酶体明显增多，核膜增厚，染色质颗粒增多，核仁增大，部分核固缩，与支持细胞间形成空泡状裂隙；中剂量组精原细胞染色质轻度凝聚，形成染色质颗粒，溶酶体明显增多，细胞间隙增宽；低剂量组可见精原细胞染色质轻度凝聚，与支持细胞间形成空泡状裂隙。②精母细胞：高剂量组可见染色质凝聚，线粒体轻度肿胀。③精子细胞：高剂量组精子细胞线粒体肿胀呈空泡，细胞核膜增厚，核凝聚、固缩，精子的顶体发育不良。④支持细胞：高剂量组线粒体增多，呈多形性，部分嵴消失呈空泡化，滑面内质网扩张，甚至空泡化（甘亚平等，2005 年）。小鼠灌胃 1、4、15、60 mg/kg 高效吡氟氯禾灵 90 天，光镜下除 1mg/kg 剂量组，其他各剂量组睾丸各级生精上皮细胞明显脱落、层次减少、管腔空虚、管壁变形变薄且萎缩（顾军等，2006 年）。大鼠灌胃 290、1160、4640mg/kg 精吡氟禾草灵 90 天，高剂量组生精小管内生精细胞不同程度脱落、减少，甚至消失（杨校华等，2007 年）。大鼠经口给予 60、190、590mg/kg 精氟吡甲禾灵 5 天，光镜下高剂量组生精小管生精细胞层减少或消失，附睾管内未见精子或仅有少量精子及一些生精细胞，随着染毒剂量的降低，此现象减轻（顾刘金等，2006

年）。小鼠用 321.5、1250、2500、5000mg/kg 绿麦隆和 18.75、875、1750mg/kg 阿特拉津两两联合灌胃 25 天，光镜下可见，生精小管上皮细胞排列紊乱，生精细胞脱落，细胞间隙变大，间质轻度水肿，联合染毒组病理改变加重，表现为生精小管萎缩，精母细胞发育生成精子的数量减少，生精上皮层数极少；电镜检查显示，各剂量组生精细胞线粒体呈不同程度空泡样改变，核膜肿胀、弯曲，联合染毒组病理变化比单体系染毒组更明显，表现为 321.5mg/kg 绿麦隆＋218.75mg/kg 阿特拉津染毒组中，生精小管细胞尚存，核凝集，细胞质中见线粒体空泡变性，粗面内质网脱颗粒，光面内质网、高尔基体增生扩张并空泡化，部分组织见溶解样改变；1250mg/kg 绿麦隆＋875mg/kg 阿特拉津染毒组中，生精小管管壁细胞核、异染色质斑块状凝集，核基质减少，中层生精细胞水肿变性，胞质变淡，电子密度降低，肿胀明显，细胞质中线粒体嵴结构肿胀及粗面内质网脱颗粒，支持细胞水肿变性，细胞膜节段性溶解改变，细胞间紧密连接部分破坏（穆洪等，2007 年）。麦草绝（500g/kg）和莠玄津（4g/kg）混悬溶剂饲喂雄性大鼠 24 周后，电镜下可见睾丸中生精上皮变薄，细胞排列紊乱，个别精子细胞甚至接近基膜，支持细胞内出现巨大的异噬体（吞噬和降解的精子细胞），可见高电子密度的凝固性坏死细胞，其超微结构混浊，质膜残缺（武惠珍等，2004 年）。大鼠皮下注射 2.5、5.0、7.5 mg/kg 硫丹 10 周，光镜下高剂量组附睾和前列腺组织可见不同程度的间质增生和纤维化（朱心强等，2002 年）。大鼠一次性灌胃 0.313、1.25、5.0mg/kg 敌鼠钠，光镜下生精小管均有不同程度的萎缩，管间隙增大，生精上皮细胞层次减少，排列松散，管内空腔增大，精子层稀疏，用目镜测微尺测量，各实验组精子层厚度明显变薄（徐晓红等，2000 年）。

4. 物理与生物因素　用移动电话模拟辐射源对小鼠进行全身照射，辐射频率为 935 MHz，平均功率密度分别为 570、1400 $\mu W/m^2$，每天照射 2 小时，连续 5 周后，光镜下低强度组只有少量生精小管受损，变性的生精细胞少，高强度组几乎每个生精小管均有核固缩、变性的生精细胞，生精小管管腔中脱落细胞增多；电镜下 1400$\mu W/m^2$

组精子尾部线粒体明显异常，表现为形态大小不一，分布不均，部分出现肿胀，电子密度减低，板状嵴减少，灶性空化（操冬梅等，2005年）。小鼠用 2.5×10^3、5×10^3、1×10^4、2×10^4 个/毫升浓度弓形虫速殖子一次性腹腔注射 0.2 毫升/只，光镜下睾丸生精小管上皮部分有不同程度的变性，多数管腔内成熟精子减少，生精小管层次减少不明显，但多数生精小管仅见精原细胞及初级精母细胞或精子细胞层，不见次级精母细胞层，呈生精停滞；细胞层次排列混乱，精原细胞与基膜距离增加，生精小管管腔存在脱落的精母细胞，大部分生精小管的生精细胞存在不同程度的胞质及核的空泡性变及核凝聚，呈现凋亡特征（杨瑞等，2006 年）。大鼠腹腔注射 0.5、1.0、1.5μg/kg 微囊藻毒素（MC‐dLR）2 周，光镜下中、低剂量组生精小管轻度萎缩，间隙增大，组织轻度脱落；高剂量组生精小管萎缩较中、低剂量组更为显著，大量组织脱落堵塞管腔，支持细胞、间质细胞、各级精母细胞数量均显著减少（李燕等，2008 年）。

5. 药物 大鼠灌胃 100、400、800mg/kg 奥硝唑 20 天，光镜下高剂量组生精小管内精子细胞明显减少，管腔内可见脱落的各级生精细胞，并且可以见到附睾管内精子数目减少，各种原始生精细胞、中性粒细胞、巨噬细胞增多，部分细胞呈浓缩、溶解等坏死样变（熊芬等，2006 年）。大鼠亲代和子一代各灌胃 41.4、128.0、421.2 mg/kg 多效唑原药 8 周，光镜下主要表现为生精细胞变性、坏死，数目减少，层次紊乱；支持细胞变性，间质血管充血，生精小管内精子数目明显减少（陈润涛等，2008 年）。叙利亚金黄色仓鼠皮下注射 0.01、0.1、1mg/kg 己烯雌酚连续 7 天，光镜下可见高剂量组生精小管的管壁变薄，管壁中细胞排列紊乱，细胞间出现较大的间隙，管腔内有大量异常脱落的精母细胞及圆形精子细胞，少见或未见有长形精子细胞和精子（马爱团等，2007 年）。大鼠在出生后第 22～35 天皮下注射 0.01、0.1、1.0、10.0μg/ kg 己烯雌酚，分别于出生后第 50、64 和 150 天处死，光镜下可见出生后第 50 天时，1.0μg/ kg 剂量组部分生精小管管径较小，生精上皮中的细胞数目减少（主要为各级生精细胞），精子发生受阻，形态成熟的精子少见，间质细胞发育较幼稚，

10.0μg/kg 剂量组生精小管管径普遍减小，生精上皮中的细胞数目明显减少，排列紊乱，精子发生严重受阻，精子细胞和成熟精子罕见，间质细胞幼稚（李和程等，2008 年）。21 日龄大鼠皮下注射 0.1、100.0μg/kg 苯甲酸雌二醇（EB）2 周，并于青春期晚期（出生后 50 天）、性成熟后（出生后 64 天）和成年期（出生后 130 天）分批处死各组大鼠，光镜下生精小管管径变小，生精上皮中各级生精细胞数目减少，未见精子细胞和成熟精子，间质细胞幼稚呈梭形，胞体和胞核体积较小（李和程等，2009 年）。大鼠灌胃 0.25、0.5、1.0g/kg 美他多辛 4 周，光镜下高剂量组出现各级生精细胞均有不同程度减少，甚至消失，生精小管管腔内可见脱落精子细胞团，精原细胞有空泡样变性，一些小管已失去细胞层次，空泡增多并开始萎缩，部分支持细胞轻度水肿、变性，附睾管内脱落细胞增多，成熟的精子减少；中剂量组生精小管内精原细胞轻度萎缩、退化，生精小管和附睾管内成熟精子减少，病理表现总体较高剂量组轻（陈江等，2003年）。大鼠灌胃 0.4、0.8、1.6g/kg 美他多辛 60 天，电镜下低剂量组生精小管内各级生精细胞存在，精原细胞与界膜间间隙增大，精子头部核质致密；中剂量组生精小管内各级生精细胞存在，部分成熟精子核成碎片状，核质稀疏；高剂量组生精小管内生精细胞缺少，界膜缺少，精原细胞核不规则、固缩，核染色质边集，核间隙增大，细胞内细胞器消失或减少，支持细胞空化，线粒体减少，生精细胞核明显凹陷、分叶、畸形，细胞内空泡大量增多，核有丝分裂过程消失，未见精子细胞及精子，部分生精小管内可见各级生精细胞，部分精子形状不规则、头部有空泡，发育迟缓（王茵等，2005 年）。大鼠腹腔注射 0.1、0.2、0.4g/kg 羟基脲 10 天，分别于停药后第 9、23 天处死，光镜下可见停药第 9 天，低剂量组生精小管排列基本规则，精原细胞和精母细胞略见减少，个别管腔细胞有脱落现象，中剂量组生精小管结构较规则，但直径变小，生精细胞缺失、脱落明显，高剂量组生精小管直径变小，层次减少，生精上皮层中出现大小不等的空泡，各级生精细胞明显减少，并伴有核固缩，生精细胞有脱落，部分管腔出现大量多核巨细胞；停药第 23 天，低剂量组生精小管直径变小，间质增宽，生精上皮萎缩，层次减少，各级生精细胞明显减少，基质成分保留，中剂量组生精小管直径变小，生精上皮萎缩，部分小管生精上皮层次消失，小管中生精细胞大部分消失，仅基底层保留有少量精原细胞，高剂量组生精小管外形不规则，生精上皮几乎消失殆尽，精原细胞罕见，仅在基底部见到少量精原细胞，部分生精小管甚至成为空腔（周莉等，2008 年）。新生大鼠出生后 3 天灌胃 25、250μg/kg 5-AZa-2'-Deoxycytidine 5 天，在最后一次暴露后 24 小时处死，光镜下可见睾丸生精细胞胞质变松，有空泡形成，随着染毒剂量的增加，空泡变性的细胞数亦增加，但是停止染毒发育至 12 周龄时，光镜下未见明显异常（李克勇等，2009 年）。大鼠灌胃 0.3、0.5g/kg 腺嘌呤 30 天，光镜下生精小管基膜增厚，生精上皮变薄，生精小管上皮细胞排列紊乱，少数上皮与基底部分离，管腔内可见脱落的生精细胞，一些支持细胞与生精细胞呈分离状，生精细胞明显减少，间质水肿，间质细胞减少（俞铮铮等，2009 年）。大鼠以 140、280、560mg/kg 维生素 B_6 灌胃 4 周，光镜下可见高剂量组睾丸各级生精细胞减少，生精小管有精子细胞脱落、精子细胞变性坏死、支持细胞肿胀、微管稀少（陈江等，2006 年）。大鼠腹腔注射 30 mg/kg 雷公藤多苷 80 天后，光镜下生精小管内空洞无物，各级生精细胞明显减少，初级和次级精母细胞显著减少，精子细胞和精子消失，精原细胞少量存在，可见多核巨细胞（杨静娴等，2002 年）。大鼠灌胃 30mg/kg 雷公藤多苷 30 天后，光镜下生精小管轻度萎缩变小，管壁稍有不规则，大多数生精小管的生精上皮变薄，管腔变大而不规则，生精上皮之间有散在的大空泡，精原细胞及支持细胞层存在，但精原细胞减少，支持细胞增多，仅见少数散在的精母细胞和发育停滞的精子细胞，精子细胞排列散乱，多脱落于管腔内，多数精子细胞的核内有空泡，核偏位，还见有散在的死亡细胞，未见精子形成的结构；电镜下生精小管管壁内外基底膜层呈皱曲状，多数未见精原细胞，近管壁层有较多极不规则核的支持细胞，核大，核膜多有内陷，形成核内胞质沟袋，染色质主要为常染色质，核仁明显，胞质中线粒体肿胀、空化、嵴消失，内质网轻度扩张，支持细胞间常有巨大的空泡，支持细胞中包有变性死亡的生精细胞，腔面有少量的核不浓缩、顶体发育不良的精子细胞，胞质中线粒肿胀呈网球拍状或哑铃状，未见精子形成的结构（李德忠等，2006 年）。大鼠灌胃 10mg/kg 雷公藤多甙 8 周，光镜下部分生精小管排列松散，精子细胞和精子有所减少，在部分管腔腔缘可见病理形态的细胞，体积大小不一，核高度浓缩，有的已脱落至管腔，少数生精小管管壁中可见到多核巨细胞，细胞核染色质边集化，中央染色浅，近核膜处深染，细胞核或排列成堆，或成花环状排列，少数多核巨细胞内的核是接近精子头部形态的核，细胞质红色深染（张彬，2002 年）。小鼠用 100、200、300mg/L 雷公藤 CO_2 超临界萃取物和 100、300mg/L 雷公藤多甙片灌胃 20 天，0.05 毫升/只，光镜下雷公藤多甙片高剂量组的生精小管受损严重，生精小管中生精上皮细胞大量坏死，出现空泡，管腔中几乎无精子；超临界萃取物高、低剂量组生精小管排列整齐，生精细胞排列相对较稀疏，偶见排列紊乱现象（戴爱丽等，2009 年）。大鼠灌胃 30、50、100μg/kg 雷公藤内酯醇 8 周，光镜下高剂量组可见大量生精上皮损伤脱落，精母细胞减少，生精细胞减少，排列松散；中剂量组见生精上皮亦有较多脱落，睾丸生精细胞不同程度损伤，精子发育停滞，生精小管破坏；低剂量组生精上皮及细胞较前损伤轻微，精母细胞、精子细胞亦减少，排列松散（徐元萍等，2007 年）。小鼠灌胃 105 mg/kg（含雷公藤甲素 40μg/kg）雷公藤片 4 周，光镜下睾丸组织生精小管内初级精母细胞和精子明显减少，精原细胞和支持细胞也有所减少，管腔内可见退变脱落的生精细胞，尤其是圆形精子细胞较为多见，少数管腔内可见多核巨细胞，并出现严重的生精上皮细胞排列紊乱（吴建元等，2005 年）。小鼠给予 0.25、0.50、0.75mg/kg 雷公藤甲素衍生物 MC004 尾静脉注射 4 周，光镜下高、中、低剂量组均出现睾丸萎缩，生精小管内各级生精细胞排列紊乱、数量减少，部分生精细胞空泡样变性，腔内精子减少或消失，间质未见明显异常（骆永伟等，2009 年）。

6. 其他因素　小鼠吸入（28.00±1.98）和（56.00±3.11）mg/m³ 二氧化硫 1 周，每天 4 小时，电镜下睾丸的基膜、各级生精细胞发生病理改变,可观察到线粒体肿胀、核膜不清、精细胞顶体脱落现象;高浓度组超微结构损伤严重,可见基膜破损、细胞器释出现象(孟紫强等,2006年)。大鼠自由饮用150mg/L含氟水10周,光镜下各级生精细胞数量减少,支持细胞数量减少,结构疏松,成熟精子的数量减少(姜春霞等,2003年)。大鼠静式被动吸烟,6支/次,60分钟/次,2次/天,吸烟48天后,光镜下睾丸生精小管上皮变薄,各级生精细胞数量减少,排列紊乱,精子细胞和精子均减少(徐庆阳等,2008年)。大鼠每周吸烟5次,每次20支香烟,每次持续75分钟,共4周,光镜下睾丸出现水肿、淤血及变性坏死,生精小管变薄,上皮排列紊乱,睾丸间质出现水肿,致使生精小管间隙增宽(李珉等,2001年)。以2ml/d市售44度白干酒给大鼠灌胃26和28天后,光镜下睾丸间质间隙增宽,生精小管萎缩变细,生精小管管腔内生精细胞排列紊乱疏松,有不同程度的损伤,生精细胞间出现空隙,有的甚至变性、坏死、脱落,生精小管管壁萎缩变薄,周围间隙增宽,间质细胞弥漫增生(杨利丽等,2005年;郭树榜等,2010年)。大鼠灌胃6ml/kg50度酒精39天,电镜下基膜厚薄不均,基膜与基膜外胶原组织疏松增厚,呈波浪式皱褶,并可见基膜断裂;精原细胞与基膜和支持细胞之间可见到很多大空泡,使得精原细胞与基膜和支持细胞之间接触面减少,甚至成点状接触,近乎游离状态;精子内有过多的胞质,且有大小不一的空泡,尾部断面线粒体环和线粒体排列紊乱(金霆等,2006年)。大鼠灌胃2.7、4.5、7.5g/kg酒精13周,光镜下可见睾丸生精细胞核固缩、变性,生精小管腔中脱落细胞增多;电镜下可见初级精母细胞核变性溶解,精子细胞变态期核溶解,局部核内陷,核周隙扩大,变态期精子细胞移至基膜处,支持细胞内溶酶体增多、滑面内质网变性退化,精原细胞核空泡化(解丽君等,2009年;赵松等,2005年)。小鼠用50、120、200mg/kg棉酚灌胃20天,光镜下高、中剂量组可见部分生精小管排列较疏松,有些间质细胞消失,部分生精小管内基膜上的精原细胞较少,可见一些生精小管的初级精母细胞与精原细胞或基膜之间有较大的空隙,亦有部分生精小管腔内的精子减少（陈思东等，2007）。

二、对雄性动物睾丸细胞的毒性

对睾丸细胞毒性的研究，主要是从对生精细胞（spermatogenic cell）、支持细胞（Sertoli cell）和间质细胞（Leydig cell）影响三方面展开。外源化学物对睾丸细胞的影响，对精原细胞主要表现为细胞凋亡的增加，在有丝分裂中出现分裂异常等；精子主要表现为数量的减少、形态的异常、运动的变化等。间质细胞和支持细胞在睾丸中发挥着重要的作用，包括支持功能、内分泌功能，以及形成血-睾屏障等，对支持细胞产生部分或完全损伤时可表现为早期引起精子细胞脱落和支持细胞胞浆的严重空泡化等。外源性化学物可以引起睾丸细胞数量的减少，形态和功能的损伤，凋亡增加和死亡，甚至导致生殖功能的进一步损伤。详见表4-7、表4-8、表4-9、表4-10、表4-11、表4-12。

三、与雄性动物生殖相关激素水平的变化

下丘脑-垂体-睾丸轴（hypothalamic-pituitary-testicular-axis，HPTA）是雄性生殖系统激素分泌的一个完整的精密系统，下丘脑分泌促性腺激素释放激素（gonadotropin-releasing hormone，GnRH），GnRH与腺垂体GnRH受体结合，刺激腺垂体嗜碱性粒细胞释放间质细胞刺激素（interstitial cell stimulating hormone，ICSH）和卵泡刺激素（follicle-stimulating hormone，FSH），经血液循环到达睾丸，刺激睾丸间质细胞合成睾酮（testosterone，T）和雌二醇（estradiol，E_2），HPTA分泌的这些激素通过正负反馈调节睾丸的功能，外源性化学物通过影响这些激素的水平，导致生殖系统内分泌的改变，引起生殖系统损伤。外源化学物对生殖相关激素的影响，详见表4-13、表4-14、表4-15、表4-16、表4-17。

表 4-7　金属与类金属及其化合物对雄性动物睾丸细胞的毒性

类型	动物与细胞	染毒方式	染毒剂量（染毒时间）	结果	文献
醋酸铅	大鼠	腹腔注射	0.48、2.4、12mg/kg（12d）	各剂量组精子畸形率明显增加，中剂量组精子顶体异常精子百分率增加	马保华等，2005
	小鼠	饮水染毒	0.15%、0.3%、0.6%（8周）	体外实验睾丸细胞的增殖速度减慢	董淑英等，2005
	黑斑蛙	所处水环境染毒	0.1、0.2、0.4、0.8、1.6 mg/L（30d）	精子畸形率增加，精子计数减少，不活动精子百分数增加，活动精子百分数降低	贾秀英等，2009
氯化汞	大鼠	腹腔注射	1.0、3.0mg/kg（3周）	睾丸中生精小管中细胞凋亡数增加	陈小王等，2001
甲基汞	小鼠	灌胃	0.385、0.77、3.85mg/kg（3d）	高、中剂量组睾丸生殖细胞凋亡指数和精子畸形率均明显增加	金明华，2006；2005
硫酸镍	大鼠	腹腔注射	1.25、2.5、5.0 mg/kg（30d）	生精细胞总凋亡率升高，尤以生精早期和晚期阶段凋亡细胞增多为主	毛阃燕等，2009
氯化镉	大鼠	腹腔注射	0.2、0.4、0.8mg/kg（1周）	高剂量组每日精子生成量明显减少	徐莉春等，2000
			0.2mg/kg（3周）	睾丸精子头计数、每日精子生成量、附睾精子计数显著降低	梁咨育等，2004

续表

类型	动物与细胞	染毒方式	染毒剂量（染毒时间）	结果	文献
氯化镉	大鼠	腹腔注射	0.25、0.5、1.0mg/kg（1周）	各剂量组附睾尾精子计数减少，高、中剂量组每日精子生成量明显降低	李煌元等，2007
		皮下注射	0.1、0.2、0.4mg/kg（5周）	精子计数、活动率均降低，精子畸形率明显上升	王文祥等，2004
			1mg/kg（4周）	精子活动率降低，精子计数明显减少	曹建平等，2005
	小鼠	饲喂染毒	5、10mg/kg（3、6周）	染毒第3周时，高剂量组精子头计数和每日精子生成量均降低，中剂量组精曲线运动速度显著降低；高剂量组精子鞭打频率和前向性运动参数也显著下降；染毒第6周时，两个染毒组精子头计数和每日精子生成量均降低，高剂量组大鼠精子直线速度和直线性运动参数显著降低	朱善良等，2002
	小鼠	腹腔注射	1、2、4、6mg/kg（一次性）	生精细胞凋亡指数明显增加，与染毒剂量呈正相关	张昕等，2007

续表

类型	动物与细胞	染毒方式	染毒剂量（染毒时间）	结果	文献
氯化镉	小鼠	皮下注射	0.5、1.0、2.0mg/kg（5周）	附睾内精子密度以及精子活力显著下降，精子畸形率显著升高，并呈剂量-反应关系	余荣等，2007
三氧化二砷	大鼠	灌胃	0.375、0.75、1.5mg/kg（16周）	高、中剂量组睾丸精子头计数和每日精子生成量均著降低，生精细胞凋亡指数显著升高	陈伟等，2008；舒小林等，2007；陆祥等，2009
			2、4、8mg/kg（1周）	每克附睾中精子数降低，高、中剂量组精子畸形率明显升高	夏雅娟等，2008
		腹腔注射	2、4、8mg/kg（2周）	高剂量组睾丸精子头计数和每日精子生成量均减少	张育等，2004
			7.5、15、30mg/kg（16周）	高、中剂量组精子头计数和每日精子生成量均降低，生精细胞凋亡指数显著升高	陆祥等，2008

第四章 致动物（人）生殖发育毒性的外源化学物及毒性表现 71

续表

类型	动物与细胞	染毒方式	染毒剂量（染毒时间）	结果	文献
氯化锰	小鼠	腹腔注射	2.5、5、7.5、10mg/kg（12周）	精子总数、活动度降低，不动精子百分比增加，精子畸形率升高	宣登峰等，2002
			10、20、40mg/kg（5周）	高、中剂量组精子计数、直线运动精子、方向不定运动精子和活精率均显著下降，静止不动精子构成比增加，畸形率增加	张玉敏等，2004
			7.5、15、30mg/kg（3、7、14、28、56 d）	随着染毒剂量的增加和时间的延长，精子数量减少，活动率明显降低，畸形率增加	才秀莲等，2007
贫铀	大鼠	饲喂染毒	含贫铀50、70μg/kg的饮水及饲料、贫铀植入头片植入（3个月）	贫铀植入组精子畸形率增加，畸形以头体部为主，以无钩、无定形和香蕉头畸形居多	冷言冰等，2006
硫酸锌	小鼠	饲喂染毒	90、150、210mg/kg（8周）	生精细胞凋亡率增加	刘晋芝等，2004
纳米氧化锌	小鼠	腹腔注射	0.2、0.5g/kg（5次，2天1次）	精子计数、活精率降低，畸形率升高，生精细胞凋亡指数增加	郭利利等，2010

续表

类型	动物与细胞	染毒方式	染毒剂量（染毒时间）	结果	文献
氯化镧	小鼠	灌胃	25、50、100μg/g（7, 15d）	活精子百分数明显下降，顶体完整率下降，精子畸形率增高，并且随着染毒时间的延长损伤越严重	陈言峰等，2008
二氧化硅	大鼠	气管滴注	纳米 SiO$_2$ 组：1.5、7.5mg/kg，微米 SiO$_2$ 组：1.5、7.5mg/kg（5周）	精子数量减少，活动率降低，畸形率升高	林本成等，2007
硝酸铯	小鼠	饮水染毒	5、50、500、2000mg/L（3个月）	精子活力和数量都有所降低，顶体完整率明显下降，畸形率升高	胡珊珊等，2007
硝酸亚铈	小鼠	灌胃	15、30、60mg/kg（60d）	高、中剂量组精子数量和活精率明显降低，畸形率增加	赵海军等，2008
亚硒酸钠	精原细胞	体外处理	0.3、1.5mg/kg（24h）	精原细胞数变率增高	赵红刚等，2005
亚硫酸钠	小鼠	灌胃	32.5、65、130mg/kg（5d）	精子畸形率明显升高	沈明浩等，2007
亚硫酸钠和亚硫酸氢钠	小鼠	腹腔注射	0.125、0.25、0.5、1g/kg（物质的量 3∶1 混合，5d）	精子数量尤其是正常活动度精子数量减少，不活动精子数量增加，精子畸形率增加	孟紫强等，2006
氯化钠和三氧化二砷	大鼠	灌胃	氯化钠＋三氧化二砷：150＋75、30＋15、6＋3（mg/L）（8周）	F0 和 F1 代大鼠精子畸形率随着染毒剂量的增加明显升高	张晨等，2000

表 4-8 有机化合物对雄性动物睾丸细胞的毒性

有机化合物	动物	染毒方式	染毒剂量（染毒时间）	结果	文献
二硫化碳	大鼠	吸入染毒	50、250、1250mg/m³（10周，2h/d）	附睾尾精子总数及活动率均降低，畸形率升高	季佳佳等，2008
1-溴丙烷	大鼠	吸入染毒	1.0、2.0、4.0g/m³（1周，8h/d）	附睾精子运动率降低、畸形率增加	王海兰，2005
2-溴丙烷	蟾蜍	腹腔注射	0.2、0.6、1.8g/kg（一次性）	精原细胞死亡率明显增加并呈剂量-反应关系	李卫华等，2001
苯和甲醛	小鼠	灌胃	苯+甲醛：10+10、50+50、100+100（mg/kg）（8周）	随着联合染毒剂量的增加，精子计数明显减少、畸形率明显增加	李玲等，2006
2,5-己二酮	小鼠	腹腔注射	0.1、0.2、0.4g/kg（12周）	精子计数明显减少、活动率明显下降，畸形率明显增加	Kazuo Aoki et al，2004
过氧基异丙苯	小鼠	灌胃	0.125、0.5、2.0mg/kg（40d）	精子畸形率增加	徐文等，2006
2,3,7,8四氯二苯并对二噁英	小鼠	皮下注射	0.5、1.0、3.0、5.0μg/kg（1周）	精细胞数量减少	Ibrahim Chahoud et al，1992

续表

有机化合物	动物	染毒方式	染毒剂量（染毒时间）	结果	文献
2-乙氧基乙醇	小鼠	灌胃	0.1、0.3、0.6g/kg（5周）	精子生成减少，精子数量和活性明显下降，畸形率明显上升，停止染毒后可以自然恢复到正常水平	晏燕敏等，2007
氯丙醇	大鼠	灌胃	0.25、0.5、1.0、2.0、4.0、8.0、16.0mg/kg（90d）	4.0、8.0、16.0mg/kg剂量组精子数量减少，8.0、16.0mg/kg剂量组精子存活率下降	李宁等，2003
全氟辛烷磺酸	大鼠	饲喂染毒	32mg/kg（12周）	精子数量减少，活动率降低，畸形率增加	刘清国等，2010
壬基酚	小鼠	腹腔注射	21.25、42.5mg/kg（5周）	高剂量组精子数量及活力均降低，低剂量组精子活力降低	Mai H et al, 2007
	精子	体外处理	1、100μmol/L（立即观察）	高剂量组精子的游动速率明显减慢	Hara Y et al, 2007
辛基酚	大鼠	灌胃	80、160、320mg/kg（60d，3次/周）	随着染毒剂量的升高，精子数量和活动度呈下降趋势，畸形率呈上升趋势。	陆璐等，2009
双酚A	小鼠	灌胃	163、325、650mg/kg（5d）	首次染毒35d后，精子计数和活精率明显下降，静止不动的精子数和畸形率增加	张玉敏等，2004

续表

有机化合物	动物	染毒方式	染毒剂量（染毒时间）	结果	文献
双酚A和壬基酚	小鼠	灌胃	双酚A+壬基酚：24+12、60+30、120+60（mg/kg）（6周）	高、中剂量组活精率明显下降，精子畸形率明显升高	王薛君等，2005
二苯基甲烷二异氰酸酯	小鼠	腹腔注射	62.5、125.0、250.0mg/kg（2周）	高、中剂量组精子计数下降	周金鹏等 2008
邻苯二甲酸丁苄酯	大鼠	灌胃	0.05、0.25、0.5g/kg（6周）	高、中剂量组精子密度、精子活率下降，畸形率明显升高	李环等，2010
邻苯二甲酸二异辛酯	小鼠	皮下注射	0.1、0.3、0.5g/kg（20d）	精子活动率和存活率均明显降低	于乐云等，2008
丙烯腈	大鼠	灌胃	10mg/kg（60d）	精子数量减少，生精管变性，精母细胞减少	吴鑫等，2000
	小鼠	腹腔注射	1.25、2.5、5.0mg/kg（1、2、3、4、5周）	随着染毒剂量的增加和时间的延长，生精细胞凋亡率增加	肖卫等，2005

续表

有机化合物	动物	染毒方式	染毒剂量（染毒时间）	结果	文献
丙烯腈	小鼠	皮下注射	3、6、9、12mg/kg（5、35d）	染毒剂量达6mg/kg即可致精子计数减少，活精率下降、畸形率升高	崔金山等，2001
			2、4、8mg/kg（5d）	精子畸形率均明显升高	李芝兰等，2002
3,4-二氯苯胺	大鼠	灌胃	39、81、170、357mg/kg（5周）	170、357mg/kg剂量组精子密度降低，81、170、357mg/kg剂量组精子存活率和活动率下降，各剂量组精子畸形率明显增加	张波等，2009；卢冉等，2008
丙烯酰胺	大鼠	灌胃	20mg/kg（4周）	精子计数减少、畸形率升高	段志文等，2007
			5、15、30、45、60mg/kg（5d）	精子存活率明显下降、畸形率明显升高	宋宏绣等，2008
	小鼠	灌胃	20、40、60mg/kg（5d）	精子计数均显著降低、畸形率明显升高、高、中剂量组精子活动率显著降低	杨媛媛等，2008
环丙醇类衍生物	小鼠	饲喂染毒	1%（3d）	精子计数明显减少，活精率明显降低	杨学荣等，2004

表 4 - 9　农药对雄性动物睾丸细胞的毒性

农药	动物与细胞	染毒方式	染毒剂量（染毒时间）	结果	文献
甲氧滴滴涕	小鼠	灌胃	100mg/kg（1、2、3 周）	精子活动度和活率降低、畸形率升高	赵国军等，2005
甲基对硫磷	大鼠	灌胃	1.2、6、30mg/kg（6 周）	精子存活率明显降低、畸形率显著升高	黄斌等，2009
辛硫磷	大鼠	灌胃	2.72、8.17、24.5、73.5mg/kg（60d）	每日精子生成量减少、生精细胞凋亡指数增加	陈伟等，2008
	小鼠	腹腔注射	5.84、11.69、23.38、46.75mg/kg（5d）	随着染毒剂量的增加，精子数量减少、活率降低、畸形率增加，以头部畸形为主	刘秀芳等，2006
辛硫磷和灭多威	大鼠	灌胃	辛硫磷：25.2mg/kg，灭多威：0.47mg/kg，以及二者联合染毒（60d）	精子数量和活率明显降低、畸形率明显增加，二者表现为协同作用	虎明明等，2008
	小鼠	灌胃	辛硫磷＋灭多威：0.125＋0.125（mg/kg）（4、30d）	精子计数减少、活率降低、畸形率增加，睾丸生精细胞凋亡数增加	李宏辉等，2009

续表

农药	动物与细胞	染毒方式	染毒剂量（染毒时间）	结果	文献
辛硫磷和氰戊菊酯	大鼠	灌胃	辛硫磷组：8.2、73.5mg/kg，氰戊菊酯组：3.3、30.0mg/kg，辛硫磷＋氰戊菊酯组：8.2＋3.3、73.5＋30.0（mg/kg）(60d)	在低剂量水平，辛硫磷引起精子运动指标直线运动速度、前向性运动频率、鞭打频率降低，氰戊菊酯引起直线运动速度、直线性运动参数明显降低；两者联合染毒，对精子运动参数、精子生成等表现为相加作用。在高剂量水平，辛硫磷引起精子曲线运动速度、直线运动速度，侧摆幅度降低；氰戊菊酯引起直线性运动参数、前向性运动参数降低；两者联合染毒对精子运动参数和精子生成量表现为拮抗作用	詹宁音等，2001

续表

农药	动物与细胞	染毒方式	染毒剂量（染毒时间）	结果	文献
农满忆	小鼠	灌胃	30、60、120mg/kg（5d）	高、中剂量组睾丸细胞微核率和精子畸形率均显著升高	赵忠桂，2007
敌敌畏和氧乐果	小鼠	灌胃	敌敌畏：5.0、10.0、20.0mg/kg，氧乐果：2.5、5.0、10.0mg/kg（3周）	各剂量组精子畸形率均明显升高	周好乐等，2007
	精子悬液	体外处理	氧乐果：0.005%、0.01%、0.02%、0.04%、0.08%；敌敌畏：0.005%、0.16%；0.01%、0.02%、0.03%、0.04%、0.05%（即时观察）	随着染毒浓度的增加，精子运动时间逐渐缩短、速度越来越慢，精子运动轨迹也从直线变为孤线和曲线，由曲线变为原地运动或不运动	张玉博等，2009
敌敌畏和敌百虫	小鼠	灌胃	敌敌畏+敌百虫：2+2、10+10、50+50（mg/kg）（27d）	高、中剂量组精子数量和活率均显著降低、畸形率显著升高	何军山等，2009
敌百虫	小鼠	自由饮水	5mg/ml（50d）	精子畸形率明显升高	周好乐等，2008

续表

农药	动物与细胞	染毒方式	染毒剂量（染毒时间）	结果	文献
毒死蜱	大鼠	灌胃	0.82、2.45、7.35mg/kg（8周）	附睾精子数及活动率显著降低，高、中剂量组精子畸形率明显升高	文一等，2008
氯戊菊酯	大鼠	灌胃	20、40、80mg/kg（15、30d）	染毒15d时中剂量组精子数量明显减少，至30d时，中剂量组精子活力显著降低	姚克文等，2008
			2.4、12、60mg/kg（15、30d）	随着染毒剂量的增加，精子生成量明显减少	胡静嫆等，2002
	小鼠	灌胃	25mg/kg（5周）	精子计数明显减少，生精细胞凋亡指数增加	Hua Wang et al, 2010
	离体精子	体外处理	1、4、16、64μmol/L（1、2、4h）	染毒1和2h后最高剂量组的直线速度、直线性、鞭打频率、直线性运动参数和前向性运动参数明显下降；染毒4h后，直线速度、直线性运动参数、鞭打频率、直线性运动参数和前向性运动参数下降，16、64μmol/L剂量组精子曲线运动速度明显下降	宋玲等，2007

续表

农药	动物与细胞	染毒方式	染毒剂量（染毒时间）	结果	文献
氰戊菊酯	小鼠	灌胃	350~476mg/kg（2周）	精子畸形率明显升高，并且氰戊菊酯染毒组的畸形率高于苯染毒组	杨继红等，2009
苯	小鼠	吸入染毒	24992~35200mg/m³（2h/d，1周）		
2，3，7，8-四氯二苯并二噁英	小鼠	皮下注射	0.5、1.0、3.0、5.0μg/kg（1周）	3.0、5.0μg/kg剂量组精子数量明显减少	Chahoud I et al，1992
氯氰菊酯	小鼠	吸入染毒	3.36、16.61、111.05mg/m³（4周）	高、中浓度组精子活率降低，高浓度组精子总数降低	黄振烈等，2009
	家兔	饲喂染毒	1.5、3.0、4.5mg/kg（8周）	高、中剂量组精子活力和存活率下降、精子数量减少，畸形率升高，精子游动时间明显延长，凝集现象严重	李海峰等，2006，2005
高效氯氰菊酯	大鼠	灌胃	20、40、80mg/kg（8周）	高剂量组活精率和精子活动度降低	安丽等，2003

续表

农药	动物与细胞	染毒方式	染毒剂量（染毒时间）	结果	文献
快杀灵	小鼠	灌胃	9.1、18.2、36.4mg/kg (10d)	随着染毒剂量的增加，精子活动度逐渐降低，不活动精子率逐渐升高，精子总数下降，畸形率明显升高	甘亚平等，2003
硫丹	根田鼠	腹腔注射	7.0mg/kg (1、2周)	染毒2周后精子计数明显减少，活动率明显降低；染毒1周后精子畸形率升高	孙平，2010
杀螟丹	小鼠	灌胃	7.5、15、30mg/kg (5d)	高、中剂量组精子畸形率明显增加	武红叶等，2006
草甘膦	小鼠	灌胃	290、580、1160mg/kg (5d)	高、中剂量组精子总数减少，畸形率明显增加	康菊芳等，2008
敌鼠钠	大鼠	灌胃	0.313、1.25、5.0mg/kg (一次性)	高、中剂量组活动精子百分率明显降低	徐晓红等，2000

表 4 - 10　药物对雄性动物睾丸细胞的毒性

药物	动物与细胞	染毒方式	染毒剂量（染毒时间）	结果	文献
奥硝唑	大鼠	灌胃	0.1、0.4、0.8g/kg（20d）	各剂量组精子存活率均降低、畸形率明显升高；高剂量组精子每日生成量明显减少、精子密度下降	熊芬等，2006
美他多辛	大鼠	灌胃	0.5、1.0、2.0g/kg（2、4周）	随着染毒剂量的增加，精子数量明显减少、畸形率增加，活动力降低	祝慧娟等，2003
	大鼠	灌胃	0.25、0.5、1.0g/kg（4周）	高剂量组精子数量减少，存活率下降、活率降低，活力下降、畸形率增加	陈江等，2003；2007
			0.4、0.8、1.6g/kg（60d）	附睾内精子计数明显减少，在高剂量组达到无精症的程度	王茵等，2005
醋酸甲孕酮和十一酸睾酮	大鼠	肌内注射	醋酸甲孕酮：5mg/kg、十一酸睾酮：25mg/kg，以及二者联合染毒（3次，1次/月）	附睾精子计数下降，畸形率明显增加	贾悦等，2003
GnRH类似物	小鼠	腹腔注射	4微克/只（4d）	精子畸形率明显增加，顶体完整率下降、活率降低	庞训胜等，2003

续表

药物	动物与细胞	染毒方式	染毒剂量（染毒时间）	结果	文献
已烯雌酚	仓鼠生精细胞	体外处理	10、30、90μmol/L（8h）	在高剂量组大量生精细胞出现溶解、破裂、产生大量碎片，生精细胞存活率降低	李桂玲等，2010
	大鼠	皮下注射	0.01、0.1、1.0、10.0μg/kg（出生后22～35d，分别于出生后第50、64和150d处死）	出生后50d和64d，1.0、10.0μg/kg剂量组附睾尾精子密度减少；10.0μg/kg剂量组精子活动率降低，除0.01μg/kg剂量组外，其余剂量组，快速前向运动精子比例降低，非前向运动精子数比例增加；10.0μg/kg剂量组采滞前向运动精子比例减少；1.0、10.0μg/kg剂量组不动精子比例增加	李和程等，2008

续表

药物	动物与细胞	染毒方式	染毒剂量（染毒时间）	结果	文献
羟基脲	大鼠	腹腔注射	0.1、0.2、0.4g/kg（10d，于末次给药药后第9、23d处死）	高、中剂量组精子畸形率均明显的增加；在停药第9d后，高、中剂量组精子活动率明显下降；在停药23d后，精子计数减少，不活动精子明显增加，并且随着时间的延长没有恢复的迹象	周莉等，2008
			量效关系：0.1、0.2、0.4、0.6g/kg，2h后处死；时效关系：0.4g/kg，于给药6、12、24h后处死	量效关系研究中，生精细胞凋亡阳性小管所占比率和凋亡指数明显增加；其中以0.4g/kg为最高；时效关系研究中，给药后12h的每管凋亡阳性生精细胞数和凋亡指数达峰值	
维生素A	小鼠	灌胃	1.5、2.5、3.0g/kg（20d）	高、中剂量组精子数量减少，畸形率增加	赵宏等，2006

续表

药物	动物与细胞	染毒方式	染毒剂量（染毒时间）	结果	文献
维生素 B$_6$	大鼠	灌胃	140、280、560mg/kg（4 周）	高剂量组精子数量减少，活力和存活率降低，畸形率升高	陈江等，2006
环磷酰胺	大鼠	腹腔注射	100mg/kg（一次性）	染毒后 3 周和 9 周，生精细胞凋亡率明显增加；染毒后 9 周，生精小管的面积、直径、生精上皮细胞计数，Johnson's 评分均显著低于对照组	何大维等，2006
	小鼠	腹腔注射	30mg/kg（5d）	染毒后 4 周，精子畸形率明显增加，生精细胞微核率也明显增加	贾庆军等，2006
环孢霉素 A	大鼠	腹腔注射	20mg/kg（3 周）	精子发生明显障碍，生精细胞凋亡率明显增加	李山等，2002
伊维菌素	大鼠	灌胃	0.17、3、5mg/kg（4 次，每 5 天 1 次）	高、中剂量组精子密度和活率下降	姜晓文等，2010
肾炎灵片	犬	灌胃	0.25、1.0、4.0g/kg（3 个月）	高剂量组精子计数减少	柳子介等，2009

续表

药物	动物与细胞	染毒方式	染毒剂量（染毒时间）	结果	文献
风湿平胶囊	大鼠	灌胃	223、304、446、608mg/kg（交配前9周至交配成功）	生精细胞发育不良，精子数量减少、畸形率增加	陈波等，2007
5-AZa-2'-Deoxycytidine 大鼠	灌胃	灌胃	25、250μg/kg（出生后第3d开始染毒，染毒5d，发育至12周龄）	每克睾丸组织精子头计数及每日精子生成率呈现下降趋势，精子畸形率呈上升趋势	李克勇等，2009
雷公藤多苷	大鼠	灌胃	10mg/kg（8周）	附睾尾内精子密度及活动率均显著下降	张彬，2002
		腹腔注射	30mg/kg（80d）	精子密度降低，活动率为零	杨静娴等，2002
	小鼠	灌胃	10、20、30mg/kg（3周）	精子畸形率均明显增加	杨建一等，2006
雷公藤甲素	睾丸细胞	体外处理	0.1、1、10、1.0×10^2、1.0×10^3、1.0×10^4、1.0×10^5μg/L（24h）	$10\sim1.0\times10^5$μg/L浓度组混合培养细胞的增殖受到明显抑制	张晶璇等，2007

续表

药物	动物与细胞	染毒方式	染毒剂量（染毒时间）	结果	文献
雷公藤甲素	大鼠	灌胃	25、50、100μg/kg（50、60d）	高、中剂量组精子直线速度、直线性运动参数、前向性运动参数均明显降低，高剂量组精子曲线速度、平均路径速度、侧摆幅度、鞭打频率较低，各级生精细胞及精子变性、坏死及数量减少	李凡等，2009；刘良等，2001
	小鼠	灌胃	40μg/kg（4、12周）	附睾精子密度及存活率明显下降，畸形率增加	童静等，2004；吴建元等，2005
雷公藤内酯醇	大鼠	灌胃	30、50、100μg/kg（8周）	附睾精子活力明显降低	徐元萍等，2007
雷公藤甲素衍生物 MC004	大鼠	尾静脉注射	0.25、0.50、0.75mg/kg（8周）	精子密度、每克附睾精子计数、活动精子百分率、快速运动精子百分率、运动精子的大鼠精子目以及能够检测出直线运动精子的大鼠数目均降低。精子平均运动速度、高、中剂量组精子的侧摆幅度和鞭打频率及直线运动速度也显著降低，直线运动速度及曲线运动速度显著降低，高剂量组精子的直线性和前向性显明显降低；各剂量组的精子数目减少，精子的畸形率明显增加	路水伟等，2009

表 4 - 11 物理与生物因素对雄性动物睾丸细胞的毒性

类型	动物	染毒方式	染毒剂量与强度（染毒时间）	结果	文献
电磁辐射	小鼠	直接暴露	辐射强度：0.9～6.9 V/m（30、60、90d）	精子畸形率升高，随着时间的延长呈上升趋势	王尚洪等，2009
微波辐射	小鼠	直接暴露	辐射源为 250μW/cm²，微波频率为 900MHz，1.0mW 的连续波，全身 24h 暴露（1、2、3周）	精子畸形率明显增加，随着天数的增加呈上升趋势	李昱辰等，2009
磁场	小鼠	直接暴露	连续 24h 处于磁场强度为 0.04、0.08、0.12 T 的非恒定磁场内（5d）	精子数量，活动度下降，畸形率上升	马羚等，2002
极低频电磁场	小鼠	直接暴露	磁场强度为 0.2、3.2、6.4mT，暴露间断各 2h 为 1 周期（持续 2、4 周）	暴露 4 周后各照射强度组精子数量、活动率均下降，精子畸形率升高	洪蓉等，2003
手机辐射	小鼠	直接暴露	强度为 0.9、1.8GHz，1h/d（4周）	活动精子数量减少	MailankotM et al，2009
弓形虫速殖子	大鼠	腹腔注射	2×10⁵ 个/毫升，2 毫升/只（一次性）	精子计数、活动力和活率均降低	胡玉红等，2004；王瑞兵等，2009

表 4-12 其他因素对雄性动物睾丸细胞的毒性

类型	动物与细胞	染毒方式	染毒剂量（染毒时间）	结果	文献
氟化钠	大鼠	灌胃	25mg/kg（6周）	精子计数明显降低，活动率下降，畸形率明显升高	李艳等，2007
		饮水染毒	150mg/L（10周）	精子计数、活动率下降，畸形率升高	姜春霞等，2003；崔留欣等，2003；王锡林等，2003；郭贵华等，2008
	小鼠	灌胃	0.2、0.3g/kg（5周）	精子活动度和活精率均显著降低	安丽等，2004
酒精	小鼠	饮水染毒	10%（17d）	精子畸形率明显增加	Cebral E et al，2011
	大鼠	灌胃	市售44度白干酒1、2ml/d（13、26d）	精子总数减少，成活率明显下降，活动度降低，畸形率增加，生精小管中凋亡细胞百分数增加	杨利丽等，2005

续表

类型	动物与细胞	染毒方式	染毒剂量（染毒时间）	结果	文献
酒精	大鼠	灌胃	42度白酒 2ml/d（4周）	精子数量减少，成活率下降，活动率降低，畸形率增加	郭树榜等，2010
吸烟	睾丸细胞	体外处理	稀释成 1/20、1/16、1/10、1/8、1/4、1/2 的溶液（原液相当于 0.4 支/毫升）（2h）	随着稀释倍数的降低，细胞存活率明显降低	张遵真等，2001
	大鼠	吸入染毒	6 支/次，60 分钟/次，2 次/天（48d）	精子密度、总活动率、前向运动精子百分率、快速前向运动精子百分率均显著降低	徐庆阳等，2008
化工厂废水	小鼠	腹腔注射	生产用水组、已处理生产废水组、未处理生产废水组分别腹腔注射 0.1 毫升/只稀释液（相当于原水样 5.6ml）（1周）	已处理生产废水组和未处理生产废水组精子活动力下降，畸形率升高	钱晓薇等，2004
含铬废水	小鼠	灌胃	10%、20%的处理前、处理中和处理后的含铬废水 0.1ml/10g（5d）	精子畸形率明显增加	闫纯锴等，2005

续表

类型	动物与细胞	染毒方式	染毒剂量（染毒时间）	结果	文献
芥子气	大鼠	皮下注射	5mg/kg（一次性）	存活大鼠的精子数量减少，活率降低，畸形率明显增加	裴丽鹏等，2002
龙葵碱	小鼠	腹腔注射	5.25、10.5、21mg/kg（2周）	高、中剂量组精子畸形率明显增加	王秋平等，2009
烹调油烟	大鼠	吸入染毒	(43±4) mg/m³（20、40、60d）	精子数量和存活率显著下降，畸形率升高	李东阳等，2005
水中有机提取物	大鼠	灌胃	2、16、80L水样中的有机提取物/公斤（4周）	精子畸形率明显增加，高剂量组附睾尾精子计数明显降低	曹波等，2007
芹菜汁	小鼠	灌胃	1.53、3.06、6.12g/ml，0.3毫升/只（1周）	中剂量组精子活力和活率大幅度降低，非前向运动率明显下降，不动率明显升高	刘鹏等，2009
可乐	小鼠	灌胃	0.3、0.6毫升/只（4、6周）	精子密度降低，畸形率明显增加	赵小莉等，2003
棉酚	大鼠	灌胃	50mg/kg（隔日染毒，2周）	精子计数明显下降，活力降低	楚世峰等，2008

表 4-13　金属与类金属及其化合物对雄性动物生殖相关激素水平的影响

类型	动物	染毒方式	染毒剂量（染毒时间）	结果	文献
醋酸铅	黑斑蛙	所处水环境染毒	0.1、0.2、0.4、0.8、1.6mg/L（30d）	血清中T水平随着染毒剂量的增加而降低，而E_2水平却升高	贾秀英等，2009
醋酸铅和乙醇	大鼠	灌胃	铅染毒组：11、22mg/kg，乙醇（分析纯）染毒组：0.9、1.8g/kg，以及两者两两交叉联合染毒（4周）	联合染毒组血清T水平降低，ICSH和FSH水平升高	于素芳等，2001
氯化汞	大鼠	腹腔注射	1.0、3.0mg/kg（3周）	血清T水平降低	陈小玉等，2001
氯化镉	大鼠	腹腔注射	0.25、0.5、1.0mg/kg（1周）	中剂量组睾丸和血清中T水平均明显下降	李煜元等，2007
	鹌鹑	灌胃	10、20、40mg/kg（1、2周）	高、中剂量组血清中T水平明显下降	江燕琼等，2007
硫酸镍	大鼠	腹腔注射	1.25、2.5、5.0mg/kg（14、30d）	血清T、FSH、ICSH水平降低	孙应彪等，2003；2007
三氧化二砷	大鼠	腹腔注射	2、4、8mg/kg（2周）	高、中剂量组T水平明显下降	张育等，2004

续表

类型	动物	染毒方式	染毒剂量（染毒时间）	结果	文献
贫铀	初断乳大鼠	饲喂染毒	0.4、4、40mg/kg（4个月）	F0代血清T水平显著升高，血清ICSH水平在小剂量组升高，但在高、中剂量组变化不显著，血清FSH水平在小剂量组降低、高、中剂量组升高；F1代高、中剂量组血清T水平显著升高，高剂量组血清ICSH，FSH水平均显著下降	李蓉等，2007
纳米氧化锌	小鼠	腹腔注射	200、500mg/kg（5d）	血清T水平降低	郭利利等，2010
二氧化硅	大鼠	气管滴注	纳米SiO_2组：1.5、7.5mg/kg，微米SiO_2组：1.5、7.5mg/kg（5周）	血清和睾丸匀浆T水平显著降低	林本成等，2007

表 4 - 14　有机化合物对雄性动物生殖相关激素水平的影响

有机化合物	动物	染毒方式	染毒剂量（染毒时间）	结果	文献
甲醛	小鼠	吸入染毒	21、42、84mg/m³ （13周，2h/d）	高、中浓度量组血清T水平下降	王南南等，2006
2-乙氧基乙醇	大鼠	灌胃	0.8、1.6、3.2g/kg （6、12、24、48h）	血清中T水平随着染毒剂量的增加而降低，但是随着染毒时间的延长逐渐回升	马文军等，2001
全氟辛烷磺酸	大鼠	饲喂染毒	32mg/kg（12周）	血清T水平降低	刘清国等，2010
壬基酚	大鼠	皮下注射	12.5、25、50、100mg/kg （30d）	血清中T水平升高，12.5mg/kg剂量组E_2水平升高，E_2/T比值较低	朱建林等，2009
双酚A	大鼠	灌胃	0.05、0.10、0.20g/kg（5周）	低剂量组血液中T和E_2水平明显升高	段志文等，2005
	大鼠	皮下注射	0.05、0.10、0.20g/kg（6周，4d/周）	血清中T和E_2水平下降，高剂量组尤其明显	刘艳等，2008
氯乙酸甲酯	大鼠	灌胃	4.3、8.6、17.2、34.4mg/kg （13周）	血清T水平明显降低，与染毒剂量呈反比	罗红等，2005
甲苯二异氰酸酯	小鼠	吸入染毒	4.30、9.43、18.86、37.71mg/ m³ （2周，4h/d）	高浓度组T水平下降	季宇彬等，2006

续表

有机化合物	动物	染毒方式	染毒剂量（染毒时间）	结果	文献
磷酸二丁酯	小鼠	灌胃	268.75、537.5、716.67mg/kg (5d)	血清中T水平降低	孙艳等, 2006
邻苯二甲酸丁基苄酯	大鼠	灌胃	0.45、0.9、1.8ml/kg（30、60d）	血清和睾丸中T水平下降，血清中ICSH和FSH水平升高	杨波等, 2006
邻苯二甲酸二丁酯	大鼠	灌胃	0.25、0.5、1.0g/kg（染毒8周后恢复4周、8周）	高、中剂量组血清中T水平下降，E_2和FSH水平升高，但是在恢复期可以降低	常兵等, 2007
			0.25、0.5、1.0、2.0g/kg (30d, 恢复期15d)	染毒期间，0.5、1.0、2.0g/kg剂量组血清中ICSH水平降低，1.0、2.0g/kg剂量组血清中T、17β-E_2水平降低；在恢复期，不同剂量组血清中T、17β-E_2, ICSH水平基本恢复正常	张晓晖等, 2008
			50、250mg/kg (30、60、90d)	低剂量组血清T水平升高；高剂量组血清T水平降低，随着染毒时间延长先上升后下降	赵清等, 2009

续表

有机化合物	动物	染毒方式	染毒剂量（染毒时间）	结果	文献
邻苯二甲酸二(2-乙基己基)酯	大鼠	灌胃	10, 100, 750mg/kg (12d)	低剂量组T水平升高，高、中剂量组T水平降低	郑海红等，2010
邻苯二甲酸二环己酯	大鼠	灌胃	125, 250, 500mg/kg（8周）	血清T水平降低，E_2水平升高	常兵等，2007
异佛尔酮二异氰酸酯	小鼠	腹腔注射	0.05, 0.1, 0.2g/kg（2周）	各剂量组血清T水平和高、中剂量组睾丸T水平降低，各剂量组血清FSH水平升高，高、中剂量组血清ICSH水平升高	吴子俊等，2009
丙烯酰胺	大鼠	灌胃	4, 10, 18mg/kg（9周）	随着染毒剂量的增加，睾丸和血清中T水平明显下降	宋宏绣等，2008
苯并(a)芘	大鼠	灌胃	1, 5mg/kg (30, 60, 90d)	高剂量组血清T水平在30d和60d明显升高，在90d明显降低，并且低于低剂量组	赵清等，2009

表4-15　农药对雄性动物生殖相关激素水平的影响

农药	动物	染毒方式	染毒剂量（染毒时间）	结果	文献
辛硫磷和灭多威	大鼠	灌胃	辛硫磷组：25.20mg/kg，灭多威组：0.47mg/kg，以及两者联合染毒（60d）	血清中T水平均明显降低，两者联合具有协同作用，T水平下降更明显	虎明明等，2008
辛硫磷和氰戊菊酯	大鼠	灌胃	辛硫磷组：8.2、73.5mg/kg，氰戊菊酯组：3.3、30.0mg/kg，辛硫磷＋氰戊菊酯染毒组：8.2+3.3、73.5+30.0（mg/kg）（60d）	氰戊菊酯高剂量组血清T水平降低	詹宁育等，2001
氯氰菊酯	大鼠	灌胃	18、36、72mg/kg（4周）	睾丸匀浆T水平下降，血清FSH水平升高	胡蓉等，2005
氰戊菊酯	大鼠	灌胃	2.4、12、60mg/kg（15、30d）	染毒15d时，血清中，低剂量组ICSH，FSH水平明显升高，中剂量ICSH水平显著增加，睾丸匀浆中T水平显著下降；染毒至30d时，高、中剂量组血清中FSH水平显著升高，低剂量组睾丸中T水平降低	胡静熠等，2002
氰戊菊酯	小鼠	灌胃	25mg/kg（5周）	血清和睾丸中T水平均下降	Hua Wang et al，2010

表 4-16 物理与生物因素对雄性动物生殖相关激素水平的影响

类型	动物	染毒方式	染毒剂量与强度（染毒时间）	结果	文献
电磁辐射	小鼠	直接暴露	电磁波辐射峰值功率为90W/cm²，每组辐射时间固定为15min，辐射后观察3、6、24、72h 4个时相点	辐照后3h血清T水平明显下降，6h略有回升，24h恢复到正常水平，72h再次出现明显降低	杨进清等，2010
极低频电磁场	大鼠	直接暴露	暴露参数分为1.0、4.8、9.0mT，暴露间断各2h为1周期（持续8、12、16周）	随着暴露强度的增加以及接触时间的延长，血清T、E_2、FSH、ICSH水平均呈现下降的趋势，其中以T变化最为明显	朱世忠，2009
移动电话辐射	小鼠	直接暴露	平均功率密度分别为570、1400μW/m²，2h/d（5周）	血清T和FSH水平均明显下降	操冬梅等，2005
弓形虫速殖子	小鼠	腹腔注射	0.2×10³、0.4×10³、0.8×10³、1.6×10³个/只（一次性）	随着染毒浓度的增加，血清和睾丸中T水平逐渐降低，尤其是高浓度组和最高浓度组	杨端等，2009
	大鼠	腹腔注射	4×10⁵个/只（1周）	血清T和ICSH水平均下降	王瑞兵等，2009
微囊藻毒素	大鼠	腹腔注射	0.5、1.0、1.5μg/kg（2周）	高、中剂量组血清ICSH、FSH水平升高，血清T水平下降	李燕等，2008

表 4 - 17　其他因素对雄性动物生殖相关激素水平的影响

类型	动物	染毒方式	染毒剂量（染毒时间）	结果	文献
雷公藤多甙	大鼠	腹腔注射	30mg/kg（80d）	血清中 T 水平明显降低	杨静娴等，2002
氟化钠	大鼠	灌胃	25mg/kg（6 周）	血清 T 水平明显下降	李艳等，2007
		饮水	150mg/L（10 周）	血清 T 水平降低，ICSH 水平升高	崔留欣等，2003；姜春霞等，2003
酒精	大鼠	灌胃	0.5、1.5、3.0、4.0mg/kg（5、10 周）	染毒 5 周后，4.0g/kg 剂量组血清中 T 水平明显下降，ICSH，E₂ 水平升高；染毒 10 周后，血清中 3.0、4.0g/kg 剂量组 T 水平明显下降，4.0g/kg 剂量组 ICSH，E₂ 水平升高	刘艳等，2000
			2.7、4.5、7.5g/kg（13 周）	各剂量组血清 T 和 ICSH 水平明显降低，高剂量组 FSH 水平明显降低	解丽君等，2005；赵松等，2005
			市售 44°白干酒 2ml/d（26d）	血清 T 和 FSH 水平降低	杨利丽等，2005

续表

类型	动物	染毒方式	染毒剂量（染毒时间）	结果	文献
酒精	大鼠	灌胃	42度白酒 2ml/d（4周）	血清 T，ICSH 和 FSH 水平降低	郭树梈等，2010
吸烟	大鼠	吸入染毒	每次 20 支，75 分钟/次，5 次/周（4周）	睾丸组织中 T 和 ICSH 水平明显降低	李珉等，2001
氯化消毒饮水中有机提取物	小鼠	灌胃	125、250、500mg/kg（15d）	血清和睾丸中 T 水平均降低，并随着染毒剂量的增加，降低的越明显	赵淑华等，2008
粗酚	大鼠	灌胃	50mg/kg（隔日染毒，2周）	血清中 T 水平下降	楚世峰等，2008
外源性褪黑激素	小鼠	腹腔注射	20 日龄：10、50、100 微克/只，30 日龄：50、100、200 微克/只（10d）	血清和睾丸中 T 水平降低，并且对于 20 日龄处理组抑制作用明显大于 30 日龄处理组	陈国华等，2003

四、对雄性动物睾丸某些酶活性的影响

睾丸细胞中各种酶类参与其活动，这些酶指标的改变会影响正常的生理功能，对动物的生殖功能产生影响。目前研究较多的酶类是：①睾丸标志性酶：乳酸脱氢酶同工酶（LDH-x）、葡萄糖-6-磷酸脱氢酶（G-6-PD）、琥珀酸脱氢酶、山梨醇脱氢酶、生精细胞端粒酶逆转录酶（TERT）等。②氧化还原酶类：超氧化物歧化酶（SOD）、谷胱甘肽过氧化物酶（GSH-Px）、过氧化氢酶（CAT）等。③水解酶：Na^+-K^+-ATP 酶、$Mg^{2+}-ATP$ 酶、$Ca^{2+}-ATP$ 酶、碱性磷酸酶（ALP）、酸性磷酸酶（ACP）等。④合成酶：17β-羟基类固醇脱氢酶（17β-HSD）、一氧化氮合酶（NOS）等。⑤转移酶：谷胱甘肽-S-转移酶（GST）等。这些酶类活性的异常会引起相应反应物及产物的改变，如脂质过氧化物（MDA）含量变化等，可通过研究这些指标的改变发现外源性化合物引起损伤的靶分子和靶部位。详见表4-18、表4-19、表4-20、表4-21、表4-22、表4-23。

五、对睾丸细胞某些遗传物质的影响

DNA的主要功能是贮存和传递遗传信息，DNA的复制是遗传信息传递和细胞分裂繁殖的基础，在正常情况下，DNA通过半保留复制的方式将遗传信息传递给下一代，但是在DNA发生改变的时候，也可以将错误的遗传信息传递给下一代。染色体是基因的载体，生物的形态结构和生理生化功能都是由基因控制的。外源化学物可以引起生殖细胞基因突变、DNA的改变、染色体异常等，导致错误遗传信息的表达。详见表4-24、表4-25、表4-26、表4-27、表4-28、表4-29。

六、对睾丸某些生化指标的影响

外源化学物可引起细胞内某些与生殖相关的金属元素含量的改变，包括钙（Ca）、镁（Mg）等常量元素与锌（Zn）、铜（Cu）和铁（Fe）等必需微量元素的变化，这些元素在维持生殖细胞结构、功能、形态和数量等方面起着重要的作用。还有一些研究观察到与细胞代谢相关的乳酸含量变化等现象。详见表4-30、表4-31、表4-32。

表4-18　金属与类金属及其化合物对睾丸某些酶活性的影响

类型	动物与细胞	染毒方式	染毒剂量（染毒时间）	结果	文献
醋酸铅	小鼠	饮水染毒	0.15%、0.3%、0.6%（8周）	高、中剂量组MDA含量增加，SOD、GSH-Px活性明显下降	董淑英等，2005
	青蛙	皮肤染毒	0.1、0.2、0.4、0.8、1.6 mg/L（30d）	MDA和GSH含量均升高	Wang Meizhen, et al, 2009
	睾丸细胞	体外处理	0.5、1.0、3.5、4.5mmol/L（2h）	随着浓度的增高，对钙调素（CaM）的抑制效应也随之升高，对Ca^{2+}-ATP酶的抑制作用也更明显	相翠琴等，2002
甲基汞	小鼠	灌胃	0.385、0.77、3.85mg/kg（3d）	睾丸匀浆中LDH、山梨醇脱氢酶、G-6-PD活性降低	金明华等，2001
氯化汞	大鼠	腹腔注射	1.0、3.0mg/kg（3周）	睾丸中MDA、NO的含量升高	陈小玉等，2001
硫酸镍	大鼠	腹腔注射	1.0、2.0、4.0mg/kg（30d）	各剂量组睾丸组织T-AOC降低、高、中剂量组MDA含量升高、GSH-Px活性降低、抗-活性氧（anti-ROS）降低	王丽娟等，2006
			1.25、2.50、5.00mg/kg（30d）	睾丸组织中MDA和ROS含量升高，T-AOC下降	孙应彪等，2007

续表

类型	动物与细胞	染毒方式	染毒剂量（染毒时间）	结果	文献
硫酸镍	大鼠	灌胃	2.5mg/kg (30d)	睾丸匀浆中 Na^+-K^+-ATP 酶、Ca^{2+}-ATP 酶活性均被明显抑制	卢文艳等，2008
				睾丸匀浆和线粒体中 GSH-Px 活性、T-AOC 均明显降低，MDA 和 ROS 含量升高	霍红等，2007
	小鼠	腹腔注射	0.8、2.0、5.0mg/kg (30d)	睾丸组织 Na^+-K^+-ATP 酶、Ca^{2+}-ATP 活性均受到抑制，并且随着染毒剂量的增加，抑制效应越明显	宋媛明，2005
			0.8、2.0、5.0mg/kg (30d)	睾丸组织中 SOD、NOS 活性降低，T-AOC、GSH 和 NO 含量下降，MDA 含量和 LDH 活性升高	孙应彪等，2006
氯化镉	小鼠	腹腔注射	1.25、2.5、5.0 mg/kg（一次性）	睾丸匀浆 MDA 含量明显增加	陈敏等，2000
	大鼠	腹腔注射	0.5、1.0mg/kg（1周）	高剂量组睾丸组织的 CAT 活性和 MDA 含量显著升高，NO 含量有较大幅度的升高，LDH 活性升高，ACP 和 ALP 活性降低	朱善良等，2003

续表

类型	动物与细胞	染毒方式	染毒剂量（染毒时间）	结果	文献
氯化镉	大鼠	皮下注射	0.1、0.2、0.4 mg/kg（5周）	高、中剂量组睾丸中MDA含量著显升高	王文祥等，2004
	鹌鹑	灌胃	10、20、40mg/kg（1、2周）	MDA含量升高，GSH-Px、SOD和CAT的活性均降低	江燕琼等，2007
	黑斑蛙	所处水环境	2.5、5.0、7.5、10.0mg/L（2周）	精巢于7.5、10.0mg/L浓度组GSH活性和MDA含量显著增加，LDH和GSH-Px活性降低；5.0、7.5、10.0mg/L浓度组ACP活性降低	贾秀英等，2007
三氧化二砷	大鼠	腹腔注射	2、4、8mg/kg（2周）	高剂量组ACP、ALP、G-6-PD、LDH及LDH-x活性均明显下降；中剂量组G-6-PD、LDH及LDH-x活性下降	张育等，2004
		灌胃	0.375、0.75、1.5mg/kg（16周）	生精细胞顶端酶活性表达明显降低	舒小林等，2007；陈伟等，2008
		饮水染毒	150mg/L（10周）	睾丸和附睾组织中LDH和ALP活性明显降低	郭贵华等，2008

续表

类型	动物与细胞	染毒方式	染毒剂量（染毒时间）	结果	文献
氯化锰		腹腔注射	15mg/kg（12周）	睾丸细胞内线粒体、微粒体内的-SH 含量下降	鲁力等，2001
	大鼠		15、30mg/kg（4、6周）	高剂量组 SOD、CAT、GSH-Px 活性下降，SOD/（CAT＋GSH-Px）比值降低，低剂量组 GSH-Px 活性，SOD/（CAT＋GSH-Px）比值下降	才秀莲等，2008；2010
			0.1g/kg（一次性）	睾丸 MDA 含量在染毒 1 天和 7 天后均明显升高	荆俊杰等，2009
		饮水染毒	0.5、5g/L（60d）	随着染毒为浓度的增加，睾丸匀浆中 SOD 活性降低，而 NOS 活性增加	吴燕明等，2008
氯化镉	小鼠	灌胃	25、50、100μg/g（15d）	睾丸各剂量组 NOS 和 ALP 活性明显增加，高、中剂量组 LDH 活性明显下降	陈言峰等，2009

续表

类型	动物与细胞	染毒方式	染毒剂量（染毒时间）	结果	文献
硝酸铥	小鼠	饮水染毒	4, 20, 100, 500 mg/L（3个月）	100, 500mg/L浓度组LDH活性明显降低，并呈一定的剂量-反应关系，各处理组ALP酶活性明显升高	陈永益等, 2005
			5, 50, 500, 2000mg/L（3个月）	随铥浓度的增加，Na^+-K^+-ATP酶, $Mg^{2+}-ATP$酶活性有"低促高抑"的趋势，$Ca^{2+}-ATP$酶活性则均呈抑制作用；T-AOC逐渐降低，MDA含量则显著升高	干雅平等, 2006; 路东波等, 2006
硝酸亚铈	小鼠	灌胃	15, 30, 60mg/kg（60d）	睾丸组织中高剂量组LDH活性明显降低；低剂量组山梨醇脱氢酶活性升高；高剂量组G-6-PD活性降低	赵海军等, 2009
贫铀	大鼠	饲喂染毒	0.4, 4, 40mg/kg（4个月）	高剂量组睾丸组织中LDH活性降低	李蓉等, 2007
二氧化硅	大鼠	气管滴注	纳米 SiO_2: 1.5, 7.5mg/kg, 微米 SiO_2: 1.5, 7.5mg/kg（5周）	纳米 SiO_2 染毒可使睾丸组织琥珀酸脱氢酶，LDH活性显著降低，而微米 SiO_2 染毒对这些指标的影响不显著	林本成等, 2007

表 4 - 19　有机化合物对睾丸某些酶活性的影响

有机化合物	动物与细胞	染毒方式	染毒剂量（染毒时间）	结果	文献
正己烷	大鼠	吸入染毒	35.2mg/m³（1、3、7d）	7d 染毒组睾丸组织中 SOD、GSH、GSH-Px 活性均降低，而 MDA 含量升高	曹静婷等，2007
甲醛	小鼠	吸入染毒	1.0、3.0mg/m³（1周，6h/d）	GSH-Px 活性降低	曾春娥等，2003
			21、42、84mg/m³（13周，2h/d）	高、中浓度组 LDH、山梨醇脱氢酶、G-6-PD 活性明显降低	王甬等，2006
		腹腔注射	0.2、2、20mg/kg（1周）	睾丸匀浆中 G-6-PD 和 SDH 活性随染毒剂量增大而降低	叶琳等，2005；谢颖等，2003
甲醛和苯	小鼠	灌胃	甲醛＋苯：10＋10、50＋50、100＋100（mg/kg）（8周）	睾丸组织 SOD 活性随联合染毒剂量的增加而逐渐降低	李玲等，2006
			甲醛＋苯：0＋100、0＋400、5＋0、5＋100、5＋400、20＋0、20＋100、20＋400（mg/kg）（5d）	Na⁺-K⁺-ATP 酶、Ca²⁺-Mg²⁺-ATP 酶活性、T-AOC 均明显下降	张英彪等，2008

续表

有机化合物	动物与细胞	染毒方式	染毒剂量（染毒时间）	结果	文献
甲醛和苯	小鼠	腹腔注射	甲醛组：0.2、2、20mg/kg，苯组：100、200、400mg/kg，甲醛＋苯组：0.1＋50、1＋100、10＋200（mg/kg）（5d）	单独染毒和联合染毒，均会导致SOD活性下降，与染毒剂量呈负相关；MDA含量上升，与染毒剂量呈正相关	史小丽等，2007
过氧基异丙苯	小鼠	灌胃	0.125、0.5、2.0mg/kg（40d）	睾丸组织匀浆中MDA含量逐渐增加，T-SOD、GSH水平逐渐降低	徐文等，2006
2,3,7,8-四氯二苯并二噁英和Aroclor 1254	大鼠	灌胃	2,3,7,8-四氯二苯并二噁英：$10\mu g/kg$，Aroclor 1254：10mg/kg，以及二者联合染毒（12d）	单独染毒和联合染毒均可以使MDA的含量增加，2,3,7,8-四氯二苯并二噁英单独染毒组和联合染毒组GSH、GSH-Px活性降低	卢春凤等，2009
全氟辛烷磺酸	大鼠	饲喂染毒	32mg/kg（12周）	睾丸组织中LDH-x、SOD和CAT活性降低，MDA含量增加	刘清国等，2010

续表

有机化合物	动物与细胞	染毒方式	染毒剂量（染毒时间）	结果	文献
氯丙醇	大鼠	灌胃	0.25, 0.5, 1.0, 2.0, 4.0, 8.0, 16.0mg/kg（90d）	8.0, 16.0mg/kg 剂量组 LDH-x 活性降低	李宁等，2003
2-乙氧基乙醇	大鼠	灌胃	0.8, 1.6, 3.2g/kg（12, 24, 48, 72h）	睾丸匀浆中染毒、中剂量组 MDA 含量增加，而染毒 72h 后，SOD 活性增高，而染毒 72h 后，SOD 活性显著降低；染毒 12、24h 后，高、中剂量组 CAT 活性升高，而染毒 48、72h 下降；G-6-PD、山梨醇脱氢酶及 ACP 活性均（极）显著下降	马文军等，2001
壬基酚	小鼠	腹腔注射	21.25, 42.5mg/kg（5周）	睾丸中 GSH 水平和 SOD 活性均降低	Mai H et al, 2007
双酚 A	大鼠	灌胃	0.05, 0.1, 0.2g/kg（5周）	睾丸组织中 LDH-x 活性显著降低；β-葡萄糖醛酸苷酶活性显著降低，MDA 含量显著升高，并且呈剂量-反应关系	段志文等，2005

续表

有机化合物	动物与细胞	染毒方式	染毒剂量（染毒时间）	结果	文献
双酚A	小鼠	腹腔注射	剂量效应组：4、20、40、80μmol/kg（3d）；时间效应组：20μmol/kg（一次性），分别于染毒后0.5、4、12、24、36、48、72h处死	剂量效应组：各剂量组睾丸匀浆中LDH活性降低，4μmol/kg剂量组G-6-PD活性升高；时间效应组：LDH活性在0.5～4h活性升至最高，12～24h开始下降，至36h降至正常水平，G-6-PD在0.5～12h上升，在12h时升高到最高水平，然后开始下降，36h后恢复至正常水平	杜鹃等，2006
甲苯二异氰酸酯	小鼠	吸入染毒	4.30、9.43、18.86、37.71mg/m³（2周，4h/d）	ACP、ALP、琥珀酸脱氢酶和LDH活性明显降低，并且随着浓度的增加，下降越明显	李宇彬等，2006

续表

有机化合物	动物与细胞	染毒方式	染毒剂量（染毒时间）	结果	文献
磷酸三丁酯	小鼠	灌胃	268.75、537.5、716.67mg/kg (5d)	LDH 和 ACP 的活性均降低	孙艳等，2006
	支持细胞	体外处理	1、10、100、1000μmol/L (24h)	ACP活性降低	曲昕等，2010
邻苯二甲酸二丁酯	大鼠	灌胃	0.25、0.5、1.0、2.0mg/kg (3d)；4.0mg/kg (1次性)，分别于染毒0.5、4、12、24、36、48、72h后处死	睾丸组织匀浆中LDH、G-6-PD活性升高；但是一次进入体内所引起的变化可在72h恢复正常水平	李玲等，2010
邻苯二甲酸丁基苄酯	大鼠	灌胃	0.45、0.9、1.8ml/kg (30、60d)	随着染毒剂量的增加和时间的延长，ACP活性略有升高然后下降，γ-GT活性迅速下降	杨波等，2006
邻苯二甲酸二(2-乙基己基)酯	大鼠	灌胃	0.375、0.75、1.5g/kg (30d)	睾丸组织匀浆中，SOD活性和MDA含量均呈增加趋势，GSH含量和GSH-Px活性呈先上升后下降的趋势；琥珀酸脱氢酶活性升高，中剂量组Na^+-K^+-ATP酶活性升高	李丽萍等，2010

续表

有机化合物	动物与细胞	染毒方式	染毒剂量（染毒时间）	结果	文献
邻苯二甲酸二(2-乙基己基)酯	小鼠	饲喂染毒	0.75、1.5、3.0g/kg（4周）	高、中剂量组睾丸中GSH-Px活性明显下降，H_2O_2含量明显上升；各剂量组睾丸NO含量均明显下降	崔月美等，2009
异佛尔酮二异氰酸酯	小鼠	腹腔注射	0.05、0.1、0.2g/kg（2周）	高剂量组琥珀脱氢酶、NOS活性低、高、中剂量组ACP、ALP、Ca^{2+}-Mg^{2+}-ATP酶活性下降，随着染毒剂量的增加，ACP、ALP、琥珀酸脱氢酶、Ca^{2+}-Mg^{2+}-ATP酶活性呈下降趋势	吴子俊等，2009
丙烯腈	大鼠	灌胃	10mg/kg（60d）	睾丸组织中山梨醇脱氢酶及ACP活性降低，LDH和β-葡糖醛酸酶活性增加	吴鑫等，2000

续表

有机化合物	动物与细胞	染毒方式	染毒剂量（染毒时间）	结果	文献
丙烯腈	大鼠	腹腔注射	7.5、15.0、30.0mg/kg（4、8、13周）	染毒4周后，高、中剂量组GSH水平升高，高剂量组GSH-Px活性也升高；染毒8周后，高、中剂量组SOD活性明显上升，GSH含量开始下降，高剂量组明显低于对照组；染毒13周后，各剂量组GSH-Px活性下降，高、中剂量组MDA含量升高，GSH含量和GST活性下降；停止染毒2周后各种酶类的水平基本恢复正常	黄简抒等，2005
丙烯酰胺	大鼠	灌胃	20mg/kg（4周）	睾丸中GSH含量显著升高	段志文等，2007
			4、10、18mg/kg（9周）	高剂量组睾丸匀浆中ALP和ACP活性显著下降	宋宏绣等，2008
二月桂酸二丁基锡	大鼠	灌胃	5、10、20mg/kg（5周）	睾丸组织中LDH活性降低，NO含量增加，ACP和NOS活性升高	宋祥福等，2005

表 4 - 20 农药对睾丸某些酶活性的影响

农药	动物与细胞	染毒方式	染毒剂量（染毒时间）	结果	文献
P, P′-DDE 和 β-BHC	支持细胞	体外处理	单独处理均为 10、30、50μmol/L，联合处理剂量为: 10+10、30+30、50+50（μmol/L）（24h）	单独或联合处理使支持细胞 LDH 漏出率增加，可引起脂质过氧化增强，SOD 活性逐渐下降，而 MDA 含量逐渐上升，二者具有协同作用	胡雅飞等，2007
甲基对硫磷	大鼠	灌胃	1.2、6、30mg/kg（6 周）	睾丸组织中 SOD 活性下降，MDA 含量升高	黄斌等，2009
甲氧滴滴涕	精子悬液	体外处理	12.5、25、50μg/ml（30mim）	精子顶体酶活性明显受到抑制	刘伏祥等，2006
乙酰甲胺磷	大鼠	灌胃	47.25、23.63、11.81mg/kg（60d）	睾丸组织中 LDH、山梨醇脱氢酶、Na^+-K^+-ATP 酶、Mg^{2+}-ATP 酶、Ca^{2+}-ATP 酶的活性降低，并与染毒剂量呈负相关	宁艳花等，2007
辛硫磷和灭多威	大鼠	灌胃	辛硫磷: 25.20mg/kg，灭多威 0.47mg/kg，以及二者联合染毒（60d）	睾丸组织中 SOD、GST 活性、GSH 含量下降，MDA 含量升高，LDH、ACP 及 Na^+-K^+-ATP 酶活性降低	虎明明等，2008

续表

农药	动物与细胞	染毒方式	染毒剂量（染毒时间）	结果	文献
辛硫磷和氰戊菊酯	大鼠	灌胃	辛硫磷组：8.2、73.5mg/kg，氰戊菊酯组：3.3、30.0mg/kg，辛硫磷＋氰戊菊酯组：8.2＋3.3，73.5＋30.0(mg/kg) (60d)	辛硫磷高剂量组 ACP 和 G-6-PD活性降低，γ-GT活性升高；氰戊菊酯高剂量组 ALP 和 G-6-PD 活性降低；二者联合高剂量组对 γ-GT、LDH 的活性表现为拮抗作用，对 ACP、ALP、G-6-PD 的作用表现为相加作用	詹宁育等，2001
氰戊菊酯	大鼠	灌胃	2.4、12、60mg/kg (15、30d)	睾丸中的 ACP 活性在早期有代偿性的升高，但是随着剂量的增加和时间的延长而降低，γ-GT 活性随着染毒剂量的增加而降低	胡静熠等，2002
硫丹	大鼠	皮下注射	2.5、5.0、7.5mg/kg (10 周)	高、中剂量组 MDA 含量明显升高，低剂量组反而下降	朱心强等，2002
2-甲-4 氯苯氧乙酸	小鼠	灌胃	20、100、200mg/kg (17d)	睾丸组织中 LDH 活性明显升高	赵淑华等，2003

表 4-21 药物对睾丸某些酶活性的影响

药物	动物	染毒方式	染毒剂量（染毒时间）	结果	文献
己烯雌酚	仓鼠	皮下注射	0.01、0.1、1mg/kg（1周）	睾丸中 SOD 和 GSH-Px 活性、T-AOC 均显著性降低，MDA 含量升高	马爱国等，2007
雷公藤多甙	大鼠	灌胃	10mg/kg（8周）	睾丸间质细胞 NOS 平均光度上升	张彬，2002
雷公藤甲素衍生物 MC004	小鼠	尾静脉注射	0.25、0.50、0.75mg/kg（4周）	睾丸中 LDH、LDH-x、山梨醇脱氢酶和 ACP 活性均降低	骆永伟等，2009

表 4-22 物理与生物因素对睾丸酶活性的影响

类型	动物	染毒方式	染毒剂量与强度	结果	文献
手机辐射	小鼠	直接暴露	0.9、1.8GHz（1h/d，4周）	睾丸和附睾中 MDA 含量增加，GSH 含量减少	Mailankot M et al，2009
移动电话辐射	小鼠	直接暴露	平均功率密度分别为 570、1400μW/m^2（2h/d，5周）	高、中剂量组 MDA 含量明显升高	操冬梅等，2005
$^{12}C^{6+}$	小鼠	直接暴露	0.5、1、2、3Gy（6h）	睾丸中各剂量组 MDA 含量升高，2、3Gy 剂量组与 0Gy 剂量组比较，差异具有统计学意义，但是 1Gy 剂量组 SOD 活性升高，随着强度的增大，SOD 的活性持续降低	龙静等，2008
弓形虫速殖子	大鼠	腹腔注射	4×10^5 个/只（一次性）	睾丸中 ACP、LDH-x 的活性下降	胡玉红等，2004；王瑞兵等，2009
微囊藻毒素	大鼠	腹腔注射	0.5、1.0、1.5μg/kg（2周）	睾丸组织 MDA 含量增加，高、中剂量组 SOD 活性下降	李燕等，2008

表 4 - 23 其他因素对睾丸某些酶活性的影响

类型	动物	染毒方式	染毒剂量（染毒时间）	结果	文献
氟化钠	大鼠	饮水染毒	150mg/L（10 周）	睾丸和附睾中 LDH 的活性明显下降，$Na^+ - K^+ - ATP$ 酶，$Mg^{2+} - ATP$ 酶，$Ca^{2+} - ATP$ 酶的活性均明显降低	王锡林等，2003；崔留欣等，2003
			0.1、0.2g/L（20 周）	睾丸组织中 T-AOC 在低剂量组升高，而在高剂量组降低，NOS 活性和 NO 含量在高、低剂量组均降低，尤其是高剂量组更明显	陈树君等，2007
	小鼠	饮水染毒	0.2、0.3g/L（5 周）	MDA 含量升高，GSH - Px 活性具有增高趋势	安丽等，2004
二氧化硫	小鼠	吸入染毒	28 ± 4、56 ± 5、112 ± 7（mg/m³）（4h/d，1 周）	高、中浓度组睾丸匀浆上清液 GSH 含量，GST、G - 6 - PD 活性随着染毒浓度的增加而下降，MDA 含量升高	张波等，2005

续表

类型	动物	染毒方式	染毒剂量（染毒时间）	结果	文献
酒精	大鼠	灌胃	2.7、4.5、7.5g/kg（13周）	睾丸线粒体MDA含量明显升高	解丽君等，2005；赵松等，2005
		灌胃	0.5、1.5、3.0、4.0g/kg（5、10周）	染毒5周后，睾丸匀浆中4.0g/kg剂量组-SH含量降低；染毒10周后，睾丸匀浆中4.0g/kg剂量组MDA含量升高，而SOD和CAT活性、-SH含量明显下降	刘艳等，2000
吸烟	大鼠	吸入染毒	6支/次、60分钟/次、2次/天（48d）	GSH-Px和NOS的活性降低，MDA含量显著增加	徐庆阳等，2008
	小鼠	腹腔注射	相当于100.0、50.0、25.0、12.5、6.3mg吸烟烟雾提取物的溶液（前后各染毒5d，中间间隔5d）	睾丸中SOD活性和MDA含量随着染毒剂量的增大而升高	陈晓东等，2002
汽油尾气的颗粒物、冷凝物和半挥发性有机物的二氯甲烷提取物	小鼠	气管滴注	5.6、16.7、50.0L（汽油尾气提取物）/kg（4次、1次/周）	各剂量组SOD的活性明显降低，中剂量组MDA含量升高，高剂量组GSH-Px活性明显下降	车望军等，2008

表4-24　金属与类金属及其化合物对睾丸细胞某些遗传物质的影响

类型	动物与细胞	染毒方式	染毒剂量（染毒时间）	结果	文献
醋酸铅	大鼠	饮水染毒	0.2%（3周）	睾丸组织 Hoxa9mRNA 表达显著降低	李茂进等，2006
	小鼠	饮水染毒	0.15%、0.3%、0.6%（8周）	彗星实验中随着染毒剂量的增加，导致 DNA 链断裂损伤，DNA 的损伤加重	董淑英等，2005
			0.2%、0.4%（2、4、6周）	Caspase-3 和 TGF-β1 表达增强，且随着染毒时间延长，表达越强，睾丸细胞 DNA 单链断裂、彗星实验表明随着染毒剂量的增加，睾丸细胞的损伤率越高，DNA 迁移距离越长	张妍等，2006；2007
		腹腔注射	50、100、500、1000mg/kg（5d）	彗星实验中 DNA 的损伤随着剂量的增加受损程度也逐渐增加	董杰影等，2006
	青蛙	皮肤染毒	0.1、0.2、0.4、0.8、1.6mg/L（30d）	彗星试验中 DNA 尾长和 DNA 尾距增加	Wang Meizhen et al，2009

续表

类型	动物与细胞	染毒方式	染毒剂量（染毒时间）	结果	文献
氯化汞	睾丸细胞	体外处理	0.01、0.10、1.00mmol/L（4h）	睾丸细胞DNA损伤率显著增高	金龙金等，2004
	小鼠	腹腔注射	0.5、1.0、5.0μmol/kg（5d）		
甲基汞	小鼠	灌胃	0.385、0.77、3.85mg/kg（3d）	Fas，Fas-L，caspase-3的表达增强	金明华等，2006
	大鼠	吸入染毒	8、800mg/m³（26d）	Bcl-2表达降低，Bax蛋白表达增强，尤其是在精母细胞中的表达明显增强	刘宁等，2008
氯化汞和氯化镉	睾丸细胞	体外处理	氯化汞：0.01、0.1、1mmol/L，氯化镉：0.02、0.1、0.5、2.5mmol/L（1h）	在氯化汞浓度为0.1、1mmol/L和氯化镉浓度0.5、2.5mmol/L时DNA损伤率增高，DNA正移距离增加	陈志群等，2005
硫酸镍	大鼠	腹腔注射	2.5mg/kg（30d）	精原细胞Bcl-2蛋白减少，Bax蛋白表达增加	毛闽燕等，2009

续表

类型	动物与细胞	染毒方式	染毒剂量（染毒时间）	结果	文献
硫酸镍	大鼠	腹腔注射	1.25、2.5、5.0mg/kg（30d）	高、中剂量组睾丸生精上皮I～VI期、XII～XIII和XIV期c-Fos mRNA阳性表达精母细胞数减少，生精上皮同I～VI期和XII～XIII期、HSP70mRNA阳性表达精母细胞数明显增加	孙应彪等，2007
硫酸镍和重铬酸钾	大鼠	灌胃	镍染毒组：5、50mg/kg，铬染毒组：2.5、6.5mg/kg，镍+铬染毒组：5+2.5、50+6.5（mg/kg）（4个月）	睾丸支持细胞和间质细胞的波形蛋白表达显著减少，联合染毒对波形蛋白表达起着协同或相加的毒性作用，损害更严重	任军慧等，2007
氯化镉	小鼠	腹腔注射	1、2、4、6mg/kg（一次性）	睾丸生精细胞Dax基因表达水平明显上升，Bcl-2基因表达下调	张明等，2007
	间质细胞	体外处理	5、10、25、50、100mmol/L（24h）	随着处理剂量的增加，间质细胞的彗星呈率明显上升趋势，DNA的迁移也呈度上升趋势	卞建春等，2003
氯化镉	支持细胞	体外处理	50μmol/L（6h）	E-钙黏蛋白和波形蛋白表达明显降低	石之虎等，2008

续表

类型	动物与细胞	染毒方式	染毒剂量（染毒时间）	结果	文献
氯化镉	支持细胞	体外处理	10、20、40、80μmol/L（24h）	支持细胞DNA损伤，并与处理剂量呈一定的效应关系	张明等，2010
三氧化二砷	大鼠	灌胃	0.375、0.75、1.5mg/kg（16周）	高、中剂量组Bcl-2表达明显降低，Bax基因的表达明显升高，Fas、FasL表达明显升高	陈伟等，2008；舒小林等，2007
氯化铝	小鼠	腹腔注射	50、75、100mg/kg（2周）	彗星试验中随着染毒剂量的增加，尾距均明显增长，DNA损伤程度严重	崔慧慧等，2009
氯化锰	大鼠	腹腔注射	15、30mg/kg（4周）	增殖细胞核抗原表达减弱；生精细胞caspase-3阳性细胞率均显著升高，cytochrome-c阳性细胞率均显著降低	张先平等，2007；郭海等，2009
			15、30mg/kg（6周）	生精细胞p53阳性细胞率显著升高，Bcl-2阳性细胞率显著降低	才秀莲等，2008

续表

类型	动物与细胞	染毒方式	染毒剂量（染毒时间）	结果	文献
氧化锰	小鼠	腹腔注射	5, 20, 50mg/kg (5天)	高剂量组分裂中期的初级精母细胞常染色体和性染色体早熟分离发生率增加	王子元等, 2002
			10, 20, 40mg/kg (5周)	随着染毒剂量的增加初级精母细胞畸变率升高，性染色体和常染色体分离显著增高	张玉敏等, 2004
			15, 30mg/kg (4, 8周)	随着染毒时间的延长和剂量的增加，睾丸增殖细胞核抗原表达降低，HSP70在4周时表达增加，但是在8周时表达受到抑制	郭海等, 2007
		灌胃	0.375, 0.75, 1.5mg/kg (3, 7, 14, 28, 56d)	睾丸增殖细胞核抗原在染毒后各28d和56d表达明显降低，各剂量组在各时间段HSP70表达增加，在28d达高峰	才秀莲等, 2005
亚硒酸钠	小鼠	腹腔注射	0.3, 1.5mg/kg (10d)	抑制睾丸细胞减数分裂，染色体畸形率增加	赵红刚等, 2005
亚硝酸钠	支持细胞	体外处理	0.015, 0.05, 0.14, 0.4, 1.2, 3.7, 11.1, 33.3, 100.0g/L (24h)	随着浓度的增加，波形蛋白的表达减少	张晓蓉等, 2008

表4-25　有机化合物对睾丸细胞某些遗传物质的影响

有机化合物	动物与细胞	染毒方式	染毒剂量（染毒时间）	结果	文献
1-溴丙烷	大鼠	吸入染毒	1006、2012、4024mg/m³（2周，8h/d）	高浓度组α-S100蛋白的减少和β-S100蛋白的增加	王海兰，2005
1,2-二氯乙烷	小鼠	灌胃	50、100、200、400mg/kg（1、2、3d）	随着染毒剂量的增加，睾丸DNA的损伤程度呈增加趋势	陆肇红等，2007
2,2-双(对氯苯基)-1,1-二氯乙烯	支持细胞	体外处理	10、30、50、70μmol/L（24h）	ABPmRNA随着染毒浓度的增加表达上调，转铁蛋白和抑制素B mRNA的表达随着浓度的上升而下调	刘国红等，2006
重质芳烃	小鼠	灌胃	464、1000、2150、4640mg/kg（2周）	最高剂量组常染色体早分离率、性染色体早分离率和睾丸染色体结构变化畸形率显著升高	王安莲等，2003
甲醛	大鼠	腹腔注射	0.1、1、10mg/kg（3、14d）	高、中剂量组Fas表达明显增加，ABPmRNA的表达水平降低	周党侠等，2009
	睾丸细胞	体外处理	10、25、50μmol/L（1h）	25和50μmol/L的浓度对细胞DNA存在断裂作用，当浓度上升至75μmol/L及以上时，表现出交联作用	王晓平等，2006

续表

有机化合物	动物与细胞	染毒方式	染毒剂量（染毒时间）	结果	文献
对二氯苯	小鼠	灌胃	0.45、0.90、1.80g/kg（5d）	高剂量组初级精母细胞染色体单价体发生率增加	李明等，2002
二硝基甲苯（三种同分异构体）	睾丸细胞	体外处理	三种物质分别为 0.032、0.16、0.8、4、20、100、500 μmol/L（1h）	随着处理浓度的增加，DNA的受损率也增加，并且损伤程度是2,6-二硝基甲苯>2,4-二硝基甲苯>对硝基甲苯	杨丽等，2006
间二硝基苯	睾丸细胞	体外处理	0.04、0.2、1.0、5.0、25.0 μmol/L（1h）	随着染毒浓度的增加生殖细胞DNA损伤程度加重、损伤级别增高	徐镜波等，2005
多氯联苯	大鼠	饲喂染毒	10^{-8}、10^{-7}、10^{-6} mol/L PCB饲料（3个月）	高剂量组TGF-β1的阳性率和Bcl-2阳性率明显增加	常德辉等，2005
喹酪精	小鼠	灌胃	80、120、240mg/kg（4、8、12d）	Bax基因的表达升高，并有一定的剂量-反应关系	姜卓等，2008
双酚A	大鼠	饲喂染毒	1、5g/kg（2周）	整体实验与体外试验中睾丸支持细胞的波形蛋白表达降低	邓茂先等，2004

续表

有机化合物	动物与细胞	染毒方式	染毒剂量（染毒时间）	结果	文献
双酚 A	大鼠	灌胃	5mg/kg（4 周）	睾丸和附睾中 Bax 蛋白表达明显升高，Bcl-2 蛋白表达明显降低，Bcl-2/Bax 的比值显著降低	罗冬梅等，2008
			5、50、500mg/kg（出生后 23～53d）	P450 侧链裂解酶基因的转录水平降低，17β-羟基脱氢酶基因的转录水平增加，P450 芳香酶基因的转录水平降低	宋清坤等，2008
	小鼠	饲喂染毒	0.50%（2 周）	睾丸生精细胞尤其是初级精母细胞 p53 表达增强、间质细胞和支持细胞 p53 表达增强，p53 阳性细胞百分率显著升高	邓茂先，2001
		灌胃	163、325、650mg/kg（5d）	首次染毒 14 天后，初级精母细胞染色体畸变率明显升高	张玉敏等，2004
	睾丸细胞	体外处理	10^{-10}、10^{-9}、10^{-8}、10^{-7}、10^{-6}、10^{-5} mol/L（1h）	彗星实验中，随着浓度的增加，DNA 的损伤程度逐渐加重，损伤级别升高	胡森等，2007
			10^{-7}、10^{-6}、10^{-5}、10^{-4} mol/L（4h）	随着浓度的增加，增殖细胞核抗原的表达减弱，波形蛋白的表达逐渐减弱	张志动等，2009

续表

有机化合物	动物与细胞	染毒方式	染毒剂量（染毒时间）	结果	文献
氯乙酸甲酯	大鼠	灌胃	4.3、8.6、17.2、34.4mg/kg（13周）	高剂量组 DNA 的损伤比较明显，彗星试验细胞的拖尾率和尾长增加	罗红等，2008
甲基丙烯酸甲酯单体	小鼠	灌胃	0.1、0.5、1.0g/kg（5天）	高剂量组初级精母细胞染色体早熟分离发生率增高	汲平等，2001
甲苯二异氰酸酯	小鼠	吸入染毒	4.30、9.43、18.86、37.71 mg/m³（2周，4h/d）	RNA/DNA 比值升高	季宇彬等，2006
邻苯二甲酸丁苄酯	小鼠	灌胃	0.125、0.25、0.5、1.0g/kg（2周）	睾丸内细胞因子 IL-1β 和 TNF-α 的转录水平明显上升，从而表达增强	吴丹等，2009
邻苯二甲酸二丁酯	大鼠	灌胃	0.25、0.5、1.0g/kg（2、4周）	随着染毒剂量的增加，ABPmRNA 和抑制素 αmRNA 的表达水平呈现明显的下降趋势	王玉邦等，2005
			50、250mg/kg（30、60、90d）	睾丸胰岛素样因子 3-mRNA 表达水平显著下调	赵清等，2009

续表

有机化合物	动物与细胞	染毒方式	染毒剂量（染毒时间）	结果	文献
2, 4 - D 异辛酯	大鼠	饲喂染毒	0.6、6.0、60.0mg/kg（3 个月）	睾丸组织中 HSP70 表达水平明显升高	陈国元等，2004
王基酚	大鼠	腹腔注射	11、44、176mg/kg（一次性，分别于 6、24、48h 后处死）	ABP 基因的表达量随染毒剂量的增加而下降，但是随着时间的延长，降低的程度减弱	范奇元等，2002
王基酚、辛基酚	小鼠	灌胃	以各药物的 LD$_{50}$ 相应的 1/2 剂量进行混合联合染毒：50、100、200mg/kg（5d）	随着染毒剂量的增加，DNA 的损伤加重	闫鹏等，2008
丙烯腈	大鼠	腹腔注射	7.5、15、30mg/kg（4、8、13 周）	高剂量组 ABP 基因在染毒 4 周后表达水平显著升高，在染毒 8 周后下降，13 周后显著下降；抑制素基因组在染毒 4 周后的高剂量组下降，并且随着染毒剂量的增加，呈下降趋势，在染毒 8 周后高、中剂量组均下降	钟先玖等，2005
	小鼠	皮下注射	2、4、8mg/kg（5d）	睾丸初级精母细胞染色体畸变率明显升高（主要是常染色体畸变）	李芝兰等，2002

续表

有机化合物	动物与细胞	染毒方式	染毒剂量（染毒时间）	结果	文献
丙烯腈	小鼠	皮下注射	3、6、9、12mg/kg（5、35d）	精原细胞染色体畸形率随着剂量的增加而升高	崔金山等，2001
丙烯酰胺	大鼠	腹腔注射	20、40、60mg/kg（8周）	彗星实验中，随着染毒剂量的增加，彗星拖尾率和尾长均明显增加，中剂量组明显高于对照组，高、中剂量组，p53随着染毒剂量的增加表达上调	叶鹏等，2006
	小鼠	腹腔注射	50mg/kg（0、3、6、12、24h）	睾丸细胞彗星尾长、尾部DNA百分含量及尾距随着染毒时间的延长而呈下降趋势	马红莲等，2008
			20、40、60mg/kg（8周）	彗星实验中高、中剂量组DNA的损伤严重，细胞拖尾率和尾长显著增高	郭彩华等，2007
		腹腔注射、皮肤染毒、灌胃染毒	25mg/kg（5d）	彗星试验发现各种染毒方式睾丸细胞DNA的尾长、尾部DNA%、尾距、Olive尾距均增高	张晓玲等，2009
苯并(a)芘	大鼠	灌胃	1、5mg/kg（30、60、90d）	胰岛素样因子-3 mRNA表达水平各时相点均显著下调	赵清等，2009

表 4-26　农药对睾丸细胞某些遗传物质的影响

农药	动物	染毒方式	染毒剂量（染毒时间）	结果	文献
甲氧滴滴涕	小鼠	灌胃	50, 100, 150mg/kg（15d）	发现 p34cdc2 表达减少，cyclinB1 阳性细胞数减少	杨静等，2005
对硫磷	大鼠	灌胃	2.72, 8.17, 24.5, 73.5mg/kg（60d）	Bcl-2 的表达降低	陈伟等，2008

表 4-27　药物对睾丸细胞某些遗传物质的影响

药物	动物	染毒方式	染毒剂量（染毒时间）	结果	文献
环磷酰胺	大鼠	腹腔注射	50, 75, 100mg/kg（一次性染毒，分别于 24h, 4 周, 8 周处死）	膜型干细胞因子（mSCF）明显降低，与剂量呈负相关	代江涛等，2006
羟基脲	大鼠	腹腔注射	0.1, 0.2, 0.4g/kg（5d）	随着染毒剂量的增加，睾丸细胞 DNA 的损伤程度加重	杨建一等，2009
雷公藤多甙	小鼠	灌胃	10, 20, 30mg/kg（4d, 3 周）	在染毒 3 周后生殖细胞联合复合体随着染毒浓度的增加而增加，说明染色体的畸变增加	杨建一等，2008；高宝珍等，2010
雷公藤甲素	小鼠	灌胃	40μg/kg（4 周）	睾丸组织内 eNOS 表达下调，iNOS 无明显表达，Fas-L 及 Bax 的表达明显上调，Bcl-2 的表达未见明显改变	吴建元等，2005

表 4-28　生物因素对睾丸细胞某些遗传物质的影响

类型	动物	染毒方式	染毒剂量（染毒时间）	结果	文献
弓形虫速殖子	小鼠	腹腔注射	0.5、1、2（×10³ 个/只）（6d）	随着弓形虫浓度的增加，DNA的损伤更加严重（彗星实验中尾距、Olive尾距值增加）	刘智深等，2008
			0.2、0.4、0.8、1.6（×10³ 个/次）（一次性）	睾丸生精细胞尤其是精母细胞的 Bax 表达明显增加	杨瑞等，2009

表 4-29　其他因素对睾丸细胞某些遗传物质的影响

类型	动物与细胞	染毒方式	染毒剂量（染毒时间）	结果	文献
二氧化硫	小鼠	吸入染毒	28±4、56±5、112±7（mg/m³）（1周，4h/d）	随着染毒浓度的增加，睾丸细胞 DNA 的损伤增加，有明显的剂量-效应关系	张波等，2005
酒精	大鼠	灌胃	市售 44° 白干酒 1、2ml/d（26d）	生精细胞中 Bcl-2 表达降低，Bax 表达增强	杨利丽等，2003
			2.7、4.5、7.5g/kg（13周）	睾丸高剂量组增殖细胞核抗原表达明显减弱，高、中剂量组 Caspase-3 表达增强	解丽君等，2010
水中的有机污染物	小鼠	腹腔注射	6.25、12.50、25.00L/kg（体积指相当于该体积水中的有机物）（3d）	彗星实验中睾丸细胞的拖尾率和平均尾长均明显增加，并存在剂量-反应关系	孙增荣等，2005

续表

类型	动物与细胞	染毒方式	染毒剂量（染毒时间）	结果	文献
F-2毒素	支持细胞	体外处理	5、10、20、40mg/L（24h）	支持细胞DNA的损伤随着浓度的增加愈加严重，除5mg/L组外，其他组的损伤与对照组比较差异有统计学意义	邹静等，2007

表4-30　金属与类金属及其化合物对睾丸某些生化指标的影响

金属化合物	动物与细胞	染毒方式	染毒剂量（染毒时间）	结果	文献
氯化镉	小鼠	腹腔注射	1.25、2.5、5.0mg/kg（一次性）	睾丸中铁、钙含量均升高	陈敏等，2000
	支持细胞	体外处理	50μmol/L（6h）	支持细胞内钙离子浓度升高	石之虎等，2008
氯化锰	大鼠	腹腔注射	100mg/kg（一次性）	睾丸中钙含量升高，染毒2天后达高峰，锌和铁含量明显降低，4d后仍低于对照组	荆俊杰等，2009
硝酸钐	小鼠	饮水染毒	5、50、500、2000mg/L（3个月）	高、中浓度组睾丸锌、铜含量显著降低，且锌含量与浓度呈现直线变化对数-效应关系，而钴含量与剂量明显上升	胡珊珊等，2008

表 4-31 有机化合物对睾丸某些生化指标的影响

有机化合物	动物与细胞	染毒方式	染毒剂量（染毒时间）	结果	文献
二硫化碳	大鼠	吸入染毒	50、250、1250mg/m³ （10周，2h/d）	睾丸组织铜、锌和镁的含量随染毒浓度增加而降低，钙随染毒浓度增加而增高	季佳佳等，2008
甲醛	小鼠	腹腔注射	0.20、2.00、20.00mg/kg（5d）	高剂量组睾丸中铜和锌含量降低	唐明德等，2003
甲醛和苯	小鼠	腹腔注射	甲醛组：0.2、2、20mg/kg，苯组：100、200、400mg/kg，甲醛+苯组：0.1+50、1+100、10+200（mg/kg）（5d）	睾丸中铜和锌含量明显下降，并且联合染毒组的下降程度明显高于单独染毒组	史小丽等，2007
2-乙氧基乙醇	大鼠	灌胃	0.8、1.6、3.2g/kg（12、24、48、72h）	睾丸铜含量升高，锌含量降低	马文军等，2005
磷酸二丁酯	支持细胞	体外处理	1、10、100、1000μmol/L（4d）	睾丸支持细胞孵育液中乳酸含量减少，且存在剂量依赖关系	曲昕等，2010
邻苯二甲酸丁苄酯	大鼠	灌胃	0.25、0.5、1.0g/kg（6周）	高剂量组睾丸中锌含量明显降低	杨波等，2007
丙烯腈	支持细胞	体外处理	0.5、5.0、25.0μg/ml（48h）	高、中浓度组对行跨上皮电阻（TER）的形成有明显抑制作用	钟先玖等，2006

表 4 - 32 其他因素对睾丸某些生化指标的影响

类型	动物与细胞	染毒方式	染毒剂量（染毒时间）	结果	文献
维生素 B_6	支持细胞	体外处理	0.1、1、10、20mg/ml（24h）	10、20mg/ml 浓度组乳酸含量明显降低	陈江等，2006
美他多辛	支持细胞	体外处理	0.17、1.7、17.0、34.0g/L（24h）	17.0g/L 和 34.0g/L 浓度组乳酸含量减少	陈江等，2009
乌头碱	睾丸细胞	体外处理	$5×10$、$5×10^2$、$5×10^3$、$5×10^4$ ng/ml（24h）	$5×10$、$5×10^2$ ng/ml 浓度时可促进睾丸支持细胞的增殖和乳酸分泌量的增加，$5×10^3$、$5×10^4$ ng/ml 浓度时可抑制睾丸支持细胞的增殖、降低其对乳酸分泌的刺激作用	张建军等，2007
氟化钠	大鼠	饮水染毒	150mg/L（8周）	睾丸中铜的含量显著下降，铁含量显著升高	杨克敌等，2002
吸烟	大鼠	吸入染毒	20支/次、75分钟/次、5次/周（4周）	睾丸中镉含量增加	李珉等，2001

七、对雄性小鼠生殖行为的影响

某些外源化学物可引起动物一些生殖行为的改变。如小鼠灌胃 20、40、80、160、320mg/kg 巴戟甲素 30 天，可见 160mg/kg 剂量组小鼠首次捕捉时间和首次射精时间均显著缩短，20 分钟内捕捉次数和射精次数均显著增加，提高小鼠的交配能力（林芳花等，2008 年）。小鼠自由饮用含 5、50、500、2000mg/L 硝酸钐的水 90 天后，小鼠爬跨潜伏期随着染毒剂量的增加而延长，呈现直线变化的剂量对数-效应关系；射精潜伏期和射精间隔期与对照组相比明显延长，而爬跨次数与射精次数明显减少（胡珊珊等，2008 年）。小鼠用峰值功率为 $90W/cm^2$ 电磁波辐射直接照射 3、6、24、72 小时后，小鼠的扑捉潜伏期明显延长，扑捉次数明显减少，随着时间的延长，次数逐渐增加，但是仍然较对照组低（杨进清等，2010 年）。

八、对雄性动物生殖器官肿瘤影响

关于外源化学物引起雄性动物生殖器官肿瘤的研究较少，可见化学物诱导睾丸间质细胞瘤的报道，详见表 4-33。

表 4-33 外源化学物对雄性动物生殖器官肿瘤影响

类型	动物	染毒方式	染毒剂量（染毒时间）	结果	文献
非那雄胺	小鼠	灌胃	2.5、25、250mg/kg（83 周）	高剂量组睾丸间质细胞瘤发生率为 2%	Prahalada S et al，1994
甲基叔丁基醚	大鼠	灌胃	10、100、500、1000ppm（104 周）	高剂量组睾丸间质细胞瘤发生率为 18.3%	Belpoggi F et al，1998
恶喹酸	大鼠	饲喂	100、1000、3000mg/kg（104 周）	1000mg/kg 能够诱导大鼠睾丸间质细胞瘤	Yamada T et al，1994

续表

类型	动物	染毒方式	染毒剂量（染毒时间）	结果	文献
邻苯二甲酸二异辛酯	大鼠	饲喂	30、95、300mg/kg（159周）	高剂量组睾丸间质细胞瘤发生率为28.3%，随染毒剂量增加，睾丸间质细胞瘤的发生率增高，呈剂量-反应关系	Cristina Voss et al, 2005
全氟辛酸铵	大鼠	饲喂	300mg/kg（24个月）	睾丸间质细胞瘤发病率为11%	Biege L, B et al, 2001

（冯玉娟　李芝兰　党瑜慧　吴双）

第二节　致雌性动物生殖发育毒性的外源化学物及毒性表现

外源化学物对雌性动物生殖发育毒性是指外源化学物对雌性生殖功能或能力以及对后代产生的不良效应。生殖毒性既可发生于卵母细胞、受精卵、胚胎形成期，也可发生于妊娠、分娩和哺乳期。由于生殖系统及其功能由多个组织器官参与，也涉及许多内在和外在因素。因此，外源化学物对雌性动物的毒作用也往往表现在多环节、多部位。如引起卵巢及内分泌系统的变化；致动情周期和性行为改变；以及影响生育力和妊娠结局等。

一、对卵巢的影响

卵巢由卵泡和支持细胞组成。卵泡的发育是一个连续的过程，一般可以划分为原始卵泡、初级卵泡、次级卵泡和成熟卵泡四个阶段。卵泡发育过程受到外源化学物损伤时可以表现为，卵母细胞第一极体释放率降低，成熟卵泡闭锁，甚至出现卵泡变性坏死等。近年来有研究发现金属、有机化学物、农药与杀虫剂及药物等外源化学物可致卵泡发育障碍，见表 4-34。

二、对雌性动物生殖内分泌的影响

卵巢功能和生殖周期受神经内分泌的调节。外源化学物影响了下丘脑-垂体-卵巢轴的任何一个环节即可对雌性生殖产生损害作用。曾有报道（王筱兰，1994 年）氯化汞、苯、四氯化碳、开蓬（kepone）、多氯联苯等能够改变下丘脑-垂体-卵巢轴功能。近年来动物实验研究表明，有机化合物、农药与杀虫剂等均可干扰下丘脑-垂体-卵巢轴，导致生殖激素水平发生变化。见表 4-35。

某些物理因素如气温也可对雌性动物内分泌产生影响。古天明等（2008 年）的研究结果显示：大鼠在（3±1）℃接受低温冷冻刺激 28 天，大鼠血清雌二醇（E_2）水平显著下降；老年组大鼠较青年组大鼠 E_2 水平下降明显。

三、对卵巢生殖功能的影响

（一）对雌性动物动情周期的影响

夏品苍等（2005 年）用氯化镉对大鼠进行实验，染毒剂量分别为 0.625、1.25、2.5mg/kg，皮下注射 6 周。结果显示，各染毒组大鼠动情周期、动情间期明显延长，动情周期异常率明显增高。李煌元等（2002 年）对雌性大鼠亚慢性镉染毒，剂量为 0.25、1.0mg/kg，腹腔注射 6 周，观察到染毒组大鼠动情周期均比对照组显著延长。

欧阳江等（2009 年）研究发现，大鼠腹腔注射正己烷，剂量分别为 162、556、1980mg/kg，连续 7 周。随着染毒剂量的增大，大鼠均不同程度地出现动情期的延长。乙酰甲胺磷可延长雌性大鼠的动情周期（刘秀芳等，2008 年）。董黎等（2004 年）研究发现，给出生 24 小时的雌鼠皮下注射辛基酚（100mg/kg），直至出生后第 15 天，可使断乳后雌鼠阴道开放时间延迟，动情间期延长。同时，给新生 SD 雌性大鼠皮下注射辛基酚（170mg/kg）后，发现不会影响成年后

表 4 - 34 外源化学物致卵巢病理组织学改变

外源化学物	动物与细胞	给药方式	剂量	给药时间	实验结果	文献
金属化合物						
氯化汞	小鼠	腹腔注射	0.5、1.5mg/kg	3d	卵母细胞第一极体的释放率降低，卵母细胞的存活率降低，体外受精率降低	沈维干等，2000
	小鼠卵母细胞	体外卵母细胞处理	0.5、1.5mg/L	24h	卵母细胞第一极体的释放率降低，卵母细胞的存活率降低	沈维干等，2000
氯化镍	小鼠	腹腔注射	1.5、3.0、6.0mg/kg	3d	第一极体释放率降低，卵母细胞存活率降低，体外受精率下降	沈维干等，2000
	小鼠卵母细胞	体外卵母细胞处理	1.5、3.0mg/L	24h	卵母细胞第一极体释放率降低，卵母细胞的体外受精率降低	沈维干等，2000
氯化镉	大鼠	皮下注射	0.25、0.5、1.0mg/kg	1年	卵泡闭锁，黄体退变及卵巢纤维样变	李煌元等，2002

续表

外源化学物	动物与细胞	给药方式	剂量	给药时间	实验结果	文献
金属化合物						
氯化镉	小鼠	皮下注射	1.0、3.0、6.0mg/kg	1次	初级和次级卵母细胞核膜扩展，核基质电子密度增加，核仁断裂消失，高尔基复合体和内质网扩张与肿胀	李煜元等，2002
碳酸锂	小鼠	腹腔注射	3.0、6.0mg/kg	3d	卵母细胞第一极体的释放抑制，卵母细胞的体外受精能力降低	苏庆等，2002
氯化锶	小鼠卵母细胞	体外处理	10mmol/L	20min	卵裂率增高	鄂玲玲等，2007
硫酸锰	小鼠	腹腔注射	1.0、3.0mg/kg	3d	卵母细胞第一极体的释放率降低，卵母细胞的存活率降低，体外受精率降低	沈维干等，2000

续表

外源化学物	动物与细胞	给药方式	剂量	给药时间	实验结果	文献
有机化合物						
甲醛	小鼠	腹腔注射	1.25、2.50、5.00mg/kg	5d	成熟及闭锁卵泡出现变性，卵母细胞中线粒体肿胀及空泡变，少数卵母细胞崩解液化	郝连正等，2008
	大鼠	灌胃	2、20、50mg/kg	6d	卵母细胞存活率降低、体外受精率降低	郝连正等，2008
邻苯二甲酸二丁酯和邻苯二甲酸二酯	大鼠	灌胃	DBP（1.0g/kg）+ DEHP（1.7g/kg）	8周	闭锁卵泡数量增多	李玲等，2010
辛基酚	小鼠	皮下注射	100mg/kg	15d	卵巢萎缩	董黎等，2004
辛基酚、壬基酚	大鼠	灌胃	辛基酚：80、320mg/kg，壬基酚：50、200mg/kg，联合染毒低、高剂量	60d	卵巢间质血管扩张充血、卵巢间质水肿，充血严重	李晖等，2008
丙烯腈	大鼠	皮下注射	5、15、25mg/kg	30d	次级卵泡有脂肪变性、水样变性，卵泡腔内有坏死的细胞及炎细胞浸润	段志文等，2001

续表

外源化学物	动物与细胞	给药方式	剂量	给药时间	实验结果	文献
有机化合物						
多氯联苯	鸡胚	鸡胚气室注射	100微克/蛋	1次	卵母细胞发生核固缩和胞质空泡化，鸡胚卵巢卵皮质质显著增厚	解美娜等，2004
木黄酮	小鼠	皮下注射	50mg/kg	产后1~5d	卵巢出现囊肿，黄体数减少以至消失	武振龙等，2005
			500mg/kg	产后2、4、6d	卵巢中黄体数减少，闭锁卵泡及生长卵泡数增多	武振龙等，2005
四氯二苯并二噁英	小鼠	灌胃	30μg/kg	3d	卵巢体积明显缩小，卵泡结构紊乱	尹海萍等，2008
水有机提取物	小鼠	腹腔注射	12.5、25、50L/kg	5d	闭锁卵泡数增多	田怀军等，2003
药物						
卡铂	大鼠	腹腔注射	4、8mg/kg	5和10d	总卵泡数、成熟卵泡数、初级卵泡数和生长卵泡数减少	韩萍等，2009

续表

外源化学物	动物与细胞	给药方式	剂量	给药时间	实验结果	文献
药物						
乌头碱	大鼠黄体细胞	体外处理	0.05、0.5、5、50μg/ml	24h	黄体细胞的增殖抑制	庞凌烟等，2010
雷络酯片	大鼠	灌胃	400μg/kg	90d	卵巢体积萎缩、卵泡减少、黄体数量减少	陈小囡，2006
雷公藤多苷	大鼠	灌胃	12mg/kg	12周	部分卵泡卵母细胞及卵泡细胞消失	姜效姣等，2009
菟丝子复方	大鼠	灌胃	10g/kg	20d	卵泡数量减少	陈亚琼等，2000
更年宁心胶囊	大鼠	灌胃	2.5g/kg	3个月	卵巢黄体计数及纵切面面积增大	张绍芬等，2004
农药						
甲氧滴滴涕	小鼠	灌胃	1.25、2.5、5.0mg/kg	5d	卵泡闭锁	侯蕾等，2007
三氯杀螨醇	大鼠	腹腔注射	16、32、64mg/kg	21d	闭锁卵泡增加、且次级卵泡闭锁率升高	常飞等，2009
	中华蟾蜍	腹腔注射	0.25、0.50、1.00、2.00mg/kg	30d	卵泡数量增多、卵泡发育进程素乱和卵泡畸形、卵巢系数增大	唐超智等，2009
辛硫磷、灭多威	大鼠	灌胃	两者1∶1混合	30d	腺体增多、部分腺体腔扩张、透亮细胞增多	虎明等，2008

表 4-35 外源化学物对雌性动物生殖内分泌的影响

外源化学物	动物与细胞	给药方式	剂量	给药时间	实验结果	文献
有机化合物						
甲醛	大鼠	腹腔注射	0.2、2.0、20.0mg/kg	14d	血清 E_2 水平降低，FSH、LH 水平均升高	彭国庆等，2010
双酚 A	小鼠	腹腔注射	4、20、40、80μmol/kg	3d	血清 E_2 水平随染毒剂量的增加而逐渐升高	杜鹃等，2009
			20μmol/kg	一次性染毒	E_2 水平迅速下降，至 4 h 降至最低，此后缓慢上升，至 72 h 恢复正常	杜鹃等，2009
辛基酚、壬基酚	大鼠	灌胃	辛基酚 80、320mg/kg，壬基酚 50、200mg/kg，联合染毒低、高剂量	60d	血清 E_2、FSH 及 LH 水平均降低	李晖等，2008
四溴联苯醚	大鼠	灌胃	1、5、10mg/kg	一次性染毒	血清 E_2 水平升高	何平等，2010

续表

外源化学物	动物与细胞	给药方式	剂量	给药时间	实验结果	文献
有机化合物						
邻苯二甲酸二己酯	小鼠卵巢颗粒细胞	体外处理	10, 50, 250 nmol/L	24h	E_2水平分泌增加, 低剂量组P水平分泌抑制	马明月等, 2010
邻苯二甲酸单己酯	小鼠卵巢颗粒细胞	体外处理	10, 50, 250 nmol/L	24h	E_2水平分泌增加, 中高剂量组P分泌抑制	马明月等, 2010
邻苯二甲酸二丁酯和邻苯二甲酸二酯	大鼠	灌胃	DBP (1.0g/kg) + DEHP (1.7g/kg)	8周	P, E_2水平降低	李玲等, 2010
染料木黄酮	大鼠	经口	5mg/kg	孕17d~产后21d	血浆中E_2及P水平下降。	武振龙等, 2005
	大鼠	皮下注射	500mg/kg	产后2, 4, 6d	血浆P水平降低	武振龙等, 2005

续表

外源化学物	动物与细胞	给药方式	剂量	给药时间	实验结果	文献
药物						
雷公藤多苷	大鼠	灌胃	12mg/kg	12周	血清 LH 和 FSH 水平升高，E_2 水平分泌下降	姜姣等，2009
多沙唑嗪	大鼠	灌胃	10mg/kg	15d	血清 P 水平增加	Fertil Steril, 2007
雷络酯片	大鼠	灌胃	400μg/kg	90d	P、E_2 水平降低	陈小囡，2006
宁神合剂	大鼠	灌胃	0.05、0.1、0.2mg/只	31d	E_2 水平升高	叶玉妹等，2005
清热止血宁	大鼠	灌胃	2.7、10.8g/kg	7d	低剂量组能增加血清 E_2、P 水平	赵莉等，2008
番泻叶提取物	大鼠	灌胃	2、4、8、16mg/g	90d	血清 E_2 水平升高，FSH、LH 水平降低	庄爱文等，2009
磷酰胺氮芥	大鼠卵巢组织	体外处理	10、20、50μg/ml	48h	E_2 水平降低	肖苑玲等，2010
农药						
敌百虫	小鼠	灌胃	50mg/kg	孕6~15d	母体血清 E_2 水平下降	戴芙等，2007
氯氰菊酯	大鼠	灌胃	20、40、80mg/kg	28d	血清中 FSH、LH、P 水平均较低，E_2 水平均较高	李海斌等，2008

雌性大鼠的阴道开放时间，但可导致动情间期延长。安婧等（2008年）给小鼠分别以 1.907、3.814、7.628 g/ml 芹菜汁灌胃 7、14 天，分批处死动物，结果发现灌胃 14 天高剂量组小鼠动情前期较灌胃前明显缩短，动情后期较灌胃前延长。

常飞等（2009 年）用大鼠进行实验，腹腔注射甲氧滴滴涕，剂量为 16、32、64mg/kg，连续染毒 21 天。结果发现中、高剂量染毒组大鼠动情期延长，周期数减少。

动物实验研究发现，大鼠经雷络酯灌胃 90 天，剂量为 400μg/kg。大鼠用药后动情周期紊乱，动情期延长（陈小囡等，2006 年；胡兵等，2000 年）。

（二）对动物排卵及受孕力影响

李煌元等（2002 年）报道，氯化镉可以抑制雌性大鼠卵巢的排卵功能，且排卵数目随剂量的增加而减少，呈剂量-效应关系。曹乃琼等（2002 年）研究发现，小鼠腹腔注射 5、10 mg/kg 氯化镍，连续染毒 10 天后使其交配，高剂量组受孕率、总着床数和活胎数明显低于对照组。Thakur（2001 年）、李蓉（2007 年）等的研究发现，长期亚慢性摄入氯化甲氧基乙基汞和贫铀后，可导致雌性大鼠的受孕率下降。

当饮用水中加入二甲基甲酰胺，其浓度分别为 1000、4000、7000mg/L，结果发现受试浓度大于 4000mg/L 的剂量组，雌性小鼠的生育力下降，表现为产仔数量减少（侯旭剑等，2008 年）。李丽萍等（2009 年）研究报道，大鼠经邻苯二甲酸二酯灌胃染毒，剂量为 125、250、500、1000mg/kg，孕鼠自受孕后第 2 天开始至哺乳期结束染毒。观察到 1000mg/kg 组子鼠平均活胎数、子宫着床点数均降低。双酚 A、壬基酚和辛基酚均可造成小鼠妊娠率和着床数减少（王薛君等，2005 年；叶丽杰等，2005 年；闫鹏等，2009 年）。张欣文等（2008 年）用未交配雌性果蝇进行实验研究，将雌性果蝇放在邻苯二甲酸二丁酯培养基中培养，浓度为 0.1%、0.4%、1.6%、6.4%。分别在培养 10 天和 20 天时进行交配。结果显示，各染毒组雌蝇 1 小时交配率随邻苯二甲酸二丁酯浓度升高而降低，6.4%组雌蝇的 1 小时交配率和生育率明显降低；染毒 20 天后 6.4%组的平均生育数和平均产卵期均明显降低。

何华等（2004年）给雌性大鼠灌胃染毒乐果和敌百虫，动物分为乐果组（5.0mg/kg），敌百虫组（1.0mg/kg），联合1组（剂量为乐果2.5mg/kg，敌百虫0.5mg/kg），联合2组（剂量为乐果12.5mg/kg，敌百虫2.5mg/kg）。雌性大鼠染毒14天后与正常雄性大鼠进行交配，交配后雌鼠继续染毒至妊娠第7天。发现联合1组的着床前死亡率升高；同期，给受孕第6~15天雌性大鼠灌胃染毒，联合2组平均着床数下降。

Ivanova等（2006年）研究报道，大鼠通过灌胃给予乐果，染毒剂量分别为0.01、0.1mg/kg，染毒10周。结果显示0.1 mg/kg剂量组生育力降低。

大鼠经双环铂皮下注射，剂量分别为1、2和4mg/kg，从妊娠第6~15天连续染毒，可见高剂量组的着床数和活胎数减少（林飞等，2005年）。陈波等（2007年）用大鼠进行实验，灌胃给予风湿平胶囊，设152、304、608和1216 mg/kg 4个剂量组，雌性大鼠从交配前14天到妊娠后第8天给药。304mg/kg以上剂量的风湿平胶囊可降低雌性大鼠妊娠率，608mg/kg和1216mg/kg的风湿平胶囊可降低雌性大鼠黄体数及着床数。

四、发育毒性

（一）胚胎死亡

曹乃琼（2002年）等将雌性小鼠分为5、10 mg/kg氯化镍组，腹腔注射10天后使其与正常雄性小鼠交配，发现低、高剂量组F1仔鼠总着床数均降低，吸收胎率、死胎率和死胎孕鼠率均升高。Shirota等（2008年）研究发现，以100、300、1000 mg/kg 4-甲基苯甲酸给予大鼠灌胃，结果显示300、1000 mg/kg 4-甲基苯甲酸能够增加小鼠胚胎植入的丢失。王江敏等（2003年）研究报道，在雌猴妊娠第12天，采用灌胃法一次性给予二噁英，剂量为1.0、2.0、4.0μg/kg，染毒组12只猴子有10只在孕第22~32天发生早期胚胎丢失。鹿晓晶等（2007年）研究报道，Wistar大鼠给予二苯氯胂染毒，剂量为 0.63、0.94、1.89 mg/kg，从妊娠 15 天至哺乳 28 天连续灌胃染毒。结果 0.94、1.89 mg/kg 组 F1 代孕鼠的吸收胎率升高。杨妮娜等（2008 年）研究也发现 1－氯甲基杂氮硅三环能造成子鼠哺育成活率降低。

大鼠经皮下注射双环铂，剂量为 1、2、4 mg/kg，于孕第 6～15 天连续 10 天，结果显示高剂量组死胎数和吸收胎数增加，提示药物双环铂可以干扰受精卵的生长发育，甚至引起胚胎死亡（林飞，2005 年）。

陈昱等（2005 年）将雌性小鼠分为 2 组，亲代照射组和宫内照射组，暴露于 $40\mu W/cm^2$ 微波中辐射 3 周。研究发现亲代照射组和宫内照射组子鼠出生存活率和哺育成活率均有下降的趋势。

（二）先天缺陷

杨彩霞等（2008 年）研究报道，雌性大鼠妊娠前长期饲喂 170 mg/kg DDT，可引起胚胎毒性，主要表现为仔鼠多发性皮下出血。杨媛媛等（2007 年）报道，雌性小鼠以 125mg/kg 的丙烯酰胺注射染毒，交配后随着染毒时间的延长，活胎中骨骼畸形率增加。朱健等（2008 年）给雌性大鼠灌胃染毒二月桂酸二丁基锡，发现随着染毒剂量的增加，仔鼠骨骼和外观发育异常率明显增加，10 mg/kg 剂量组表现为仔鼠脊柱轻度弯曲，20mg/kg 剂量组脊柱高度弯曲和口唇裂出现。

邹积艳等（2004 年）应用全胚胎体外培养显示，当培养基中铅的浓度为 30 mg/L 时，45％的大鼠胚胎出现畸形，体外铅处理可导致仔鼠神经管闭合不全、脑发育不良所致的小头畸形。

刘丹卓等（2009 年）给大鼠灌胃寿胎丸，剂量分别为 2、10、50g/kg，于孕第 6 天开始给药，连续给药 10 天。结果显示寿胎丸 50 g/kg 剂量浓度以下，对仔鼠内脏及骨骼发育无明显的毒性。也有肾炎灵片剂和骆驼蓬总碱对仔鼠发育未见畸形改变（王兴海等，2009；徐小平等，2009 年）的报道。

大鼠孕第 6～15 天经口灌胃，12.5，25、50 mg/kg 敌百虫染毒，可出现各实验组子鼠外观畸形发生率显著增高，主要表现为腭裂和开眼症（戴斐等，2007 年）。

（三）发育迟缓

崔金山等（2001 年）对雌性大鼠妊娠第 7～16 天皮下注射丙烯腈 15、25、35 mg/kg。25 mg/kg 组死胎率、吸收胎率升高，胎鼠平均体重、体长、尾长减小。杨妮娜等（2008 年）给小鼠以 1－氯甲基杂氮硅三环灌胃，染毒剂量：1.28、5.09、20.37mg/kg，两代连续染毒 8 周。结果 5.09 和 20.37mg/kg 剂量组仔鼠出生时体重减轻，身长、尾长减少。Wistar 大鼠从孕期第 6 天到哺乳期结束以 2、6 mg/kg 剂量的三苯基氯化锡灌胃染毒，其子代睁眼时间显著延迟。用三苯基氯化锡含量为 125μg/g 饲料喂养 Wistar 孕大鼠至仔鼠断乳，发现 F1 和 F2 代睁眼时间延迟（林春芳等，2008 年）。

此外，罗聪等（2005 年）给大鼠灌胃托吡酯，剂量分别为 40、80mg/kg，于妊娠 6～15 天连续染毒。结果表明各剂量组仔鼠的体重、身长和尾长均减小。陈波等（2007 年）用大鼠进行实验，灌胃给予风湿平胶囊，结果 1216 mg/kg 的风湿平胶囊可致胎鼠骨骼发育迟缓。

（四）功能不全

1. 性别比例改变 朱健等（2008 年）研究发现，大鼠灌胃染毒二月桂酸二丁基锡，剂量分别为 2.5、10、20mg/kg，共计染毒 48 天。染毒第 5 周后，各组大鼠与正常雄性大鼠以 1∶1 的比例合笼，合笼期间不染毒，每只雌鼠查到阴栓为妊娠第 0 天，继续染毒，于妊娠第 18 天处死取胎鼠。结果显示，雌胎比例随着染毒剂量的增加而逐渐下降。阿那尼等（2000 年）的实验研究，从小鼠孕第 6 天开始每天 1 次腹腔注射氯化二丁基锡，剂量分别为 0.025、0.050、0.10、0.20、0.40μg/kg，连续 7 天。发现在 0.10μg/kg 以上剂量组中，胎鼠性别比开始发生变化，对照组雌胎比例 54.0%，0.40μg/kg 剂量组雌胎比例下降为 35.6%，雄胎比例则相应增加。董黎等（2004 年）报道，日本鳉鱼于交配前后持续给予 50mg/L 辛基酚时，子代雌雄比例由 42∶58 变为 57∶40。

Tian 等（2009 年）给小鼠灌胃敌百虫，剂量为 12.5、25 50 mg/kg，于小鼠孕第 6～15 天连续染毒，结果在浓度 12.5 mg/kg 时，子鼠中雄性小鼠的数量高于雌性小鼠。

此外，岳敏娟等（2009 年），将鲫鱼在不同温度下培育，温度处理从子鱼 12 日龄开始直至 40 日龄止，结果在高温（30±1）℃、（32±1）℃、（34±1）℃组中，雌雄比例分别是 6.14∶1、2.51∶1 和 2.14∶1。其中（30±1）℃实验组的雌性比例最高，达到 86.0%，性腺分化趋向雌性化，提示温度可以影响子代鲫鱼的雌雄比例。

2. 对雄性子代的影响　孕前、孕期以及哺乳期接触外源化学物，在母体尚无明显中毒迹象的情况下，雄性子代可以表现出一定的生殖发育毒性。见表 4-36。

3. 对雌性子代的影响　陈金合等（2007 年）给 Wistar 大鼠灌胃染毒三丁基氯化锡，剂量为 1.0、2.5、5.0 mg/kg，于孕第 12～20 天连续染毒，结果孕期母鼠接触三丁基氯化锡，可抑制雌性子代大鼠的生长发育，并可引起雌性子代 FSH 及 E_2 水平的升高。王成恩（2010 年）以 1、10、100 μg/kg 三丁基锡对小鼠进行灌胃染毒，从妊娠第 6 天起直至哺乳期结束。结果显示，成年雌性小鼠卵巢重量降低，各染毒组子代成年雌性小鼠血清 E_2 水平比对照组显著降低，10 μg/kg 及 100 μg/kg 剂量组小鼠血清 E_2/T 比对照组显著降低。

五、对雌性动物生殖器官肿瘤影响

1984 年世界卫生组织公布的"环境卫生标准第 30 号"（Environmental Health Criteria 30）中指出，有 60 余种化学物在大鼠、小鼠、仓鼠，家兔，猪，狗和猴等动物中具有经胎盘的致癌作用。但就外源化学物致雌性动物生殖器官肿瘤方面的研究报道比较少（表 4-37）。

表 4-36 外源化学物对雄性子代生殖内分泌的影响

外源化学物	动物	给药方式	剂量	给药时间	实验结果	文献
金属化合物						
醋酸铅	大鼠	腹腔注射	0.48、2.4、12mg/kg	孕第 9～17d	子代雄鼠的精子相对密度和精子活力降低，精子畸形率增加，顶体异常精子百分率增加	马保等，2004
有机化合物						
辛基酚	大鼠	灌胃	80、160、320mg/kg	雌性大鼠染毒两个月后与正常雄性交配继续染毒直至哺乳期结束	高剂量组子代雄鼠睾丸和附睾重量降低，各剂量组血清 T、ICSH，FSH 水平均明显降低	黄丽华等，2009
壬基酚	大鼠	灌胃	50、100、200mg/kg	孕 1d 至出生后 21d	随着染毒剂量的增加，70 日龄雄性仔鼠的睾丸和前列腺重量降低	范奇元等，2001
	大鼠	灌胃	50、100、200mg/kg	孕第 7～20d	高中剂量组雄性仔鼠睾丸中细胞增殖核抗原的整体表达水平降低；芳香化酶表达减弱，ABPmRNA 和 IL-6mRNA 的表达减弱	陈伟等，2007

续表

外源化学物	动物	给药方式	剂量	给药时间	实验结果	文献
有机化合物						
壬基酚	大鼠	灌胃	50、100、200mg/kg	孕7d至断乳期	高剂量组子代血清T水平降低	陈伟等，2007
	大鼠	灌胃	20、40、80、200mg/kg	孕第14～19d，子代于90日龄剖杀	80、200mg/kg剂量组子代血清T水平明显降低，最高剂量组睾丸中细胞增殖核抗原的表达降低，雌激素受体的表达有降低的趋势，芳香化酶的表达减弱	许洁等，2008
	大鼠	灌胃	50、100、200mg/kg	孕第7d至出生后20d	高剂量组子代各级生精细胞广谱钙黏附蛋白明显降低	邱云良等，2008
双酚A	大鼠	灌胃	30、120、360mg/kg	孕第1d至出生	低剂量组F1代睾丸脏器系数降低，LDH活性升高，高中剂量组LDH和G-6-PD活性降低	吕毅等，2008
三丁基锡	小鼠	灌胃	1、10、100μg/kg	孕第6d至哺乳期结束	染毒组子代成年雄性小鼠精子计数比对照组显著减少，精子活力比对照组显著下降	王成恩，2010

续表

外源化学物	动物	给药方式	剂量	给药时间	实验结果	文献
有机化合物						
邻苯二甲酸二丁酯	大鼠	灌胃	500mg/kg	孕第13~21d	仔鼠在出生后早期血清T水平正常，随着时间的延长，T水平下降	刘国昌等，2010
邻苯二甲酸二乙基己基酯	小鼠	灌胃	300mg/kg	孕第12~21d	胚胎睾丸T水平和生成量明显降低，仔鼠出生后血清IC-SH和T水平显著下降，至出生90d可以恢复正常	王珥梅等，2008
药物						
氟他胺	大鼠	皮下注射	4492.2、4882.8、5273.4、5664.0、6054.6、625.0μg/kg	孕第12~17d	雄性子代血清T水平下降，与染毒剂量呈负相关，间质细胞中CYP450侧链裂解酶和17β-羟基类固醇脱氢酶表达降低	李岩等，2007
农药						
氰戊菊酯	大鼠	灌胃	2、10、50mg/kg	孕第12~18d	高中剂量组子代睾丸脏器系数降低	周义等，2010

表 4 - 37　外源化学物致雌性动物生殖器官肿瘤

外源化学物	动物	给药方式	剂量	给药时间	实验结果	文献
7，12 - 二甲基苯并蒽	大鼠	灌胃	2mg/kg	25 周	65％大鼠出现卵巢肿瘤	J. Hilfrich，1973
9，10 - 二甲基 - 1，2 - 苯并蒽	小鼠	皮肤染毒	1.25mg/kg	74 周	88 只小鼠中，有 53d 出现了卵巢肿瘤	J. S. Howell et al，1954
2，3，7，8 - 四氯代二苯并二噁英	大鼠	灌胃	125ng/kg	14、30 和 60 周	TCDD 组出现卵巢性索间质肿瘤，且以 60 周组出现最多	Barbara J et al，2000
炔诺酮和炔异诺酮	小鼠	皮下埋植	炔诺酮平均吸收量：(7.7±0.5)μg/d 炔异诺酮平均吸收量：(5.5±0.2)μg/d	炔诺酮组：535～539d 炔异诺酮组：524～568d	炔诺酮组的 24 只小鼠中有 13 只出现卵巢肿瘤；炔异诺酮组的 23 只小鼠中有 2 只小鼠出现卵巢肿瘤	Lipschutz A et al，1967

（李福轮　李芝兰　张晴晴）

第三节 外源化学物致人类生殖损伤的表现

人类从生活环境及职业活动中，常常接触到外源性有害因素。近年来就环境有害因素对生殖毒性影响的研究越来越受到人们的关注和重视。据估计，目前美国有 1/5 的夫妇发生非自愿性不育，1/3 以上的胚胎在发育早期死亡，大约 15％的已知妊娠出现自发流产，出生时大约有 3％存活胎儿有各种发育缺陷，1 岁时增加到 6％～7％，学龄期则高达 12％～14％。

迄今为止，关于金属与类金属、有机化合物、农药、药物等化学因素和物理因素，以及生物因素对人类生殖健康的影响屡有报道。

一、环境有害因素对男性生殖健康的影响

男性接触环境有害因素造成的生殖毒性主要表现在对其生殖器官、性腺轴及性激素水平、精子质量、性行为与生育力和对其配偶妊娠结局及其子代的影响方面。

（一）对生殖器官的影响

李寿祺等（2003 年）曾报道，职业接触正己烷可引起睾丸萎缩；二溴氯丙烷、二硝基苯和二硝基甲苯可损伤睾丸支持细胞；硼酸可以降低前列腺、附睾头、附睾体的重量。近年来，张秋玲等（2009 年）对职业性无机铅中毒患者进行观察研究，经睾丸活检发现，铅中毒患者生精小管中央发生玻璃样变，间质细胞和支持细胞大量增生，邻近组织由于间质和生精小管钙化而融合在一起。李花莲等（2008 年）对慢性二硫化碳中毒的男工进行观察研究，睾丸活检发现，慢性职业中毒患者生精细胞停止成熟，生精细胞不足，并有中等程度的间质纤维化。周健等（2008 年）的研究发现，氟的过量摄入可以破坏各级生精细胞、支持细胞及睾丸间质细胞的结构。戴继灿（1999 年）报道，食物着色素可引起睾丸生精细胞的变性。

（二）对性腺轴及激素水平的影响

顾祖维等（2005 年）报道，乙醇可影响 ICSH 的释放；氟辛烷

铵可以引起雌激素水平升高和 T 水平降低；环磷酰胺、顺铂或长春新碱等抗肿瘤药可引起治疗患者 FSH 水平升高。近年来研究铅、镉、丙烯腈、电子垃圾以及吸烟等对男性性腺轴及激素水平的影响，发现其影响主要表现在接触组血清睾酮（T）、卵泡刺激素（FSH）、雌二醇（E_2）、间质细胞刺激素（ICSH）、催乳素（PRL）等分泌紊乱，见表 4 - 38。

（三）对精子质量的影响

马静等（2009 年）对职业性铅接触男工进行健康检查，结果显示严重职业性铅接触导致了男性精子数量减少和畸态精子数量增多。任军慧（2005 年）、幺红彦（2002 年）等对铅作业男工的职业流行病学研究，观察到铅作业组男工精子存活率下降，并且男工少精、无精等发病率较对照组高。聂继盛等（2006 年）的调查研究显示，一定浓度的砷接触可引起精子数量减少、质量下降、活动力减弱、畸形率增加，甚至凋亡等。杨建明（2000 年）、薛石龙（2006 年）等研究还发现，男性接触镉及镍，会对其精子质量造成一定影响，主要表现为精液量少、精子存活率降低及畸形率显著升高。

李花莲等（2008 年）对空气中二硫化碳平均浓度为（35.2±7.0）mg/m^3 工作环境下的纺丝男工进行了流行病学调查研究，发现接触组男工精子形态异常率、精子活动率较对照组显著下降。邓菁等（2007 年）的研究结果显示，二硫化碳作业组男工的精子数目减少、结构畸形及总畸变率增高均显著高于对照组。牛瑞燕等（2010 年）对水氟为 2.0～19.0mg/L 地区的 20～42 周岁不育症男子的精子进行光镜及电镜观察，结果显示与对照组相比，高氟区男子的异常精子百分数显著增加，在精子的头部、中段、尾部均可见结构方面的异常，出现顶体发育不全、线粒体肿胀、嵴液消失等现象。周健等（2008 年）的研究结果也显示，氟接触可致精子数量减少、活动力降低、自毙率升高，精子膜损伤，溶酶体酶活性降低等。

表 4 - 38 男性接触环境有害因素对其性腺轴及激素的影响

环境因素	对象与方法	结果	文献
铅	选取健康男性工人 189 名。其中铅接触组 97 名、非铅接触组 92 名，进行现况研究	接触铅 5 年以上的工人血清 T 水平降低，5~10 年组血清 ICSH，FSH 水平均有所升高，接触铅 10 年以上组工人血清 ICSH、FSH 水平均呈下降趋势	严茂良等，2002
	选择在某床垫厂接触铅 1 年以上男工 17 名为接触组，另选 12 名非铅接触者为对照组，进行现况研究	铅接触组男工血清 T 水平降低，FSH，ICSH 水平升高	李国玉等，1999
镉	选择 294 名居住在镉污染区 35 年以上，并以当地自产大米为主食的居民为调查对象，进行现况研究	随着尿镉水平的增高，血清 T 水平异常增高的比例随之增加	金泰廙等，2002
二硫化碳	对 18 名长期接触二硫化碳的作业工人进行现况研究	长期接触二硫化碳浓度在 21.90~41.51mg/m³ 的情况下，接触工人血清 T 水平低于对照组，血清 FSH 及 ICSH 水平高于对照组	邓丽霞等，1998
	以某化纤公司粘胶车间的 50 名工人为接触组，同一公司化纤浆厂工人 50 名为对照组，进行现况研究	在接触组二硫化碳浓度为 6.01~25.30mg/m³ 的条件下，接触组工人血清 FSH 水平明显高于对照组，PRL 水平低于对照组，血清 ICSH 水平随接触工龄延长与量明显下降	王春红等，1999

续表

环境因素	对象与方法	结果	文献
二硫化碳	对接触二硫化碳的 50 名男工和 50 名非接触组男工进行现况研究	在接触组二硫化碳平均浓度为 14.46mg/m³ 的条件下，接触组男工血清 FSH 水平高于对照组，PRL 水平低于对照组	王燕等，2002
丙烯腈	选择 71 名长期接触丙烯腈作业男工为接触组，选不接触任何毒物的男工 50 人为对照组，进行现况研究	接触组男工血清 T 明显下降，E_2 水平明显升高	崔金山等，2001
电子垃圾	在有 10 余年历史的电子垃圾拆解区选择 58 名居民为接触组，另选距该地区约 50km 无明显工业污染的农业区的 80 名居民为对照组，进行现况研究	在男性居民中，接触组血清 E_2 和 T 水平低于对照组	居颖等，2009
吸烟	对 48 名吸烟者和 28 名不吸烟者进行现况研究	吸烟者左侧睾丸静脉的 T 浓度、左侧睾丸雄激素结合蛋白分泌率显著低于不吸烟者	Sofitis et al, 1995
	对 55 例吸烟及 38 例不吸烟且已生育过子女的健康男性进行现况研究	吸烟者体内 T 水平低于不吸烟者	魏莎莉等，2000

孙美芳等（2003 年）选择 2 个腈纶厂丙烯腈生产车间，浓度为
（0.8±0.25）mg/m³，男工 30 名作为研究对象，无丙烯腈接触史的
其他男工 30 人作为对照组。研究结果显示丙烯腈接触组男工精子性
染色体非整倍体畸变率明显高于对照组，同时发现接触组 XX、YY、
XY 二体精子百分率、精细胞核平均彗尾长度、彗星精子细胞百分率
明显高于对照组，接触组男工精子密度和精子总数明显低于对照组。
Hauser（2006 年）测定了临床上 379 名男性不育症患者尿液中邻苯
二甲酸酯及其代谢物的浓度，同时检测精子 DNA 的损伤，结果发现
邻苯二甲酸单乙酯、邻苯二甲酸酯的共同氧化代谢物（邻苯二甲酸单
酯）与精子的 DNA 损伤有关。刘新霞等（2003 年）对苯致男性生殖
损伤的研究，报道了苯接触组精子染色体双体率、染色体的末端重复
率、末端缺失率、染色体着丝粒重复率及着丝粒缺失率显著高于对照
组。李卫华等（2001 年）研究发现，接触 2-溴丙烷男工的精液量、
精子总数、精子存活率、快速运动精子比例下降，精子运动能力异
常、精子畸形率增高。侯旭剑等（2008 年）报道，接触二甲基甲酰
胺的男工精子活力显著下降。

Pena 等（2004 年）在墨西哥农场工人中做了长期低剂量接触有
机磷农药对精子染色质结构影响的研究，结果发现：（1）大部分工人
的精液染色质结构发生了改变，约有 75％精液样品是低受精能力的。
（2）精子 DNA 破碎指数明显高于对照组。（3）82％有机磷农药接触
工人的不成熟精子的指标高于对照组。（4）工人尿中二乙基硫代磷酸
酯的浓度和精子 DNA 破碎指数明显相关。国内谈立峰等（2002 年）
选择某农药厂氰戊菊酯生产男性工人 32 名为接触组，该厂行政办公
区男性工作人员 46 名为内对照组，并另选择某疾病控制中心男性工
作人员 22 名为外对照组，除对工人进行体检外，对各组环境空气中
氰戊菊酯及其相关溶剂进行连续 3 天的监测。接触组空气中氰戊菊酯
浓度明显高于内、外对照组，而有机溶剂（甲苯、二甲苯）浓度差异
无显著性。研究结果显示：（1）接触组精子总数，精子运动直线性，
精子运动前向性均显著低于内、外对照组。（2）精液黏稠度，凝集度
及精子总数异常率显著高于内、外对照组。（3）精子活动度，鞭打频

率显著低于外对照组。（4）精子活动度异常率显著高于内、外对照组。Melissa（2007 年）、邹晓平（2005 年）、Recio（2001 年）等也报道了有机磷农药和拟除虫菊酯类农药对接触组男工精子质量有明显影响。

薛石龙（2006 年）、张晶（2009 年）等研究发现电离辐射、钛酸酯类增塑剂及吸烟等均可对接触组男性精子质量造成损害，主要表现为精子密度、存活率均较对照组降低。姬艳丽（2002 年）对吸烟者的研究还发现，精子染色体结构和数目畸变率均高于对照组，且与不吸烟者相比，除精子数量减少及精子活力下降外，还出现了精子直线运动率下降，圆头精子数增加。

（四）对性行为及生育力的影响

王簶兰等（1994 年）曾报道铅及其他金属烟雾、1，2-二溴氯丙烷、溴化乙烯等可引起不育；开蓬、二硫化碳可引起男性性欲降低及阳痿等。近年来研究男性接触金属、有机溶剂、有机磷农药及药物的生殖毒性，发现其对接触组男工性行为及生育力的影响主要表现为性欲减退、勃起和射精障碍、阳痿、早泄、性交次数减少及生育力降低等，见表 4-39。

（五）对配偶妊娠结局的影响

吕策华（2001 年）通过对 202 名接触氯乙烯作业工人与 214 名不接触氯乙烯作业工人进行回顾性调查，在氯乙烯浓度为 $20.5 \sim 201.5 mg/m^3$ 的情况下，接触组男工的妻子出现自然流产、早产的发生率均高于对照。侯剑旭（2008 年）、吴维皑（1994 年）分别对接触二甲基甲酰胺、丙烯腈作业的男工进行职业流行病学研究，发现作业男工的妻子出现自然流产、死胎及死产的概率均较对照组增高。杨惠萍（2003 年）以蓄电池厂和钢丝绳厂 126 名从事铅作业 1 年以上已婚男工为接触组，不接触铅的 172 名男职工为对照组，研究结果表明，职业性铅接触是引起男工妻子早期自然流产发生率增高的唯一危险因素；张秋玲等（2009 年）的研究结果也支持铅是作业男工妻子自然流产发生率增高的高危因素。

表 4-39　男性接触环境有害因素对性行为及生育力的影响

环境因素	对象及方法	结果	文献
铅	选择某床垫厂接触铅 1 年以上男工 17 人为接触组，不接触铅的其他男工 12 人为对照组，进行回顾性调查研究	铅作业组男工性欲减退现象显著高于对照组	李国玉等，1999
二硫化碳	对 28 名接触二硫化碳作业的男工进行回顾性调查研究	在二硫化碳平均浓度为 35mg/m³ 的条件下，接触组男工性功能障碍（勃起不良、减退、缓慢、有时不勃起及性交次数明显减少）的比例显著高于对照组	蔡世雄等，1990
	选择 160 名二硫化碳作业男工为接触组，另选 79 名工作环境相同但不接触有害物质的工人为对照组，进行回顾性调查研究	接触组在二硫化碳浓度为 1～30mg/m³ 和 >30mg/m³ 的浓度下，性功能减退的比例高于对照组；>30mg/m³ 浓度组的性功能减退比例高于 1～30mg/m³ 浓度组、在 1～30mg/m³ 和 >30mg/m³ 浓度组、阳痿的发生率均高于对照组	Vanhoorne M et al, 1994
丙烯腈	对腈纶厂车间内 275 名职业性接触 ACN 男工进行调查研究	接触组男工妻子不孕症的相对危险度（RR）为 2.22（95% CI: 1.18～5.58），低浓度车间工人妻子的不孕发生率明显低于其他 3 个浓度较高车间	钟光玖等，2004
有机磷农药	筛选 161 名接触有机磷农药男工为接触组，另选 161 名非接触有机磷农药男工为对照组，进行回顾性调查研究	接触组的性欲降低、性交次数减少	邹晓平等，2005
电焊烟尘	对 300 名电焊男工进行回顾性调查研究	接触组男工阳痿、早泄、不射精或射精困难、性欲减退等发生率均明显高于对照组	马勇等，1995

裴秋玲（2008 年）等报道，从事二溴氯丙烷、氯丙烯、氯乙烯、烃类、麻醉性气体、某些农药及废水处理作业的男工妻子发生自然流产、死胎及新生儿死亡的比率均较一般人群高。男工接触二硫化碳、电离辐射及从事电焊作业，对妻子生殖结局有一定影响，主要表现为自然流产、死胎、死产及过期产；二硫化碳接触与其妻子早早孕的丢失也有一定关系（邓菁等，2007 年；戴继灿，1999 年；马勇等，1995 年）。

（六）对子代的影响

蔡世雄等（1991 年）以在四个地区的化纤行业从事二硫化碳作业满一年以后其妻子有妊娠史的 911 名男工作为接触组，以在各地区工龄、医疗卫生、生活条件等相近的纺织行业工作满 1 年以后其妻子有妊娠史的 764 名男工作为对照组。应用历史性前瞻的方法，调查工厂工人的生育状况，统计分析车间空气中二硫化碳浓度。结果显示：（1）二硫化碳的平均浓度为 $17.6 \sim 99.8 mg/m^3$。（2）男工的子代出生缺陷发生率，高浓度接触组显著高于对照组，低浓度接触组也高于对照组；（3）子代的出生缺陷主要为腹腔的缺陷（腹股沟疝和脐疝）、中枢神经系统的缺陷（大脑发育不全、无脑儿和脊柱裂）和先天性心脏病；消化系统缺陷（肛瘘、胆管堵塞、先天性肠梗阻）和先天性眼耳异常（先天性白内障、聋哑）的发生率也高于对照组；接触组还有唇腭裂、四肢畸形（先天性髋关节脱臼和脚趾畸形）和生殖系统缺陷，但对照组无此类出生缺陷发生。

幺红彦（2002 年）、张秋玲（2009 年）等研究发现铅作业男工，子代先天畸形发生率及出现低体重儿的危险性较对照组增加。戴继灿（1999 年）报道，接触电离辐射（各种射线）的男性，对其子代也有一定的致畸作用。

（七）环境因素与男性生殖系统肿瘤

某些重金属被美国毒理学会认为是人类致癌物。Joseph 等（2001 年）研究发现，镉接触可以诱发前列腺癌、睾丸癌等。Safe（2001 年）研究结果提示，睾丸肿瘤的发生与外环境中类激素污染物增加有关，如滴滴涕（DDT）与二氯二苯二氯乙烯（P，P'-DDE）具有抗激素活性，可能是睾丸肿瘤的病因之一。李湘鸣（2003 年）报道，我国与美国、日本相比，睾丸癌与前列腺癌的发病率较低，可能与我国居民的生活方式，特别是饮食结构与美、日不同有关。美、日国家饮食主要以奶酪、动物性脂肪与牛奶为主；有报道 20～39 岁的睾丸癌发病率与奶酪摄入量高关系较密切，其次是动物性脂肪和牛奶摄入。

栾荣生等（2004 年）通过中国疾病监测系统收集 145 个监测点 1991—1999 年男性前列腺癌、睾丸癌的死亡资料，同时收集对应监测点的环境监测资料和地理面积资料，分析 1991—1999 年上述肿瘤与环境监测数据的相关性，结果发现，与男性前列腺肿瘤、睾丸肿瘤相关的主要环境因素为单位面积废水排放量和大气环境中废气的排放量。陈纪刚（2001 年）在上海染料化工行业中进行了联苯胺接触人群的回顾性队列流行病学研究，以 7 家曾使用或生产过联苯胺的染料化工厂中联苯胺接触男工 550 人为研究对象，该人群中发生膀胱癌 14 例；以上海市市区一般人口癌症发病率为标准作的标化分析证实，联苯胺接触人群的膀胱癌发病率是一般人群的 35 倍，某些直接接触的工种人群甚至达到 75 倍，认为联苯胺生产行业形成了一个职业性的膀胱癌高危人群。周静等（2008 年）报道，砷与膀胱癌发病率之间呈现正相关性。杨培谦（2010 年）报道，过量饮用咖啡和酒类也与前列腺癌的发生有关。

二、外源化学物对女性生殖健康的影响

（一）对月经机能的影响

王筱兰（1994 年）曾报道，女性接触一定量的铅、汞、锰、有机磷（氯）农药、二氯甲苯乙酸、苯乙烯、氯乙烯、DDT、高分子化合物单体及女性吸烟、吸食大麻都会对女性的月经造成不同程度的影响，主要表现为月经过多或过少，暂时性不孕，闭经及绝经期的提前等。宋旭红（2000 年）报道职业接触碳酸锂作业女工，月经异常、痛经及经前紧张症发生率均高于对照组。

闫立芬（2003 年）对新疆奎屯垦区 2536 名 38～60 岁妇女进行了调查，将 2536 名调查对象按饮水中氟的浓度水平分为 2 组：（1）高氟组

（F⁻＞1mg/L）随机抽取妇女 1318 人。其中 F⁻＜1mg/L 为低度高氟组，抽取妇女 411 人，F⁻≥3mg/L 为高度高氟组，抽取妇女 753 人，其余仅参与疾病状况分析。（2）对照组（F⁻≤1mg/L）随机抽取妇女 1218 人。对两组妇女进行了问卷式环境卫生学调查。结果发现与对照组相比，高氟组妇女绝经年龄延迟；其中低度高氟组绝经概率变化速率快于对照组，随着在高氟区居住年限的延长，妇女绝经年龄后移更为明显。

郑青（1989 年）、李花莲（2008 年）等，对二硫化碳作业女工进行的职业流行病学调查结果显示，月经异常、痛经及经前紧张症发生率均高于对照组。许雪春（2004 年）报道，接触正己烷女工月经异常、痛经及停经的发生率高于对照组。

肖建华等（2004 年）选择家具行业工龄满 1 年以上苯作业女工 158 人为接触组，对照组选择在这些厂从事行政、后勤、不接触毒物的女工 77 人。对作业环境空气毒物（苯、甲苯、二甲苯、醋酸乙酯、醋酸丁酯、环己酮、丁酮及乙醇）监测结果，除二甲苯（最高浓度 200.4mg/m³，超出国家标准 3 倍）外，其他毒物测定点均在国家最高容许浓度之内。接触组月经异常率与对照组相比，差异有统计学意义，主要表现为经量增多、月经周期缩短；蒋汝刚等（2005 年）对苯作业女工，薛冬梅等（2007 年）对混苯（苯、甲苯、二甲苯）作业女工的生殖流行病学调查结果，均显示出月经异常的发生率明显高于对照组。

研究还发现（谢颖等，2002 年；Hsieh 等，2005 年；侯旭剑等，2008 年），在接触甲醛、乙二醇醚及二甲基甲酰胺后，接触组女工出现月经周期、经期及经血量异常，痛经及停经的发生率也高于对照组；此外，流行病学研究（Farr 等，2004 年；吕林萍，2004 年）发现，杀虫剂及有机磷农药作业女工，月经异常的发生率也明显高于对照组。

（二）对性腺轴及生殖内分泌的影响

李寿祺（2003 年）、楼宜嘉（2005 年）曾报道，职业性接触甲苯，可使促性腺激素释放激素（GnRH）诱导的 FSH 和 LH 的水平降低；铅可影响孕激素的产生；吸烟（可能是尼古丁）、乙醇均可影响 GnRH 的释放。

侯光萍等（1997 年）、Heidrich 等（2001 年）研究氯乙烯作业女工，发现接触氯乙烯 3 年以上并具有明显性功能障碍的女工，FSH 和 LH 水平均显著低于对照组；氯乙烯接触组女工人绒毛膜促性腺激素（HCG）水平显著升高。

陈海燕等（2001 年）选择某石油化工企业内接触混苯的已婚未孕一线女工 50 名，同时设立外对照与内对照组，内对照组为石油化工企业内生活区女工，外对照组为某化纤企业生活区女工。接触组生产环境空气中检出苯、甲苯和二甲苯浓度分别为 8.88（0.90～876.47）mg/m³、2.93（0.72～26.82）mg/m³、和 4.34（1.58～17.4）mg/m³。结果发现：(1) 混苯接触能导致卵泡早期 FSH 水平的下降。(2) 混苯能引起作业女工月经周期中卵泡早期的尿 FSH 及雌酮的代谢产物雌酮结合物（E_1C）水平的下降。(3) 混苯作业女工血清中 LH 在整个月经周期中平均水平显著低于对照组，从月经周期的不同时相看，LH 在分泌期分泌不足，E_2 在增殖期水平显著低于对照组。Reutman 等（2002 年）研究苯对作业女工生殖内分泌的影响，通过测定吸入空气中苯的含量估计其苯接触水平为 97.5ppb（10^{-9}），发现在接触水平超过平均水平的女工，其排卵前的 LH 水平显著低于其他女工。

近年来，张秋玲等（2008 年）研究铅作业女工，发现铅接触组女工 FSH、LH、E_2 等生殖内分泌激素在月经周期的分泌高峰降低甚至消失，而高峰前的基础起点却增高。李花莲等（2008 年）研究二硫化碳作业女工，发现接触组女工 LH 的水平下降。

此外，有研究报道（傅文君等，2008 年；居颖等，2008 年），女性吸食海洛因，接触电子垃圾等也对其生殖内分泌有一定的影响，表现为接触组女性血清雌激素与孕激素水平升高等。

（三）对女性生育力的影响

据报道，丹麦学者对在某大学附属医院就诊的 927 对不育症夫妇（其中包括了以后成功妊娠者）及 4305 对生育力正常的夫妇进行了病例-对照研究，分析不孕症或延迟怀孕与职业接触有害因素的关系。

结果表明，接触铅、汞、镉、噪声、塑料制造、电焊与不育或延迟怀孕（即受孕力降低）有关联。Taskinen 等（1999 年）报道，对 1094 名从事木材加工业的妇女进行回顾性流行病学调查，接触甲醛的妇女受孕时间明显推迟。李芝兰等（1996 年）对丙烯腈作业女工进行生殖流行病学研究，结果显示作业女工不孕不育发生率高于对照组。近年来职业危害对人生育力的损害导致不孕不育者明显增加。除了从事造纸、化工、某些制药和射线、高温、农药等行业者，一些现代新兴职业从业人员，如计算机操作员、政府职能部门公务员、警察等也日益成为不孕不育的"高危人群"。

（四）对子代的生殖发育毒性

女性在妊娠前和/或妊娠期间接触环境有害因素，可影响其子代生长发育。据王籤兰（1994 年）报道，铅、硒、镉、己烯雌酚、氯乙烯、麻醉气体及一氧化碳等可对女性妊娠结局及其子代的生长发育造成影响，主要表现为自然流产及子代先天畸形发生率增高等。楼宜嘉（2005 年）报道，孕妇孕期服用沙利度胺、抗癫痫药，及维生素 A 的缺乏，均可引起子代的先天畸形。

研究发现（幺红彦，2002 年；叶光勇等，2008 年；马静等，2009 年），铅接触组女工：（1）出生低体重儿、自然流产率、死胎死产率、早产、窒息儿、新生儿死亡率及胎儿畸形比率增高，同时较大剂量铅接触还可导致胚胎停止发育。（2）对子代的致畸作用有随着血铅水平的增高，畸形发生率上升的趋势，呈一定的剂量-效应关系。（3）铅的致畸作用如果发生于胚胎体细胞，则有可能导致多年以后发生肿瘤。（4）此外成年后高血压也与胚胎期铅接触有关。Itai 等（2004 年）、王丽等（2005 年）报道，汞接触组女性：（1）自然流产、死胎、胚胎发育迟缓或缺陷的发生率增高。（2）初生幼儿则有可能表现为智能低下、精细行为和运动障碍及神经发育迟缓等。

Debes 等（2006 年）检测 1987—1988 年间 1022 例法罗群岛妊娠妇女脐血、母血以及脐带组织中甲基汞含量，发现甲基汞含量明显高于对照组。分别在分娩后 7 年和 14 年时，对其子代进行神经生理学和心率变异性测试，结果发现子代的行为能力、注意力集中以及语言学习能力均存在缺陷，并且与甲基汞的接触量相关。

Taskine（1999 年）、谢颖等（2002 年），Dulskiene 等（2005年）对甲醛的研究发现接触组子代先天性心脏病、畸形、自发性流产及过期产的发生率明显高于非接触组。Maroziene 等（2002 年）回顾性调查了 1998 年在考纳斯州出生的 3988 名独生子女出生体重情况，将孕期母亲接触甲醛浓度高于 0.004 mg/m³ 的子女定为高浓度组，0.002~0.004 mg/m³ 的定为中浓度组，低于 0.002 mg/m³ 的定为低浓度组。结果发现，中、高浓度组低体重儿（出生体重小于 2500 g）出生危险显著性增加。

流行病学调查研究（韩连堂等，2000 年；李佩贤等，2004 年）发现：（1）二硫化碳作业的女工，各月经周期妊娠概率低于对照组。（2）检测各月经周期尿样的早早孕丢失率，发现接触组明显高于对照组。（3）二硫化碳接触组女工未受孕率明显高于对照组。对丙烯腈、己烯雌酚、二噁英及苯的研究（吴鑫等，2000 年；Ohyama K，2004年；王逊等，2005 年；李辉等，2008 年）结果显示：接触组自然流产、过期产、早产、子代感染性疾病、出生缺陷、死产、死胎发生率较对照组高，子代智力低下和新生儿死亡的发生率也高于对照组。

Lacasana 等（2006 年）在对墨西哥 2000—2001 年间 151 例无脑畸形病例的危险因素进行调查分析，发现母体受孕之前 1 个月和/或孕首 3 个月间在农区工作接触有机磷农药的孕妇，其胎儿患无脑畸形危险性显著增高。关于农药（有机磷、有机氯农药）的同类研究（许岩丽等，2002 年；Ida N 等，2006 年；周淑芳等，2008 年）还发现，女性接触后发生不孕率、自然流产、早产率、死胎、死产率，以及子代先天畸形、智力低下、男童隐睾症的比例明显高于不接触组；且妇女接触杀虫剂是胎儿宫内发育迟缓的高危因素。

Boivin 等（1997 年）、戴芹（2002 年）、李铁骥等（2003 年）、丁国莲等（2007 年）调查女性接触麻醉气体、部分药物、混苯及电磁场后，发生流产、早产、过期产及死产的比率增加；出生低体重儿，子代心血管畸形和唇裂、腭裂者也较对照组高。李晶等（2004年）在高氟地区对新生儿行为神经发育进行了调查，发现孕期妇女生活环境中高氟的摄入对新生儿行为能力（视听定向反应）可产生不良影响。

（五）环境因素与女性生殖系统肿瘤

女性生殖系统肿瘤的发生不仅与遗传因素有关，还受环境因素的影响，见表 4 - 40。

（六）其他

环境有害因素对接触女性的生殖损伤，还可表现为妊娠并发症、女性生殖系统疾病、女性第二性征的改变等，见表 4 - 41。

近年来，环境雌激素（environmental estrogens，EEs）对女性生殖健康的影响也屡见报道。邻苯二甲酸酯（phthalic acid esters，PAEs）被列为主要的环境雌激素之一，可导致接触人群生殖器官畸形和生育力下降。Colon 等（2000 年）对 Puerto Rico 岛上 41 名女性乳房提前发育患者及 35 名正常对照组的血液样本进行研究（该岛是曾报道过女性乳房提前发育率最高的地方），岛上人们使用塑料袋包装食品，均未检测到农药及其代谢残留物。结果发现，患者血样中 PAEs 与对照组相比含量显著升高，由此可推断 PAEs 增塑剂可能具有雌激素及抗雄激素活性，考虑与女性乳房提前发育有关。徐德立（2006 年）报道在环境激素的作用下，女性性早熟和青春期提前，美国 48.3％的黑人女孩和 14.7％的白人女孩在 8 岁以前就开始月经初潮；更有甚者，3 岁女孩就有乳房增大，长出阴毛和月经初潮的现象；女性乳腺癌和子宫内膜异位症发生率也呈上升趋势。

三、夫妇双方均接触环境有害因素对生殖健康的影响

关于夫妇双方均接触环境有害因素的生殖毒性作用报道较少。流行病学调查结果，夫妇双方均接触环境有害因素后的生殖毒作用主要表现为影响妇女妊娠结局和子代的生长发育，见表 4 - 42。

表 4-40　环境因素与女性生殖系统肿瘤

肿瘤	结论	文献
乳腺癌	长期应用利血平可能增加乳腺癌的发病率，但短期应用反而减少其发病率	Williams et al, 1995
乳腺癌	每天饮酒3次以上的妇女乳腺癌的危险度增加50%~70%，推测可能与每天饮酒3次以上者体内雌激素水平上升有关	Longnecker et al, 1998
乳腺癌	多氯联苯类（PCBs）和四氯二苯对二噁英（TCDD）的高职业性接触可能会增加患乳腺癌的危险性	Safe SH, 2001
乳腺癌	与乳腺癌发病有关的环境因素变量为十年前鱼虾月均进食量大和被动吸烟	曹卡等，2001
乳腺癌	乳腺癌发生的危险性与脂肪或血液中滴滴涕（DDT）和/或代谢物二氯二苯二氯乙烯（P, P, -DDE）的高水平具有强相关性	王晓稼等，2002
乳腺癌	脂肪组织样品中总六六六高残留组乳腺癌的危险性是低残留组的4.49倍	李素英等，2007
宫颈癌	35%的宫颈癌样本中有芳香化酶表达，在正常宫颈组织及癌前病变组织中无芳香化酶表达，提示局部芳香化酶的表达可能是宫颈癌发生的潜在致病因素	Haresh et al, 2005
乳腺癌 子宫内膜癌 子宫平滑肌瘤	芳香化酶与乳腺癌、子宫内膜癌、子宫平滑肌瘤等病的发生发展有关	李文金等，2007
乳腺癌	锌与乳腺癌之间呈现负相关性	周静等，2008
宫颈癌 卵巢癌 外阴癌 阴道癌 乳腺癌	人乳头瘤病毒（HPV）与女性罹患宫颈癌、卵巢癌、外阴癌、阴道癌、乳腺癌密切相关	李慧弘等，2010
宫颈和阴道透明细胞癌	荷兰1992—2008年宫内暴露己烯雌酚妇女追踪调查，宫颈和阴道透明细胞癌发生率显著增加	Verloop J et al, 2010
宫颈和阴道透明细胞癌	美国1947—1971年出生妇女宫内暴露己烯雌酚，宫颈和阴道透明细胞癌发生率较高生存率较高	Smith EK et al, 2012

表 4 - 41　外源化学物与妊娠并发症的关系

环境因素	对象及方法	结果	文献
苯、甲苯、二甲苯	选择从事苯及同系物作业半年以上的已婚女工 307 人为接触组，另选 117 名不接触苯及其他对生殖机能有害物质的已婚女工为对照组，进行回顾性个案调查	在甲苯及二甲苯的浓度分别高达 316mg/m³ 及 628mg/m³ 的条件下，接触组孕妇的妊娠并发症发生率（妊娠恶阻、妊娠高血压、妊娠贫血、先兆流产）均比对照组升高	徐娅等，2000
	以 146 名 "三苯" 接触女工和 80 名对照女工为研究对象，进行回顾性流行病学调查	在车间苯、甲苯及二甲苯的平均浓度分别为 16.75mg/m³、85.70mg/m³、83.39mg/m³ 的条件下，接触组妊娠恶阻、妊娠贫血、妊娠高血压、先兆流产发生率明显高于对照组	李陆明等，2000
二甲苯	对接触二甲苯的 158 作业女工和 77 名对照组女工进行回顾性流行病学调查研究	在接触组二甲苯最高浓度为 200.4mg/m³ 的条件下，接触组已婚女工的妊娠贫血、妊娠恶阻等妊娠并发症的发生率显著高于对照组	肖建华等，2004

续表

环境因素	对象及方法	结果	文献
苯系物	对从事苯系物作业 1 年以上的 3248 名女工和 7247 名对照组女工进行回顾性流行病学调查研究	在苯系物浓度超标的条件下，接触组妊娠恶阻、妊娠贫血的发生率显著高于对照组	钱玲等，2005
氯乙烯	对 121 名氯乙烯作业女工和 180 名对照组女工进行回顾性流行病学调查	接触氯乙烯作业女工妊娠恶阻发生率明显高于对照组	张以凡等，1995
丙烯腈	以接触丙烯腈作业且结婚 1 年以上的女工 379 人为接触组，不接触丙烯腈的女工 511 人为对照组，进行回顾性个案调查	在接触组丙烯腈的平均浓度为 16.35mg/m³ 的条件下，接触组女工妊娠并发症（妊娠高血压、妊娠贫血）的发生率显著高于对照组	李芝兰，1996
	对 477 名丙烯腈接触女工进行回顾性流行病学调查	丙烯腈接触组女工妊娠并发症中妊娠恶阻、妊娠高血压、妊娠贫血的发病率显著高于对照组	吴鑫等，2000

表 4－42 夫妇双方均接触外源化学物对生殖健康的影响

外源化学物	对象及方法	结果	文献
砷	选择饮用被砷污染井水地区的居民为接触组，没被砷污染井水地区的居民作为对照组，进行回顾性调查	长期砷接触可使妇女自然流产、死产、早产发生率及出生低体重儿危险性显著上升	Yang et al，2003
苯	选择接触苯作业工龄 1 年以上的已婚育龄女工 268 名为接触组，同时选择该厂无苯接触史已婚育龄妇女 106 例为对照组，进行回顾性个案调查	夫妇双方同时接触苯，女工的自然流产率显著高于对照组并有统计学意义	徐效清等，2003
丙烯腈	以接触丙烯腈作业且结婚 1 年以上的女工 379 人为接触组，不接触丙烯腈的女工 511 人为对照组，进行回顾性个案调查	在丙烯腈的平均浓度为 16.35mg/m³ 的条件下，夫妇双方同时接触丙烯腈，女工不孕症、自然流产、早产、过期产、死胎死产、出生缺陷及围产期产期死亡率均高于单接触组（夫妇双方其中一方接触）及不接触组	李芝兰，1996
氯乙烯	对 202 名接触氯乙烯作业工人与 214 名不接触氯乙烯作业工人进行流行病学调查研究	在氯乙烯浓度为 20.5～201.5mg/m³ 的条件下，夫妻双方同时接触氯乙烯时，女工发生不孕症、自然流产、早产、出生低体重儿、先天畸形的发生率均高于对照组	吕策华，2001

（裴凌云 李芝兰 汪燕妮 薛红丽）

主要参考文献

1. Aoki K, Kihaile PE, Misumi J, et al. Reproductive toxicity of 2, 5-hexanedione in male rats. Reprod Med Biol, 2004, 3 (2): 59-62.

2. Davis BJ, Mccurdy EA, Miller BD, et al. Ovarian tumors in rats induced by chronic 2, 3, 7, 8-tetrachlorodibenzo-p-dioxin treatment. Cancer Res, 2000, 60: 5414-5419.

3. Biege LB, Hurtt ME, Frame SR, et al. Mechanisms of extrahepatic tumor induction by peroxisome proliferators in male CD rats. Toxicol Sci, 2001, 60 (1): 44-55.

4. Cebral E, Abrevayaxc, Mudry MD. Male and female reproductive toxicity induced by sub-chronic ethanol exposure in CF-1 mice. Cell Biol Toxicol, 2011, 27: 237-248.

5. Vossc, Zerban H, Bannasch P, et al. Lifelong exposure to di-(2-ethylhexyl)-phthalate induces tumors in liver and testes of Sprague-Dawley rats. Toxicology, 2005, 206 (3): 359-371.

6. Damgaard IN, Skakkebaek NE, Toppari J, et al. Persistent pesticides in human breast milk and cryptorchidism. Environ Health Perspect, 2006, 114 (7): 1133-1138.

7. Dulskiene V, Grazuleviciene R. Environmental risk factors and outdoor formaldehyde and risk of congenital heart malformations. Medicina (Kaunas), 2005, 41: 787-795.

8. Verloop J, van Leeuwen FE, Helmerhorst TJ, et al. Cancer risk in DES daughter. Cancer Causes Control, 2010, 21 (7): 999-1007.

9. Hara Y, Strüssmann CA, Hashimoto S. Assessment of short-term exposure to nonyl phenol in Japanese medaka using sperm velocity and frequency of motile sperm. Arch Environ Contam Toxicol, 2007, 53: 406-410.

10. Nair HB, Luthra R, Kirma N, et al. Induction of aromatase expression in cervical carcinomas: effects of endogenous estrogen on cervical cancer cell proliferation. Cancer Res, 2005, 65 (23): 11164-11173.

11. Hauser R, Meeker JD, Singh NP, et al. DNA damage in human sperm is related to urinary levels of phthalate monoester and oxidative metabolites. Hum Reprod, 2007, 22 (3): 688-695.

12. Heidrich DD, Steckelbreedk S, Klingmuler D. Inhibition of human cytochrome

p450 aromatase activity by butyltins. Arch Toxicol, 2003, 77: 138-144.

13. IPCS. Evironmental health criteria 30 principles for evaluating health risks to progeny associated with exposure to chemicals during pregnancy. Geneva: WHO, 1984: 78-89.

14. Mai H, El-Dakdoky, Mona A M. Helal. Reproductive toxicity of male mice after exposure to nonyl phenol. Bull Environ Contam Toxicol, 2007, 79 (2): 188-191.

15. Mailankot M, Kunnath AP, Jayalekshmi H, et al. Radio frequency electromagnetic radiation (RF-EMR) from GSM (0.9/1.8GHz) mobile phones induces oxidative stress and reduces sperm motility in rats. Clinics, 2009, 64 (6): 561-565.

16. Ohyama K. Disorders of sex differentiation caused by exogenous hormones. Nippon Rinsho, 2004, 62 (2): 379-384.

17. Perry MJ, Venners SA, Barr DB, et al. Environmental pyrethroid and organophosphorus insecticide exposures and sperm concentration. Reprod Toxicol, 2007, 23: 113-118.

18. Reutman SR, LeMasters GK, Knecht EA, et al. Evidence of reproductive endocrine effects in woman with occupational fuel and solvent exposures. Environ Health Perspec, 2002, 110 (8): 805-811.

19. Shirota M, Seki T, Tago K, et al. Screening of toxicological properties of 4-methylbenzoic acid by oral administration to rats. J Toxicol Sci, 2008, 33 (4): 431-445.

20. Smith EK, White MC, Weir HK, et al. Higher incidence of clear cell adenocarcinoma of the cervix and vagina among women born between 1947 and 1971 in the United States. Cancer Causes Control, 2012, 23 (1): 207-211.

21. Thakur SC, Thakur SS, Singh SP. Evaluation of the reproductive toxicity of emisan 6 in female rats. Bull Environ Contam Toxicol, 2001, 66 (1): 132-138.

22. Tian Y, Dai F, Shen L, et al. The effects of trichlorfon on maternal reproduction and mouse embryo development during organogenesis. Ind Health, 2009, 47 (3): 313-318.

23. Wang H, Wang Q, Zhao XF, et al. Cypermethrin exposure during puberty disrupts testosterone synthesis via downregulating StAR in mouse testes.

Arch Toxicol，2010，84（1）：53-61.

24. Wang MZ，Jia XY. Low levels of lead exposure induce oxidative damage and DNA damage in the testes of the frog Rana nigromaculata. Ecotoxicology，2009，18（1）：94-99.

25. 保毓书，周树森. 环境因素与生殖健康. 北京：化学工业出版社，2002：42-339.

26. 才秀莲，李兴升，李季蓉，等. 锰对小鼠精子数量、畸形率和活动度影响. 中国公共卫生，2007，23（1）：104-105.

27. 车望军，吴媚，张遵真，等. 汽油尾气对大鼠睾丸组织的氧化损伤和遗传毒性作用. 卫生研究，2008，37（4）：417-420.

28. 陈国元，程建安，鲁翠荣，等. 2，4-D异辛酯对大鼠精子的影响及与热休克蛋白70的表达关系. 中华劳动卫生职业病杂志，2004，22（4）：281-282.

29. 陈金合，李杰，司纪亮，等. 孕期母鼠接触三丁基氯化锡对子代雌性大鼠发育和性激素的影响. 环境与健康杂志，2007，24（5）：291-293.

30. 陈小玉，李春阳，李志远，等. 苯磺隆对雄性大鼠生殖系统的影响. 郑州大学学报（医学版），2004，39（4）：608-610.

31. 陈言峰，张小雪，张林达. 镧对小鼠睾丸组织和睾丸酶活力的影响. 毒理学杂志，2009，23（1）：28-30.

32. 陈昱，陈建玲. 低强度微波辐射对小鼠生殖发育的影响. 毒理学杂志，2005，19（3）：301.

33. 崔慧慧，白晓琴，李莉，等. 三氯化铝暴露致雄性小鼠生殖细胞的遗传毒性. 环境与健康，2009，26（1）：68-70.

34. 戴斐，田英，沈莉，等. 敌百虫暴露对小鼠及胎鼠生殖发育影响. 中国公共卫生，2007，23（5）：595-596.

35. 邓菁，季佳佳，赵艳芳，等. 二硫化碳对男性生殖系统的毒性研究进展. 环境与职业医学，2007，24（6）：636-639.

36. 杜鹃，王琰，白雪松. 环境雌激素双酚A对小鼠生殖内分泌激素的影响. 职业与健康，2009，25（20）：2139-2141.

37. 甘亚平，赵红刚，刁路明，等. 快杀灵对雄性小鼠精子毒性的实验研究. 环境与职业医学，2005，22（5）：437-440.

38. 古天明，方明，何柳兴. 低温冷冻对不同月龄大鼠生殖功能的影响. 四川医学，2008，29（7）：827-828.

39. 郭彩华，卢珍华，毛德倩，等. 丙烯酰胺致小鼠睾丸生殖细胞 DNA 损伤与细胞增殖影响研究. 卫生研究，2007，36（5）：610-611.

40. 韩萍，王婧瑶. 卡铂对雌性大鼠卵巢及子宫毒性的实验. 毒理学杂志，2009，23（3）：208-212.

41. 郝连正，王志萍. 甲醛致雌性生殖毒性的研究进展. 环境与健康杂志，2008，25（12）：1122-1124.

42. 洪蓉，刘赘，喻云梅，等. 极低频电磁场对雄性小鼠生殖的影响. 中华劳动卫生职业病，2003，21（5）：342-345.

43. 胡雅飞，于海歌，梁先敏，等. P, P-DDE 和 β-BHC 联合染毒对大鼠离体支持细胞脂质过氧化的影响. 环境与健康杂志，2007，24（11）：845-847.

44. 黄斌，祝明清，程丽薇，等. 甲基对硫磷对大鼠生殖毒性损伤作用. 中国公共卫生，2009，25（2）：209-210.

45. 黄简抒，钟先玖，吴鑫，等. 丙烯腈对大鼠睾丸抗氧化酶活力和脂质过氧化水平的影响. 中华劳动卫生职业病，2005，2（2）：136-138.

46. 姬艳丽，冀元棠. 吸烟对男性生殖和遗传毒性的研究进展. 生物学杂志，2002，19（6）：13-15.

47. 江燕琼，王佳月，唐思贤，等. 镉对鹌鹑睾丸组织的毒性研究. 复旦学报（自然科学版），2007，46（6）：869-873.

48. 金明华，姜春明，王欣，等. 甲基汞对小鼠睾丸生殖细胞凋亡作用. 中国公共卫生，2006，22（10）：1225-1226.

49. 李环，张洋婷，刘呈惠，等. DBP 暴露对雄性大鼠睾丸结构与功能的影响. 北华大学学报，2010，11（5）：416-419.

50. 李煌元，吴思英，张文昌，等. 镉的雌性性腺生殖毒性研究现状. 中国公共卫生，2002，18（3）：379-381.

51. 李煌元，闫平，夏品苍，等. 镉对大鼠睾丸生精功能与性激素含量影响. 中国公共卫生，2007，23（11）：1371-1373.

52. 李慧弘，肖长义，等. 人乳头瘤病毒与生殖系统肿瘤. 肿瘤学杂志，2010，11：864-868.

53. 李丽萍，刘秀芳，王桂燕，等. 邻苯二甲酸（2-乙基己基）酯低剂量暴露对雄性小鼠生殖发育的影响. 环境与健康，2008，25（4）：308-310.

54. 李姿，张晓峰，张旸，等. 邻苯二甲酸二丁酯对大鼠生殖相关元素影响. 中国公共卫生，2008，24（4）：471-472.

55. 刘鹏，孙冉，成倩倩，等. 芹菜汁对小鼠精子运动参数的影响. 毒理学杂志，2009，23（5）：404-405.

56. 刘晓慧，郭利利，秦定霞，等. ZnO 纳米对雌性 ICR 小鼠急性毒性作用的研究. 南京医科大学学报（自然科学版），2009，29（2）：141-146.

57. 楼宜嘉. 药物毒理学. 北京：人民卫生出版社，2005：1-8.

58. 陆肇红，肖卫，周建华，等. 1，2-二氯乙烷对小鼠睾丸细胞 DNA 的影响. 工业卫生与职业病，2007，33（1）：41-43.

59. 鹿晓晶，王惠芳，郝兰群，等. 大鼠围产期染毒二苯氯胂对仔鼠存活率和生殖功能的影响. 环境与健康杂志，2007，24（4）：216-218.

60. 栾荣生，李佳圆，吴德生，等. 我国生殖内分泌相关肿瘤与环境污染的生态学相关研究. 环境与健康杂志，2004，21（4）：204-206.

61. 骆永伟，施畅，杨保华，等. MC004 对大鼠睾丸组织结构和酶活力的影响. 毒理学杂志，2009，23（5）：345-348.

62. 马明月，张玉敏，裴秀丛，等. DEHP 及 MEHP 对小鼠卵巢颗粒细胞分泌功能的影响. 癌变·畸变·突变，2010，22（22）：104-107.

63. 马文军，常元勋，崔京伟，等. 2-乙氧基乙醇急性染毒大鼠睾丸和血清某些生化指标的变化. 毒理学杂志，2005，19（1）：38-40.

64. 欧阳江，刘瑾，庞芬，等. 正己烷对雌性大鼠性腺毒性作用实验研究. 海峡预防医学杂志，2009，15（4）：4-6.

65. 裴秋玲. 现代毒理学基础. 北京：中国协和医科大学出版社，2008：1-13.

66. 钱晓薇，陈吉万，黄南平，等. 化工厂废水对雄性小鼠生殖毒性的影响. 浙江大学学报，2004，31（3）：326-329.

67. 任军慧，朱伟杰. 铅离子对雄（男）性生殖系统的毒性影响. 生殖与避孕，2005，25（2）：107-110.

68. 沈维干，陈彦，李朝军，等. 汞对雌性小鼠生殖功能及脏器的影响. 卫生研究，2000，29（2）：75-77.

69. 王成恩. 孕期及哺乳期低剂量三丁基锡暴露对子代小鼠生殖系统的影响. 济南：山东大学，2010.

70. 王海兰，伊东秀记，稻熊裕，等. 1-溴丙烷短期暴露对大鼠生殖系统的影响及其生物标志物的探讨. 毒理学杂志，2005，19（3）：226.

71. 王江敏，臧桐华. 二噁英污染及其对升值和内分泌系统的影响. 疾病控制杂志，2003，7（5）：454-456.

72. 王晓平，段丽菊，李晨岚，等. 甲醛对小鼠睾丸细胞 DNA 的损伤作用. 环境与健康，2006，23（2）：128-130.

73. 王薛君，李海山，张玉敏，等. 混合染毒双酚 A、壬基酚对小鼠生育力的影响. 中国工业医学，2005，18（3）：147-149.

74. 夏品苍，张文昌，汪家梨，等. 镉的雌性性腺毒性与子宫、卵巢雌激素受体的表达. 毒理学杂志，2005，19（3）：230.

75. 熊芬，李高，庞雪冰，等. 奥硝唑对雄性大鼠生育功能的影响. 生殖与避孕，2006，26（2）：81-85.

76. 徐庆阳，祝茹，彭弋峰，等. 被动吸烟对大鼠睾丸和附睾抗氧化能力及生精功能的影响. 环境与健康，2008，25（12）：1059-1062.

77. 杨建一，高宝珍，宋春英，等. GTW 对小鼠骨髓细胞微核和精子畸形的影响. 生物技术通报，2006，5：113-116.

78. 杨妮娜，阙冰玲，蔡婷峰，等. 1-氯甲基杂氮硅三环对 SD 大鼠的生殖毒性研究. 中国职业医学，2008，35（3）：222-225.

79. 杨瑞，夏嫱，金明哲. 弓形虫致雄性生殖激素异常对生精细胞凋亡的影响. 现代预防医学，2009，36（21）：4130-4135.

80. 杨媛媛，杨建一. 丙烯酰胺生殖毒性的研究进展. 中国优生与遗传杂志，2007，15（12）：1-2.

81. 姚新民. 长期接触低剂量有机磷农药对人体健康影响的研究进展. 环境与职业医学，2008，25（4）：409-411.

82. 张波，刘承芸，孟紫强. 二氧化硫气体对小鼠雄性生殖细胞的毒性作用研究. 卫生研究，2005，34（2）：167-168.

83. 张桥，王心如，周宗灿. 毒理学基础. 北京：人民卫生出版社，2004：222-244.

84. 张秋玲，戴雪松，李刚. 铅暴露对雄性生殖毒性的研究进展. 中国工业医学杂志，2009，22（5）：362-364.

85. 赵小莉，李芝兰，王进科，等. 可乐对小鼠精子质量影响的研究. 兰州大学学报，2007，33（2）：10-13.

86. 郑海红，王维维，王晓雅，等. DEHP 对雄性仔鼠胚胎 LEYDIG 细胞雄激素合成的影响. 中国病理生理杂志，2010，26（8）：1627-1632.

87. 周健，杨惠芳. 氟的升值、遗传毒性和对子代健康影响的研究进展. 现代预防医学，2008，35（14）：2640-2642.

88. 邹晓平，杨丽，秦红，等. 农村男性接触有机磷农药对精液质量影响的研究. 中国计划生育学杂志，2005，8：476-478.

第五章

外源化学物致生殖系统损伤的机制

第一节 概 述

生殖毒理学（reproductive toxicology）是生殖医学与毒理学结合而形成的一门重要交叉学科，主要研究外源化学物对生殖系统产生损害作用的原因、机制和后果。这些损害作用包括雄（男）性或雌（女）性生殖器官、相关的内分泌系统和妊娠结局的改变。生殖毒理学机制的研究涉及内容较为广泛，主要针对外源化学物对雄（男）性下丘脑-垂体-睾丸轴、支持细胞、间质细胞和成熟精子以及雌（女）性下丘脑-垂体-卵巢轴、卵泡发育和卵母细胞的影响，采用生化、细胞和分子生物学等技术从器官、细胞和分子水平探讨外源化学物干扰精子和卵子生成过程的细胞、生化和分子机制，主要包括生殖细胞死亡过程、氧化应激或亚硝化应激、类固醇合成和能量代谢障碍、生殖器官的生物转化、遗传毒性、环境内分泌干扰以及矿物质代谢紊乱等方面内容。

一、致雄性生殖毒性机制概述

睾丸主要具有生精和分泌睾酮（T）的功能。此功能主要依赖于下丘脑分泌的促性腺激素释放激素（GnRH），垂体分泌的卵泡刺激素（FSH）和间质细胞刺激素（ICSH）的刺激。雄（男）性生殖发育功能主要以性腺为中心构成了下丘脑-垂体-睾丸轴（hypothalamicpituitary-testicular axis，HPTA）。药物或外源化学物如 GnRH 激动剂（地洛瑞林、曲普瑞林、布舍瑞林、戈舍瑞林、亮丙瑞林）、类固醇衍生物（环丙孕酮、螺内酯）、环境（人工合成）雌激素（枸橼酸氯米芬、辛基酚、双酚 A、己烯雌酚、甲氧氯）等对下丘脑-垂体-睾丸轴任何一个环节产生损害作用都可能导致生殖功能异常或障碍。某些外源化学

物如有机磷农药、铅等可导致实验动物血浆 T 水平降低，同时降低
FSH 和 ICSH 水平。一般认为 T 水平降低的可能机制是睾丸间质细
胞的甾体产生受到严重的损害；抑制了下丘脑和垂体分泌促性腺激素
的分泌功能，继而影响 T 合成。此外，胆固醇向雄激素转化受限于
胆固醇膜外向膜内的转运，而此转运过程由类固醇合成快速调节蛋白
（StAR）调节，有机磷农药可引起睾丸细胞氧化损伤，使环氧化酶
活性升高，从而减少 StAR 转录和翻译，抑制甾类激素的合成而减少
血清 T 水平。

　　睾丸生精小管中的精子发生过程包括精原细胞的有丝分裂期、精
母细胞的减数分裂期和精子形成期三个阶段。睾丸中不同细胞群对外
源化学物的敏感性存在差异，一般生精细胞＞支持细胞＞间质细胞。
某些烷化剂如丙烯酰胺、1，2-二溴乙烷、甲基亚硝基脲、乙基亚硝
基脲、亚硝基二乙胺和二硝基二甲胺等；交联剂如苯丁酸氮芥、左旋
苯丙氨酸氮芥、丝裂霉素 C、环磷酰胺等，它们均可诱发生精细胞发
生突变而直接损害生精细胞。

　　睾丸间质细胞分布于生精小管之间的疏松结缔组织中，主要功能
是合成和分泌雄激素。外源化学物对间质细胞 T 生成的影响，表现
为影响 ICSH 或人绒毛膜促性腺激素（HCG）与受体的结合；环氧
化物水解酶、环磷酸腺苷（cAMP）和细胞内 Ca^{2+} 都可能影响 T 生
物合成过程中芳香化酶、羟化酶和类固醇脱氢酶等活性。

　　睾丸支持细胞内具有一个组织有序、高度组织化、有效的骨架系
统，在生精细胞增殖和精子形成中起十分重要作用。许多外源化学物
如二溴氯丙烷、1，3-二硝基苯（1，3-DNB）、四氢大麻酚（THC）、
三碘甲腺原氨酸、棉酚、水杨苷环氧甲苯基磷酸酯、邻苯二甲酸单
（2-乙基）己酯（MEHP）等通过对支持细胞的损伤而间接影响精子
的生成，而不是直接作用于生精细胞。某些外源化学物如镉、顺铂、
细胞松弛素 D、棉酚等，可诱导血-睾屏障改变使一些大分子物质通
过，使管腔部的组成发生变化，选择性地导致生精小管中生精细胞的
损伤。用五氯酚处理大鼠，结果显示支持细胞的骨架形态和分布发生
变化，甚至引起支持细胞坏死，直接影响生精细胞的数量和质量，最

终引起精子发生障碍。环境内分泌干扰物邻苯二甲酸二丁酯（DBP）可干扰大鼠发育过程中睾丸支持细胞雄激素结合蛋白（ABP）和抑制素（inhibin）的表达。

精子在附睾中的成熟是一个高度程序化的过程，可受到附睾微环境的影响。附睾对精子成熟的影响主要表现在对精子形态、精子表面成分以及代谢的改变。如微波辐射可引起附睾上皮细胞、附睾管平滑肌的损伤和生化特征的显著改变而影响附睾微环境，引起附睾尾部精子数目减少。

甲氧滴滴涕（DDT）、甲氧氯、林丹、二噁英（TCDD）、二氧化硫（SO_2）、邻苯二甲酸酯类（PAEs）、某些重金属均能诱发睾丸细胞氧化应激效应增强而导致精子发生障碍。实验证明，一些物理因素（辐射、温度）、外源化学物（己烯雌酚、氰戊菊酯、载胆固醇环糊精、海藻糖、酒精）能够损害精子膜的流动性，如氰戊菊酯可模拟激素导致代谢紊乱和生殖内分泌障碍，能使精子膜流动性下降。

二、致雌性生殖毒性机制概述

雌性生殖包括卵子的发生、成熟、运输、受精、妊娠和胎体的出生等均由雌性生殖器官来完成。下丘脑-垂体-卵巢轴（hypothalamicpituitary-ovarian axis，HPOA）在生理学上构成一个完整的神经内分泌生殖调节系统。研究表明，鸦片肽进入体内后可抑制下丘脑 GnRH 的分泌，而致 LH 的分泌降低，而其受体拮抗剂纳洛酮可使 LH 的分泌增加。巴比妥酸盐的毒作用靶标是下丘脑，可作用于下丘脑而抑制实验动物 FSH 和 LH 的分泌。δ-9-四氢大麻酚一次性注射可抑制促性腺激素的释放，而致 FSH 和 LH 分泌减少。左炔诺孕酮主要作用于下丘脑和垂体，通过抑制 GnRH 的分泌，使 FSH 和 LH 水平降低或消失，抑制排卵。

某些环境雌激素如拟雌内酯、大豆异黄酮、十氯酮、氯米芬、纳络西丁、己烯雌酚、甲氧氯和双酚 A 等作为配体与激素有着类似的化学构象，可以和激素受体直接结合，形成配体受体复合物，此类复合物再结合到细胞核 DNA 结合域的雌激素反应元件上，诱导或抑制有关调节细胞生长和发育的靶基因的转录，启动一系列激素依赖性生理生化过程。

哺乳动物卵巢中有多种雌激素合成酶可受到外源化学物的影响，导致雌激素合成障碍而干扰雌性生殖功能。氨基苯乙哌啶酮或氰酮可抑制雌二醇（E_2）合成而阻断排卵。MEHP、3-甲氧基联苯胺、氨鲁米特、三唑杀真菌剂等均可抑制雌激素合成酶如芳香化酶、细胞色素 P450 侧链裂解酶、3β-羟基类固醇脱氢酶（3β-HSD）等活性而导致雌激素合成障碍。

卵泡发育（follicular development）是指卵泡由原始卵泡（primordial fillicle）发育成为初级卵泡（primary fillicle）、次级卵泡（secondary follicle）、三级卵泡（tertiary follicle）和成熟卵泡（mature fillicle）的生理过程。外源性有害因素如电离辐射、MEHP、3-甲基胆蒽、苯并（a）芘、二甲基苯并蒽、邻苯二甲酸二（2-乙基）己酯（DEHP）、环磷酰胺和镉等可作用于卵原细胞（oogonia）、卵母细胞（oocyte）和卵泡细胞，对其有丝分裂、减数分裂或分化过程产生影响而致卵泡发育障碍。外源化学物如 3-甲基胆蒽和苯并（a）芘可作用于卵母细胞与卵泡细胞间透明带和缝隙连接，影响卵母细胞与颗粒细胞之间的物质交换和信息传递功能，引起初级卵泡的损害或大量破坏而致雌性生殖功能障碍甚至不孕。环磷酰胺、3-甲基胆蒽（3-MC）、二甲苯并蒽、DEHP 可使卵巢中次级卵泡受损，导致卵泡闭锁而使其数量减少，其机制可能与其抑制膜细胞合成雄烯二酮和颗粒细胞合成 E_2 能力下降，以及降低 FSH 和 LH 受体数目等有关。小剂量米非司酮可损伤小鼠成熟卵泡内卵丘颗粒细胞，使卵泡内膜细胞中脂滴减少，抑制排卵，其机制与颗粒细胞凋亡有关。

卵母细胞是卵原细胞经过有丝分裂后进行第一次和第二次减数分裂的产物，包括初级卵母细胞、次级卵母细胞和成熟的卵母细胞。一些外源化学物可引起卵母细胞的氧化应激、纺锤体结构和功能以及细胞周期的改变而导致其成熟障碍。6-二甲基氨基嘌呤可通过干扰卵母细胞周期而影响卵母细胞减数分裂的完成。二甲苯并蒽、3-甲基胆蒽、苯并（a）芘等可致卵母细胞损伤，其机制可能与其诱发卵母细胞突变有关。

许多外源化学物对输卵管的蠕动可产生影响，如三氯乙烯、亚硝酸异戊酯、东莨菪碱等可抑制其正常蠕动。药物如戊巴比妥、氯化钡、异戊卡因、α-筒箭毒碱、乙酰胆碱、麦角新碱、吗啡、催产素、前列腺素等对输卵管具有刺激作用。

第二节 细胞死亡

一、细胞胀亡

Majno 等于 1995 年通过对细胞死亡方式的全面研究，提出细胞的死亡方式包括胀亡（oncosis）、凋亡（apoptosis）、自噬性细胞死亡等模式，而这些模式的最后结局是细胞坏死（necrosis）。他将细胞胀亡定义为：细胞受损后表现为体积扩大，细胞膜通透性增加、完整性破坏，DNA 裂解为非特异性片段，最后细胞溶解并伴有周围组织炎症反应，表现为细胞肿胀和核溶解为特征的细胞死亡过程。

杨美春等（2009 年）选择浓度为 31.25、62.5、125 $\mu g/ml$ 的莪术油注射液作用于人卵巢癌 SKOV3 细胞 48 小时，结果发现细胞上清液 LDH 水平上升，荧光显微镜观察到胀亡细胞出现细胞肿胀，体积增大，胞膜面积缩小，核染色质分散扩大；细胞胀亡指数随浓度的增加而增大，呈剂量-效应关系；电泳观察 DNA 呈弥漫型，可见人卵巢癌 SKOV3 细胞胀亡，且呈浓度依赖性。

二、细胞凋亡

细胞凋亡（apoptosis），亦被称为程序性细胞死亡（programmed cell death，PCD）。它是指机体在一定的生理或病理条件下，为维持内环境稳定，在受到某些刺激后经多种途径的信号传导，导致细胞产生一系列形态和生化方面的改变，最终引起细胞自我消亡的过程，但细胞凋亡过高或过低都会对机体产生不利影响。

1. 睾丸生精细胞的凋亡   睾丸中生精细胞的周期性变化与凋亡

过程密切相关，细胞凋亡是生精调节的机制之一。现已证实，睾丸生精细胞退化是通过细胞凋亡实现的。Kerr 等发现正常大鼠睾丸中A2、A3、A4 精原细胞存在凋亡现象，睾丸中细线期、粗线期精母细胞亦发生凋亡，它们出现在生精上皮的Ⅰ、Ⅱ、Ⅶ、Ⅸ、Ⅻ和ⅩⅣ期，精子细胞的凋亡比较少见。原位标记的结果表明，精原细胞和精母细胞是睾丸中发生凋亡的主要细胞。精原细胞特别是 A 型精原细胞凋亡是导致精子数减少的主要原因，其凋亡均发生在有丝分裂期。精母细胞的凋亡发生在减数分裂过程中的细线前期、偶线期，特别是粗线期。生精细胞的自发性凋亡，一方面排除受损和染色体畸形的细胞，另一方面控制精子细胞的数目，保证这些细胞能为支持细胞所维持。因此，睾丸主要通过精原细胞不断地分裂、分化，同时过量的生精细胞又不断地凋亡，调节精子发生。

近年来研究发现，生精细胞除发生自发性凋亡外，某些外界有害因素能诱导睾丸生精细胞凋亡，激素（如促性腺激素及 T）、凋亡基因、自由基等参与调控这一凋亡过程。凋亡相关基因分为凋亡诱导基因（如 p53、Fas/ FasL 系统、Bax、C-myc 等）和凋亡抑制基因（如 Bcl-2、CREM、SCF/ c-Kit、孤儿受体 TR2 等）。它们所表达的基因产物有协同或拮抗作用，维持一种动态平衡，共同调控生精细胞的凋亡。

Seaman 等给雄性小鼠一次性腹腔注射 5 和 10mg/kg 顺铂（cis-platin）染毒，36 小时后 5mg/kg 剂量组和 24 小时后 10mg/kg 剂量组均可诱导睾丸生精细胞凋亡率明显升高，主要以精原细胞和精母细胞为主（$P < 0.05$）。Odorisio 等报道，当大鼠睾丸受到 γ 射线照射，p53 表达明显增加并呈剂量依赖性，同时伴有以精母细胞为主的细胞凋亡增加。研究证实，p53 是 Bax 的正调因子和 Bcl-2 的负调因子。大鼠暴露于 MEHP 和己二酮（2，5-HD）可诱导生精细胞凋亡明显增加，以精母细胞为主；免疫组化分析显示，在生精小管内 Fas 及 FasL 表达增加，Fas 和 FasL mRNA 的表达水平与生精细胞的凋亡频率呈正相关，并且支持细胞对生精细胞的调控与 Fas/FasL 介导有关。Teng 等对体外培养的大鼠睾丸组织和精母细胞用 100 和 150μmol/L 棉酚处理，发现棉酚在诱导精母细胞凋亡前的 1.5～4 小

时内可致 c-Myc 蛋白表达明显上调,而在诱导精母细胞凋亡前的
4.5~6 小时内,则引起 c-Myc 蛋白表达下调,此研究结果与培养的
睾丸组织 c-Myc 蛋白表达检测结果一致,表明棉酚诱导的大鼠睾丸
精母细胞凋亡与 c-Myc 蛋白表达的双向调控有关。Hsu 等给孕第 15
天的妊娠大鼠一次性腹腔注射 1 和 10mg/kg 2,2′,3,3′,4,6′-六氯联
苯 (PCB132),于出生后第 84 天选择子代雄性大鼠来观察 PCB132
对大鼠睾丸细胞凋亡相关基因 p53、caspase-3、caspase-9、Fas、
Bax、bcl-2 mRNA 表达水平的影响。结果发现 1mg/kg PCB132 可促
进睾丸组织 p53 蛋白的表达,抑制凋亡蛋白 Caspase3 的表达;
10mg/kg PCB132 能促进凋亡蛋白 Bax、Caspase3 和 Caspase9 的表
达,抑制抗凋亡基因 Fas、bcl-2 和 p53 表达,从而对雄性动物生殖
功能产生影响。

促性腺激素及雄激素对生精细胞凋亡的调节也发挥重要作用。雄
性大鼠给予促性腺激素释放激素 (GnRH) 拮抗剂阿巴瑞克 (abarel-
ix),可以降低其体内 FSH 和 ICSH 的水平,导致大鼠睾丸细胞凋亡
的 DNA 片段增加。雄性大鼠切除脑垂体可使精原细胞、细线前期和
粗线期精母细胞及精子大量凋亡,但生精细胞的分化并未完全停止。
同时对雄性小鼠切除睾丸,可引起附睾的头、体和尾部细胞均发生凋
亡,给予雄激素 T 治疗后可使凋亡的细胞发生逆转。

2. 间质细胞和支持细胞凋亡　研究证实,睾丸间质细胞的发生
与成熟过程都与细胞凋亡有关。机体通过细胞凋亡去除严重损伤、畸
变和衰老的间质细胞以维持间质细胞群质量和数量的相对稳定,保证
其发挥正常功能。因此,一定范围内的间质细胞凋亡对机体具有积极
的生理意义,但过度凋亡会使 T 分泌明显减少,导致生精细胞凋亡
增加,甚至不育。研究表明,支持细胞在生精细胞自发性凋亡和诱发
性凋亡中发挥重要的作用。

Morris 等将分离纯化的大鼠睾丸间质细胞与 750mg/L 二甲磺基
乙烷 (ethane dimethanesulphonate, EDS) 共同孵育 24 小时,激光
共聚焦显微镜下观察到间质细胞皱缩、核染色质浓缩和凋亡小体等细
胞凋亡特征。提取间质细胞 DNA 进行琼脂糖凝胶电泳,发现具有凋

亡特征性的梯状条带，并且间质细胞的凋亡具有剂量依赖性。同时给大鼠一次性腹腔注射100mg/kg EDS，24小时后可引起大鼠睾丸间质细胞凋亡的数量增加10倍，表明EDS在体内和体外均可诱导睾丸间质细胞凋亡。

孟祥东等对体外培养的雄性小鼠睾丸支持细胞用0.1、1和10μmol/L双酚A（bisphenol A，BPA）处理24小时，结果显示0.1μmol/L的BPA可引起支持细胞凋亡，随着BPA处理浓度的升高，支持细胞中Fas/FasL、Bax表达上调，Bcl-2表达下调。提示BPA诱导的睾丸支持细胞凋亡，不仅依靠调节Fas/FasL系统发挥作用，同时bax和bcl-2基因也参与这一调控过程。张明等采用10、20、40、80μmol/L二氯化镉分别处理猪睾丸支持细胞24小时后，各实验组均观察到明显的支持细胞凋亡（$P < 0.05$），并随着染毒剂量的升高凋亡率增加，其机制可能与线粒体膜电位降低、bcl-2基因表达下调和bax、细胞色素C（CYTC）、细胞凋亡诱导因子（AIF）、Caspase-9以及Caspase-3基因表达上调有关。

3. 卵巢细胞的凋亡　卵巢是由整个生命周期不断进行连续修复的动态系统，细胞凋亡是维持整个动态修复系统的重要机制，从胎儿期一直到卵巢老化期，卵巢中多余细胞的清除是通过细胞凋亡而实现的。动物出生前，卵巢上就有许多原始卵泡，但只有少数卵泡和卵子能够发育成熟和排卵，绝大多数卵泡发生闭锁和退化。对闭锁卵泡的DNA分析可以看到特有的DNA梯状条带，而正常卵泡则没有，这表明闭锁卵泡发生了凋亡。Yang等对培养的牛卵巢颗粒细胞的凋亡研究发现，在牛整个卵泡发育和闭锁过程中，不同大小类型的卵泡其颗粒细胞都经历自发性凋亡的过程。对发育卵泡而言，细胞凋亡的最终表现为卵泡闭锁，其中颗粒细胞凋亡是导致卵泡闭锁的重要直接原因。

卵巢细胞的凋亡主要由激素，如雌激素、孕激素、雄激素、促性腺激素、促性腺激素释放激素、生长激素、激活素、抑制素、卵泡抑素和相关凋亡基因，如p53、fas、bcl-2家族、myc、转导因子-4、Caspase家族、Apaf-1、胰岛素样生长因子（IGF）和表皮生长因子

（EGF）等调控。

　　Moon 等给哺乳期雌性大鼠喂饲 0.01、0.1、1 和 10mg/kg 拟雌内酯，每天 1 次，连续 21 天。结果显示成年大鼠卵巢颗粒细胞凋亡率明显升高，Caspase3 和 Caspase7 蛋白表达上调（$P<0.05$）。黄磊等给雌性 Wistar 大鼠分别给予浓度为 3.01、9.03 和 27.1g/L 正己烷静式吸入染毒，每天 4 小时，每周 6 天，连续 6 周。结果显示，正己烷上调大鼠卵巢颗粒细胞 bax mRNA 表达，下调 bcl-2、xiap mRNA 表达，可能是正己烷致使卵巢颗粒细胞凋亡的机制之一。Sifer 等采用 0.1、1.0μg/L GnRH 激动剂曲普瑞林和 0.1、0.5μg/L FSH 分别处理体外培养的人卵巢黄体化的颗粒细胞，发现曲普瑞林可诱导颗粒细胞凋亡发生率明显升高而 FSH 抑制颗粒细胞的凋亡。

第三节　外源化学物致生殖系统损伤的细胞学基础

一、氧化应激与亚硝化应激

（一）氧化应激

　　氧化应激是指机体在遭受各种外源性有害因素刺激时，体内高活性分子——活性氧自由基（reactive oxygen species，ROS）产生过多，氧化程度超出氧化物的清除，氧化系统和抗氧化系统失衡，从而导致组织细胞损伤。ROS 包括超氧阴离子（O_2^-）、羟自由基（HO·）和过氧化氢（H_2O_2）等。机体存在两类抗氧化系统，一类是酶抗氧化系统，包括超氧化物歧化酶（SOD）、过氧化氢酶（CAT）、谷胱甘肽过氧化物酶（GSH-Px）等；另一类是非酶抗氧化系统，包括维生素 C、维生素 E、谷胱甘肽、褪黑素、α-硫辛酸、类胡萝卜素、微量元素铜、锌、硒等。

　　在生理状态下，体内产生的自由基可作为信号分子，参与体内防御反应，但过多的自由基对机体可产生毒性作用，包括直接引起生物膜脂质过氧化，导致细胞死亡；引起细胞内蛋白及酶变性，使蛋白质功能丧失和酶失活，导致细胞凋亡，组织损伤；引起 DNA 氧化损伤，破坏核酸和染色体，导致 DNA 链的断裂、染色体畸变或断裂。

1.睾丸细胞氧化损伤 一些环境（工业）污染物与睾丸氧化损伤有关。甲氧滴滴涕、甲氧氯、林丹、二噁英、二氧化硫、邻苯二甲酸酯、某些重金属能诱发睾丸氧化应激反应，导致睾丸细胞发生氧化损伤。一些药物如阿斯匹林、扑热息痛等可增强精子氧化应激反应。

Ihsan 等给雄性大鼠对甲氧酚 25、55、110 和 275mg/kg 染毒 6 个月，结果显示，110 和 275mg/kg 染毒组睾丸组织细胞 SOD 活性、还原型谷胱甘肽（GSH）和 8-羟基脱氧鸟苷（8-OHdG）水平升高，而 275mg/kg 染毒组丙二醛（MDA）含量明显升高，并且出现生精小管萎缩和结构破坏、生精细胞缺失等现象。提示对甲氧酚在代谢过程中经 N-O 基团的还原而产生自由基，引起睾丸细胞脂质过氧化和 DNA 氧化损伤。Kikelomo 等给大鼠灌胃硫酸镉（含镉 15mg/kg）染毒，每天 1 次，连续 21 天。结果发现镉可引起睾丸组织匀浆中脂质过氧化物（LPO）含量和谷胱甘肽-S-转移酶活性升高，降低还原型谷胱甘肽含量，抑制 SOD 和 CAT 活性，引起附睾中精子浓度和精子活力降低，并使异常精子数目增多。

Yang 等采用原代培养的大鼠睾丸间质细胞给予 10、20 和 $40\mu mol/L$ 氯化镉（$CdCl_2$）处理 24 小时后，引起间质细胞 MDA 含量和 GSH-Px 活性升高，并抑制 SOD 活性，导致间质细胞氧化损伤而致 T 分泌量降低。Aly 等采用 5、10 和 15nmol/L 的四氯二苯并对二噁英（TCDD）与大鼠睾丸支持细胞孵育，发现支持细胞中 ROS 含量升高，抑制 SOD、GSH-Px、CAT、谷胱甘肽还原酶（GR）、γ-谷酰胺转移酶（γ-GT）和 β-葡萄糖醛酸酶活性，使 GSH 含量降低；支持细胞线粒体中超氧阴离子含量升高，而环氧化酶活性和磷脂含量降低。提示线粒体在 TCDD 引起的支持细胞氧化损伤中发挥重要作用。

2.精子氧化损伤 自由基在附睾中广泛存在，少量自由基对于细胞信号转导、精子成熟、获能和受精具有重要意义。在正常生理情况下，精液中 ROS 和精浆抗氧化能力保持一种动态平衡状态，当精液中 ROS 含量增加或精浆抗氧化能力降低时，这种平衡被打破，从而导致氧化应激发生。但机体接触一些外界因素，如吸烟、饮酒、外源化学物、辐射等可造成精子、精浆 ROS 生成增多或抗氧化物减少，引发氧化损伤。Shen 等选择 60 名吸烟的健康成年人，观察人类精子 DNA 氧化损伤与吸烟之间的关联性。结果发现吸烟者精子 DNA 氧化产物 8-OHdG 含量显著高于非吸烟者（$P<0.01$），且 8-OHdG 水平与精液中可替宁浓度呈正相关（$r=0.38$，$P<0.05$）。Latchoumy-candane 等给大鼠 0.1、1.0 和 10mg/kg TCDD 经口染毒，每天 1 次，连续 4 天。结果显示 TCDD 可引起附睾中精子抗氧化酶 SOD、CAT、谷胱甘肽还原酶、GSH-Px 活性降低，使精子中 ROS、H_2O_2 和 LPO 含量增加而致附睾中精子发生氧化损伤，影响精子在附睾中的成熟。

3. 卵巢细胞氧化损伤　线粒体是细胞内产生 ROS 的最重要的来源之一，且对氧化应激非常敏感，当线粒体内膜的电子传递链被抑制时 ROS 的产生会明显增加。王博等给雌性小鼠 16、32 和 64mg/(kg·d) 甲氧氯（methoxychlor，MXC）腹腔注射染毒 20 天，发现 MXC 32 和 64mg/(kg·d) 组线粒体呼吸链复合物I活性降低，ROS 的产生则高于对照组（$P<0.05$），提示 MXC 可通过阻抑复合物 I 的电子传递，造成电子逃逸并与细胞内 O_2 反应生成 O_2^-，后者进一步在细胞、组织内代谢生成 H_2O_2 和 OH·，引起卵巢组织线粒体的氧化应激反应。常飞等给雌性大鼠 MXC 50、100 和 200mg/(kg·d) 染毒，可引起大鼠卵巢组织中 GSH-Px 和 SOD 活性下降，使卵巢细胞的氧化应激效应增强，导致蛋白质变性、脂质过氧化产物 MDA 含量增加以及 DNA 断裂，最终导致卵巢细胞的损伤。刘秀芳等给雌性大鼠 11.81、23.63 和 47.25mg/kg 乙酰甲胺磷经口染毒，发现高剂量组（47.25mg/kg）卵巢的始基卵泡、初级卵泡、次级卵泡和成熟卵泡大量减少，且闭锁卵泡增多等；抑制卵巢组织 SOD 活性，使 GSH 含量降低而 MDA 含量升高，导致脂质过氧化，损伤颗粒细胞 DNA 而引起黄体细胞和卵泡颗粒细胞的凋亡，黄体退化和卵泡闭锁，从而影响卵泡的功能。

（二）亚硝化应激

亚硝化应激是指机体在遭受各种外源性有害因素刺激时，体内活性氮自由基（reactive nitrogen species，RNS）产生过多，超出机体自身的清除能力而造成机体组织细胞损伤。RNS 包括一氧化氮（NO·）、二氧化氮（NO_2·）和过氧亚硝基阴离子（$ONOO^-$）自由基等。NO 能够调节睾丸的血液供应、激素的分泌和雄性的生殖能力。高浓度 NO 能够扩张睾丸血管，损害生精细胞功能和抑制精子的活力，从而使男性生育能力低下，严重时导致男性不育症。一般认为，一氧化氮合酶（NOS）是生成内源性 NO 的最主要限速酶。Grisham 认为，过氧亚硝基阴离子（$ONOO^-$）是 NO 产生病理损伤作用的主要环节，在某些病理状态下由于 NO 和 O_2^- 均增多，两者可迅速反应生成大量 $ONOO^-$，而 $ONOO^-$ 作为强氧化剂可作用于酶、蛋白、脂质及 DNA 等大分子物质，产生细胞毒性作用，使细胞功能、代谢障碍及能量耗竭，导致细胞损伤或死亡。

方芳等采用 0.025、0.05、0.075、0.1 和 0.2Gy 的 X 射线深部治疗机全身照射小鼠，低剂量电离辐射即可诱导小鼠睾丸细胞 NO 含量及 NOS 活性增高，而激活的 NOS 又会产生过量的 NO，引起睾丸细胞亚硝化应激增强，使线粒体结构和功能变化，释放 AIF 而诱发睾丸细胞凋亡。此外，过量的 NO 还可引起睾丸细胞 ATP 消耗，抑制内质网和质膜 Ca^{2+}-ATP 酶，使胞内 Ca^{2+} 平衡失调而导致细胞的凋亡。这是因为 NO 轨道上有一个不成对电子，反应活性极强，与氧作用生成大量活性氧中间产物（reactive oxygen intermediates，ROI）包括 $ONOO^-$，这些 ROI 易与细胞膜上的多不饱和脂肪酸及胆固醇反应产生过氧化脂质，破坏线粒体的结构完整性，可诱导线粒体膜通道的开放，使线粒体去极化和肿胀，释放 AIF 和细胞色素 C 等而致睾丸细胞受损。

二、能量代谢障碍

睾丸和卵巢细胞能量代谢过程在精子和卵子发生与成熟过程中起重要作用。外源化学物如 DEHP、二苯基甲烷二异氰酸酯（MDI）、邻苯二甲酸丁基苄酯（BBP）、硝酸亚铈、铅、镉、汞、镍等可致睾丸和卵巢细胞能量代谢相关酶活性的异常改变而致能量代谢障碍，影响精子和卵子的发育成熟。

赵海军等报道，60mg/kg 的硝酸亚铈可抑制小鼠睾丸细胞 LDH、山梨醇脱氢酶、琥珀酸脱氢酶（SDH）和葡萄糖-6-磷酸脱氢酶（G-6-PD）活性，干扰了睾丸细胞供能系统，从而导致生精细胞发育异常，致精子活力降低、数目减少等。周金鹏等给雄性小鼠 250mg/kg MDI 腹腔注射染毒，发现 MDI 抑制睾丸组织 LDH、SDH、碱性磷酸酶（AKP）、Ca^{2+}-Mg^{2+}-ATP 酶和 Na^{+}-K^{+}-ATP 酶活性，干扰了睾丸组织细胞的有氧代谢，抑制了细胞对能量的利用，损伤各级生精细胞，造成生精上皮的损害。

乳酸是睾丸支持细胞产生的一种重要的能量底物，其在支持细胞形成后被单羧酸运载体（monocarboxylate transporters，MCT）转运至生精细胞，通过无氧酵解途径产生 ATP 为生精细胞提供能量所需。氟他胺、二溴氯丙烷、1，3-二硝基苯等通过对支持细胞乳酸和丙酮酸分泌的影响而使生精细胞能量代谢紊乱，导致生精过程障碍。Goddard 等给雌性大鼠从孕第 6 天至 21 天经口灌胃 2、10mg/kg 氟他胺染毒，选择出生后第 15 天的子代雄性大鼠分离睾丸间质细胞检测乳酸的含量。结果显示氟他胺低剂量组子代大鼠睾丸间质细胞乳酸的生成量减少 60%，其机制与乳酸脱氢酶 A（lactate dehydrogenase A，LDHA）mRNA 表达下调和 LDH-4 活性降低密切相关；同时子代大鼠睾丸生精细胞中 MCT1 和 MCT2 mRNA 表达也下调，说明间质细胞中乳酸从支持细胞转运到生精细胞发生障碍而导致睾丸精子发生紊乱。

研究证实，凡能引起睾丸萎缩的邻苯二甲酸酯类如正丁基、正戊基、正己基、正辛基等酯类，均能刺激睾丸支持细胞的乳酸生成及乳酸与丙酮酸的比例增高。Fukuoka 等报道，多次经口给予大鼠二正丁基邻苯二甲酸酯（DBP）可使生精细胞脱落、生精小管萎缩、生精细胞与支持细胞分离，其原因是 DBP 可使以葡萄糖、山梨醇糖和果糖为来源的能量供应缺乏，干扰支持细胞与生精细胞的相互作用。大鼠一次经口染毒 DBP 后 2 天，睾丸中 SDH 活性明显降低，而正戊基邻苯二甲酸酯则引起支持细胞线粒体中 SDH 活性降低。

孙志伟等用 0.19、1.93、19.25mg/kg 甲基汞对雌性小鼠进行急性经口染毒，发现小鼠卵巢细胞线粒体 ATP 酶，卵巢细胞 LDH、G-6-PD 和山梨醇脱氢酶活性均明显低于对照组，引起卵巢细胞能量代谢障碍而影响卵巢正常功能。石龙等给雌性小鼠甲基汞急性经口染毒，发现卵巢内与能量产生有关的 ATP 酶活性显著下降，而与 DNA 损伤后修复合成有关的 DNA 聚合酶活性显著增高，表明甲基汞引起卵巢线粒体功能的破坏导致其能量产生受阻、DNA 片段缺失，从而影响卵巢的功能。

第四节　对血-生精小管屏障的影响

血-生精小管屏障（blood-seminiferous tubule barrier）是睾丸中血管和生精小管之间的屏障结构，是由生精小管基膜与支持细胞（Sertoli cell）之间的紧密连接形成。血-生精小管屏障维持着基底部与管腔部一定的离子浓度，可影响或阻止药物、外源化学物、营养素、激素等在血液和睾丸生精小管之间的自由交换。某些外源化学物如镉、顺铂、细胞松弛素 D、棉酚等可诱导血-生精小管屏障改变使一些大分子物质通过，使生精小管管腔部的组成发生变化，选择性地导致生精小管官腔部生精细胞的损伤。

某些具有支持细胞毒性的外源化学物如 2,5-己二酮（2,5-HD）、秋水仙素、1,3-二硝基苯（1,3-DNB）和邻苯二甲酸酯类（PAEs）等可引起支持细胞-生精细胞紧密连接发生障碍，导致生精细胞从生精上皮释放到管腔部的数量减少，即出现生精上皮"生精细胞丢失"的现象。大鼠经口一次性给予 2g/kg MEHP，发现支持细胞的波形蛋白中间丝出现早期快速萎缩，而中间丝的破坏可能导致支持细胞-生精细胞紧密连接障碍，最终使生精上皮的生精细胞丢失。张蕴晖等观察 PAE 的代谢产物 MEHP 和单丁基邻苯二甲酸酯（MBP）对原代双室培养的大鼠睾丸支持细胞紧密连接结构的影响，发现支持细胞单层破坏、细胞间的嵴线消失、跨上皮电阻值下降、紧密连接相关蛋白 ZO-1、F-肌动蛋白和闭锁蛋白表达降低，说明 ME-HP 或 MBP 染毒可致支持细胞 F-肌动蛋白骨架发生重排，中心张力增加，并通过破坏紧密连接结构的 ZO-1 和闭锁蛋白，使细胞间连接发生改变，细胞收缩变圆，支持细胞间裂隙形成，内皮通透性增高，这可能是导致生精细胞从睾丸生精上皮脱落下来的原因之一。

第五节　对睾丸与卵巢生物转化功能的影响

一、对睾丸生物转化功能的影响

1. 间质细胞　睾丸对外源化学物具有生物转化能力的主要是间质细胞，其酶系包括芳香化酶、谷胱甘肽-S-转移酶、环氧化物水解酶、乙醇脱氢酶等。Levallet 等通过 RT-PCR 技术定位和定量分析成熟雄性大鼠睾丸细胞的细胞色素 P450 芳香化酶 mRNA 的表达水平，发现间质细胞含量比支持细胞高 15 倍，粗线期精母细胞、圆形精子细胞、精子中的细胞色素 P450 芳香化酶含量依次减少，但精子中细胞色素 P450 芳香化酶活性却比其他生精细胞高 2.5～4 倍。

Soderlund 等采用纯化的大鼠和仓鼠睾丸细胞谷胱甘肽-S-转移酶（GSTs）检测大鼠和仓鼠睾丸细胞中 1，2-二溴-3-氯丙烷（DBCP）生物转化后其代谢产物的形成率。结果显示睾丸细胞中 DBCP 在还原性谷胱甘肽（GSH）和 GSTs 的作用下可转化为水溶性代谢产物和活化的与生物大分子共价结合的代谢产物，在大鼠睾丸细胞中发现其代谢产物形成率较高，而在仓鼠睾丸细胞中 DBCP 的水溶性代谢产物和活化的与生物大分子共价结合的代谢产物的形成率仅为大鼠的 20%～25% 和 3%，且 DBCP 对大鼠睾丸细胞损伤的敏感性大于仓鼠，并证实 DBCP 的代谢活化是其产生睾丸细胞毒作用所必需的。Singh 等给雄性大鼠 7.5 和 10mg/kg 硫丹经口染毒，连续 30 天。结果显示硫丹可抑制睾丸细胞微粒体细胞色素 P450 及其混合功能氧化酶（mixed function oxidases，MFOs）和谷胱甘肽-S-转移酶的活性，使大鼠血浆 FSH、ICSH、T 含量下降以及体外分离培养的睾丸间质细胞 T 分泌量降低。Penhoat 等观察安体舒通和曲洛司坦（WIN-24540）对体外培养的猪间质细胞 T 合成的影响。发现两种药物对 T 合成的抑制作用是由于其抑制了腺苷酸环化酶的催化亚单位，从而使 ATP 转变为 cAMP 的过程受阻以及 17α-羟化酶活性降低所致。Jana 等给雄性小鼠腹腔注射 $3g/(kg \cdot d)$ 乙醇 2 周，发现乙醇在体内经乙醇脱氢酶的作用产生的代谢产物乙醛，可直接抑制间质细胞 3β-羟基类固醇脱氢酶和 17β-羟基类固醇脱氢酶活性而影响睾丸内 T 的生物合成。

2. 支持细胞　利用免疫组织化学和细胞化学方法已证实，支持细胞内有芳香化酶并可合成雌激素。芳香化酶是雌激素生成的关键酶，可将睾丸所产生的雄激素作为底物转化为雌激素，是雄性动物体内雌激素的主要来源。芳香化酶缺失的雄性小鼠睾丸中，圆形和长形精子细胞数量明显减少，同时可见生精细胞凋亡频率加快、顶体形成异常等变化。研究发现，壬基酚可致小鼠睾丸芳香化酶蛋白表达降低，影响睾丸支持细胞雌激素的生成而导致睾丸生精功能的异常。

二、对类固醇合成酶的影响

1. 睾丸　睾丸间质细胞是合成和分泌 T 的主要场所，大约 95% 的 T 是由间质细胞合成和分泌的。外源化学物影响哺乳动物睾丸中类固醇合成的任一环节，均可导致类固醇合成障碍而干扰精子发生（表 5-1）。

Ihsan 等给雄性大鼠 25、55、110 和 275mg/kg 对甲氧酚（MEQ）经口染毒 6 个月，结果显示，275mg/kg 染毒组睾丸细胞类固醇合成快速调节蛋白（StAR）、细胞色素 P450、17β-HSD mRNA 表达下调，血清 T 和 FSH 含量降低；110mg/kg 染毒组雄激素受体（AR）和 3β-HSD mRNA 表达上调，而 ICSH 含量升高，说明 MEQ 通过对类固醇合成酶的影响而致睾丸细胞受损。Murugesan 等采用体外分离纯化和培养的大鼠睾丸间质细胞给予 $10^{-4} \sim 1\mu mol/L$ 多氯联苯（Aroclor 1254）处理 $6 \sim 12$ 小时。结果发现 Aroclor 1254 通过抑制间质细胞类固醇合成酶细胞色素 P450、3β-HSD 和 17β-HSD 活性以及谷胱甘肽-S-转移酶活性而引起基础和 ICSH 刺激后的 T 分泌量降低。

表 5-1   外源化学物对哺乳动物睾丸类固醇合成酶活性的抑制作用

类固醇合成酶	抑制剂
胆固醇侧链裂解酶	3-甲基联苯胺、雌激素、氨基苯乙哌啶酮、阿扎斯丁、氰基酮、达那唑
芳香化酶	4-羟基-雄烯-3，17-二酮、4-乙酸基-雄烯-3，17-二酮、1，4，6-雄烷三烯-3，17-二酮、6-溴雄烯-3，17-二酮、7α（4-氨基）苯硫雄烯二酮、δ-睾内酯、邻苯二甲酸单（2-乙基）己酯、fenarimol
11-羟化酶	达那唑、甲双吡丙酮、呋塞米和其他利尿剂
21-羟化酶	达那唑、螺内酯
17-羟化酶	达那唑、螺内酯
17，20-裂解酶	达那唑、螺内酯
17β-羟基类固醇脱氢酶	达那唑
3β-羟基类固醇脱氢酶	达那唑
C-17-L-20-裂合酶	酮康唑

引自：卡萨瑞特·道尔主编.毒理学.北京：人民卫生出版社，2002：689.

2. 卵巢　卵巢中卵泡膜细胞和颗粒细胞在雌激素生物合成中发挥重要作用。哺乳动物卵巢中有多种雌激素合成酶可受到外源化学物的影响，导致雌激素合成障碍而干扰雌性生殖功能。

Davis 等采用 $0\sim400\mu mol/L$ MEHP 处理体外培养的大鼠卵巢颗粒细胞，发现 MEHP 可引起 FSH 和 8-溴环磷酸腺苷（8br-cAMP）刺激后的颗粒细胞 E_2 分泌量降低，其机制并不是 MEHP 抑制芳香化酶活性引起的，而是 MEHP 引起颗粒细胞中芳香化酶绝对数量的减少或其利用率低下所致。Wouters 等用氨鲁米特和酮康唑处理体外培养的大鼠卵巢颗粒细胞，发现两种药物均可抑制芳香化酶活性，半数抑制浓度（IC_{50}）分别为 $0.6\mu mol/L$ 和 $2\mu mol/L$，其中酮康唑对芳香化酶的抑制效能约为氨鲁米特的 5 倍。同时两种药物均可抑制细胞色素 P450 活性而致 E_2 分泌量减少。Basavarajappa 等给体外分离培养的小鼠卵泡细胞以终浓度为 1、10 和 100mg/L 的甲氧氯（MXC）染毒 24～96 小时，可引起卵泡细胞 E_2、T、雄烯二酮和孕酮的分泌量降低，其机制与 MXC 引起卵泡细胞类固醇合成过程中 StAR、芳香化酶（Cyp19a1）、17β-羟基类固醇合成酶 1（HSD17b1）、17α-羟化酶/17，20-裂解酶（Cyp17a1）、3β-羟基类固醇合成酶 1（HSD3b1）、胆固醇侧链裂解酶（Cyp11a1）mRNA 表达下调以及 E_2 代谢酶细胞色素 P4501b1（Cyp1b1）mRNA 表达上调有关；也与 MXC 引起卵泡细胞的雌激素受体（ESR1 和 ESR2）、雄激素受体（AR）、孕酮受体（PR）和芳香烃受体（AhR）mRNA 的异常表达有关。

第六节　DNA 损伤与修复

外源化学物对生精细胞 DNA 的影响，目前报道最多的是烷化剂，包括单功能烷化剂（如丙烯酰胺、1，2-二溴乙烷等）主要在 DNA 合成期与 DNA 碱基的 N 结合；多功能烷化剂（如甲基亚硝基脲、乙基亚硝基脲、亚硝基二乙胺和二硝基二甲胺等）主要对 DNA 上 O 具有强的修饰能力；交联剂如苯丁酸氮芥、左旋苯丙氨酸氮芥、丝裂霉素 C、环磷酰胺等，它们可诱发生精细胞发生突变而直接损害生精细胞。

单功能烷化剂如甲基甲烷磺酸酯、环氧乙烷可对各个发育阶段的生精细胞碱基上的 N 原子发生烷化作用，但一般都可被正确修复，如未修复，则易引起碱基丢失，而这些无碱基位点易发生 DNA 链断裂而导致突变的发生。多功能烷化剂如乙基亚硝基脲主要对 DNA 链碱基上 O 产生烷基化作用，尤其对减数分裂前的生精细胞作用最显著。柔红霉素或阿霉素可嵌入 DNA 链碱基对之间，对精原细胞和精母细胞产生强烈毒作用，且某些抑制 DNA 或 RNA 合成的外源化学物如丙烯酰胺等，可导致发育阶段的生精细胞损伤，而对减数分裂之后的晚期精子细胞无明显影响。抗癌药苯丁酸氮芥和左旋苯丙氨酸氮芥对早期精细胞具有强的致突变作用，而拓补异构酶抑制剂依托泊甙酶对初级精母细胞遗传毒性最敏感。

　　研究证实，有机磷农药二嗪农 8.12mg/kg 给小鼠一次性腹腔注射染毒，可导致小鼠精子 DNA 碎片指数增加，增加 DNA 色素酶 A3 的嵌入率，诱发核鱼精蛋白和精子头部磷酸化水平增加。这是由于 DNA 色素酶 A3 与鱼精蛋白竞争，使鱼精蛋白与 DNA 的结合减少，导致染色质固缩；核鱼精蛋白的磷酸化是精子细胞分化过程中的最后一个敏感阶段，其水平增加可能参与了精子染色质的固缩和 DNA 结构完整性的改变。据报道，有机磷杀虫剂可引起人精子 DNA 链发生断裂，正常情况下 DNA 由于其紧密的结构可以对抗外源化学物的损伤，而在精子发生和染色体固缩时期，组蛋白被鱼精蛋白取代而形成二硫键。其机制是 DNA 缺少修复和抗氧化酶损伤而致防御能力降低，后期精母细胞和早期精子核鱼精蛋白发生烷基化导致 DNA 断裂。孙淑云等用不同剂量的醋酸铅对成年 C57BL 雄性小鼠腹腔注射染毒，每 4 天 1 次，共 10 次。结果发现高剂量组精原细胞和初级精母细胞染色体畸变率显著增加，且精原细胞染色体结构和数目畸变均高于初级精母细胞。Hernandez-Ochoa 等给雄性小鼠饮用含 0.06% Pb^{2+} 的饮水 16 周，发现附睾中精子吸收的铅可与染色质中的巯基结合，降低染色质的解凝聚，对受精后染色质的解凝聚过程起一定的干扰作用，这可能是铅诱发染色体结构畸变的原因之一。此外 Quintanilla 等研究发现，Pb^{2+} 可与人精子细胞核中鱼精蛋白 P2（HP2）结合，取代其 Zn^{2+} 结合位点使 HP2 构象发生变化，从而阻碍 HP2 和 DNA 的结合而致精子染色质凝聚。

　　近年来研究表明，砷是一种肯定的生殖毒物之一。Gurr 等用亚砷酸钠处理 G2 期的中国仓鼠卵细胞，结果引起染色体凝集和染色体断裂；经亚砷酸钠处理后的 G2 期细胞重新进入间期后出现微核，进一步证实了染色体断裂的结果；亚砷酸钠也可阻止有丝分裂细胞重新进入间期，将亚砷酸钠处理的细胞重新置于无砷培养液后，可观察到DNA含量减少，出现四聚体。孟紫强等研究发现，亚砷酸钠能诱发中国仓鼠卵巢细胞 gpt 基因发生突变，且其突变频率随砷浓度的增加而增高；PCR分析显示，亚砷酸钠所诱发的突变为 gpt 基因的完全缺失。

第七节　致生殖器官肿瘤机制

一、睾丸间质细胞瘤

实验动物长期致癌实验发现，某些药物或环境污染物如酰胺咪嗪、西米替丁、非那雄胺、氟他胺、吉非贝齐、组氨瑞林、肼苯哒嗪、吲哚美辛、伊拉地平、拉克替醇、醋酸亮丙瑞林、甲硝哒唑、美舒麦角、那法瑞林、诺果宁、阿糖腺苷、己烯雌酚、多环芳烃类等均可诱发大鼠、小鼠睾丸间质细胞瘤的发生。究其发生机制，目前主要有两种观点，即非诱变机制和诱变机制。

1. 非诱变机制　研究发现外源化学物或药物引起大鼠、小鼠或人特异性睾丸间质细胞瘤主要是通过非诱变机制引起的。研究证实，大鼠长期给予间质细胞刺激素（ICSH）可引起睾丸间质细胞腺瘤，主要是由于 ICSH 扮演着促有丝分裂的作用，使睾丸间质细胞增值而致其数量增加。雄激素受体拮抗剂、5α-还原酶抑制剂、睾酮生物合成抑制剂、芳香化酶抑制剂、多巴胺激动剂、雌激素激动剂、GnRH激动剂和过氧化物酶体增殖剂等引致的大鼠睾丸间质细胞腺瘤的发生，主要与睾丸中持续升高的 ICSH 水平密切相关，另一方面与睾丸细胞分泌的生长因子如胰岛素养生长因子-1（IGF-1）、转化生长因子-β（TGF-β）和抑制素的介导有关。

Cook 等给雄性大鼠雄激素受体拮抗剂利谷隆（linuron）200mg/kg和氟他胺10mg/kg经口染毒，结果发现利谷隆和氟他胺可诱导大鼠睾丸间质细胞腺瘤的发生，可能机制是两者均与 T 和双氢睾酮竞争结合到雄激素受体，减少雄激素信号向下丘脑和垂体的传递而引起

ICSH 的持续升高所致。

Prahalada 等给雄性小鼠 2.5、25 和 250mg/kg 5α-还原酶抑制剂非那雄胺（finasteride）经口染毒 83 周，结果发现 250mg/kg 染毒组小鼠有 32% 发生间质细胞瘤，主要是由于非那雄胺可阻断睾酮向双氢睾酮的转换。双氢睾酮与雄激素受体亲和力高且结合稳定，而非那雄胺通过降低睾丸双氢睾酮的水平，使下丘脑和垂体接受到的雄激素信号减少，引起继发性的 ICSH 水平升高而致间质细胞异常增殖。

Fort 等采用睾酮生物合成抑制剂兰索拉唑（lansoprazole）进行大鼠 2 年长期致癌实验，结果发现兰索拉唑可诱发大鼠睾丸间质细胞腺瘤，其机制与兰索拉唑降低大鼠睾酮水平，而使 ICSH 水平持续升高有关。Walker 等采用芳香化酶抑制剂福美坦（formestane）和来曲唑（letrozole）对雄性大鼠和犬进行长期诱癌实验，结果发现福美坦和来曲唑可诱发犬睾丸间质细胞腺瘤，而大鼠则未发现睾丸间质细胞瘤。其致瘤机制是两种药物可阻断睾酮向雌二醇转化，使雌二醇水平降低而使 ICSH 水平持续升高所致。

Dirami 等采用 2mg/kg 多巴胺激动药美舒麦角（mesulergine）给大鼠经口染毒 57 周，结果发现在美舒麦角染毒 57 周后大鼠出现睾丸间质细胞腺瘤，主要是美舒麦角通过降低大鼠催乳素水平，引起 ICSH 受体数量减少和睾酮分泌下降，导致 ICSH 水平升高而致间质细胞瘤。Clegg 等报道，GnRH 激动剂如布舍瑞林（buserelin）、组氨瑞林（histrelin）、醋酸亮丙瑞林（leuprolide）和那法瑞林（nafarelin）是一类非 ICSH 型致间质细胞瘤药物，其致瘤机制是这些激动剂结合于大鼠睾丸间质细胞的间质细胞刺激素-释放激素受体所致。

Navickis 等用己烯雌酚（DES）给 BALB/c 小鼠和 SD 大鼠染毒，结果显示在 DES 染毒 1～8 周内 BALB/c 小鼠睾丸 ICSH 受体数目增加 2.4～5.4 倍，而染毒 24 周时其 ICSH 受体数目增加 10 倍。SD 大鼠在 DES 染毒早期可出现 ICSH 受体数目短暂上升，而在染毒 6 周和 8 周时则出现 ICSH 受体数目的明显减少。结果提示 BALB/c 小鼠对 DES 诱发的间质细胞瘤较敏感，而 SD 大鼠敏感性较差。究其原因是雌激素激动剂可引起大鼠 ICSH 水平降低；也可能是雌激素激动剂通过旁分泌机制刺激大鼠睾丸间质细胞增值而非升高 ICSH 水平。

Bieqel 等用过氧化物酶体增殖剂 Wyeth-63,643（WY）50mg/kg 和全氟辛酸铵（C8）300mg/kg 给雄性大鼠经口染毒 2 年，染毒 1 个月后均出现大鼠血清 E_2 水平升高，结果提示 WY 和 C8 主要是通过增加雄性大鼠 E_2 水平以及继发睾丸细胞生长因子如 IGF-1、TGF-β 等表达而促使睾丸间质细胞瘤的发生。

2. 遗传毒性机制　多数外源化学物或药物包括烷化剂如 1,3-丁二烯（1.3-butadiene）、5-溴脱氧尿核苷、3-氯-2-甲基丙烯（3-chloro-2-methylpropene）、苏铁苷（cycasin）、二溴氯丙烷（dibromochloropropane，DBPC）、二乙基亚硝胺（diethylnitrosamine，DEN）、二甲基亚硝胺（dimethylnitrosamine，DMN）、异戊二烯（isoprene）、甲氧沙林（8-methoxypsoralen）、链唑霉素（streptozotocin）；5-氮杂胞嘧啶核苷（S-azacytidine）、伐多卡因（vadarabine）、金属镉和肼苯哒嗪（hydralazine）等均可诱导大鼠或小鼠睾丸间质细胞瘤的发生，但其遗传毒性机制目前尚未阐明。

Anisimov 等给出生后 1、3、7 和 21 天的大鼠皮下注射 3.2mg/kg 5-溴2'-脱氧尿苷，同时在出生后 3 个月给予 1 次 1.5Gy X 射线照射。结果发现，5-溴 2'-脱氧尿苷可诱发睾丸间质细胞瘤的发生，而 5-溴 2'-脱氧尿苷和 X 射线共同作用下，可明显缩短间质细胞瘤发生的潜伏期，并使肿瘤的发生率升高。其作用机制是 5-溴 2'-脱氧尿苷通过干扰 DNA 的合成过程以及 X-射线对 DNA 链的直接损伤作用而致细胞恶性变。Erkekoglu 等给体外培养的小鼠间质细胞瘤株（MA-10 细胞）1~10mmol/L 邻苯二酸二-(2-乙基己基) 酯（DEHP）处理，发现 DEHP 可引起 MA-10 细胞中 ROS 含量增加，引起 DNA 氧化损伤和 p53 mRNA 表达上调。

3. 细胞凋亡　研究证实，细胞凋亡调控异常与肿瘤发生密切相关。Singh 等采用不同浓度（1、0.1、10、100 和 1000μg/L）的 $CdCl_2$ 处理体外培养的小鼠睾丸间质细胞株 TM3 细胞，发现 $CdCl_2$ 可引起 TM3 细胞增殖细胞核抗原（PCNA）和细胞周期蛋白 D1（cy-

clinD1）mRNA 表达上调，抑制 Bax mRNA 表达的同时促进 Bcl-2 mRNA 的表达而致间质细胞异常增殖；降低 DNA 甲基转移酶 1 （DNMT1）、DNA 修复基因 8-羟基鸟嘌呤 DNA 糖苷酶 （hOGG1） 和 MYH （MutY glycosylase homologue） mRNA 的表达，DNA 多态性分析显示 TM3 细胞基因组稳定性降低。结果提示间质细胞异常增殖和基因组稳定性降低是 $CdCl_2$ 促使间质细胞恶性转化并诱导间质细胞肿瘤发生的原因之一。Zhou 等给雄性大鼠一次性皮下注射 $CdCl_2$ 5、10 和 $20\mu mol/kg$，结果提示 $CdCl_2$ 诱发的睾丸细胞肿瘤与其所致的 p53 mRNA 表达下调以及 c-jun mRNA 表达上调有关。

二、卵巢癌

卵巢癌是女性生殖系统常见的恶性肿瘤之一。大鼠或小鼠长期致癌实验发现，TCDD、硝基呋喃类抗生素、7,12-二甲基苯并蒽 （DMBA）、烷化剂甲基亚硝基脲 （MNU） 和噻替派等均可诱发大鼠或小鼠卵巢癌的发生。此外，研究认为电离辐射、石棉、滑石粉、多氯联苯 （polychlorinated biphenyl，PCBs）、有机氯农药等也是诱发人卵巢癌的原因之一。有关外源化学物诱发卵巢癌的发生及其机制方面的研究资料较少，其致癌机制目前尚不明确。目前究其可能的机制简单描述如下：

1. 促性腺激素假说　外源化学物如 PCBs、有机氯农药等通过对下丘脑-垂体-卵巢轴功能的影响，引起垂体促性腺激素对卵巢组织过度刺激而诱发卵巢癌发生。

2. 性激素水平的改变　流行病学研究指出，雌激素可能会促进绝经后妇女卵巢肿瘤的发展。雌激素干扰物如多氯联苯 （PCBs）、二噁英、己烯雌酚 （DES） 等在体内可发挥雌激素样作用，通过与雌激素受体-α （ER-α） 的结合而诱导 cyclinD1、c-myc 表达，参与肿瘤多步骤致癌机制。

3. 分子机制　外源化学物致卵巢癌的发生可能与其诱发癌基因 K-ras、c-myc、Bcl-2 和抑癌基因如 p53 等基因的活化有关。Davis 等用 0.01、0.1、1.0、10.0 和 100.0nmol/L TCDD 处理体外培养的小鼠卵巢癌细胞株 ID8 细胞来探讨其致癌机制。结果发现 TCDD 可与卵巢细胞转录因子芳香烃受体（AhR）结合，转运入细胞核后与 AhR 核运载体（ARNT）形成异二聚体 AhR-ARNT，此异二聚体与 TCDD 反应元件（DREs）结合而改变 TCDD 易感基因的转录。此外，AhR-ARNT 通过磷酸化蛋白激酶 A（PKA）亚型而激活蛋白激酶 C（PKC）信号通路导致卵巢细胞分化、增值以及肿瘤的形成。Ptak 等采用 $6\mu g/L$ 4-氯联苯（4-chlorobiphenyl，PCB3）及其代谢产物 $4'$-羟基-4-氯联苯（$4'$-hydroxy-4-chlorobiphenyl，4-OH-PCB3）和 $3',4'$-二羟基-4-氯联苯（$3',4'$-dihydroxy-4-chlorobiphenyl，3,4-diOH-PCB3）分别处理体外培养的猪卵巢颗粒细胞24～72小时，彗星试验结果显示三种化合物均引起彗星尾中 DNA 含量明显增加，其机制是在染毒早期，PCB3、4-OH-PCB3 和 3,4-diOH-PCB3 与颗粒细胞中 DNA 相互作用形成 DNA 加合物而引起 DNA 断裂。此外，三者处理颗粒细胞 24 小时后均可诱导颗粒细胞中 ROS 含量增加而致 DNA 氧化损伤，引起 DNA 链断裂。Lin 等采用 0.08、0.16 和 $0.32\mu mol/L$ N-亚硝基-N-甲基氨甲酸邻异丙氧苯酯（N-nitroso-N-propoxur）处理体外培养的中国仓鼠卵巢（CHO）细胞，发现 CHO 细胞染色体畸变率和姐妹染色单体交换（SCE）率升高，阻抑 CHO 细胞周期引起 G2/M 期细胞数目增多而诱发 CHO 细胞突变。

三、阴道透明细胞癌

有 60 余种化学物对动物具有经胎盘转运致癌作用；确证在人身上可经胎盘致癌的，仅有己烯雌酚。1971 年，Herbst 报道在妊娠期间接受过己烯雌酚治疗的妇女，其子代产生一种颇为罕见的阴道透明细胞腺癌；Janneke 等（2010 年）、Emily 等（2012 年）先后报道了荷兰、美国对宫内暴露己烯雌酚妇女追踪调查结果，均有宫颈和阴道透明细胞癌发生率显著增加。其机制尚不明确，可能与胎盘细胞色素 P450 1A1（CYP1A1）能将具有潜在毒性、致癌性、致突变性的外源化合物氧化成活性产物，导致组织细胞发生突变、癌变有关。

第八节　环境内分泌干扰作用

环境内分泌干扰物 (environmental endocrine disruptors, EEDs) 是环境中存在的能够干扰机体的内分泌功能,包括激素的合成、分泌、转运、结合、生物学效应及清除,从而引起内分泌失调而导致的生殖、发育、行为等损害效应为主要特征的一类环境外源化学物。根据环境内分泌干扰物对内分泌腺及其相关激素的影响,可分为雌激素干扰物、雄激素干扰物、甲状腺激素干扰物、孕激素干扰物、糖皮质激素干扰物、胰岛素干扰物、肾上腺皮质激素干扰物、生长激素干扰物等。

一、雌激素干扰物

雌激素干扰物又称环境雌激素 (environmental estrogens, EEs) 是指环境外源化学物具有与雌激素类似的结构,能够与雌激素受体 (ER) 相互作用,进入机体后能够模拟或干扰天然雌激素的生理和生化作用。有机氯农药,如 DDT 及其代谢产物 DDE、六六六等;工业 (环境) 毒物包括多氯联苯 (PCBs)、二噁英类 (PCDDs)、邻苯二甲酸酯类 (PAEs)、壬基酚、辛基酚、双酚 A (BPA)、某些金属 (铅、汞、镍等);植物雌激素如大豆异黄酮等;人工合成的雌激素主要有雌二醇 (E_2)、己烯雌酚 (DES) 以及一些口服避孕药等。

1. 通过"下丘脑-垂体-睾丸轴"影响性激素分泌　环境雌激素能引起雄性 GnRH 减少和垂体对 GnRH 反应降低,抑制循环 FSH、ICSH 和 T 的分泌。其作用机制可能是通过负反馈作用来干扰雄性激素的分泌,影响 ICSH 与间质细胞 ICSH 受体间的相互作用,降低由 ICSH 所刺激的间质细胞 T 的分泌,影响 FSH 的重要调节因子抑制素 B 的生产而影响 FSH。

环境雌激素 BPA 在 F344 大鼠的垂体前叶和后叶中均可与雌激素受体 (ER) 结合,通过雌激素反应元件 (ERE) 调节催乳素 (PRL) 转录,增加垂体后叶细胞 PRL 调节因子活性,增加垂体前叶细胞 PRL 基因表达释放,垂体前叶细胞增殖,影响垂体激素及其调节因子的产生和释放。

2. 通过受体途径干扰内生激素水平　某些环境雌激素如拟雌内酯、大豆异黄酮、十氯酮、氯米芬、纳络西丁、甲氧氯和 BPA 等作为配体与激素有着类似的化学构象，可以和激素受体直接结合，形成配体受体复合物，受体复合物再结合到细胞核 DNA 结合域的雌激素反应元件上，诱导或抑制有关调节细胞生长和发育的靶基因的转录，启动一系列激素依赖性生理生化过程。

二噁英（TCDD）、多氯联苯（PCBs）等进入体内可与芳烃受体（AhR）结合，可刺激垂体 LH 和 FSH 生成量增加。TCDD 抑制雌性激素的作用，表现为抗雌性激素作用。其机制是 TCDD 诱导酶的活化使雌二醇羟化代谢增加从而导致血中 E_2 水平的降低，进而引起月经周期和排卵周期的改变。另一机制可能是雌性激素受体水平减少。Sui 等给雌性小鼠一次性腹腔注射 $0.5\mu g/kg$ TCDD，发现 TCDD 通过芳香烃受体介导而在基因转录水平抑制小鼠卵巢细胞雌激素受体（ER）mRNA 的表达而发挥抗雌激素的作用。

环境雌激素与 ER 结合后亦可间接地通过核转录因子 AP-1（activator protein-1，AP-1）元件与转录因子 Fos 和 Jun 作用介导基因的转录。BPA 与 ER 结合后亦可间接地通过核转录因子 AP-1（activator protein-1，AP-1）元件与转录因子 Fos 和 Jun 作用介导基因的转录，并促进 F344 雌性大鼠阴道和子宫上皮细胞的增殖和分化，诱导 c-fos 和 c-jun 基因的表达及 DNA 合成。Nikula 等发现 BPA 和辛基酚可通过阻止 ICSH 受体和腺苷酸环化酶的偶联，抑制 hCG 刺激的小鼠间质细胞的 cAMP 和孕酮的合成。

环境雌激素所呈现的雌激素效应可通过模拟 E_2 激活子宫胰岛素样生长因子-1（IGF-1）信号通路而产生。Klotz 等发现环境雌激素 DES、BPA、大豆异黄酮等可增加去除卵巢的成年雌性大鼠子宫中 IGF-1 mRNA 水平，诱导 IGF-1 受体酪氨酸磷酸化，刺激 IGF-1 受体信号复合物形成，增加子宫上皮细胞中增殖细胞核抗原（PCNA）的表达和有丝分裂细胞的数目。

3. 凋亡途径致生殖细胞损伤　环境雌激素引起的雄性和（或）

雌性生殖损伤与细胞凋亡密切相关。

Murray 等提出环境雌激素结合 ER 后能够干扰睾丸 FasL 的表达而影响睾丸的生殖发育功能。Nair 等发现己烯雌酚可诱导 Ⅱ 型生精细胞 Fas/FasL 表达的增加，启动 Fas/FasL 细胞凋亡途径，导致 Ⅱ 型生精细胞的凋亡。

具有卵泡毒性的多环芳烃（PAHs）、4-乙烯基环己烯（VCHs）及其代谢产物 4-乙烯基环己烯双环氧化物（VCDs），可破坏雌性大鼠和小鼠卵巢原始卵泡和初级卵泡，可能与 Bax 基因表达上调及 Caspase-2，3 基因活性增强，进而促进细胞凋亡有关。

4. 氧化应激　环境雌激素在体内可引起活性氧（ROS）蓄积，造成氧化应激。研究发现，BPA 可显著增加大鼠睾丸和附睾细胞中超氧阴离子和 H_2O_2 含量，引起睾丸和附睾氧化损伤，并造成 SOD、GSH-Px 活性和 GSH 含量显著降低。雌激素可诱导体外培养的生精细胞凋亡，升高 H_2O_2、超氧阴离子、NO 等自由基含量，通过氧化应激损害生精细胞。多氯联苯通过产生 ROS 诱导大鼠睾丸支持细胞的脂质过氧化效应增强而致氧化损伤。

5. 诱变效应　研究发现，环境雌激素具有潜在的诱变性。拟雌内酯可抑制拓扑异构酶Ⅱ和（或）嵌入 DNA 链诱导中国仓鼠肺成纤维细胞（V79 细胞）微核的形成和 DNA 链断裂，并能不同程度的诱导次黄嘌呤鸟嘌呤磷酸核糖转移酶（HPRT）基因突变。环境雌激素己烯雌酚（DES）和双酚 A 在 V79 细胞分裂间期过渡到分裂期能诱导多重微管成核位置的形成，导致 V79 细胞有丝分裂停滞、纺锤体畸形、多重微管组织中心和多极分裂。

6. 其他机制　壬基酚、辛基酚和 BPA 等酚类环境雌激素在体内代谢为多聚卤化芳香烃，抑制雌激素磺基转移酶对 E_2 的硫酸盐化作用，从而造成某些组织内 E_2 的浓度聚增；还可抑制 Ca^{2+}-ATP 酶，影响细胞间 Ca^{2+} 的流动性，从而阻碍细胞对钙的摄取。己烯雌酚（DES）可减少雄性胎鼠睾丸间质细胞中合成睾酮所必需的细胞色素 P450 17α-羟化酶和 C17～20 裂解酶的表达，从而减少睾酮的合成量，影响胎鼠的雄性化过程。

二、雄激素干扰物

雄激素干扰物如氟他胺、利谷隆、苯乙烯、二硫化碳、邻苯二甲酸酯、林丹、烯菌酮、DDE 和铅等具有类似体内雄激素或抗体内雄激素的作用，可与雄激素竞争性结合雄激素受体（AR），抑制雄激素活性。

Kelce 等给去势雄性大鼠 200mg/kg p, p'-DDE 和 200mg/kg 乙烯菌核利（vinclozolin，VCN）经口染毒 5 天，发现 DDE 和 VCN 均可引起大鼠附睾头细胞雄激素受体（AR）蛋白表达降低，主要是由于两者分别与 AR 结合充当 I 型拮抗剂，通过不稳定的受体构象而在蛋白质的作用下降解 AR 或不释放受体关联蛋白，影响 AR 与 DNA 结合，或干扰 AR 的二聚化，即与雄激素结合的同时作为配体和 AR 结合形成不与雄激素反应元件（ARE）结合的混合二聚体，抑制雄激素反应基因的转录激活，导致一系列生殖功能的紊乱。此外，DDE 和 VCN 可诱导雄性大鼠前列腺特异性的雄激素依赖基因-瞬时受体电位阳离子通道（TRPM-2）mRNA 表达上调和前列腺蛋白 C3 mRNA 表达下调而发挥抗雄激素的作用。

第九节　矿物质代谢紊乱

研究证实，锌、铜、锰、铁、钾、钠等多种元素与人体生殖内分泌系统的功能活动密切相关，而精液中微量和常量元素的变化直接涉及性激素的分泌、精细胞的生成和代谢。

锌缺乏可引起生育能力降低，生殖器官发育不良，最终导致少精、弱精或死精而造成不育。Martin 等研究发现，缺锌公羊的睾丸对 ICSH 的反应性较低，睾丸的锌浓度及 T 水平均低于对照组。啮齿类动物大鼠或小鼠长时间锌缺乏可使血清 T 及 ICSH 水平均明显降低。Saeed 等研究发现，缺锌状态下大鼠的睾丸异常生精细胞明显增加；缺锌大鼠睾丸中有形态异常的精细胞如多核细胞等，且睾丸间质细胞明显减少或缺失而形成空洞，附睾管内的成熟精子明显减少。职业性锌接触的工人易发生畸形精子增多、无精子症及精子无力症。

镉对男性不育起促进作用。镉对睾丸细胞的毒性机制可能是：取代含锌酶中的锌，使含锌酶失去原有活性；镉在睾丸富集，损害血管，导致睾丸缺血；对精子线粒体蛋白产生抑制作用，使精子活力下降；镉与钙的相互作用而引起睾丸生精细胞的损伤。Cd^{2+} 离子半径为 $9.7×10^7$ cm，与 Ca^{2+} 离子半径（$9.9×10^9$ cm）非常接近。有学说认为镉可通过钙离子通道进入细胞，抑制 Ca^{2+}- ATP 酶活性而致细胞内钙浓度增加；细胞内过量的镉与钙调蛋白结合而激活钙调蛋白依赖性激酶，或直接激活与钙相关的酶类如丝裂原激活蛋白激酶等，从而调节细胞增值、糖/脂代谢、离子通道等生物学应答过程。此外，细胞内过量的镉通过取代钙与肌动蛋白、微管、微丝相结合，破坏细胞骨架的完整而影响细胞功能。

动物实验表明：锰缺乏可干扰鼠和家兔精子的成熟，生精小管出现退行性变，引起精子数量减少，精子畸形，使动物不育。缺锰对小鼠繁殖功能的损伤可能是由于锰影响了类固醇合成的结果。给小鼠30 和 60mg/kg 硫酸锰腹腔注射染毒，结果显示高剂量组小鼠睾丸组织中锰、钙和铁含量明显高于对照组，铜和锌含量明显低于对照组。

铁与精子数量有关，精液铁含量与锌呈正相关，其缺乏是男性不育的原因之一。但铁过量对生育也不利，可导致睾丸生精小管固有膜中出现大量铁粒沉着，阻碍睾丸的生精能力，使精子生成受抑。慢性铁中毒患者，其生殖器的发育不全，这是过量铁对睾丸损伤的结果。王晓梅等采用醋酸铅 500、1000 和 2000mg/kg 小鼠灌胃染毒，发现睾丸中镁、钙、锌含量降低，而铁含量升高。

近年来实验证明铜有抗生育的效果。铜有抑制精子的酵解过程致精子活动力下降和直接的杀精子作用。铜离子可干扰细胞中其他微量元素的含量和代谢。机体硒过多可致精子畸形，缺硒可引起精子生成减少，影响受精，是导致不育的因素之一。

（孙应彪　李芝兰）

主要参考文献

1. 卡萨瑞特·道尔. 毒理学. 北京：人民卫生出版社，2002.
2. 王心如. 毒理学基础. 5 版. 北京：人民卫生出版社，2007.

3. Ramakrishnappa N, Rajamahendran R, Lin YM, et al. GnRH in non-hypothalamic reproductive tissues. Anim Rep Rod Sci, 2005, 88 (122): 95-113.

4. Lin YM, Liu MY, Poon SL, et al. Gonadotrophin-releasing hormone-I and -II stimulate steroidogenesis in prepubertal murine Leydig cells in vitro. Asian J Androl, 2008, 10 (6): 929-936.

5. Henley DV, Korach KS. Physiological effects and mechanisms of action of endocrine disrupting chemicals that alter estrogen signaling. Hormones (Athens), 2010, 9 (3): 191-205.

6. Rozman KK, Bhatia J, Calafat AM, et al. NTP-CERHR expert panel report on the reproductive and developmental toxicity of genistein. Birth Defects Res B Dev Reprod Toxicol, 2006, 77 (6): 485-638.

7. Oner J, Oner H, Colakoglu N, et al. The effects of triiodothyronine on rat testis: a morphometric and immunohistochemical study. J Mol Histol, 2006, 37 (1-2): 9-14.

8. Papachristou F, Lialiaris T, Touloupidis S, et al. Evidence of increased chromosomal instability in infertile males after exposure to mitomycin C and caffeine. Asian J Androl, 2006, 8 (2): 199-204.

9. Svechnikova I, Svechnikov K, Soder O, et al. The influence of di-(2-ethylhexyl) phthalate on steroidogenesis by the ovarian granulosa cells of immature female rats. J Endocrinol, 2007, 194 (3): 603-609.

10. Richter CA, Birnbaum LS, Farabollini F, et al. In vivo effects of bisphenol A in laboratory rodent studies. Reprod Toxicol, 2007, 24 (2): 199-224.

11. Li R, Xi Y, Liu X, et al. Expression of IL-1alpha, IL-6, TGF-beta, FasL and ZNF265 during sertoli cell infection by ureaplasma urealyticum. Cell Mol Immunol, 2009, 6 (3): 215-221.

12. Dutta J, Fan Y, Gupta N, et al. Current insights into the regulation of programmed cell death by NF kappaB. Oncogene, 2006, 25 (51): 6800-6816.

13. Golub MS, Wu KL, Kaufman FL, et al. Bisphenol A: developmental toxicity from early prenatal exposure. Birth defects Res B Dev Reprod Toxicol, 2010, 89 (6): 441-466.

14. Carreau S, Silandre D, Bois C, et al. Estrogens: a new player in spermatogenesis. Folia Histochem Cytobiol, 2007, 45: 5-10.

15. Harvey CN, Esmail M, Wang Q, et al. Effect of the methoxychlor metabo-

lite HPTE on the rat ovarian granulosa cell transcriptase in vitro. Toxicol Sci, 2009, 110 (1): 95-106.

16. Gregory M, Lacroix A, Haddad S, et al. Effects of chronic exposure to octylphenol on the male rat reproductive system. J Toxicol Environ Health, 2009, 72 (23): 1553-1560.

17. Armenti AE, Zama AM, Passantino L, et al. Developmental methoxychlor exposure affects multiple reproductive parameters and ovarian folliculogenesis and gene expression in adult rats. Toxicol Appl Pharmacol, 2008, 233 (2): 286-296.

18. Meeker JD, Ehrlich S, Toth TL, et al. Semen quality and sperm DNA damage in relation to urinary bisphenol A among men from an infertility clinic. Reprod Toxicol, 2010, 30 (4): 532-539.

19. Moon HJ, Seok JH, Kim SS, et al. Lactational coumestrol exposure increases ovarian apoptosis in adult rats. Arch Toxicol, 2009, 83 (6): 601-608.

20. Veeramachaneni DN. Impact of environmental pollutants on the male: effects on germ cell differentiation. Anim Reprod Sci, 2008, 105 (1-2): 144-157.

21. Ting AY, Petroff BK. Tamoxifen decreases ovarian follicular loss from experimental toxicant DMBA and chemotherapy agents cyclophosphamide and doxorubicin in the rat. Assist Reprod Genet, 2010, 27 (11): 591-597.

22. Li Z, Zhang P, Zhang Z, et al. A co-culture system with preantral follicular granulosa cells in vitro induces meiotic maturation of immature oocytes. Histochem Cell Biol, 2011, 135 (5): 513-522.

23. Hsu PC, Pan MH, Li LA, et al. Exposure in utero to 2,2',3,3',4,6'-hexachlorobiphenyl (PCB 132) impairs sperm function and alters testicular apoptosis-related gene expression in rat offspring. Toxicol Appl Pharmacol, 2007, 221 (1): 68-75.

24. 孟祥东, 于景华, 严云勤, 等. 双酚A体外诱导雄性小鼠生殖细胞凋亡及其分子机制. 毒理学杂志, 2007, 21 (3): 201-204.

25. 黄磊, 欧阳江, 刘瑾, 等. 正己烷对大鼠卵巢颗粒细胞凋亡调控基因影响. 中国公共卫生, 2011, 27 (3): 338-339.

26. Aly HA, Khafagy RM. 2, 3, 7, 8-tetrachlorodibenzo-p-dioxin (TCDD) -induced cytotoxicity accompanied by oxidative stress in rat Sertoli cells: Possible role of mitochondrial fractions of Sertoli cells. Toxicol Appl Pharmacol,

2011，252（3）：273-280.

27. Ihsan A，Wang X，Liu Z，et al. Long-term mequindox treatment induced endocrine and reproductive toxicity via oxidative stress in male wistar rats. Toxicol Appl Pharmacol，2011，252（3）：281-288.

28. Elumalai P，Krishnamoorthy G，Selvakumar K，et al. Studies on the protective role of lycopene against polychlorinated biphenyls（Aroclor1254）-induced changes in StAR protein and cytochrome P450scc enzyme expression on Leydig cells of adult rats. Reprod Toxicol，2009，27（1）：41-45.

29. Murugesan P，Muthusamy T，Balasubramanian K，et al. Polychlorinated biphenyl（Aroclor 1254）inhibits testosterone biosynthesis and antioxidant enzymes in cultured rat Leydig cells. Reprod Toxicol，2008，25（4）：447-454.

30. Ahmed EA，Omar HM，Elghaffar SK，et al. The antioxidant activity of vitamin C，DPPD and L-cysteine against Cisplatin-induced testicular oxidative damage in rats. Food Chem Toxicol，2011，49（5）：1115-1121.

31. Jin Y，Wang L，Ruan M，et al. Cypermethrin exposure during puberty induces oxidative stress and endocrine disruption in male mice. Chemosphere，2011，84（1）：124-130.

32. Esmekaya MA，Ozer C，Seyhan N. 900MHz pulse-modulated radiofrequency radiation induces oxidative stress on heart，lung，testis and liver tissues. Gen Physiol Biophys，2011，30（1）：84-89.

33. 常飞，陈必良，马向东，等. 甲氧滴滴涕对雌性大鼠血清雌激素水平及卵巢抗氧化系统功能的影响. 第四军医大学学报，2007，28（6）：521-523.

34. 张蕴晖，刘志伟，陈秉衡，等. 邻苯二甲酸酯类对大鼠睾丸支持细胞毒性作用. 中国药理学与毒理学杂志，2005，19（4）：300-304.

35. Singh KP，DuMond Jw Jr. Genetic and epigenetic changes induced by chronic low dose exposure to arsenic of mouse testicular Leydig cells. Int J Oncol，2007，30（1）：253-260.

36. Cowin PA，Gold E，Aleksova J，et al. Vinclozolin exposure in utero induces postpubertal prostatitis and reduces sperm production via a reversible hormone-regulated mechanism. Endocrinology，2010，151（2）：783-792.

37. Kuccio-Camelo DC，Prins GS. Disruption of androgen receptor signaling in males by environmental chemicals. J Steroid Biochem Mol Biol，2011，127：74-82.

38. Prins GS, Tang WY, Belmonte J, et al. Perinatal exposure to oestradiol and bisphenol A alters the prostate epigenome and increases susceptibility to carcinogenesis. Basic Clin Pharmacol Toxicol, 2008, 102: 134-138.

39. Basavarajappa MS, Craig ZR, Hernandez-Ochoa I, et al. Methoxychlor reduces estradiol levels by altering steroidogenesis and metabolism in mouse antral follicles in vitro. Toxicol Appl Pharmacol, 2011, 253 (3): 161-169.

40. Paulose T, Hernandez-Ochoa I, Basavarajappa MS, et al. Increased sensitivity of estrogen receptor alpha overexpressing antral follicles to methoxychlor and its metabolites. Toxicol Sci, 2011, 120 (2): 447-459.

41. Thomas P, Dong J. Binding and activation of the seven-transmembrane estrogen receptor GPR30 by environmental estrogens: a potential novel mechanism of endocrine disruption. J Steroid Biochem Mol Biol, 2006, 102: 175-179.

42. Li J, Ma M, Giesy P, et al. In vitro profiling of endocrine disrupting potency of organochlorine pesticides. Toxicol Lett, 2008, 183 (1-3): 65-71.

43. Takayanagi S, Tokunaga T, Liu X, et al. Endocrine disruptor bisphenol A strongly binds to human estrogen-related receptorγ (ERRγ) with high constitutive activity. Toxicol Lett, 2006, 167 (2): 95-105.

44. Jana K, Jana N, De DK, et al. Ethanol induces mouse spermatogenic cell apoptosis in vivo through over-expression of Fas/Fas-L, p53, and caspase-3 along with cytochrome C translocation and glutathione depletion. Mol Reprod Dev, 2010, 77 (9): 820-833.

45. Diamanti KE, Palioura E, Kandarakis SA, et al. The impact of endocrine disruptors on endocrine targets. Horm Metab Res, 2010, 42 (8): 543-552.

46. Singh PK, Kumari R, Pevey C, et al. Long duration exposure to cadmium leads to increased cell survival, decreased DNA repair capacity, and genomic instability in mouse testicular Leydig cells. Can Lett, 2009, 279: 84-92.

47. Erkekoglu P, Rachidi W, Yuzugullu OG, et al. Evaluation of cytotoxicity and oxidative DNA damaging effects of di (2-ethylhexyl) -phthalate (DEHP) and mono (2-ethylhexyl) -phthalate (MEHP) on MA-10 Leydig cells and protection by selenium. Toxicol Appl Pharmacol, 2010, 248 (1): 52-62.

48. Salazar-Arredondo E, Solis-Heredia MJ, Rojas-Carcia E, et al. Sperm chromatin alteration and DNA damage by methyl-parathion, chlorpyrifos and diazinon and their oxon metabolites in human spermatozoa. Reprod Toxicol, 2008,

　　25（4）：455-460.

49. Astiz M，Hurtado de Catalfo GE，de Alaniz MJ，et al. Involvement of lipids in dimethoate- induced inhibition of testosterone biosynthesis in rat interstitial cells. Lipids，2009，44（8）：703-718.

50. Hernandez-Ochoa I，Sanchez-Gutierrez M，Solis-Heredia MJ，et al. Spermatozoa nucleus takes up lead during the epididymal maturation altering chromatin condensation. Reprod Toxicol，2006，21（2）：171-178.

51. Hernandez-Ochoa I，Karman BN，Flaws JA. The role of the arylhydrocarbon receptor in the female reproductive system. Bioche Pharmacol，2009，77：547-559.

52. Ma A，Yang X，Wang Z，et al. Adult exposure to diethylstilbestrol induces spermatogenic cell apoptosis in vivo through increased oxidative stress in male hamster. Reprod Toxicol，2008，25（3）367-373.

53. Bay K，Asklund C，Skakkebaek NE，et al. Testicular dysgenesis syndrome: possible role of endocrine disruptors. Best Pract Res Clin Endocrinol Metab，2006，20（1）：77-90.

54. McClusky LM. Cadmium accumulation and binding characteristics in intact Sertoli/germ cell units，and associated effects on stage specific functions in vitro: insights from a shark testis model. J Appl Toxicol，2008，28：112-121.

55. Mlynarczuk J，Wrobel MH，Kotwica J. The influence of polychlorinated biphenyls（PCBs），dichlorodiphenyltrichloroethane（DDT）and its metabolitedichlorodiphenyldichloroethylene（DDE）on mRNA expression for NP-I/OT and PGA，involved in oxytocin synthesis in bovine granulosa and luteal cells. Reprod Toxicol，2009，28：354-358.

56. Lin CM，Wei LY，Wang TC. The delayed genotoxic effect of N-nitroso N-propoxur insecticide in mammalian cells. Food Chem Toxicol，2007，45（6）：928-934.

57. Ptak A，Ludewig G，Kapiszewskac M，et al. Induction of cytochromes P450，caspase-3 and DNA damage by PCB3 and its hydroxylated metabolites in porcine ovary. Toxicol Lett，2006，166：200-211.

58. Keri RA，Ho SM，Hunt PA，et al. An evaluation of evidence for the carcinogenic activity of bisphenol A: report of NIEHS expert panel on BPA. Reprod Toxicol，2007，24：240-252.

第六章

雄（男）性生殖毒性研究方法

第一节　概　述

　　雄（男）性生殖毒理学是研究各种环境有害因素对男性生殖功能影响的一门分支学科，它是涉及生殖生理、病理、遗传、生化及内分泌等各门基础医学的一门综合性学科。外源化学物引起雄（男）性生殖毒性，可影响精子的形成或使生精细胞受损，其结果可抑制受精而导致不孕外，尚可影响胚胎的发生及胎（儿）体的发育。在雄（男）性生殖系统中，多数细胞位点或生殖过程对外源化学物的作用较敏感，其特异性观察终点主要包括精子计数和精子质量分析与评价；交配时雄性动物的性行为如爬上、插入、射精等；雄性激素如促性腺激素释放激素（GnRH）、卵泡刺激素（FSH）、间质细胞刺激素（IC-SH）、睾酮（T）、雌二醇（E_2）等水平的检测；睾丸标志酶活性的检测；睾丸、附睾、精囊、前列腺和垂体等器官的重量及其大体形态和组织病理学检查；精子生成量；外生殖器结构等。生殖毒性实验主要以实验动物为受试对象，且大多数实验是属于损伤性的。目前，已有许多实验被推荐或用于评价雄（男）性生殖系统毒性，现将基本方法概括如下，见表 6-1。

表 6-1　雄（男）性生殖毒性检测方法

睾丸	内分泌
原位大小	间质细胞刺激素
重量	卵泡刺激素
精子细胞储量	睾酮
大体与组织学评价	促性腺激素释放激素
非功能性生精小管（%）	

续表

具有精子的生精小管（%）	**生育率**
生精小管直径	暴露率：妊娠率
细线期精母细胞计数	每个孕妇（或怀孕动物）的胚胎数或产仔数
	胚胎成活率：黄体数
附睾	2 细胞卵～8 细胞卵
重量及组织学	每卵精子数
附睾体精子数	
附睾尾精子活力（%）	**体外试验**
附睾尾大体精子形态学（%）	介质中精子孵育
附睾尾详细精子形态学（%）	仓鼠卵穿透试验
生化分析	
	需要考虑的其他实验
附属性腺	睾丸密度张力测量
组织学	睾丸定位组织学
比重测定	精子释放循环周期
	睾丸定量组织学
精液	
总体积	**精子活率**
无凝胶体积	时间-暴露照相术
精子浓度	多重-暴露照相术
精子总数/射精	显微电影照相术
精子总数/禁欲日	显微电视照相术
肉眼观察精子活率（%）	精子膜特征
录像磁带上精子活率(%和速率)	精子代谢评价
大体精子形态学	精子中荧光 Y 小体
详细精子形态学	流式细胞术检测精子
	人精子原核核型
	宫颈黏液穿透试验

引自：卡萨瑞特·道尔．毒理学．北京：人民卫生出版社，2002：694.

第二节 整体动物实验

一、实验程序

（一）急性毒性实验

急性毒性实验（acute toxicity test）主要用于评价外源化学物急性毒作用，是了解和研究外源化学物对机体毒作用的第一步，在短期内可以获得许多有价值的信息。

1. 目的 观察外源化学物对雄性实验动物急性染毒后，其对雄性生殖系统的毒作用，初步探索雄性生殖毒性的靶部位（如下丘脑、垂体和睾丸）以及毒性的可逆性等，并为机制研究提供一定的线索。

2. 实验动物 首选雄性大鼠和小鼠，依据实验目的不同可选择成年或未成熟的实验动物，如观察外源化学物对雄性生殖发育的影响，则选择未成年动物。大鼠、小鼠要求每组数量通常为 10 只，犬等大动物为 6 只。动物分组时应严格遵循随机化原则。

3. 动物染毒 急性毒性实验要求 24 小时内 1 次或多次染毒。常采用经呼吸道、经口和注射染毒途径为主。采用经口途径染毒，小鼠和大鼠主要在夜间进食，要求染毒前应隔夜禁食。工业毒物的接触途径：多以经呼吸道吸入和皮肤接触为主；环境污染物、食物、化妆品、药品：可分别或同时经消化道、皮肤、呼吸道、静脉注射等多个途径进入机体。如未明确人类可能的接触途径或欲比较不同染毒途径的毒性差别时：常选用经口、经呼吸道和经皮肤 3 个途径。其他：选用腹腔、静脉、肌内、皮下和皮内等注射途径。

4. 剂量选择和分组 如已知受试物的 LD_{50} 或有对其他脏器研究的染毒剂量，可参考相关剂量来确定本次雄性生殖毒性实验的剂量。如无剂量参考依据，可了解受试物的理化特性，选择理化特性相类似的已知外源化学物的 LD_{50}，或采用经典急性毒性实验方法进行 LD_{50} 的测定；或采用急性毒性替代实验如固定剂量法、急性毒性分级法和上-下移动法等来确定 LD_{50} 的范围，作为受试物剂量选择的依据。一般选择 3 个染毒组、1 个阳性对照组和 1 个阴性对照组。剂量组距根据受试物的毒性大小来确定，一般以 2～5 倍为宜。

5. 观察指标　实验动物染毒结束后，应至少观察一个生精周期（大鼠、小鼠一般 5～7 天左右）后再处死实验动物，然后进行生殖毒性评价。此外，实验动物处死前应预留部分实验动物继续观察 1～5 个生精周期，用于了解其雄性生殖毒性的可逆性。依据实验目的选择评价指标，如一般指标（动物毒作用表现、睾丸重量等）、睾丸和附睾组织病理学变化、精子常规分析、睾丸酶活性、常量和微量元素以及性激素水平检测等。

（二）亚急性毒性实验

亚急性毒性（subacute toxicity）又称为 14 或 28 天短期重复剂量毒性，是指实验动物连续接触外源化学物 14 天或 28 天所产生的中毒效应。

实验动物、染毒途径选择和观察指标等与急性毒性实验基本相同。要求动物每天给药染毒，连续 14 天或 28 天。剂量的选择主要以急性毒性实验的剂量为依据，要求最高剂量应产生明显的雄性生殖毒作用。

（三）亚慢性与慢性毒性实验

亚慢性毒性（subchronic toxicity）指实验动物连续染毒较长时间（相当于生命周期的 1/10）、较大剂量的外源化学物所产生的中毒效应。所谓"较长期"通常为 1～3 个月。慢性毒性（chronic toxicity）是指实验动物长期（甚至终生）反复染毒外源化学物所产生的毒性效应。

1. 目的　观察雄性动物长期染毒外源化学物的生殖毒作用靶位，并探索其毒性机制；发现急性和亚急性毒性实验未发现的生殖毒作用；研究受试物亚慢性和慢性生殖毒性的剂量-反应（效应）关系，了解并确定其最低观察到有害作用剂量（LOAEL）和未观察到有害作用剂量（NOAEL）；探索亚慢性和慢性生殖毒性损害的可逆性等。

2. 实验动物　一般要求选择两种实验动物，一种是啮齿类，一种是非啮齿类。首选雄性大鼠和犬。亚慢性毒性实验通常选择离乳不久的雄性动物，大鼠 6～8 周龄（体重 80～100g）。大鼠、小鼠每组不少于 20 只，犬、猴每组不少于 6 只。慢性毒性实验一般要求每组大鼠 40～60 只，犬 8～12 只。动物年龄：一般选初断奶的动物，即小鼠出生后 3 周（体重约 10～15g），大鼠出生后 3～4 周（体重约 50～70g），犬一般在 4～6 月龄时开始实验。

3. 染毒期限　亚慢性毒性一般为 1～3 个月；慢性毒性一般为 3 个月及其以上，甚至终生染毒。

4. 动物染毒　染毒方式以经口、经呼吸道和经皮染毒为多。染毒频率：每天 1 次，连续给予或每周染毒 5～6 天。

5. 剂量选择和分组　剂量分组：一般至少应设 3 个染毒剂量组、1 个阳性对照组和 1 个阴性（溶剂）对照组。亚慢性和慢性毒性实验剂量的选择依据：（1）以相同物种的毒性资料为基础：通常可根据两个参数确定高剂量组，即急性毒性的阈剂量，或 1/5～1/20 的 LD$_{50}$ 剂量（同一动物品系和同样染毒途径）。中剂量组：LOAEL。低剂量组：应无中毒反应，相当于 NOAEL。（2）对于药物或保健食品：以动物实验药效学或功能学资料为基础确定低剂量组水平开始设计；以预期临床治疗或人拟用最大剂量的等效剂量作为基础，低剂量应高于此剂量。一般来说，当预期受试物无明显毒性时，亚慢性和慢性毒性实验最高剂量（不进行体重和体表面积换算）设计为至少等于人拟用最大剂量的倍数，对保健食品应为 100 倍，对化学药品应为 30 倍，对中药应为 50 倍。高、中、低剂量组距：以 3～10 倍为宜，一般不少于 2 倍。

6. 观察指标　包括一般性指标（食物利用率，睾丸、附睾重量等）、组织病理学检查和特异性指标。

7. 数据处理和结果分析　研究资料的汇总，确定数据资料为计量资料（指标—平均数和标准差）还是计数资料（行为或病理变化动物数—发生率）；比较对照组与染毒组之间差异有无统计学意义或显著性，而不能作为受试物潜在效应的主要判断标准。当染毒组与对照组之间差别有显著性时，首先需确定这种差别是否为受试物引起的真实效应，还是一种偶然结果。如大鼠研究每组动物数较多，有的指标差异具有显著性,但无生物学意义或毒理学意义。

二、生殖器官毒性实验观察指标

1. 一般指标　主要是针对睾丸及其附属性腺的一些观察指标,包括睾丸、附睾、精囊、前列腺和垂体重量;性行为如跨上、插入和射精;非功能性生精小管(%)、具有精子的生精小管(%)、生精小管直径、细线期精母细胞计数。睾丸重量是一个快速的定量检测指标,但其检测没有精子计数敏感,主要是由于睾丸易受水肿、炎症、细胞浸润和间质细胞增生等影响。

2. 病理学改变　睾丸病理组织学检查,可提供靶细胞形态学的相关信息。通常在观察睾丸生精上皮细胞形态学的变化时,组织固定以及制片过程极为关键;同时通过对睾丸生精上皮进行分期,测量各期生精小管直径、精母细胞和(或)圆形精子细胞数量以及生精细胞的变性、坏死等进行组织学评价。睾丸的生精上皮周期,大鼠为13天、家兔为10天、小鼠为8.6天。常用过碘酸-PAS-苏木素对生精小管进行组织切片染色,可将生精上皮周期分期。大鼠为14期,仓鼠和豚鼠为13期,小鼠和猴为12期。因此,睾丸形态学观察是评价某些外源化学物是否对精子发生产生有害作用的主要方法之一。

切取的小块睾丸组织或获得的单细胞经特殊处理,在透射电镜下可观察睾丸生精上皮或间质细胞的超微结构变化;在扫描电镜下可观察组织、细胞表面或割断面的情况。器官组织的抽吸活检,可获得活组织,并可用于人体。

3. 精子常规分析　主要包括色、气味、精液量、液化时间、精子密度、精子活率、精子活力、精子的形态学及pH值等进行观察分析。精液由精浆和悬浮于精浆中的精子组成,精液分析可受多因素的影响,且个体变化范围较大,所以要注意射精次数、气温和外源化学物或药物理化因素的影响,一般人禁欲3～7天,间隔1～2周,分析2～3次,标本要新鲜、全量,收集后尽快分析。

4. 生化指标测定

(1) 睾丸标志酶　睾丸标志酶常用于评估性腺细胞分化是否正常

的指标。目前，至少有 8 种酶已被作为性腺毒性的预测指标，包括葡萄糖-6-磷酸脱氢酶（G6PD）、乳酸脱氢酶同工酶-X（LDH-X）、苹果酸脱氢酶（MDH）、琥珀酸脱氢酶（SDH）、3-磷酸甘油醛脱氢酶（GAPDH）、异柠檬酸脱氢酶（ICDH）、山梨醇脱氢酶（SDH）、α-甘油磷酸脱氢酶（GPDH）和透明质酸酶（HAase）。

近年来，已在睾丸中检出一些外源化学物代谢酶，并能诱导或抑制睾丸代谢酶的产生。如微粒体芳烃羟化酶和环氧化物水解酶，在芳烃类和环氧化合物及烷化剂的解毒过程中发挥重要作用。因此，在评价外源化学物的生殖毒性时也可以测定睾丸内某些外源化学物代谢酶。

（2）精液中某些生化指标 ①乳酸脱氢酶 C4 同工酶：存在于成熟精细胞和精子，反映精子能量代谢和精子膜完整。②酸性磷酸酶：通过磷酸酯化过程水解磷酸胆碱，磷酸甘油等，与精子活力和代谢有关。③α-1，4-糖苷酶：反映附睾功能，与精子密度和活动力有关。④抗氧化酶如超氧化物歧化酶、谷胱甘肽过氧化物酶、过氧化氢酶：反映睾丸组织和精液中精子氧化应激效应水平。⑤果糖含量：是精子能量代谢主要来源，与精子运动率相关，并反映精囊分泌功能。⑥柠檬酸含量：主要来自前列腺，通过与 Ca^{2+} 结合，影响精液液化，有维持精液内渗透平衡作用，并具有前列腺酸性磷酸酶激化剂作用，从而影响精子活力。⑦精子钙调蛋白（CaM）含量：反映精子的结构和功能。

（3）精液微量与常量元素测定 一般认为，微量与常量元素与雄（男）性功能、性激素分泌及生殖系统病变密切相关，某些微量与常量元素的代谢紊乱可导致雄（男）性不育。精液中常见微量元素与常量元素包括 Zn、Cu、Fe、Se 和 Ca 等。

（4）睾丸中外源化学物及其代谢产物的测定 通过测定睾丸内外源化学物或其代谢产物的浓度，可以说明睾丸对该外源化学物的摄取、代谢与贮存情况。镉、铬、钴、锰、镍、铅等可采用石墨炉原子吸收光谱法测定；农药及其代谢产物的含量可用液相色谱仪检测等。近年来，放射性示踪术和放射自显影术已应用于研究外源化学物在睾丸细胞中的分布等。

（5）评价支持细胞功能的指标　支持细胞的分泌物如雄激素结合蛋白（androgen binding protein，ABP）、转铁蛋白、血浆铜蓝蛋白、组织纤溶酶原激活剂、硫酸糖蛋白等对评价雄性生殖功能具有潜在的价值。在这些蛋白中 ABP 研究最多，已被广泛用于研究睾丸，包括支持细胞生理、病理及激素调控的一个指标，是评价支持细胞功能的特异性指标。

5. 性激素测定　包括 GnRH、FSH、ICSH、催乳素（PRL）和 T。目前广泛使用的测定方法是放射免疫法，用于测定免疫活性。应用放射免疫法和体外组织培养技术结合的细胞生物测定技术，既保持放射免疫法灵敏性，又具测定生物活性的特性。目前间质细胞功能的评价主要通过检测雄激素水平来判断。

6. 其他检测技术　流式细胞术可用于睾丸生精上皮多倍体细胞及其比例分析，间接反映其生精功能。同时可用于评估以细胞-细胞为基础的多种特征，细胞大小和形状、胞质颗粒和色素沉着，其他如表面抗原、凝集素结合、DNA/RNA 和染色质结构的测定都可以作为评估的体内外参数。单细胞凝胶电泳技术可用于检测生精细胞和精子 DNA 的损伤。此外，生精细胞的氧化损伤与实验动物的生殖功能紊乱有关，也可用该指标如脂质过氧化物、丙二醛、活性氧含量等来评价外源化学物的危险性。

评价外源化学物对雄（男）性生殖功能改变机制的方法汇总，见表 6 - 2。

三、显性致死实验

1. 基本原理　显性致死实验（dominant lethal test，DLT）属于整体试验，用于检测受试物诱发哺乳动物生精细胞染色体畸变所致胚胎或胎体死亡为观察终点的遗传毒性实验方法。显性致死是染色体结构异常或染色体数目增加或减少的结果，但也不能排除基因突变和毒性作用。

表 6-2　评价外源化学物对雄（男）性生殖功能改变机制的方法

作用部位	可能改变的机制	评价试验
下丘脑	神经递质	无
	GnRH 的合成和分泌	激素测定
	ICSH、FSH 和类固醇的受体	受体分析
垂体前叶	ICSH、FSH 和 PRL 的合成和分泌	激素测定和 GnRH 刺激
	GnRH、ICSH、FSH 和类固醇的受体	受体分析
睾丸	间质细胞上的 ICSH 和 PRL 受体	受体分析
	睾酮合成和分泌	体外生成和激素测定
	血管床、血流、血-睾屏障	形态学
	支持细胞的 FSH 受体	形态学，受体分析
	类固醇受体抑制素（ABP）的分泌	受体分析
	支持细胞的功能	体外试验
	储备精原细胞的死亡	体外试验
	精原细胞有丝分裂	生精细胞计数和无生精细胞血管的百分数
	精母细胞减数分裂	精子细胞计数和无腔精子血管的百分数
	精子细胞的分化	精子形态学
	每日精子产量	精子细胞计数和精液分析
输出管	血管床	形态学
	管内液体重吸收	微穿刺

续表

作用部位	可能改变的机制	评价试验
附睾	管内液体重吸收	微穿刺，精子成熟
	血液组成成分的浓度	生化分析
	分泌和互变	生化分析
	酶活性	生化分析
	转移到腔液的受试物	物质的测试
	平滑肌收缩性	体内和体外对药物的反应
	精子转运	射出的精液中的精子
输精管	平滑肌收缩性	体内和体外对药物的反应
	精子转运	射出的精液中的精子
副性腺	受试物的分泌	受试物的测定
	杀精子产物的分泌	评价精子活动度
精液	存在受试物	受试物的测定
	杀精子组分	评价精子活动度

引自：周宗灿．毒理学教程．3版．北京：北京大学医学出版社，2006：521.

2. 实验动物　通常选用雄性成年大鼠和小鼠。每组雄鼠不少于15只，雌鼠数为雄鼠的5～6倍。

3. 剂量及分组　实验至少设计3个受试物染毒组、1个阴性（溶剂）对照组和1个阳性对照组。各组受试物剂量设计在$1/10 \sim 1/3$ LD_{50}之间，最高剂量组应引起实验动物生育力下降。

4. 实验程序　采用受试物对雄鼠染毒，然后与未染毒的雌鼠按2：1比例同笼交配6天后，取出雌鼠单独饲养；雄鼠则于1天后再与另一批雌鼠同笼交配，直至每组所需的受孕鼠数量。以雌雄鼠同笼日算起第15～17天处死雌鼠，剖腹取出子宫，仔细检查并记录每一雌鼠的活胎数、早期死亡胚胎数和晚期死亡胚胎数。

5. 评价指标　受孕率（％）＝受孕鼠/交配雌鼠数×100％；平

均着床数＝总着床数/受孕雌鼠数×100％；早（晚）期胚胎死亡率（％）＝早（晚）期胚胎死亡数/总着床数×100％；平均早期胚胎死亡数＝早期胚胎死亡数/受孕雌鼠数×100％。采用 χ^2 检验、单因素方差分析或秩和检验等方法对实验组和对照组数据进行统计分析，判断受试物的致突变性。

6.结果评价　根据受孕率、平均着床数、早（晚）期胚胎死亡率和平均早期胚胎死亡数进行评价。如与对照组比较，染毒组受孕率或总着床数明显低于对照组；早期或晚期胚胎死亡率明显高于对照组，差异有统计学意义并有剂量-反应关系，则可认为该受试物为哺乳动物生精细胞的致突变物。如差异有统计学意义但不存在剂量-反应关系，则应进行重复实验，结果可重复者则判定为阳性结果。

第三节　体外试验

一、睾丸间质细胞分离与原代培养

睾丸间质细胞（Leydig cell）的主要功能是合成和分泌雄性激素 T。通过分离和体外培养睾丸间质细胞，不仅可以研究外源化学物对间质细胞功能和形态的影响，也可探明外源化学物的毒作用机制。

1.实验动物　由于成年动物睾丸组织中间质细胞较多，一般采用成年动物睾丸作为试验材料，常采用成年大鼠。

2.间质细胞的分离、纯化和原代培养　大鼠断颈处死，取睾丸，剥除被膜、血管。将除被膜睾丸置于 0.1％～0.5％的Ⅳ型胶原酶中，34℃恒温震荡消化 10～15 min，然后用 100 目钢筛过滤。收集滤液于 4℃、1000r/min 离心 5～10min，除去上清液，用 0.01mol/L PBS（pH7.4）漂洗 3 次，弃上清，留沉淀细胞。将密度为 1.173 的 Percoll 原液用 10 倍生理盐水配成等渗，与细胞悬液充分混匀后配成 60％浓度混合液，于 4℃、1600r/min 离心 30～60min，离心后于 1.068 密度 Percoll 层小心吸取细胞悬液。加等量 PBS 漂洗 3 次，4℃离心（1000r/min，5～10min），弃上清。用含 5％胎牛血清的培养液

稀释细胞至 1×10^5 接种于 96 孔板中，在 34℃、5%CO_2 培养箱中培养 18~20 小时，弃培养液，则贴壁间质细胞纯度可达 90% 及其以上。

3. 间质细胞存活率和功能鉴定　睾丸间质细胞存活率采用台盼蓝染色并计算细胞活率。间质细胞的主要功能是合成和分泌 T 并受 ICSH 或人绒毛膜促性腺激素（HCG）的调控，因此，选择 HCG 刺激间质细胞 T 的分泌量作为功能鉴定指标。在睾丸组织细胞中，3β-羟基类固醇脱氢酶（3β-HSD）是合成 T 的关键酶，成年大鼠睾丸中只有间质细胞表达 3β-HSD，因此分离的间质细胞可经 3β-HSD 特异性染色鉴定。

二、生精细胞的分离和短期培养

生精细胞包括精原细胞、各级精母细胞和精子细胞，其中精原细胞包括 A 型精原细胞和 B 型精原细胞，A 型精原细胞是人体内唯一可自我更新的干细胞，对其研究日益受到重视。因此，建立体外生精细胞的分离和培养技术已成为生殖生物学和生殖毒理学研究的重要手段。

（一）生精细胞的分离

睾丸生精细胞常用的分离方法包括机械法和酶消化法。

1. 机械法分离　是经吸管吹打、注射器抽吸、刀片研磨和挤压过筛等，此类方法较简单，但难以获得大量的、纯化的细胞，而且含有大量杂细胞。

2. 酶消化法分离　是体外培养生精细胞时分离睾丸组织最基本的方法，最常用的消化酶是胶原酶和胰蛋白酶两种，此类分离方法克服了单纯应用机械法分离组织不彻底的缺点，可获得相对较多数量的细胞。

3. 生精细胞的纯化　睾丸组织经分离成细胞悬液后纯化的方法有多种，如 Percoll 密度梯度离心法、差速贴壁法、单位重力沉降法、离心洗脱法、免疫磁珠分离技术和流式细胞术等。目前应用比较广泛的有研磨-Percoll 法、单一酶-研磨-Percoll 法、组合酶法 3 种分离与纯化技术。研磨-Percoll 法是采用机械法将睾丸组织制备成单细胞悬液后，再用 Percoll 非连续密度梯度离心纯化。单一酶-研磨-Percoll 法是采用机械法与酶消化法相结合分离睾丸组织细胞，获得单细胞悬液后再用 Percoll 非连续密度梯度离心纯化。组合酶法是综合机械法和酶的消化作用，使组织分离与细胞纯化同时进行，即在反复机械吹打的基础上应用两种或两种以上的消化酶按一定的顺序消化组织成单细胞悬液，同时在消化过程中去除间质组织。

4. 生精细胞的培养   常见的方法有睾丸组织块培养、生精小管培养、生精细胞和支持细胞共培养、原始生精细胞和精原细胞的分离和短期培养等技术。

（二）精原细胞的分离与培养

1. 基本原理   研究证实，小鼠生后 7～8 天，大鼠生后 10 天，其生精上皮内主要以支持细胞和 A 型精原细胞为主，其他各级生精细胞尚未发育形成。在体外培养，支持细胞总是先于生精细胞而贴壁。因此，本方法可事先排除其他生精细胞的污染，用组合酶消化获得细胞悬液，经 Percoll 不连续密度梯度离心分离，再采用选择性贴壁法纯化，而达到分离纯化的目的。

2. 实验动物   一般雄性小鼠选用生后 7～8 天的乳鼠，雄性大鼠则选用生后 9 天的乳鼠。

3. 分离液的配制   按 PBS：Percoll＝1：9 的比例把湿热灭菌后的 Percoll 原液配制成 90％ 的 Percoll 溶液。用无钙、镁离子 PBS 液配制 Percoll 各梯度密度分别为 1.0214、1.0312、1.0410、1.0508、1.0606 的分离液。

4. 睾丸细胞悬液的制备   取生后 7～8 天雄性小鼠 5～6 只或生后 9 天雄性大鼠 2～3 只，颈椎脱位法处死。无菌条件迅速收集两侧睾丸，去除每个睾丸的脂肪垫、附睾及睾丸白膜，加入适量 PBS（1～2ml），吸管吹打使生精小管分散。分别加入含 1g/L 胶原酶的 PBS 液和含 1.5g/L 透明质酸酶和 0.25％ 胰蛋白酶的 PBS 液，置温箱于 34℃、5％ CO_2 条件下作用 10～15min，倒置显微镜下见生精小管段软散并已消散成单细胞或小的细胞团即可。加入 10～15％ 胎牛血清（FCS）、1％ 青、链霉素的新鲜 DMEM 培养液终止消化，

1000r/min 离心 5min，轻轻吸去上清。重新加入 1.5ml 新鲜培养基（DMEM＋15％FCS＋1％谷氨酰胺＋1％非必需氨基酸＋1％青、链霉素＋1％丙酮酸钠），制成单细胞悬液。

5. 精原细胞分离及贴壁培养、纯化　取 1ml 已制备好的每级 Percoll 梯度液，按密度由大到小依次叠加到 10ml 离心管中。将待分离的细胞悬液置于梯度最上层，以 1400～1500r/min 离心 20～30min。精原细胞主要分布于 Percoll 密度为 1.0410～1.0508 梯度。吸管小心吸取第 3 条细胞带加入到 5ml 离心管中，加入新鲜配制 PBS 液漂洗后，离心后的沉淀细胞中加入培养基于 34℃、5％CO_2条件下培养，待细胞完全贴壁后，培养液中的细胞即为纯度较高（可达 70％以上）的精原细胞。

6. 精原细胞存活率和纯度鉴定　采用 0.4％锥虫蓝染色判断精原细胞的存活率；C-Kit 抗体和碱性磷酸酶染色鉴定分离纯化的精原细胞纯度。

三、支持细胞的分离和原代培养

睾丸支持细胞（Sertoli cell，SC）是生精细胞的支架，为生精细胞提供必需的营养物质，能合成与分泌雄激素结合蛋白（androgen binding protein，ABP），为生精细胞提供高浓度的雄激素环境等。一些外源化学物可特异性地作用于支持细胞，通过不同环节影响精子的发育成熟而产生生殖危害。因此进行支持细胞的体外培养是研究外源化学物生殖毒性的基础，如何获得高质量的支持细胞对于生殖毒理学研究至关重要。支持细胞原代培养通常有 3 种方法：支持细胞分离培养、生精细胞-支持细胞共培养及组织培养（器官培养），可依据不同的研究目的选择理想的培养方法。

支持细胞分离和原代培养常采用胰蛋白酶、胶原酶及透明质酸酶等消化方法从动物睾丸分离支持细胞，低渗处理和差异贴壁法纯化支持细胞，再用 HE 染色、油红 O 染色和透射电镜观察等方法鉴定支持细胞。其试验程序如下：

1. 实验动物　一般用出生 18～22 天雄性大鼠和出生 18～20 天

雄性小鼠，常用大鼠。

2. 支持细胞的分离、纯化与培养　支持细胞分离主要参照 Welsh 和 Wiebe 的方法并加以改进。颈椎脱位法处死大鼠，无菌条件取双侧大鼠睾丸，将睾丸置于预冷的无菌 PBS 中，剥开睾丸被膜，挤出睾丸实质，小心剔除血管，用眼科剪将组织剪成 $1\sim2$ mm^3 碎块。加入 0.25% 胰蛋白酶，于 35℃、5% CO_2 培养箱中消化 $20\sim30$ min，加入含有小牛血清的培养液终止消化，$800\sim1000$r/min 离心去除胰酶；再加入 0.05% Ⅰ 型胶原酶，于 37℃、5% CO_2 培养箱中消化 $30\sim60$ min，加入含有小牛血清的培养液终止消化，100 目细胞筛过滤，$800\sim1000$r/min 离心去除胶原酶。加入培养液（DEME、L-谷胺酰胺 3mg/ml、20% 胎牛血清、青霉素 100 U/ml、链霉素 100 U/ml）制成睾丸单细胞悬液。将细胞稀释成 3×10^5/ml 浓度的细胞悬液，接种于培养瓶中，35℃、5% CO_2 培养箱培养 48 小时后，支持细胞贴壁，生精细胞悬浮在培养液中；在此培养液中加入少量 20mmol/L Tris-HCl（pH7.4），低渗处理去除生精细胞，继续培养；隔日换液 1 次，支持细胞全部贴壁而达到第二次纯化的目的。

本方法采用二步酶消化法、低渗处理和二次贴壁纯化法相结合，使支持细胞的纯度达 95% 以上。尤其采用低渗处理纯化法替代 39℃ 高温培养去除生精细胞，减少了对支持细胞的损害，提高了支持细胞的产量和纯度。

3. 支持细胞的鉴定　（1）油红 O 染色鉴定支持细胞：支持细胞爬片培养，当细胞生长至 70% 融合时取出玻片，用 PBS 漂洗盖玻片，50% 异丙醇固定，油红 O 染色液染色，苏木素复染，显微镜下观察计数阳性细胞。（2）电镜鉴定：收集培养的支持细胞，在 2.5% 戊二醛固定液中预固定，经锇酸后固定、脱水、包埋、半薄切片定位，然后制备超薄切片，在透射电子显微镜下观察，可见相邻支持细胞间的紧密连接和核仁两侧的卫星核小体。（3）其他鉴定方法：甲基绿-哌郎宁染色和 Feulgon 染色；免疫标记如波形蛋白、P-胎盘钙黏蛋白和 Fas-L 等也可以鉴定支持细胞。

第四节 男性生殖流行病学研究

Carlson 等通过流行病学研究发现，近 50 年来成年男子的精子数减少约 50%，同时男性生殖系统发育异常如隐睾、睾丸癌、尿道下裂等发病率升高。此外，许多野生动物也出现生殖器官发育异常，如睾丸和外生殖器变小，生育力下降。认为这些异常改变与环境或工业有害化学因素有关。男性生殖流行病学是研究父体接触于某种特定外源化学物与妊娠结局之间统计学关联的学科。男性生殖发育流行病学调查，针对接触人群主要了解有无阳痿、不育、性功能低下以及配偶的妊娠经过和结局，可做精液和性激素检查分析；成年前即开始接触某外源化学物的男性接触人群主要以青春期少年为调查对象，了解其喉结出现和变声年龄以及阴毛和腋毛生长情况等。

一、生育力的研究

（一）精液分析

精液分析常作为评价睾丸和睾丸后器官功能的主要指标。通常采用人工射精技术收集精液标本。睾丸功能评价，为了保证其结论的有效性，必须进行多次射精定量和定性特征的分析。由于精液的形成受到附属性腺、睾丸和附睾的共同影响，因此只有用一次射精的精子总数来估计精子生成量才可靠。要计算每次射精的精子总数，还需测量射精体积、精子浓度和精液特征。

精子评价最重要的参数包括精子计数、活力及其形态学，通过采集人工射精的精子标本进行分析。通常一次射精的精子数易受到如年龄、睾丸大小、射精频率、性激发的程度和季节等影响。精子形态学研究主要是检测精子头和鞭毛的异常变化，精子头畸形发生率可用来反映生精细胞的致突变性，但有些致突变物可能不会诱导精子头异常。目前，多数研究已经把精子活力检测作为生殖毒性观察终点。精子活力的测量可分为直接法和间接法。直接法是一些照相术如时间暴露照相术、多重暴露照相术等；间接法主要是通过测量精子悬液的特征来估计精子平均游速，光谱测定法或比浊法检测光密度等。目前计算机辅助精子运动分析（computer‐aided sperm motion analysis，CASMA）系统得到普遍应用，可用于精子形态、生理、活力和鞭毛的分析，也可通过造影术观察分析数字化的静态和动态的精子图像。精子染色体结构分析主要用于检测和分析外源化学物诱导的精子核和膜的完整性，精子线粒体功能变化，精子的染色质结构异常和DNA损伤，评估精子的正常发育状态和受精能力，也可用于预测人的不育情况。

（二）性激素水平测定

采集职业或环境接触人群的血液样本并分离血清，分别测定其GnRH、卵泡雌激素（FSH）、ICSH和T含量的变化，反映接触外源化学物对生殖激素的合成、分泌、代谢等的干扰和破坏作用，为探讨毒作用部位和机制提供线索。

二、生殖结局

男性生殖结局表现为配偶的早产、过期产、子代出生缺陷以及自然流产率、死胎死产率、新生儿死亡率和子代周岁患病率升高等，其中自然流产和死胎死产是衡量生殖损伤的重要指标。整体实验已发现某种外源化学物可引起实验动物不良妊娠结局，但用此结果预测人的实际情况却又存在某些不确定性。首先，需确认某一职业或环境接触人群已明确接触于该外源化学物，此时通过生殖流行病学研究可以对实验室结果加以证实，使动物实验结果外推的不确定性大大减小，并可以确认接触与妊娠结局之间的因果关联。

通常男性生殖流行病学研究，要找寻接触和生殖结局之间的关联关系，常需采用病例‐对照研究或队列研究来确立，但这两种方法要求外源化学物能产生明显生殖毒效应，研究人群样本量要足够大，这样才能得出可靠的研究结论。此外，在生殖流行病学研究中，如何科学地选择对照人群、如何识别和消除研究中存在的混杂因素以及涉及到的统计学问题如样本量、把握度的大小等对研究结果的可信性至关重要。

（孙应彪　党瑜慧）

主要参考文献

1. Haschek WM，Rousseaux CG，Wallig MA. Handbook of Toxicologic Pathology. 2nd ed. San Diego：Academic Press，2002.

2. Derekanko MJ，Hollinger MA. Handbook of Toxicology. 2nd ed. New York：CRC Press，2001.

3. Hayes AW. Principles and Methods of Toxicology. 4th ed. New York：Raven Press，2001.

4. 李寿祺. 毒理学原理与方法. 2 版. 成都：四川大学出版社，2003.

5. 夏世钧，吴中亮. 分子毒理学基础. 武汉：湖北科学技术出版社，2001.

6. 周宗灿. 毒理学教程. 3 版. 北京：北京大学医学出版社，2006.

7. 张桥. 卫生毒理学基础. 3 版. 北京：人民卫生出版社，2000.

8. 王心如. 毒理学基础. 5 版. 北京：人民卫生出版社，2007.

9. 李勇，张天宝. 发育毒理学研究方法和实验技术. 北京：北京医科大学出版社，2000.

10. 卡萨瑞特·道尔. 毒理学. 北京：人民卫生出版社，2002.

11. 成钢. 哺乳动物睾丸间质细胞的分离及体外培养. 中国畜牧兽医，2006，33 （9）：51-52.

12. Sun J，Zhong L，Zhu YJ，et al. Research on the isolation of mouse leydig cells using differential digestion with a low concentration of callagenase. J Reprod Dev，2011，57 （3）：433-436.

13. Davidson AG，Bell RJ，Lees GE，et al. Isolation，culture and characterization of canine Sertoli cells. In Vitro Cell Dev Biol Anim，2007，43 （10）：324-327.

14. 檀大羡，王植柔，李莲军，等. 大鼠生精细胞分离方法的研究. 中国计划生育学杂志，2005，4：234-236.

15. Qian J，Bian Q，Cui LB，et al. Octylphenol induces apoptosis in cultured rat Sertoli cell. Toxicol Lett，2006，166 （2）：178-186.

16. 邱志群，舒为群，付文娟，等. 大鼠睾丸支持细胞的分离、鉴定与培养. 癌变·畸变·突变，2008，20 （4）：318-321.

17. 师冰洋，张淑香，郭美锦，等. 小鼠睾丸支持细胞体外培养特性. 生物工程学报，2009，25 （5）：745-753.

18. Yin ZZ，Xie L，Zeng MH，et al. Sertoli cells induce xenolymphocyte apoptosis in vitro. Transplant Proc，2006，38 （10）：3309-3311.

第七章

雌（女）性生殖毒理学研究方法

第一节　概　述

　　雌（女）性生殖毒理学是研究各种环境有害因素对雌（女）性生殖系统有害生物效应的一门毒理学分支学科。外源化学物雌（女）性生殖毒性可导致雌（女）性生殖器官、相关内分泌系统、性周期和性行为，以及生育率和妊娠结局的改变。评价外源化学物对雌性哺乳动物生殖过程的影响比雄性复杂得多，主要是由于雌性生殖过程涉及卵子发生、排卵、性发育、性交、配子及合子转移、受精和孕体着床等过程，因此外源化学物或药物都可能对以上任何环节或事件产生影响而导致雌性生殖毒性。对雌性生殖道干扰作用的毒理学评价与致畸和致突变作用评价的方法往往相互重叠，所以反映雌性生殖功能障碍的一些生殖观察终点（表7-1）常与发育毒性观察终点相重叠（表7-2）。

表7-1　雌（女）性生殖毒性实验方法

体重	输卵管
卵巢	组织学
脏器重量	配子转运
组织学	受精
卵母细胞数	早期胚胎转移
卵泡闭锁率	子宫
卵泡类固醇生成	细胞学和组织学
卵泡成熟	宫腔液分析（外源化学物，蛋白质）
卵母细胞成熟	蜕膜反应
排卵	功能障碍性出血

续表

黄体功能	子宫颈/外阴/阴道
下丘脑	细胞学
组织学	组织学
神经递质、神经调节剂和神经	黏液生成量
激素合成与释放的改变	黏液质量（精子穿透实验）
	生育率
垂体	暴露率：妊娠率
组织学	每个孕妇（怀孕动物）的胚胎数或产仔数
营养激素合成与释放的改变	胚胎存活率：黄体数
	着床率：黄体数'
内分泌	第2～8个卵细胞
促性腺激素	**体外试验**
绒毛膜促性腺激素水平	应用超排卵的卵子与化学物共培养或
雌激素和孕酮	处理组雌性动物的卵子进行体外受精

　引自：卡萨瑞特·道尔. 毒理学. 北京：人民卫生出版社，2002：700.

表7-2　发育毒性观察终点

Ⅰ型改变（通常与大体畸形相关的、永久性的、有生命威胁的妊娠结局）	Ⅱ型改变（与畸形无关的、非永久性的、无生命威胁的妊娠结局）
活产数减少（胎仔数）	出生体重下降
死产数增加	出生后存活率下降
存活胎儿数减少（胎仔数）	出生后生长发育、生育能力下降
吸收胎数增加	发育迟缓胎儿数增加
畸形胎儿数增加	

　引自：卡萨瑞特·道尔. 毒理学. 北京：人民卫生出版社，2002：700.

第二节 整体动物实验

一、实验程序

(一) 急性毒性实验

雌性急性毒性实验 (acute toxicity test) 是实验动物 1 次或 24 小时内多次染毒一定剂量外源化学物后所呈现的毒效应，可以在短期内获得许多有价值的信息如外源化学物对雌性内分泌功能的影响及其作用的靶部位 (如下丘脑、垂体或卵巢) 以及毒性的可逆性，也可提供毒作用机制的有关信息。

1. 实验动物 实验动物尽量选择对外源化学物毒性反应与人近似的雌性动物。常选择大鼠和小鼠。实验动物体重变异不应超过平均体重的 20%。一般大鼠体重为 $180 \sim 240g$，小鼠 $18 \sim 25g$。

2. 剂量选择和分组 主要依据受试外源化学物的 LD_{50} 或文献报道资料的剂量为依据来选择合理的染毒剂量。要求最高剂量应有明显的毒性，但不能使全部实验动物死亡。一般至少设 3 个染毒剂量组和 1 个阴性对照组。每组动物数大鼠、小鼠至少为 10 只。剂量组距以 $2 \sim 5$ 倍为宜。

3. 染毒途径 常用灌胃、呼吸道、经皮以及注射如尾静脉注射、皮下注射和腹腔注射等染毒途径。

4. 观察指标 实验动物急性染毒后，需在一个完整的生殖周期后再处死动物，检测相关指标。主要观察实验动物的中毒症状、卵巢和子宫重量、性激素水平测定以及垂体、卵巢等病理组织学检查等。此外，为了观察外源化学物对雌性生殖毒性的可逆性，在处死第一批实验动物时应预留一部分实验动物继续观察 $1 \sim 3$ 个生殖周期，以判断其恢复效应。

(二) 亚急性毒性实验

亚急性毒性 (subacute toxicity) 是指实验动物连续接触外源化学物 14 天或 28 天所产生的中毒效应。

实验动物、染毒途径、染毒剂量和观察指标等选择主要以急性毒性实验为依据，要求最高剂量应产生明显的雌性生殖毒作用。要求动物每天给药染毒，连续 14 天或 28 天。

（三）亚慢性与慢性毒性实验

1. 实验动物　一般选择两种实验动物，通常选择雌性大鼠和犬。亚慢性毒性实验雌性大鼠一般选择 6～8 周龄（体重 80～100g），每组大鼠不少于 20 只。慢性毒性实验应选择刚离乳雌性大鼠（体重 50～70g），要求每组至少 40 只。

2. 染毒期限　亚慢性毒性一般为 1～3 个月，慢性毒性一般为 3～6 个月。药物临床前毒性研究，长期毒性实验有别于前述的亚慢性和慢性毒性实验的概念，给药期限主要取决于药物临床拟用的期限，常为临床拟用期限的 2～3 倍。

3. 染毒途径　外源化学物染毒途径应尽可能与人类实际接触途径一致，尤其药物临床前毒性实验，动物染毒途径应与人接触途径保持一致。常用染毒途径为经胃肠道、经呼吸道和经皮肤染毒，也可采用注射途径染毒如静脉注射、腹腔注射、肌内注射、皮下注射等。每周至少染毒 6～7 天。

4. 剂量选择和分组　以相同物种的毒性资料为依据：亚慢性和慢性毒性实验高剂量的选择，以受试物 LD_{50} 的 $1/20～1/5$ 或急性毒性的阈剂量为最高剂量。高、中、低剂量间距为 3～10 倍为宜。慢性毒性实验的高剂量也可选为亚慢性毒性效应的最大耐受剂量（MTD），剂量间距以 2～5 倍为宜，最低不小于 2 倍。对于药物或保健品，亚慢性和慢性毒性实验的最高剂量一般为人拟用最大剂量的倍数，如化学药品为 30 倍，中药 50 倍，保健食品为 100 倍。

5. 观察指标　一般指标如卵巢、子宫、输卵管等重量及脏器系数计算以及病理组织学检查；卵巢功能检测如卵泡计数、动情周期、排卵和受精能力观察；性激素测定以及机制研究等。

二、生殖器官毒性实验观察指标

(一) 一般指标

一般指标包括卵巢、子宫、输卵管、垂体等重量的测定，性行为如脊柱下凹、交配时间等。卵巢重量属于一个快速定量检测指标，其重量的增减可初步判断外源化学物是否引起卵巢的损伤。

(二) 对卵巢的影响

1. 卵巢病理改变　通常采用光镜来观察外源化学物致卵巢各级卵泡和黄体的形态学变化，透射电镜下观察各级卵泡的超微结构变化。

2. 卵细胞改变　用于直接评价外源化学物对卵子发生/卵泡形成影响的方法包括对卵母细胞的组织学检查和（或）卵泡数的测定。

形态学检查可定量评价卵原细胞增殖和尿生殖脊发育。卵巢分化和卵泡形成可采用体外试验技术进行评价。实验动物卵母细胞和（或）卵泡破坏情况的检测可采用连续的卵母细胞技术，该方法是一种用于定量评价外源化学物对卵母细胞和（或）卵泡作用的理想手段。采用实验动物^{3}H-胸苷的摄入、卵泡动力学和卵巢对促性腺激素的反应情况，判断卵泡的生长状况以及鉴定受试物对卵泡生长的直接和间接作用，也可用于鉴定外源化学物和药物对卵泡的毒作用。通过检测生育率的变化可间接评价受试物对卵子发生的影响，也可通过间接检查阴道开口时间、生殖退化开始的时间和总的生育能力来判断受试物对动物卵巢的毒性。

(三) 对生殖内分泌影响

对生殖内分泌影响可通过测定性激素水平来评价。通常采用放射免疫法来检测血清中促性腺激素释放激素（GnRH）、雌二醇（E_2）、孕酮（P）、卵泡刺激素（FSH）和黄体生成素（LH）水平。通过颗粒细胞培养技术观察外源化学物对其增值、分化的影响，来探索卵巢内分泌功能及其调控机制。

(四) 对卵巢功能状况的影响

1. 动情周期　啮齿类动物大鼠、小鼠的动情周期，其排卵一般间隔 4～5 天。常采用阴道上皮细胞角化法快速检测实验动物动情期间的排卵情况。大鼠、小鼠动情周期一般划分为四个阶段，即动情前期、动情期、动情后期和动情间期，可通过阴道细胞学检查进行确认。

2. 排卵与受孕改变　排卵（ovulation）是指凸于卵巢表面的成熟卵泡发生破裂，包围有卵丘细胞的卵母细胞随卵泡液排出的过程。不同哺乳动物物种间排卵存在差异。某些动物需要交配才能排卵如兔、猫等，而类人猿排卵是一个激素依赖性的周期性过程。采用超数排卵实验或应用超排卵的卵子与外源化学物共培养的方法，观察外源化学物对各级卵母细胞的发育情况及其对成熟卵子的影响。

外源化学物或药物都可以影响到动物受精和着床过程。受精涉及精卵之间多步骤、多成分的相互作用，而胚胎着床是处于活化状态的胚泡与处于接受态的子宫相互作用导致胚胎滋养层与子宫内膜建立紧密联系的过程，以上环节均对外源化学物十分敏感。采集不同哺乳动物包括人的精子和卵子，可在体外完成受精过程。采用经过获能培养的精子分别与外源化学物处理的卵母细胞进行体外受精，观察体外受精率来判断外源化学物对卵细胞受精能力的影响。

妊娠率是对雌性动物生育能力评价最理想的观察指标，也是研究外源化学物内分泌毒性的重要指标，通常采用雌性大鼠染毒后与正常雄性大鼠进行的交配实验来判断雌性动物的总生殖能力。

（五）对胚胎发育影响

胚胎的发育过程是一个极为细致复杂的过程，是细胞和组织按照一定的顺序进行分化的过程，在这个过程中任何一个环节受到干扰，可能导致胚胎发育的影响并致各种畸形；尤其是器官发生期，最易受到致畸因子的影响。胚胎毒性（embryotoxicity）是外源化学物造成的孕体着床前后直到胎体发育成熟之间发生的任何毒性表现，包括胚胎死亡、发育迟缓、结构异常和功能缺陷。通常采用三段生殖毒性实验来评价外源化学物对胚胎发育的影响。

1. 胚胎死亡　胚胎死亡主要是由于具有胚胎毒性的一些外源化学物较高剂量母体染毒后，易透过胎盘屏障而进入胎体内，造成胎体严重的毒性反应而导致早期或晚期胚胎死亡。一般可采用动物繁殖实验来评价，主要观察胚体和胎体死亡情况。研究发现，阿霉素、博来霉素等雄性显性致死实验结果呈阴性，而对雌性生殖细胞可诱发显性致死，因此也可采用显性致死实验来评价。

2. 性比改变　研究证实，胎体芳香化酶基因缺陷，可引起胎体在孕期后 3 个月出现雄性化。外源化学物染毒雌性大鼠并与雄性大鼠进行交配实验或将外源化学物直接注射入孕体子宫内而诱发胚胎中有关决定性别基因的突变，来观察子代性别比的变化。

3. 发育迟缓　通常观察母体自着床至断乳期间染毒外源化学物对子代生长、免疫和神经发育的影响。

4. 先天缺陷　是母体染毒外源化学物引起的子代在出生前已形成的发育障碍，包括各种畸形、智力低下、代谢和行为异常等。可选择发育毒性预筛实验如整体动物预筛实验和全胚胎培养等方法，阳性结果再进行致畸实验来评价外源化学物的致畸作用。

第三节　体外试验

啮齿类动物卵巢细胞体外培养方法的建立，可用于筛检内分泌干扰物并为外源化学物致雌（女）性生殖毒性及其机制以及危害的预防研究提供方法学依据。目前有关卵巢细胞体外分离和培养的方法，包括颗粒细胞、黄体细胞和卵泡体外培养等类型。

一、卵巢颗粒细胞分离及原代培养

1. 卵巢颗粒细胞分离　采用机械分离法结合胰蛋白酶消化及低速离心法分离卵巢颗粒细胞。选用雌性大鼠（21～25 天），皮下注射孕马血清促性腺激素（PMSG）40IU，48 小时后用颈椎脱位法处死大鼠，无菌条件下剖取双侧卵巢放入预冷的 PBS 液中，剔除包膜和周围组织后置于预冷的 DMEM/F12 培养基中。在解剖显微镜下用针头刺破卵泡，使颗粒细胞释放入 DMEM/ F12 培养基；加入 0.25％胰蛋白酶和 0.02％乙二胺四乙酸（EDTA）1ml，于 37℃、5％ CO_2 培养箱中消化 30～60 min，然后加入含有胎牛血清的培养液终止消化，200 目不锈钢细胞筛过滤。800～1000 r/min 离心 5 min 收集细胞，再加入 DMEM/ F12 培养基（含 15% 胎牛血清、100 U/ml 青霉素和 100 U/ml 链霉素）制成单细胞悬液。

2. 颗粒细胞原代培养　将分离的颗粒细胞稀释成浓度为 $3 \times 10^5 / ml$ 的细胞悬液，接种于培养瓶中，在 37℃、5%CO_2 培养箱中预培养 24 小时后换液 1 次，去除未贴壁细胞继续培养。

3. 颗粒细胞鉴定　采用锥虫蓝染色检测颗粒细胞存活率；由于颗粒细胞是卵巢内唯一表达卵泡刺激素受体（FSHR）的细胞，可采用 FSHR 免疫组织化学染色法对卵巢颗粒细胞进行鉴定。采用此方法分离的颗粒细胞纯度可达 95% 以上。

二、黄体细胞分离及原代培养

黄体细胞培养是研究黄体生理功能及其调节以及外源化学物毒性损害的重要手段。将黄体分散成单个细胞，并保持分散细胞结构和功能的完整性是培养成功的关键。

1. 黄体细胞的分离　采用 25～30 天龄的幼年雌性大鼠，腹腔注射马血清促性腺激素（PMSG）促使卵泡发育，72 小时后注射人绒毛膜促性腺激素（HCG）诱发大鼠超数排卵并形成妊娠黄体。注射 HCG 第 7 天将大鼠颈椎脱位法处死，无菌条件下快速取出黄体化的卵巢，去除周围的脂肪和被膜后放入含有双抗的 PBS 中漂洗 3～4 次；用眼科镊将黄体化的卵巢剥离，漂洗后将其剪碎，加入 0.25% 胰酶在 37℃ 水浴消化。目前使用的消化酶有三种组合：胶原酶-透明质酸酶-胰蛋白酶-DNA 酶四酶组合，胶原酶-DNA 酶二酶组合以及单用胶原酶或胰蛋白酶。消化 20～30min 后加入高糖 DMEM 全培养液终止消化，用 200 目尼龙网过滤，800～1000r/min 离心 5min，弃上清，用 PBS 漂洗 2 次后加入高糖 DMEM 全培养液制成黄体细胞悬液。采用锥虫蓝染色计算细胞活率。

2. 黄体细胞的培养　将含高糖 DMEM 全培养液的细胞悬液分别加入到细胞培养瓶中，置 37℃、5%CO_2 培养箱中进行培养，24 小时后观察黄体细胞的生长情况并及时更换培养液。

三、卵泡体外分离及培养

卵泡体外培养是将早期卵泡中不成熟卵母细胞（GV 期或 GV 前期）在体外发育到可正常受精的成熟卵母细胞的方法。该方法可对卵巢的主要功能即卵泡发育、激素生成和卵子发生进行动态观察，因此可应用于生殖毒理学来探讨外源化学物对卵泡发育的影响并进行毒作用机制的研究。

1. 腔前卵泡的分离 选择青春期前（PND13）的雌性大鼠 3 或 4 只，颈椎脱位法处死，无菌条件下剖腹取出双侧卵巢，除去脂肪、输卵管等。PBS 漂洗后将卵巢置于含 2～5ml 卵泡分离液（L15 培养基，10%胎牛血清，100IU/ml 青霉素，100μg/ml 链霉素）的培养皿中，于解剖显微镜下用眼科镊将卵巢组织分成小块，然后用直径 0.1mm 的镊子轻轻分离直径为 131～150μm 大小的腔前卵泡用于体外培养。

2. 腔前卵泡的体外培养 主要有二维培养（贴壁卵泡培养）和完整三维结构（球状结构）培养两种方法。贴壁卵泡培养是卵泡在培养皿或培养板孔中培养，产生一圆形或扁平结构，一些细胞与卵母细胞相连，其余贴壁增生；完整三维结构培养是卵泡分离后培养于微滴中或包埋于支持物中，要求每天换液以维持卵泡球状结构。卵泡体外培养从培养密度上又可分为单个卵泡培养与群体培养。单个卵泡主要由卵母细胞、颗粒细胞和卵泡膜细胞组成，单个卵泡培养去除了旁分泌影响，可以分析卵泡各个组分间的相互作用，用于研究外源化学物对卵母细胞、颗粒细胞和卵泡膜细胞的作用。群体培养有利于研究卵泡生长时相互关系，但群体培养体系中已被分离的卵泡有重聚趋势，其生长速率会发生改变。

贴壁卵泡培养：将已经分离的腔前卵泡用 Ml 培养基（a-MEM-glutamax培养基、5%胎牛血清、100mIU/ml FSH、10mIU/ml LH、5mg/ml 胰岛素、5mg/ml 转铁蛋白和 5ng/ml 硒）漂洗 1 或 2 次，随机分在培养板孔中，进行单个卵泡培养。每孔加入 Ml 培养基，用石蜡油覆盖在含单个卵泡的培养基表面，在 5%CO_2、100%湿度、37℃条件下连续培养，隔日换 1/2 培养液。培养 24 小时后在倒置显微镜下评价机械性分离的腔前卵泡，测量卵泡直径，根据直径大小选择实验所需卵泡。

体外培养的实验用大鼠腔前卵泡选择的依据：具有完整的基底膜，卵泡膜细胞；2～3 层颗粒细胞；中央呈现一圆形的卵母细胞；卵泡直径为 $131\sim150\mu m$。

第四节　女性生殖流行病学研究

女性生殖流行病学调查，主要针对女性接触环境（工业）化学物或药物了解其月经周期、经期和血量的改变以及并发症（如痛经、经前紧张等）；妊娠分娩需了解已婚未采取避孕措施的妇女受孕率和不孕率以及做人工流产孕妇的先兆流产、自然流产、死产（胎）、早产、妊娠高血压病等；活产儿的出生体重、新生儿死亡和出生缺陷发生情况等；成年前接触某些外源化学物或药物的女性，常以青春期少女作为调查对象，了解其月经初潮年龄、乳房发育以及阴毛和腋毛发育等情况。

一、生育力的研究

（一）月经周期改变

女性生殖系统的生理特点之一，是其生殖过程的周期性变化，而月经是这个周期变化的重要标志。月经周期主要是由下丘脑-垂体-卵巢三者之间的相互作用来调节的，下丘脑调节垂体的功能，而垂体又调节卵巢的功能。月经周期是每隔 1 个月左右，子宫内膜发生增厚，血管增生、腺体生长分泌以及子宫内膜崩溃脱落并伴随出血的周期性变化。外源化学物引起人群月经周期的紊乱可通过流行病学的调查方法探索并验证其异常的可能原因，采用描述性研究如现况调查可初步探明其可能的原因，并进一步通过病例-对照研究来证实暴露与周期紊乱之间的关联。

（二）受孕与流产

动物实验结果发现某一外源化学物可引起雌性动物受孕率的降低，甚至不孕，但此结果向人群外推尚存在一定的不确定性。因此，环境（工业）化学毒物对女性生殖功能如受孕等是否产生影响，通常可采用生殖流行病学方法来证实。一般可用普查或抽样调查的方法，也可采用回顾性队列研究，将已婚妇女作为接触人群，设计合理的接触组和对照组，分别计算接触和非接触组研究对象的受孕率、不孕率以及流产率等指标，确立接触与相关指标之间的关联性。流行病学调查涉及研究对象的正确选择，混杂因素的消除以及样本量、检验效能和显著性水平的大小等环节，因此调查设计尤为关键。

（三）性激素水平测定

接触外源化学物的女性人群，可通过采集接触人群血液并分离血清，采用放射免疫法检测血清 GnRH、E_2、P、FSH 和 LH 水平，来判断接触人群生殖内分泌功能的变化，可为探讨毒作用部位和机制提供线索。

二、生殖结局

在工农业生产中，特别是某些职业女性在生产过程接触一些环境（工业）毒物、药物及物理因素，可直接影响母体的生殖功能，严重者可导致不孕。此外，妊娠期妇女大量接触外源化学物或药物可导致异常妊娠结局的发生，主要表现为子代出生缺陷、早产、过期产、死产等。

由于环境和职业人群接触有害因素的成分复杂，要探究其不良生殖结局的原因，仅靠动物实验有一定的局限性，且动物实验结果向人类外推又存在一定的不确定性。因此，要确立职业女性不良生殖结局与有害因素之间的因果关系，需依靠流行病学的方法来回答此问题。目前，常用的方法有描述性研究、病例-对照研究和队列研究。描述性研究主要通过描述某些环境（工业）有害因素与女性不良生殖结局之间的关系，寻找致不良生殖结局的线索并建立其危险因素假设，还可用于确定高危人群。病例-对照研究是在研究过程中，已知研究对象具有某种不良生殖结局或无该种不良生殖结局，再追溯可能与不良生殖结局有关的因素，但该研究方法只能推测接触与不良生殖结局之间是否有关联，难以证实接触与不良生殖结局的因果关系。病例-对照研究主要用于探索不良生殖结局的可疑危险因素，并对描述性研究提出的不良生殖结局的危险因素假设加以检验。因此，要验证前述不良生殖结局的危险因素假设，即接触环境（工业）有害因素与不良生殖结局之间的因果关系，还需采用队列研究来证实。

（孙应彪　党瑜慧）

主要参考文献

1. Derekanko MJ，Hollinger MA. Handbook of Toxicology. 2nd ed. New York：CRC Press，2001.

2. Hayes AW. Principles and Methods of Toxicology. 4th ed. New York：Raven Press，2001.

3. 李寿祺. 毒理学原理与方法. 2 版. 成都：四川大学出版社，2003.

4. 周宗灿. 毒理学教程. 3 版. 北京：北京大学医学出版社，2006.

5. 张桥. 卫生毒理学基础. 3 版. 北京：人民卫生出版社，2000.

6. 王心如. 毒理学基础. 5 版. 北京：人民卫生出版社，2007.

7. 卡萨瑞特·道尔. 毒理学. 北京：人民卫生出版社，2002.

8. 李勇，张天宝. 发育毒理学研究方法和实验技术. 北京：北京医科大学出版社，2000.

9. 杨永梅，陈娟，陈洋，等. 哺乳动物卵泡颗粒细胞体外培养研究概况. 中国畜牧兽医，2011，38（3）：135-138.

10. Kosaka N，Sudo N，Miyamoto A，et al. Vascular endothelial growth factor（VEGF）suppresses ovarian granulosa cell apoptosis in vitro. Biochem Biophys Res Commun，2007，363（3）：733-737.

11. 许川，舒为群，张亮，等. 大鼠卵巢颗粒细胞的原代培养与鉴定. 癌变·畸变·突变，2009，21（3）：234-237.

12. Myllymäki S，Haavisto T，Vainio M，et al. In vitro effects of diethylstilbestrol，genistein，4-*tert*-butylphenol，and 4-*tert*-octylphenol on steroidogenic activity of isolated immature rat ovarian follicles. Toxicol Appl Pharmacol，

2005，204（1）：69-80.

13. Albertini DF，Akkoyunlu G. Ovarian follicle culture systems for mammals. Methods Enzymol，2010，476：107-121.

14. 张承玉，赵薇，程丹玲，等. 离体培养的大鼠卵巢颗粒细胞和黄体细胞中松弛素样因子 mRNA 的表达及调节. 第二军医大学学报，2007，28（1）：111-113.

15. Fei J，Qu JH，Ding XL，et al. Fenvalerate inhibits the growth of primary cultured rat preantral ovarian follicles. Toxicology，2010，267（1-3）：1-6.

16. Liu HC，He ZY，Rosenwaks Z. In vitro culture and in vitro maturation of mouse preantral follicles with recombinant gonadotropins. Fertil Steril，2002，77（2）：373-383.

第八章

发育毒性研究方法

第一节 概 述

外源化学物发育毒性的评价主要包括哺乳动物发育毒性实验、人群流行病学调查和发育毒性筛选实验。动物发育毒性实验与环境流行病学调查、体内外筛选实验相比较，其优点是容易控制染毒条件、动物数量、年龄、状态和选择合理的测试指标，但该方法又存在不足之处如动物实验结果外推到人存在不确定性，其实验周期长又花费大量的经费等。

管理毒理学要求的动物发育毒性实验方案包括三段生殖毒性实验、一代生殖毒性实验和多代生殖毒性实验。三段生殖毒性实验主要用于药物的生殖发育毒性评价，于 1966 年由美国食品与药品管理局（FDA）首先提出，以后被药品注册技术规定国际协调委员会（ICH）采纳并推荐使用，我国食品药品监督管理局主要参照美国 FDA 的方案进行新药生殖发育毒性的评价。一代生殖毒性实验和多代生殖毒性实验由美国环境保护局（EPA）首次提出，主要用于食品添加剂、农药和其他外源化学物生殖发育毒性的评价。为评价外源化学物的发育毒性，各个国家和国际机构发布了不同的实验准则。

对于新的外源化学物或其产品，首先必须通过整体动物实验和（或）体外试验模型来预测其发育毒性。利用发育毒性体外替代试验开展相关安全性评价，可避免人体或动物实验耗时、费力等缺点，适用于大规模体外高通量筛选。近年来，经过广泛的应用和研究，欧洲替代方法研究中心（European Center for the Validation of Alternative Methods，ECVAM）推荐了 3 个有效性较高的体外发育毒性筛选实验，即体外全胚胎培养试验（whole embryo culture，WEC）、胚胎细胞微团培养试验（embryonic cell micromass culture，ECMC）

和胚胎干细胞试验（embryonic stem cell test，ESCT）作为体外筛选的首选方法。但与一般毒理学体外试验发展相比，由于发育毒性受试物在体内代谢转化等方面的差异以及涉及亲代两性从配子到下一代出生的多个发育阶段，无法只用一两种实验方法就可以回答复杂的毒性问题。此外，目前体外发育毒性筛选试验采用的都是相对单一的测试终点，不能全面反映发育毒性受试物的毒作用机制，因此国内外学者普遍建议将不同终点的体外筛选试验进行组合，以便提高体外发育毒性筛选和评价的价值。除了作为体外筛选试验外，上述三种方法还可应用于发育毒性发生机制的研究，通过与整体动物实验相结合，利于提供有价值的毒性作用资料。

第二节　动物发育毒性实验

一、实验程序

（一）动物选择

动物发育毒性实验必须选择哺乳动物为实验对象。一般要求使用与其他毒理学研究中相同的物种和品系，避免再进行遗传等毒性实验。原则上要求实验动物对受试物的毒代动力学、毒效学和其他相关参数与人类相近，如动物的代谢过程、生物转化和胎盘结构与人相近似。此外，选择健康、生育力强、多产、孕期短、自发畸形率低、价格低廉、易获得和操作方便的实验动物。通常首选啮齿类大鼠，因大鼠具备大量的毒性研究背景资料，也便于相互比较。此外，家兔也可用于一些特殊的发育毒性研究。

（二）受试物染毒

1. 剂量　剂量选择主要依据该受试物已进行的药理学、急慢性毒性、遗传毒性、毒物动力学等研究中所获得的基础资料。在研究中，如需对受试物产生的效应进行剂量-反应关系分析时，应至少设计三个染毒剂量组和一个阴性对照组。高剂量应为在母体中产生轻度的毒效应，如体重增长速度改变、受试物反应增强、出现特异的靶器官毒性、阴道出血、流产等。低剂量应为受试物不产生任何有害作用的剂量。中剂量组应在高、低剂量间按等比基数设置，一般为引起最低观察到有害作用剂量（LOAEL）。实验结果应提供未观察到有害作用剂量（NOAEL），否则应重新设计进行该试验。

2. 染毒途径与频率　一般要求与人类实际接触途径一致，如果采用其他染毒途径，必须依据毒物动力学的研究资料。染毒频率一般为 1 次/天，每天相同时间染毒，并按体重调整每天染毒剂量。

3. 对照组　给予染毒组相同的最大容量的赋形剂，必要时也可设立未处理对照组。

二、三段生殖毒性实验

在目前所采用的动物发育毒性实验中，用一组实验研究全部生殖毒性的终点是难以实现的，所以在选择恰当的实验和研究设计时，应考虑尽可能获得该受试物和其类似物质的毒理学或药理学以及毒物动力学的资料。三段生殖毒性实验通常由生育力和早期胚胎发育毒性实验（一般生殖毒性实验）、胚体-胎体毒性实验（致畸实验）和出生前后发育毒性实验（围生期毒性实验）三部分组成（图 8-1）。三段的划分是按照有害作用诱发的时期，而不考虑检测的时间。

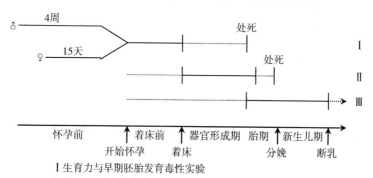

Ⅰ 生育力与早期胚胎发育毒性实验
Ⅱ 胚体-胎体毒性实验
Ⅲ 出生前和出生后发育毒性实验（实线表示染毒期）

图 8-1　三段生殖毒性试验示意图

引自：王心如. 毒理学基础. 5 版. 北京：人民卫生出版社，2007：197.

(一) 生育力与早期胚胎发育毒性实验

1. 研究目的　评价外源化学物对配子发生和成熟、交配行为、生育力、胚胎着床前和着床的影响。雄性主要是检查对性欲、附睾的精子成熟等功能的影响，雌性主要观察对动情周期、输卵管运输、着床和胚胎着床前孕体发育的影响。

2. 实验动物　实验动物首选大鼠。每组动物数应足以对数据进行有意义的统计分析和解释。建议每性别、每组 16～20 只（窝）。

3. 染毒时间　应该说明交配前染毒时间的长短并提供依据。一般要求交配前雄性重复染毒 4 周，雌性重复染毒 2 周，交配期为 2～3 周，直至交配成功。若要保证雌性受孕成功，雄性仍可继续染毒，然后同笼至处死。

精子存活率和形态学检查等的研究可为在生殖毒性研究观察到的毒作用提供更敏感的观察终点。研究显示影响精子发生的外源化学物几乎影响减数分裂后阶段，即精子成熟前 3～5 周。通常对雄性性腺组织和器官进行详细的组织病理学检查可对雄性生育力和精子发生影响提供有价值的信息。ICH 准则是雄鼠染毒 4 周时间，并结合组织病理学检查来评估受试物对雄性生育力及其精子发生的影响。

4. 交配及受孕检查　雄性大鼠染毒 4 周，雌性大鼠染毒 2 周后同笼交配，交配期为 2～3 周，交配比例为 1:1，交配过程应区分各窝的父、母代动物，以利于实验结果的正确分析和解释。

雌鼠受孕的检查通常采用阴道涂片（大鼠）或阴栓（小鼠）检查。大鼠性周期一般为 4～5 天，小鼠性周期为 4 天，动情前期向动情期移行常在夜间。阴栓是雄鼠精囊与凝固腺在雌鼠阴道凝结而成的凝乳状白色块状物，小鼠阴栓可在阴道口存留较长时间，但在大鼠极易脱落。确定是否受孕的方法：每天清晨进行雌性动物阴道涂片，检查有无精子；亦可检查阴道有无阴栓出现，以确定受精日期。发现阴栓或检出精子，检出日为受孕 0 日，次日为受孕第 1 天，以此推算孕龄。人和几种常用实验动物早期发育时间见表 8-1。

表 8 - 1　一些哺乳动物（人）早期发育的时间

物种	早期发育的时间（由排卵起的天数）			
	胚胞形成	着床	器官形成期	妊娠期长度
小鼠	3～4	4～5	6～15	19
大鼠	3～4	5～6	6～15	22
兔	3～4	7～8	6～18	33
恒河猿	5～7	9～11	20～45	164
人	5～8	8～13	21～56	267

引自：周宗灿. 毒理学教程. 3 版. 北京：北京大学医学出版社，2006：251.

5. 终末处死　雌鼠一般在孕中期第 13～15 天终止妊娠。雄鼠在证实交配成功并使雌鼠受孕后处死进行检查。

6. 观察指标　染毒期间需观察雌、雄亲代（F0）的有关症状和死亡情况，一般每天 1 次。还需观察饮水量、摄食量（1 次/周）、体重的变化（2 次/周）、睾丸和附睾重量及脏器系数；制备阴道涂片并镜检，尤其交配期间每天 1 次；观察其他毒性研究中的靶效应。

动物处死后，首先进行所有动物大体形态的观察，异常的脏器需进行组织学的评价；同时进行所有动物睾丸、附睾、卵巢和子宫的病理组织学检查以及附睾中的精子计数和精子活力以及生育率的观测。雌性动物必须计数黄体数、着床数、吸收胎、死胎和活胎数。对未孕的大鼠、小鼠可用硫化铵子宫染色鉴别胚胎着床前死亡情况。

7. 结果评价　对亲代各观察指标和参数进行综合评估，判断受试物是否具有发育毒性，如有，需确定受试物未观察到有害作用剂量（NOAEL），并对子代观察其发育毒性，确定其 NOAEL。在评价对子一代（F1）胎体的影响时，必须考虑参数如各组受影响的窝数比、每窝受影响的胎体组平均百分率、受影响胎体总数比。

选用恰当的统计学方法进行数据分析。

（二）致畸实验

1. 研究目的　评价母体自胚泡着床到硬腭闭合期间染毒受试物

对妊娠雌体和胚体-胎体发育的影响，主要包括与非妊娠雌性有关的毒性、胚体-胎体死亡、生长改变与结构异常。

2. 实验动物　通常选择两种实验动物，一种为啮齿类，首选大鼠；另一种是非啮齿类，最好为家兔。每组动物数必须满足统计分析的要求。建议每组 16～20 只（窝）。雌性宜用性成熟的、未交配过的实验动物。

3. 剂量选择与分组　一般选择 3 个实验组、1 个阳性对照组和 1 个空白或溶剂对照组。实验组最高剂量组应为有轻微母体毒性的剂量，最低剂量组不应引起明显的毒性反应，中间剂量组按一定比例基数介于前两者之间。剂量的选择也可依据：（1）人体的实际接触量。（2）以受试物 LD_{50} 的 1/3～1/2 为最高剂量，LD_{50} 的 1/50～1/30 为最低剂量。（3）以亚急性毒性实验的最大耐受量为最高剂量，以最大耐受量的 1/30 为最低剂量。

4. 交配　通常大鼠按雌雄 1∶1 合笼交配，小鼠按雌雄 2∶1 合笼交配，一般以 4～5 天为 1 个交配周期。

受孕鼠的确定主要依据阴道涂片或阴栓检查。阴道涂片以低倍镜观察到精子为准。查见精子或阴栓之日记为妊娠 0 天，然后随机将孕鼠分配到各实验组和对照组。

5. 染毒时间　从着床期到硬腭闭合，即器官形成期，大鼠、小鼠孕 6～15 天，家兔孕 6～18 天。致畸实验除阴性对照外，还应设阳性对照组。阳性对照组大鼠、小鼠常选择环磷酰胺、乙酰水杨酸、维生素 A 等，家兔可用 6-氨基烟酰胺。如已进行致畸实验并有阳性结果的实验室可省略阳性对照。致畸实验日程见表 8-2。

表 8-2　致畸实验日程

	小鼠	大鼠	家兔
交配	60～90 日龄	60～120 日龄	成年未交配
染毒时间	孕 6～15 天	孕第 6～15 天	孕第 6～18 天
处死取胎	孕第 18 天	孕第 20 天	孕第 29 天

引自：周宗灿. 毒理学教程. 3 版. 北京：北京大学医学出版社，2006：252.

6. 观察指标 染毒期间和染毒结束时，观察母体中毒症状，体重变化，计数黄体数、着床数、吸收胎、早死胎和活胎数，胎盘重量，母体畸胎出现率等。主要观测胎仔的性别、体重、身长、外观畸形、内脏畸形、骨骼畸形和发育（骨化）情况。对胎体影响的评价指标还包括受影响的窝数比、每窝受影响胎体数的组间均数、受影响的胎体总数比、畸胎率和某单项畸胎率等。有流产和早产征兆者处死并进行肉眼观察，必要时做组织学检查。

7. 终末处死与标本制作 于自然分娩前 1 天处死怀孕母体，剖腹检查亲代受孕情况，并检查胎仔的存活、发育和畸形。自然分娩时间大鼠一般为妊娠第 22 天，小鼠为妊娠第 19 天。一半胎仔采用茜素红染色，观察软骨、骨骼的变化；另一半胎仔用 Bouin's 液固定 2 周，然后做内脏组织学检查。

母体处死时，对所有怀孕动物需进行尸体解剖和肉眼检查任何结构异常或病理变化。肉眼观察有异常变化的脏器，需进一步做组织学评估。

8. 结果评价 致畸研究的结果评价应依据观察到的效应和产生效应的剂量水平进行。通过效应指标综合评估，判断受试物是否具有致畸性并确定其 NOAEL；此外评估受试物是否引起母体毒性或胚胎毒性，并确定母体毒性的 NOAEL，为实验结果外推到人提供依据。

在致畸试验结果评定时，主要计算致畸指数、畸胎总数和畸形总数。计算畸胎总数时，每 1 活产幼子出现 1 种或 1 种以上畸形均作为 1 个畸胎。计算畸形总数时，在同 1 幼子每出现 1 种畸形，即作为 1 个畸形；如出现 2 种或 2 个畸形，则作为 2 个畸形计，并依此类推。计算时还要对剂量-效应（反应）关系加以分析。

致畸指数＝雌性动物 LD_{50}/最小致畸剂量。判断依据：致畸指数小于 10 为基本无致畸危害；致畸指数大于 10 为有致畸危害；致畸指数大于 100 为强致畸危害。

活产幼子平均畸形出现数：根据出现的畸形总数，计算每个活产幼子出现的畸形平均数。活产幼子平均畸形出现数＝畸形总数/活产幼子总数。

畸胎出现率：指畸胎的幼子在活产幼子总数中所占的百分率。畸胎出现率＝出现畸形的胎子总数/活产胎子总数×100％。

母体畸胎出现率：指出现畸形胎仔的母体在妊娠母体总数中所占的百分率。计算出现畸形母体数时，同一母体无论出现多少畸形胎仔或多少种畸形，一律按1个出现畸胎的母体计算。母体畸胎出现率＝出现畸胎的母体数/妊娠母体数×100％。

选用正确的统计学方法进行数据分析。各种率的比较常用卡方检验，体重、脏器系数等计量资料用方差分析，子体资料以窝为单位。

发育毒性和母体毒性的观察终点见表8-3和表8-4。

表8-3　发育毒性的观察终点（US EPA）

有植入体的窝	有存活子代的窝
每个母体植入部位数	每窝平均子代体重
每个母体黄体（CL）数	每窝平均雄性体重
植入前死亡百分率［（CL－植入数）×100/CL］	每窝平均雌性体重
每窝存活子代数和百分率	每窝内脏畸形子代数和百分率
每窝吸收数和百分率	每窝外观畸形子代数和百分率
有吸收的窝数和百分率	每窝骨畸形子代数和百分率
每窝晚死胎数和百分率	每窝畸形子代数和百分率
每窝未存活（晚死胎＋吸收胎）	有畸形子代的窝数和百分率
植入数和百分率	每窝畸形雄性数和百分率
有未存活植入体的窝数和百分率	每窝畸形雌性数和百分率
每窝受影响（未存活＋畸形）	每窝变异的子代数和百分率
植入体数和百分率	有变异子代的窝数和百分数
有受影响植入体的窝数和百分率	各种畸形的类型和发生率
有全部吸收的窝数和百分率	各种变异的类型和发生率
每窝死产数和百分率	各个子代和它们畸形及变异

续表

有存活子代的窝	（根据窝和剂量分组）
有存活子代的窝数和百分率	临床体征
每窝存活子代数和百分率	大体解剖和组织病理学
子代变异性	以选定的时间间隔测定直到研究结束
每窝性别比	

引自：周宗灿. 毒理学教程. 3 版. 北京：北京大学医学出版社，2006：255.

表 8 - 4　母体毒性的观察终点 （US EPA）

死亡率	校正体重（整个妊娠期体重改变减处死时妊娠子宫重或窝重）
交配指数（有阴栓或精子的动物数/交配的动物数）	**器官重量**（怀疑有特异的器官毒性时）
妊娠指数（有植入体的动物数）	
妊娠期天数（当允许分娩时）	绝对重量
体重	相对重量（与体重比值）
处理时（至少包括处理第 1 天，中间和最后一天）	**饲料和饮水消耗量**（在经饲料和饮水染毒时）
处死日	**临床评价** （于处理时和处死时）
体重改变	临床体征的种类和发生率
整个妊娠期	标志酶
处理期间	临床生化
处理结束至处死时	大体解剖和组织病理学

引自：周宗灿. 毒理学教程. 3 版. 北京：北京大学医学出版社，2006：255.

（三）围生期毒性实验

1. 研究目的　评价母体自着床至断乳期间染毒外源化学物对妊娠（哺乳）母体、孕体及子代发育直至性成熟的影响。对妊娠（哺乳）母体、孕体及子代发育过程的主要影响包括未妊娠雌性相关的毒性增加，子代出生前和出生后死亡，生长与发育的改变，子代的功能缺陷如行为、青春期性成熟和生殖情况（F1）。

2. 实验动物　一般首选大鼠。每组动物数应足以对数据进行有意义的统计分析和解释。建议每组 16~20 只（窝）。

3. 染毒时间　雌性从着床至哺乳期结束，大鼠为孕 15 天到产后 28 天。

4. 观察指标　染毒期间和处死后，母体需观察其体征和死亡情况、饮水量、摄食量、体重变化、妊娠分娩时间、产子数和受孕率。F1 代主要观测其每窝出生时活子数、死子数、外观畸形和畸形数、性别比例、出生存活率、哺育存活率、生长指数、生理发育及断乳前神经行为测试；断乳前检查张耳、开眼、出毛、出牙等，断乳后包括表明性成熟开始的雌性阴道张开和雄性龟头包皮分开。母体和 F1 代断乳处死后检查主要脏器、睾丸、附睾、卵巢、子宫重量，内脏畸形，还有断乳后神经行为测试（包括感觉功能、反射、运动能力、学习和记忆等），交配行为和受孕率检测以及必要的组织病理学检查。常用的神经行为功能实验项目见表 8-5。

5. 终末处死与标本制作　要求动物分娩并抚养子代至断乳，断乳后处死母体和部分幼子。每窝选 8 只幼子（尽可能雌雄各半）抚育至性成熟并交配，评价生殖能力的 F_1 代要求雌雄同笼饲养，在 F2 代出生后处死。

6. 结果评价　综合亲代和子代各项观察指标的结果，对围生期染毒的毒性做出评价，包括母体毒性及 NOAEL，胚胎毒性、致畸性、子代神经行为的影响及其 NOAEL。

三、一代或多代生殖毒性实验

一些外源化学物如农药、食品添加剂和环境污染物等人类长期接触，要搞清楚其对生殖系统的影响，仅做三段生殖毒性实验是不够的，还应进行多代生殖毒性实验，结论才较为可靠。上述各段实验均可联合成一代或多代研究代替分开进行的每段实验。一、二或多代研究的定义是直接与受试物染毒的成年动物的代数规定的。

表 8-5 常用的哺乳动物神经行为功能实验项目

检测参数	研究方法
平面翻正（出生后 4 和 7d）	翻正反射，将子鼠背贴在平滑的面板上，记录翻身，四脚着面板所需的时间
负向地性（出生后 4d 和 7d）	将子鼠头朝下放在一个 30°倾斜的面板上，测试其跳转自身，头朝上位置所需的时间
悬崖躲避（出生后 7d）	将子鼠放置和定位于高于桌面 10cm 的平台上，使其前肢和口鼻部均处于平台边缘一条假想线的某一点上，记录其向后退所需的时间
游泳行为（出生后 4d 和 14d）	将子鼠放在水温 23℃的水槽中，游泳行为是对方向（直线、环形），漂浮，头出水面的角度（耳露出水面、半个耳出水面、鼻和头顶出水面、不能保持头向上），肢体的运动（四肢、前肢或后肢）的评估
嗅觉定向（出生后 14d）	将子鼠放在两个相连盒的连接臂中，一个盒中放有未用过的木屑，另一个放子鼠用过的木屑（家），测动物发现"家"所需的时间

引自：周宗灿编著．毒理学教程．3 版．北京：北京大学医学出版社，2006：256.

（一）一代生殖毒性实验

一代生殖毒性实验是指亲代（F0 代）动物直接染毒受试物，子一代（F1 代）在宫内和哺乳期染毒受试物，其交配仅在 F0 代之间进行，主要用于评估受试物对 F0 代青春期前后和成年动物亚慢性染毒的影响。例如将生育率研究和出生前后研究的染毒期合并，雄性在交配前 4 周，雌性在交配前 15 天直至断乳染毒受试物，构成一个典型的一代生殖毒性实验（图 8-2）。

（二）多代生殖毒性实验

多代生殖毒性实验是指亲代（F0 代）动物直接染毒受试物，F1 代既有直接染毒受试物，也有经母体的间接接受，子二代（F2）在宫内和哺乳期接受受试物，而其交配在 F0 代和 F1 代之间进行，主要评价动物从染毒到发育全过程受试物对生殖功能的影响。实验程

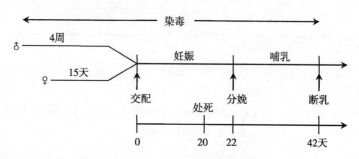

图 8-2　一代生殖毒性实验示意图

引自：周宗灿. 毒理学教程. 3 版. 北京：北京大学出版社，2006：256.

序：F0 代雄性于交配前 4 周染毒受试物，雌性于交配前 2 周染毒受试物并延长至哺乳期，使 F1a 代经胎盘转运或经乳汁接受受试物，F1a 代在断乳时处死、尸体解剖并检查出现的异常与畸形。断乳后的 2 周，继续接受受试物的 F0 代雌鼠再繁殖产生第二窝 F1b 代。F1b 代断乳后，随机选出部分 F1b 代进行进一步生殖毒性研究。即 F1b 代在同一周龄接受同一剂量受试物，繁殖并开始下一个周期，产生 F2a 代。F2a 代断乳时处死并检查。F1b 代再繁殖，产生第二窝 F2b 代。依次获得了不断接受受试物的子代和开始下一代 F3a 和 F3b。多代生殖毒性实验见图 8-3。

1. **常用观察指标**　（1）受孕率，主要反映雌性动物生育力和受孕情况；受孕率＝妊娠雌性动物数/交配雌性动物数×100%。（2）正常分娩率，反映雌性动物妊娠过程是否受到影响；正常分娩率＝正常分娩雌性动物数/妊娠雌性动物数×100%。（3）幼子出生存活率，反映雌性动物分娩过程是否正常，如果受试物影响分娩过程，则一般幼子在出生后 4 天内死亡。幼子出生存活率＝出生 4 天存活幼子/分娩时出生幼子数×100%。（4）幼子哺育成活率，反映雌性动物哺育幼子的能力。幼子哺育成活率＝21 天断奶时幼子存活数/出生后 4 天幼子存活数×100%。（5）观察活产幼子平均畸形出现数和畸胎出现率。活产幼子平均畸形出现数＝畸形总数/活产幼子总数；畸胎出现率＝出现畸形的胎仔总数/活产胎子总数×100%。（6）动物大体形态和病理组织学检查：全部试验动物处死时，肉眼观察雄性动物睾丸、附

睾、精囊、前列腺和雌性动物卵巢、子宫和阴道等，如发现异常需进
行病理组织学检查。

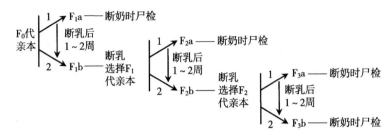

图 8 - 3　大鼠三代（多代）生殖毒性实验示意图
1 第一次交配；2 第二次交配

引自：周宗灿. 毒理学教程. 3 版. 北京：北京大学出版社，2006：257.

2. 结果评定　依据观察到的毒效应，大体和组织病理学检查结
果以及受试物剂量与其有害效应之间是否存在关系，来综合评价受试
物的生殖毒性。

第三节　发育毒性筛选实验

常规的生殖与发育毒性实验由于其实验程序复杂，剂量选择困难
且花费大量经费以及实验周期长等缺陷，很难满足大量外源化学物生
殖与发育毒性的评价，因此开发理想的快速检测系统已成为目前生殖
与发育毒性评价的首要任务。近年来，一些整体和体外的生殖毒性预
筛和替代实验方法已趋于成熟，经过国际协作验证，发现大多数具有
良好的预测价值，有些方法已被某些国家列入外源化学物安全性评价
规范。

一、整体预筛实验

发育毒性整体预筛实验，1982 年由 Chernoff 和 Kavlock 提出，
也称 C/K 实验。该实验的原理是亲代染毒外源化学物后，大多数出

生前受到的损害将在出生后表现为存活力下降和（或）生长障碍。通常在子鼠出生后，观察其生长迟缓、外观畸形、胚胎死亡等发育毒性的表现，避免进行常规实验中骨骼和内脏的检查而达到预筛的目的。该法的优点是所使用的动物数少、实验周期短、检测终点少等，可提供外源化学物发育毒性的初步信息，是目前比较理想的一种外源化学物发育毒性整体预筛实验。

1. 研究目的　评价亲代生育力以及子鼠的发育毒性如外观畸形、胚胎死亡和生长迟缓等。

2. 实验动物及分组　通常选择性成熟大鼠，每性别每组至少10只。一般设3个实验组和1个对照组，剂量间隔为2~4倍为宜。

3. 染毒时间　交配前2周，雌雄动物同时开始染毒。雄性大鼠持续染毒4周，包括交配前期、交配期和一直至处死；雌性大鼠在整个研究期间染毒，包括交配前期、受孕、孕期和至分娩后4天。染毒途径通常选择经口给予受试物。

4. 交配及处死　交配比例常为1:1。雄鼠在染毒后4周处死，母鼠和子鼠在分娩后4天分别处死，未孕雌鼠在最后一次交配后24~26天处死。发育毒性预筛实验程序见图8-4。

5. 观察指标　染毒期间每天观察动物毒性体征及死亡情况。亲代于染毒期间每周称一次体重，子鼠分别于出生后0天、1天和4天称重。测定实验期间（包括交配前至哺乳期间）动物的食物消耗量。实验期间死亡和终末处死的成年动物应对卵巢、睾丸、附睾及其附件以及其他器官进行称重、肉眼大体形态观察，采用Bouin's液固定进行病理组织学检查。子鼠出生后观察是否有行为异常和外观畸形，记录窝重、性别、子鼠数、活产、死产等。

6. 结果评价　依据观察到的毒效应和病理组织学检查结果，评价受试物剂量与异常发生（包括外观损害、畸形、子鼠行为改变、体重改变和死亡率等）之间的关系。本试验仅供作为外源化学物发育毒性的预筛，如结果为阳性而缺乏其他发育毒性资料时，可为进一步实验提供一定的线索。

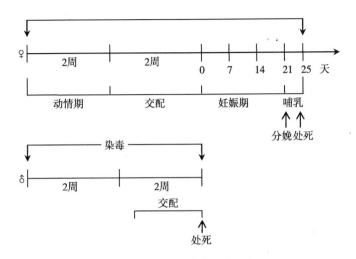

图 8－4　发育毒性筛选实验示意图

引自：周宗灿. 毒理学教程. 3 版. 北京：北京大学出版社，2006：264.

二、体外预筛试验

近年来开发了一些外源化学物发育毒性的体外预筛试验，相对于整体动物致畸实验，其试验方法较简单，可严格控制试验条件，实验结果与整体动物致畸实验有较好的相关。但它们缺乏发育过程的复杂性，也存在将这些实验结果外推到人的不确定性等问题，与常规动物实验对人的致畸危险的评估相比困难较多。另外，这些试验系统均有待标准化及进行可靠性研究，故目前仅用于机制研究和筛查，尚未真正用于外源化学物的发育毒性的危险性评价。

（一）大鼠体外全胚胎培养试验

大鼠体外全胚胎培养（whole embryo culture，WEC）于 20 世纪 30 年代由美国 Nicholas 和 Rudnick 等提出，New 等通过不断的改进于 20 世纪 70 年代使体外 WEC 培养方法逐渐成熟和完善。由于 WEC 模型的研究对象是正处于器官形成期的胚胎，而此期的胚胎对外源化学物质极为敏感，因此该方法一经推出便备受推崇，并被广泛地引入毒理学、药理学、畸胎学和生理学等领域，为体外动态观察胚胎的正常生长发育和探索研究外源化学物的致畸性、致突变性、胚胎毒性等提供了一种有效的和特殊的研究手段。

1. 研究目的　在体外动态观察胚胎的正常生长发育和探索外源化学物的致畸性、致突变性、胚胎毒性及其机制。

2. 染毒方法　依据研究目的不同可选用整体或体外染毒方法。主要包括采用显微注射法将受试物直接注射到胚胎的特定部位；孕鼠受试物染毒后取其胚胎于正常的培养基中培养；对大鼠整体染毒后采集其血清作为培养基；将受试物直接加入培养基，加或不加体外代谢系统；将有害气体充入到培养瓶内的空气中等方法。

3. WEC 常用方法　主要有间歇充气旋转瓶/管道培养法和连续充气旋转管培养法两种。取 9.5 日龄大鼠胚胎，剥去 Reichert 膜，在培养液中接受受试物，在含 O_2、CO_2 和 N_2 环境中旋转培养，观察胚胎发育情况。

4. 观察指标与结果评价　在解剖显微镜下观察胚胎的心跳和血液循环是否存在作为胚胎存活的指标；在解剖显微镜下用目镜测微尺直接测量卵黄囊直径、颅臀长和头长、体节数；测定胚胎干重、胚胎蛋白质和核酸含量来评价胚胎生长发育状况；采用 Brown 定量大鼠胚胎组织器官形态分化评分法，对受试物可能影响器官形态分化的程度作出评价。体外培养的胚胎组织经 Bouin's 液固定，常规制备病理切片，观察胚胎组织器官和细胞的形态学变化。

（二）器官培养试验

器官培养（organ culture）是指从供体取得器官或器官组织块后，不进行组织分离而保持其原有器官的结构，直接将器官或器官组织在体外生长和（或）移植。其目的是在体外情况下，维持器官的结构与功能特征以及细胞的发育分化，可以直观地观察和研究器官的发育分化过程。体外器官培养具有快速、简便、经济、能准确控制受试物的剂量、作用时间、排除母体干扰因素和结果重现性好等优点。用于探讨外源化学物的发育毒性及其机制。

1. 器官培养的原理和特点　将胚胎器官或成体器官置于体外，给予适当的营养液和所需基质，器官则以适当的方式生长并且分化。

器官培养需提供充足的氧气，并且应及时换液以排除器官的代谢产物。胚胎器官的培养，因其细胞生长活跃，迁移能力强，组织尚未完全分化，易受到外界环境因素的诱导而向其他方向分化生长，导致培养失败，因此为了维持器官的基本形态及结构，必须设置某种抑制物来阻止细胞的迁移和组织的分化。常用的方法：将组织置于某种难以黏附的支持物上，如2％琼脂凝胶和钛合金丝网或经常更换支持物或附着面以防止支持物溶解。

2. 器官培养的方法　包括表培养法、悬浮培养法和隔栅培养法等。表培养法是研究胚胎原基形态发生的经典的标准技术，是将胚胎器官组织块放置在鸡血浆和鸡胚提取液做成的凝集块上进行培养。悬浮培养法是将培养物放置在擦镜纸上，擦镜纸漂浮于血清液面进行培养。隔栅培养法是先将金属丝网四边折成直角，将其放入培养皿内，注入培养液使其高度与丝网高度相同，然后将微孔滤膜放在其上，最终将取下的器官放置在微孔滤膜上，在O_2与CO_2的混合气体环境中进行培养。

3. 常用的器官或器官组织　在发育毒理学研究中，常采用胚胎肢芽，腭板、后肾、肺、肝、正常发育的牙齿和其他器官进行体外培养。

4. 腭器官培养　常用的方法有静止培养法（包括琼脂小岛培养法和金属隔栅培养法）和旋转培养法。

(1) 琼脂小岛培养法　将2％琼脂在融化状态下与不含血清的培养基按1:1的比例混合，制备琼脂小岛，然后向琼脂小岛周围注入液体培养基，将取下的腭板放在琼脂小岛面上，放置时要求腭板的腭面朝上，鼻面朝下。盖上培养皿，放入含5％CO_2、37℃的培养箱内进行培养。

(2) 金属隔栅培养法　又称Trowell培养法，将取下的腭板放置在微孔滤膜上，再将有腭板的微孔滤膜放置在金属栅栏上。注入培养液于5％CO_2、37℃的培养箱内进行培养，观察腭板的发育状况。

(3) 旋转培养法　将取下的腭板放入培养瓶中，注入适量培养液，同时向培养箱内充入含有5％CO_2的混合气体，将培养瓶放入旋转培养箱内进行培养。该方法的优点是可以将整个颅面中部取下进行培养，可以观察到腭板融合的整个过程，包括腭板的长出、上抬、黏附以及融合；此外，经该法培养的腭板，其重量没有增加，但其形态学发育与融合过程及融合率与体内极为相似。

（三）小鼠胚胎干细胞试验

小鼠胚胎干细胞试验（mouse embryonic stem cell test，MEST）可从细胞毒性、分化抑制以及分子生物学水平反映受试物的发育毒性作用。本试验常用于哺乳动物细胞分化、组织形成过程的发育毒性研究。目前较成熟的小鼠胚胎干细胞（embryonic stem cell，ESC）是小鼠 ES 细胞株 D_3，它可分化成心肌细胞、内皮细胞、胰岛细胞、神经细胞等。该测试系统的优点是利于建立细胞株作为研究对象，避免了使用实验动物并剖杀怀孕动物；胚胎干细胞具有定向分化为多种细胞的潜能，对模拟早期胚胎发育具有很好的代表性。

1. 试验程序　将小鼠 ESC 种植于 96 孔板培养 7 天后，评价受试物对 ESC 分化的影响及其细胞毒性。也可将小鼠 ESC 细胞和成纤维细胞株 3T3 细胞于 96 孔板培养 3 天和 5 天后，评价两类细胞各自的存活力；ESC 在培养液中生长 3 天后形成胚体，将培养孔封口并继续培养 10 天后检查分化成心肌细胞的能力。

2. ESC 分化状况的评价　（1）显微镜观察细胞形态的变化。（2）通过载体将绿色荧光蛋白基因转染 ESC，受试物导致的 ESC 向心肌细胞分化发育的异常，从而启动荧光蛋白质基因表达，产生特异的绿色荧光蛋白质，通过检测波长 509 nm 的绿色荧光的强度可以间接判断出分化发育的情况。（3）通过提取分化发育过程中细胞的 RNA，进行逆转录聚合酶链反应（RT-PCR）分析，在受试物作用下根据分化的心肌细胞中所含的特异肌球蛋白重链基因表达量的变化，判断受试物抑制 ESC 分化的程度。

（四）胚胎细胞微团培养

胚胎细胞微团培养（embryonic cell micromass culture）是一项介于单细胞培养和器官培养之间的体外试验技术，因其花费少、周期短、操作简单、准确性高等优点而广泛应用于筛检外源化学物的致畸性。其原理主要是根据培养细胞集落数目减少程度，定性及定量评价外源化学物的致畸作用。

胚胎细胞微团培养的程序：从 11 日龄大鼠胚胎获取原代中脑细胞微团、肢芽区或其他区的细胞微团，分别加入不同浓度的受试物共同培养 5 天，用中性红染色判断细胞存活，用 Alcia 蓝染色判断肢芽软骨细胞分化数量，用苏木素染色判断中脑细胞微团细胞分化数量，最后求出影响细胞分化终点的肢芽细胞 50% 增殖抑制浓度，并进行受试物组与对照组比较，评价受试物可能的发育毒性作用。

（五）其他方法

1. 水螅培养 水螅培养（hydra culture）是将水螅匀浆、分离，水螅细胞在无细胞毒外源化学物的生长液中孵化，由细胞发育成完整的成体水螅，而在细胞毒外源化学物存在时，产生罕见的无组织结构。水螅再生成一个完全的新的成体水螅期间，经过一个有序的个体发育顺序，包括细胞迁移、分化、感应等。对许多受试外源化学物的哺乳动物与水螅发育毒性指数进行了比较，显示出两者间显著相关。

2. 鸡胚视网膜神经细胞培养试验 鸡胚视网膜神经细胞培养试验（chicken embryo retina neural cell culture）分离第 6.5 天的鸡胚视网膜神经细胞，置于旋转的悬浮培养基中培养生长 7 天，观察细胞的聚集、生长、分化以及生化标志。

3. 小鼠卵巢瘤试验 小鼠卵巢瘤试验（mouse ovarian tumor）将标记的小鼠卵巢肿瘤细胞置于以刀豆球蛋白 A 包被的培养皿中培养 20min。观察终点为细胞贴壁抑制。

4. 果蝇试验 果蝇试验（drosophila）从蝇卵刚排出到成虫破卵而出的整个阶段观察幼虫的生长情况及观察成虫的结构缺陷。

（孙应彪 党瑜慧）

主要参考文献

1. Klaassen CD. Toxicology：The Basic Science of Poisons. 6nd ed. New York：McGraw-Hill Inc，2001.

2. Hayes AW. Principles and Methods of Toxicology. 4th ed. New York：Raven Press，2001.

3. 李寿祺. 毒理学原理与方法. 2 版. 成都：四川大学出版社，2003.

4. 夏世钧，吴中亮. 分子毒理学基础. 武汉：湖北科学技术出版社，·2001.

5. 周宗灿. 毒理学教程. 3 版. 北京：北京大学医学出版社，2006.

6. 王心如. 毒理学基础. 5 版. 北京：人民卫生出版社，2007.

7. 李勇，张天宝. 发育毒理学研究方法和实验技术. 北京：北京医科大学出版社，2000.

8. 卡萨瑞特·道尔. 毒理学. 北京：人民卫生出版社，2002.

9. Flick B，Klug S. Whole embryo culture：an important tool in development toxicology today. Curr Pharm，2006，12 (12)：1467-1488.

10. Luijten M，Verhoef A，Westerman A. Application of a metabolizing system an adjunct to the rat whole embryo culture. Toxicol In Vitro，2008，22 (5)：1332-1336.

11. Minta M，Wilk I，Zmudzki J. Inhibition of cell differentiation by quinolones in micromass cultures of rat embryonic limb bud and midbrain cells. Toxicol In Vitro，2005，19 (7)：915-919.

12. Ahuja YR，Vijayalakshmi V，Polasa K. Stem cell test：a practical tool in toxicogenomics. Toxicology，2007，231 (1)：1-10.

13. Stigson M，Kultima K，Jergil M，et al. Molecular targets and early response biomarkers for the prediction of developmental toxicity in vitro. Altern Lab Anim，2007，35 (3)：335-342.

14. 卢胜军. 腭器官培养在腭裂发病机制研究中的应用. 国际口腔医学杂志，2008，5 (35)：569-572.

第二部分

外源化学物致生殖与发育毒性

第九章

金属及其化合物

第一节　铅及其化合物

一、理化性质

铅（Lead，Pb）为灰色质软的重金属。铅尘遇热或明火会着火、爆炸。加热至 4000℃ 以上时，即有大量铅蒸气逸出，并迅速氧化为铅的各种氧化物。

二、来源、存在与接触机会

铅污染的来源很广，职业接触主要是蓄电池、电缆包铅、油漆、药、陶瓷、塑料、辐射防护材料等生产企业。除了职业性接触外，使用含铅汽油作为燃料的机动车也可为空气铅污染的主要来源。生活中也可以接触到，如含铅学习用品和玩具、含铅油漆、含铅颜料、含铅化妆品、食品罐头的焊料、陶瓷中的釉彩等。食物更是不可忽视的来源之一，如贝类水产品。有专家提出，人体中的铅 90% 来自食品。

三、吸收、分布、代谢与排泄

职业人群主要是吸入作业环境中铅烟气和铅尘为主。一般说大部分吸入的铅仍随呼气排出，仅 25%～30% 吸收人体内。我国居民从食品中摄入的铅约为 82.5μg/d，虽低于世界卫生组织提出的 86μg/d 的标准，但远远高于发达国家的水平。

吸收入血的铅约 90% 与红细胞结合为非扩散性铅，少量与血浆蛋白结合，成为生物活性较大的结合性铅或可扩散铅。后者可通过生物膜，进人中枢神经系统。体内的铅，90% 以上贮存于骨和毛发中，有 5% 左右的铅存留于肝、肾、脑、心、脾等器官和血液内，并可进入细胞核内形成核内包涵体。占体内总铅量 $1\%\sim2\%$ 的血铅约有 95% 分布在红细胞内（主要在红细胞膜），血浆只占 5%。而沉积在骨组织内的磷酸铅呈稳定状态，与血液和软组织中铅维持着动态平衡。吸收入体内的铅主要经肾由尿排出，小部分随粪便、唾液、乳汁、汗液及月经排出。毛发和指甲也可排出少量。

四、毒性概述

（一）动物实验资料

1. 急性毒性　醋酸铅静脉注射，对大鼠 LD_{50} 为 140mg/kg。醋酸铅腹腔注射，对兔 LD_{100} 为 58mg/kg。硫化铅腹腔注射，大鼠 LD_{50} 为 1600mg/kg。

2. 亚急性与慢性毒性　SD 大鼠经口给予醋酸铅 $12.5\sim50$mg/kg，每周 5 天，连续 8 周后，染毒组大鼠的尿铅、尿总蛋白、尿 N-乙酰-β-D-氨基葡萄糖苷酶、尿 β_2-微球蛋白水平均有显著升高（$P<0.05$），并随染毒剂量的增高而升高。

3. 致突变　经口给予 $10\sim25$ mg/kg 醋酸铅，可使小鼠骨髓嗜多染红细胞微核率升高，与对照组相比差异有统计学意义（$P<0.01$）。腹腔注射醋酸铅 30mg/kg，同样可使成年小鼠骨髓嗜多染红细胞微核升高，而且还引起孕鼠骨髓嗜多染红细胞微核及胎鼠肝细胞微核增高，与对照组相比差异具有统计学意义（$P<0.01$）。

4. 致癌　动物实验结果显示，大鼠长期喂饲含醋酸铅或磷酸铅的饲料，可引起大鼠肾癌、脑神经胶质瘤；皮下注射磷酸铅可引发肾皮质肿瘤，如腺癌、乳头状瘤、囊腺癌和上皮癌。Epstem 和 Mcntc 给出生 21 天小鼠皮下注射 0.6mg 四乙基铅（分 4 次等剂量），发现恶性淋巴癌发生率明显增高。Doryszycka 等连续 12 个月每天给予大鼠含醋酸铅（1.5μg）的饲料，可见肾囊性病变、癌前病变及肾瘤性损伤。国际癌症研究所（IRAC）已将无机铅归入 2B 类，人类可能致癌物。

（二）流行病学资料

李雪芝（2010 年）通过用 ECM 法对某蓄电池厂 41 名铅接触者

进行了外周血淋巴细胞 DNA 损伤检测。结果表明接触者 DNA 损伤率和几何平均荧光强度明显高于对照组，其差异有统计学意义（$P<0.05$）。

苏素花等（2007 年）对 339 名长期从事铅作业工人（工龄 1～7 年，平均 4.5 年）及无铅接触的 57 名健康成人，分别检测血铅、尿铅、红细胞锌原卟啉（ZPP）、尿 β_2-微球蛋白（β_2-MG），尿 N-乙酰-β-D-氨基葡萄糖苷酶（NAG）、尿视黄醇结合蛋白（RBP）的含量。结果表明铅接触组各项指标检结果明显高于对照组（$P<0.01$）；并且随血铅含量的增高尿 β_2-MG、NAG 和 RBP 含量也随之增高。

对于儿童铅中毒的问题，国外在 20 世纪 70 年代就开始着手制定儿童铅中毒的诊断标准。几经修改后，美国疾病预防控制中心在 1991 年提出：儿童血铅水平 $\geqslant 100\mu g/L$ 作为儿童铅中毒诊断标准，该标准现已被 30 多个国家（包括我国）接受认可。

（三）中毒临床表现及防治原则

1. **急性中毒**　多因误服大量铅化合物所致。以消化道症状为常见，如口内有金属味、流涎、恶心、便秘或腹泻及阵发行腹绞痛等。严重者可出现中毒性肝病、中毒性肾病和中毒性脑病及溶血性贫血。

2. **慢性中毒**　慢性铅中毒主要为职业性接触铅所致。早期主要表现为全身乏力、肌肉关节酸痛，口内金属味，腹部绞痛（按摩后反可减轻疼痛），便秘或腹泻，头痛，血压升高等。少数严重中毒者可出现贫血甚至中毒性肝病、中毒性肾病。有些患者可见齿龈边缘出现蓝黑色"铅线"。已有许多流行病学调查研究揭示，环境铅暴露会影响儿童行为和智力水平，可造成儿童不可逆的学习和记忆能力下降。

铅通过抑制含巯基的酶，影响血红蛋白的合成，引起贫血。另外，长期接触低浓度铅可抑制了红细胞膜 Na^+-K^+-ATP 酶的活力，引起溶血。

有报道认为，血铅浓度的增加与收缩压的上升呈正相关关系，血铅浓度每增加 1 倍，收缩压上升 0.6～1.25mmHg。铅在体内形成的抗原-抗体复合物，也会沉积在血管壁上，对心血管系统造成损伤。长期接触会造成近端小管损伤、坏死，发展成慢性铅性肾病。

3. 防治原则　铅中毒的诊断主要根据其铅接触史，相应中毒表现，以及化验指标的检测，如血、尿铅浓度升高。以及血、尿 δ-ALA 升高，对铅中毒和铅吸收早期诊断的主要依据。

对经口铅中毒的治疗：（1）立即用清水洗胃，也可用 1％硫酸镁或硫酸钠洗胃；也可给予牛奶或蛋清，以保护胃黏膜。（2）腹绞痛是可用 10％葡萄糖酸钙 10ml 缓慢静注；同时给予对症、支持治疗。（3）铅中毒确诊后立即给予驱铅治疗。

铅中毒的预防，对儿童而言，首先要养成良好的卫生习惯，防止经口摄入含铅物质；少食某些含铅较高的食物和太油腻食品，多吃瘦肉、肝、西红柿、新鲜蔬菜等，膳食中要含有足够的钙、铁、锌等，以减少铅的吸收。

职业性接触，应用无毒或低毒物质代替铅；工作场所应设置通风排风设备，对排除的铅烟尘回收利用；积极开展健康教育，提高人群的健康知识和自我保护意识；定期检测车间空气中铅浓度。

五、毒性表现

（一）雄（男）性生殖毒性表现

1. 动物实验资料　通过饮水给予雄性 CF-1 性成熟小鼠 0.25％和 5％铅溶液，发现 0.25％组附睾内精子数量明显减少；5％组精子数量和活动精子数所占比例减少，畸形精子数目增多。虽然睾丸重量无明显改变，但附睾重量、精囊重量和小鼠体重明显减轻，表明铅对睾丸生精过程有影响。

成年雄性小鼠灌胃给予醋酸铅（250、500、1000mg/kg）染毒停止 1 周后，病理组织学检查可见生精细胞层次减少、上皮细胞排列紊乱、疏松甚至脱落。电镜观察，可见睾丸支持细胞核仁不明显；各级生精细胞内均可见到呈空泡样改变的线粒体；生精细胞核膜肿胀、弯曲，胞质内溶酶体及脂滴增多；部分生精细胞坏死。醋酸铅（1.5、6、24mg/kg）可降低小鼠精子数量，增加精子畸形率；24mg/kg 组小鼠睾丸重量明显低于对照组。

昆明小鼠自由摄取浓度为 0.2％和 0.4％的醋酸铅溶液后，分别于第 2、4、6 周处死动物；用单细胞凝胶电泳实验（彗星实验）检测小鼠睾丸细胞 DNA 损伤情况。结果显示，醋酸铅染毒后小鼠睾丸细胞 DNA 单链断裂，出现彗星状拖尾。各项指标（拖尾细胞的百分率、DNA 迁移的长度、olive 尾矩）与对照组相比差异均具有统计学意义（$P < 0.01$）；并且 DNA 的损伤随着染铅浓度和时间的增加而加重，呈现出时间-效应关系。提示醋酸铅可诱导睾丸与生殖有关的细胞 DNA 损伤；并且其损伤作用呈现出时间依赖性。

2. 流行病学资料　据有关文献报道，Alexande 等调查了 119 名男性铅熔炼工人的血铅和精子数量，发现血铅浓度≥400μg/L 的工人其精子浓度低于正常值的危险性比血铅<150μg/L 的工人高 8.2 倍。Robins 等通过对铅蓄电池厂 97 名男性工人的研究，提出具有不正常形态的精子百分数与当前血铅水平、累积的血铅水平和暴露持续时间有显著相关性。Chowdhury 等认为铅对精子计数和活力精子百分数有明显影响，且印刷厂男性工人职业性接触铅后，其精液中异常精子的百分数也明显升高。张艳娥等采用双色淡光原位杂交（FISH）方法，对某蓄电池厂接铅 4 年以上的 12 名工人的精子进行了检测，结果显示：接铅组 X 双体精子率、XY 双体精子率及总双体精子率均与对照组比差异有统计学意义（$P < 0.01$），提示铅可造成男性精子性染色体非整倍体率增加。与非铅接触者为相比，铅接触者的平均 1 次射精精液总量，精子密度，精子总数，存活精子数，精子存活率等均降低，畸形精子数及精子畸形率增高。

（二）雌（女）性生殖毒性表现

1. 动物实验资料　有研究表明孕期大鼠经口给予不同剂量的铅，发现 525mg/kg 铅可以引起子代发生骨结构畸形；当铅剂量为 125mg/kg 时可引起子代发育迟缓；而 25mg/kg 的铅可引起子代出现行为异常。

取孕 8.5 天的昆明小鼠胚胎，置于含有不同浓度铅（0，30，60，90mg/L）的即刻离心大鼠血清中进行 48h 全胚胎培养。结果观察到，铅可抑制胚胎生长发育，出现胚胎发育异常，主要为神经管闭合不全，脑泡发育不良所致的小头畸形，心包积液和脑水肿，卵黄囊发育不良，小鼠胚胎形态学评分下降。

未成年雌性昆明小鼠连续 2 天经腹腔注射醋酸铅（10、20、40mg/kg），并于注射后 24 小时和 72 小时分离卵巢，观察卵巢组织的病理变化，用原位末端标记法（TUNEL）测定卵巢颗粒细胞的凋亡率。结果表明，(1) 铅可使小鼠卵巢组织结构发生病变，镜下可见卵巢组织结构不完整，皮质区变薄，并有大量的颗粒细胞和纤维母细胞巢状增生。中高剂量染毒组部分卵泡破裂、出血、变形，卵泡内颗粒细胞排列紊乱，缺少卵母细胞。卵巢中的原始卵泡、闭锁卵泡增多，而初级卵泡、次级卵泡和成熟卵泡数目明显减少，且随染毒剂量的增加，数目减少越多。(2) 铅可加速卵巢颗粒细胞的凋亡，且凋亡率与染毒剂量及时间的延长有明显关系，差异有统计学意义（$P < 0.01$）。表明铅对小鼠卵巢具有毒性作用，可诱导卵巢颗粒细胞发生凋亡，并呈现一定的剂量与时间依赖关系。

给妊娠小鼠于妊娠 9、11、13、15 天和 17 天上午分别腹腔注射 1.2、0.24 和 0.048 g/L 的醋酸铅溶液；在产后 70 天时，处死雄性子鼠，采集其输精管精子，进行精子检测，研究醋酸铅对妊娠小鼠雄性子代的生长发育和生殖能力的影响。结果显示，各染毒组雄性子鼠精子相对密度显著低于对照组（$P < 0.01$）；与对照组比较，高剂量和中剂量组雄性子鼠精子畸形率显著高于对照组（$P < 0.05$），与低剂量组比则差异无统计学意义（$P > 0.05$）；各染毒组雄性子鼠精子活力及精子顶体形态异常率与对照组之间差异无统计学意义（$P > 0.05$）。说明，铅可通过妊娠母鼠对雄性子代精子产生显著影响，使其精子形态发生改变。

2. 流行病学资料   李国栋等对某机械冶炼厂中从事熔铅的 35 名女工进行了调查。由于长期（工龄连续 5 年）职业性接触铅（$0.035 \sim 0.048 mg/m^3$），接触铅的女性可出现月经失调，白带异常，腹（腰）痛、痛（闭）经等症状，与非接触者相比有差异统计学意义（$P < 0.05$）。

周华在对蓄电池、印刷、电子仪表等行业从事铅作业的 70 名已婚女性进行了调查后发现，在铅接触者中自然流产、早产检出率明显高于非接触者（$P < 0.05$），低体重儿畸形儿也高于对照组。马清兰等对从事铅作业1年以上496名女工妊娠进行流行病学调查，其工作环境空气中铅尘浓度均值为0.063（0.03～0.10）mg/m^3。铅烟浓度均值0.035（0.01～0.01）mg/m^3。结果显示，接触组女工妊娠恶阻（9.27%）、妊娠贫血（13.51%）与对照组相比（4.25%、8.10%），差异有统计学意义（$P < 0.05$）。杨惠平调查了某市钢丝绳厂（铅浓度0.82～4.52mg/m^3）和蓄电池厂（0.73～1.88 mg/m^3）192名已婚接触铅作业女工（工龄1年以上），发现其月经周期紊乱发生率、经期不规则、血量异常、早产与自然流产发生率均显著高于对照组（$P < 0.05$）；痛经发生率、死胎死产、低体重儿、围产儿死亡发生率接触组虽高于对照组，并有升高趋势，但差别无统计学意义。

刘玮对某市乡镇企业152名铅作业女工进行了调查。由于乡镇企业生产环境条件恶劣，铅污染严重，且缺乏有效的防护设备，作业工人接触时间长，又多为手工操作，故职业病发病率较高，其中女性受危害尤为明显。在1988年诊断为铅中毒和铅吸收的患者中，女工就分别占24例（66.7%）及63例（70.8%）；并且铅作业女工的生殖功能也有不同程度的损害。调查显示，铅作业女工的妊娠合并症（妊娠高血压、贫血、妊娠中毒症）发生率，自然流产率（13.8%），早产率（15.9%），月经异常发生率（51.97%），均明显高于对照组。与杨惠平（2001年）的调查结果相似。

六、毒性机制

（一）氧化性损伤与能量代谢障碍

铅可通过血睾屏障，在睾丸组织内产生活性氧自由基，使脂质过氧化物（LPO）含量升高，超氧化物歧化酶（SOD）和谷胱甘肽过氧化物酶（GSH-Px）活性下降，造成睾丸发生脂质过氧化，由此导致生精上皮细胞、支持细胞及间质细胞受损。表现为精子数目的减少，畸形率增高，精子活动能力下降，而不活动的精子比例增高。

铅可降低果糖代谢和延长精液液化时间，从而对精子的活动度产生影响。果糖代谢为精子活动提供能量，代谢降低则直接影响精子活动度；精液液化时间延长则会使精子通过子宫受阻而降低受孕机会，同时也会影响到精子的活动度。

（二）对雌性激素分泌与功能的影响

有研究显示，铅可引起卵巢出血和积液，致使雌二醇和孕酮的缺乏，成为导致胚胎死亡，尤其是胚胎早死的主要原因。铅还可通过抑制卵巢分泌雌激素、孕激素，出现月经紊乱，排卵异常。研究资料表明，铅进入体内后，可通过与 Ca^{2+} 竞争受体、致氧化损伤及基因损伤、引发细胞凋亡等多种方式减少孕激素的生成；或直接抑制卵巢颗粒细胞合成孕激素；也可通过影响分泌细胞 ATP 通道而使孕激素的合成受到干扰。实验证明，铅可诱导卵巢颗粒细胞发生凋亡，产生毒作用，并呈现一定的剂量-时间依赖关系。

研究发现，铅可通过改变子宫雌激素受体的数量和亲和力，使子宫对雌激素的反应发生变化，从而干扰受精卵的着床。另有研究证实，铅可使孕鼠子宫蜕膜坏死，细胞崩解后释放出的磷酸酯酶，使花生四烯酸转化为前列腺素，进而引起子宫平滑肌收缩加强，造成流产或胎儿死亡。

（三）对某些酶活性的影响

基质金属蛋白酶（MMPs）是一组锌依赖性蛋白水解酶，可降解细胞外基质（ECM），其中的基质金属蛋白酶-9（MMP-9）是胚胎滋养层细胞侵入过程中重要的限速酶，参与 ECM 的调节以及滋养层细胞的损伤与修复。正常情况下大多数 MMPs 在组织中表达水平较低，只有当 ECM 需要重建时才被诱导。MMPs 表达不足或过度表达可引起很多病理妊娠，如妊娠高血压、宫内发育迟缓或早期流产、胎膜早破以及滋养细胞病（如葡萄胎及绒毛膜癌）等。而同在胎盘组织金属蛋白酶组织抑制物（tissue inhibiters of metalloproteinases，TIMPs）则可特异性抑制 MMPs 的活性，两者之间的动态平衡对维持妊娠过程的顺利进行具有重要的生理作用。近期有研究结果显示，随着染铅孕鼠的孕末期血铅水平的升高，胎盘滋养层细胞 MMP-9 表达阳性率降低，而 TIMPs 的表达阳性率增加；其结果就是使得滋养层细胞浸润能力下降，影响受精卵在胎盘着床和血管重组，导致胎盘供血、供氧不足，从而造成胎盘缺氧、缺血，进而影响到胎盘发育及胎体生长。据此，作者认为：因血铅水平增高所造成的 MMP-9 与 TIMPs 表达失衡，可能是铅致胎盘组织损伤的毒性机制之一。

葡萄糖-6-磷酸脱氢酶（G-6-PD）、β-葡萄糖醛酸酶（β-G）、乳酸脱氢酶（LDH）和乳酸脱氢酶同功酶 x（LDHx）同为睾丸间质细胞、支持细胞、生精细胞和精子的标志酶，其活力的改变可影响各细胞的生理、生化功能，引起睾酮分泌下降，精细胞生长因子减少，导致精子发生和发育受阻，生精功能受损。铅也可通过抑制精液中乳酸脱氢酶同功酶 x（LDHx）和琥珀酸脱氢酶（SDH），影响睾丸能量代谢，使其生精功能下降，精子数目减少。

（四）亚硝化应激

大量研究表明，作为近年来发现的新的细胞信使分子一氧化氮（NO），在调节妊娠期血流动力学改变，保证胎儿胎盘有足够的血流供应，以供给胎儿营养和氧气方面起着重要作用，与阴茎勃起，睾丸微循环的调节，精子的成熟、运动及获能，雌激素的分泌等均关系密切。而一氧化氮合酶（NOS）则是产生 NO 的最重要的辅酶。NOS 活性增高和高水平的 NO，有助于维持胎儿-胎盘循环的低阻力，保证胎儿的营养供应及正常发育。

研究发现，铅中毒在一定范围内时，可代偿性出现亚硝化应激功能升高，以抵御外源性有害因素的入侵，保证组织器官的正常结构和功能。而当铅中毒继续加重时，由于失代偿，亚硝化应激功能随之降低，从而引起胎儿-胎盘循环阻力增高，胎盘血流减少，导致胎儿缺血、缺氧，胎儿发育受影响。

（五）遗传物质损伤

用单细胞凝胶电泳试验（彗星实验）检测染醋酸铅（0.2% 和 0.4%，2～6 周）小鼠睾丸细胞 DNA 损伤情况。结果显示，染铅小鼠睾丸细胞 DNA 单链断裂，出现彗星状拖尾。几项检测指标（拖尾细胞的百分率，DNA 迁移的长度，olive 尾矩）与空白对照组相比均有非常显著性差异（$P < 0.01$），并且 DNA 的损伤随着醋酸铅染毒浓度和时间的增加而加重，呈现出时间-效应关系。

有研究显示，睾丸与附睾中的精子所吸收的铅可与染色质中的巯基结合，使染色质的解凝聚降低，进而对受精后染色质的解凝聚过程可能产生干扰作用。认为这可能是诱发染色体结构畸变的原因之一。

在 DNA 水平上的研究表明：铅可能是通过抑制 DNA 修复机制，即可能与修复酶（如聚合酶或连接酶）以及与钙调蛋白（CaM）相互作用而使睾丸中 DNA、RNA 和蛋白内容物显著下降。

在基因水平上有报道，铅染毒可以影响睾丸和附睾组织神经生长因子（NGF）基因的表达。近年来通过免疫组织化学的方法发现在小鼠、大鼠的睾丸、附睾以及豚鼠、兔、公牛的前列腺中也存在着 NGF，提示 NGF 不仅是调节神经系统的重要生物活性分子之一，在生精细胞的分化、发育和生理功能方面可能也具有重要的作用。丁斐等采用原位杂交法和 RT-PCR 方法，对染铅小鼠睾丸组织 NGF mDNA 含量的变化进行了观察。结果发现，铅染毒可使小鼠睾丸组织 NGFmDNA 表达水平明显下降，从而使睾丸组织中 NGF 生成减少，进而影响睾丸组织的生长发育，致使生精细胞的分化与成熟以及精子的生成受到影响。

李茂进等对自由饮用 0.2% 醋酸铅水溶液的 Wistar 大鼠进行了疲劳耐力实验、Hoxa9 原位杂交实验及病理检查。结果显示：染毒组大鼠游泳时间与对照组比较具有统计学意义（$P < 0.01$）。病理检查可见睾丸组织萎缩，精原细胞层变薄，生精小管内精子减少，细胞凋亡和坏死较明显。睾丸组织中 Hoxa9 的 mRNA 表达降低。作者认为 Hoxa9 表达降低可能是铅生殖毒性的机制之一。

（六）对神经内分泌调节的影响

有研究结果显示，染铅的孕鼠血清促黄体生成激素（LH）、催乳素（PRL）和孕酮（P）含量明显增高。研究提示，铅可通过干扰下丘脑-垂体-卵巢轴对生殖内分泌激素的影响，引起生殖激素功能紊乱，使 FSH、LH、雌二醇等激素分泌降低。

铅也可通过影响下丘脑-垂体-睾丸轴，阻断其调节功能而间接对睾丸产生影响。可使血清中由男性垂体前叶分泌的卵泡刺激素（FSH）、间质细胞刺激素（ICSH），以及睾酮（T）的平均值明显降低。FSH 的降低，可阻止精子转变的过程；ICSH 的降低，可使睾丸间质细胞的增值受到抑制了，从而减弱精子活动度、数目减少；而血清 T 则可反馈性的调节垂体前叶促性腺激素的分泌量，因而被认为是性欲降低和阳痿的主要原因。

（崔京伟　卢庆生　穆效群）

第二节　汞及其化合物

一、理化性质

汞（mercury，Hg）无气味，外观为银色液态金属，沉重可移动。金属汞几乎不溶于水。无机汞盐的溶解度有所不同，有的易溶于水，如硝酸汞、氰化汞和氯化汞；有的微溶于水（溴化汞）或难溶于水（氯化二汞），而氧化汞和硫化汞几乎不溶于水。有机汞均为脂溶性，不可燃。加热时可形成有毒烟雾。

二、来源、存在与接触机会

金属汞　常用于仪表制造、电气器材制造与修理、实验室汞仪器分析。最可能接触到的是金属汞蒸气。

无机汞化合物　常用来制造雷管和炸药；制造防火、防腐涂料；及照相、医药、冶金、印染、鞣革等工业。此外在塑料、染料加工过程中用汞作为催化剂。含汞粉尘或气溶胶在上述工业中可能接触到。

有机汞主要用作农药，如作为杀虫剂拌种、浸种和田间撒布。国外尚用于园林业、造纸、纺织及皮革业等。在有机汞的制造生产、运输与贮存过程中，及船底漆和油漆防霉操作时，有机会接触到有机汞。

生活中常使用含汞药物，或误服汞的无机化合物引起中毒。另外如牙医所用的含汞齐的补牙材料等。以及误食被有机汞污染的粮食。

三、吸收、分布、代谢与排泄

金属汞几乎不被消化道和皮肤吸收，但其蒸气很容易经肺吸收；无机汞易经消化道和呼吸道吸收；有机汞则可经过各种途径侵入体内。

无论何种途径进人机体内汞化合物很快转变为 Hg^{2+}，与红细胞血红蛋白结合或进入血浆，并与血浆蛋白结合，称为蛋白结合汞。此外，汞可与体液中的阴离子结合，也可以和含巯基的低分子化合物结合，形成可扩散型汞，通过血液迅速分布全身，随之转移聚积在肝和肾。然而，Hg^{2+} 不易通过血脑屏障进入脑。

汞在体内各脏器中以肾的含汞浓度最高，约为体内总负荷量的 $70\%\sim85\%$ 以上，可比其他脏器多达 150 倍。约有 80% 吸收的汞盐主要蓄积于肾的近端小管内。

金属汞还可穿透胎盘屏障造成胎儿汞蓄积。汞还可分布到肠黏膜、唾液腺、口腔黏膜及皮肤等处，毛发中汞浓度也较高。体内汞主要经肾由尿排泄和经肝由胆汁排入肠再随粪便排出体外。其次可随汗腺、唾液腺、乳腺、毛发和指甲排出。

四、毒性概述

(一) 动物实验资料

1. 急性毒性　金属汞蒸气对狗的致死浓度为 $15.29\sim20.08\text{mg/m}^3$。狗在 $15\sim20\text{mg/m}^3$ 汞蒸气浓度下吸入 8 小时，$1\sim3$ 天内死亡，死亡前出现发绀、四肢无力、呕吐、腹泻；在 12.55mg/m^3 的浓度下吸入 8 小时，$6\sim16$ 天死亡；在 $3\sim6\text{ mg/m}^3$ 浓度下吸入 8 小时，则出现典型中毒症状。如食欲减退、流涎、呕吐、血便和腹泻、眼部炎症、全身软弱无力、步态不稳、兴奋性增高等，有些动物则出现震颤、瘫痪，甚至抽搐。家兔在吸入 28.8mg/m^3 的金属汞蒸气后，可出现肝、肾、心、肺和结肠等脏器的严重损害。

无机汞化合物经口毒性因其吸收程度的不同而有所不同。一价汞化合物的毒性较小。二价汞的毒性较大。此外，经胃肠外途径染毒的毒性大于经口毒性。

有机汞化合物中，甲基汞和乙基汞的毒性差别不大；而苯基汞的绝对毒性虽然较乙基汞大一些，但差别不太多。

2. 亚急性与慢性毒性　大鼠每天肌内注入 1.0mg/kg 汞盐，主要引起远端小管改变，5 天后出现细胞空泡变，线粒体肿胀；7～10 天肾小管上皮脱落；2～3 周细胞坏死、钙化，肾皮质的肾小管呈广泛营养不良。再生的上皮显示有线粒体损害和胞浆稀疏。

狗的慢性中毒剂量约为 $3.05mg/m^3$，表现为齿龈炎、腹泻、体重减轻、厌食以及神经系统损害。兔反复吸入浓度为 $6mg/m^3$ 的汞蒸气 6 周后发现有肾、心、肺和脑的损害。

3. 致突变　氯化甲基汞可诱发培养的中国仓鼠肺成纤维细胞（V79 细胞）和人淋巴细胞染色体畸变。同时，氯化甲基汞小鼠显性致死实验阳性。

4. 致癌　通过连续 78 周给雌、雄小鼠喂饲内含甲基汞 0.15mg/kg 和 30mg/kg 饲料，发现低剂量组存活的 16 只雄性小鼠中，13 只在染毒的第 53 周后发生肾肿瘤（主要为腺癌）。而对照组 37 只雄性小鼠仅 1 只发生肾肿瘤。但并未发现雌性小鼠有肾肿瘤发生。同时，在另一项研究中也同样发现甲基汞仅引起雄性小鼠肾腺癌发生率增高。由此可见，甲基汞诱发肾腺癌发生具有明显的性别差异。另外有实验表明，甲基汞对大鼠并无致癌作用，似乎显示甲基汞致癌作用有明显的种属差异。

（二）流行病学资料

王史远（2005 年）的调查结果显示，由于作业场所空气中汞浓度的超过其最高容许浓度（MAC），汞作业工人的肾功能均受到不同程度的影响，尿 α_1- 微球蛋白（α_1-MG）、白蛋白（ALB）、IgG 浓度升高，并与汞浓度的超过 MAC 倍数相关，超过 MAC 越多 α_1-MG、ALB、IgG 越高。

在日常生活中，最典型的汞中毒事例就是 1953 年发生在日本水俣市的汞中毒事件，共造成 41 人死亡。这是由于当地一家化工厂常年向水俣湾排放含汞废水，致使汞生成甲基汞后，富集在鱼、贝壳等海产品内，人或动物食用了这种海产品就引起了甲基汞中毒。

（三）中毒临床表现及防治原则

1. **急性中毒**　经消化道进入者常因口服升汞等汞化合物引起。服后数分钟到数十分钟即可出现急性腐蚀性口腔炎和胃肠炎：表现为口腔和咽喉灼痛，并伴有恶心、呕吐、腹痛等，随后可有腹泻。检查呕吐物和粪便，可见有血性黏液和脱落的坏死组织。甚至可致胃肠道穿孔。数天（3～4 天）后，严重的可在 24 小时，可出现急性肾衰竭，并有肝损害。

吸入高浓度汞蒸气可出现发热、引起化学性气管支气管炎和肺炎，乃至呼吸衰竭及急性肾衰竭。皮肤接触可引起变应反应性接触性皮炎。出现的红斑丘疹，可融合成片或形成水疱，愈后有色素沉着。

2. **慢性中毒**　（1）神经系统症状，如易激动、思想不集中、精神压抑，以及头痛、肢体麻木等。植物神经功能紊乱的表现如脸红、多汗、皮肤划痕征等。（2）肌肉震颤，起始于手指、眼睑和舌，随后可累及到手臂、下肢和头部，甚至全身；尤其是在被人注意和激动时更为明显。（3）口腔症状主要表现为黏膜充血、溃疡、齿龈肿胀和出血，牙齿松动和脱落。特别是沉积在齿龈表面的、由硫化汞细小颗粒排列而成的汞线，这是汞吸收的一种标记。（4）肾方面，可有低分子蛋白尿等，以及肾炎和肾病综合征。在脱离汞接触后肾损害可望恢复。

3. **防治原则**　根据接触汞的职业史，出现相应的临床表现及实验室检查结果，参考劳动卫生学调查资料，进行分析，排除其他病因后，方可诊断。汞中毒可分为急性中毒和慢性中毒；并根据出现的中毒症状及临床表现，又各自分为轻、中、重度三个等级。

急性吸入中毒时，首先迅速脱离现场，并脱去污染衣服；次之进行驱汞治疗，程视病情而定。同时给予对症处理。

慢性中毒主要是驱汞治疗：给予二巯基丙磺酸钠，以及对症处理。中度及重度中毒患者治愈后，不宜再从事汞作业。

对工作场所应加强管理，建立健全密闭系统和通风设施；改革旧工艺或用替代品；同时强化职工的自我保护意识，完善个人防护措施。加强对含汞"三废"的处理。禁止使用有机汞农药。有职业禁忌证的人员不得从事该工作。接触汞者,按规定定期进行职业性健康检查。

五、毒性表现

(一) 雄 (男) 性生殖毒性表现

1.动物实验资料 给予雄性 ICR 小鼠氯化汞腹腔注射,0.5、1.0、5.0μmol/kg,镜下可见生精细胞核膜、染色质、线粒体,附睾精子线粒体等超微结构均有程度不同的改变。电镜显示,精原细胞和精母细胞退行性改变,细胞空泡化,核膜溶解,线粒体肿胀,出现大脂滴、异常颗粒以及细胞碎片;精子细胞以空泡化和顶体改变为主,顶体非对称发育,膨出肿胀并伴有表面膜及线粒体鞘破坏,部分细胞紧密连接破坏。

用氯化汞 0.01~1mmol/L 处理小鼠离体睾丸生精细胞,可致生精细胞 DNA 单链断裂,DNA 损伤率和彗星迁移距离增高,DNA 损伤率和迁移距离存在明显的剂量-效应关系。

对 ICA 雄性小鼠腹腔注射 0.25、0.5 和 1mg/kg 氯化汞(3 天 1 次,共 10 次)。染毒结束后,一半小鼠与正常雌鼠交配,观察雌鼠受孕率、子胎数、胎鼠重量;另一半则测定睾丸系数、附睾精子数量、精子活力和精子畸形率。结果显示,高剂量染毒组中雄鼠与雌鼠交配后,受孕率均有所降低,异常妊娠率(胚胎吸收、死胎、畸形胎鼠)增高,尤以高剂量染毒组明显,与对照组比较,差异有统计学意义($P<0.05$)。同时各氯化汞染毒组雄性小鼠附睾精子密度显著下降,精子畸形率明显高于对照组,与对照组比较,差异有统计学意义($P<0.05$,$P<0.01$)。

雄性 Wsitar 大鼠隔日皮下注射氯化汞(1.0、3.0mg/kg),连续 21 天,结果显示,染毒大鼠的睾丸、附睾脏器系数降低,脂质过氧化物(LPO)和一氧化氮(NO)的含量升高,以及生精细胞凋亡数增加,与对照组相比差异均有统计学意义($P<0.05$)。染毒后血清睾酮低于染毒前及对照组($P<0.05$)。

2. 流行病学资料　有文献报道，对某荧光灯厂 37 名接触金属汞的男性进行生殖功能的调查。结果显示，接触组的血汞和精浆汞含量明显高于对照组，且精液量减少，精子密度减小，1 次射精的精子总数及成活率下降而精子畸形率增高，与对照组相比差异均有统计学意义。

对 117 名接触无机汞的男工生殖功能的调查结果显示，接触者的阳痿、早泄及性功能减退发生率均明显高于对照组；其妻子的自然流产、早产、难产和围产儿死亡率也明显高于对照组。

（二）雌（女）性生殖毒性表现

1. 动物实验资料　给雌性 ICR 小鼠腹腔注射氯化汞（0.5、1.5mg/kg），采集卵母细胞进行体外培养、体外受精，观察汞对小鼠卵母细胞成熟与受精能力的影响。结果显示，1.5mg/kg 氯化汞不仅使超排卵母细胞数显著降低（$P<0.01$），而且该组卵巢系数降低与对照组相比差异有统计学意义（$P<0.01$）。作者认为，汞可通过破坏或抑制卵母细胞的减数分裂过程，降低卵母细胞的受精能力和存活率。

由于甲基汞极易透过胎盘屏障在胎鼠体内蓄积（其蓄积量可达母体的 2～3 倍），加之胎鼠各系统器官发育尚未成熟，更容易受到甲基汞的侵害。因此，对甲基汞的毒性更加敏感，甲基汞染毒雌鼠甚至可出现子鼠水俣病，出现神经发育受阻、步履蹒跚无力，流涎、身体发育迟缓和营养障碍等。

动物实验显示，甲基汞染毒雌性小鼠，所生子鼠个体弱小，并出现死胎、胎吸收现象，及腭裂、颌裂和面部缺损等畸形；甲基汞染毒雌性大鼠可诱发胎鼠口唇裂、脐疝、脑疝等。对受孕大鼠腹腔注射氯化甲基汞，从妊娠第 1～15 天，隔天 1 次，每次剂量分别为 0，0.75，1.50，3.00mg/kg。待其自然分娩后观察其子代生长发育及行为状态。结果显示，甲基汞使其子代生长发育延迟，表现为子鼠低体重。

2. 流行病学资料　我国周万方、周华、潘洁等先后进行的调查均发现，长期接触汞对女工的月经周期、经期、经量等均有影响；妊娠中毒症、自然流产、早产、死亡或出生缺陷、新生儿的体重偏低和出生缺陷等发生率也明显增高。

刘玮的调查显示，接触汞的女工月经异常检出率和先兆流产检出率，明显高于对照组。

日本的调查结果也显示，当摄入一定量的甲基汞时，母亲虽未出现任何症状，但胎儿的神经系统就可能已经受到严重损伤；在法罗群岛等地进行的研究和调查也发现，母亲发汞含量越高，胎儿神经系统损伤程度也越重。这是因为汞经胎盘侵入胎儿体内，由于其脂溶性和短链的烃基结构，被有很高亲和力的胎儿血红蛋白氧化生成离子复合物。此复合物不能返回到母亲的血液循环中，故有可能造成胎儿神经系统的损伤。

Palkovicova 等对母亲使用银汞合金补牙与发育中的胎儿接触汞两者之间的关系进行了调查。结果发现，母亲与胎儿脐带血中汞含量有着很强的关联（相关系数 r 为 0.79，$P < 0.001$）；脐带血汞含量与母亲使用银汞合金补牙的次数及最后一次使用时间均有关系。故作者建议育龄女性应慎用银汞合金补牙。

六、毒性机制

（一）对胚胎的作用

动物实验证实，甲基汞可通过胎盘屏障，对胎鼠的发育产生直接影响；或直接损伤卵细胞，而使子代发育受到伤害。不同浓度产生的影响也有所不同，高浓度时以胚胎死亡为主；低浓度时主要表现为胚胎畸形和发育迟缓。

（二）细胞毒作用

经氯化汞处理过的雄性小鼠可见生精细胞核膜、染色质、线粒体，以及附睾精子线粒体等超微结构均会发生不同程度的病理变化。雌性则呈现卵细胞核膜皱缩，线粒体肿胀，变形。卵巢内发育的卵泡数量随氯化汞剂量的增高而减少。

（三）对遗传物质的影响

经氯化汞处理的离体 ICR 小鼠睾丸生殖细胞，可见其细胞 DNA 损伤率增高，DNA 迁移距离增加，并且存在剂量-效应关系。

有文献报道，甲基汞能损伤小鼠卵巢细胞 DNA，使 Gl 期出现明显阻滞，从而抑制 DNA 合成，延迟细胞的有丝分裂。另一方面，甲基汞染毒后，而与 DNA 损伤后修复合成有关的 DNA 聚合酶活性显著增高，造成 DNA 片段缺失，使卵巢功能受到影响。

（四）对酶活性的影响

有实验表明，腹腔注射氯化汞 14 周后，雄性大鼠睾丸乳酸脱氢酶（LDH）活性显著低于正常对照组，干扰了细胞供能系统，从而导致生精细胞发育异常，致精子活力降低．数目减少等。

用氯化汞对雌性小鼠进行急性染毒发现，小鼠卵母细胞线粒体 ATP 酶，乳酸脱氢酶（LDH），葡萄糖-6-磷酸脱氢酶（G-6-PD）和山梨醇脱氢酶（SDH）活性均明显低于对照组。

（五）细胞凋亡与基因表达

研究发现，氯化甲基汞染毒雌性大鼠（0.8mg/kg），可使 50% 大鼠胚胎脑部出现细胞凋亡，且凋亡细胞的数量与畸胎的发生有密切关系。同时氯化甲基汞可通过损害胚胎细胞超微结构，或引起细胞内 pH 改变，激活核酸内切酶，引发胚胎细胞过度凋亡。

研究结果还显示，汞染毒小鼠能诱发热休克蛋白 70（HSP70）mRNA 的大量表达，抑制纤维连接蛋白基因和 p16mRNA 的表达；而这些基因的异常变化与畸形的发生有关。

（卢庆生）

第三节　镉及其化合物

一、理化性质

镉（cadmium，Cd）柔软蓝白色金属块或灰色粉末。镉粉末为易燃物。以粉末或颗粒形状与空气混合，可能发生粉尘爆炸。镉粉末与氧化剂、叠氮化氢、锌、硒或碲反应，有着火和爆炸危险。与酸反应释放出易燃氢气。燃烧（分解）释放出刺激性或有毒烟雾（或气体）。

二、来源、存在与接触机会

人类接触镉的途径主要是职业性接触，如在镉生产制备和使用过程中接触含镉的原料。

此外，镉的生产使用过程中所产生的废水、废气、废渣可造成环境污染，通过被污染的粮食、水摄入，以及吸入被镉污染的空气进入机体内。

三、吸收、分布、代谢与排泄

一般人群镉的来源主要是食物和吸烟，而职业人群接触镉则主要是通过呼吸道吸入，吸收率与镉的粒子大小和水溶性有关。

吸收入血的镉与金属硫蛋白（MT）相结合，生成镉-金属硫蛋白（Cd-MT），并随血流分布到各器官。血镉随接触浓度和时间加长而升高，血清中的镉仅占血镉的7%左右。

体内镉的蓄积在肾（约占体内总镉量的30%～50%）和肝（占10%～30%）。在肺、胰、甲状腺、睾丸、唾液腺、毛发中也有镉蓄积。但镉不易透过血脑屏障和胎盘屏障。

镉主要经肾由尿排出，排出量随年龄而增加。Cd-MT在近端小管吸收，未被吸收的由尿排出。肾小管细胞中的Cd-MT经肾小管由尿排出。因而尿镉排出量与肾镉蓄积量以及血镉浓度呈正比。肾功能异常时，重吸收率降低，尿镉排出量明显增加。其次可随粪便排出。另外还可由胆汁内排出。

镉由体内排出速度很慢，人肾皮质镉的半衰期是10～30年；肝中镉的半衰期是7年。正是由于半衰期长，长期接触镉时，镉可能由其他器官向肾转运，从而使镉可不断在肾蓄积，造成了即便是低浓度接触镉，因在肾内蓄积，最后达到毒性阈浓度而发生损伤作用。

四、毒性概述

（一）动物实验资料

1. 急性毒性　氯化镉对猫的最小催吐剂量为4mg/kg。除呕吐外，还可出现腹痛、腹泻、呼吸困难、抽搐和感觉丧失等症状，甚而可死于呼吸中枢麻痹。病理检查可见卡他性和溃疡性胃肠炎、肺栓塞、黏膜和内脏充血，硬脑膜下出血等病变。给动物皮下注射镉盐，在注射部位可出现炎症和凝固性坏死。大鼠 1 次皮下注射氯化镉（10mg/kg）时可造成神经系统受损，主要是位于半月状神经节和脊神经的感觉神经节，出现神经节细胞周围出血，某些神经节细胞呈核固缩或裂解、胞浆溶解等病理改变。大鼠经口致死剂量是 150～300mg/kg。

2. 亚急性与慢性毒性　大鼠吸入氧化镉粉尘 0.015～0.2mg/L，每天 2 小时，共 6 个月，发生贫血。解剖可见肺小叶间隔炎症伴局灶性肺气肿。

连续 2 个月以上给猫喂饲含碳酸镉的饲料 1～4mg/kg，可见体重显著下降，出现轻度贫血。若增大 1 倍剂量可引起明显的贫血甚至死亡。家兔皮下反复注射硫化镉 0.65mg/kg 5～6 周，可有近端小管损害，表现为蛋白尿，还可伴有贫血、肝硬化和脾功能亢进。电镜检查发现近端小管线粒体肿胀，溶酶体数目增多，滑面内质网增生，并出现核内包涵体。

3. 致突变　镉是一种很弱的致突变剂。氯化镉可诱发培养的中国仓鼠肺成纤维细胞（V79 细胞）染色体畸变。

4. 致癌　致癌实验证实，皮下注射硫化镉连续 2 年以上，约 25% 的大鼠和小鼠在注射部位发生肉瘤及睾丸癌，未见到前列腺癌。大鼠连续吸入氯化镉气溶胶 2 年可诱发肺癌；但经气管注射经口 LD_{50} 75% 剂量的氯化镉却未见肺癌发生。还有人通过不同途径（呼吸道和消化道）对大鼠、小鼠进行镉化合物的致癌实验，仅在呼吸道染毒条件下诱发实验动物肺癌发生。有学者认为，经消化道染毒未诱发癌症，可能与镉化合物不易经消化道吸收有关。

（二）流行病学资料

张俊等通过对 23 名职业性接触镉的作业工人的观察，接触者出现头晕、乏力、腰背酸痛及肢体痛等症状。实验室检查结果显示 20 例患者尿镉连续 2 次以上超过 5μg/gCr，5 例患者同时拌有尿 β_2-微球蛋白（β_2-MG）增高，从而反映出近端小管重吸收功能减退。苏冬梅等（2007年）对32名职业性接触镉的作业工人的尿镉、尿β_2-MG进行了测定，发现在镉接触工人中尿β_2-MG含量明显增高，即使尿镉在正常范围内时尿β_2-MG异常率仍达33.33%。再次提示尿镉与尿β_2-MG呈正相关，并有明显的剂量-效应关系；尿β_2-MG可作为一种肾损伤的早期检测观察指标。陈朝东等（2005年）经过对587名镉接触工人的观察，镉职业接触者尿镉的含量明显增高，且随接触时间的增加而增加。

王任群等（2002年）通过对沈阳西郊原镉污染区居民尿镉、尿N-乙酰-β-D-氨基葡萄糖苷酶（NAG）、尿β_2-MG、视黄醇结合蛋白、RBP及尿白蛋白等指标的观察，发现镉污染区居民的各项观察指标，即使在停止用污水灌溉20年后，仍显著高于非污染区的，且与污染程度相一致。表明由于镉的生物半衰期较长，虽然已停用污水灌溉20年，当地居民尿镉排除量仍很高；并显示镉已引起肾小管不可逆的损伤，严重者肾小球也已受到累及。

流行病学调查证实，镉可引起人鼻、前列腺癌和睾丸癌。1987年国际癌症研究所（LARC）将镉及其化合物归为2A类，人类可疑致癌物；1993年被修订为1类，即人类致癌物，可致肺癌。

（三）中毒临床表现及防治原则

1. 急性中毒　由职业性接触高浓度镉尘主要对肺造成损害。首先出现呼吸道刺激症状（吸入后约4～10小时）：咽喉干痛、干咳、胸闷、呼吸困难，以及头晕、乏力、关节酸痛、寒战、发热等类似流感表现；严重者还会出现支气管肺炎、肺水肿和心力衰竭。病理分析为肺泡增殖性病变。尸检可见支气管黏膜上皮细胞变性、坏死、脱落，肺毛细血管扩张、充血，肺间质高度水肿，肺泡内充满大量的蛋白浆液。吸入中等量所引起铸造热，经治疗数天可愈。

2. 慢性中毒　慢性镉中毒对人体的主要危害则是肾损伤。以低分子量蛋白尿（如β_2-MG）为特征的肾小管功能障碍是镉致肾功能损害的早期主要临床表现，其他还可出现葡萄糖尿、高氨基酸尿和高磷酸尿。晚期患者可出现慢性肾衰竭。另外，肺部可出现慢性进行性阻塞性肺气肿，最终可致肺功能减退。同时患者常伴有其他症状与体征，如牙齿颈部黄斑、嗅觉减退或丧失、鼻黏膜溃疡和萎缩，以及食欲减退、体重降低。

镉可引起各种心血管系统障碍，并可对心肌和收缩系统产生不良影响。可引发高血压。近年来的研究发现，镉及其化合物对人可致肺癌，并与前列腺癌有一定的关联。

3. 防治原则　根据接触史和呼吸道症状，可对急性镉中毒进行诊断。慢性镉中毒除接触史和临床症状外，再结合胸片、肺功能、肾功能和尿镉等项检查结果进行综合分析，做出诊断。

在治疗方面，应根据不同接触途径采取措施。吸入所致的急性中毒，其治疗关键在于防止肺水肿。职业接触者要加强个人防护。接触时要佩戴个人防护用具，避免吸入镉尘。

五、毒性表现

（一）雄（男）性生殖毒性表现

1. 动物实验资料　动物实验证实，镉能直接损伤睾丸血管和生精上皮，出现生精上皮细胞广泛变性坏死，胞浆嗜伊红染色，胞核皱缩溶解，部分生精上皮分离脱落，生精小管纤维化，导致正常结构消失。多数学者认为损伤早期主要是血管，晚期才是生精上皮；但也有学者认为，生精上皮较睾丸血管对镉的敏感性更高。有报道，镉不仅对睾丸组织造成病理损伤，还可促使睾丸发生肿瘤（多为良性，且一般不转移），或引发动物睾丸畸胎瘤或其他肿瘤。

动物在不同的染毒时间、不同的剂量，镉对睾丸的损伤也不同。在染毒的前7天主要作用于精子；8~21天作用于精细胞；22~35天作用于精母细胞；35天以后作用于精原细胞。中、小剂量的镉主要损伤精母细胞和精子细胞，所致损害是可逆的。而大剂量的镉所造成的生精上皮的精原细胞损伤，则是不可逆的。附睾则可见其头部血供有短暂少量减少，毛细血管通透性增强，但体部和尾部未见明显变化。精囊的重量和体积均显著低于对照组，其超微结构也发生改变，可见到线粒体肿胀、高尔基复合体囊泡扩大、髓样结构和自噬体及脂滴溶酶体增多。前列腺腺体萎缩，上皮皱褶，超微结构（如内质网、高尔基体等）也发生改变。

研究表明，哺乳动物的睾丸和附睾组织对镉的毒作用特别敏感。可使大鼠睾丸、精囊、附睾的平均重量明显下降；输精管中精子数目及完整精子大大减少。重者睾丸可变小、变硬、有出血及血栓形成，甚至坏死。慢性毒作用早期以睾丸血管受损为主，晚期则危及实质组织的细胞。血清催乳素、甲状腺素、间质细胞刺激素减少。小鼠附睾内精子浓度及活力显著降低，精子畸形率明显升高。与雌鼠交配后，受胎率、妊娠率、窝产仔数均呈下降趋势，雌鼠出生比例增高。

给孕第 9、11、13 天 SD 大鼠腹腔注射氯化镉 1.2mg/(kg·d)、1.5mg/(kg·d)。第 18 天处死取雄性胎鼠睾丸做光镜、电镜观察及免疫组化分析。光镜下可见 1.5 mg/(kg·d) 组胎鼠睾丸生精小管支持细胞排列紊乱，间质异常增生；电镜下两个镉染毒组均见精原细胞及支持细胞内线粒体肿胀、内质网扩张；间质细胞内线粒体肿胀并可见脂滴堆积，尤以支持细胞和间质细胞损伤最为明显。同时染毒组间质细胞中细胞色素 P450 酶阳性产物表达也显著低于对照组（$P<0.01$）。

分别给 SD 雄性大鼠皮下注射镉，剂量为 0.1～0.4mg Cd^{2+}/kg，隔日染毒，连续 5 周，取睾丸、附睾组织检查。结果：各染镉组精子数、精子活力均低于对照组（$P<0.05$），而畸形率明显上升（$P<0.05$）；中、高剂量组睾丸组织血红蛋白水平与丙二醛（MDA）含量均较对照组显著升高（$P<0.05$）；而睾丸脏器系数与金属硫蛋白（MT）含量只有高剂量组高于对照组（$P<0.05$）。表明亚慢性镉暴露对大鼠睾丸有明显的毒性作用。

2. 流行病学资料 流行病学调查显示，当镉作业男工睾丸组织中镉含量明显升高时，雄性激素水平会下降，造成阴茎勃起困难，睾丸组织中成熟精子明显减少甚至缺乏。

据报道，镉在体内含量较高时，将使精子成熟和活动能力大大降低。并且相对含 Y 染色体而言，含 X 染色体的精子抵抗力要强一些，生存率相对也要高些，故与卵子结合的概率要大一些，因而导致女婴的出生比例增高。

中国镉研究小组在对镉接触人群调查时观察到，镉使男工血清睾酮含量下降。有人对福建政和县镉居民疾病死亡谱进行分析，发现污染区婴儿死亡率显著高于非污染区（$P<0.01$），早产儿死亡率也显著高于非污染区。

Smith 等对职业性接镉工人的睾丸进行活检，发现其中镉含量很高，有的睾丸中无精细胞和精子；且尸检发现 3 例睾丸组织学充血和脂肪变性改变。Xu 等测定了 221 名新加坡男性血液和精液中镉、铅、硒、锌，探索其与精子密度、精子活力、精子形态及排精量的关系。结果：在精液缺乏、精子减少的男性中，精子密度、排精量与血液及精液中镉的含量有显著负相关（$r=-0.24$，$P<0.05$）。

（二）雌（女）性生殖毒性表现

1. 动物实验资料　多项动物实验证实，镉对雌性大鼠、小鼠的生殖系统具有明显的毒作用。

光镜下可见到：染镉大鼠子宫和卵巢的小血管壁变厚，卵巢萎缩、坏死。染镉小鼠卵巢几乎充满增生的间质细胞，在这些细胞之间或充有大小团块不等的间质腺，以及大量闭锁的原始卵泡和少量的闭锁的生长卵泡；同时有黄体退变及卵巢纤维样变，静脉血管充血等。

电镜下可有：染镉大鼠卵母细胞核膜扩展严重；胞浆线粒体肿胀、高尔基复合体与内质网扩张与肿胀；核基质电子密度增加，核仁凝集成团，嵴模糊、断裂甚至消失。

同时还发现，大鼠、小鼠动情周期明显延长。卵泡的正常生长发育受到抑制，受孕率降低；卵巢分泌类固醇激素受到抑制，雌二酚分泌减少。

大鼠孕 6 天经腹腔注射氯化镉（0、1、2、4 mg/kg），第 20 天处死后检查胎鼠。结果显示：各剂量组胎鼠的体重、颅臀长、头长显著低于对照组。染镉组的胎鼠骨骼发育明显落后于对照组，表现为未骨化或骨化范围小；露脑、脊柱裂、卷尾、脊柱侧弯、肋骨缺失、顶骨缺失和胸骨缺失等异常表现均多于对照组。

对未成年雌性 SD 大鼠皮下注射 $CdCl_2$ 1.25/(kg·d)、2.50mg/(kg·d)，

1 次/天，5 天/周，连续 5 周，观察其血清雌二醇（E_2）、孕酮（P）、卵泡刺激素（FSH）和促黄体生成素（LH）水平及生殖器官的发育情况。结果可见：各染镉组，大鼠体重和卵巢湿重低于对照组（$P<0.05$），高剂量组的子宫系数及湿重低于对照组（$P<0.05$）；各染镉组血清性激素中仅 P 的水平低于对照组（$P<0.05$），其他激素与对照组相比未见差异有统计学意义。

2. 流行病学资料　镉能在妇女的卵巢、血液中蓄积。测定健康妇女卵巢组织中镉含量，结果显示：30 岁以后其卵巢镉水平呈上升趋势；65 岁开始呈下降趋势。吸烟妇女卵巢中镉的含量比非吸烟妇女高。而多胎产（>3 个）妇女卵巢镉水平有下降趋势。

流行病学研究表明：妊娠期通过吸烟接触镉妇女，其婴儿出生时体重低于非吸烟妇女所生婴儿，差异有显著性。还有研究表明，减少体内镉的含量有助于不育妇女自发怀孕机会的改善。

有调查结果显示，接镉女工的月经周期明显紊乱，尤以未成年女工突出。有报道 18 岁以下镉作业女工月经异常率达 47.8%，成年女工则为 22.5%；并可引发原发性闭经或 40 岁前绝经。

日本学者西条旨子、本多隆文等调查结果显示：早产（孕周32～36 周）的哺乳期妇女的尿、乳中镉浓度，显著高于正常的哺乳期妇女；低出生体重婴儿母亲的尿、乳汁中镉含量显著高于正常出生体重婴儿母亲的，并且母亲的尿、乳汁中镉浓度与婴儿的身长、体重及胸围呈显著负相关。

周树森等对某碱性蓄电池厂接触半年以上女工的早产率、自然流产率、死胎率、低体重儿发生率进行了观察，虽然接镉组上述各项指标发生率结果均高于对照组，但差异无统计学意义。其结果与日本学者的调查结果不一致。

六、毒性机制

（一）氧化应激

有报道认为，镉对睾丸的毒性与氧化损伤有关。给 ICR 雄性小鼠腹腔一次性注射氯化镉，剂量分别为 5、2.5、1.25mg/kg。结果显示，高、中剂量组小鼠睾丸（组织匀浆）脂质过氧化物（LOP）值明显高于对照组（$P<0.01$，$P<0.05$），并呈剂量-反应关系。同时小鼠睾丸外观和睾丸系数随着时间的推移而发生改变，先是充血肿大，睾丸系数大于对照组；继而萎缩钙化，睾丸系数小于对照组。提示镉可通过脂质过氧化作用及引起的组织损伤和出血性炎症对睾丸产生损伤。

（二）金属硫蛋白

金属硫蛋白（MT）常被认为在降低镉毒性方面起着重要作用。研究发现，各级生精细胞、精子和支持细胞中都有 MT 广泛存在。但有实验显示，染镉后睾丸组织中的 MT 含量并未增加。高剂量染镉组 MT 虽有所增加，但也没有对镉引起的脂质过氧化产生抑制。在另一实验高、中剂量染镉组 MT 含量不仅没升反而显著下降，同时每日精子生成量也呈现同一变化。认为可能是由于镉的细胞毒性引起生精细胞、精子和支持细胞大量死亡，致使 MT 的合成减少有关。

（三）镉对睾丸与附睾中某些酶活性的影响

镉可抑制睾丸和附睾的碱性磷酸酶、乳酸脱氢酶、碳酸酐酶、α-酮戊二酸脱氢酶、LDH-X 等的活性，以及与睾丸合成及分泌雄性激素有关的 Δ5-3β-羟固醇脱氢酶的活性也受到抑制。

（四）镉对雌激素的影响

动物实验结果表明：镉可能在类固醇生物合成的某一阶段干扰正常类固醇合成，使血清中孕酮和雌二醇的浓度降低，影响排卵与受孕。

镉可能通过直接抑制卵巢蛋白合成，抑制 5-羟色胺（5-HT）刺激 GSH 的分泌，阻止卵巢对这种激素的反应进而抑制 5-HT 诱导的卵巢成熟。

有学者认为镉离子中止排卵过程似乎在于使垂体释放 LH 减少，进而使 LH 对卵巢黄体功能的支持减弱，这可能是镉离子阻断孕酮作用的途径之一。

最近研究报道，镉可通过直接和（或）间接途径，影响孕激素合成过程中类固醇激素合成急性调节蛋白（StAR），以及细胞色素

P450（CYP450）胆固醇侧链裂解酶（P450scc）的表达，进而干扰孕激素的合成；而镉对细胞在细胞的调节中起着重要作用的 cAMP 的影响，可能是其干扰 StAR 和 P450scc 基因表达的机制之一。

（五）环境内分泌干扰作用

有学者进行了镉对人类乳腺癌细胞株 MCF-7 雌激素受体和雌激素受体调节基因影响的研究。研究发现：经镉处理 MCF-7 细胞，可降低 58% 雌激素受体水平，雌激素受体 mRNA 平行性下降 62%。而孕酮受体水平增高 3.2 倍，孕酮受体 mRNA 也增高。这种诱导可被雌激素拮抗剂 ICI-164，384 阻断。体外不分段的核转录编排分析表明：镉增加孕酮受体基因和 pS2 基因转录，减少雌激素受体基因转录。提示镉的效应是通过雌激素受体雌二醇独立介导的。

最近有报道，在镉的作用下，细胞中转化生长因子-β_3（TGF-β_3）增加，通过调控使 p38MAPK 对在血睾屏障紧密连接中起重要作用的蛋白 occludin 的表达减少，进而使血睾屏障的紧密连接遭到破坏，最终导致镉对睾丸的损害。

（卢庆生）

第四节　锰及其化合物

一、理化性质

锰（manganese，Mn），属黑色金属，质硬而脆，带银灰色光泽，在空气中易被氧化，高温时遇氧或空气可以燃烧。锰有 7 种氧化状态，以二价锰（Mn^{2+}）最稳定。

二、来源、存在与接触机会

锰在地球上分布广泛，在自然界中与其他元素形成化合物而生成多种矿物。常被用来制造各种合金、电焊条，以及染料，医用消毒剂，农用杀菌剂或化肥。在制造业中主要用于钢材和电池的生产，其有机衍生物——环戊二烯三羰基锰（MMT）作为防爆剂四乙基铅的替代品被加入汽油，即现在广泛使用的"无铅"汽油。

三、吸收、分布、代谢与排泄

锰经呼吸道、消化道吸收进入体内，在血浆中与球蛋白结合为转锰素（Transmanganin）而分布至全身；部分进入红细胞的锰形成锰-卟啉（Manganoporphyrin）或与血红蛋白络合。吸收入体内的锰主要以三价形式生成磷酸盐蓄积于线粒体内，主要蓄积器官有肝、胰、肾、心和脑。由于锰在脑内的生物转化率较其他组织低，故晚期脑内锰含量反而远远超过其他组织。体内大部分的锰经肝胆汁排泄入肠腔，再随粪便排出。少部分可经肾随尿排出。此外，唾液、乳汁和汗腺亦可有微量锰排出。而且，锰可以通过胎盘屏障，从母体进入胎体内。

与组织结合不牢固的锰可很快从组织中排出，半衰期约为 4 天，与细胞内微小分子结合牢固的锰排出缓慢，半衰期约为 40 天。

四、毒性概述

（一）动物实验资料

1. **急性毒性**　锰对实验动物眼和呼吸道黏膜有刺激作用，实验动物急性暴露锰及其化合物可引起急性肺炎。给予猴金属锰气溶胶后，出现反应迟钝、麻木、不安、严重颤抖、上肢活动受限、唇部发绀等急性中毒症状。症状与暴露 3 周后逐渐消失，但 5 个月后重新出现，且更为严重。兔急性锰染毒时，红细胞、血红蛋白、白细胞总数和中性粒细胞比例，以及血小板有先增加后减少的表现，血清总蛋白量下降，白蛋白减少，血浆胆固醇含量显著上升，并有骨髓增生现象。还有报道，较大剂量的锰染毒大鼠可致肝损伤，出现胆红素排出能力下降、代谢酶活性改变以及肝细胞坏死。

2. **亚急性与慢性毒性**　大鼠吸入锰烟（63.6 ± 4.1）mg/m^3 和（107.1 ± 6.3）mg/m^3，15、30、60、90 天后，动物肺重量明显增加，且（107.1 ± 6.3）mg/m^3 染毒组 15 天时即出现肺纤维化表现；

30 天后纤维化范围从气管周围扩展到支气管周围。

给猴皮下注射二氧化锰（8g/d），连续 5 个月，实验动物可出现过度兴奋、步态不稳和震颤等神经系统毒性症状。病理学检查发现，染毒猴苍白球出现神经元丢失。另有研究结果显示，猴吸入含锰气溶胶后，大脑出现退行性变，还可观察到小脑的浦肯野细胞和颗粒细胞萎缩。

3. 致突变　SD 大鼠每天吸入（1107.5 ± 2.6）mg/m^3 的锰烟（每天 2 小时，连续 30 天）后，其外周血单核细胞的 5200 个基因中有 256 个基因出现上调（占 5.1%），而又 742 个基因（占 15%）出现下调，这与其他毒物对基因表达主要起上调作用的影响方式有明显差异。另一项研究表明，大鼠每天吸入（116.8 ± 3.6）mg/m^3 的含锰气溶胶，每天 2 小时，连续 30 天，外周血淋巴细胞彗星试验呈阳性结果，血清 8-羟基脱氧鸟苷含量上升，说明锰可以引起 DNA 降解。

经小鼠腹腔注射氯化锰（5 mg/kg），显性致死实验结果显示，平均死胎数增加，常染色体和性染色体发生早熟分离。给予小鼠不同浓度的氯化锰，Mn^{2+} 可限制 DNA 聚合酶的活性从而降低复制的精确性。当复制缺口的正常进程受到阻碍时，Mn^{2+} 和 Mn^{7+} 可诱导细胞多向性的反应即所谓的 SOS 修复。

4. 致癌　锰及其化合物未被列入国际癌症研究所（IARC）的致癌物分类资料库。

（二）流行病学资料

观察慢性锰中毒男性工人外周血淋巴细胞微核率和染色体畸变率发现，中毒组工人微核率为 1.77%，对照组为 0.72%，两者差异有统计学意义。染色体畸变类型分析，慢性锰中毒组可检出断片和双着点的损伤，而对照组无，说明锰具有一定的细胞遗传学效应，可引起染色体结构和数量的改变。

其他临床研究和职业流行病学调查发现，锰作业工人心电图异常率明显增高，其中以窦性心动过缓、过速及不齐为主，并有左室肥大和 ST-T 改变。锰作业女工心率加快，P-R 间期缩短。锰中毒患者有体位性低血压。锰作业工人低舒张压检出率增高，舒张压均值明显降低，以青工及女工表现更为突出，提示锰对工人有明显的心血管毒性。

（三）中毒临床表现及防治原则

1. 急性中毒　主要是在短时间内大量吸入氧化锰烟雾后，可引起"金属烟雾热"。口服高锰酸钾中毒者，引起口腔、咽喉和消化道黏膜腐蚀、水肿、糜烂、剧烈腹痛、呕吐、血便。

2. 慢性中毒　慢性锰中毒主要以神经系统损害为主的一种慢性器质性疾病，起病较缓慢，发病工龄一般在5～10年。发病初期表现为神经衰弱症候群和植物神经功能障碍，如嗜睡、继而出现失眠、乏力、头昏、头痛、注意力不集中，记忆力减退，情绪不稳，对周围事物缺乏兴趣，双腿发沉无力，体检时发现尿锰或发锰超过本地区正常上限。继续发展可出现锥体外系部分损害体征，表现为言语错乱，面部缺乏表情，动作笨拙，可有步态异常，有明显的帕金森综合征，严重者可呈"慌张步态"，全身肌张力增高，明显粗而震颤，智力低下。重度中毒主要表现为运动减少-肌张力增高综合征，运动减少-肌张力降低综合征或足部痉挛性-强直性运动过度综合征。患者除轻、中度症状继续存在或加重外，还可出现"提跟点足步态"，运动失调，锰尘肺与"锰毒性肺炎"等。

3. 防治原则　在锰矿开采和锰合金生产中，采用先进的技术和设备，从根本上解决锰职业中毒。大大减少锰对人体的危害。要定期测定空气中锰浓度。养成良好的卫生习惯。凡患有神经系统、肝、肾、呼吸系统疾病及甲亢患者不能从事锰作业，对接触锰作业人员要定期专科体检，急性吸入中毒者应脱离有毒环境。消化道误服应立即用清水反复洗胃给予对症处理，灌服大量稀释的维生素C，保护胃黏膜。对于锰中毒患者，病变早期可应用金属络合剂依地酸钙钠或喷替鞍钙钠（二乙烯三胺五乙酸钙钠）驱锰，可有一定疗效。

五、毒性表现

（一）雄（男）性生殖毒性表现

1. 动物实验资料　资料显示，氯化锰不同剂量（10、20、

40mg/kg）对雄性 Wistar 大鼠连续灌胃染毒，30 天后测定睾丸组织标志酶（β-葡萄糖醛酸苷酶（β-G），乳酸脱氢酶（LDH）；精子特异性酶乳酸脱氢酶 x（LDHx），葡萄糖-6-磷酸脱氢酶（G-6-PD））的活性以及一氧化氮合酶（NOS）。结果发现，随着染毒剂量的增加，睾丸组织标志酶精子特异酶的活性均降低，而睾丸组织中 NOS 活性升高。

氯化锰（40mg/kg）染毒小鼠可引起精子畸形率和睾丸初级精母细胞染色体畸变率升高；精子数量、精子活率显著降低。另外，染锰雄性小鼠与正常雌性小鼠的交配率、受孕率也明显低于对照组的小鼠。通过喂饲含锰的标准饲料的雄性大鼠，可发现其睾丸、输精管及前列腺的生长发育受到影响。

2. 流行病学资料　流行病学调查发现，使用含锰焊条的焊工妻子的自然流产率和死胎死产率显著高于对照组人群（$P<0.05$，$P<0.01$）。但其他生殖结局指标与对照组比较差异无统计学意义。提示锰对男性生殖系统可有潜在的不良影响。

（二）雌（女）性生殖毒性表现

1. 动物实验资料　Wistar 孕鼠腹腔注射氯化锰，高剂量组（30mg/kg）可导致胚胎吸收，全部孕鼠均终止发育，无一例分娩，与对照组的差异具有统计学意义（$P<0.01$）。

妊娠大鼠静脉注射 MnDPDP，胎鼠体重明显下降，骨骼畸形明显增加。在大鼠妊娠不同时间腹腔注射氯化锰，可诱发仔鼠肱骨、锁骨、大腿骨、腓骨、髂骨、肩胛骨、胫骨畸变，并存在一定的剂量-反应关系。

在小鼠卵母细胞体外培养、体外受精的实验中，发现硫酸锰可以对小鼠卵母细胞成熟和受精能力产生影响，抑制卵母细胞第一极体的释放，使小鼠平均超排卵的卵母细胞数和卵母细胞的成活率和体外受精率降低，并且还可抑制受精卵的卵裂，显示出有明显的生殖毒性。

2. 流行病学资料　流行病学调查表明，锰作业女工的月经先兆症状，乳房胀痛、嗜睡、失眠、乏力等显著高于正常对照人群（$P<0.01$）；月经周期、经期长短及经期血流量与接触剂量有明显的

剂量-反应关系。对锰作业女工后代的调查发现，锰接触组后代的出生缺陷率为 34.5%，已远远超出了全国出生缺陷平均发生率（13‰），是对照组的 5 倍之多，提示锰对子代出生缺陷有一定潜在危险性。

六、毒性机制

1. 对动物睾丸的直接毒性作用　给昆明小鼠腹腔注射氯化锰 40mg/kg，锰可通过血睾屏障后，蓄积于睾丸组织中，阻碍各级生精细胞生长、发育，导致睾丸萎缩，使得精子数减少，活精子减少，畸形精子数增多并诱发早期精细胞微核增加。

亚急性氯化锰染毒可诱发大鼠睾丸组织脂质过氧化产物（LPO）升高，使睾丸标志酶 LDHx 活性降低，睾丸组织中 NOS 活性升高。

2. 间接作用　还有报道氯化锰染毒雄性小鼠睾丸乳酸脱氢酶（LDH）、碱性磷酸酶（ALP）活性下降、胆固醇（CHO）含量减少，血清中睾酮含量下降。

有学者在分析染锰动物血清睾酮下降时指出，锰能引起睾丸多巴胺（DA）和 5-羟色胺（5-HT）含量减少，从而使得卵泡刺激素（FSH）和间质细胞刺激素（ISCH）浓度升高，可能与 DA 和 5-HT 含量下降有关，从而减轻 DA 和 5-HT 对垂体生成和 ISCH 抑制作用。再通过 FSH 和 LH 对下丘脑调节作用而抑制睾酮合成。

3. 致动物睾丸细胞凋亡　最近研究显示，过量锰可干扰生精细胞 Caspase-3mRNA 转录，使 Caspase-3 mRNA 表达增加，进而导致生精细胞凋亡增加；而支持细胞波形蛋白（vimentin）表达下降并损害支持细胞的结构与功能，从而诱导大鼠生精细胞凋亡增加，生精细胞数量减少，导致生精障碍。研究者认为这可能是锰生殖毒性的重要分子机制之一。

在由 Caspase 介导的细胞凋亡信号传导通路上，Caspase-3 是最重要的细胞凋亡效应分子，其活化最终可引起细胞凋亡。正常情况下，Caspase-3 无活性，以酶原形式存于生精细胞胞质中。当被激活时，Caspase-3 可诱导生精细胞凋亡。研究证实锰可以干扰大鼠生精细胞中 Caspase-3 mRNA 的转录，使 Caspase-3 mRNA 表达升高，而 Caspase-3mRNA 可以灭活或下调与 DNA 修复有关的酶、mRNA 剪切蛋白和 DNA 交联蛋白等，从而导致 DNA 损伤及这些蛋白功能被抑制，致使生精细胞凋亡增加，生精细胞数量减少。

支持细胞与生精细胞共同构成生精小管的生精上皮。支持细胞还可分泌数十种参与生精细胞分化成熟的物质（如转运蛋白类等），起到对生精细胞调节作用；而支持细胞内的骨架系统，在维持细胞形态及固定胞内亚细胞结构、促进细胞黏附、移行和细胞凋亡等方面发挥着作用。而中间纤维是其中的重要组成部分，而波形蛋白（vimentin）又是中间纤维的主要成分。支持细胞的紧密连接形成的血睾屏障，可以创造稳定的生精内环境。有学者认为，波形蛋白对细胞间的紧密连接及血睾屏障的渗透等功能有重要的作用。过量锰可以抑制支持细胞波形蛋白的表达，使支持细胞骨架收到破坏，并使波形蛋白失去正常的收缩功能，导致生精细胞向管腔移动和精子释放受阻，从而诱发生精细胞凋亡增加。同时支持细胞波形蛋白表达的下调也对血睾屏障的结构与功能造成影响，破坏了生精内环境，直接引起生精障碍或诱导生精细胞凋亡增加，使得生精细胞数量减少，导致生精障碍。

还有学者报道锰可通过激活线粒体凋亡通路。线粒体结构和功能的完整是细胞存活的关键。在细胞凋亡的早期，线粒体内膜的跨膜潜能降低，导致线粒体膜内外一系列的生化改变，如细胞色素 C 的释放，引起细胞凋亡的级联反应，最终造成细胞凋亡。释放到胞浆中的细胞色素 C 与胞浆中的 Apaf-1（apoptotic protease activating factor-1）结合，在半胱氨酸蛋白酶募集域的作用下，使 Caspas-9 酶原活化为有活性的 Caspase-9，随后激活 Caspas-3，进而最终导致细胞凋亡。

（卢庆生）

第五节 镍及其化合物

一、理化性质

镍（nickel，Ni）是一种银白色金属。镍具有良好的抗氧化性，在空气中，镍表面形成氧化镍薄膜，可阻止进一步氧化。镍的抗腐蚀性能强，稀硫酸与盐酸能缓慢溶解镍，稀硝酸与镍作用快，但浓硝酸使镍钝化，镍与碱不起作用。常见镍化合物包括氧化镍（NiO）、硫化镍（NiS）、镍盐和羰基镍等。

二、来源、存在与接触机会

镍在土壤、天然水和空气中的含量和浓度分别为 $3 \sim 1000mg/kg$、$2 \sim 10g/L$ 和 $0.1 \sim 20\ ng/m^3$。环境镍污染的来源包括镍及其副产品的生产和处理，含镍产品的再利用，含镍废品的处理。一些蔬菜（菠菜）、可可粉、坚果含有大量的镍。香烟中也含有一定量的镍，每天吸 40 支香烟的同时大约吸入 $2 \sim 23\mu g$ 镍。

镍原料主要是镍的硫化矿，其次是氧化矿。职业暴露发生于镍的开采、精炼、生产合金、电镀、焊接等过程中。镍大量用来制造各种类型的不锈钢、软磁合金和合金结构钢。镍和铬、铜、铝、钴等元素可组成耐热合金、电工合金和耐蚀合金等。镍硅合金常制成线、带、棒用于电子管和电真空仪器中。此外，镍是镍-镉、镍-氢电池的主要材料。

三、吸收、分布、代谢与排泄

机体对镍的吸收主要取决于其化合物的溶解性，通常镍化合物机体吸收的顺序为可溶性镍化合物和不溶性镍化合物。镍主要经呼吸道吸入、经口摄入和皮肤吸收三种途径进入体内，并与生物利用度有关。不溶性的、颗粒状的镍通过胞噬作用进入细胞，可溶性镍盐主要通过扩散或可能通过细胞膜转运至正常细胞内。

经呼吸道吸入的镍选择性地聚集在肺，其次是心、大脑、脊髓。研究发现，肺易积聚大量的镍，且与暴露途径无关。当吸入的不溶性镍化合物如 NiO 和 NiS，经过呼吸道吸入沉积在肺时，从肺清除它们是相当缓慢的，而使外周血中镍浓度较低。因此，轻度接触镍的个体其血中镍浓度并不显著高于无接触组。和其他金属相比，机体对镍的吸收量相对较高。

胃肠道对金属镍和不溶性镍化合物的吸收量较低，但对可溶性镍化合物吸收较快（1～2h），其生物利用度为1％～5％。正常成年人每天平均通过饮水摄入镍约为 2μg Ni/d，相当于 70kg 人摄入 0.03μgNi/(kg·d)；经食物摄入镍约为 170μgNi/(kg·d)，相当于 70kg 人摄入 2μgNi/(kg·d)。高剂量的镍接触后，肾被认为是贮留镍的主要靶器官。

镍可穿过孕鼠胎盘屏障，出现在胎体血液和羊水中。母乳中镍的浓度平均约为 (17±2) μgNi/kg。

镍从呼吸道及消化道的吸收速度较慢，进入血液后与蛋白质结合转运。据报道，血液内共含镍 0.16mg，正常人的全血镍为 4.8～40μg/L，健康成年人体内镍负荷估计值约为 7.3μgNi/kg。血镍水平主要反映可溶性镍化合物的接触情况，而不能反映不溶性镍化合物或沉积在肺中未被吸收的金属镍的接触水平。实验动物研究显示，给兔静脉注射 ^{63}NiCl$_2$ 后（240μg Ni/kg）2 小时，测定 ^{63}Ni 在组织中分布量/每克新鲜组织：肾＞垂体＞血清＞全血＞皮肤＞肺＞心＞睾丸＞胰＞肾上腺＞骨＞脾＞肝＞神经系统。如连续注射 34～38 天 4.5μgNi/(kg.d)，24 小时后处死兔，测镍分布：肾＞垂体＞肺＞皮肤＞睾丸＞血清＞胰＞心＞骨＞虹膜＞神经系统。动物实验发现，肺中氧化镍的生物半衰期为 11～21 个月，主要取决于其颗粒的大小。人体内的镍含量不足 10mg，部分镍在骨及其他造血组织被利用，肺、脑、脊髓、心都是贮存镍的主要器官；皮肤中的镍约占全身镍的 18％。

经肾由尿是镍在体内主要的排出途径。镍随尿液排出的半衰期约为 20～60 小时，这些相对较短的半衰期，并不能排除沉积在体内的半衰期更长的不溶性镍。

四、毒性概述

（一）动物实验资料

1. **急性毒性**　醋酸镍经口 LD_{50} 大鼠为 350mg/kg；腹腔注射，大鼠 LD_{50} 为 23mg/kg。$NiCl_2$ 腹腔注射，大鼠、小鼠的 LD_{50} 分别为 11mg/kg、48mg/kg；碳酸镍大鼠经口 LD_{50} 为 500 mg/kg。硫酸镍小鼠腹腔注射 LD_{50} 为 42 mg/kg。

2. **亚急性毒性**　兔在金属镍粉尘 0.5～2mg/m³ 浓度下吸入染毒 4 周后，发现肺和淋巴结内有大量镍沉积。小鼠经口喂饲含 0.2% $NiSO_4$ 饮水（平均日摄入量 0.55mg/kg），持续 80 天，光镜检查发现心肌局部纤维、肾小管上皮细胞及肝细胞有轻度肿胀，肝明显萎缩。

3. **致突变**　研究发现，NiS 和 $NiCl_2$ 对中国仓鼠卵巢（CHO）细胞的姐妹染色单体交换（SCE）试验结果呈阳性。张桥等进行了镍化合物体外诱发细胞恶性转化的研究，结果显示 $NiSO_4$、$NiCl_2$ 能诱发叙利亚金黄色仓鼠胚胎（SHE）细胞形态转化；采用 3T3 细胞为滋养细胞、大鼠气管上皮细胞（RTE）为靶细胞，以 EGV（enhanced growth variants）集落作为判别气管上皮细胞（RTE）恶性转化的依据，观察了 $NiSO_4$、$NiCl_2$、无定型 NiS、结晶型 NiS 及 Ni_3S_2 5 种镍化合物的恶性转化作用，结果发现 5 种镍化合物体外诱发 RTE 细胞恶性转化的能力强弱依次为 Ni_3S_2、结晶型 NiS、无定型 NiS、$NiCl_2$ 和 $NiSO_4$，且上述 5 种受试物均有诱发中国仓鼠肺成纤维细胞（V79 细胞）hprt 位点突变的能力，在等剂量前提下其诱发细胞突变的能力大小依次为：Ni_3S_2、结晶型 NiS、$NiSO_4$、$NiCl_2$ 和无定型 NiS；5 种镍化合物对 SHE 细胞均可诱发 SCE 率增加；5 种镍化合物对 SHE 细胞微核试验结果显示，$NiSO_4$ 与 $NiCl_2$ 致微核形成率最高，而结晶型 NiS 及 Ni_3S_2 组未见 SHE 细胞微核率有明显增加。

4. **致癌**　Sunderman 等给 F344 大鼠后腿肌内注射栗色和棕红色镍-铜氧化物，剂量为 20 毫克/只，524 天后均诱发注射部位肉瘤，且棕红色镍-铜氧化物致癌作用高于栗色镍-铜氧化物，主要是由于 NiO 与氧化铜（CuO）的比值前者高于后者；大鼠和田鼠肌内注射镍粉，注射局部诱发肉瘤，但田鼠肿瘤发病率低，50只田鼠仅有2只发生肉瘤（占4%）；大鼠、小鼠和家兔静脉注射镍粉，可诱发大鼠局部肉瘤，而小鼠和家兔则未发生肉瘤；F344大鼠胸膜和腹腔内注入镍粉，镍可诱发胸膜间皮瘤和腹腔肿瘤。Pott等给大鼠气管内注入0.063、0.125和0.25mg Ni_3S_2，每周1次，共15次，分别有14.9%、28.9%和30%的大鼠出现肺癌，并存在剂量-反应关系。Dunnick等给F344大鼠分别吸入0.15和1mg/m³的Ni_3S_2以及1.25和2.5 mg/m³的NiO，6小时/天，5天/周，连续2年。结果发现，Ni_3S_2和NiO均可引起大鼠肺泡和细支气管腺瘤或癌以及肾上腺髓质瘤的发生。Shibata等给雄性F344大鼠皮下、肌内、后腹膜脂肪和关节内一次性注射0.5mg Ni_3S_2，48周后分别有94.7%、95%、45%和84.2%的大鼠在注射部位发生软组织恶性肿瘤，包括横纹肌肉瘤、恶性纤维组织细胞瘤、纤维肉瘤和其他肉瘤。Sunderman等给雄性F344大鼠1次性肌内注射等效剂量（相当于14毫克镍/只）的18种镍化合物 α-Ni_3S_2、β-NiS、Ni_4FeS_4、NiO、Ni_3Se_2、NiAsS、NiS_2、Ni_5As_2、镍尘、NiSb、NiTe、NiSe、$Ni_{11}As_8$、NiS、$NiCrO_4$、Ni-As、$NiTiO_3$和NiFe，2年内注射部位肉瘤的发生率依次为α-Ni_3S_2、β-NiS和Ni_4FeS_4均为100%，NiO为93%，Ni_3Se_2为91%，NiAsS为88%，NiS_2为86%，Ni_5As_2为85%，镍尘为65%，NiSb为59%，NiTe为54%，NiSe为50%，$Ni_{11}As_8$为50%，NiS为12%，$NiCrO_4$为6%，NiAs、$NiTiO_3$和NiFe均为0%，而对照组大鼠均未肉瘤发生；上述镍化合物诱发的肉瘤包括横纹肌肉瘤（占52%）、纤维肉瘤（占18%）、未分化的肉瘤（占13%）、骨肉瘤（占8%）和其他肉瘤（占9%）。国际癌症研究所（IARC，1990年）将金属镍、镍合金归入2B类，人类可能致癌物。

(二) 流行病学资料

Rui F 等对 14 464 名接触性皮炎的患者（男性占 67.6%，女性占 32.4%）进行了硫酸镍皮肤斑贴试验，结果显示 24.6% 的患者斑贴试验呈阳性，其中 26～35 岁女性对镍敏感性最高；在女性患者中，对硫酸镍斑贴试验的阳性率与职业从事金属和机械制造业者密切相关（OR 1.54；95% CI 为 1.16～2.05）。

流行病学研究认为不溶性镍化合物如 Ni_3S_2 和 NiO 是致癌物，但近年来流行病学资料显示，镍电解精炼车间产生的可溶性镍化合物 $NiSO_4$ 气溶胶也同样导致人类呼吸道癌症，并且存在明显的剂量-效应关系。Sunderman 等对镍精炼厂工人呼吸道肿瘤进行了组织病理学研究，100 例鼻窦癌分别诊断为鳞状细胞癌（48%），退行性和未分化癌（39%），腺癌（6%），移行细胞癌（3%），其他恶性肿瘤（4%）；259 例肺癌患者分别被诊断为鳞状细胞癌（67%），退行性、小细胞和燕麦细胞癌（15%），腺癌（8%），大细胞癌（3%），其他恶性肿瘤（1%），未明确癌（6%），提示长期职业性镍的吸入主要引起呼吸道鳞状细胞癌的发生为主。目前，尚无流行病学资料证实人类环境和饮食镍暴露后引起癌症危险性增加的证据。也有报道认为，长期镍的接触也可引起其他恶性肿瘤如喉癌、肾癌、前列腺癌、胃癌和软组织肉瘤等危险性增加，但目前尚无科学的定论。除了职业暴露外，医学上常用一些镍合金作为内置假体、骨骼固定钢板和螺丝以及其他医学器械等，可缓慢释放进入体内，可能会引起一些局部散发的肿瘤，但目前尚缺乏相关的证据。结合人群流行病学研究和动物试验以及其他相关的研究结果，IARC 对镍及其化合物的致癌效应进行了评估，认为在镍精炼行业有充分的证据表明，硫酸镍、硫化镍和氧化镍对人类具有致癌性；有关金属镍和镍合金对人类的致癌性目前尚无充分的证据，为可能致癌物。国际癌症研究所（IARC，1990 年）将镍化合物归入 1 类，人类致癌物，可致肺癌。我国已将镍致肺癌列入职业肿瘤名单。

(三) 中毒临床表现及防治原则

1. **急性中毒**　有关无机镍化合物急性毒性方面的临床文献资料

较少。曾报道，有人食入 325mg 硫酸镍（73mg 元素 Ni）后出现恶心、眩晕，脉搏数降低等中毒表现。32 名电镀工人误饮被硫酸镍和氯化镍污染的饮水而引起的中毒事故，估计摄入量大约 0.5～2.5g 镍；起病症状有恶心、呕吐、腹部不适、腹泻、眩晕、疲倦、头痛、咳嗽和呼吸困难等，大多数患者症状持续了几个小时，未发现有任何后遗症出现及死亡报告；检测尿镍含量高达 1000mg/L，未发现任何人有慢性影响，可溶性镍从尿排泄其半衰期为 17～39 小时。

2. 慢性中毒　长期慢性镍的吸入可引起哮喘、慢性肥厚性鼻炎和鼻窦炎、鼻息肉、鼻中隔穿孔等。有人对某镍矿的 1230 名镍冶炼工人检查，心电图有改变者占 30.7%，明显高于对照组 19.4%。据报道，作业工人暴露于环境高浓度镍 0.04～2.86mgNi/m^3（平均为 0.75mg Ni/m^3）时，肾出现亚临床变化，相关分析发现尿液中 β_2-微球蛋白出现剂量依赖性的升高，而男性尿液中 N-乙酰-β-D-氨基葡萄糖苷酶活性增加。

3. 防治原则　二价镍盐急性中毒主要见于生活性误服镍盐引起，其临床治疗的相关资料报道较少。中毒 1～2 小时内测定血清或尿镍含量可证实中毒的严重程度。支持、对症措施是主要的治疗手段。在发生肾衰竭或威胁生命的并发症时，可选用血液透析，但血液透析减少体内镍的功效仍有待证实。动物实验显示二乙基二硫氨基甲酸钠（DDC）增加了脑对镍的吸收，所以二价镍盐中毒时不推荐使用 DDC。对啮齿动物的研究表明：d-青霉胺作为螯合剂用于二价镍盐中毒的功效优于 DDC，但尚缺乏二价镍盐中毒时使用 d-青霉胺的临床资料。

五、毒性表现

1. 动物实验资料

动物实验表明，镍可透过血睾屏障，蓄积在睾丸组织。李佳慧等以 1、5 和 15mg/kg 的 NiCl$_2$ 对昆明种小鼠腹腔注射染毒，35 天后检查发现，5 和 15mg/kg 组小鼠精子数量减少，精子活动率降低。3 个组精子畸形率均明显高于对照组，95% 的精子畸形表现为头部畸形。

3个剂量组小鼠睾丸初级精母细胞性染色体早熟分离均显著高于对照组，常染色体早熟分离改变不明显；该作者又以 10 和 20 mg/kg NiCl$_2$ 连续 5 天小鼠腹腔注射染毒，电镜观察结果表明，NiCl$_2$ 10 和 20mg/kg 剂量组均对小鼠睾丸生精细胞有损伤作用，从精原细胞到精母细胞、精子细胞均呈现不同损伤；NiCl$_2$ 对小鼠生精上皮中的细胞器损伤最严重的是线粒体，其次是内质网。线粒体受损伤对需要发育成熟的生精细胞可能是一种致命性损伤。此外，镍可诱导睾丸生精细胞过度凋亡和细胞周期的改变而影响精子的发生。有研究表明，染镍雄鼠可降低雌鼠的怀孕数和胚胎形成数，可使雄鼠输精管萎缩、生精小管堵塞，导致精原细胞形成数量下降，生殖力下降。Forg Z 等通过整体染毒后分离小鼠睾丸间质细胞或体外处理原代培养的小鼠睾丸间质细胞，评价镍对小鼠睾丸间质细胞分泌睾酮（T）的影响。结果表明，无论是 Ni^{2+} 整体染毒小鼠，还是 Ni^{2+} 体外处理原代培养的小鼠睾丸间质细胞，均可使睾丸间质细胞 HCG 刺激后的 T 分泌量显著降低，并具有明显的时间-效应和剂量-反应关系。

在经氯丙嗪处理的雌性大鼠静脉注射 NiCl$_2$ 后 30 分钟，血清催乳素水平下降 40%，镍可能对垂体前叶催乳素分泌细胞起直接特殊的抑制作用。采用细胞体外培养、体外受精的方法研究镍对小鼠卵母细胞胚泡破裂（germinal vesicle breakdown，GVBD）、第一极体释放、体外受精（IVF）及卵母细胞存活的影响。结果表明，NiCl$_2$ 可以抑制卵母细胞第一极体的释放，并降低 IVF 率。此外，NiCl$_2$ 可引起卵母细胞存活率显著下降。说明 NiCl$_2$ 抑制卵母细胞的体内和体外成熟，降低卵母细胞的受精能力。马明月等给雌性大鼠皮下注射 NiSO$_4$，发现 3mg/kg NiSO$_4$ 组雌鼠的动情周期延长，孕酮（P）分泌下降，雌二醇（E$_2$）、黄体生成素（LH）及卵泡刺激素（FSH）的释放均无明显影响。宋士军等发现不同剂量的 NiCl$_2$（0.4～6.4mmol/L）均能降低人离体子宫肌肉的自发性收缩强度、张力和曲线下面积，随着染毒浓度增加其抑制作用加强，半数抑制浓度的氯化镍（1.64±0.65）mmol/L 显著抑制催产素引起的依赖细胞内 Ca^{2+} 的子宫肌收缩，仅为正常的 55%，但对依赖细胞外

Ca^{2+} 的子宫肌收缩无显著影响。

Szakmary 等对孕 7～14 天的 CFY 大鼠连续 8 天给予 3mg/kg 的 $NiCl_2$ 灌胃，然后测定机体镍含量。结果发现，胎盘和羊水中均含有镍，其含量与给予孕鼠的镍剂量和孕鼠血镍浓度成正比。

在器官发生期暴露于高剂量的镍盐如 $NiCl_2$、$NiCO_3$、$NiSO_4$ 和羰基镍可致小鼠胚胎的畸形，同时也会产生明显的胚胎毒性。Sunderman 等研究 $NiCl_2$ 和 Ni_3S_2 对大鼠胚胎的毒性，对孕 8 天的大鼠肌内注射 16mg/kg $NiCl_2$，能使胚胎数目减少，所产子鼠体重减轻，早期妊娠肌注 $NiCl_2$ 和 Ni_3S_2 不引起母体死亡的剂量就可引起胚胎死亡。曹乃群等给雌性小鼠腹腔注射 5、10mg/kg $NiCl_2$，10 天后使其与正常雄鼠交配。结果雌鼠的受孕率下降，着床数和活胎数减少，吸收胎和死胎数增加，子一代生长发育（体重）、神经行为发育（运动反射）和子鼠的生殖能力均受到不良影响。蟾蜍胚胎发育期间染毒 $NiCl_2$，可导致子代（蝌蚪）眼畸形，如视网膜、脉络膜脱出和囊肿，视网膜色素上皮缺失，虹膜裂开，发生先天性白内障等。对孕 1～11 天的小鼠 1～7 mg/kg $NiCl_2$ 腹腔注射染毒，可引起胚胎吸收，胎体生长缓慢，并伴有胎体的脑、眼、硬腭、骨骼肌畸形。叙利亚金黄色仓鼠孕 8～11 天静脉或腹腔注射给予醋酸镍或 $NiCl_2$ 8～30mg/kg，可引起胚胎死亡或子代发生关节强硬、畸形等，认为经腹腔注射 N_1cl_2 4mg/kg 是最大的致畸剂量。罗杨等应用小鼠胚胎肢芽细胞微团培养方法观察 $NiCl_2$，$CdCl_2$ 单独及联合染毒对肢芽细胞增殖和分化及肢芽细胞蛋白聚糖的影响。结果表明，两者对肢芽细胞增殖和分化及肢芽细胞蛋白聚糖的合成均有抑制作用。陈婉蓉等利用大鼠胚胎神经细胞微团体外培养技术，观察到硝酸镍对胚胎神经细胞的半数分化抑制浓度（ICd_{50}）小于 $1\mu g/ml$，半数存活抑制浓度（ICv_{50}）与 ICd_{50} 的比值（V/D）大于 6.0，表明硝酸镍有体外致畸胎活性。

2. 流行病学资料

Chashschin 等对镍（$NiSO_4$）精炼厂电解车间 232 名电解女工（平均尿镍 $15.6\mu g/L$）和 124 名电解净化女工（平均尿镍 $10.4\mu g/L$）

进行了流行病学调查，结果发现这些女工的自然流产率为 15.9%，高于非接触组人群（8.5%），自然流产相对危险度（RR）为 1.8；先兆流产率为 17.2%，也高于非接触组人群（7.6%）；镍接触女工子代畸形率为 17%，约为非接触组人群（6%）的 3 倍；子代全部畸形、心血管畸形和肌肉骨骼畸形的相对危险度（RR）分别为 2.9、6.1 和 1.9，均非常显著高于非接触组人群。

六、毒性机制

Pandey R 等给予性成熟雄性小鼠 5、10mg/kg $NiSO_4$ 灌胃 35 天，睾丸酶组织化学分析显示，葡萄糖-6-磷酸脱氢酶活性下降，乳酸脱氢酶活性增加。孙应彪等采用 2.5、5mg/kg $NiSO_4$ 大鼠连续腹腔注射染毒 30 天，其血清睾酮（T）水平降低，睾丸组织匀浆、睾丸细胞线粒体和微粒体中脂质过氧化物（LPO）和活性氧（ROS）含量升高，总抗氧化能力（T-AOC）降低而致睾丸细胞氧化应激效应增强；$NiSO_4$ 2.5、5mg/kg 组可引起大鼠睾丸细胞 G_0/G_1 期细胞数减少（$P < 0.05$），G_2/M 期细胞数增加（$P < 0.05$），5mg/kg 组 S 期细胞数减少（$P < 0.05$）而致睾丸细胞周期发生阻滞。此外，$NiSO_4$ 可诱导睾丸细胞过度凋亡，主要以精原细胞和精母细胞为主，其机制可能与凋亡相关基因 Bcl-2、Bax、Fas/FasL、c-Fos 和 HSP70 异常表达有关。宋士军等用正常人子宫肌组织分别与终浓度为 0.4、0.8、1.6、3.2 和 6.4mmol/L 的 $NiCl_2$ 进行体外培养，结果发现 Ni^{2+} 能明显抑制 Ca^{2+} 引起的子宫肌收缩反应，还能明显抑制催乳素引起的依赖细胞内 Ca^{2+} 的子宫肌收缩。Robison 等研究显示，氯化镍和结晶型硫化镍可引起体外培养的中国仓鼠卵巢（CHO）细胞 DNA 断裂。Lee 等采用 40、80、160、320、480 和 640mmol/L 醋酸镍处理体外培养的中国仓鼠卵巢（CHO）细胞 48 小时，结果发现波形蛋白和 hSNF2H 同源体 mRNA 表达下调，铁蛋白重链 mRNA 表达上调。Rao 等用氯化镍 8、16mg/kg 小鼠经口染毒 30 天，结果发现小鼠卵巢组织超氧化物歧化酶（SOD）和谷胱甘肽过氧化物酶活性降低，丙二醛（MDA）含量增加而使氧

化应激效应明显增强。

（孙应彪）

主要参考文献

1. 江泉观，纪云晶，常元勋. 环境化学毒物防治手册. 北京：化学工业出版社，
   2004：79-87.

2. 黄吉武，周宗灿. 毒理学　毒物的基础科学. 6 版. 北京：人民卫生出版社，
   2005，721-727.

3. 杨晓华，杨艳华，杨晓梅. 铅镉金属对女性内分泌影响的调查分析. 河北医
   学，2010，16（2）：248-250.

4. 杨素萍. 儿童铅污染不容忽视. 化学世界，2010，51（1）：62-64.

5. 刘弢，金玫华，张鹏，等. 我国 1991 至 2008 年文献报道的蓄电池企业铅危
   害概况. 中华劳动卫生职业病杂志，2010，28（9）：708-710.

6. 唐秀明，王秀蕊，杨晓辉. 铅对女性促卵泡刺激素（FSH）的影响. 河北医
   学，2010，16（2）：247-248.

7. 张建海，牛瑞燕，王冲，等. 铅污染对动物健康的影响. 饲料博览，2010，
   9：33-35.

8. 张艳娥，王孟查，索嗣英，等. 铅作业人员精子性染色体非整倍体率分析.
   河北医药，2009，31（21）：2897-2898.

9. 马海燕，李红，李向红，等. 染铅大鼠胎盘 MMP-9、TIMP-1 表达与血铅水
   平的相关性. 中国妇幼健康研究，2009，20（2）：146-149.

10. 石静芳，唐秀明. 探讨铅对孕激素的影响. 护理实践与研究，2009，6
    （19）：21-22.

11. 朱翠娟，袁慧，朱家增，等. 醋酸铅对小鼠卵巢组织结构和卵巢颗粒细胞凋
    亡的影响. 中国畜牧兽医学会家畜内科学分会 2009 年学术研讨会论文，
    2009，520-524.

12. 张艳梅. 铅暴露与人体健康. 预防医学论坛，2008，14（3）：254-256.

13. 辛鹏举. 铅的毒性效应及作用机制研究进展. 国外医学卫生学分册，2008，
    35（2）：70-74.

14. 张秋玲，周桂侠. 国内铅对雌性生殖毒性的研究进展. 工业卫生与职业病，
    2008，34（2）：108-110.

15. 孟金萍，孙淑华，王艳蓉，等. 铅的生物学毒性效应. 中国比较医学杂志，2007，17（1）：58-61，54.

16. 梁慧宁，黄荣峥，姜岳明. 铅对儿童健康影响的研究进展. 中国公共卫生，2006，22（1）：116-117.

17. 马海燕，李红. 铅的胎盘毒性. 中国临床医生，2006，34（9）：21-23.

18. 汪美贞，贾秀英. 铅对雄性生殖毒性的研究进展. 动物学杂志，2006，41（1）：123-127.

19. 马海燕，李红，王教辰，等. 孕期不同阶段铅暴露对大鼠胎盘和仔鼠的影响. 中华预防医学杂志，2006，2：101-104.

20. 王羚，李宁. 铅的生殖毒性. 医药世界，2006，6：118-119.

21. 李国栋，丁相友. 低浓度铅作业对女工生殖机能影响的调查研究. 职业卫生与应急救援，2006，24（2）：67-68.

22. 李茂进，刘衍忠，刘永霞，等. 铅对造血干细胞和生殖细胞 Hoxa9 基因表达的影响. 中国职业医学，2006，33（5）：363-365.

23. 钱玲. 环境化学物的生殖毒性研究进展. 环境与职业医学，2005，22（2）：167-171.

24. 项翠琴，刘春芳，张云英，等. 铅对大鼠睾丸钙调素、ATP 酶的抑制作用. 环境与职业医学，2002，19（3）：132-133.

25. Murata K, Iwata T, Dakeishi M, et al. Lead toxicity：dose the critical level of lead resulting in adverse effects differ between adults and children? J Occup Health，2009，51：1-12.

26. Demmeler M，Nowak D，Schierl R. High blood lead levels in recreational indoor-shooters. Int Arch Occup Environ Health，2009，82：539-542.

27. Asakura K，Satoh H，Chiba M，et al. Genotoxicity studies of heavy metals：lead，bismuth，indium，silver and antimony. J Occup Health，2009，51：498-512.

28. Romero D，Hernández-García A，Tagliati CA，et al. Cadmium-and lead-induced apoptosis in mallard erythrocytes. Ecotoxicol Environmen Saf，2009，72：37-44.

29. Villeda-Hemandez J，Mendez Armenta M，Barroso-Moguel R，et al. Morphometric analysis of brain lesions in rat fetuses prenatally exposed to low-level lead acetate：correlation with lipid peroxidation. Histol Histopathol，2006，21（6）：609-617.

30. 毛胜艳. p38MAPK 通路在镉毒性机制中的作用. 国外医学医学地理分册, 2010, 31 (3): 175-179.

31. 邓新, 温璐璐, 迟鑫姝. 镉对人体健康危害及防治研究进展. 中国医疗前沿, 2010, 5 (10): 4-5.

32. 贾海梅, 陈昱, 汪家梨, 等. 体外染镉对大鼠卵巢孕激素合成的影响及其机制. 中华劳动卫生职业病杂志, 2010, 28 (3): 213-216.

33. 楼哲丰, 管敏强, 陈忠义, 等. 氯化镉对小鼠睾丸指数及其线粒体 $ATPase6$、$D—Loop$ 基因突变的影响. 癌变・畸变・突变, 2009, 21 (6): 452-454; 459.

34. 韩磊, 张恒东. 铅、镉的毒性及其危害. 职业卫生与病伤, 2009, 24 (3): 173-177.

35. 何庆峰, 李燕燕, 尤玲玲, 等. 亚慢性染镉对未成年大鼠雌性生殖内分泌毒性研究. 天津农学院学报, 2009, 16 (3): 11-13.

36. 晏晖云, 袁慧. 镉的雄性生殖毒性研究进展. 畜牧善医杂志, 2008, 27 (3): 31-33.

37. 许立芹, 王东, 蔡恒, 等. 镉致胎鼠骨骼发育异常的形态学观察. 滨州医学院学报, 2008. 31 (1): 11-15.

38. 邹聪, 廖晓岗, 李庆春, 等. 微量镉对胎鼠睾丸超微结构及 P450scc 表达的影响. 环境与健康杂志, 2008, 25 (2): 966-969.

39. 毛伟平, 张娜娜, 魏传静, 等. 镉对 HEK 293 细胞线粒体损伤作用. 中国公共卫生, 2008, 24 (12): 1531-1533.

40. 晏晖云, 袁慧. 镉的雄性生殖毒性研究进展. 畜牧兽医杂志, 2008, 27 (3): 31-33.

41. 张建鹏, 任绪义, 郭婷婷, 等. 低剂量镉处理后大鼠睾丸差异表达基因的 cDNA 微阵列分析. 癌变・畸变・突变, 2006, 18 (2): 84-87.

42. 朱善良, 陈龙. 镉毒性损伤及其机制的研究进展. 生物学教学, 2006, 31 (8): 2-5.

43. 崔玉静. 镉对人类健康的危害及其影响因子的研究进展. 卫生研究, 2006, 35 (5): 656-659.

44. 王文祥, 廖惠珍, 曹建平, 等. 亚慢性镉暴露对雄性大鼠生殖毒性的研究. 中国公共卫生, 2004, 20 (5): 562-563.

45. 李煌元, 吴思英. 镉的雌性性腺生殖毒性研究现状. 中国公共卫生, 2002, 18 (3): 370-381.

46. 吴思英. 镉的生殖流行病学研究进展. 现代预防医学, 2002, 29 (3): 396-397.
47. Bernard A. Cadmium & its adverse effects on human health. Indian J Med Res, 2008, 128: 557-564.
48. Kim SM, Park JG, Baek WK, et al. Cadmium specifically induces MKP-1 expression via the ghtathione Depletion—mediated p38 MAPK activation in C6 glioma cell. Neuroscience Lett, 2008, 440: 289-293.
49. Nakagawa J, Nishitat G, Inageda K, et al. Phosphorylation of Stats at Ser727 in renal proximal tubular epithelial cells exposed to cadmium. Environ Toxieol Pharmaeol, 2007, 24: 252; 259.
50. Schoeters G, Den Hond E, Zuurbier M, et al. Cadmium and children: exposure and health effects. Acta Paediatr Suppl, 2006, 95 (453): 50-54.
51. Ren XY, Zhou Y, Zhang JP. Metallothionein gene expression under different time in testicular Sertoli and spermatogenic cells of rats treated with cadmium. Reproduct Toxicol, 2003, 17 (2): 219-227.
52. Zeng XB, Jin TY, Zhou YF, et al. Changes of serum sex hormonelevels and MT mRNA expression in rats orally exposed to cadmium. Toxicology, 2003, 186: 1109-1118.
53. Martin JM, Martin R, Codesal J, et al. Cadmium chloride induced dysplastic changes in ventral rat prostate l animmunohistochemical and quantity study. Prostate, 2001, 46: 11-20.
54. 吴美琴, 曹露露, 余晓刚, 等. 上海城乡结合区婴儿脐带血铅及汞水平的研究. 中国妇幼健康研究, 2010 年, 21 (3): 266-268.
55. 武秋立, 杨鹏, 王大勇. 汞暴露导致秀丽线虫后代中出现可传递的表型和行为缺陷 (英文). 东南大学学报 (医学版), 2010, 29 (1): 1-9.
56. 胡耐根. 重金属铅、汞污染对人的影响. 科技信息. 2009, 35: 362-363.
57. 杨白学, 常洋, 白刃, 等. 汞的生殖毒性研究. 兽医研究, 2009, 24: 34-35.
58. 王汉斌, 牛文凯. 汞中毒的诊断与治疗. 中华急诊医学杂志, 2009, 18 (3): 238-241.
59. 黄雪飞, 毛以智, 王兴群, 等. 汞生殖毒性的研究进展. 贵州畜牧兽医, 2008, 32 (1): 23-24.
60. 张建新, 金明华, 杜海英, 等. 甲基汞对雄性小鼠生殖细胞的毒性作用. 吉林大学学报 (医学版), 2008, 34 (5): 767-772.

61. 叶光勇. 甲基汞对发育中胚胎及胎儿的毒性作用研究进展. 国际妇产科学杂志, 2008, 35 (3): 168-171.

62. 李艳艳, 熊光仲. 汞中毒的毒性机制及临床研究进展. 中国急救复苏与灾害医学杂志, 2008, 3 (1): 57-59.

63. 安建博, 张瑞娟. 低剂量汞毒性与人体健康. 国外医学医学地理分册, 2007, 28 (1): 39-42.

64. 潘洁, 宋辉, 潘小川. 中国职业性汞暴露对女工生殖功能影响的 Meta 分析. 中华流行病学杂志, 2007, 28 (12): 1215-1218.

65. 金明华, 姜春明, 王欣, 等. 甲基汞对小鼠睾丸生殖细胞凋亡作用. 中国公共卫生, 2006, 22 (10): 1225-1226.

66. 郑徽. 汞的毒性效应及作用机制研究进展. 卫生研究, 2006, 35 (5): 663-666.

67. 钱玲. 环境化学物的生殖毒性研究进展. 环境与职业医学, 2005, 22 (2): 167-171.

68. 许韫. 汞对人体健康的影响及其防治. 国外医学卫生学分册, 2005, 32 (5): 278-281.

69. 张合喜, 丁宇, 卜勇军. 氯化甲基汞对大鼠行为致畸作用的影响. 实用儿科临床杂志, 2005, 2 (2): 153-155.

70. 王丽. 甲基汞的发育毒性及其研究进展. 卫生研究, 2005, 35 (5): 633-635.

71. 金龙金, 楼哲丰, 董杰影, 等. 汞、镉对小鼠离体骨髓细胞和睾丸生殖细胞的 DNA 损伤作用. 癌变·畸变·突变, 2004, 16 (2): 94-97.

72. Crump KL, Trudeau VL. Mercury-induced reproductive impairment in fish. Environmrn Toxicol Chemis, 2009, 28 (5): 895-907.

73. Palkovicova L, Ursinyova M, Masnova V, et al. Maternal amalgam dental fillings as the source of mercury exposure in developing fetus and newborn. J Expos Sci Environ Epidemiol, 2008, 18 (3): 326-331.

74. Guzzi G, La-Parta CA. Molecular mechanism triggered by mercury. Toxicology, 2008, 244: 1-12.

75. Massanyi P, Lukac N, Slivkova J, et al. Mercury-induced alterations in rat kidneys and testes in vivo. J Environ Sci Health. A Tox Hazard Subst Environ Eng, 2007, 42: 865-870.

76. Zahir F, Rizwi SJ, Haq SK, et al. Low dose mercury toxicity and human health. Environ Toxicol Pharmacol, 2005, 20: 351-360.

77. Kuo TC，Lin-Shiau SY. Early acute necrosis and delayed apoptosis induced by methyl mercury in murine peritoneal neutrophils. Basic Clin Pharmacol Toxicol，2004，94：274-281.

78. 才秀莲，王国秀，郭海. 锰对大鼠生精细胞 Caspase-3 mRNA 调控及支持细胞波形蛋白表达的影响. 解剖学，2010，4 (13)：400-404.

79. 毕明玉，李金龙，李术，等. 线粒体凋亡途径在锰致鸡支持-生精细胞凋亡中的作用. 畜牧兽医学报，2010，41 (4)：500-504.

80. 陈言峰，张小雪，张林达. 几种微量元素对动物生殖毒性的研究进展. 贵州畜牧兽医，2008，32 (2)：18-20.

81. 邓晓辉，王振全，冯三畏，等. 氯化锰对雄性小鼠生殖系统的损伤作用. 现代预防医学，2008，35 (11)：2022-2024.

82. 牛心华. 锰作业女工生殖机能调查. 河南预防医学杂志，2008，19 (4)：264，277.

83. 荆俊杰，谢吉民. 微量元素锰污染对人体的危害. 广东微量元素科学，2008，15 (2)：6-9.

84. 才秀莲，李兴升，李季蓉，等. 锰对小鼠精子数量、畸形率和活动度影响. 中国公共卫生，2007，23 (1)：104-105.

85. 魏娜，才秀莲，李兴升，等. 锰对小鼠生育指数和生精上皮细胞数影响. 中国公共卫生，2007，23 (3)：337-338.

86. 段朝军，武俊青，郭学谦，等. 中国年轻男性血清中微量元素及其对精液质量的影响. 山西医药杂志，2007，36 (2)：140-141.

87. 李向东，周涌江. 铅、锰染毒后大鼠精子形态的改变. 职业与健康，2006，22 (19)：1571-1572.

88. 钱玲. 环境化学物的生殖毒性研究进展. 环境与职业医学，2005，22 (2)：167-171.

89. 武英，崔金山，张玉敏，等. 氯化锰对雄性大鼠亚急性生殖毒性机制研究. 中国工业医学杂志，2004，17 (3)：184-185.

90. 鲁力，陆继培，农清清，等. 锰在大鼠睾丸细胞内的分布及其雄性生殖毒性影响研究. 中国公共卫生，2001，17 (11)：1017-1018.

91. 胡存丽，邵文. 我国锰毒性研究现况. 卫生毒理学杂志，2000，14 (3)：185-187.

92. Zota AR，Ettinger AS，Bouchard M，et al. Maternal blood manganese levels and infant birth weight. Epidemiology，2009，20 (3)：367-373.

93. Boggia B, Carbone U, Fsrinaro E, et al. Effects of working posture and exposure to traffic pollutants on sperm quality. J Endocrinol Invest, 2009, 32 (5): 430-434.

94. Kirank K, Zheng W, Jiang W. Importance of mitochondria in manganese—induced cellular toxicity. Neurotoxicology, 2009, 30 (4): 727.

95. Vigeh M, Yokoyama K, Ramezanzadeh F, et al. Blood manganese concentrations and intrauterine growth restriction. Reprodtoxicology, 2008, 25: 219-223.

96. Wirth JJ, Rossano MG. Daly DC, et al. Ambient manganese exposure is negatively associated with human sperm motility and concentration. Epidemiology, 2007, 18 (2): 270-273.

97. Aschner JL, Aschner M. Nutritional aspects of manganese homeostasis. Mol Aspects Med, 2005, 26 (4-5): 353-362.

98. Takser L, Lafond J, Bouchard M, St-Amour G, et al. Manganese levels during pregnancy and at birth: relation to environmental factors and smoking in a Southwest Quebec population. Environ Res, 2004, 95: 119-125.

99. Chang J, Fu JL, Zhou ZC. The inhibitory effects of manganese on steroidogenesis in rat primary Leydig cells by disrupting steroidogenic acute regulatory (StAR) protein expression. Toxicology, 2003, 187 (2-3): 139-148.

100. Zhao J, Shi X, Castranova, et al. Occupational toxicology of nickel and nickel compounds. J Environ Pathol Toxicol Oncol, 2009, 28 (3): 177-208.

101. Das KK, Dasgupta S. Effect of nickel sulfate on testicular steroidogenesis in rats during protein restriction. Environ Health Perspect, 2002, 110 (9): 923-926.

102. Doreswamy K, Shrilatha B, Raieshkumar T, et al. Nickel-induced oxidative stress in testis of mice: evidence of DNA damage and genotoxic effects. J Androl, 2004, 25 (6): 996-1003.

103. 吴永会, 周春凌, 王军. 镍冶炼烟尘对中国仓鼠肺细胞毒性作用的实验研究. 中国工业医学杂志, 2003, 16 (5): 280-181.

104. 孙应彪, 王学习, 宋援朝, 等. 氧化应激在硫酸镍致小鼠睾丸损伤中的作用. 中华劳动卫生职业病杂志, 2006, 24 (7): 425-426.

105. 孙应彪, 王丽娟, 王俊玲, 等. 镍染毒大鼠睾丸生精细胞调亡及其对 Bcl-2 和 Bax 表达的影响. 毒理学杂志, 2007, 21 (1): 36-39.

106. 孙应彪，王学习，刘一亚，等. 硫酸镍对大鼠睾丸生精细胞 c‐Fos 和 HSP70 mRNA 表达的影响. 毒理学杂志，2007，21（5）：383‐386.

107. 刘一亚，孙应彪，王俊玲，等. 硫酸镍对大鼠生殖细胞的影响. 毒理学杂志，2007，21（1）：53‐54.

108. 丁皎，孙应彪，常旭红，等. 硫酸镍对体外小鼠精原细胞所致氧化应激水平的研究. 毒理学杂志，2010，24（1）：34‐37.

109. Rao MV, Chawla SL, Sharma SR. Protective role of vitamin E on nickel and/or chromium induced oxidative stress in the mouse ovary. Food Chem Toxicol，2009，47（6）：1368‐1371.

110. Gupta AD, Dhundasi SA, Ambekar JG, et al. Effect of l‐ascorbic acid on antioxidant defense system in testes of albino rats exposed to nickel sulfate. J Basic Clin Physiol Pharmacol，2007，18（4）：255‐266.

111. Grimsrud TK, Peto J. Persisting risk of nickel related lung cancer and nasal cancer among Clydach refiners. Occup Environ Med，2006，63：365‐366.

112. Goodman JE, Prueitt RL, Dodge DG. Carcinogenicity assessment of water‐soluble nickel compounds. Crit Rev Toxicol，2009，39（5）：365‐417.

113. Sivulka DJ. Assessment of respiratory carcinogenicity associated with exposure to metallic nickel：A review. Regul Toxicol Pharmacol，2005，43：117‐133.

114. Rui F, Bovenzi M, Prodi A, et al. Nickel, cobalt and chromate sensitization and occupation. Contact Dermatitis，2010，62（4）：225‐231.

115. Sun Y, Ou Y, Cheng M, et al. Binding of nickel to testicular glutamate‐ammonia ligase inhibits its enzymatic activity. Mol Reprod Dev，2011，78（2）：104‐115.

116. 郭文杰，侯一平，宋焱峰，等. 不同镍含量金属植入对大鼠受孕和胚胎发育的影响. 现代预防医学，2007，34（12）：2227‐2231.

117. Apostoli P, Catalani S. Metal ions affecting reproduction and development. Met Ions Life Sci，2011，8：263‐303.

118. Sztrum AA, D' Eramo JL, Herkovits J. Nickel toxicity in embryos and larvae of the South American toad：effects on cell differentiation, morphogenesis, and oxygen consumption. Environ Toxicol Chem，2011，30（5）：1146‐1152.

119. Beveridge R, Pintos J, Parent ME, et al. Lung cancer risk associated with

occupational exposure to nickel, chromium VI, and cadmium in two popula-
tion-based case-control studies in Montreal. Am J Ind Med, 2010, 53 (5):
476-485.

120. Fuentebella J, Kerner JA. Nickel toxicity presenting as persistent nausea and
abdominal pain. Dig Dis Sci, 2010, 55 (8): 2162-2164.

第十章

类金属及其化合物

第一节 碘及其化合物

一、理化性质

碘（iodine，I）为紫色片状结晶，易升华为紫色蒸气。碘是一种强氧化剂，能与乙炔或氨等相遇后可引起爆炸；燃烧后释放出有毒的紫色蒸气。

二、来源、存在与接触机会

碘主要用于医药、化学试剂及其他有机合成等。其接触途径主要在于本品的生产制作工程，及有关碘药物的合成和使用当中。作为人体必需的微量营养元素，正常人每日需从外界摄入碘。

我国高碘地区和高碘病区划分标准为：凡居民饮用水碘含量超过 $150\mu g/L$，8～10 岁儿童尿碘中位数＞$400\mu g/L$ 的地区为高碘地区；水碘含量超过 $300\mu g/L$，8～10 岁儿童尿碘中位数＞$800\mu g/L$，8～10 岁儿童地方性甲状腺肿率大于 5％的地区为高碘病区。

在我国地甲病分布的地区主要有西部的喜马拉雅山区、西南的石灰岩喀斯特山区和东北的松嫩平原等地。山东、江苏、新疆、山西、内蒙古、河北、河南、北京、福建、安徽和天津等 11 个省市为高碘病区。

三、吸收、分布、代谢与排泄

碘可通过消化道、呼吸道、皮肤进入体内。正常人体内含碘 $30\sim50$ mg（约 0.5mg/kg），每天从食物中摄入 $150\sim200\mu g$ 的碘。食物中的碘化物，在消化道转化为离子碘后，经肠上皮细胞吸收后进入血浆，并与血浆中的蛋白质结合，一部分贮存在体内，另一部分被排出体外。近半数贮存的碘被甲状腺上皮细胞摄取和浓集于此。此外，肾、唾液腺、胃液腺、乳腺、松果体也可以从血液中浓集少量的碘。碘主要经肾随尿液排出体外，也可从唾液、胆汁、汗或乳汁排出微量。

四、毒性概述

（一）动物实验资料

1. **急性毒性** BALB/c 小鼠经口给予碘酸钾，LD_{50} 雄性为 369mg/kg，雌性为 271mg/kg；Wistar 大鼠经口给予碘酸钾，LD_{50} 雄性为 (709.00±63.19) mg/kg，雌性为 (667.00±53.86) mg/kg。

2. **慢性毒性** 给 Wistar 大鼠随机喂饲含碘酸钾的饮用水，剂量分别为 3，6，12，24，48，96 和 192 mg/L，共 13 周（90 天）。结果显示：各实验组尿碘均显著高于对照组（$P<0.01$），且随染毒剂量增高而增加；192 mg/L 组肾/体比和脾/体比、24 mg/L 组及 96 mg/L 组脾/体比均高于对照组，差异有统计学意义（$P<0.05$）；血生化指标显示碘酸钾对糖、脂质和蛋白质的代谢有影响，差异均有统计学意义（$P<0.05$）；视网膜电图（ERG）检查仅 192 mg/L 组 a、b 波振幅降低，差异有统计学意义（$P<0.05$），但视网膜病理组织学检查未见异常；48 mg/L 以上各剂量组甲状腺素水平则随染毒剂量增加而有所下降。

3. **致突变** BALB/c 小鼠，经口给予碘酸钾（分别为 1/2、1/4 和 1/8 LD_{50}），1 次/天，连续 4 天，末次给药 24 小时后取胸骨骨髓细胞制片，测定微核率，结果为阴性。

雄性 BALB/c 小鼠以同样剂量经口给予碘酸钾，连续 5 天，于第 1 天染毒后的第 35 天取附睾制片，测定精子畸形率，结果为阴性。

小鼠淋巴瘤细胞 tk 基因突变试验（TK 试验），结果为阴性。

4. **致癌** 雌性 wistar 大鼠，喂缺碘饲料 4 个月，每只大鼠摄取碘的平均量为 0.926μg/d（为重度缺碘）。致碘缺乏后，与正常健康雄性大鼠交配，以观察雌性大鼠的生育力和甲状腺病变。结果显示缺碘组大鼠甲状腺重量增加，单纯性和结节性甲状腺肿发病率高，与对照组有统计学意义（$P<0.01$）；在有甲状腺滤泡增生的甲状腺肿的基础上，甲状腺癌发生率为 33.3%（7/21），而对照组无肿瘤发生（0/12），差异有统计学意义（$P<0.01$）。

（二）流行病学资料

王红美等（2010 年）在海南省进行了食盐加碘对儿童智力发育的影响效果的调查。通过对碘缺乏历史病区（观察组）、历史非病区（对照组）共 8 个县 15 个乡镇的 8~10 岁在校儿童开展尿碘检测和智商测试。结果显示，由于对碘缺乏历史病区加大了碘盐的投放，使得该地区儿童碘营养达到适宜水平，相对而言对照组儿童仍处于碘缺乏状态，故观察组儿童平均智商值（IQ）均高于对照组；与平原、沿海地区相比，山区儿童平均智商值较低，尤对照组山区为最低（83.1），智商≤69 的比率（20.5%）却最高。作者认为，食盐加碘有助于改善儿童智力，降低儿童智力损害。郑合明等（2010）对河南省全民食盐加碘前后出生的 6~15 岁儿童的 IQ 及精神运动功能所做的调查分析，也证实食盐加碘对 IQ 和精神运动功能具有促进作用。

（三）中毒临床表现及防治原则

1. **急性中毒**　吸入碘 1.03mg/m^3 即可造成眼及上呼吸道刺激，可有流泪、流涕、咳嗽、胸闷等，严重时可引发肺炎和肺水肿、喉痉挛或水肿、哮喘样发作，甚至休克。皮肤直接接触碘液可引起灼伤，长时间接触可形成愈合缓慢的溃疡。

2. **慢性中毒**　长期接触碘蒸气（$12.1~61.0\text{mg/m}^3$）可引发眼结膜和呼吸道的慢性炎症；以及中枢神经系统抑制和甲状腺功能紊乱：多梦、记忆力减退、精神不振、四肢无力、心率过快、食欲亢进、体重减轻、轻度腹泻等。过敏体质者可出现皮炎或支气管哮喘。

（1）**低碘（碘缺乏）**　由碘缺乏所致的疾病被称为碘缺乏病，是由于机体碘营养不良所导致的一组疾病的总称。据 2003 年 WHO 统计，全球有超过 19 亿人口碘营养不足，学龄儿童碘缺乏病患病率达 36.4%。缺碘不仅严重影响大脑的发育和正常生理功能，还可出现体格与智力发育低下、甲状腺功能异常、甲状腺肿、克丁病等。

①**地方性甲状腺肿**　甲状腺体积增大，机能增强，但尚具有代偿

功能，可维持正常的甲状腺功能。②地方性克汀病 妊娠期碘摄入不足，导致胎儿的甲状腺激素不足，造成胎儿生长发育障碍，主要是中枢神经系统，可出现发育障碍、听力障碍、智力低下等。如在出生后摄取碘不足，将会影响儿童生长发育，表现为体格矮小，智力落后，语言及听力障碍，青春期落后等。③由于妊娠期妇女对碘的需求增加，如此时碘摄入不足，不仅孕妇会出现妊娠甲状腺肿、低甲状腺素血症、甲状腺功能减低早期和晚期流产增加等，还可使新生儿和婴儿出现地甲肿、克汀病，患儿表现智力缺陷、生长迟缓；同时还可出现新生儿甲低、或高促甲状腺素血症，及婴儿死亡率增高等。

（2）高碘（碘过量） 一次或多次摄入大剂量的碘；或长期摄入较高剂量的碘；或低碘地区甲状腺肿患者补碘后，可引发高碘甲状腺肿、碘致甲状腺功能亢进症（甲亢）、碘致甲状腺功能减退症（甲低）、碘致自身免疫甲状腺炎等。过量摄入碘还可引发甲状腺癌，且以乳头状腺癌为主，这已被有些学者所做的前瞻性调查所证实。

3. 防治原则 对于碘缺乏的预防主要是对缺碘地区人群进行补碘。食盐加碘是消除碘缺乏病行之有效的方法，在国内外均已得到认可。目前碘盐中所采用的碘化物有碘化钾和碘酸钾。现在临床使用的碘油主要有两种剂型：针剂为注射用；胶囊（或微胶囊冲剂）供口服用。其他的补碘办法如在供水系统中按比例投放碘化物，或在饮用水中放入一种可以缓慢释放碘的缓释器制成碘化水，用来对限定地区的人群进行补碘；另外还有碘化面包、碘化砖茶、碘化酱油（包括鱼酱、豆酱等）等碘化食品。但要注意补碘的剂量，防治碘过量。

五、毒性表现

（一）动物实验资料

雄性 BALB/c 小鼠以同样剂量经口给予碘酸钾（分别为 1/2、1/4 和 1/8 LD_{50}），连续 5 天，于第 1 天染毒后的第 35 天取附睾制片，测定精子畸形率，结果未发现精子畸形。

分别给予断乳 1 个月的 BAIB/c 雌雄小鼠不同剂量碘（10、1620.9、3647.1、19 856.2$\mu g/L$），3 个月后按雌雄 3：1 比例合笼，观察各组小鼠受孕情况及产仔数量。结果表明，无论是碘缺乏还是碘过量均可引起实验动物的甲状腺功能低下，出现进食量减少，从而降低小鼠的受孕率，但低碘对受孕率的影响更明显。刚断乳的 BABL/c 小鼠长期摄入高碘（0.75 mg/kg，4 个月），于孕后 19 天可见到，高碘组的吸收胎率显著升高，活胎率显著降低（$P<0.05$）。同时胎鼠出现骨骼畸形率增高，与阴性对照组比较差异有统计学意义（$P<0.05$）。表明高碘具有胚胎发育毒性和致畸作用。

观察碘缺乏（$0\mu g/L$，12 周）及碘过量（$3000\mu g/L$，12 周）对大鼠生殖力及仔鼠记忆力的影响，结果证实，缺碘组和高碘组雌鼠受孕率及产仔数均低于适碘组；碘缺乏及碘过量都能影响仔鼠大脑发育，对仔鼠的学习记忆力均可造成影响。

对低碘喂饲 SD 大鼠，进行大鼠的三代繁殖实验，探讨碘缺乏对 F_2 代雌性、雄性仔鼠生殖功能的影响。结果显示，碘缺乏组大鼠的生精小管管径萎缩，管腔内精子数量明显减少，精子畸形率增高，并有空腔（即无精子），与对照组相比差异有统计学意义（$P<0.05$）。血清睾酮水平降低，与对照组的差异有统计学意义（$P<0.05$）。电镜下可见附睾管壁上皮细胞呈立柱形，细胞内有大量空泡，细胞间连接增宽，并可见排列紊乱的结构异常的精子。妊娠第 18 天、20 天碘缺乏组雌性 F_2 代妊娠大鼠的体重均低于对照组（$P<0.05$），其受孕率低于对照组，死胎数、着床前及着床后胚胎丢失率均高于对照组，其差异具有统计学意义（$P<0.05$）。F_3 代胎鼠重量降低，骨骼及内脏发育不全并出现畸形，与对照组相比差异有统计学意义（$P<0.05$）。表明，低碘对 F_2 代大鼠的生殖功能可造成损伤。

Wistar 雄性大鼠经口给予中药碘（昆布、海藻的提取物）7.5、30mg/kg，4 个月。定期（30 天）观察睾丸重量及其组织结构变化，以及对 BCL-2 基因表达及 BCL-XS/L 基因表达的影响（第 120 天）。结果显示，高剂量组的睾丸重量明显低于对照组（$P<0.05$），120 天时电镜下可见大部分大鼠生精小管上皮细胞数目层次减少、腔内有脱落的生精细胞，附睾管内精子稀少或有大量脱落细胞。BCL-XS/L 基因（细胞凋亡调控基因）表达升高而 BCL-XS/L 基因（细

胞凋亡抑制基因）表达降低，提示高剂量中药碘可通过影响大鼠睾丸生精细胞凋亡的调控机制，加速其凋亡过程。

（二）流行病学资料

2001 年，WHO、国际控制碘缺乏病（IDD）理事会（IC-CIDD）、联合国儿童基金会（UNICEF）等重新确定了碘摄入推荐标准。标准中将不同年龄人群的碘摄入量划分为：低于 6 岁，碘摄入量为 90μg/L；6～12 岁为 120μg/L；大于 12 岁为 150μg/L；妊娠或哺乳期妇女为 200μg/L（2006 年 WHO 将妊娠或哺乳期妇女碘摄入量的标准提高至 250μg/L）。同年（2001 年），WHO/ICCIDD 制定了关于评价碘营养状态的流行病学标准：以尿碘中位数（MUI）100～200μg/L 为适宜碘营养。低于 100μg/L 为缺乏，高于 200μg/L 为超量。2004 年，WHO 又将适宜碘营养的 MUI 水平调整为 100～300μg/L。

Travels 等（2004 年）对澳洲威尔士 815 例孕妇进行的调查中发现：约 17％孕妇轻度碘缺乏。Bonet - Manso 等（2005 年）的调查发现，西班牙 104 例孕妇中，约有 71.6％的孕早期妇女出现碘营养不良。

阎玉芹（2002 年）所进行的一项有关中国部分地区重点人群的碘营养调查中发现，孕妇、哺乳妇女的尿碘水平明显低于学龄儿童尿碘，她们存在碘缺乏纠正不足的危险性。5 种重点人群尿碘水平以婴幼儿为最高，其余依次为学龄儿童、育龄妇女、哺乳妇女、孕妇。王燕等（2006 年）对中国杭州部分地区调查结果也显示哺乳妇女的尿碘水平普遍比新生儿低。

大量流行病学调查发现，孕妇缺碘所造成的危害有妊娠甲状腺肿、低甲状腺素血症、甲状腺功能低下、早期和晚期流产增加等。胎儿和新生儿可出现甲状腺肿、克汀病，新生儿甲状腺功能低下，新生儿高促甲状腺素血症，围产期和婴儿死亡率增高等。最严重的影响可致胎儿大脑发育障碍。出生后碘缺乏可造成婴幼儿大脑发育障碍，智力低下。同时体格发育不良。其次还可使听觉器官发育不良，以及甲状腺功能低下，可致甲状腺肿及亚临床克汀病等。成年人碘缺乏可出现甲状腺肿及其并发症，出现甲状腺功能低下的各种表现，如学习工作中制造能力下降，生育力下降等。女性碘缺乏可出现月经异常、不孕症、停止排卵。孕妇则可发生早产、流产、死产、先天畸形和围产期婴儿死亡率增高。

另有流行病调查证实，碘过量时，可致高碘甲状腺肿，碘致甲状腺功能亢进症（甲亢）或甲状腺功能减退症（甲低），碘致自身免疫甲状腺炎，碘致甲状腺癌。高碘对儿童的智力发育是否有影响意见尚不统一。

六、毒性机制

（一）对下丘脑-垂体-甲状腺轴功能影响

正常的甲状腺功能在下丘脑-垂体-甲状腺轴的调节作用下，维持体内甲状腺素的相对恒定。碘是合成甲状腺素的必需原料。无论是碘缺乏、还是碘过量均引起甲状腺功能低下，从而降低生殖力，尤以低碘对生殖力的影响更为明显。

分别给予断乳 1 个月的 BAIB/c 小鼠不同剂量碘（10、1620.9、3647.1、19 856.2μg/L）3 个月，结果显示，无论是碘缺乏还是碘过量均可引起小鼠的甲状腺功能低下，从而降低小鼠的生殖力，但低碘对生殖力的影响更明显。有学者提出，低碘可致 T4 低下，雌二醇、卵泡刺激素分泌减少，继而对子宫内膜的周期性变化产生影响，引起子宫上皮细胞 RNA 合成下降，减弱胚泡着床能力，甚而影响到胚胎着床后的发育，出现妊娠生育力低下，以及流产、死产和胚胎发育不良，活胎数及产仔鼠数减少等现象。

过量碘摄入会抑制甲状腺合成与释放甲状腺激素，血液中的甲状腺激素（T4、T3）随之下降。这种抑制有可能是通过两种途径完成的。一是过多的碘可能抑制了甲状腺球蛋白水解酶，造成 T4、T3 不能和甲状腺球蛋白解离，因此血液 T4、T3 减少；二是过多的碘还可能抑制过氧化酶，使酪氨酸碘化和 T4、T3 的缩合受阻，使血液中 T4、T3 的量减少。

(二) 对基因与蛋白质表达的影响

高碘可使 BCL-XS/L 基因（细胞凋亡调控基因）高表达，而 BCL-XS/L 基因（细胞凋亡抑制基因）低表达，通过对大鼠睾丸间质细胞的凋亡调控机制的影响，进而抑制了睾酮的合成分泌，致使生精细胞的发育、成熟受到影响，使睾丸重量减轻。

通过研究，有学者提出：过量接触碘可影响胎盘的脱碘酶活性，并使 Hoxc8 的 mRNA 及蛋白质的表达下调，从而引起母-胎儿的甲状腺素代谢异常，导致胎儿出现骨骼畸形。作者认为这个机制可能在因接触过量碘而引发骨骼畸形的过程中起到重要作用。

（卢庆生）

第二节　砷及其化合物

一、理化性质

砷（arsenic，As），属类金属，质脆而硬，具有两性金属元素的性质，其中灰色晶体砷具有金属性，黄色晶体砷易挥发。砷不溶于水和有机溶剂，可溶于硝酸和王水生成砷酸，黄砷溶于二硫化碳。

二、来源、存在与接触机会

砷在自然界广泛分布，但含量很低，自然界中的砷常以金属的砷化合物和硫砷化合物的形式存在于各种黑色或有色金属矿中，超过 150 种，常见的有雄黄（As_2S_2）、雌黄（As_2S_3）、砷黄铁矿（毒石 FeAsS）、砒石（As_2O_3）等。

清洁的空气、水和土壤中浓度一般分别低于 $0.1\mu g/m^3$、1 mg/L、40mg/kg。人类活动是砷污染的主要途径，如开采、冶炼砷及含砷金属，或以砷和砷化合物作为原料生产玻璃、颜料、纸张、药物等。此外，煤的燃烧也可造成砷对大气的污染。

职业接触的砷主要是通过吸入含砷的颗粒物质，主要污染来源有：（1）开采和冶炼含砷矿石，生产砷和砷化物。（2）有色金属矿石开采、选矿和冶炼。（3）用含砷硫铁矿生产硫酸。（4）含砷农药的生产和使用。（5）燃煤锅炉和焦炭生产。（6）含砷颜料、药品生产。目前，我国砷作业的职业接触人数约在 200 万以上。

非职业接触中，砷的主要来源是食物和饮水，人们通常是通过砷污染的井水、敞灶燃烧含砷煤（如贵州、湖南地区）以及砷污染的食品接触砷；海产品中的砷（通常是有机结合的形式）也是砷的主要来源，人体对食入砷的吸收可达 90%。

三、吸收、分布、代谢与排泄

砷及其化合物可由呼吸道、消化道、皮肤或黏膜进入体内。职业中毒主要由呼吸道吸入，吸入的砷化物与其分散度有关，粒子较大的（>5μm）可随痰排出或吞入消化道吸收。非职业中毒主要是经口摄入，肠道吸收可达 80%，其中，可溶性砷吸收迅速，其吸收量取决于砷化物的溶解度。进入体内的砷，95%～97% 即迅速与血红蛋白的珠蛋白结合，于 24 小时内随血液分布到全身各组织和器官，并沉积于肝、肾、肌肉、骨、皮肤、指甲和毛发。因此发砷含量可作为监测指标。进入体内的五价砷多数被还原成三价砷，三价砷极易与巯基结合，故砷可在毛发、指甲、皮肤中与巯基结合而长期蓄积；五价砷则主要蓄积在骨中，有机砷在体内也会逐渐转化为三价砷。

三价砷主要经肝进行甲基化，通过甲基转移酶两次甲基化生成单甲基胂酸和二甲基胂酸从尿排出，少量砷可经粪便、汗腺、乳腺及肺排出，毛发的脱落和皮肤脱屑也能排出一部分砷。砷对血脑屏障的通透力不强，但可通过胎盘屏障。过去一直认为砷在体内的甲基化是一种解毒过程，但另有研究证明甲基胂酸盐（MMA）具有比无机砷更强的毒性。

四、毒性概述

（一）动物实验资料

1. **急性毒性**　砷大鼠静脉注射 MLD 为 25mg/kg，砷化氢大鼠

经口 LD_{50} 为 12mg/kg，三氧化二砷小鼠经口 LD_{50} 为 26～48 mg/kg，亚砷酸钠大鼠经口 LD_{50} 为 41 mg/kg。

2. 慢性毒性 用不同剂量 As_2O_3 染毒大鼠，在染毒 210 天时，150mg/kg 染毒组发现大鼠肝、肾砷含量增高，并对其生长发育产生影响；60mg/kg 染毒组肝、肾呈不同程度病理改变；30mg/kg 染毒组大鼠的脏器无改变。

3. 致突变 有实验表明，三氧化二砷能诱发小鼠骨髓嗜多染红细胞微核率增加，亦能诱发黄鳝红细胞产生微核。应用中国仓鼠卵巢（CHO）细胞检测砷化合物致突变性，发现砷可诱发姐妹染色单体交换率和微核率均升高。用亚砷酸钠处理中国仓鼠肺成纤维细胞（V79细胞），24 小时后发现染色体出现浓缩重排，出现凋亡细胞，21% 细胞染色体减少，为非整倍体取代。

4. 致癌 有人用三氧化二砷通过气管内滴入 8 周龄的叙利亚金黄色仓鼠，每周 1 次，连续 15 周，砷染毒总量为 5.25mg，结果发现，10 只中有 3 只发生肺腺癌，而对照组中无一例发生。采用同样的方法将三氧化二砷给予中国仓鼠，结果观察到 6.4% 的动物出现喉头癌、气管癌、支气管癌和肺癌。

（二）流行病学资料

我国是地方性砷病（地砷病）大国，除著名的中国台湾地区西南乌脚病流行区外，新疆、贵州、内蒙及山西等地也相继出现世界上罕见的地砷病病区。大量的流行病学调查结果已充分证明，无机砷化物是人类皮肤癌和肺癌的致癌物。国际癌症研究所（IARC）也将砷及其化合物归入 I 类，人类致癌物，可致肺癌和皮肤癌。我国已将砷所致肺癌、皮肤癌列为职业肿瘤。

1900 年英国曼彻斯特曾发生过 7000 多人中毒 1000 多人死亡的砷中毒案例，肇事物是用含有砷的葡萄酿制的啤酒。1955 年日本一带突发一种症状为呕吐下痢、皮肤色素沉着的流行病，经过深入调查，始知位于德岛的奶粉生产厂为保持奶粉酸度，在奶粉中添加了含氧化砷的工业级次磷酸钠（样品分析值砷含量最高者达 5～6mg/100g），这起事件致使 12 131 名婴幼儿中毒，约 130 人死亡。

我国湖南石门雄黄矿在开采过程中污染了周围的大气、水和土壤环境，据统计自 1971—1977 年，周围居民发生砷中毒 273 人，死亡 20 人，1994 年调查显示矿区周围三个村的居民中，以皮肤色素脱失、色素沉着及掌跖角化为特征的慢性砷中毒患病率为 18.2%～36.5%。

2000 年初，发生于湖南郴州的集体砷中毒事件，祸首是一家砷制剂厂和一家土法炼金厂，两厂排出废水和废气不但毒死了当地大批鱼苗、庄稼，还污染了井水，其含砷量超过标准 100 倍，引起数百名村民集体中毒，其中重者死亡，轻者手脚浮肿，不能行走，要靠输氧维持生命。中国台湾地区村民和德国酿酒工人中都有因循环不足造成的坏疽，当地人称之为"黑足病"，已证明中国台湾地区村民患病率随饮水含砷量增加而呈线性的增加，接触砷多年，砷总摄入量约为 20g 时，"黑足病"的患病率为 3% 左右。

已有充分证据表明接触无机砷与发生肺癌与皮肤癌有关，各国许多流行病学调查已证实，冶炼环境中的无机砷具有致癌作用，据估计，空气中砷浓度约为 $50\mu g/m^3$（主要是三价砷）并接触 25 年以上时，会使年龄在 65 岁以上人群死于肺癌的死亡率增加近 3 倍。一项在中国台湾地区经饮水接触砷的调查研究证明，一生中摄入砷总量为 20g 左右时，所引起皮肤癌的患病率为 6% 左右。还有研究对使用砷制剂治疗牛皮癣的 262 人进行了为期 26 年的随访，发现 8% 的人出现了皮肤癌。

（三）中毒临床表现及防治原则

1. 急性中毒

（1）经呼吸道吸入　人吸入 As_2O_3 的最低中毒剂量是 $0.11mg/m^3$；对 $AsCl_3$ $200mg/m^3$，人仅能耐受 1 分钟。吸入高浓度砷化合物粉尘和蒸气会出现眼和呼吸道刺激症状，甚至烦躁不安、痉挛和昏迷。严重者多因呼吸和血管运动中枢麻痹而死亡。

（2）经口摄入　As_2O_3 人经口中毒剂量为 5～50mg，致死剂量为 100～300mg。敏感者 20mg 亦可致死。砷化合物颗粒的大小对经口毒性有明显影响，粒度愈细，毒性愈大。中毒症状随误服量及当时胃肠充盈的程度而异，平均是 1～2 小时。开始有口腔内金属味、胸骨后不适感，继之恶心、呕吐、腹痛、腹泻，大便呈"米泔"水样，有时混有血，患者极度衰弱，脱水，腓肠肌痉挛，体温下降，严重者出现昏迷，可因呼吸中枢麻痹而死亡。急性中毒恢复后可有迟发性末梢神经炎，数周后表现出对称性远端感觉障碍，个别可有中毒性肝炎、心肌炎，以及皮肤损害。

（3）皮肤接触 砷对皮肤的原发刺激可引起皮肤的多样损害，如口角、眼睑、腋窝、阴囊、腰部、腹股沟和指（趾）间隙处，发生丘疹、疱疹、脓疱样皮疹，如不处理还可形成难愈性溃疡。

2. 慢性中毒 慢性砷中毒表现为机体多器官系统的病变。除一般的神经衰弱症候群外，主要表现为皮肤黏膜病变及多发性神经炎，胃肠道症状较轻。慢性中毒可发展为 Bowen's 病、基底细胞癌和鳞状细胞癌。砷诱导的末梢神经改变主要表现为感觉异常和麻木，严重病例可累及运动神经，伴有运动和反射减弱。此外，呼吸道黏膜受砷化物刺激可引起鼻衄、嗅觉减退、喉痛、咳嗽、咳痰、喉炎和支气管炎等。砷会破坏末梢微血管的管壁结构，进而影响离心较远部位（如足部）的血液循环，导致组织的坏死，发生"黑足病"。

砷是确认的人类致癌物，职业暴露主要致肺癌和皮肤癌，也有报道与肾癌、膀胱癌、白血病、淋巴瘤及肝癌等有关。

3. 防治原则 慢性中毒诊断则需根据长期砷接触史，结合临床症状，特别是皮肤、黏膜改变、多发性神经炎、肝、肾功能损害等，以及实验室检查综合诊断。急性中毒患者应立即脱离现场，经口中毒者应催吐洗胃，并使用解毒剂，洗胃前给予氢氧化铁或蛋白水、活性炭至呕吐为止并导泻。一经确诊，应使用巯基络合剂，职业性慢性砷中毒患者应暂时脱离接触砷的工作，皮肤改变和多发性神经炎按一般对症处理，除用上述巯基解毒剂外，尚可应用 10％硫代硫酸钠液 10ml，静脉注射，可促进砷的排泄。

预防措施包括，生产过程密闭化、自动化，加强通风。对各种含砷的废气、废水、废渣应予回收和净化处理，严防污染环境。个体防护，配备呼吸道、眼、皮肤防护用具。注意更衣箱内工作服与生活着装要分开存放。对新入厂及老工人都要定期进行体检，对于患有砷作业职业禁忌证的人员，不宜从事砷作业。

五、毒性表现

给成年小鼠腹腔注射 $0.25 \sim 6.00$ mg/kg 的三氧化二砷，染毒 7 天，其精子畸形率增加，主要类型包括胖头、无定形、无钩和颈扭转；用 75 mg/L 的三氧化二砷染毒 Wistar 大鼠 $1 \sim 6$ 个月，精子畸形率显著增高。用两代一窝繁殖实验观察 Wistar 大鼠染毒三氧化二砷 $3 \sim 75$ mg/L 后其子代精子的变化，结果发现，无论是 F1 代还是 F2 代精子畸形率都明显升高，且随染毒剂量的增加而增加，其中胖头和香蕉形占 60% 以上。

分别用 1、4、10mg/kg 的三氧化二砷对孕 9 天的大鼠进行一次腹腔注射，结果发现，其吸收胎和死胎的发生率分别为 17.4%、24.8% 和 61.1%；胎鼠骨骼畸形率分别为 3.12%、17.28% 和 78.57%，明显高于对照组。用 25mg/kg 的砷酸钠对孕 8 天的中国仓鼠注射给药，可诱发胎鼠露脑畸形，唇腭裂，泌尿生殖系统畸形，同时注射硒可防止畸形的发生，表明砷在胚胎发育过程中有明显的致畸作用。

此外，采用体外全胚胎培养技术研究砷对小鼠早期器官发育的毒性作用，结果发现，当胚胎有 $3 \sim 5$ 个体节时，置于 $3 \sim 4 \mu$mol/L 的亚砷酸钠中培养 48h，有明显致畸作用，其主要表现为颅臀长度、头径和卵巢直径减小，前脑缺损，心包积水，体节异常，胚芽发育障碍等。

六、毒性机制

有研究以 $0.375 \sim 1.500$mg/kg 的三氧化二砷连续 16 周经口染毒雄性大鼠，通过免疫组化检测结果发现，大鼠生精细胞端粒酶逆转录酶阳性表达率显著降低，且与精子生成量成正相关，表明三氧化二砷可能通过抑制精原细胞和精母细胞端粒酶逆转录酶活性，诱发生精细胞凋亡增加，从而导致精子生成减少，产生生殖毒性。有研究用亚砷酸钠 0.5mg/kg 腹腔注射染毒雄性小鼠，连续 3 天，第 15 天检测早期精细胞微核率明显高于对照组，认为砷可能是生殖细胞染色体断裂剂。

在小鼠妊娠第 7 天一次性腹腔注射 40mg/kg 的砷酸盐，可观察到胎鼠神经管闭合延迟，最终导致神经管缺损，说明砷可以抑制细胞增殖。通过透射电镜观察发现，当砷浓度大于 $1.0\mu g/ml$ 时，可见体外培养大鼠胚胎的脏层卵黄囊内皮层细胞表面的微绒毛数目减少、变短和排列不规则；细胞内溶酶体数量减少，空泡增多，线粒体有不同程度的肿胀，部分有嵴变形和断裂；细胞核内异染色质增多和聚集，常染色质不丰富。而应用肢芽细胞微团培养方法，结果发现，砷对大鼠肢芽细胞的增殖和分化均有抑制作用，且存在明显的剂量-反应关系。

有研究用亚砷酸钠 $50\sim100\mu mol/L$ 处理中国仓鼠卵巢细胞（CHO-AS52），结果发现亚砷酸钠能诱发 gpt 基因发生突变，且其突变频率随砷浓度的增加而增高。PCR 分析显示，绝大多数亚砷酸钠诱发的 CHO-AS52 突变体的 gpt 基因完全缺失。在 CHO-AS52 细胞自发的、$50\mu mol/L$ 和 $100\mu mol/L$ 亚砷酸钠诱发的突变体中，gpt 基因完全缺失者所占比率分别为 36.00％、54.72％及 66.67％。对亚砷酸钠诱发的非缺失型 gpt 基因突变的 PCR 产物直接进行 DNA 序列分析表明，在 9 个突变细胞克隆中，有 2 个发生移码突变，其余 7 个突变细胞克隆的 gpt 基因结构未发现改变，碱基的改变可能发生在基因启动子区。还有研究用亚砷酸钠处理 G2 期的中国仓鼠卵细胞，结果可引起染色体凝集和染色体断裂，经砷处理后的 G2 期细胞重新进入间期后出现微核，砷还明显阻止有丝分裂细胞重新进入间期，将砷处理的细胞重新置于无砷培养液后，可观察到 DNA 含量减少，并出现四聚体。

（聂燕敏）

主要参考文献

1. 苑静，孙东跃，王心满. 碘缺乏和高碘的危害及其食用. 中国食物与营养，

2010, (1): 80-81.

2. 王红美, 钱明, 董慧洁, 等. 海南省食盐加碘对儿童智力影响效果观察. 中国地方病学杂志, 2010, 29 (1): 82-85.

3. 郑合明, 王羽, 杨金. 河南省全民食盐加碘前后出生的 6～15 岁儿童智力及精神运动功能调查分析. 中国地方病学杂志, 2010, 29 (5): 553-555.

4. 李全乐, 苏晓辉, 于钧, 等. 我国碘缺乏病高危地区重点调查结果分析. 中国地方病学杂志, 2009, 28 (2): 197-201.

5. 陈建宾, 胡超, 谢恬, 等. 碘与人体健康. 科技信息, 2009, 13-14.

6. 贾茜, 李素梅. 高碘对健康危害的研究进展. 海峡预防医学杂志, 2008, 14 (3): 20-23.

7. 吴丽楠. 碘营养现状与研究进展. 国际内科学杂志, 2008, 35 (8): 464-468.

8. 苏斌, 李青仁, 范东凯. 碘、氟、硅与人体健康的关系. 广东微量元素科学, 2008, 15 (4): 10-13.

9. 王燕, 陈兆军, 俞锡林, 等. 新生儿及其乳母碘营养状况探讨. 广东微量元素科学, 2007, 14 (5): 10. 12.

10. 陈骁熠, 杨雪锋, 郝丽萍, 等. 碘酸钾亚慢性毒性与甲状腺相关自身免疫性眼病的研究. 中国热带医学, 2007, 7 (8): 1293-1295.

11. 叶凤, 梁海琴, 韦勇. 老年人使用碘海醇对肾脏损害观察. 中国热带医学, 2007, 7 (11): 2065-2066, 2092.

12. 宋翠荣, 刘皓, 杜娥, 等. 不同剂量碘对 BAIB/c 小鼠生殖力影响的实验观察. 中国地方病防治杂志, 2007, 22 (6): 417-419.

13. 杨雪锋, 郭怀兰, 徐健, 等. 不同剂量的高碘摄入对小鼠胚胎发育的影响. 毒理学杂志, 2006, 20 (5): 288-291.

14. 于燕, 颜虹, 张瑞娟, 等. 低硒、低碘模型大鼠 F2 代生殖功能评价. 卫生研究, 2006, 35 (6): 715-718.

15. 陈骁熠, 孙秀发, 庞红, 等. 碘酸钾的急性毒性和致突变性. 毒理学杂志, 2005, 19 (2): 129-131.

16. 郭怀兰, 庞红, 徐健, 等. 碘酸钾的亚慢性毒性研究. 毒理学杂志, 2005, 19 (4): 263-265.

17. 刘浩, 崔美芝, 李春艳. 碘过量对大鼠生殖力及子代记忆力的影响. 中国比较医学杂志, 2005, 15 (3): 161-163.

18. 阎玉芹. 我国部分地区 5 种重点人群的碘营养调查. 中国地方病学杂志, 2003, 22 (2): 141-143.

19. 武继彪，隋在云，许复郁. 中药碘对大鼠睾丸的毒性作用及机理研究. 中药药理与临床，2001，17（3）：34-36.

20. 高凤鸣，李新兰，周红宁，等. 碘缺乏对大鼠甲状腺的致癌性和对生育力的影响. 癌变·畸变·突变，2000，1（1）：1-5.

21. Liu HL, Lam LT, Zeng Q, et al. Effects of drinking water with high iodine concentration on the intelligence of children in Tianjin, China. J Public Health, 2008, 31 (1): 32-38.

22. Marchioni E, Fumarola A, Calvanese A, et al. Iodine deficiency in pregnant women residing in an area with adequate iodine intake. Nutrition, 2008, 24: 458-461.

23. Knobel M, Medeiros-Neto G. Relevance of iodine intake as a reputed predisposing factor for thyroid cancer. Arq Bras Endocrinol Metabol, 2007, 51 (5): 701-712.

24. Xue F Yang, Jian Xu, Huai L, et al. Effect of excessive iodine exposure on the placental deiodinase activities and Hoxc8 expression during mouse embryogenesis. Br J Nutr, 2007, 98: 116-122.

25. Hughes MF. Arsenic toxicity and potential mechanisms of action. Toxicol Lett, 2002, 133 (1): 1-16.

26. 黄吉武，周宗灿. 毒理学 毒物的基础科学. 6版. 北京：人民卫生出版社. 2005.

27. 江泉观，纪云晶，常元勋. 环境化学毒物防治手册. 北京：化学工业出版社，2004.

28. 刘美霞，石峻岭，吴世达编译，顾祖维审校. IARC：900种有害因素及接触场所对人类致癌性的综合评价（一）. 环境与职业医学，2006，23（2）：180-184.

29. Agency for Toxic Substances and Disease Registry (ATSDR). Case Studies in Environmental Medicine: Arsenic Toxicity. 2006.

30. 罗鹏，张爱华，于春，等. 燃煤砷污染区人群血、尿生化指标检测分析. 中国公共卫生，2009，25（11）：1363-1364.

31. 陈保卫，那仁满都拉，吕美玲，等. 砷的代谢机制、毒性和生物监测. 化学进展，2009，21（2/3）：474-482.

32. 张春华，佟建冬. 无机砷对机体损害的研究进展. 中国实用医药，2007，36：165-167.

33. 钱晓薇. 三氧化二砷对黄鳝毒理学效应. 细胞生物学杂志，2006，28：627-

631.

34. Liu L, Blasco MA, Trimarchi JR, et al. An essential role for functional telomeres in mouse germ cells during fertilization and early development. Dev Biol, 2002, 249 (1): 74-84.

35. Niraj P, Murthy RC. Male reproductive toxicity of sodium arsenite in mice. Human Experim Toxicol, 2004, 23, (8): 399-403.

36. Davey JC, Bodwell JE, Gosse JA, et al. Arsenic as an endocrine disruptor: effects of arsenic on estrogen receptor-mediated gene expression in vivo and in cell culture. Toxicol Sci, 2007, 98 (1): 75-86.

37. Sarkar M, Chaudhuri GR, Chattopadhyay A, et al. Effect of sodium arsenite on spermatogenesis, plasma gonadotrophins and testosterone in rats. Asian J Androl, 2003, 5 (1): 27-31.

38. Chiou TJ, Chu ST, Tzeng WF, et al. Arsenic trioxide impairs spermatogenesis via reducing gene expression levels in testosterone synthesis pathway. Chem Res Toxicol, 2008, 21 (8): 1562-1569.

39. Milton AH, Smith W, Rahman B, et al. Chronic arsenic exposure and adverse pregnancy outcomes in Bangladesh. Epidemiology, 2005, 16 (1): 82-86.

40. Waalkes MP, Liu J, Ward JM, et al. Urogenital carcinogenesis in female CD1 mice induced by in utero arsenic exposure is exacerbated by postnatal diethylstilbestrol treatment. Cancer Res, 2006, 66 (3): 1337-1345.

第十一章

芳香烃类

第一节 苯、甲苯与二甲苯

一、理化性质

苯（benzene），常温常压下是一种无色、味甜、有芳香气味的透明液体。苯是一种良好的有机溶剂，可与乙醇、乙酸、四氯化碳等有机溶剂混溶。甲苯（methylbenzene）常温常压下为无色透明具有芳香味的易挥发液体。不溶于水，能溶于乙醇、氯仿、冰乙酸和二硫化碳。二甲苯（xylene）为无色透明、带芳香气味易挥发的液体，有邻位、间位和对位三种异构体，其理化特性相近。均不溶于水，可溶于乙醇、丙酮和氯仿等有机溶剂。

二、来源、存在与接触机会

苯　主要由煤焦油分馏或石油裂解而来。主要用作化工原料，如香料、塑料、农药、炸药等；作为有机溶剂、萃取剂、稀释剂用于油漆、油墨、树脂、喷漆等生产过程。

甲苯与二甲苯　主要用作化工生产的中间体、溶剂和稀释剂，如有机合成、合成橡胶、油漆和染料、合成纤维、石油加工、制药、纤维素等生产过程，也可作为汽车和航空汽油中的掺加成分。

职业性接触为最主要的接触方式。从事苯、甲苯与二甲苯的生产、运输和使用过程中的工人为职业性接触人群。

三、吸收、分布、代谢与排泄

苯　进入体内后，主要分布在含类脂质较多的组织和器官中。甲苯与二甲苯在体内主要分布在含脂丰富的组织，肾上腺最多，其次为骨髓、脑和肝。

苯进入体内，约有 50% 以原形由呼吸道呼出，约 10% 以原形贮存于体内各组织，40% 左右在肝代谢。肝微粒体上的细胞色素 P450（CYP）至少有 6 种同工酶，其中 CYP 2B2 和 CYP 2E1 与苯代谢有关。在 CYP 的作用下苯被氧化成环氧化苯，然后进一步羟化形成氢醌或邻苯二酚，或在谷胱甘肽-S-转移酶的催化下与谷胱甘肽结合，形成巯基尿酸前体（Pre mercapturic acid），或与鸟嘌呤的第 7 位氮原子结合，失去一个水分子而发生苯环的芳构化；随后 DNA 分子发生脱嘌呤反应，生成 N'-苯基鸟嘌呤（N'-PG）。苯形成酚的另一条途径是，CYP 作为还原型辅酶Ⅱ（NADPH）的氧化酶，产生 H_2O_2，由此形成羟基自由基（OH·），后者将苯羟基氧化为酚。苯中间代谢产物邻苯二酚、二氢二醇苯和 Benzeneoxepin 可能进一步转化成粘糠酸。上述任何一种酚类代谢物都可与硫酸盐或葡萄糖醛酸结合随尿排出。尿中还含有两种开环的苯代谢产物，即反-反式粘糠酸和 6-羟基-t，t-2，4-己二烯酸；巯基尿酸如苯巯基尿酸（S-phenylmercapturic acid，S-PMA）、2，5-二羟基苯巯基尿酸；DNA 加合物如 N^7-PG。

甲苯　甲苯以原形经呼吸道呼出，一般占吸入量的 3.8%～24.8%。吸收在体内的甲苯，80% 在氧化型辅酶Ⅱ（$NADP^+$）的存在下，被氧化为苯甲醇，再在氧化型辅酶Ⅰ（NAD^+）的存在下氧化为苯甲醛，再经氧化成苯甲酸，其中约 10%～20% 的苯甲酸与葡萄糖醛酸结合，大部分与甘氨酸结合生成马尿酸均经肾随尿排出。人体对甲苯的解毒能力很强。如在甲苯浓度 266～828mg/m³ 浓度下接触 5 小时，停止接触 12～16 小时后，体内无甲苯残留。

二甲苯　二甲苯经呼吸道呼出的比例较甲苯小。60%～80% 在肝内氧化，主要产物为甲基苯甲酸、二甲基苯酚和羟基苯甲酸等，其中甲基苯甲酸与甘氨酸结合为甲基马尿酸，经肾随尿排出。

四、毒性概述

（一）动物实验资料

1. 急性毒性　（1）苯　小鼠吸入（8 小时）LC_{50} 为 31.7g/m³；大

鼠吸入（4 小时）LC_{50} 为 $51g/m^3$；家兔吸入 LC_{50} 为 $122\sim144g/m^3$；狗吸入 LC_{50} 为 $146g/m^3$；猫吸入 LC_{50} 为 $170g/m^3$。实验动物急性中毒早期表现主要呈兴态状态，乱跑或震颤，此后发生剧烈的全身抽搐，随着吸入时间的延长而进入麻醉状态，并出现剧烈、持久阵发性痉挛，最后因呼吸中枢麻痹而死亡。（2）甲苯　属低急性毒类。甲苯大鼠经口 LD_{50} 为 $5000mg/kg$，家兔经皮 LD_{50} 为 $12\,124mg/kg$。小鼠腹腔注射甲苯 500、1000、2000、4000、8000mg/kg，主要表现为对中枢神经系统的麻醉作用，呼吸急促转衰弱，甚至出现死亡。（3）二甲苯　属低急性毒类。大鼠经口 LD_{50} 为 $4300mg/kg$；小鼠吸入（2 小时）LC_{50} $25.17g/m^3$；兔经皮 LD_{50} $14\,100mg/kg$。二甲苯蒸气可引起眼、鼻、喉的刺激，高浓度时可致严重的呼吸困难，甚至死亡。

　　2. 亚急性与慢性毒性　（1）苯　任行洲等对雄性 CD1 小鼠每周 3 次皮下注射苯 $2.0ml/kg$，在给苯 25 次后，小鼠体重和脾脏指数分别下降 18.51% 和 63.86%，白细胞、红细胞、血红蛋白、血小板、网织红细胞绝对值和骨髓有核细胞计数分别下降 74.97%、41.66%、30.96%、24.77%、41.47% 和 61.61%。骨髓涂片检查和病理形态学观察均显示造血细胞减少、脂肪细胞和淋巴细胞等非造血细胞增加，提示苯诱发再生障碍性贫血。（2）甲苯　小鼠吸入甲苯 $10g/m^3$，7 小时/天，共 6 天；大鼠吸入甲苯 $17.4g/m^3$，3 小时/天，共 7 周，大鼠、小鼠均出现抽搐、侧卧、全身震颤、呼吸道刺激、运动失调、昏迷死亡等，但血象均在正常范围。许永成等用 1.21、2.42、4.84、9.68、19.36 mg/L 甲苯每天给小鼠吸入 20 分钟，共染毒 5 天。结果显示，2.42、4.84 mg/L 染毒组小鼠，自主活动次数与对照组比较，明显增加；19.36 mg/L 染毒组，小鼠自主活动次数较对照组明显减少，且水迷宫潜伏期较对照组明显延长；2.42、4.84、9.68 mg/L 染毒组小鼠，对甲苯产生了条件性位置偏爱。（3）二甲苯　小鼠吸入二甲苯 $5.0g/m^3$，每天 7 小时，共 6 天，出现运动失调和侧卧；大鼠吸入 $4.2\,g/m^3$，每天 20 小时，共 7 天，出现黏膜刺激和运动失调；兔吸入 $5.0g/m^3$，每天 8 小时，每周 6 天，共 55 周，发现红细胞、白细胞和血小板轻度减少，骨髓无明显改变。（4）苯系混合物　王取南等用玉米油将苯（苯含量＞98.5％）、甲苯（甲苯含量＞98.5％）、二甲苯（二甲苯含量＞80％，内含甲苯0.1％）配成混苯。混苯A1含苯440 g/L、甲苯88g/L、二甲苯22 g/L，按0.25的组距配制A2和A3（A1∶A2∶A3＝16∶4∶1）；混苯B含苯5 g/L、甲苯44 g/L、二甲苯500g/L。健康雄性SD大鼠62只，随机分为5组：对照组、混苯A1、A2、A3和混苯B组，对照组腹腔注射玉米油（1ml/kg体重），混苯组腹腔注射相应的混苯（1ml/kg体重），隔日1次，共染毒18次。结果表明，各混苯染毒组血清MDA含量增加，SOD和GSH-Px活性降低，血清转氨酶活性升高。混苯A1组和混苯B组血清总胆汁酸浓度显著升高。同时发现各混苯染毒组血清总蛋白随MDA含量的升高和SOD活性的降低而降低，白蛋白含量随SOD和GSH-Px活性的降低而降低，总胆汁酸水平随SOD活性降低而上升。混苯B还可导致实验大鼠血清血尿素氮含量升高。

3. 致突变　（1）苯　据报道，小鼠吸入14～74mg/m³苯和大鼠吸入3.2g/m³苯，每天6小时，连续7天，均可诱发骨髓细胞染色体畸变。同时给中国仓鼠2200、8800mg/kg苯经口染毒2天，也可致骨髓细胞染色体畸变。小鼠和大鼠分别一次性吸入32～3200mg/m³和0.3～96 mg/m³苯6小时，均使外周淋巴细胞微核发生率升高。DBA/2小鼠吸入含3000 ppm苯的空气4小时后，苯染毒组小鼠骨髓嗜多染红细胞姐妹染色单体交换（SCE）率为对照组的两倍，但未见染色体畸变。用培养的人外周血淋巴细胞进行试验，培养44小时后加入苯，苯处理细胞3小时，培养72小时后收获细胞，结果发现，苯处理浓度在9～88μg/ml范围内，不论加或不加S9，均可诱发染色体畸变增加。经62.9μg/ml苯处理培养的中国仓鼠肝细胞非整倍体染色体明显增加。（2）甲苯　用小鼠L5178YTK淋巴瘤细胞正向突变试验，在加或不加S9情况下，甲苯试验结果均为阴性。用果蝇隐性伴性致死试验，甲苯实验结果也为阴性。（3）二甲苯　对体外培养的外周血淋巴细胞SCE率进行观察，结果显示，二甲苯浓度在3.0 mmol/L就对体外培养的外周血淋巴细胞SCE有显著性影响，而且随二甲苯浓度升高，淋巴细胞中SCE率明显增加。

4. 致癌 （1）苯 给 C57BL 雄性小鼠（鼠龄 8 周）960mg/m³ 苯吸入染毒，每天 6 小时，每周 5 天，终身染毒（约 70 周）。染毒组小鼠出现贫血，淋巴细胞减少和骨髓增生，6/40 发生淋巴细胞瘤，1/40 发生浆细胞瘤，1/40 发生白血病，而对照组小鼠仅 2/40 出现淋巴细胞瘤；染毒组小鼠平均寿命 41 周，对照组平均寿命 75 周。给 CD-1 和 C57BL 两种雄性小鼠用 960mg/m³ 苯吸入染毒，每天 6 小时，每周 5 天，终身染毒。C57BL 小鼠染毒组，苯可诱发 Zymbal 腺瘤和胸腺淋巴细胞瘤；CD-1 小鼠染毒组，苯可诱发 Zymbal 腺瘤、肺腺瘤、急性和慢性骨髓白血病。SD 大鼠吸入 320～960mg/m³ 苯终身染毒，可诱发慢性髓性白血病、慢性粒细胞白血病、肝细胞瘤和鼻癌。CBA/Ca 小鼠吸入 960mg/m³ 苯 16 周，可诱发肝细胞瘤和白血病。将鼠龄为 7～8 周的 F344/N 雄性和雌性大鼠分别经口给予 0、50、100、200mg/kg 和 0、25、50、100mg/kg 苯染毒，每天 1 次，每周 5 天，共 103 周。染毒结束时对照组和 3 个染毒组动物存活数，雄性分别为 32/50、29/50、24/50 和 16/50，雌性分别为 46/50、38/50、33/50 和 25/50。对照组和 3 个染毒组 Zymbal 腺瘤发生数，雄性为 2/50、6/50、10/50 和 17/50，雌性为 0/50、5/50、5/50 和 14/50；口腔鳞状细胞乳头状瘤，雄性为 1/50、6/50、11/50 和 13/50，雌性为 1/50、4/50、8/50 和 5/50；口腔鳞状细胞癌，雄性为 0/50、3/50、5/50 和 7/50，雌性为 0/50、1/50、4/50 和 5/50；皮肤鳞状细胞乳头状瘤，雄性为 0/50、2/50、1/50 和 5/50；皮肤鳞状细胞癌，雄性为 0/50、5/50、3/50 和 8/50。（2）甲苯 经吸入、经口或皮肤涂抹甲苯，进行动物致癌试验，未能发现甲苯的致癌性。（3）二甲苯 有研究发现在皮肤瘤形成中，二甲苯可能是一种致癌剂。

（二）流行病学资料

据全国五种职业中毒调查协作组对接触苯的工人调查，苯中毒患病率为 0.51%。各行业苯中毒患病率不同，以制鞋业最高（1.25%），以下依次为储运（0.80%）、制药（0.62%）、造漆（0.54%）、化工（0.44%）、油漆、绝缘（各为 0.41%）、橡胶（0.40%）、喷漆（0.39%）、印刷（0.30%）、精馏（0.17%）。皮鞋行业再生障碍性贫血（以下简称再障）发病率为 12.1/10 万，相当于一般人群的 5.8 倍。对 52 名接触高浓度苯的制鞋女工检查，其中 3 名受检孕妇均罹患再生障碍性贫血（检出率 100%），而非孕女工 49 名只有 2 名患"再障"（检出率 4.08%）；患"再障"的妊娠女工终止妊娠（自然流产或人工流产）并治疗后，血象迅速好转。

　　Rothman 等对暴露于 31ppm 苯浓度空气的作业工人的调查表明，白细胞总数、淋巴细胞总数均减少，且与苯暴露量呈剂量-反应关系。李志远等用 Fenton 法和二硝基苯比色法分别检测 38 例苯作业工人及 17 例健康成人血清中活性氧（ROS）含量及谷胱甘肽-S-转移酶（GST）活性。结果显示，接触组工人血清 ROS 含量及 GST 活性均明显高于对照组（$P < 0.05$）。李晓玲等选择接苯作业的工人 69 人（男 12 人，女 57 人），平均年龄 24.3 岁（21～36 岁），从事苯作业平均工龄 1.7 年（0.6～3.8 年）进行研究。车间苯平均浓度 61.9 mg/m^3（波动范围 43.5～98.6 mg/m^3），接苯组外周血淋巴细胞微核率 2.64‰显著高于非接苯组 0.73‰（$P < 0.01$）。纪之莹等对 36 名苯接触组工人和 20 名对照组工人研究发现苯接触可导致外周血细胞染色体畸变及 DNA 损伤增加，且呈剂量-效应关系；苯接触工人外周血细胞 DNA 损伤水平升高的程度高于染色体畸变；染色体畸变、DNA 损伤与累积接苯量的剂量-效应关系较平均苯接触浓度的剂量-效应关系更为明显。尹松年与美国国家癌症研究所（NCI）合作对我国 74 828 名接苯工人和 35 805 名对照工人进行的队列研究证明，苯接触工人发生血液淋巴系统恶性肿瘤的相对危险性显著增加。国际癌症研究所（IARC，1982 年）将苯归入为 1 类，人类致癌物。可致白血病。我国已将苯致白血病列入职业肿瘤名单。

　　（三）中毒临床表现及防治原则

　　1. 急性中毒　　（1）苯　主要为神经系统损伤症状，轻者头晕、头痛、欣快感、步态蹒跚，可出现恶心、呕吐、躁动或淡漠，甚至抽搐、昏迷。严重者可因呼吸中枢麻痹而死亡。（2）甲苯与二甲苯　人吸入 71.4g/m^3 甲苯，短时致死；人吸入 3g/m^3 甲苯 1～8 小时可引起急性中毒；人吸入 0.2～0.3g/m^3 甲苯 8 小时，出现中毒症状。短时间吸入高浓度甲苯与二甲苯可出现中枢神经系统功能障碍。轻者表现头痛、头晕，轻度呼吸道和眼结膜的刺激症状。严重者出现恶心、呕吐、躁动、抽搐，以致昏迷。

2. 慢性中毒 （1）苯 神经系统损伤主要以头晕发生率最高，其次为头痛、多梦、记忆力减退。少数有心悸、心动过速或过缓、四肢麻木或感觉障碍、皮肤划痕阳性等植物神经功能障碍表现。约5%患者可无自觉症状。重度慢性苯中毒时，骨髓造血系统明显受损，出现再生障碍性贫血，少数转化为白血病。苯中毒患者外周血细胞染色体畸变率增高，有染色体核型改变，染色单体断片，转变为白血病时发现有超二倍体细胞并持续保留有额外C组或D组染色体。（2）甲苯与二甲苯 长期接触中低浓度甲苯与二甲苯可出现不同程度的头晕、头痛、乏力、睡眠障碍和记忆力减退等症状。末梢血象可出现轻度、暂时性改变，脱离接触后可恢复正常。皮肤接触可致慢性皮炎、皮肤皲裂等。

3. 防治原则 苯是确定的人类致癌物，发达国家在苯的生产和应用方面均予以严格管理，以做到原始级预防。制造苯和苯用作化学合成原料均控制在大型企业，避免苯外流到中小企业，以限制作为溶剂和稀释剂的使用，如日本限制苯作为溶剂的用量为2%。应加强生产工艺改革和通风排毒，以无毒或低毒的物质替代苯，对苯作业现场进行定期劳动卫生学调查，监测空气中苯的浓度。作业工人应加强个人防护，做好就业前和定期体检。女工怀孕期及哺乳期必须调离苯作业，以免对胎儿产生不良影响。

通过工艺改革和密闭通风措施，将空气中甲苯、二甲苯浓度控制在国家卫生标准以下，加强对作业工人的健康检查，做好就业前和2年1次的定期健康检查工作和卫生保健措施同苯。

五、毒性表现

（一）动物实验资料

1. 苯 江俊康等给ICR雄性小鼠以浓度400、2000、10 000mg/m³苯吸入染毒，每天2小时，连续5天。结果发现，染毒组小鼠精子畸形率明显高于阴性对照组，随着染毒浓度的增加，畸形率有增加的趋势（$P<0.05$）；病理组织学观察发现染毒组小鼠睾丸组织生精小管萎缩，管腔内各种生精细胞明显减少，间质细胞排列稀疏，分裂异常，这种损害在第 35 天也未见完全恢复。邹学敏等对雄性 SD 大鼠动式吸入 5、10、15mg/m³ 苯，每天染毒 2 小时，连续 35 天。与对照组比较，中、高浓度组雄性大鼠睾丸脏器系数和血清中睾酮含量以及高浓度组附睾脏器系数均降低（$P<0.05$）；苯染毒各组大鼠精子数量和中、高浓度组大鼠精子活动率均随染毒浓度的增加而降低（$P<0.05$）；中、高浓度组大鼠的精子畸形率均高于对照组（$P<0.05$）。光镜下染毒组大鼠可见生精小管管壁变薄，形态不规则，边缘极度不完整，结构松散，管壁内的细胞由外至内排列不紧密，细胞脱落严重，精原细胞、初级和次级精母细胞有变性损害，甚至有细胞缺失和炎细胞浸润的现象，且染毒浓度越高，这种损害越明显。

潘艳等给清洁级雄性和雌性 SD 大鼠分别在苯 0、5、10、15mg/m³ 浓度下吸入染毒。雄鼠先连续染毒 7 天，每天 2 小时，从雄鼠染毒后的第 28 天开始，雌、雄鼠连续染毒 7 天、每天 2 小时，染毒结束后选择部分雄性与雌性按 1∶2 的比例合笼过夜。结果显示，各染毒组大鼠的精子畸形率升高（$P<0.05$），10mg/m³ 和 15mg/m³ 苯染毒组雄鼠血清中睾酮水平低于对照组（$P<0.05$）；各染毒组可见生精小管形态不规则，边缘极不完整，大小不一，管壁内的细胞由外至内排列不紧密，精原细胞、精母细胞有轻微变性，甚至缺失，层次不清晰；10mg/m³ 和 15mg/m³ 苯染毒组母鼠血清中 FSH、LH、E_2 分泌水平以及胎盘重量低于对照组（$P<0.05$）；10mg/m³ 和 15mg/m³ 染毒组胚胎吸收率、胚胎死亡率增加，胎鼠的体重、身长、尾长均低于对照组（$P<0.05$）。

邹学敏等对雌性 SD 大鼠动式吸入 5、10、15mg/m³ 苯，每天染毒 2 小时，连续 35 天，结果显示高浓度组大鼠卵巢脏器系数低于对照组（$P<0.05$），中、高浓度组雌性大鼠血清中 FSH、LH、E_2 含量与对照组比较均有明显降低（$P<0.05$）。李勇等给昆明种小鼠于妊娠第 6~15 天用 25、100、400 mg/kg 的苯进行灌胃染毒，每天 1 次，

观察孕鼠的体重增长、胚胎的生长发育状况、死胎和吸收胎鼠数及畸形发生情况。结果发现与植物油对照组比较，中、高剂量染毒组可降低孕鼠体重的增长率（$P<0.05$），高剂量染毒组胚胎吸收率和死亡发生率增加（$P<0.05$），并可抑制胎盘和胎仔生长发育，中、高剂量染毒组鼠畸形发生率增加（$P<0.05$）。以高浓度苯（$670mg/m^3$）对雌性大鼠于交配前 10~15 天每天吸入染毒 24 小时，结果雌性大鼠不受孕；对小鼠在孕 6~15 天吸入苯 500ppm，每天 7 小时，未见母体毒性表现，但能引起胎鼠体重下降和骨化作用延迟。从孕 7 天开始，各组孕鼠每天分别吸入 0.0、5.0、10.0、15.0mg/m³苯蒸气，每天染毒 2 小时，分别在分娩后第 1 天及分娩后第 7 天处死，结果发现中、高浓度组子鼠出生体重均较对照组低（$P<0.05$）。3 个染毒组可见不同程度的畸形发生，主要有短肢、短尾、腭裂等畸形，中、高浓度组仔鼠畸形发生率均高于对照组（杨双波等，2010）。Lau A 等对交配前雄性 C57B1/6N 小鼠腹腔注射苯 200、400mg/kg，雌性 pKZ1 小鼠在妊娠 7~15 天腹腔注射 200、400 mg/kg 苯。结果显示，400 mg/kg 剂量下，胎鼠肝细胞和出生 9 天子鼠骨髓细胞中微核数量显著增加。李梓民等应用体外培养方法，对 12 天孕龄小鼠胚胎前肢芽进行培养，苯浓度达到 $75\mu mol/L$ 以上时，前肢芽各软骨的发育和分化受到抑制，并且随着苯浓度的增加，肢体中各软骨的发育分化差，Neubert 评分越少，呈剂量-效应关系；苯在 $75\mu mol/L$ 时明显影响胚胎肢芽软骨形态的分化，对爪骨的影响大于对其他骨，并观察到肱骨、尺骨分化小，掌指骨出现缺失、末端融合、掌骨细小伴卷曲变形等现象；当培养 3 天后，$375\mu mol/L$ 以上浓度组爪骨均有不同程度的缺失。

2. 甲苯　姜莉莉等给 4~6 周龄雄性小鼠一次性腹腔注射 1.6、3.2、$4.8\mu g/g$ 的甲苯，48 小时后观察到中、高浓度甲苯抑制小鼠睾丸精母细胞减数分裂。

王婷等给雌性小鼠采用静式吸入 312.5、625、1250、2500、5000、10 000mg/m³甲苯染毒，2 小时/天，连续 12 周。结果发现高浓度染毒组血清 FSH、LH 含量降低（$P<0.05$）；各剂量组小鼠表现

为动情期缩短，动情周期延长，主要是动情间期延长，尤以高剂量组更为显著（$P<0.05$）；各染毒组黄体细胞明显增多，未观察到子代有外观及骨骼形态学上的异常。据报道，大鼠在孕 1～8 天吸入甲苯 $1.5~g/m^3$，每天 24 小时，可致胎鼠骨骼发育异常；大鼠在孕 9～14 天，吸入甲苯 $1.5~g/m^3$，每天 24 小时，使胎鼠骨髓发育迟缓；大鼠在孕 1～21 天，吸入甲苯 $1.0~g/m^3$，每天 8 小时，使胎鼠体重下降。Lindbohm ML 等给小鼠 $500mg/m^3$ 甲苯于妊娠 6～13 日染毒，24 小时/天，结果胎鼠体重明显低于对照组（$P<0.05$）；当甲苯浓度达 $3750mg/m^3$ 时，胎鼠 14 肋畸形发生率增高。给大鼠 $10~200mg/m^3$ 甲苯于妊娠 6～15 日染毒，2 小时/天，结果吸收胎发生率增高，骨骼发育异常，未见外观及内脏畸形；给哺乳大鼠注射剂量为 $1.2g/kg$ 的甲苯，于注射后 4 小时，母鼠乳汁中甲苯含量比血液中甲苯高 5 倍。

3. 二甲苯　王小芬等给雄性小鼠吸入 $8.5g/m^3$ 二甲苯，每天 2 小时，连续 5 天，结果二甲苯可引起小鼠精子数量减少，精子活动率降低，精子畸形率增高。给雄性小鼠吸入 1.25、2.5、$8.5g/m^3$ 二甲苯，每天 2 小时，连续 60 天，结果染毒组睾丸脏器系数均高于对照组（$P<0.05$）；光镜组织学检查显示二甲苯高浓度组睾丸生精小管内各级生精细胞明显减少，其余细胞肿胀，胞浆红染，生精小管内充满颗粒状红染物质；超微结构观察发现，高浓度组小鼠睾丸支持细胞胞浆疏松，线粒体肿胀、破损，胞浆内出现大量空泡，溶酶体增多，支持细胞内有吞噬的精细胞的碎片；精母细胞胞浆内空泡增多，线粒体结构发生变化；间质细胞的线粒体肿胀，线粒体内出现灶样溶释、破损、颗粒增多。给雄性小鼠 467、$1400mg/kg$ 二甲苯一次性经口灌胃染毒，可引起小鼠初级精母细胞染色体畸变率、性染色体及常染色体早熟分离发生率显著增高；腹腔一次性注射 56、$280mg/kg$ 二甲苯，小鼠精原细胞 SCE 率增高。

雌性大鼠于妊娠第 9～10 天吸入 $3000mg/m^3$ 二甲苯，结果大鼠血液孕酮及 17 - β - 雌二醇水平降低。王小芬等给雌性小鼠吸入 1.25、$8.5g/m^3$ 二甲苯，每天 2 小时，连续染毒 30 天后与性成熟而未染毒的雄性小鼠合笼交配。结果染毒组雌鼠受孕率明显降低（$P<0.01$）；二甲苯高浓度组（$8.5g/m^3$）的平均吸收胎数显著高于正常对照组（$P<0.01$），而着床数则明显降低（$P<0.05$）。据报道，给大鼠在孕第 7～14 天分别以 150、1500、3000mg/m³ 的邻二甲苯、间二甲苯和对二甲苯吸入染毒。3 种不同浓度对二甲苯组，胎盘重量下降；3000mg/m³ 邻二甲苯和间二甲苯组，母鼠受孕率降低，胎鼠骨骼生长迟缓。大鼠在孕第 9～14 天吸入混合二甲苯（10％邻二甲苯，50％间二甲苯和 20％对二甲苯）1000mg/m³，仔鼠胸骨节结合和额外肋骨发生率升高。据报道，采用大鼠全胚胎体外培养，培养基中二甲苯的浓度为 1.89μmol/mL 时，表现出胚胎毒性。

4. 苯系混合物　Tatrai 等给大鼠于妊娠第 7～14 天 400mg/m³ 苯和 1000 mg/m³ 甲苯混合吸入染毒，24 小时/天。结果胎鼠出现发育迟缓，多肋发生率增高；以同样浓度的苯和甲苯分别单独染毒时，则未出现混合染毒时的改变。郑青等给小鼠于妊娠第 6～15 天 100mg/m³ 苯、1000mg/m³ 甲苯及 1000mg/m³ 二甲苯混合吸入染毒，4 小时/天，结果子鼠出生后 3 周时体重明显低于对照组（$P<0.05$）；子鼠四肢肌力及协调运动发育较对照组显著迟缓，兴奋性明显增高，出现行为改变。许清等给大鼠于妊娠第 6～15 日苯系混合物吸入染毒，苯、甲苯及二甲苯的浓度分别为（95±18）mg/m³、（1054±123）mg/m³、（950±240）mg/m³，6 小时/天。结果子鼠出生后体重增长显著落后于对照组（$P<0.05$），反射及行为发育均受到明显影响。

（二）流行病学资料

1. 苯　Axelsson 等对接触苯的女工调查，未见自然流产、早产及低出生体重的危险增加，但死产的危险稍有增高。Stücker 等调查接触苯的男工，无论是低浓度或较高浓度苯接触，均未见其妻子的自然流产危险增加。对工作场所空气中苯浓度为（300±10）mg/m³，作业女工中的 39 名正常自然分娩产妇进行观察，比较产妇血、脐带血和胚胎组织中苯的含量，若以产妇血中苯的含量作为 100，则胚胎组织中苯含量为产妇血的 260％，脐带血为 140％。国内对某乐器厂油漆女工乳汁中苯排出情况观察，当空气中苯浓度为 8～20mg/m³

时，女工乳汁苯含量达 $17\sim100\mu g/L$；前苏联学者测定接触苯的浓度为 $50\sim1000mg/m^3$ 时，女工乳汁中苯含量为 $0.63\sim96.8\mu g/L$，且发现苯作业女工在产后恢复工作的同时，小儿有拒乳现象（保毓书等，2002）。Mickinney 调查发现小儿白血病与其父亲在母亲妊娠前接触苯显著相关，苯的接触剂量为 $15.81mg/m^3$（$95\%CI$：$1.67\sim26.44mg/m^3$）。

2. 甲苯　国内学者报道，甲苯浓度为 $22.48\sim77.28mg/m^3$ 时，月经周期异常率为 19.18%，痛经率为 42.47%，经量异常率为 27.39%，前两项显著高于对照组；甲苯浓度为 $25.5\sim1620.0mg/m^3$ 时，月经周期异常率为 17.9%，痛经率为 48.3%，经量异常率为 28.2%（$P<0.05$）。国外有研究分析了接触甲苯工龄在 5 年以上的女工 140 人的生殖健康状况，她们在工作中接触的甲苯浓度，高者可达 $200\sim400mg/cm^3$，低者 $25\sim50mg/cm^3$，分析结果显示，接触组月经异常发生率高于对照组。Ng 等报道，接触平均浓度为 $330mg/m^3$ 甲苯的女工，痛经患病率（8.7%）显著高于对照组（1.6%）（$P<0.01$）。

甲苯接触女工的妊娠剧吐、妊娠高血压症（妊高症）及妊娠期贫血发生率显著高于对照组；对妊高症及妊娠期贫血的影响因素进行 Logistic 回归分析表明，妊高症及妊娠期贫血与接触甲苯有关。甲苯浓度为 $1.1\sim87.1\ mg/m^3$ 时，接触组妊娠中毒发生率为 9.3%，显著高于对照组的 1.87%。甲苯浓度为 $0.43\sim1275.13\ mg/m^3$ 时，接触组妊高症发生率为 15.0%，显著高于对照组的 8%。

Ng 等报道接触高浓度甲苯女工的自然流产率为 12.4%，显著高于对照组 4.5%，（$P<0.01$）；该厂女工接触甲苯以前的自然流产率 2.8%，明显低于接触后的自然流产率 12.6%（$P<0.01$）。Taskinen 等对大学及研究机构等实验室接触甲苯的女工进行了调查，结果在妊娠初 3 个月，每周至少接触 3 次甲苯的妇女其自然流产危险性增高（$OR=4.7$，$95\%CI$：$1.4\sim15.9$）。Askinen 等报道，接触甲苯男工妻子的自然流产危险性增高（$OR=2.3$，$95\%CI$：$1.1\sim4.7$）。对接触甲苯女工 737 人进行调查表明，接触女工自然流产率为为 9.23%，

对照组 6.7%。对自然流产的影响因素进行 Logistic 回归分析表明，自然流产的发生主要与接触甲苯有关，而与妊娠年龄，胎次，妊娠时被动吸烟等因素无明显相关。甲苯浓度为 $4.3 \sim 523.9 mg/m^3$ 时，接触组自然流产发生率为 5.7%，显著高于对照组的 2.4%。甲苯浓度为 $98.85 \sim 113.17 mg/m^3$ 时，接触组自然流产发生率为 4.9%，显著高于对照组的 0.5%（$P < 0.01$）。以 86 名在扬声器制造厂工作并且至少妊娠 1 次以上的女工为研究对象，分为高浓度接触组（55 人），接触甲苯浓度为 $205 \sim 616 mg/m^3$，低浓度接触组（31 人），接触甲苯浓度为 $0 \sim 103 mg/m^3$。结果表明，高浓度接触组妇女共妊娠 105 次，自然流产 13 次，自然流产率为 12.4%；低浓度接触组妇女共妊娠 68 次，自然流产 2 次，自然流产率为 2.9%，与高浓度接触组比较差异有统计学意义（$P < 0.025$）；且高浓度接触组和低浓度接触组妇女自然流产率在接触甲苯后比接触前都有增高趋势。

国外报道在妊娠期间接触甲苯发生 3 例中枢神经缺损的新生儿。有学者调查了接触甲苯浓度为 $25 \sim 140 mg/m^3$ 的 140 名女工所生的婴儿，与 201 名不接触毒物的女工的婴孩体重相比，其间差异无统计学意义。对制漆行业中接触甲苯的女工进行健康调查，接触组发现 4 例子代智力落后和 3 例生长发育迟缓。孕期接触在稍高于车间 MAC 的甲苯的女工，其 3 ~ 6 岁子女的言语、认知、社会认知 3 项能力的合计评分明显低于对照组，提示孕期接触甲苯对子代智力发育可能有一定影响。对 343 名接触甲苯平均浓度 $520 mg/m^3$ 的女工调查，结果接触组出生缺陷率为 23.58%，对照组 2.72%。出生缺陷以先天性心脏病和智力低下为主。调查发现接触甲苯的 835 名女工中，其子女的先天畸形率为 27.36‰，远高于对照组的 10.96‰。

3. 二甲苯　芬兰的流行病学研究发现，妊娠早期接触二甲苯与自然流产危险性增加有关。对从事实验室研究，每周至少接触二甲苯 3 天的妇女调查发现，接触组自然流产发生率明显高于对照组，OR 值为 3.1（95%CI：$1.3 \sim 7.5$）。Taskinen 等研究，男工职业接触二甲苯，其妻子自然流产危险未见显著增高（$OR = 1.6$，95%CI：$0.8 \sim 3.2$）。

4. 苯系混合物   刘胜勤等对 13 名苯系物作业工人及 13 名正常对照工人的精子进行检查，测定了 X 精子及 Y 精子染色体非整倍体率。车间空气中苯的平均浓度为 84.0mg/m³，甲苯为 18.0mg/m³，二甲苯为 303.2mg/m³。结果接触组工人精子 X 双体率明显高于对照组（$P<0.05$）。肖国乒等对从事制鞋、油漆及喷漆等接触苯系混合物的 24 名男工及 37 名从事行政、后勤的工作人员（作为对照）的精液质量进行了调查。作业环境中苯、甲苯、二甲苯平均浓度分别为 103.3、42.7、8.2mg/m³，苯、甲苯、二甲苯的超标率分别为 30.3%、12.1% 及 6.1%。精液检查结果，接触苯系混合物男工中精液液化时间延长（>30 分钟）者的比例为 29.2%，显著高于对照组 8.1%（$P<0.05$）；精子活率（59.0±15.6）% 及精子活力（2.52±0.96）% 显著低与对照组（分别为（72.6±7.0）% 及（3.17±0.75）%，$P<0.01$），并且在接触组男工的血液及精液中均检测出苯系物。同时男工精子顶体酶活性及精浆 γ-GT 活性显著低于对照组（$P<0.05$）。王守林等选择石化公司有混苯接触的正常已婚男工 70 人作为接触组，该公司无混苯接触的正常已婚男工 90 人作为内对照组，化纤集团公司无混苯接触的正常已婚男工 132 人作为外对照组。空气苯的检出率为 16.67%～50.00%，浓度以<10.0 mg/m³ 为主，平均浓度为 0.73～26.91 mg/m³，超标率仅为 7.41%；甲苯、二甲苯检出率低于 10.0%，浓度在 20.0 mg/m³ 以下。接触组精子的凝集度、活动精子的异常率明显高于外对照组，综合异常率也明显高于内、外对照组（$P<0.01$）。

段小燕等对 90 名制漆和喷漆女工进行了调查，以 90 名百货店营业员作为对照组，车间空气中苯、甲苯和二甲苯的平均浓度分别为 3.4、16.6、5.9mg/m³。结果在月经周期增殖期接触组血清 E_2 明显低于对照组（$P<0.01$），分泌期接触组 LH 明显低于对照组（$P<0.01$）。陈海燕等对石油化工厂 50 名接触低浓度混苯女工尿中生殖激素及其代谢产物进行了测定，车间空气中混苯以低浓度苯为主，苯的平均浓度为 8.88mg/m³，甲苯为 2.93mg/m³，二甲苯 4.34mg/m³。结果显示接触混苯女工黄体期缩短（$P<0.01$），接触混苯女工的卵

泡期早期 FSH 水平明显减低，卵泡期早期和黄体期孕二醇-3-葡糖苷酸以及排卵前雌酮结合物明显降低（$P<0.01$）。

　　薛冬梅对某市 23 家使用苯系有机溶剂的企业中女工进行职业健康状况调查。作业场所空气中苯系物中苯浓度为 192mg/m³，甲苯为 418mg/m³。发现接触组女工月经异常发生率为 57.15%，痛经发生率 40.18%，月经周期异常率 35.27%，经量异常率 31.70% 均高于对照组（分别为 29.95%、17.26%、10.66%、12.18%）。王龙义等对 17 个企业中接触混苯的女工 651 人进行调查，作业场所空气中苯、甲苯和二甲苯平均浓度分别为 36.2、43.3、23.5mg/m³。发现女性的月经异常的患病率表现为高发或多发，主要影响因素为接触工龄（$OR=1.842$，$95\%CI$：$1.042\sim3.256$）。

　　陆荣柱等对职业接触混苯的 104 名女工及 132 名对照女工进行了调查，接触组和对照组第 1 个月受孕率分别为 8.0% 和 18.2%，平均受孕时间（中位数）分别为 5.63 个月和 3.34 个月。李玲等对长期接触低浓度苯及同系物（苯、甲苯、二甲苯浓度分别为 5.33、22.48、66.22 mg/m³）的作业女工调查，发现接触组女工的不良妊娠发生率（11.0%）明显高于对照组（3.07%）。周树森等对接触苯系混合物的 737 名女工（888 次妊娠）及 1251 名对照女工（1452 次妊娠）进行了调查，妊娠剧吐发生率 12.84%（对照组 6.61%，$P<0.01$；$RR=1.94$，$95\%CI$：$1.51\sim2.50$）；妊娠高血压综合征发生率 13.05%（对照组 7.00%，$P<0.01$；$RR=1.84$，$95\%\ CI$：$1.42\sim2.44$）；妊娠合并贫血发生率 12.84%（对照组 7.37%，$P<0.01$；$RR=1.74$，$95\%\ CI$：$1.36\sim2.33$）。肖建华等选择家具行业苯作业女工（主要是油漆工）共 158 人为接触组，对照组选择在这些厂从事行政、后勤不接触毒物的女工 77 人。环境监测在二甲苯平均浓度超标、苯和甲苯平均浓度不超标的生产条件下，接触组妊娠恶阻症、妊娠贫血的发生率与对照组比较差异有统计学意义（$P<0.05$）。周树森等对接触苯系混合物的 737 名女工的 888 次妊娠结局进行调查，结果接触组女工自然流产率为 9.23%，对照组为 6.75%（$P<0.05$）；对妊娠年龄、胎次、被动吸烟等混杂因素进行分析后，校正的 $OR=1.20$（95%

CI：$1.03\sim1.40$）。王守林等研究了接触混苯女工的早早孕丢失，其发生率为 21.4%，显著高于对照组（13.6%，$P<0.05$）。

路锦绣（1992 年）对孕期接触苯系混合物女工子代的智力发育、身体素质与动作技能的发育进行了研究，接触组女工所在车间空气中苯、甲苯、二甲苯浓度稍高于最高容许浓度，三者同时存在。结果接触苯系混合物女工 $3\sim6$ 岁子女的言语、认知和社会认知 3 项能力的合计得分明显低于对照组（$P<0.05$）；4 岁及 5 岁子女的言语、认知、社会认知及身体素质与动作技能 4 项能力的合计得分也显著低于对照组（$P<0.05$）。薛冬梅等选择木器、机械、制鞋等行业的刷漆、喷漆、炼胶、粘胶等工种的 224 例已婚女工为观察对象，已婚纺织女工 197 例为对照，作业场所苯和甲苯平均浓度分别为 $192mg/m^3$ 和 $418mg/m^3$。结果苯及甲苯作业女工子代（283 名活婴）出生缺陷发生率 2.47%（7 例），对照组（247 名活婴）为 0，差异有统计学意义（$P<0.01$）；智力低下发生率 1.06%，先天性心脏病发生率 1.06%，先天愚型发生率 0.35%。孔聪等报道，女工作业现场苯、甲苯和二甲苯浓度均值分别为 142.6、365.0 和 $337.2mg/m^3$，接触"三苯"女工子代先天畸形率为 $27.36‰$，显著高于对照组 $10.96‰$（$P<0.01$）。

六、毒性机制

目前，对苯、甲苯和二甲苯的生殖毒性的作用机制研究尚不十分明确。

1. 苯   Spano M 等对雄性小鼠采用 1、2、4、6、7ml/kg 苯一次性灌胃染毒，流式细胞术检测结果显示睾丸细胞悬液中单倍体和四倍体细胞比例发生异常改变，主要是处于分化阶段的精原细胞受损。潘永宁等采用雄性小鼠 $500mg/m^3$ 苯吸入染毒，每天 2 小时，每周 6 天，连续 12 周。结果发现小鼠睾丸细胞中乳酸脱氢酶、葡萄糖-6-磷酸脱氢酶和琥珀酸脱氢酶活性降低，睾丸细胞 DNA 损伤率增高并诱导睾丸细胞凋亡，使睾丸细胞周期 G0/G1 期延长、S 期和 G2/M 期缩短（$P<0.05$）。史晓丽等给雄性小鼠 100、200、400mg/kg 苯

腹腔注射染毒 5 天，各染毒组小鼠睾丸组织中 Cu、Zn 含量降低，与阴性对照组比较差异具有统计学意义（$P<0.05$）；睾丸组织中 SOD 活性降低、MDA 含量升高，与阴性对照组比较差异具有统计学意义（$P<0.05$）；各染毒组睾丸细胞彗星细胞率均高于阴性对照组（$P<0.05$）；各染毒组睾丸细胞彗星细胞尾长均高于其阴性对照组（$P<0.05$），随苯的染毒剂量的增加，彗星细胞尾长表现出上升趋势；小鼠精子畸形率高于其阴性对照组（$P<0.05$）。杨双波等给雄性小鼠 100、400mg/kg 苯灌胃染毒 35 天，结果苯染毒组睾丸细胞凋亡率和 Ca^{2+} 含量升高，苯高剂量组睾丸组织中 Ca^{2+}-ATP 酶和 Na^+-K^+-ATP 酶活性降低。朱玉芬等给昆明种雄性小鼠以 30、300、3000、30 000mg/m³ 苯吸入染毒，每天 2 小时，连续 5 天。结果发现染毒组初级精母细胞异常（包括链状四价体，链状三价体，断片和断裂及单价体）；精子畸形率和精原细胞 SCE 发生率除 30mg/m³ 组外均高于对照组（$P<0.05$）。刘胜勤等研究发现高浓度苯接触可诱导接触工人精子性染色体非整倍体率增加。

李娟等以 400mg/m³ 苯对 BALB/c 系雌性小鼠静式吸入染毒，每天 3 小时。每周染毒 6 天，休息 1 天，连续 3 周。染毒第 8～17 天每日晨做阴道脱落细胞涂片，连续 10 天动态观察小鼠动情周期的变化。染毒组动情期（30.9 小时）与对照组动情期（60.3 小时）相比明显缩短（$P<0.05$），提示苯对小鼠的性周期有一定的影响，即苯对小鼠具有一定的性腺毒作用。曾庆民等通过给 NIH 小鼠 706、1922、4864mg/m³ 苯吸入染毒，发现小鼠第 1 次减数分裂中期（MⅠ）卵母细胞减数分裂停滞，第 2 次减数分裂中期（MⅡ）卵母细胞非整倍体率增高（$P<0.05$），并且存在着剂量-反应关系。

2. 甲苯　姜莉莉给雄性小鼠 1.6、3.2、4.8μg/kg 一次性腹腔注射甲苯，中、高浓度甲苯可抑制小鼠睾丸精母细胞减数分裂。

王婷等对雌性小鼠采用 312.5、625、1250、2500、5000、10 000mg/m³ 甲苯吸入染毒，结果显示高浓度染毒组 FSH、LH 含量降低（$P<0.05$）；小鼠卵巢组织超氧化物歧化酶（SOD）活性下降，丙二醛（MDA）含量上升；雌性动物卵巢细胞周期 G0/G1 期延长，

S 期缩短（$P<0.05$）。

3. 二甲苯　王小芬等给雄性小鼠吸入 1.25、2.5、8.5g/m³ 二甲苯，每天 2 小时，连续 60 天。睾丸组织匀浆中乳酸脱氢酶（LDH）活性降低，而酸性磷酸酶（ACP）和碱性磷酸酶（ALP）酶活性升高（$P<0.05$）。

（党瑜慧　仝国辉　孙应彪　常元勋）

第二节　苯乙烯

一、理化性质

苯乙烯（phenylethylene；styrene），在常温下为无色、具有芳香气味的油状液体；不溶于水，能溶于乙醇、乙醚等多数有机溶剂；挥发性较强，易燃，在火焰中释放出刺激性或有毒烟雾。

二、来源、存在与接触机会

在工业上，苯乙烯可由乙苯催化去氢制得，实验室可以用加热肉桂酸的办法得到。也可在安息香酸植物的树叶中、石油烃衍生物的热解和裂解产物中、页岩油的焦油中、沥青矿，以及在苯乙烯橡胶的乳液中作为有机物热解产物而自然形成。

苯乙烯是一种重要的化工原料，性质较为稳定，主要用于生产聚苯乙烯、合成橡胶、离子交换树脂、聚醚树脂、增塑剂和工程塑料等，还可用在造漆、制药、香料生产中。在生产及使用过程中均可接触到苯乙烯。

三、吸收、分布、代谢与排泄

苯乙烯可经呼吸道吸入、消化道及皮肤吸收。苯乙烯吸收后，在脑、肝、肾、肾周围脂肪组织及脾内的含量高于其他组织，血液中的含量极微。经呼吸道吸入的苯乙烯蒸气，一部分被立即呼出，暂留在肺部的约占 60％，到达肺泡内大概 5.5％～6.2％。当停止接触后 1 分钟内，呼气中已测不出，说明在体内苯乙烯代谢很快。

苯乙烯进入体内在肝由细胞色素 P450（CYP450）氧化酶系的 CYP4502B6，CYP4502E1 和 CYP4501A2 作用下生成 7，8-氧化苯乙烯（7，8-styrene oxide，SO），红细胞中的氧合血红蛋白也能将苯乙烯转化为 SO。SO 在机体内的主要代谢过程为：经 CYP450 氧化酶系作用，在环氧化物水解酶作用下转变为苯乙烯乙二醇，并继续氧化为苯乙醇酸（mandelic acid，MA，亦称扁桃酸）、苯乙醛酸（PGA），经肾由尿排出。当接触高浓度苯乙烯时，部分 MA 还会转化成非特异性马尿酸，经肾由尿排出。SO 在机体内的次要代谢过程为：经 CYP450 氧化酶系作用，在谷胱甘肽-S-转移酶的作用下形成谷胱甘肽结合物，然后在 γ-谷氨酰转肽酶（r-GT）作用下，断裂其谷氨酰基，继而在半胱氨酰甘氨酸酶及氨肽酶的共同催化下，进一步裂键，成为半胱氨酸结合物。半胱氨酸结合物在 N-乙酰转移酶的催化下进行 N-乙酰化，生成苯乙烯巯基尿酸，经肾由尿排出。SO 在机体内还可经 CYP488 氧化酶系作用和 DNA 等大分子共价结合，生成 DNA 加合物或引起 DNA 链断裂。

四、毒性概述

（一）动物实验资料

1. 急性毒性　大鼠经口 LD_{50} 为 5g/kg。家兔经眼：100mg，重度刺激；家兔经皮开放性刺激试验：500mg，轻度刺激。

2. 亚急性与慢性毒性　大鼠在吸入 1260 mg/m^3 苯乙烯，每天 6 小时，每周 5 天，共 11 周，可见明显的肝细胞损伤，主要表现为水样变性、脂肪变性和充血，肝细胞色素 P450 氧化酶、环氧化物水解酶、尿苷二磷酸葡糖苷酸转移酶活性增加。大鼠在苯乙烯 50mg/m^3 浓度下吸入染毒，5h/d，1 周 5 天，6 个月后，肝糖原平均降到 0.8％，血清球蛋白升高，肝重增加及血压有偏低倾向。有研究者对苯乙烯对大鼠的亚急性肾毒性作用进行了研究，结果表明，染毒 7 天后，2000mg/kg 组大鼠肾的脏器系数和尿量增加；2000、1000mg/kg 组尿 β_2-MG 含量亦明显增高，各染毒组尿 γ-GT 和血清碱性磷酸酶（AKP）活性也比对照组显著增高。电镜下可见 2000mg/kg 组近端小管上皮细胞线粒体肿胀，嵴溶解或消失，有数量不等的空泡和圆形致密体形成。

3. 致突变　苯乙烯对酵母菌突变试验呈阳性。苯乙烯经代谢活化后可引起鼠伤寒沙门菌株 TA100 回复突变，证明苯乙烯属于碱基取代型致突变物。苯乙烯 340mg/kg 染毒可引起小鼠骨髓嗜多染红细胞染色体畸变。研究还发现，苯乙烯和氧化苯乙烯均可以引起大鼠、小鼠骨髓细胞染色体损伤，但未见中国仓鼠骨髓细胞染色体畸变，认为其致突变性可能有种属差异，这可能与中国仓鼠肝环氧化物水解酶活性较小鼠高有关。

4. 致癌　动物实验发现，大鼠吸入 $400\sim600mg/m^3$ 苯乙烯 2 年后，雌鼠乳腺瘤和淋巴瘤发生率明显增加。据美国国家癌症研究所（NCI）报道，分别经口给予雄、雌性 B6C3 小鼠和 F1F344 大鼠 150、300、500、1000、2000mg/kg 苯乙烯，每周 5 天，150mg/kg 组染毒为 103 周，其他 78 周，可见雄性小鼠肺腺癌发生率明显高于溶剂对照（玉米油）组。据此，NCI 认为苯乙烯仅对雄性小鼠有致癌作用。另有报道给予小鼠苯乙烯终生喂养，则小鼠肺部肿瘤包括腺瘤和癌的发生率较对照组明显升高。小鼠皮肤致癌实验中最高剂量组只出现 1 例阳性。国际癌症研究所（IARC，2010 年）将苯乙烯归入 2 B 类，人类可能致癌物。

（二）流行病学资料

赵培青等对 344 名职业性接触苯乙烯工人（对照组 308 名）外周血象进行 3 年的连续动态观察，结果显示苯乙烯接触组外周血白细胞、红细胞和血小板明显低于对照组。Fracasso ME 等用碱性单细胞微量凝胶电泳试验（彗星试验）和酸性单细胞微量凝胶电泳试验对苯乙烯接触组 34 名和对照组 29 名工人的外周血淋巴细胞 DNA 进行分析，发现接触组的 DNA 单链和双链断裂程度均显著高于对照组（$P < 0.01$）。另外从事苯乙烯生产作业工人，外周血淋巴细胞染色体畸变率升高。有流行病学调查资料表明，苯乙烯接触工人患白血病和淋巴瘤者有增高趋势，但与对照组比较差异无统计学意义。

（三）中毒临床表现及防治原则

1. 急性中毒 苯乙烯急性中毒，对眼及上呼吸道黏膜有强烈的刺激作用，出现眼痛、流泪、流涕、咳嗽等症状，继而头痛、头晕、恶心、呕吐、全身乏力直至眩晕，严重的甚至致命。

2. 慢性中毒 长期低浓度接触苯乙烯能导致眼结膜、咽喉刺激，还可致神经衰弱综合征，患者常有头痛、恶心、食欲减退、腹胀、失眠或嗜睡、健忘、指颤等症状。

3. 防治原则 接触苯乙烯的作业人员，当空气中苯乙烯浓度超标时，要佩戴过滤式防毒面具（半面罩），化学安全防护眼镜，防苯耐油手套，穿防毒物渗透工作服。苯乙烯泄漏或火灾事故的救援人员要佩戴空气呼吸器。接触苯乙烯的作业人员工作完毕要淋浴更衣，保持良好的卫生习惯。长期接触苯乙烯的工人应接受就业前检查和定期的医学检查。

苯乙烯轻度中毒患者，皮肤接触者应脱去被污染的衣物，用肥皂水和清水彻底冲洗皮肤；眼接触者应立即提起眼睑，用大量流动清水或生理盐水彻底冲洗眼至少 15 分钟；吸入者应迅速离开现场至空气新鲜处，保持呼吸道通畅，如呼吸困难，要输氧。食入者应饮足量温水，立即就医。

五、毒性表现

（一）动物实验资料

Srivastava 等报道，大鼠灌胃染毒苯乙烯 $400mg/(kg \cdot d)$，共 60 天，发现睾丸的山梨酸醇脱氢酶（SHD）、乳酸脱氢酶（LDH）、葡萄糖 -6-磷酸脱氢酶（G-6-PD）、酸性磷酸酯酶等活性有意义地下降，精子数目减少；病理可见输精管变性，管腔内精子缺乏，提示苯乙烯对雄性生殖系统有毒性作用。Chamkhia 等研究发现，对成年 Wistar 雄性大鼠用腹腔注射法染毒苯乙烯 $600mg/(kg \cdot d)$，连续 10 天，发现睾丸相对重量增加，血清睾酮水平显著下降，FSH 和 ICSH 水平显著增高；睾丸组织形态学变化明显，生精小管管腔内未见精子、生精上皮细胞疏松、间质细胞和支持细胞消失，提示大鼠生精过程受到了苯乙烯染毒的严重影响，使精子发生受损，精子数量减少。睾丸组织中的生精细胞和支持细胞可能是苯乙烯生殖毒性的主要靶部位。

有研究报道雌性大鼠吸入（1.0 ± 0.2）或（5.0 ± 0.4）mg/m³浓度的苯乙烯，1 天 24 小时，共计 4 个月，发现高浓度组大鼠动情周期间隔时间和动情期延长，说明苯乙烯可导致大鼠动情周期的紊乱。

苯乙烯为高脂溶性小分子化合物，能通过胎盘屏障，具有胚胎毒性和致畸作用。有实验表明，BMR/T6 小鼠，从妊娠第 6～16 天，每天吸入苯乙烯 250ppm 6 小时；中国仓鼠，从妊娠第 6～18 天，每天分别吸入苯乙烯 300、500、750 及 1000ppm 6 小时，结果表明，BMR/T6 小鼠子代有较高的骨骼畸形率，但对中国仓鼠则无致畸胎作用。Wistar 雌性大鼠，每日吸入苯乙烯 100ppm 7 小时，每周 5 天，历时 3 周，然后与正常雄鼠交配，继续吸入，至妊娠第 18 天，发现大鼠受精卵植入率降低。新西兰雌兔，人工授精后，每天分别吸入苯乙烯 15 和 50ppm，至妊娠第 24 天，发现吸收胎增加，此可能系苯乙烯对母体的毒性所致。Kankaanpaa 等对小鼠和中国仓鼠显性生殖毒性实验，当孕第 6～18 天以 4200mg/m³ 的苯乙烯吸入染毒，发现中国仓鼠胚胎死亡数和吸收胎显著增加，而小鼠胚胎死亡数和吸收胎虽也增加，但与对照组比无统计学意义。Srivastava 等对大鼠经口染毒进行生殖毒性实验，也发现高剂量组（400mg/kg）胚胎吸收数增加，胚体重量下降。Kankananpaa 等还报道，苯乙烯可致小鼠和大鼠胚胎毒性的阈浓度分别为 250 和 1000ppm。

杨衍凯等就苯乙烯对子鼠生理、行为发育和神经行为功能进行研究时发现，苯乙烯染毒后的母鼠生长发育良好，未见明显的中毒症状；子鼠转棒试验显示，苯乙烯各染毒组结果与对照组比较差异无统计学意义（$P>0.05$）；步下法和水迷宫测试结果显示，苯乙烯染毒 500、1000mg/kg 组子鼠的学习记忆功能受到了损害，与对照组比较差异有统计学意义（$P<0.05$），提示苯乙烯对大鼠子鼠的神经行为功能产生了损害作用。500、1000mg/kg 染毒组分别有 2 只和 5 只大鼠母鼠难产，剖腹均为死胎；子鼠出生后 1、7、14 天的存活率明显

低于对照组，开眼、竖耳、出牙、长毛、抬头等大部分生理发育指标的出现时间晚于对照组，平面翻正、断崖回避、压杆等行为发育指标阳性率明显低于对照组，差异有统计学意义（$P < 0.05$）。说明接触较高剂量苯乙烯可对子代的生理、神经行为发育造成明显的损害。

（二）流行病学资料

在对国内某化学公司所属合成橡胶厂的 1102 名（女 467，男 635）苯乙烯接触工人及 1027 名（女 527，男 500）非接触工人的生殖流行病学调查中，发现女工的早产和新生儿出生缺陷的相对危险度（RR）分别为 1.635（$95\%CI$：$1.142\sim2.379$）和 4.652（$95\%CI$：$1.676\sim12.913$）；接触苯乙烯的男工的妻子的早产 RR 为 3.352（$95\%CI$：$1.222\sim12.913$），与非接触工人比较都具有统计学意义（$P<0.05$）。对接触苯乙烯车间女工的调查结果显示，长期接触苯乙烯可使女工月经周期紊乱，受孕能力降低，并影响胎儿和子代发育，表现为出生时低体重、生长缓慢等。有研究者对部分职业接触苯乙烯的男工进行了血清睾酮、间质细胞刺激素、卵泡刺激素的水平分析，结果表明，当车间空气中苯乙烯浓度超过国家标准时，男性工人血清中睾酮和间质细胞刺激素水平均显著低于对照组，说明苯乙烯对男性生殖内分泌有影响。

六、毒性机制

虽然苯乙烯接触对生殖系统造成的毒性作用已被肯定，但其具体对生殖毒性作用机制尚未完全阐明。苯乙烯在体内代谢产物为 MA 和 PGA，其中间代谢产物 SO 为强直接致突变剂。而苯乙烯本身为高脂溶性小分子化合物，可能通过血睾屏障而进入睾丸，影响其功能。有研究资料表明，接触苯乙烯可引起性激素水平的显著改变，引发性激素代谢的紊乱，这可能是苯乙烯所致生殖功能障碍的重要作用机制。推测苯乙烯为环境雌激素类化合物，其雌激素样生理作用弱于内源性雌激素，但其大量进入体内后可与内源性雌激素竞争相同受体，干扰了内源性雌激素的正常生理功能，而使生殖内分泌功能受损，这一推测尚有待进一步验证。也有研究表明，接触苯乙烯工人精子发生形态变化与核酸代谢有关，精原细胞和精母细胞 RNA 含量降低。此外，苯乙烯为高脂溶性的小分子化合物，在体内可经胎盘转运，与宫内的胎体直接接触，从而对发育中的胚胎产生毒性作用，干扰器官的形成和胎体的发育。很多实验研究和职业人群流行病学调查均提示苯乙烯可能具有严重的生殖毒性。

（施伟庆   王民生   常元勋）

第三节   多氯联苯

一、理化性质

多氯联苯（polychlorinated biphenyl，PCBs）是人工合成的多氯芳烃类物质，联苯分子中一部分氢或全部氢被氯取代后所形成的各种异构体有 209 种之多，按氯原子数或氯的百分含量分别加以标号，我国习惯上按联苯上被氯取代的个数（不论其取代位置）将 PCBs 分为三氯联苯（PCB3）、四氯联苯（PCB4）、五氯联苯（PCB5）、六氯联苯（PCB6）。外观为流动的油状液体或白色结晶固体或非结晶性树脂。一般不溶于水，易溶于脂肪和多数有机溶剂。

多氯联苯结构稳定，自然条件下不易降解。具有良好的阻燃性，低电导率，良好的抗热解能力和化学稳定性，抗多种氧化剂。研究表明，PCBs 的半衰期在水中大于 2 个月，在土壤和沉积物中大于 6 个月，在人体和动物体内则从 1 年到 10 年。因此，即使是 10 年前使用过的 PCBs，在许多地方依然能够发现残留物。

二、来源、存在与接触机会

PCBs 具有极强的耐酸、碱、高温、氧化、光解性和良好的绝缘性，广泛用作蓄电池、电容器和变压器的液压油、绝缘油、传热油和润滑油，并广泛应用于合成树脂、涂料、油墨、绝缘材料、阻燃材料、增塑剂、墨水、无碳复印纸和杀虫剂的制造。因此，在生产、使用和贮运过程中有机会接触本品。

据估计，目前全世界年产 PCBs 超过 100 万吨，在美国每年有 400 吨以上的 PCBs 以废弃的润滑液、液压液和热交换液的形式排入江河，使河床沉积物中的 PCBs 含量达到 13mg/kg，而日本近海的 PCBs 蓄积多氯联苯的残留总量在 25 万～30 万吨左右。由于这种化合物具有极强的稳定性，很难在自然界降解，PCBs 主要通过对水体的大面积污染，通过食物链的生物富集作用污染水生生物，最容易集中在海洋鱼类和贝类食品中，因而造成严重的残留问题。非鱼类食物中 PCBs 的含量一般不超过 15μg/kg，但有些食物油的 PCBs 含量可达 150μg/kg。这是因为在食用油精炼过程中，作为传热介质的传热油和食品加工机械的润滑油由于密封不严而渗入食品，从而导致 PCBs 污染。

三、吸收、分布、代谢与排泄

PCBs 可经呼吸道、消化道和皮肤进入机体。PCBs 进入机体后，广泛分布于全身组织，以脂肪和肝中含量较多。母体中的 PCBs 能通过胎盘屏障进入胎体内，而且胎肝和肾中的 PCBs 含量往往高于母体相同组织中的含量。食物中的 PCBs 主要由胃肠道吸收，其吸收和代谢的特点为稳定性和脂溶性，在胃肠中不被破坏，吸收率可超过90％。吸收的 PCBs 主要贮存在人体的脂肪组织中，另一部分贮存在皮肤、肾上腺和主动脉中，血中的浓度最低。PCBs 的生物半衰期在雄鼠体内为 8 周，雌鼠体内为 12 周，在血液中的浓度下降最快而在脂肪组织中下降最慢。

据报道，PCBs 的生物转化有两条主要途径：一种是形成甲磺基多氯联苯，另一种是转化成羟基多氯联苯，其中以形成羟基化代谢产物为主。甲磺基多氯联苯可以 2 - ，3 - 或者 4 - 甲磺基多氯联苯存在，但在生物体中多以 3 - 和 4 - 位取代为主。甲磺基多氯联苯能够贮存在脂肪组织中，并且倾向于分布在肝、肺和肾等器官中。羟基多氯联苯主要是借助细胞色素 P450（CYP450）氧化酶系，通过对多氯联苯芳环上间、对位的氧化作用，包括氯原子的 NIH 转换（芳环在羟基化的过程中分子内氢原子位置的转换），或者直接加上羟基形成。一般情况下，取代氯原子多于 6 个和对位氯取代的同系物比较难羟基化，因而显示出较长的半衰期。间、对位非氯取代的同系物则易于形成羟基化产物。有些羟基多氯联苯在体内依然具有持留性，能够长期存在于血液当中，而另一些羟基多氯联苯能够与葡糖醛酸或者硫酸盐结合，从而进一步被机体代谢。与葡糖醛酸或者硫酸盐的结合能够增加羟基多氯联苯的水溶性，使之便于通过胆汁排泄。具有 4 - OH - 3，5 - Cl_2 分子结构的羟基多氯联苯异构体能够与血浆中的蛋白质结合或者分布在脂肪组织中，因而可以在血液中长期存在。

　　PCBs 主要的排出途径是通过粪便，少量（＜10％）通过肾由尿排出。通过胆汁到肠道经粪便排出也是一个重要的途径。然而，在肠道可通过肠-肝循环进入血液，造成 PCBs 长期蓄积在体内。PCBs 通过人奶排出的量相对较少。但乳牛对 PCBs 的主要排泄途径是通过牛奶。因此，经母牛喂饲污染了 PCBs 的饲料将会产生污染的牛奶。

四、毒性概述

（一）动物实验资料

　　1. 急性毒性　PCB3 的小鼠经口 LD_{50} 为 1900mg/kg、大鼠经口 LD_{50} 为 4250mg/kg；PCB4 的大鼠经口 LD_{50} 为 11 000mg/kg；PCB5 的大鼠经口 LD_{50} 为 1295mg/kg；PCB6 的大鼠经口 LD_{50} 为 1315 mg/kg。狗的 PCBs 中毒症状包括体重下降、水肿、呼吸急促、心包积液、肝增大和内脏出血；猪和羊对 PCBs 的敏感性低于狗，而绵羊对饲料中的 PCBs 无任何反应。

　　2. 亚急性与慢性毒性　给一组大鼠喂饲含 PCB5 为 1g/kg 的饲料，大鼠在喂饲的第 28～53 天之间死亡。喂饲含 PCB6 为 2g/kg 的饲料大鼠死亡发生在第 12～26 天之间。病理解剖见到肝增大、脾缩小以及进行性化学性肝卟啉症。给成年水貂喂饲含 PCBs 为 30mg/kg 的饲料（PCB3，PCB4，PCB6 各为 10 mg/kg），结果 6 个月内死亡率为 100％。当饲料中 PCBs 含量为 250～400mg/kg 时，成年恒河猴可产生急性中毒反应，包括胃黏膜肥大、增生，广泛的脱毛和水肿等，中断 PCBs 给予后 8 个月，症状可缓慢消失。

3. 致突变　国外研究给斑鸠食用含 PCBs 10mg/kg 的饲料 3 个月，其胚胎的染色体畸变明显增加。

4. 致癌　动物实验显示 PCBs 对大鼠、小鼠都能产生致癌反应，主要诱发肝癌和胃肠肿瘤。小鼠致癌实验研究表明，184 只雌性小鼠摄入 100 mg/kg PCBs，18 个月，26 只出现肝肿瘤；146 只发生肝的癌前变损伤；而在对照组，78 只中只有 1 只出现肝肿瘤。国际癌症研究所（IARC，2010 年）将 PCBs 归入 2A 类，人类可疑致癌物。

（二）流行病学资料

PCBs 对人类急性毒性的记录主要来自 1968 年在日本发生的米糠油中毒事件。受害者食用了被 PCBs 污染的米糠油（每公斤米糠油含 PCBs 2000～3000 mg）而中毒。致使 5000 多人中毒，死亡 16 人。1978 年，在日本九州发生的米糠油精炼中加热管道的 PCBs 渗漏，在该次事件中有 14 000 人中毒，124 人死亡。经测定，污染的米糠油中的 PCBs 含量超过 2400mg/kg。摄入大量 PCBs 会使儿童生长停滞，孕妇摄入大量 PCBs 会使胎儿的生长停滞。人经口最低致死剂量为 500mg/kg。电容器厂工人在空气中 PCBs 浓度为 48～275μg/m^3 环境条件下工作数月或数年，发现 19% 的工人有痤疮、毛囊炎、油性皮炎等。

Langer 等对斯洛伐克某 PCBs 生产工厂的 238 名雇员进行了研究，超声波检查结果表明该厂工人比无 PCBs 接触的人群甲状腺体积明显增大（18.85ml 比 13.47ml，$P<0.001$）。Osius 等调查了居住在有毒废物焚化炉附近的 671 名儿童（年龄为 7～10 岁），并对他们血液中各种 PCBs 同系物的浓度与血清中促甲状腺素（TSH），游离甲状腺素（FT4）和游离甲状腺三碘原氨酸（FT3）的浓度之间的关系进行了研究，结果发现血液内的 PCB 118 的浓度与 TSH 浓度呈正相关（$r=7.129$，$P=0.039$），而 PCB 138、153、180、183 和 187 的浓度与 FT3 浓度呈负相关。

（三）中毒临床表现及防治原则

1. 急性中毒　1968 年发生的日本米糠油中毒事件中，中毒症状主要表现为昏睡、恶心、呕吐，少数人有黄疸、肝损伤、肝昏迷甚至死亡。患者表现的主要特征是皮肤、指甲、眼结膜和口腔等部位色素沉着，皮肤痤疮，可有上眼睑肿胀和眼分泌物增多，四肢麻木，胃肠道功能紊乱等，即所谓"油症"。

2. 慢性中毒   PCBs 慢性接触对于人体的伤害主要在肝、肾以及心脏。除此之外，还有皮肤痤疮、贫血、骨髓红细胞发育不良、脱毛等症状。因为 PCBs 是脂溶性的，可在脂肪组织中蓄积，表现有颜面、颈部或是身体柔软部位出现疙瘩，或是类似青春痘的皮肤病、头晕目眩、手脚疼痛、四肢无力、水肿，或是指甲、眼睑、齿龈、嘴唇、皮肤等处的黑色素沉着。

3. 防治原则   对中毒患者的治疗主要是对症治疗，更重要是预防。减少与避免接触。在高温下操作时，须加强通风和密闭措施。有溅出或漏出热的溶液可能者，应戴呼吸面罩；防止皮肤接触，污染皮肤时用肥皂和清水冲洗。定期对职业接触的人员进行体格检查，早期发现症状，并对患者进行脱离接触或必要的解毒处理。许多国家规定了人对 PCBs 的容许摄入量。实测表明，每人每日摄入 PCBs $5\sim 20\mu g/kg$，大致是安全的。日本建议人的 PCBs 的每日容许摄入量（ADI）为 $7\mu g/(kg \cdot d)$；美国暂定为 $150\sim300\mu g/kg$。

五、毒性表现

（一）动物实验资料

许多动物都观察到 PCBs 生殖毒性，包括大鼠、小鼠、水貂和猴，水貂和猴特别敏感。妊娠期和哺乳期染毒 PCBs，大鼠和小鼠的雄性后代精子形态及精子的产生均受到影响。

雌性 ICR Swiss 小鼠喂饲 12.5mg/kg 的 Aroclor 1254 90 天，受孕率下降约 30%。雌性 Wistar 大鼠经口给予 10mg/kg 的 Aroclor1254 4～6 周，大鼠发情周期延长，体重明显减轻，但排卵数无明显减少，交配后出现与染毒相关的妊娠期阴道出血、分娩延迟、产仔数减少，子鼠断奶前成活率下降，幼崽成年后第一次发情期延迟。Hany 等对雌性 Long-Evans 大鼠从交配前 50 天到其仔鼠出生一直喂饲 4 mg/kg 的 Aroclor1254，未出现明显的母体毒性，但雄性子鼠成年后的睾丸重量及血清睾酮水平明显降低。

成年雌性大鼠腹腔注射 PCBs 后，卵巢湿重显著低于对照组。青春期前大鼠子宫增重实验证实，PCBs 能促进子宫增重，同时 PCBs 还可以导致小鼠输卵管上皮细胞退化。Martinez 等用出生后 16 小时的雌性 BALB/c 小鼠皮下注射 PCB30 200μg/d，连续 5 天，结果显示 PCB30 组小鼠成年后的宫颈癌的发生率达 43%。

孕大鼠每天经口喂饲以 0.1、1、2、4、6、8 和 16 mg/kg 的 PCBs，其畸胎率分别为 0.9%、3.6%、4.3%、11.7%、36.9%、65.5% 和 60.6%，可见 PCBs 的经口喂饲量与大鼠的畸胎率之间有明显的量效关系。雌鼠长期喂饲含 PCBs 的饲料可引起其血液中雌二醇水平下降，并出现发情周期延长，交配成功率降低等。Colciago 等在大鼠孕 15～19 天经口灌胃给予 25mg/kg 的 Aroclor 1254，结果表明，胎鼠发育阶段暴露于 Aroclor 1254 可影响雌性子鼠成年后的性行为，并使雄激素受体的表达下降，雄性子鼠成年后的睾酮水平下降。

雌性 CD-1 小鼠在孕期和哺乳期喂饲 PCB 混合物（PCB101 和 PCB118 按 1∶1 混合），剂量为 0、1、10、100μg/(kg·d)，出生后第 84 天处死子鼠。结果显示：雄性 F1 代的睾丸重量、生精小管直径、精子活力和精子发育能力均明显降低（$P<0.05$）；雌性 F1 代的卵巢重量、卵母细胞发育能力明显降低，闭锁卵泡显著增加（$P<0.01$）。雌性小鼠的有害作用仅出现于 F1 代，相比之下，雄性小鼠直到第 3 代仍可观察到精子活力降低，生精小管直径改变，表现出代际传递作用（intergenerational transmission），从而说明在性别分化期（gonadal sex determination）接触 PCBs。可明显地影响到后代成年后的生殖生理功能，而且雄性后代的生殖缺陷至少可以在 2 代以上的后代中出现。

二代繁殖试验结果表明：每组 20 只 Sherman 大鼠分别喂饲含 Aroclor 1254 0、0.06、0.32、1.5、7.6mg/kg，结果发现暴露于 7.6mg/kg 的 F1a 大鼠每窝产仔数明显减少（比对照组减少 14%），1.5mg/kg 剂量组的 F1b、F2a 和 F2b 的大鼠每窝产仔数减少 15%～72%。

给雌性水貂喂饲含 Aroclor 1254 10 mg/kg 饲料 4 个月，发现母体体重增长迟缓，并与剂量有关。喂饲 Aroclor 1254 5mg/kg 9 个月后，雌性水貂不能生育后代。雌性水貂经口给予 0.4mg/kg 的 Aroclor 1254 39 周，结果表明，7 只水貂只有 2 只产子（1 只成活，1 只死亡）。Kihlstrom 等发现，从孕前 5 周至分娩后 5 天雌性水貂经口给予 1.3mg/kg 的 Aroclor 1254，可使其流产率上升，存活的胎仔体重降低 48％。

对雌性恒河猴给予相对低剂量的 PCBs（2.5～5.0 mg/kg）也可影响受孕，即使成功受孕，所生幼猴的体重也相对较轻，分析显示幼猴脂肪组织的 PCBs 含量接近 25mg/kg。

8 只雌性恒河猴交配前 7 个月至整个孕期喂饲含 0.1 和 0.2mg/kg Aroclor 1248 的饲料，结果表明 0.1mg/kg 剂量组的子鼠经期延长 5～7 天，0.2mg/kg 剂量组其雌性子鼠受孕率下降。另一组研究表明，每组 16 只雌性恒河猴经口吞咽含 0、0.005、0.02、0.04 和 0.08mg/kg 的 PCBs 胶囊 72 个月，交配后受孕成功率分别为 11/16、10/16、4/15、6/14 和 5/15，胎猴死亡率明显升高（$P=0.04$）。

刚断奶的 F344 大鼠经口给予 25mg/kg 的 Aroclor1254 15 周，大鼠精囊和附睾重量明显减轻，附睾精子数明显减少，但低剂量（0.1～10mg/kg）未出现明显改变。Hsu 等报道，孕 15 天的大鼠经口一次给予 1 或 10mg/kg PCB132，雄性子代大鼠出生后 84 天处死，分别进行附睾精子计数，测定精子活力和速度，结果表明附睾尾重量减轻，精子数量和活力显著下降。PCBs 染毒组子代大鼠精子的活性氧（ROS）含量显著升高，精子穿透卵母细胞率降低明显且与剂量相关，提示睾丸是 PCBs 作用的重要靶器官之一。

Andric 等给雄性大鼠两侧睾丸注射 PCBs，24 小时后血浆睾酮水平下降。成年 Wistar 大鼠腹腔注射 2mg/kg 的 Aroclor 1254，连续 30 天后，大鼠血清中睾酮含量和雌二醇水平下降。4 只恒河猴喂饲 0.1mg/kg 的 Aroclor 1254 17 个月，其中 1 只出现交配功能减退，睾丸活检显示生精小管内无成熟精子。

(二) 流行病学资料

Mol 等对出生时脐血检测含有 PCBs 的男婴进行流行病学队列研究，对接触组 14 岁时进行随访，体检结果显示，睾丸发育异常者高达 10.2%，主要的异常是隐睾症。在中国台湾地区对 1979 年怀孕期间食用受 PCBs 污染油的母亲所生的男婴进行了队列研究。1998 年随访的检测结果显示，这些男婴成年后异常形态的精子增多，精子活力和精子穿透田鼠卵子的能力降低。Rozati 等调查发现：在原因不明的不育男性的精液中检测到 PCBs 存在，其射精量、精子总数、精子活力和正常形态精子数均低于对照组，且精子总数与精液中 PCBs 浓度成反比，认为 PCBs 可能是导致原因不明的不育男性精子质量恶化的原因之一。Bush 等对不育男性的精液中 74 种 PCBs 同系物分析，发现 PCBs 的三种同系物 PCB 118、PCB137 和 PCB 153 与精子活力下降有关。

1979 年中国台湾地区生产米糠油时因管道渗漏造成 PCBs 渗入米糠油中，导致食用被污染米糠油的人发生严重的中毒和死亡事件，中毒人数达 2000 多人，被称为"台湾油病"事件。在 1993—1994 年共有 596 位 PCBs 中毒的女性存活，年龄从 30～59 岁，研究人员找到 368 位，访问到 356 位的生殖情况。以这些受害女性的同性邻居为对照，确定了 329 位，访问到 316 位的生殖情况。调查结果显示：接触组经血异常者为 16%，对照组为 8%；1979 年以后，接触组死产率为 4.2%，对照组为 1.7%；接触组的后代童年死亡占 10.2%，对照组为 6.1%；接触组因健康问题而影响生育占 7%，对照组为 2%。这些数据提示 PCBs 的高暴露将影响女性的生殖和内分泌功能。由于 PCBs 能通过胎盘屏障而引起胎儿中毒，故中毒的母亲所生新生儿可患"胎儿多氯联苯综合征"，表现为体重较轻、皮肤黏膜色素沉着、齿龈增生、面部水肿、眼球突出、骨质异常钙化。因此，"台湾油病"事件中被称为患"油症"的母亲所生下的婴儿比正常婴儿小，也具有特有的"胎儿多氯联苯综合征"，出生时皮肤有深棕色色素沉着，全身黏膜黑色素沉着，数月后消失。同时发现 4 个婴儿的颅骨出现点状或散在的骨化、眼睑部水肿，伴有突眼症，但无任何致畸作用的证据。

Mendola 等对 2223 名预期 3 年内怀孕的女性（平均年龄 31.2 岁）的月经周期进行了调查，经统计学分析发现若她们每月每餐食用超过 1 条受 PCBs 污染的鱼类，则致使其平均月经周期缩短 1 天多（−1.11天，95％ CI：−1.87～−0.35）。另有研究发现，女性受孕能力下降可能与食用大量被 PCBs 污染的鱼类有关。女性体内 PCBs 的浓度与流产、早产的发生概率呈正相关。Gerhard 等检查了 89 例具有流产史的妇女，结果发现有 3 次或 3 次以上流产史的妇女血液中 PCBs 水平更高。

六、毒性机制

PCBs 既是持久性有机污染物，又是典型的环境内分泌干扰物，具有多种的氯化形式，也有多种体内代谢产物。有的 PCBs 混合物的性质类似于 2，3，7，8 - 四氯代二苯并对二噁英（TCDD），其作用通过芳香烃受体（aryl hydrocarbon receptor，AhR）依赖机制介导；有的异构体通过与其他（如雌激素或雄激素）受体结合作用，与 AhR 无关；而有的异构体既可通过 AhR 依赖的机制，也可通过其他机制起作用。

Govarts 等用 Meta 分析法研究了来自 12 个欧洲出生队列 15 个研究人群数据，包括从 1990—2008 年间 7990 名孕妇的血样、脐带血和母乳样本，对出生体重与 PCB153 浓度估计值进行线性回归及 Meta 分析。结果表明：脐带血血清中的 PCB - 153 平均浓度为 140ng/L（队列中位数：20～484ng/L），其中 12 个人群的出生体重下降与 PCB153 浓度的增加呈正相关，PCB153 每增加 1μg/L，婴儿出生体重降低 150 克（95％CI：−250～−50 克），从而说明低水平的 PCBs 暴露也可影响胎儿生长发育。

近年国外的研究表明，AhR 是一种以芳香烃类化合物为配体的转录因子，许多疏水性芳香烃类环境化学物均是 AhR 的配体，如 2，3，7，8 -TCDD 和部分 PCBs。AhR 定位于胞浆中，当有配体存在时、配体与其结合，配体受体复合物从胞浆转移至细胞核内，在核内原结合于受体上的热休克蛋白90（HSP90）从受体上解离下来，结合了配体的 AhR 与芳香烃受体核转运体（aryl hydrocarbon receptor nuclear translocator，ARNT）结合发生构象改变，形成异源二聚体。这种异源二聚体复合物和 DNA 上特异性的序列——芳香烃反应元件（aromatic hydrocarbon response elements，AHRE）结合，激活下游靶基因转录。激活的基因在哺乳动物细胞表达，这是芳香烃受体介导芳香烃化合物产生多种生物效应的分子机制。有些结构性质类似 2，3，7，8 - TCDD 的 PCBs 与 AhR 结合，可诱导细胞色素 P450 氧化酶中的某些酶，通过该途径 PCBs 达到干扰体内类固醇激素分泌，破坏体内正常的激素平衡。动物实验结果表明：Aroclor1254 可作用于睾丸间质细胞，抑制类固醇合成酶和抗氧化系统的基因表达，从而抑制睾酮的产生。

研究认为：PCBs 进入体内，经过生物转化形成甲磺基多氯联苯和羟基多氯联苯，其中以形成羟基化代谢产物为主。羟基多氯联苯在结构上与雌激素类似，因而它在生物机体内能够模拟雌激素的功能，干扰内分泌系统，产生类雌激素效应和抗雄激素效应。一些研究已经发现羟基多氯联苯能够与雌激素受体结合，羟基多氯联苯-雌激素受体复合物能够进入细胞核，与 DNA 上的雌激素受体响应片段结合，从而产生对雌激素影响。羟基多氯联苯与雌激素受体的结合能力比相应的多氯联苯高 25～650 倍，因而 PCBs 暴露引起的雌激素效应可能主要是来自于羟基多氯联苯的作用。

（吕中明　王民生　常元勋）

主要参考文献

1. 江泉观，纪云晶，常元勋主编. 环境化学毒物防治手册. 北京：化学工业出版社. 2004：643-651.

2. 袁宝珊，梁超轲主编. 环境污染物与人类健康. 兰州：兰州大学出版社. 2000：244-235.

3. 保毓书. 环境因素与生殖健康. 北京：化学工业出版社. 2002：1-11.

4. 金泰廙. 职业卫生与职业医学. 北京：人民卫生出版社. 2006：205-209.

5. 常元勋主编. 靶器官与环境有害因素. 北京：化学工业出版社，2008：268.

6. 杨丹凤，裘著革，晁福寰，等. 苯吸入染毒致大鼠多组织器官氧化损伤作用. 中国公共卫生，2007，21（7）：795-796.

7. 杨双波. 苯对孕鼠及其子鼠免疫功能的损伤作用研究. 广州：华南大学，2010.

8. 李晓玲，徐新云，郭玉芹. 慢性苯接触对作业工人的血细胞与微核形成率的影响. 环境与职业医学，2002，19（5）：315-316.

9. 李志远，陈小玉，李洪，等. 苯作业工人体内活性氧族及抗氧化水平的调查. 工业卫生与职业病，2002，28（3）：175-176.

10. 纪之莹，邢彩虹，李桂兰，等. 苯接触工人外周血细胞染色体畸变及 DNA 损伤. 卫生毒理学杂志，2004，18（2）：82-84.

11. 徐蓉. 小鼠甲苯急性毒性实验研究. 合肥：安徽医科大学，2006.

12. 韩东. 甲苯急性染毒对小鼠心脏、肝脏影响的初步研究. 太原：山西医科大学，2009.

13. 任振华. 甲苯对小鼠神经毒性的行为学与形态学研究. 合肥：安徽医科大学，2005.

14. 颜士勇，郭丰涛，竺青，等. 二甲苯对原代培养神经细胞毒性的实验研究. 海军医学杂志，2002，23（3）：200-202.

15. 王取南，魏凌珍，孙美芳，等. 混苯对大鼠肝肾功能影响的研究. 工业卫生与职业病，2000，26（3）：146-148.

16. 李玲，王文东，栗学军，等. 低浓度苯和甲苯及二甲苯对作业人员健康及血清中超氧化物歧化酶的影响. 工业卫生与职业病，2003，29（4）：238-239.

17. 张军亦. 直接与间接接触苯系物职工健康状况分析. 中国工业医学杂志，2004，17（3）：194-195.

18. 段小燕，余善法，杨金龙，等. 长期接触低浓度苯、甲苯、二甲苯对作业工人健康影响的调查. 工业卫生与职业病，2003，29（1）：45-47.

19. 唐德成，徐雷. 接触苯、甲苯、二甲苯对工人脂质过氧化作用的影响. 中国职业医学，2005，32（2）：39-40.

20. 高峰，王宝梅，梁玉珍，等. 职业性三苯接触对人外周血淋巴细胞染色体结构的影响. 环境与职业医学，2005，22（4）：359-360.

21. 邹学敏，潘艳，李紫，等. 苯经呼吸道染毒致大鼠的生殖毒性. 南华大学学报（医学版），2010，38（6）：743-745.

22. 潘艳，李纯颖，杨双波，等. 苯对大鼠的生殖毒性和胚胎发育毒性研究. 实用预防医学，2010，17（6）：1043-1045.

23. 江俊康，翁诗君. 苯对雄性小鼠生殖系统的影响. 中国工业医学杂志，2004，17（2）：94-95.

24. 李勇，李纯颖，杨双波，等. 苯对小鼠胚胎发育的毒性作用研究. 南华大学学报（医学版），2009，37（3）：278-280.

25. 旷亦乐，李纯颖，杨双波，等. 苯对母鼠和子鼠脾淋巴细胞的增殖与凋亡影响. 实用预防医学，2011，18（1）：9-11.

26. 李梓民，何爱桃，吴成秋，等. 苯对体外培养小鼠肢芽软骨发育的毒性研究. 南华大学学报（医学版），2007，35（2）：158-160.

27. Estarlich M, Ballester F, Aguilera I, et al. Residential exposure to outdoor air pollution during pregnancy and anthropometric measures at birth in a multicenter cohort in Spain. Environ Health Perspect，2011，119：1333-1338.

28. Llop S, Ballester F, Estarlich M, et al. Preterm birth and exposure to air pollutants during pregnancy. Environ Res，2010，110（8）：778-785.

29. Badham HJ, Winn LM. In utero exposure to benzene disrupts fetal hematopoietic progenitor cell growth via reactive oxygen species. Toxicol Sci，2010，113（1）：207-215.

30. 王婷. 甲苯对雌性小鼠的生殖毒性作用研究. 吉林：吉林大学，2009.

31. Kim BM, Park E, LeeAn SY, et al. BTEX exposure and its health effects in pregnant women following the Hebei Spirit oil spill. J Prev Med Public Health，2009，42（2）：96-103.

32. Lau A, Belanger CL, Winn LM. In utero and acute exposure to benzene：investigation of DNA double-strand breaks and DNA recombination in mice. Mutat Res，2009，676（1-2）：74-82.

33. 王守林，陈海燕，王心如，等. 低浓度混苯暴露与精液质量下降及早早孕丢失的关系. 中华预防医学杂志，2009，34（5）：271-273.

34. 吕玲，邹和建，林果为，等. 慢性苯中毒患者肿瘤坏死因子α基因多态性的研究. 中华劳动卫生职业病杂志，2005，23（3）：195-198.

35. Shen S, Yuan L, Zeng S. An effort to test the embryotoxicity of benzene, toluene, xylene, and formaldehyde to murine embryonic stem cells using airborne exposure technique. Inhal Toxicol，2009，21（12）：973-978.

36. Viroj Wiwanitkit. Benzene exposure and spermatotoxicity. Sex Disabil，2006,

24：179-182.

37. 张美荣，赵华硕，周建华. 苯致小鼠淋巴细胞 DNA、RNA 损伤. 中国公共卫生，2006，22（8）：975-977.

38. 刘金成，苏爱. 二甲苯对正常人外周血淋巴细胞 SCE 频率的影响. 青岛大学医学院学报，2006，42（3）：263-264.

39. 遒越，于新宇，赵东利，等. 二甲苯染毒小鼠肝和肺的形态学观察. 中国职业医学，2006，33（3）：239.

40. 杨衍凯，王宏，刘军. 苯乙烯对仔鼠神经行为功能的影响. 工业卫生与职业病，2008，34（1）：4-7.

41. 王蔚，王诗红，邴欣，等. 苯乙烯对几种海洋生物的急性毒性效应. 安全与环境学报，2007，7（5）：1-3.

42. 沈新强，袁骐. 苯乙烯对水生生物的急性毒性效应研究. 海洋环境科学，2006，25（4）：33-35.

43. 赵培青，高建华，胡智平，等. 低浓度长期接触苯乙烯对作业人群周围血象的影响. 职业与健康，2008，24（3）：222-223.

44. 王翠娟，邵华，张放. NAT2，CYP2B6 和 GSTP1 基因多态性与苯乙烯生物监测的关系. 中国卫生检验杂志，2008，18（3）：410-412.

45. 金焕荣，赵肃，王宏，等. 苯乙烯作业工人血清中 SOD 活力及 MDA 含量的分析. 中国工业医学杂志，2008，21（6）：389-390.

46. 丁丽娟. 苯乙烯对男性生殖内分泌影响的实验分析. 中国校医，2009，23（6）：624.

47. 杨衍凯，秦宝昌，王宏，等，苯乙烯对仔鼠生理和行为发育的影响，中国工业医学杂志，2008，21（3）：182-184.

48. 邵华，师以康，程学美，等. 苯乙烯接触者尿中生物标志物的测定方法. 中华预防医学杂志，2006，40（2）：121-123.

49. 刘宁，沈明浩主编. 食品毒理学. 北京：中国轻工业出版社，2005：266-268.

50. 杨方星，徐盈. 多氯联苯的羟基化代谢产物及其内分泌干扰机制. 化学进展，2005，17（4）：740-748.

51. 姚永革，詹平. 多氯联苯对生殖系统影响的研究进展. 预防医学情报杂志，2004，20（2）：129-131.

52. Vodicka P, Tuimala J, Stetina R, et al. Cytogenetic markers, DNA single-strand breaks, urinary metabolites, and DNA repsirrate in styrene-exposed

lamination workers. Environ Health Perspec, 2004, 112：867-872.

53. Chamkhia N, Sakly M, Rhouma KB. Male reproductive impacts of styrene in rat. Toxicol Ind Health, 2006, 22 (8): 349-355.

54. Fracasso ME, Doria D, Carrieri M, et al. DNA single-and double-strand breaks by alkaline-and immuno-comet assay in lymphocytes of workers exposed to styrene. Toxicol Lett, 2009, 185 (1): 9-15.

55. Marczynski B, Peel M, Baur X. New aspects in genotoxic risk assessment of styrene exposure- a working hypothesis. Med Hypotheses, 2000, 54 (4): 619-623.

56. Csanady GA, Kessler W, Hoffmann HD, et al. A toxicokinetic model for styrene and it's metabolitestyrene-7, 8-oxide in mouse, rat and human with special emphasis on the lung . Toxicol Lett, 2003, 144 (2) : 271-272.

57. Oner F, Mtmgan D, Numanoglu N, et al, Occupational asthma in the furniture industry ：is R due to styrene ? Respiration, 2004, 71: 336-341.

58. Agency for Toxic Substances and Disease Registry (ATSDR). Toxicolgical Profile for Polychlorinated Biphenyls (PCBs). 2000.

59. Hsu PC, Pan MH, Li LA, et al. Exposure in utero to 2, 2', 3, 3', 4, 6'-hexachlorobiphenyl (PCB 132) impairs sperm function and alters testicular apoptosis-related gene expression in rat offspring. Toxicol Appl Pharmacol, 2007, 221 (1): 68-75.

60. Murugesan P, Balaganesh M, Balasubramanian K, et al. Effects of polychlorinated biphenyl (Aroclor 1254) on steroidogenesis and antioxidant system in cultured adult rat Leydig cells. J Endocrinol, 2007, 192 (2): 325-338.

61. Colciago A, Negri-Cesi P, Pravettoni A, et al. Prenatal Aroclor 1254 exposure and brain sexual differentiation: effect on the expression of testosterone metabolizing enzymes and androgen receptors in the hypothalamus of male and female rats. Reprod Toxicol, 2006, 22 (4): 738-745.

62. Martinez JM, Stephens LC, Jones LA. Long-term effects of neonatal exposure to hydroxylated polychlorinated biphenyls in the BALB/cCrgl mouse. Environ Health Perspect, 2005, 113 (8): 1022-1026.

63. Murugesan P, Kanagaraj P, Yuvaraj S, et al. The inhibitory effects of polychlorinated biphenyl Aroclor 1254 on Leydig cell LH receptors, steroidogenic enzymes and antioxidant enzymes in adult rats. Reprod Toxicol, 2005, 20

(1): 117-126.

64. Pocar P, Fiandanese N, Secchi C, et al. Effects of polychlorinated biphenyls in CD-1 mice: reproductive toxicity and intergenerational transmission. Toxicol Sci, 2012, 126 (1): 213-26.

65. Govarts E, Nieuwenhuijsen M, Schoeters G, et al. Birth weight and prenatal exposure to polychlorinated biphenyls (PCBs) and dichlorodiphenyldichloroethylene (DDE): a meta—analysis within 12 european birth cohorts. Environ Health Perspec, 2012, 120 (2): 162-170.

第十二章

硫、氟及其化合物

第一节 二硫化碳

一、理化性质

二硫化碳（carbon disulfide，CS_2）无色、有折光、易挥发的液体。纯品无异臭，但工业品即使纯度达 99.9%，仍有烂萝卜样气味，主要与所含的硫化氢、二氧化硫和有机硫化物有关。几乎不溶于水，溶于苛性碱和硫化碱，能与乙醇、醚、苯、氯仿、四氯化碳、脂油以任何比例混溶。腐蚀性强。

二、来源、存在与接触机会

CS_2 工业上常作为油脂、蜡、漆、樟脑、硫、磷等的溶剂，主要用于人造纤维、石油的精炼、橡胶硫化等 13 种行业，并会随着废水、废液、废气排放到环境中。目前，因职业关系，接触 CS_2 的工人日渐增多并且主要集中在发展中国家。据不完全统计，直接接触 CS_2 的工人在中国约有 12 万人，世界范围内有近 50 万人。

三、吸收、分布、代谢与排泄

CS_2 可通过呼吸道和皮肤进入机体。吸入与呼出 CS_2 含量约在 1～2 小时内达到平衡，此时约有 40%～50% 在体内存留。

CS_2 随血流分布于体内，在血中红细胞和血浆的摄取比例为 2：1。它易溶于脂肪和脂质中，并与氨基酸和蛋白质相结合，因此它易从血液中消失，而对各种组织和器官具有很大的亲和力。

CS_2 在碱性条件下与血中的甘氨酸结合而生成具有以游离-SH 基为特征的甘氨酸硫代氨基甲酸酯，与苯丙氨酸，甲基甘氨酸和天门冬氨酸也发生同样的反应。

CS_2可以在肝微粒体内脱硫形成硫化碳，并进一步氧化生成二氧化碳。CS_2生物转化的其他最终产物是各种硫酸盐，主要是无机硫酸盐，而二价硫则是其中的一小部分。

被吸收的CS_2通过呼气排出约$10\% \sim 30\%$，而以原型从尿中排出不足1%，还有少量通过母乳、唾液和汗液排出；在体内转化的$CS_2$$70\% \sim 90\%$，以代谢产物的形式从尿中排出。

四、毒性概述

（一）动物实验资料

1. 急性毒性　小鼠经口 LD_{50} 为 2483mg/kg；小鼠吸入 LC_{50} 为 28.379mg/m³；兔经静脉注射 0.15mg/kg 可致死亡。

2. 慢性毒性　家兔吸入 $0.5 \sim 0.6$g/m³，6.5 个月，引起血清胆固醇增加。

3. 致突变　用 NIH 成年雌性小鼠进行 CS_2 静式吸入染毒 15 天 (2h/d)，染毒浓度分别为高剂量 1029mg/m³、中剂量 651mg/m³、低剂量 199mg/m³，其骨髓嗜多染红细胞微核率分别为 5.1‰、4.2‰、3.0‰，高、中剂量与对照组比较差异有统计学意义（$P < 0.05$）。

（二）流行病学资料

曹雪枫等对 117 例 CS_2 的作业人员的视力、角膜知觉进行检测，发现其中视力减退者眼底检查均有不同程度的视神经、视乳头、视网膜损伤。角膜知觉减退明显高于对照组，且有随工龄增加而加重的趋势。有报道，20 世纪 60 年代某化纤厂 CS_2 的作业人员多发眼底病。其中 200 例球后视神经炎为 48.5%，中心性视网膜炎为 42.5%，两者同时发生为 8.5%，视神经萎缩为 0.5%。CS_2 接触者大多数视觉系统的改变在接触 $100 \sim 300$ mg/m³ 以上的 CS_2 多年后能够发生。

Sulkowski 等用平衡运动试验、眼球震颤电流描记仪和眼跟踪试验对 37 例有脑病、多发性神经炎、神经-精神综合征以及眩晕等慢性 CS_2 中毒患者进行检查，结果发现 72.9% 的患者出现平衡失调，说明

CS_2 中毒可造成前庭系统中部的损害。

通过回顾性队列研究证实，CS_2 接触者中冠心病死亡率增高。而现场流行病学调查发现，长期低浓度 CS_2 接触者中心脏缺血性改变、冠心病心肌梗死发生率明显增高。

毕勇毅等对某化纤厂的 CS_2 作业工人的尿 TTCA（二硫代噻唑烷-4-羧酸）和反映肾小管、肾小球功能损伤的指标（β_2-微球蛋白、白蛋白和免疫球蛋白）进行测定，结果发现接触 CS_2 工龄＞5 年、班末尿 TTCA 浓度为（1.46 ± 0.98）mmol/molCr 的接触工人，β_2-微球蛋白、白蛋白与对照组相比差异有统计学意义。接触 CS_2 小于 10 年的粘胶纤维生产工人肾炎和肾病的发病率为对照组的 7.6 倍。

Maschewsky 对 CS_2 慢性中毒患者 2291 人做了队列研究，结果表明 CS_2 中毒组的结肠癌死亡危险显著增加，其标准化死亡比（SMR）为 233。

（三）中毒临床表现及防治原则

CS_2 及其代谢产物可对神经系统、心血管系统、消化系统、泌尿系统及内分泌系统等产生损害，其影响自 20 世纪 40 年代初至今均有报道。其具有较高的神经毒性，可引起中枢神经和周围神经系统的慢性损伤，出现 CS_2 中毒性多发性神经炎、神经衰弱综合征、神经官能症、精神病。其次，心血管系统损伤可引起动脉粥样硬化性血管性脑病。Haminen 用心理学检测法测定了不同程度 CS_2 接触水平与临床表现的差异，发现警觉性降低、智力活动减退、情绪控制能力下降、行动速度缓慢及运动障碍是明显中毒的特征。

1. 急性中毒 急性中毒成麻醉样作用，多见于生产事故。轻度中毒可出现头晕、头痛、眼及鼻黏膜刺激症状；中度中毒则有酒醉样表现；重度中毒呈短时间兴奋状态，及至出现谵妄、昏迷、意识丧失伴有强直性及阵挛性抽搐，由于呼吸中枢麻痹而死亡。严重中毒后可遗留神经衰弱综合征，而造成中枢和周围神经永久性损害。

2. 慢性中毒 长期接触较低浓度的 CS_2 后，产生以中枢和周围神经系统损害为主的临床表现并可伴有其他器官同时受累。脑神经病变严重的有锥体外系的损害；脑、视网膜、肾和冠状动脉类似粥样硬化的损害，血胆固醇可增高。还有报道结肠癌死亡率升高。

3. 防治原则　急性中毒以防治脑水肿及对症支持治疗为主。重视接触者的健康监护。

对作业人员进行就业前及定期体检，对有职业禁忌证者不能录用或应及时调离 CS_2 作业。一旦发现轻度 CS_2 中毒者，要及时脱离 CS_2 作业。加强安全教育，严格个体防护措施和安全操作规程。

五、毒性表现

(一) 动物实验资料

1. 对雄性动物的影响　Gondzike 在 60 天内每隔 1 天按 25ml/kg 剂量给大鼠腹腔注射 CS_2，观察到睾丸有充血，血管扩张，生精小管内精子数目减少；而在另一个 120 天内每隔 1 天给大鼠腹腔注入同等剂量的 CS_2，间质组织退化、变性和萎缩，生精小管内各级生精细胞及精子数更进一步减少。

陈国元等对雄性大鼠以不同浓度 CS_2 (0、50、250、1250mg/m³) 静式吸入染毒共 10 周。结果表明实验组睾丸脏器系数有随染毒浓度增加而降低的趋势，其中高浓度组与对照组比较有统计学意义 ($P <$ 0.05)；附睾重随染毒浓度增加而减轻，中、高浓度组与对照组比较均差异有统计学意义 ($P < 0.05$ 和 $P < 0.01$)，附睾尾精子总数及精子活动率均低于对照组，中、高浓度组与对照组比较均差异有统计学意义有 ($P < 0.05$ 和 $P < 0.01$)，活动精子分级以原地运动为主。染毒结束后，取处死动物睾丸制备组织匀浆，分别测定超氧化物歧化酶 (SOD) 活性、丙二醛 (MDA) 含量等。结果表明，睾丸组织中 SOD 活性下降，MDA 含量上升，与对照组比较有统计学意义 ($P <$ 0.05)，说明 CS_2 对睾丸组织有脂质过氧化作用。

蔡世雄等发现吸入 CS_2 10、100mg/m³ 35 天的雄性小鼠精子畸变率分别高达 84.2% 和 84.8%，显著地高于对照组 ($P < 0.05$)。在电镜下观察到，CS_2 100mg/m³ 吸入组少数精子细胞线粒体呈现固缩状态，线粒体膜增厚，线粒体嵴不清或消失。

有学者采用单细胞凝胶电泳，以 DNA 断裂分级及 DNA 彗星尾长和尾距来评价 CS_2 对精子 DNA 的损伤，结果发现 CS_2 各染毒组均出现 DNA 彗星的拖尾率增加、损伤强度指数增高、彗星尾长及尾距增加，细胞凋亡率增加。

2. 对雌性动物的影响　有研究表明，亲代雌鼠在妊娠前 2 周及妊娠期间以不同浓度的 CS_2 染毒，对 F1 代子鼠 4 日龄体重无明显影响，但随其生长发育，染毒组 F1 代子鼠体重增长逐渐缓慢，至 45 天时 F1 代子鼠体重下降程度与对照组比较差异有统计学意义（$P < 0.01$）。说明亲代雌鼠经 CS_2 染毒尽管对胎鼠宫内发育影响不明显，但对出生后 F1 代子鼠的影响较大，且随其年龄增加，体重下降更趋明显。大鼠在孕 1～21 天吸入最低中毒浓度（TCL0）CS_2 100mg/m³ 8 小时，胎鼠颅面部发育异常。

（二）流行病学资料

1. 对男性生殖的影响　早在 1860 年 Delpech 就报道 CS_2 可致男性睾丸萎缩。据 Lancranjan 报道，对 140 名平均年龄 22 岁，平均接触 CS_2 时间达 40 个月的纺丝工，以 133 名 CS_2 中毒者，其中 105 名伴有中毒性多发神经炎作为接触组，以 50 名年龄相近非 CS_2 接触者作为对照组做了检查。结果发现 CS_2 接触组精子活动力低下者为 65%（对照组为 12%）；精子数减少者 55%（对照组为 11%）；畸形精子者 70%（对照组为 14%），均高于对照组。对 18 名精子生成障碍的工人追踪观察发现，在脱离 CS_2 环境 3～30 个月后，其中 12 名工人精子质量改善，3 人无变化，3 人加重。作者认为同一个人在脱离 CS_2 环境后，精子状况好转是 CS_2 对精子生成有影响的证据。

Lancranjan 在对某人造纤维厂纺丝车间的 CS_2 慢性中毒患者进行精液检查时，发现 1 名 20 岁的男工有严重的精子畸形，睾丸组织活检发现各级生精系列细胞停止成熟，间质细胞缺乏，并有中等程度间质纤维化。

Lancranjan 还对 CS_2 中毒者（140 名）、接触者（150 名）及对照者（30 名）的性功能做了调查，发现性欲减退者分别为 50.6%、27.3% 和 10.0%；勃起障碍者分别为 49.2%、26.6% 和 16.6%；射精困难者分别为 41.4%、24.0% 和 6.6%；性高潮减退者分别为 21.4%、11.3% 和 3.3%。蔡世雄和丁情等所做的现场流行病学调查均得出类似结论。

邓丽霞等对 18 名长期接触 CS_2 作业男性工人和 11 名不接触 CS_2 男性工人（对照）进行血清 T、FSH、ICSH 测定。结果显示长期接触 CS_2 浓度在 21.90～41.51 mg/m³ 的情况下，接触工人血清 T 水平低于对照组（$P < 0.05$），而血清 FSH 和 ICSH 水平高于对照组（$P < 0.001$），作者认为在较高浓度 CS_2 作用下，接触人群血清 T 浓度的下降是由于 CS_2 和（或）其代谢产物损伤睾丸间质细胞，影响其分泌 T 所致。

汪春红等以多功能气体红外监测仪定点连续监测车间 CS_2 浓度为 14.4～4.62mg/m³，6.01～25.30mg/m³，应用放射免疫法测定平均接触工龄为 10.4 年的工人血清性激素水平，结果显示他们的血清 FSH 10.944～7.53IU/L 明显高于对照组 7.504～5.07 IU/L（$P < 0.01$），催乳素（PRL）5.72～4.18ng/L 低于对照组（6.89±4.62）ng/L（$P < 0.01$），血清 ICSH 随暴露工龄延长含量明显下降。

Meyere 对 86 名接触 CS_2 的工人和 89 名同厂的对照工人进行检查，结果没有发现 CS_2 对精子生成有影响。作者认为可能是由于 CS_2 的浓度低（2～10mg/m³），接触 CS_2 的工龄短（1.9～20 个月）等原因所致。

蔡世雄等对 60 名在浓度为（35.2±7.0）mg/m³ 的 CS_2 作业环境下工作的纺丝男工检查结果显示，精子畸形率＞25％者多达 69.5％、精子活动率＜60％者多达 46.6％，均高于对照组（$P < 0.01$）；精子数＜6000 万/毫升者多达 40.0％，精子活动力不良者为 31.7％，均高于对照组（$P < 0.05$）。

邓丽霞等对 29 名男工精液检测发现，CS_2 接触组与对照组精子密度分别为（94.7±34.7）×10⁹/L 与（109.5±52.6）×10⁹/L 明显低于对照组（$P < 0.05$）；CS_2 接触组精子畸形率高于对照组，精子活动力低于对照组。

Patei 等对 100 名接触 CS_2 工龄＞10 年的男工进行调查，发现其子代流产率和活胎的比值与父代接触 CS_2 浓度相关，CS_2 浓度为 1.695mg/m³ 时，子代流产率为 5.71％；当 CS_2 浓度为 12.28mg/m³

时，子代流产率为 18.91%。

蔡世雄等对我国河北、河南、辽宁、湖北 4 个地区从事粘胶纤维生产而接触 CS_2 的年平均浓度为 17.6～99.8mg/m^3，工龄＞1 年男工中，其妻子有妊娠史的 911 名男工的生殖结局进行调查，其子代出生缺陷和其妻子的自然流产发生率分别为 20.82% 和 5.97%，均高于对照组。CS_2 作业男工的子代出生缺陷以腹腔缺陷（腹股沟疝和脐疝）、中枢神经系统缺陷（大脑发育不全、无脑儿和脊柱裂）和先天性心脏病为主，三者占全部出生缺陷的 61.28%，其发生率分别为 4.70%、4.03% 和 4.03%，均高于对照组；消化系统的缺陷（肛瘘，胆管堵塞，先天性肠梗阻）、唇腭裂、四肢畸形（先天性髋关节脱臼和脚趾畸形）、先天性眼耳异常（先天性白内障，聋哑）和生殖系统缺陷的发生率，也都高于对照组，但因例数较少，在分别比较时两组间差异均无统计学意义。

2. CS_2 对女性生殖的影响　Bezversenko 发现接触 30～80 mg/m^3 CS_2 的女工月经异常率为对照组的 2～3 倍。接触 CS_2 总平均浓度为 17.80 mg/m^3，平均工龄 12.1 年的女工月经异常率高达 50.49%，为对照组的 2.32 倍，且工龄愈长其异常率愈高，两者存在接触时间（年限）-反应关系，提示月经异常率升高与接触 CS_2 有关。

有学者以某化纤厂直接接触 CS_2 作业女工为调查对象，分为混合组（女方及其配偶均为接触者）236 名，单纯组（单纯女方接触者）131 名，并以同一地区制药厂女工 207 名作为对照。结果发现混合组、单纯组及对照组早产率分别为 9.10%、6.12%、2.16%，但只有混合组与对照组比较差异有统计学意义；混合组自然流产率 9.80%，分别明显高于单纯组和对照组，3.96%、3.48%。

Petrov 报道接触 CS_2 30mg/m^3 3 年以上的女工，自然流产率高达 14%，早产率达 9%，都比对照组高 3 倍。本研究单纯组单纯女方接触者和混合组女方及其配偶均为接触者早产率分别为 6.12% 和 9.10%，为对照组的 2.34 倍和 3.49 倍；自然流产率混合组为对照组的 2.82 倍。

六、毒性机制

(一) 氧化应激与亚硝化应激

CS_2 可诱发雄性大鼠睾丸组织中超氧化物歧化酶（SOD）活性下降，丙二醛（MDA）含量上升，谷胱甘肽（GSH）含量及谷胱甘肽过氧化物酶（GSH-px）、谷胱甘肽-S-转移酶（GST）活性下降，提示一定浓度的 CS_2 可使大鼠睾丸组织氧化与抗氧化平衡紊乱，引发脂质过氧化（LPO），从而损伤睾丸组织和细胞。

CS_2 染毒大鼠睾丸组织中 NO 含量及总 NOS、iNOS 活性均下降。NO 含量下降可能与 NOS 活性下降有关。NO 是一种生理性神经递质，它在生殖过程中发挥重要的调节作用，并参与机体对男性性功能的调节，局部注射硝酸甘油类 NO 供体，可治疗男性功能低下。可见 CS_2 染毒大鼠睾丸组织 NO 含量降低与 CS_2 所致生殖功能障碍有关。

(二) 对垂体的影响

有研究发现，长期接触浓度为 $14.46\ mg/m^3$ 的 CS_2 的男工血清 FSH 显著高于对照组，PRL 极显著低于对照组，推测可能 CS_2 致腺垂体损伤。

既往学者认为：长期接触 CS_2 男工睾酮含量虽在正常范围，但 FSH 和 ICSH 含量已明显升高。其原因是 CS_2 的吸入使睾丸间质细胞受损，睾酮量相对减少而产生负反馈使血中 FSH、ICSH 值升高。前者主要作用于生精小管中的支持细胞，合成雄激素结合蛋白（ABP），后者则作用于间质细胞合成雄激素，刺激精子发生。二者的增高反作用于睾丸使睾酮含量维持在正常范围。

新近研究表明，睾丸分泌 T 的同时亦分泌抑制素，抑制素选择性抑制垂体分泌 FSH，不影响 ICSH 的分泌和。已知 FSH 可促进支持细胞分泌雄激素结合蛋白（ABP）。Wagar 的研究发现 CS_2 接触组男工，FSH 水平显著增高而 ABP 显著低于对照组，说明支持细胞有一定损害。

PRL 由垂体远侧 ε 细胞分泌，有增强 ICSH 对间质细胞雄 T 合成和分泌作用。Cirla 研究表明，低浓度 CS_2 接触，即可导致 PRL 水平降低，提示低浓度 CS_2 即可导致垂体功能受损。

（三）血清微量元素改变

研究发现，CS_2 可引起孕鼠血清微量元素铜、锌含量明显降低。已知 CS_2 能与体内氨基酸等结合生成二硫代氨基甲酸酯，后者可与体内铜、锌等离子结合，使其在血清中的浓度降低，CS_2 对胚胎发育的影响可能与二硫代氨基甲酸酯络合锌离子引起孕鼠体内锌缺乏有关。故认为，孕鼠血清铜、锌含量降低可能是 CS_2 致胎鼠骨骼畸形和脑室增大的机制之一。

（四）女工月经机能失调

CS_2 引起女工月经机能失调，可能是由于 CS_2 的毒作用影响血液-垂体-卵巢等系统的内分泌平衡导致卵巢机能紊乱的结果。也可能是 CS_2 的代谢产物二硫代氨基甲酸酯对卵巢的直接作用。

（刘建中）

第二节　氟及其化合物

一、理化性质

氟（fluorine）属卤族元素。由于其核外结构最外层有 7 个电子，因而很容易获得一个电子，成为负一价离子。氟在所有元素中电负性最强，有很强的氧化能力，可与金属元素发生反应。氟化物指含氟的有机或无机化合物。

二、来源、存在与接触机会

在天然饮用水和食物中都有低浓度的氟化物存在，而地下水中的氟含量则要高一些。海水中平均为 1.3（$1.2\sim1.5$ mg/L），淡水中的则为 $0.01\sim0.3$ mg/L。

我国各地区的自然水源饮水的含氟量，近年的调查结果为 $0.1\sim21.8$ mg/L，最高可达 40 mg/L。燃煤型地方性氟中毒病区空气可吸入颗粒物中氟含量可达到 $0.47\sim5.98\mu g/m^3$，室内空气氟的含量可达 $0.146mg/m^3$，一次采样最高浓度甚至高达 $0.337\ mg/m^3$。贵州、云南、广西、湖南、湖北等省的燃煤型地方性氟中毒病区的玉米和辣椒的氟含量可达 256.68mg/kg 和 114.00mg/kg，最高可达 1096.54mg/kg。

氟是工业生产和生活性污染的重要污染物。在工业生产过程中如钢铁工业、铝冶炼，以及铝制品生产、磷肥厂以及陶瓷、玻璃、水泥生产都有大量氟及其化合物排放，造成大气、水体、植物、蔬菜及食品的氟污染。

三、吸收、分布、代谢与排泄

氟可以通过呼吸道、消化道和皮肤等途径进入机体，其中以前两种途径为主。空气和饮水中的氟大多可以被吸收（86%～97%），食物中的氟吸收率也可达 80%。氟吸收后随血液分布于全身组织器官。通常血供丰富的组织如心、肺和肝，比血供较少的骨骼肌、皮肤和脂肪组织能更快达到组织-血浆之间稳定的氟浓度比值。软组织中，肾的氟浓度最高。血脑屏障能有效限制氟进入中枢神经系统。蓄积于骨、牙齿和韧带中的氟占全身氟的 90%～95%。吸收入血的氟，蓄积和排泄各占一半，氟主要经肾由尿排泄。

四、毒性概述

（一）动物实验资料

1. 急性毒性　氟化钠经口对大鼠染毒 LD_{50} 为 126～167mg/kg，小鼠为 171～196mg/kg。大鼠和小鼠吸入氟化氢（5分钟）的 LC_{50} 分别为 144 000mgF$^-$/m^3 和 5000 mgF$^-$/m^3。

2. 亚急性与慢性毒性　吴起清等用含氟化钠 100 mg/L 的蒸馏水饲喂雄性 Wistar 大鼠 6 个月，发现可引起氟中毒，表现为严重影响生长发育、氟斑牙、氟骨症和骨 X 射线改变，病理学观察发现干骺端骨小梁明显增多、变密，相互连接成网。

张新飞等给大白鼠喂饲含氟量为 50、75 mg/L 的水 100 天，发现肝细胞浊肿，空泡变性及肝细胞的坏死；肾则表现为肾小球充血、肾小管上皮细胞浊肿，有空泡形成，肾间质淤血，可见到蛋白管型等。有实验证实，给小鼠经口给予氟化钠20mg/kg，14天后小鼠脑内氟的含量升高，与自由基代谢有关的酶如超氧化物歧化酶（SOD）、谷胱甘肽-S-转移酶（GST）和过氧化氢酶（CAT）的活性显著降低。与膜功能相关的酶如琥珀酸脱氢酶（SDH），乳酸脱氢酶（LDH），α1抗胰蛋白酶（AAT）和肌酸磷激酶（CPK）的活性也显著降低。

3. 致突变　Cole和Caspasy先后用L5178Y小鼠淋巴瘤细胞，用氟化钠100～500 mg/L和300～600 mg/L处理，发现胸苷激酶（TK）位点上有突变，而且呈剂量-反应关系。Aardema和Tsutsui分别用含有25～100 mg/L、12 000～16 000 mg/L氟化钠的培养液培养中国仓鼠卵巢（CHO）细胞、叙利亚金黄色仓鼠胚胎（SHE）细胞和红吠鹿细胞，发现染色体畸变率增加。

4. 致癌　Persing报告了大鼠致癌实验结果，氟化钠剂量在11～79 mg/L范围内，发现大鼠氟暴露不仅与口腔鳞状上皮细胞化生（癌前细胞），而且与口腔肿瘤的发生呈剂量-反应关系。Tsutsui等用近交叙利亚金黄色仓鼠胚胎（SHE）细胞（妊娠13天），进行形态和癌形成转化实验，结果经用氟化钠（100μg/ml）处理的早期传代SHE细胞24小时有50％死亡，氟化钠使克隆形态学上发生类似苯并（a）芘等致癌原诱发的转化，且有剂量-效应关系。

（二）流行病学资料

1. 地氟病地区分布　地方性氟中毒又称地方性氟病（地氟病），遍布世界五大洲，目前已有40多个国家和地区有本病不同程度的流行。我国除上海市、海南省外，各省、市、自治区（包括中国台湾地区）均有不同程度流行，有地氟病发生的区县1226个，受威胁人口超过2亿人。根据氟源的不同，地氟病可分为饮水型、燃煤型和饮茶型三种。

饮水型地氟病是中国最主要的类型，患病人数也最多。高氟饮水主要存在于干旱或半干旱地区的浅层或深层地下水中，即华北、西北、东北和黄淮平原地区，包括山东、河北、河南、天津、内蒙古、新疆、山西、陕西、宁夏、江苏、安徽、吉林等 12 个省及自治区。饮用水中氟含量年平均气温不同的国家或地区标准各有差异，在制定标准或推荐适宜浓度时，应考虑气候对人体摄氟量的影响，如：WHO 为 0.6~1.7 mg/L，美国为 0.6~1.7 mg/L，日本为 0.8 mg/L，欧洲为 0.6~1.7 mg/L，我国小于 1.0 mg/L。广东省（年平均气温 21℃）推荐水氟适宜浓度为 0.6~0.8 mg/L，福建省（年平均气温为 19.6℃）推荐水氟适宜浓度不超过 0.6 mg/L。

燃煤型地氟病是我国特有的一种地方病，流行范围涉及 14 个省区，病区主要分布于贵州、重庆、四川、云南、湖南、湖北、陕西等省、市。中国煤中氟质量分数范围为 17~1800μg/g，变化范围较大，最高值与最低值相差 100 余倍，平均氟含量为 208μg/g，约为世界平均值的 2.5 倍、美国平均值的 3.0 倍。

饮茶型氟中毒是由于大量饮用含氟量极高的砖茶所致，其病区主要分布在我国西部具有饮用砖茶习惯的少数民族集聚地区，如内蒙古、四川、西藏等 7 个省和自治区。

2. 地氟病人群分布　地方性氟中毒的人群分布特点与氟对人体的作用机制，机体内蓄积量，生长发育规律，个体易感性及生活习惯等有关。(1) 年龄：氟斑牙有明显的年龄特征，乳牙氟斑牙常较恒牙氟斑牙轻。在高氟区孕育、出生的婴幼儿可有乳牙氟斑牙，表现为乳牙白垩样改变；在高氟区出生、生活的儿童，可发生恒牙氟斑牙；恒牙萌出后迁入病区的儿童一般不再发生氟斑牙。氟骨症主要发生在成年人，患病率随年龄的增加，体内蓄积氟量的增多而升高。重病区发病年龄可提前。(2) 性别：氟斑牙无性别差异。氟骨症在一般情况下亦无性别差异，但有的地区有女性多于男性的现象，特别是重症氟骨症患者女性较多，可能与女性的生育次数、室内活动时间长短有关。在燃煤污染型病区，女性骨质疏松、软化型多见，男性氟骨症硬化型较多见。(3) 在病区居住年限：氟斑牙与在病区出生及生活的年龄有关，恒牙萌出后迁入病区的儿童基本不受影响。氟骨症与在病区居住年限有关，居住时间越长，氟在身体内的蓄积就越多，就越容易患氟骨症。

(三) 中毒临床表现及防治原则

1. 急性中毒　急性氟中毒，几乎所有的人在数分钟内出现恶心、呕吐、腹泻、头痛、皮肤湿冷、全身乏力等症状。严重时出现惊厥、心力衰竭，呼吸功能和肾功能受到损害，并出现代谢性酸中毒。患者可在数小时死亡。

呼吸道吸入后可因喉及支气管的炎症、水肿、痉挛及化学性肺炎、肺水肿而致死。

2. 慢性中毒　以氟斑牙和氟骨症为主要特征。

(1) 氟斑牙的临床表现　氟斑牙最早出现于切齿，犬齿也易发生，其他牙齿均可受累。表现如下：①釉质失去光泽，不透明，可见白垩样（似粉笔样）线条，也叫白垩型氟斑牙。②釉质出现不同程度的颜色改变，呈浅黄、黄褐乃至深褐色或黑色，称为着色型氟斑牙。③釉质缺损　可仅限于釉质表层，或深及牙本质，以致牙齿断裂、牙体外形不整，称为缺损型氟斑牙。

(2) 氟骨症的临床表现　氟骨症发病缓慢，发病时间难以确定，症状无特异性，常见的症状有疼痛、麻木、抽搐、僵硬等。疼痛是最普遍的自觉症状，呈持续性，性质为酸痛或针刺样，少数患者对痛觉异常敏感，轻微刺激即可产生剧烈疼痛；麻木多发生在四肢或躯干，伴有感觉异常（蚁走感、肿胀感、束带感或电击感）或感觉减退；抽搐表现为缺钙性手足抽搐，多由神经系统受累引起截瘫的四肢、甚至于胸、腹部肌肉抽搐；四肢关节和腰背部活动时出现僵硬感。

3. 防治原则　地方性氟中毒的防治以预防为主，根据氟侵入途径不同，采取不同的预防措施，对于饮水型氟中毒病区的预防措施主要是改换低氟水源和饮水除氟，对于燃煤污染型病区进行以炉改灶为主的综合性防治措施，在饮茶型氟中毒病区采取砖茶除氟和开展健康教育，改变饮茶习惯。

地方性氟中毒的治疗，主要是对症和支持疗法。氟斑牙可采取脱色疗法，釉质出现缺损时可采用牙釉质粘合剂光敏固化修复。对氟骨症的治疗，最基本的方法还是切断氟源，减少摄氟量。

五、毒性表现

(一) 动物实验资料

1. **雄性动物生殖毒性表现** 崔留欣以 0、10、20mg/kg 氟化钠腹腔注射染毒大鼠，染毒组大鼠睾丸、附睾重量及其脏器系数均低于对照组。Chinoy 和 Sequeira 经口给予大鼠 10～20mg/kg 氟化钠染毒 30 天，引起大鼠睾丸、附睾、输精管的细胞坏死和空泡变性等组织学改变。江琴给雄性 SD 大鼠隔日腹腔注射氟化钠溶液，39 天后处死，低剂量氟化钠染毒组（10mg/kg）各级生精细胞数量减少，生精细胞间结构疏松，成熟精子的数量减少；高剂量氟化钠染毒组（20mg/kg）生精小管的管径变小，排列变得疏松，周围间隙变宽。生精小管中生精细胞的层数减少，生精细胞间结构疏松，有些生精细胞间出现空隙，管腔变大。Narayana 等经口给予雄性大鼠 10mg/kg 氟化钠连续 50 天，间质细胞可见线粒体肿胀及其核直径缩小等改变。甄炯等给雄性 Wistar 大鼠喂饲 100、250 mg/L 含氟水 3 个月后，电镜下可见睾丸间质细胞微绒毛减少，线粒体减少和损伤。

给雄性大鼠喂饲 130 mg/L 的含氟水可导致大鼠精子的数目减少，畸形率增高，精子的头部表现为不定形、香蕉状、双头及无钩等畸形，精子的活动率及Ⅰ、Ⅱ级活动度的精子比例也显著低于对照组。雄性家兔经口给予 20、40mg/kg 氟化钠 30 天后，附睾尾精子的活动力显著下降，且与剂量呈正相关；精子数量减少，活动迟钝，头与头粘连，无鞭毛形成，生育力分别下降至 33%。用 30mmol/L 氟化钠处理公牛精液，20 分钟内精子呈固定状态，且鞭状体被游离成一条线形。Chinoy 发现，氟化钠对体外人精子处理 20 分钟后，在氟化物有效量为 250mmol/L 时精子活动性明显降低；硝酸银染色显示精子头部拉长，顶体和成圈状尾部缺失。

2. **雌性动物生殖毒性表现** Dhruva 等用 5mg/kg 氟化钠经口给予雌性小鼠染毒 1～45 天后，观察到小鼠卵巢和子宫组织 DNA、RNA 水平显著低于正常对照组。常青对成年雌性小鼠在孕前及孕期自由喂饲含氟 200 mg/L 饮水，发现各组小鼠的交配率以及受孕率差异无统计学意义，染毒组各期胎鼠体重高于对照组，以出生后 7 天染毒组子鼠体重高于对照组子鼠体重最为明显。

3. 动物的发育毒性表现 Guna Sherlin 和 Verma 给予孕大鼠氟化钠剂量高达 40mg/kg 时，观察到胎鼠骨骼和内脏的畸形，并与剂量有关。Goh 等采用蛙胚致畸实验系统（the frog embryo teratogenesis assay-xenopus，FETA），评价氟的致畸性，在培养液中氟化钠终浓度 0～20mmol/L 条件下，发现氟可导致蝌蚪头尾长度减小、眼直径缩小和触摸反射消失，氟的致畸指数为（LC_{50}/EC_{50}）3.4。张本忠等应用小鼠胚胎中脑和肢芽细胞微团培养方法，小鼠植入后全胚胎培养方法观察了在培养液含 1～40 mg/L 氟化钠条件下，氟的发育毒性。发现氟可在不导致细胞毒性的剂量下即能抑制胚胎肢芽细胞和中脑细胞的分化，氟是潜在的致畸物。

（二）流行病学资料

Gupta SK 等观察了饮水氟含量在 4.5～8.5 mg/L 环境中 5～12 岁儿童的中枢神经系统的发育状况，发现隐性脊柱裂发生率明显高于对照区（氟含量低于 1.5mg/kg）儿童。Bebermeyer 采用循证医学方法分析了 25 个专业数据库有关饮水加氟与唐氏综合征（Down's Syndrome，DS）发病率间的关系，认为目前还没有充分的证据认为氟是 DS 的危险因素，氟与 DS 之间的关系还需更高质量的人群研究资料加以证实。

六、毒性机制

（一）影响某些酶活性和能量代谢

崔留欣等给雄性 Wistar 大鼠饮用含 150 mg/L 氟化钠的去离子水，10 周后处死，染毒组 LDH、Na^+-K^+-ATP 酶、Mg^{2+}-ATP 酶活性均显著低于对照组（$P<0.05$）。Shashil 以 50mg/kg 体重的氟化钠喂饲雄兔，100 天后发现，磷脂、甘油三酯、胆固醇及游离脂肪酸在睾丸中大量蓄积，说明氟化钠可致睾丸中脂质合成与分解失衡。Chinoy 等发现染氟小鼠附睾中 SDH、三磷酸腺苷酶活性下降，附睾精子中的蛋白质、钠、钾含量明显降低；睾丸组织中 SDH、LDH 活

性明显降低；前列腺中蛋白及磷酸酶显著减少；输精管和精囊中糖元含量明显增加。显然，氟的生殖毒性与睾丸组织酶活性及能量代谢变化有关。

（二）诱发睾丸组织脂质过氧化

吴南萍等给 Wistar 大鼠孕期分别经口以 0.6、25 mg/L 氟化钠染毒，其子鼠（饮用同浓度含氟水）至 75 天，未发现子鼠睾丸组织脂质过氧化相关指标的明显改变。以含氟化钠 100、200 mg/L 的自来水对雄性大鼠染毒 20 周，发现低氟组大鼠睾丸组织匀浆中总抗氧化能力（T - AOC）明显增加，而高氟组与对照组比较则明显降低；超氧化物歧化酶（SOD）活性各组间没有显著差异。用含量为 200、300 mg/L 的含氟水染毒雄性小鼠，5 周以后，睾丸组织 MDA 水平明显升高、GSH - Px 活性明显下降，延长染毒时间可引起 MDA 水平明显升高。提示睾丸组织脂质过氧化可能与氟的生殖毒性有关。

（三）诱导睾丸细胞凋亡

崔留欣以 0、10、20mg/kg 氟化钠腹腔注射染毒雄性大鼠，染毒组大鼠睾丸、附睾重量及其脏器系数均低于对照组，睾丸氟含量升高，生精细胞凋亡率高于对照组，生精上皮变薄，结构疏松，成熟精子减少。生精细胞中以精母细胞凋亡最明显，精原细胞其次，精子细胞和精子凋亡率最低。

张斌给雄性昆明种小鼠分别饮用含 10、25、50 mg/L 氟化钠去离子水，对照组饮去离子水。饲喂 120 天后解剖。末端标记法（TUNEL）观察睾丸细胞凋亡情况。镜下表现为细胞收缩变圆失去微绒毛，与邻近细胞连接消失，核内染色质浓缩边集，出现细胞膜内陷分割，并有膜包裹的凋亡小体形成，TUNEL 阳性细胞有的胞核略小，有的胞核呈碎片状。表明染氟组睾丸细胞凋亡率显著增加。

张斌取第三代小鼠睾丸间质细胞作为研究对象，使用不同浓度的氟化钠（5、10、20 mg/L）对体外培养的睾丸间质细胞进行处理，采用流式细胞术检测氟化钠对小鼠睾丸间质细胞是否具有诱导凋亡作用，结果显示低、中、高浓度的氟化钠作用于小鼠睾丸间质细胞，均可诱导小鼠睾丸间质细胞发生凋亡，20 mg/L 氟化钠作用 48 小时后，早期凋亡率最高，10 mg/L 氟化钠作用 48 小时后，晚期凋亡率最高，各染毒组小鼠睾丸间质细胞凋亡率明显高于同期对照组，且随氟化钠浓度的增加小鼠睾丸间质细胞凋亡率升高，呈现出一定的剂量-效应关系。睾丸细胞凋亡的增加可能是氟致生殖损伤机制之一。

(四) 生殖激素失衡

氟化钠 $3\sim27$ mg/d 染毒雄性大鼠，测定尿氟化物水平，精液参数，血清 ICSH、FSH、游离和总睾酮水平。发现高剂量组与低剂量组 $3\sim13$ mg/d 比较，FSH 显著升高，抑制素、游离睾酮和催乳素水平降低。雄性 Wistar 大鼠饮用含 150 mg/L 氟化钠的去离子水，10 周后处死，染毒组睾酮低于对照组，两组比较差异有统计学意义 ($P<0.05$)，ICSH 高于对照组，两组比较差异也有统计学意义 ($P<0.05$)。说明氟可致生殖系统内分泌的改变，引起生殖系统损伤。

（张本忠　党瑜慧　常元勋）

主要参考文献

1. 陈国元，杨克敌，鲁翠荣，等. 二硫化碳对大鼠和接触工人生殖效应的研究. 同济医科大学学报，2001，30（5）：416-418.

2. 邓菁，陈国元，季佳佳，等. 二硫化碳对大鼠睾丸组织氧自由基及抗氧化水平的影响. 华中科技大学学报（医学版），2006，35（2）：228-230.

3. 赵艳芳. 维生素 E 对二硫化碳致雄性大鼠生殖系统病理结构和凋亡相关蛋白表达改变的拮抗作用. 武汉：华中科技大学，2008.

4. 吴磊，谭晓东. 吸入二硫化碳对小鼠生殖细胞损伤的影响. 中国公共卫生，2005，21（7）：833-834.

5. 邓菁，季佳佳，赵艳芳，等. 二硫化碳对男性生殖系统的毒性研究进展. 环境与职业医学，2007 24（6）：636-638.

6. 陈国元，邓菁，谭皓，等. 二硫化碳吸入染毒对雄性大鼠生殖功能及子代影响的研究. 卫生研究，2005，34（6）：658-659.

7. 王燕，张元珍，汪春红，等. 低浓度二硫化碳对接触工人生殖健康的影响. 华中医学杂志，2002，26（1）：60-61.

8. Patel KG，Yadav PC，Pandya CB，et al. Male exposure mediated adverse reproductive outcomes in carbon disulphide exposed rayon workers. J Environ Biol，2004，25（4）：413-418.

9. 常元勋. 靶器官与环境有害因素. 北京：化学工业出版社，2008：30-33.

10. Reddy PS，Pushpalatha T，Reddy PS. Suppression of male reproduction in rats after exposure to sodium fluoride during early stages of development. Naturwissenschaften，2007，94：607-611.

11. Collins TFX，Sprando RL，Black TN，et al. Multigenerational evaluation of sodium fluoride in rats. Food Chem Toxicol，2001，39：601-613.

12. Chinoy NJ，Sharma AK. Reversal of fluoride induced alterations in cauda epididymal spermatozoa and fertility impairment in male mice. Environ Sci，2000，7：29-38.

13. Elbetieha A，Darmani H，Hiyasat ASA. Fertility effects of sodium fluoride in male mice. Fluoride，2000，33：128-134.

14. Ortiz-Perez D，Rodriguez-Martinez M，Martinez F，et al. Fluoride-induced disruption of reproductive hormones in men. Environ Res，2003，93：120-130.

15. Guna Sherlin DM，Verma RJ. Vitamin D Ameliorates fluoride-induced embryotoxicity in pregnant rats. Neurotoxicol Teratol，2001，23：197-201.

16. Goha EH，Neff AW. Effects of fluoride on xenopus embryo development. Food Chem Toxic，2003，41：1501-1508.

17. Ghosh D，Sarkar SD，Maiti R，et al. Testicular toxicity in sodium fluoride treated rats：association with oxidative stress. Reprod Toxicol，2002，16（4）：385.

18. 崔留欣，姜春霞，程学敏. 生精细胞凋亡在氟致雄性大鼠生殖损害中作用. 中国公共卫生，2004，20（10）：1217-1218.

19. 常青，李自成. 过量氟对雌性小鼠生殖及其子鼠发育毒性的影响. 广东医学，2002，23（4）：353.

20. 张丹心，冯玉梅. 氟诱发男性生殖激素失衡. 国外医学地理分册，2004，25（3）：113-114.

21. 张永春，孙发，谷江，等. 燃煤型氟中毒对大鼠睾丸生精细胞凋亡的影响. 贵阳医学院学报，2010，35（5）：445-446.

22. 陈树君，孙玉敏，孙秀义，等. 慢性氟中毒对雄性大鼠睾丸损伤及牛磺酸锌保护作用的观察，2008，25（1）：51-52.

23. Cao J，Zhao Y，Liu JW，et al. Prevention and control of brick-tea type fluo-rosis-a 3 year observation in Dangxiong，Tibet. Ecotox Environ Saf，2003，56：222-227.

24. 王长松，桂传枝，刘家骝，等. 氟对体外培养鸡胚肢骨骼成骨过程的影响. 中国地方病学杂志，2003，22（4）：298-301.

25. 张本忠，屈卫东，吴德生. 氟对大鼠胚胎发育和卵黄囊超微结构损害的时间效应关系. 中国地方病防治杂志，2000，15（4）：213-215.

26. 格鹏飞主编. 甘肃地方病预防与控制. 兰州：甘肃科学技术出版社，2008.

27. 韩莎. 饮水型氟骨症非骨相特征的分析及早期判别模型的建立. 太原：山西医科大学，2011.

28. 黎昌健，蒙衍强，蒋才武. 地氟病在中国大陆的流行现状. 实用预防医学，2008，15（4）：1295-1298.

29. 齐庆杰，都宇，刘建忠，等. 中国煤中氟燃烧排放特征与排放限值. 辽宁工程技术大学学报，2005，24（6）：785-788.

30. 万双秀. 氟对雄性大鼠生殖毒性的研究. 太原：山西医科大学，2005.

31. 马晓英. 氟暴露对人群和雄性大鼠生殖内分泌干扰作用研究. 太原：山西医科大学，2007.

32. 江琴. 氟对雄性大鼠生殖细胞端粒酶表达影响的研究. 郑州：郑州大学，2005.

33. 张斌. 氟诱导小鼠睾丸间质细胞凋亡及机制研究. 太原：山西医科大学，2011.

34. Chinoy NJ，Mehta D，Hala DD. Effeets of different protein diets on fluoride induced oxidative stress in mice testis. Fluoride，2005，38（4）：269-275.

35. Burgstahler AV. Recent research on fluoride and oxidative stress. Fluoride，2009，42（2）：73-74.

第十三章

腈类、烷类及卤代烷类

第一节　丙烯腈

一、理化性质

丙烯腈（acrylonitrile；vinyl cyanide；ACN）又称乙烯氰或氰乙烯，是一种无色、苦杏仁味、易燃有机体。溶于水、乙醚、乙醇、丙酮、苯和四氯化碳，易挥发，有腐蚀性，有氧存在下遇光和热能自行聚合。

二、来源、存在与接触机会

ACN 作为一种重要的有机合成单体，广泛用于合成树脂（如 ABC 高强度树脂）、丁腈橡胶、腈纶纤维、塑料、合成纤维无燃上浆等。ACN 在自然界中无法天然获得，其通常采用丙烯氨化氧化一步法进行合成。ACN 在合成和使用过程中，由于废气逸散、废水排放以及 ACN 合成产品中 ACN 单体的溶出等，ACN 可大量进入周围环境，对环境造成污染，其在空气中分解很快，但在水中分解需要 $1\sim2$ 周时间。从事 ACN 生产、运输和使用过程中的工人为职业性接触人群。

三、吸收、分布、代谢与排泄

ACN 能通过消化道、呼吸道、皮肤等多种途径进入体内。对雄性大鼠灌胃染毒，24 小时后发现 2％的 ACN 以原形经呼吸道呼出，11％以 CO_2 的形式呼出，67％的 ACN 由尿中排出。ACN 在体内有两种主要的代谢途径（图 13-1）：一条为谷胱甘肽（GSH）依赖途径，ACN 和 GSH 进行 Michael 样加合反应，生成初级代谢产物 S-腈乙基-谷胱甘肽，之后再转化为硫醇尿酸等，最终从尿中排出；

另一条是氧化途径，通过肝细胞色素 P450（CYP450）（特别是同工酶 CYP450 2E1）的环氧化作用，生成初级代谢产物 2-氰环氧乙烷（CEO）。同时生成大量的次级代谢产物经 CYP450 2E1 的催化，它可以进一步代谢或分解，释放氰基。

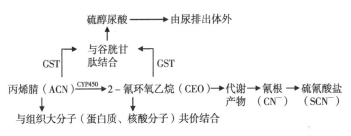

图 13-1　丙烯腈在大鼠、小鼠体内的主要代谢途径

四、毒性概述

（一）动物实验资料

1. **急性毒性**　ACN 属高毒类物质。大鼠经口 LD_{50} 为 78mg/kg，吸入 4 小时 LC_{50} 为 425mg/m³；小鼠经口 LD_{50} 为 27mg/kg，静脉注射 LD_{50} 为 15mg/kg；兔经皮 LD_{50} 为 250mg/kg。实验动物中以狗对 ACN 最敏感，其次是小鼠、兔、大鼠，豚鼠最不敏感。实验动物急性毒作用主要表现为黏膜刺激症状、自主运动增加和拟胆碱样症状，严重者可因呼吸衰竭而死亡。

2. **慢性毒性**　据报道，对大鼠采用 ACN 经口给予 12.5、25.0、50.0 mg/kg，1 次/天，5 天/周，共 12 周染毒，3 个剂量组大鼠都出现流涎、自发活动增加以及刻板动作，高剂量组大鼠出现后肢无力、尾神经感觉传导速度以及感觉动作电位强度下降。给雄性大鼠 5、15、30mg/kg 丙烯腈灌胃染毒每天 1 次，每周 5 次，连续 22 周，发现各染毒组大鼠肝脏器系数升高，与对照组比较差异均有统计学意义（$P<0.05$），光镜下肝组织轻度淤血、细胞浆着色不均匀，肝细胞和细胞核肿胀、细胞排列疏松、细胞核大小不一致，且随丙烯腈剂量增加，肝损伤加重。

3. 致突变　在 Ames 试验中，在有 S9 活化系统存在时，ACN 可使鼠伤寒沙门菌 TA1530，TA1535 菌株发生基因突变。ACN 可引起中国仓鼠卵巢（CHO）细胞、体外培养支气管上皮细胞的姐妹染色单体交换（SCE）率增高，使支气管上皮细胞 DNA 单链断裂增多，且与剂量呈正相关。大鼠整体实验表明，ACN/CEO 与胃黏膜细胞的 DNA 不可逆结合，并诱发胃黏膜细胞程序外 DNA 合成（UDS）显著增高。

4. 致癌　Quast 给雌性 SD 大鼠，以 4.4、10.8、25.0 mg/kg ACN 灌胃染毒 2 年；给雄性 SD 大鼠，以 3.4、8.5、21.3 mg/kg ACN 灌胃染毒 2 年。在实验过程中，各染毒组雌性大鼠均有乳腺瘤的发生；高剂量组雌性、雄性大鼠出现早期的 Zymbal 腺瘤。Ghanayem 等对雌性、雄性 B6C3F1 小鼠灌胃染毒 ACN，剂量为 0、2.5、10、20 mg/kg，每周 5 天，持续染毒 2 年。ACN 染毒组雌性、雄性小鼠前胃乳头状瘤及癌的发病增加。雌性小鼠 10 和 20 mg/kg 染毒组，卵巢萎缩和囊肿发生率明显增加；10 mg/kg 染毒组卵巢恶性颗粒细胞瘤发生率高于对照组；10 mg/kg 染毒组肺泡/细支气管腺癌或恶性上皮瘤（联合）发生率明显增加。国际癌症研究所（IARC）将 ACN 归入 2B 类，即人类可能致癌物。

（二）流行病学资料

陆荣柱等选取石化公司职业接触 ACN 的作业工人 175 名作为接触组（其中低浓度组 81 人、中浓度组 94 人），低、中浓度接触组的消极情感状态得分高于对照组，但中浓度组得分却较低浓度组有所降低（$P<0.05$），低、中浓度两组的数字跨度测试倒序得分、接触组目标追踪Ⅱ测试中总打点数和正确打点数均低于对照组（$P<0.01$），对低浓度组和中浓度组进行工龄分层分析提示，短期记忆损害具有明显的工龄-效应关系。王卫群等以某石化厂从事腈纶纤维生产的 111 名工人为接触组，测定血清一氧化氮水平，血清总一氧化氮合酶活性等以评估血管内皮功能，发现接触组一氧化氮水平显著降低，接触丙烯腈与血清一氧化氮水平呈显著负相关，且相关性随工龄的延长而增加。王洪艳等报道在车间环境空气中 ACN 浓度 0.02～1.76 mg/m³

时，ACN 作业工人出现恶心、食欲减退、体重减轻的发生率高于对照组，接触组肝区不适和肝区疼痛的发生率有增高的趋势，说明丙烯腈具有潜在的肝毒性作用。

（三）中毒临床表现及防治原则

1. **急性中毒**　急性轻度中毒时表现为头晕、头痛、恶心、呕吐等，并伴有黏膜刺激症状；严重中毒时除上述症状外，可有胸闷、心悸、烦躁不安、紫绀、抽搐、昏迷，如不及时抢救可发生呼吸停止。

2. **慢性中毒**　长期在超过 ACN 最高容许浓度的环境中工作，一般表现为神经衰弱综合征，如头晕、头痛、乏力、失眠或嗜睡、多梦、易怒、食欲不振，以及心悸、血压偏低等。部分工人，直接接触 ACN 液体后局部皮肤可出现充血、红斑、疱疹，后期可有脱屑、色素沉着，皮肤斑贴实验显示阳性等过敏表现。

3. **防治原则**　ACN 作为一种重要的化工原料其应用已越来越广泛，职业人群及一般人群的接触机会都在逐渐增加，其产生的危害以慢性中毒为主，因此，制定相应的环境保护措施对防治 ACN 的危害至关重要。应加强生产设备及管道的密闭和通风，将车间空气中 ACN 的浓度控制在职业接触限值以内；作业工人应做好自我防护，并保持良好的卫生习惯。若出现 ACN 急性中毒事件应迅速脱离现场，脱去被污染的衣服，皮肤污染部位用清水彻底冲洗；若出现脑水肿等可应用糖皮质激素及脱水、利尿等处理。

五、毒性表现

（一）动物实验资料

1. **对雄、雌性大鼠生殖器官的影响**　吴鑫等（2001 年）以 10、20、40 mg/kg ACN，对雄性 Wistar 大鼠灌胃。染毒 13 周末各剂量组大鼠睾丸、附睾重量与对照组相比差异无统计学意义（$P>0.05$）。范卫等（2000 年）以 ACN 5、10、15 mg/kg 对雄性 ICR 小鼠进行灌胃染毒，每天 1 次，每周 5 天，连续染毒 13 周。病理学检查发现，15mg/kg 组小鼠睾丸生精小管内生精细胞偶见空泡变性，成熟精子轻微减少，并偶见多核巨细胞，部分小鼠睾丸间质轻度水肿。张玉敏等（1999年）以5、15、25mg/kg ACN，对雄性大鼠进行皮下注射染毒，连续11周。光镜下可见：染毒77天，15mg/kg组大鼠有少量睾丸间质细胞水肿，生精小管层次紊乱，有少量精细胞脱落和变性，附睾输精管内精子数量减少；25mg/kg组大鼠少数生精小管层次紊乱、变薄，间质细胞除水肿外尚有少数变性、坏死。电镜观察：25mg/kg组，染毒38天大鼠睾丸间质细胞线粒体肿胀，嵴变宽，滑面内质网肿胀，粗面内质网少量脱颗粒，支持细胞亦见线粒体肿胀，精原细胞核膜皱缩，核染色质凝集；染毒77天大鼠睾丸间质细胞线粒体肿胀，嵴消失，有的线粒体破碎，粗面内质网明显脱颗粒，支持细胞内线粒体肿胀和破碎，精原细胞膜皱缩、破溃，核膜消失，染色质凝集。肖卫等（2006年）对小鼠腹腔注射1.25、2.5和5mg/kg ACN，染毒5天，于染毒后35天处死。光镜下可见各剂量组小鼠睾丸生精小管内生精细胞数量较溶剂对照组减少，细胞排列紊乱，层次不清，管腔内成熟精子减少，原始细胞脱落，生精小管基膜断裂，高剂量组变化更明显。钟先玖等（2006年）对大鼠腹腔注射7.5、15.0和30.0mg/kg ACN，每天染毒1次，每周5次，共13周。光镜下可见大鼠睾丸部分生精小管出现退行性病变，管腔中生精细胞和精子数量减少，受损程度随染毒剂量的增加而加重；电镜下可看到凋亡的、核畸形的以及坏死的初级精母细胞和畸形精子，生精小管上皮空泡样变，生精小管腔面无精子，尚存的发育精子细胞中没有线粒体的相应移动，间质细胞核膜水肿，核质淡染，但结构完整。王宁等（2005年）对雄性去睾丸大鼠皮下注射剂量为0.4mg/kg体重丙酸睾酮，同时给予0、10、20、30、40、50 mg/kg剂量的ACN灌胃，每天1次，连续10天。各剂量染毒组大鼠前列腺、精囊腺、阴茎、肛提肌/球体海绵体肌、尿道球腺等附性腺组织（sex accessory tissue, SAT）重量与阴性对照组比较差异无统计学意义。

　　段志文等（2001年）给雌性大鼠皮下注射5、15、25 mg/kg ACN，连续染毒30天。光镜观察：各剂量染毒组卵巢次级卵泡内可见颗粒细胞增多，并有不同程度的脂肪变性、水样变性；高剂量染毒组卵泡腔内有点状、固缩性坏死的细胞及炎细胞浸润，同时血管扩张充血；各剂量染毒组子宫内膜局部均有大量中性粒细胞及嗜酸性粒细胞浸润，血管扩张充血，腺体增生活跃。王宁等（2005 年）对去卵巢 SD 大鼠皮下注射 10、15、25、40、60 mg /kg ACN，每天 1 次，连续 3 天。各剂量染毒组大鼠子宫干重、湿重与溶剂对照组相比较，差异无统计学意义。

2. 对受孕力及仔代的影响 崔金山等（2001 年）对雄性小鼠皮下注射 6、9、12 mg/kg ACN。染毒 35 天的雄性小鼠与未染毒性成熟雌性小鼠交配，雌性小鼠受孕率下降，死胎率、胎吸收率明显升高，与阴性对照组比较差异有统计学意义（$P<0.05$），并呈现明显的剂量-反应或剂量-效应关系。吴鑫等（2001 年）以 10、20、40 mg/kg ACN，对雄性 Wistar 大鼠灌胃，染毒到 12 周末与正常健康成年雌性大鼠进行交配，雄性大鼠生育指数、交配率及与其交配的雌性大鼠受孕率在各剂量组之间差异无统计学意义（$P>0.05$）；40mg/kg 组孕大鼠每窝平均活胎数明显低于对照组，胎吸收率明显高于对照组，差异均有统计学意义（$P<0.05$）。崔金山等（2001 年）对雌性大鼠妊娠第 7～16 天皮下注射 ACN15、25、35 mg/kg，常规方法检测 ACN 的胚胎毒性和致畸作用。25 mg/kg 染毒组死胎率、胎吸收率升高，子鼠平均体重、体长、尾长减小，与阴性对照组比较差异有统计学意义（$P<0.05$）；35mg/kg 染毒组窝平均活胎数减少，死胎率和胎吸收率升高，与阴性对照组比较差异均有统计学意义（$P<0.01$）；25、35 mg/kg 染毒组畸胎率、活胎畸形率升高，与对照组相比差异有统计学意义（$P<0.05$），且有明确的剂量-效应或剂量-反应关系。

3. 对生精细胞的影响 陈亚等（2010 年）给雄性小鼠腹腔注射 1.25、2.50、5.00mg/kg ACN，每天 1 次，连续染毒 5 天，于初次染毒后第 7、14、21、28、35 天分批处死小鼠，采用 WLJY-9000 型精子质量检测系统分析小鼠精子运动参数的变化。在 5 个时间观察终点，发现各染毒剂量组精子密度、活动度、运动速度参数、运动方式参数、空间位移程度参数的变化与阴性对照相比较差异均无统计学意义（$P>0.05$）。肖卫等（2005 年）给雄性未成年和雄性成年小鼠

1.25、2.5 和 5.0mg/kgACN 腹腔注射染毒 5 天，于初次染毒后第 35 天处死小鼠，用流式细胞术检测睾丸生精细胞 DNA 含量及细胞周期的变化。雄性未成年小鼠 2.5 和 5.0mg/kgACN 染毒组，凋亡细胞的百分比增加，与阴性对照组比较差异具有统计学意义（$P<0.05$）；雄性成年小鼠 2.5 和 5.0mg/kgACN 染毒组，单倍体细胞（1C）百分比降低、凋亡细胞的百分比增加，与阴性对照组相比较差异均有统计学意义（$P<0.05$）。雄性未成年小鼠 2.5 和 5.0mg/kgACN 染毒组 G0/G1 期细胞比例减少（$P<0.05$），S 期细胞比例增加（$P<0.05$）；雄性成年小鼠 2.5 和 5.0mg/kgACN 染毒组 G0/G1 期细胞比例减少（$P<0.05$），G2/M 期细胞比例增加（$P<0.05$）。

　　李芝兰等（2002 年）对雄性小鼠皮下注射 2、4、8mg/kgACN，染毒 5 天，于第 13 天处死。小鼠睾丸初级精母细胞染色体畸变率、初级精母细胞畸变率及精子畸形率均显著高于阴性对照组；随着 ACN 剂量的增大，初级精母细胞染色体畸变率升高（$r=0.9543$），初级精母细胞畸变率升高（$r=0.9474$），精子畸形率增高（$r=0.9868$），均呈现一定的正相关。崔金山等（2001 年）对雄性小鼠皮下注射 ACN 35 天。6、9、12 mg/kg 染毒组活精率明显减少，与阴性对照组比较差异有统计学意义（$P<0.05$）；精子畸形率与阴性对照组比较差异均有统计学意义（$P<0.01$），且随染毒剂量增加，畸形率明显升高（$r=0.52$，$P<0.01$）。范卫等（2000 年）以 ACN 5、10、20mg/kg 对雄性 Wistar 大鼠进行灌胃染毒，每天 1 次，每周 5 天，连续染毒 13 周。对大鼠附睾尾精子分析发现，10 mg/kg 染毒组活精率明显低于对照组，20 mg/kg 染毒组精子数明显低于对照组，且呈剂量-效应关系；各剂量染毒组大鼠精子头部畸形率与尾部畸形率均明显高于对照组，并呈上升趋势。

　　4. 对激素及酶的影响　张玉敏等（1999 年）以 5、15、25mg/kg ACN，对雄性大鼠进行皮下注射染毒，连续 11 周。25mg/kg 染毒组血清睾酮（T）水平下降，ICSH 水平升高；睾丸匀浆 T 水平下降，IC-SH、FSH 与 E_2 水平均升高。段志文等（2001 年）给雌性 Wistar 大鼠皮下注射 5、15、25 mg/kgACN，连续染毒 30 天。各染毒组血清中雌二醇（E_2）、卵泡刺激素（FSH）及促黄体生成素（LH）水平与对照组比较差异均无统计学意义（$P > 0.05$）。

吴鑫等（2001 年）对雄性 Wistar 大鼠，以 10、20、40 mg/kg ACN 灌胃，染毒 13 周。10 mg/kg 染毒组大鼠睾丸中乳酸脱氢酶（LDH）及其同工酶 LDH-X 活性明显增高（$P < 0.05$），酸性磷酸酶（ACP）、碱性磷酸酶（AKP）、山梨醇脱氢酶（SDH）活性的变化与对照组相比，差异均无统计学意义（$P > 0.05$）；40 mg/kg 染毒组 LDH 及 LDH-X、ACP、AKP、SDH 活性与对照组比较差异均无统计学意义（$P > 0.05$）。各剂量染毒组大鼠附睾中 LDH、LDH-X、ACP、AKP、SDH 的活性与对照组比较差异均无统计学意义（$P > 0.05$）。

（二）流行病学资料

崔金山等（2001 年）选择 71 名长期接触 ACN 的男工，测定其血清中 T、ICSH、FSH 和 E_2 水平。接触组血清中 T 水平明显下降而 E_2 明显升高，与对照组比较差异均有统计学意义（$P < 0.05$）。金沈雄等（2005 年）以 112 名职业性接触 ACN 的男工为接触组，用放射免疫分析法（RIA）测定其血清 T、E_2、FSH、ICSH。接触组男工血清中 T 和 FSH 浓度明显低于对照组（$P < 0.05$），ICSH 和 E_2 浓度两组之间差异无统计学意义。接触组按个人累计外接触剂量（包括吸烟）分组比较，接触组男工血清中 FSH 和 T 浓度随接触剂量增加呈下降趋势。当外接触剂量（ACN 总接触量＝职业接触＋吸烟接触）$\geqslant 50g$ 时，T 浓度明显降低（$P < 0.05$），E_2 浓度明显升高（$P < 0.05$）；当外接触累计剂量 $\geqslant 100g$ 时，血清中 FSH 浓度也明显低于对照组（$P < 0.05$）。提示，接触 ACN 可能对内分泌功能和睾丸中支持细胞和间质细胞有损伤，从而可能引起性功能障碍。

孙美芳等（2003 年）对腈纶厂 30 名 ACN 生产车间男工的精液常规检测分析，接触组平均精子密度和精子总数均明显低于对照组；用荧光原位杂交（Fluorescence In Situ Hybridization，FISH）技术对 9 名 ACN 接触男工精子性染色体非整倍体进行了检测，结果接触组性染色体非整倍体（性染色体缺体和二体）畸变率为 1.58 %，明显高于对照组的 1.21%，接触组性染色体二体百分率为 0.68%，明显高于对照组的 0.35%，其中 XX、YY 和 XY 二体百分率分别为 0.10%、0.23% 和 0.37%，明显高于对照组的 0.05%、0.10% 和 0.20%；用单细胞凝胶电泳（SCGE）试验对 9 名 ACN 接触男工精子 DNA 链断裂进行了检测和分析：接触组精子细胞核平均彗尾长度为 (9.8 ± 3.7) μm，明显长于对照组的 (4.3 ± 2.3) μm；接触组彗星精子细胞百分率为 28.7%，明显高于对照组的 15.0%。提示 ACN 引起人精子性染色体非整倍体畸变，可能是生精细胞 DNA 断裂剂，对男性生殖机能有一定的损害。

李芝兰等（1995 年，1996 年）对 ACN 作业工人进行生殖流行病学研究，结果显示 ACN 可导致女工月经异常，主要引起月经量增多和痛经增加，伴随工龄的增长，月经异常率明显增高；作业女工不孕、妊娠并发症、早产、过期产、出生缺陷发生率均高于对照组（$P < 0.05$）；特别是男女双方均接触 ACN 后不孕、妊娠并发症、自然流产、早产、过期产、死胎死产、出生缺陷、围产期死亡的危险度较女工单方接触者更高。提示 ACN 不仅对女性的生殖机能具有损伤作用，也可影响男工生殖机能。

钟先玖等（2004 年）对腈纶厂车间内 275 名职业性接触 ACN 男工调查研究，接触组男工妻子异常妊娠结局的发生率明显高于对照组，经分层分析后发现其妻子的过期产、不孕症和自然流产的相对危险度（RR）分别为 3.65（95% CI：1.53～8.69），2.22（95% CI：1.18～5.58），1.51（95% CI：1.14～3.07），低浓度车间工人妻子的不孕症和自然流产率明显低于其他 3 个浓度较高车间（$P < 0.05$），夫妻双方均接触 ACN 组男工妻子自然流产发生率明显高于仅男工接触 ACN 组（$RR = 2.33$，$P < 0.05$）。提示丈夫职业性接触 ACN 会导致妻子异常生育危险度的增加。

六、毒性机制

Ahmed 等研究发现，ACN 可直接损害睾丸，并可作为多效因子使睾丸组织细胞的 DNA 发生烷化作用而损伤多基因，进而干扰睾丸细胞 DNA 的合成和修复功能引起睾丸细胞损伤。Tandon 等以管饲法每天给予雄性小鼠 ACN 10mg/kg，60 天后发现小鼠睾丸组织细胞中 SDH 及 ACP 活性降低，LDH 和 β-葡糖醛酸酶（β-G）活性增加，表明 ACN 可干扰生精细胞能量代谢，从而影响精子发育和成熟。

黄简抒等（2005 年）选用雄性 ICR 小鼠和雄性昆明种小鼠用不同剂量的 ACN（0、6.0、12.0、24.0 mg/kg）灌胃染毒 8 周；对雄性 SD 大鼠用不同剂量的 ACN（0、7.5、15.0、30.0 mg/kg）腹腔注射染毒 13 周。ICR 小鼠高剂量染毒组血清 T 水平明显降低；昆明种小鼠中剂量组血清 T 水平明显降低；SD 大鼠低剂量组血清 E_2 水平明显升高。表明 ACN 对雄性大鼠、小鼠的生殖内分泌系统有一定影响。

钟先玖等（2005 年）对雄性 SD 大鼠，用不同剂量的 ACN（0、7.5、15.0、30.0 mg/kg）腹腔注射染毒 13 周。高剂量组睾丸中雄激素结合蛋白（Androgen Binding Protein，ABP）基因表达水平显著下降、抑制素基因表达水平显著下降。提示 ACN 对睾丸中支持细胞可能有损伤作用。

黄简抒等（2006 年）采用体外培养方法分离蟾蜍睾丸精原细胞，并用不同浓度（0、0.1、0.4、0.8、1.6μmol/ml）ACN 处理 3 小时，每个浓度分活化组（加 S9）和非活化组（不加 S9）。结果未活化（不加 S9）ACN 浓度 $\geq 0.8\mu$mol/ml 及活化后（加 S9）ACN 浓度 $\geq 0.4\mu$mol/ml 时，蟾蜍精原细胞 DNA 损伤程度明显升高，彗星发生率、长尾彗星率及彗星细胞平均尾长均明显高于对照组，经 S9 活化后，ACN 对 DNA 损伤程度比同浓度未活化组明显增强。提示 ACN 能诱导蟾蜍睾丸精原细胞 DNA 损伤，并且经肝微粒体酶活化后损伤能力明显增强。

吴鑫等（2000 年）对雄性 ICR 小鼠以 0、2.5、5、10mg/kg 剂量 ACN 连续腹腔注射染毒 5 天，2 周后处死动物，观察睾丸中早期精细胞微核；结果表明，染毒剂量 ≥ 5.0mg/kg，早期精细胞微核明显增加，微核率与染毒剂量之间存在剂量-反应关系。雄性 ICR 小鼠以 0、6、12、24mg/kg 连续灌胃染毒 5 天后于每周末处死部分动物，连续 5 周，分析附睾精子畸形率。结果表明，第 2 周起 24mg/kg 染毒组附睾精子畸形率明显增加，12、24mg/kg 组染毒后第 5 周末附睾精子畸形率明显升高。精子畸形种类主要以头部畸形为主，主要包括无钩、不定型、香蕉型。提示 ACN 能够引起早期精细胞遗传损伤，精子畸形数增加，从而影响雄性小鼠的生殖功能。

肖卫等（2005 年）对成年雄性昆明小鼠腹腔注射 1.25、2.50、5.00mg/kg ACN，每天 1 次，连续染毒 5 天。于初次染毒后第 7、14、21、28、35 天分批处死小鼠，流式细胞仪检测睾丸组织各倍体细胞、各时相生精上皮细胞。2.50、5.00mg/kg ACN 剂量组，在染毒后第 7 天、第 14 天，睾丸组织二倍体细胞比例明显低于阴性对照组；在第 28 天、第 35 天单倍体细胞比例明显低于阴性对照组，凋亡细胞的比例增加。1.25、2.50、5.00mg/kg ACN 组在初次染毒后第 35 天，G2/M 期细胞比例明显增加。提示 ACN 可诱导睾丸生精细胞过度凋亡而致睾丸生精细胞损伤；ACN 干扰精子的形成，主要作用于生精上皮细胞的有丝分裂期。

钟先玖等（2006 年）研究 ACN 对原代双室培养的大鼠睾丸支持细胞的毒性，将已分离纯化的大鼠支持细胞接种到 Milicell™-HA 型插入小室（内室）中，培养 48 小时后，分别在外室（插入小室外）的培养液中加 ACN，使终浓度为 0、0.5、5.0、25.0 μg/ml。结果表明 ACN 对双室培养的支持细胞跨上皮电阻（TER）的形成有抑制作用，对已形成的 TER 有降低作用，提示 ACN 可能对支持细胞形成的紧密连接和血睾屏障有影响。

总之，ACN 或其代谢产物可从多环节、多途经影响生殖机能。既可以直接损伤生精细胞；也可通过破坏氧化-抗氧化体系的平衡，诱导雄性大鼠睾丸细胞氧化损伤；还可诱导睾丸生精细胞过度凋亡、DNA 损伤以及细胞周期的异常改变等，其确切机制尚有待于进一步深入研究。

（陈　亚　李芝兰）

第二节　正己烷

一、理化性质

正己烷（hexane）是一种低毒、高挥发性、高脂溶性，并有蓄积作用的高危害性的饱和脂肪烃类。常态下为微有异臭的液体，常温下容易挥发，几乎不溶于水，溶于醚和醇。

二、来源、存在与接触机会

工业中作为溶剂，常用作清洗剂及黏胶配制、油脂萃取，用于石油加工业的催化重整，塑料制造业的丙烯溶剂回收等。正己烷主要经呼吸道进入机体，也可经胃肠道吸收，皮肤吸收相对较差。职业性中毒常因吸入其蒸气或经皮肤吸收而中毒。

三、吸收、分布、代谢与排泄

正己烷可经呼吸道、消化道和皮肤进入机体，主要分布于血液、神经系统，以及肝、肾、脾等脂肪含量高的组织。

正己烷由肝的 $\omega-1$ 氧化作用代谢为2-己醇、2-己酮（甲基正丁基酮）、2，5-己二醇、5-羟基-2-己酮和2，5-己二酮（HD）。2，5-己二酮属 γ-二酮类化合物。γ-二酮类化合物具有神经毒性，而非 γ-间距的二酮类不具有神经毒性。2个羰基碳的 γ-间距是产生神经毒性的关键。正己烷在动物体内的生物转化见图13-2。

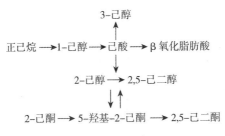

图 13-2　正己烷在动物体内转化途径

正己烷及其代谢产物自肺呼出和经肾由尿排出，人肺排出正己烷 $50\%\sim60\%$。大鼠在正己烷 $1760\sim35\,200$ mg/m^3 浓度下吸入 6 小时，其在肾半衰期为 $5\sim6$ 小时。

四、毒性概述

（一）动物实验资料

1. 急性毒性　正己烷大鼠经口 LD_{50} 为 $15\sim30$ g/kg，吸入 LC_{50} 为 271 g/m^3，小鼠吸入 2 小时 LC_{50} 为 $120\sim150$mg/m^3，麻醉浓度为 100g/m^3. 大、小鼠急性中毒首先出现呼吸道刺激症状，继而麻醉，最终呼吸衰竭而死亡。

2. 亚急性与慢性毒性　小鼠吸入正己烷 100mg/m^3，每周 6 天，历时 3 年，未引起神经病理改变；250mg/m^{3}引起轻度神经病理改变；500mg/m^{3}出现肌肉萎缩。

据 Khedun 报道，大鼠长期吸入正己烷可导致室颤阈值和心肌镁、钾水平下降。电镜检查认为，正己烷致室颤阈值下降与心肌病理改变有关。大鼠皮下注射正己烷 30 天后病理学超微检查可见心肌纤维改变。

3. 致突变　按照 0.001、0.0033、0.010、0.033、0.100 和 0.333 毫克/皿剂量，检测正己烷对 TA1535、TA1537、TA97、TA98 和 TA100 菌株的致突变性，在加或不加 S9 活化系统的条件下，其结果均为阴性。正己烷对中国仓鼠卵巢（CHO）细胞染色体畸变试验为阴性，而对姐妹染色单体交换试验为阳性。

4. 致癌　雄性新西兰白兔每天 8 小时，每周 5 天，连续 24 周吸入 3000 mg/L 正己烷，在清洁空气中恢复 120 天后，检测发现肺无纤毛支气管上皮出现乳头瘤。

（二）流行病学资料

某平板印刷厂的 56 名工人接触正己烷，20 名患有周围神经炎（36%），另有 26 名有亚临床的神经病症状（46%）。最初是感觉神经的阈值下降，后发展到运动神经阈值降低，运动神经传导速率下降，但末梢神经运动神经传导速率增加。重症患者的腓肠肌病理切片，发现神经轴突膨胀，其中充实着 10nm 神经纤维细丝，髓鞘变薄，结节变宽。

（三）中毒临床表现及防治原则

1. 急性中毒　　吸入高浓度的正己烷可引起眼、呼吸道刺激症状，可有恶心、头痛、咽部刺激、眩晕等，以及中枢神经系统麻醉症状，甚至意识不清，严重者可发生化学性肺炎和肺水肿。口服可出现恶心、呕吐等消化道刺激症状，并可出现呼吸道刺激症状。摄入 50 g 可致死。溅入眼内可引起结膜刺激症状。

2. 慢性中毒　　临床以多发性周围神经损害为主要表现。

长时间、低浓度接触正己烷可引起多发性周围神经病。本病起病隐匿而缓慢，从接触到发病 3～28 个月，病程 6～30 个月不等，多为感觉运动型多发性周围神经病。临床通常有约 1 个月的潜伏期，随后表现出食欲不振、头昏、体重下降等前驱症状，继而出现"触电样"、"蚁走样"及"胀大变厚"等感觉异常，后出现感觉、运动障碍。

正己烷中毒患者可出现眼底异常，主要表现为视乳头变细，色泽变淡，边缘模糊。近来，又有学者观察到，正己烷中毒患者可有眼部干涩、视物模糊、流泪、视力下降，以及周边视野缩小，但认为是正己烷毒性刺激所致，而非视神经受损。

1992 年，Khedun 发现 1 名南非儿童长期嗜吸正己烷后因心室纤颤猝死。1994 年，Murata 等发现 30 名长期接触正己烷的工人有心电图异常情况，心自律神经尤其是副交感神经兴奋性出现改变。近来，国内报道正己烷中毒者出现窦性心动过速、过缓和不齐，个别早搏、T 波低平、电轴逆转以及肢体导联低电压。

陈嘉斌等选取慢性正己烷中毒患者 33 人，接触正己烷 1 个月到 7 年的员工 66 人作为接触组，无毒物接触史 30 人作为对照组，全部对象乙型肝炎表面抗原均阴性。进行肝功能和肝 B 超检查，结果发现，中毒组 5 人 ALT 升高，8 人碱性磷酸酶（ALP）升高；接触组 5 人 ALP 升高；中毒组球蛋白（GP）异常高；接触组和中毒组肝 B 超回声稍粗，与对照组比较差异有统计学意义（$P < 0.05$），接触时间越长，肝 B 超回声增粗的比例越大，显示肝纤维化率高，提示接触

正己烷有肝损害可能。

正己烷有强烈的去脂和刺激作用，可使皮肤潮红、水肿、发凉及皮肤粗糙。

3. 防治原则　急性中毒多因短期接触大量正己烷，患者迅速出现急性中毒性脑病为主的临床症状，并伴有呼吸和黏膜刺激症状，排除其他中毒易于诊断。一般对症处理与其他急性中毒处理原则相同。慢性中毒患者多发生多发性周围神经病，按内科综合处理。就业体检除外周围神经病患者。定期体检一年一次。工作场所注意通风。个人应佩戴防护手套和穿防护服。

五、毒性表现及机制

欧阳江等（2009 年）将正己烷用腹腔注射方式染毒雌性 Wistar 大鼠（162、566、1980 mg/kg），1 次/天，每周 5 天，持续 7 周。测定大鼠动情期、血清卵泡刺激素（FSH）、黄体生成素（LH）、雌二醇（E_2）、孕酮（P）含量，观察子宫、卵巢脏器系数，以及子宫内膜腔上皮厚度。发现随着染毒剂量的增大，大鼠均不同程度地出现动情期的延长，而且各组与对照组的差异均有统计学意义（$P < 0.05$）；与对照组相比，卵巢脏器系数升高；各染毒剂量组子宫内膜腔上皮厚度与对照组相比降低；各染毒剂量组大鼠血清 FSH、LH、E_2 和 P 水平与对照组相比无统计学意义。推测正己烷能引起明显的雌性性腺毒性，卵巢是其毒作用的重要靶器官之一。

庞芬（2009 年）以 0、3.0、15.1、75.8ml/m³ 正己烷，用静式吸入染毒方式处理 ICR 小鼠。结果发现（1）正己烷使卵巢湿重及其脏器系数明显降低，动情后期明显缩短及动情周期异常发生率明显上升，各级卵泡发育紊乱。（2）正己烷可明显降低血清 P 水平，卵巢切碎组织培养液中 E_2 和 P 水平明显下降。正己烷对卵巢性激素分泌功能的直接抑制作用可能是其内分泌干扰作用的重要机制。（3）正己烷对子宫 E 受体、卵巢 P 受体表达没有明显影响。（4）正己烷染毒后，卵巢对超量促性腺激素反应机能（超数排卵）明显下降。（5）正己烷导致卵巢细胞凋亡，诱导卵巢颗粒细胞凋亡可能是正己烷对卵巢损伤的重要机制之一。

曹静婷（2007 年）观察正己烷静式吸入染毒对雌性 SD 大鼠卵巢和雄性睾丸所致的病理变化，结果发现随染毒时间延长，染毒组的睾丸或卵巢中 SOD、GSH、GSH-Px 活力均降低，而 MDA 含量升高，尤以 7 天染毒组最为明显，差异有统计学意义（$P<0.01$），显示正己烷染毒诱发卵巢和睾丸所致的不同程度的氧化性损伤。镜下观察发现 7 天染毒组大鼠卵巢和睾丸，以及卵原细胞和精母细胞超微结构出现明显异常。认为正己烷吸入染毒对雌、雄性大鼠性腺及发育中的生殖细胞的损伤作用，可能与脂质过氧化作用有关。

据 Nylén 报道，将大鼠在 1000 mg/L 正己烷中染毒 61 天后，分别在停止染毒后 10 个月和 14 个月检测睾丸及其生精细胞的形态和功能的变化，发现睾丸严重萎缩，影响生精小管功能，导致神经生长因子-免疫反应性生殖细胞系（nerve growth factor-immunoreactive germ cell line）缺失；停止染毒 14 个月后，所有各种生精细胞系均没有检测到，表明睾丸组织受到了不可逆性损伤。De Martino 的研究也证实了正己烷对大鼠睾丸有类似的的损伤作用。

Daughtrey 将雌、雄两性 SD 大鼠在 0、900、3000、9000 mg/L 商用己烷，每天 6 小时，每周 5～7 天，共 10 周。并贯穿雌雄 SD 大鼠交配，以及雌性 SD 大鼠受孕和哺乳，发现只有在 9000 mg/L 染毒组的 F1 和 F2 子鼠在此染毒期间体重和增重出现下降，其他生殖参数未出现变化。

（谭壮生）

第三节　1,2-二溴-3-氯丙烷

一、理化性质

1,2-二溴-3-氯丙烷（1,2-Dibromo-3-chloropropane，DB-CP），纯净时为无色液体，工业品为琥珀色至暗棕色，有刺鼻气味。可燃。具有挥发性。在火焰中释放出刺激性或有毒烟雾（气体）。

二、来源、存在与接触机会

自然界中无天然生成的 DBCP。工业上用 3-氯丙烯与溴进行加成反应制成本品。可用作土壤杀菌剂和杀虫剂，特别对于线虫防治有显著效果。20 世纪 70～80 年代初在我国广泛应用。由于它对男性生殖系统有很强的毒性作用，可致男性不育，我国已于 1986 年禁止生产使用。

三、吸收、分布、代谢与排泄

DBCP 可迅速并大量地通过胃肠道被吸收。经灌胃 DBCP（水为溶剂）大鼠吸收遵循一级动力学，超过 10mg/(kg·d) 无剂量依赖性，5～40 分钟后血液 DBCP 达峰值。用 ^{14}C-DBCP，通过胃肠道约 99% 吸收，只有 0.223% 的放射活性出现在大鼠粪便中。

^{14}C-DBCP（玉米油为溶剂）经口染毒的大鼠，未代谢的 ^{14}C-DBCP仅蓄积在脂肪组织中，代谢中间产物在大多数组织中均可检测到，可能是通过活性代谢物与生物大分子结合，最大放射活性在染毒 6～20 小时后在肝和肾中检测到。

DBCP 在大鼠体内先转化为环氧衍生物，再进一步水解和脱溴，溴蓄积在肾中。其他代谢物环氧氯丙烷和 3-溴-1,2-环氧丙烷可进一步代谢为草酸。尿中可检测到硫醇尿酸，表明代谢中间产物同非蛋白巯基发生了反应。环氧中间产物与非蛋白巯基的结合可发生在大鼠的肝、肾、肺、胃和睾丸。肝非蛋白巯基的耗竭程度较高提示肝是一个主要的谷胱甘肽与 DBCP 代谢物的结合位点（图 13-3）。谷胱甘肽预防给药可保护大鼠防止 DBCP 引起的肝坏死。

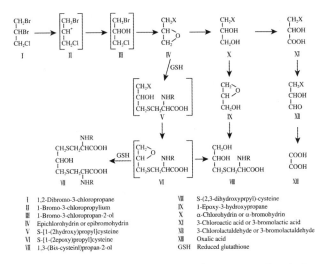

I   1,2-Dibromo-3-chloropropane
Ⅱ   1-Bromo-3-chloropropylium
Ⅲ   1-Bromo-3-chloropropan-2-ol
Ⅳ   Epichlorohydrin or epibromhydrin
Ⅴ   S-[1-(2hydroxy)propyl]cysteine
Ⅵ   S-[1-(2epoxy)propyl]cysteine
Ⅶ   1,3-(Bis-cysteinl)propan-2-ol

Ⅷ   S-(2,3-dihydroxyprpryl)-cysteine
Ⅸ   1-Epoxy-3-hydroxypropane
Ⅹ   α-Chlorohydrin or α-bromohydrin
Ⅺ   3-Chloroactic acid or 3-bromolactic acid
Ⅻ   3-Chlorolactaldehyde or 3-bromolactaldehyde
ⅩⅢ   Oxalic acid
GSH Reduced glutathione

引自：Jones AR，Fakhouri G，Gadiel P. Experientia，1979.

图 13-3 DBCP 在大鼠中的代谢

大鼠经口染毒[14]C - DBCP，3 天内 55％放射活性出现在尿中，18％在粪便，19.5％以二氧化碳的形式出现在呼出气中，不到 1％以 DBCP 原型呼出。

四、毒性概述

（一）动物实验资料

1. 急性毒性 DBCP 经口 LD_{50}：小鼠 $180\sim620mg/kg$，大鼠 $150\sim370mg/kg$；经皮 LD_{50}：家兔 $1420\sim2000mg/kg$；吸入 LC_{50}：大鼠吸入（1h）368 mg/m^3，吸入（2h）232mg/m^3，吸入（4h）154mg/m^3，吸入（8h）103mg/m^3。

2. 慢性毒性 F344 大鼠和 B6C3Fl 在 DBCP 不同浓度下小鼠进行的慢性吸入毒性实验中，以每天 6 小时，每周 5 天染毒，13 周时，

25mg/m³ 染毒组大鼠开始出现死亡率增加，1mg/m³ 染毒组大鼠和 5mg/m³ 染毒组小鼠鼻腔出现巨大细胞和增生，1mg/m³ 及 5mg/m³ 染毒组大鼠出现肝细胞水肿，而 25mg/m³ 染毒组大鼠出现肝灶状坏死和再生，1mg/m³ 染毒组大鼠和 25mg/m³ 染毒组小鼠出现肾小管上皮增生和肾病变；80～107 周时 3mg/m³ 染毒组大鼠和 0.6mg/m³ 染毒组小鼠出现胃上皮增生和过度角化。

3. 致突变   Ames 试验中，DBCP 经 S9 代谢活化后 TA1535，TA100 和 TA98 回复突变试验阳性，未经 S9 代谢活化则为阴性。DBCP 可引起中国仓鼠肺成纤维细胞（V79）细胞姐妹染色单体交换率增加，中国仓鼠卵巢细胞姐妹染色单体交换率和染色体畸变率增加。DBCP 能引起果蝇隐性伴性致死试验阳性。

4. 致癌   F344 大鼠吸入染毒 84～103 周（6h/d，5d/W）可在多个部位引起肿瘤：两种性别大鼠均可引起鼻腔癌和鳞状细胞癌以及舌鳞状细胞乳头状瘤；雌性乳腺纤维腺瘤和肾上腺皮质腺瘤，雄性皮肤腺瘤和睾丸鞘膜间质瘤。但 B6C3Fl 小鼠以同样剂量吸入染毒 76～103 周仅引起呼吸道肿瘤。大鼠 24～30mg/（kg.d），小鼠 120～260mg/（kg.d）经口慢性染毒，每周 5 天，共 78 周，约 90% 小鼠和 60% 大鼠发生前胃鳞状细胞癌；雌性大鼠 54% 有乳腺癌。经皮染毒 390mg/kg，每周 3 次共 85 周可引起 Ha：ICR 瑞士小鼠肺良性乳头状瘤、胃癌和胃乳头状瘤。国际癌症研究所（IARC）1987 年将 DBCP 归入 2B 类，人类可能致癌物。

（二）中毒临床表现及防治原则

1. 急性中毒   急性经口中毒潜伏期为 10 分钟至 3 小时，先有消化道症状：口咽部充血，上腹灼热，恶心、呕吐。继后出现神经系统和肝、肾受损表现：萎靡不振、黄疸、发热、肝大有触痛或肝缩小、无尿，最后迅速死于急性肝、肾衰竭。

2. 慢性中毒   男性接触本品主要引起生殖系统损害，无精子或精子缺乏，不育。

3. 防治原则   对本品急、慢性中毒无诊断与处理原则。

吸入防护，使用局部排气或呼吸防护用器。皮肤防护，使用防护手套，防护服。眼防护，使用安全护目镜或眼防护结合呼吸防护用器。

五、毒性表现

DBCP 的生殖毒性是在 1961 年对大鼠的研究首次发现的。但直到 1977 年报道在美国加州从事农药生产的许多男性工人发生不育症，可能的诱因为 DBCP，主要的损害为精子减少或缺乏，并伴有血液中卵泡刺激素（FSH）和间质细胞刺激素（ICSH）水平的增高，从而在临床上确定了 DBCP 对睾丸的毒性。

（一）动物实验资料

Rao 等在 1982 年应用新西兰雄兔吸入染毒 DBCP（剂量为 0.1、1.0 或 10.0mg/m³，6h/d，5d/W，共 14 周），发现 10.0mg/m³ 组雄兔死亡率很高，对生殖系统的毒性表现为睾丸重量下降、精子数减少、双侧睾丸萎缩、血清 FSH 升高。1983 年，Rao 等用同样剂量和方法染毒 SD 雄性大鼠，未观察到明显的全身临床症状或体重增加的变化，但发现相似的对生殖系统的损伤作用，表现为睾丸重量降低和萎缩。Chapin 等采用 CD-1 小鼠进行 DBCP 的两代繁殖实验，灌胃染毒雌鼠和雄鼠，剂量为 0、25、50、100mg/kg，未见对体重增加的影响，在 DBCP 高剂量染毒组（100mg/kg）观察到引起 F1 代雄性大鼠成年后相对肝重增加，附睾和前列腺重量减轻的作用。使用孕大鼠以 DBCP 染毒至 50 mg/(kg·d) 未发现致畸作用，但可使死胎增加。另一项研究表明 DBCP 有母体毒性，孕 SD 大鼠体重增长明显降低。

（二）流行病学资料

DBCP 可引起接触人群的男性发生无精子症或精子减少症，并与DBCP 的接触时间存在明显相关。睾丸活检结果提示生精小管为主要受损部位。而 DBCP 损伤后，男性生殖功能的恢复更为人们所关注。Olsen 等学者对美国阿肯色州一个生产 DBCP 化工厂的工人进行了随访观察，这个化工厂在 1976 年 1 月到 1977 年 8 月间生产 DBCP，1977 年夏天的体检发现 30 名男工无精子，17 名男工为少精子症，随后对这 47 人进行了 11 年的随访观察，26 名无精子的男工中有 17 人

（占 73%）恢复生精能力，其中 13 人虽达到正常精子数，但精子平均数目只有 17 名少精子症恢复后数目的一半。此外，还观察到 11 年后无精子者睾丸减轻随精子数目的恢复而至正常。另一项研究的对象为 15 名工人，他们在生产中接触 DBCP 引起了睾丸功能障碍，在随后的 17 年中对他们的睾丸功能和生殖结局进行了重新评价。结果：无精子的 9 人中有 3 人尽管未接受恢复性治疗，但精子数量在 36 到 45 个月时恢复，血浆中 FSH 和 ICSH 显著升高，严重受损工人的睾酮水平未见显著性降低，同时父亲接触 DBCP 未见使其妻子自然流产和出生缺陷增加。

国内付爱玲等的研究表明，DBCP 所致的男性不育症，在脱离 DBCP 作业后 8 年，精子总数及活动力恢复，认为 DBCP 没有不可逆的睾丸功能损害。史懋功等报道，国内某氯碱厂于 1976 年 1 月至 1982 年 7 月生产 DBCP，工厂不同地方 DECP 浓度从 1.5~20.0mg/m³ 不等。1981 年 4 月对全部 9 名男工进行精液检查，结果 6 名无精子。经治疗后，其中 1 名（DBCP 作业工龄 1 年 6 个月）于 1983 年 4 月查精液部分恢复，其妻于 1984 年生一健康男孩。另外 5 名无生育。对这 5 名未生育男工的调查如下：初次接触 DBCP 年龄在 18~25 岁，平均年龄 22 岁，作业时间最长为 4.83 年，最短为 2.25 年，平均为 4.02 年。从 1981—2000 年共进行 9 次精子检查，均未发现精子；1986 年对其中 3 名工人进行了睾丸活检，病理诊断为睾丸重度发育不良，2000 年对 5 名工人进行睾丸活检，病理诊断为睾丸重度萎缩，表现为曲细精管缩小，曲细精管上皮重度硬化合并间质纤维化；生精细胞层数减少至 1 层（正常为 5~8 层），精母细胞明显减少并严重萎缩，初级精母细胞、次级精母细胞、精子细胞、精子消失；无明确间质细胞。同时血清睾酮水平明显降低，FSH，ICSH 水平明显升高。该研究提示 DBCP 所造成的睾丸损害是永久性的。

六、毒性机制

DBCP 对睾丸功能的损害机制不完全清楚，有以下几项研究结果：(1) DBCP 使精子半胱氨酸的巯基（–SH）被羟基化后阻止了双硫键的形成，妨碍了精母细胞中染色体的正常缩合，也可能导致染色体的破裂，即生殖系统的损害是羟基化作用的结果。(2) 由于线粒体电子传递链中 NADH 脱氢酶活性的抑制阻碍了精子碳水化合物代谢，造成精子的毒性。(3) 与 DNA 损伤密切相关。Christine 采用人类器官捐献者和大鼠的睾丸细胞探讨 DBCP 引起睾丸损伤的机制。结果显示，DBCP（$3 \sim 300 \mu mol/L$）作用于人睾丸细胞虽未见引起显著性 DNA 损伤，但代谢物共价结合率则预示 DBCP 引起人睾丸细胞 ssDNA 断裂的趋势；而在大鼠睾丸细胞，随剂量增加碱基位点断裂（ssDNA 断裂）而增加。低剂量 DBCP 引起人睾丸细胞 ssDNA 断裂提示，与 DNA 损伤比较，ssDNA 断裂为不同的 DBCP 反应代谢产物与细胞大分子结合，也可能与人或大鼠睾丸细胞 DNA 修复率的差异有关。(4) DBCP 与谷胱甘肽结合，进一步形成活性 episulphonium 离子，从而引起靶分子的直接烷基化。因此与在肝中 DBCP 与谷胱甘肽结合的解毒机制相反，在睾丸与谷胱甘肽结合可产生毒性。

（李 煜 张敬旭 常元勋）

主要参考文献

1. Neal BH, Collins JJ, Strother DE, et al. Weight-of-the-evidence review of acrylonitrile reproductive and developmental toxicity studies. Crit Rev Toxicol, 2009, 39 (7): 589-612.

2. Nemec MD, Kirkpatrick DT, Sherman J, et al. Two-generation reproductive toxicity study of inhaled acrylonitrile vapors in Crl: CD (SD) rats. J Toxicol, 2008, 27 (1): 11-29.

3. Ghanayem BI, Nyska A, Haseman JK, et al. Acrylonitrile is a multisite carcinogen in male and female B6C3F1 mice. Toxicol Sci, 2002, 68 (1): 59-68.

4. Zhang H, Kamendulis LM, Klaunig FE. Mechanisms for the induction of oxidative stress in Syrian hamster embryo cells by acrylonitrile. Toxicol Sci, 2002, 67 (2): 247-255.

5. Wang H, Chanas B, Ghanayem BL. Cytochrome P450 2E1 (CYP2E1) is essential for acrylonitrile metabolism to cyanide: comparative studies using CYP2E1-

null and wild-type mice. Drug Metab Dispos，2002，30（8）：911-917.

6. Quast JF. Two-year toxicity and oncogenicity study with acrylonitrile incorporated in the drinking water of rats. Toxicol Lett，2002，132：153-196.

7. Xu DX，Zhu Qx，Zheng LK，et al. Exposure to acrylonitrile induced DNA strand breakage and sex chromosome aneuploidy in human spermatozoa. Mutat Res，2003，537：93-100.

8. 王宁，荣顺兴，周元陵，等. 丙烯腈对大鼠的子宫增重作用. 环境与职业医学，2005，22（1）：33-35.

9. 孙美芳，徐德祥，朱启星，等. 职业接触丙烯腈引起的男性生殖毒作用. 中华劳动卫生职业病杂志，2003，21（4）：281-282.

10. 金沈雄，钟先玖，吴鑫，等. 丙烯腈对男工性激素水平的影响. 工业卫生与职业病，2005，31（4）：226-231.

11. 黄简抒，吴鑫，钟先玖. 丙烯腈对雄性大小鼠血清中性激素水平的影响. 工业卫生与职业病，2005，31（4）：237-240.

12. 陈亚，李福轮，马国燕，等. 丙烯腈对小鼠精液运动参数的影响. 生态毒理学报，2010，5（5）：711-717.

13. 黄简抒，钟先玖，吴鑫，等. 丙烯腈对大鼠睾丸抗氧化酶活性和脂质过氧化水平的影响. 中华劳动卫生职业病杂志，2005，23（2）：136-138.

14. 钟先玖，吴鑫，周元陵，等. 丙烯腈对大鼠睾丸中雄激素结合蛋白和抑制素基因表达的影响. 环境与职业医学，2005，22（5）：414-416.

15. 钟先玖，吴鑫，韩志英，等. 丙烯腈对原代双室培养的大鼠睾丸支持细胞的毒性. 环境与职业医学，2006，23（1）：18-20.

16. 黄简抒，吴鑫，钟先玖. 丙烯腈对蟾蜍睾丸精原细胞 DNA 的诱导损伤. 工业卫生与职业病，2006，32（3）：158-160.

17. 钟先玖，吴鑫，阮素云，等. 丙烯腈对雄性大鼠睾丸组织病理和超微结构的影响. 工业卫生与职业病，2006，32（3）：167-170.

18. 肖卫，刘小宁. 丙烯腈对小鼠睾丸组织形态学的影响. 中华劳动卫生职业病杂志，2006，24（3）：188.

19. 肖卫，李昆，刘小宁. 丙烯腈对雄性小鼠的生殖毒性作用. 工业卫生与职业病，2005，31（4）：241-244.

20. 黄文琪，肖卫. 丙烯腈遗传毒性和致癌性研究进展. 中华劳动卫生职业病杂志，2007，25（3）：176-179.

21. 欧阳江，刘瑾，庞芬，等. 正己烷对雌性大鼠性腺毒性作用实验研究. 海峡预防医学杂志，2009，15（4）：4-6.

22. 庞芬. 正己烷雌（女）性性腺生殖毒性与生殖内分泌干扰作用研究. 福州：福建医科大学，2009.

23. 曹静婷，黄中新，程欣，等. 正己烷静式染毒致 SD 大鼠生殖腺损伤. 中华劳动卫生职业杂志，2007，25（5）：275-278.

24. 沈齐英，刘录. 正己烷致大鼠脂质过氧化损伤的研究. 环境与健康杂志，2001，18（2）：86-88.

25. 黄先青，李来玉. 正己烷的毒理学研究概况. 职业与健康，2003，19（1）：10-12.

26. 何为，余慧珠. 正己烷中毒研究进展. 上海预防医学杂志，2006，9（18）：473-476.

27. 李来玉，黄建勋，邝守仁. 正己烷的毒理学研究近况. 中国职业医学. 2000，5（27）：42-44.

28. 吴安生. 正己烷的职业性危害及防治进展. 海峡预防医学杂志，2003，2（9）：27-29.

29. 傅绪珍，李思惠，蒋虹倩. 慢性正己烷中毒致周围神经损害 16 例. 职业卫生与应急救援，2007，1（25）：46-47.

30. Issever H, Malat G, Sabuncu HH, et al. Impairment of colour vision in patients with n-hexane exposure-dependent toxic polyneuropathy. Occup Med, 2002, 52：183-186.

31. 史懋功，战波，崔毅等. 二溴氯丙烷对男性生殖系统损害的调查. 中华劳动卫生职业病杂志，2001，19（6）：461-462.

32. 付爱玲，蒋绪亮，杨爱华. 二溴氯丙烷致男性不育的动态观察. 中国工业医学杂志，1999，12（3）：152-153.

第十四章

醇类与醛类

第一节 乙 醇

一、理化性质

乙醇（ethanol）俗称酒精，为无色、透明、易燃、易挥发的液体。有特殊的芳香气味。易溶于水，易挥发，且可以与乙酸、丙酮、苯、四氯化碳、氯仿、乙醚、乙二醇、甘油、硝基甲烷、吡啶和甲苯等溶剂混溶。

二、来源、存在与接触机会

环境中的乙醇自然来源主要是动物废料、植物、昆虫、森林火灾、微生物和火山排放的乙醇，以及自然界淀粉、糖类的发酵而制备的乙醇。人为来源主要是酒精性饮料、变性醇、药物制剂、香水等的生产过程中排放，以及乙醇作为溶剂、燃料添加剂、杀菌剂和植物调节剂等而被排放到环境当中。人们主要通过以下 3 个途径接触乙醇。

生活性接触主要是指饮用含酒精的饮料，是人类接触乙醇最主要的途径。职业性接触主要是指劳动者在生产或使用乙醇的工作场所中因吸入或经皮肤接触吸收乙醇。研究表明，人群可以通过吸入周围空气吸入或经皮肤吸收乙醇。随着在汽车燃料中添加乙醇，环境中乙醇含量增加，人群从周围环境中接触乙醇的机会增加。

三、吸收、分布、代谢与排泄

乙醇可以经呼吸道、消化道以及皮肤吸收入机体。经呼吸道吸收的乙醇由肺泡空气进入肺部血液，乙醇在肺泡空气和血液之间的分布取决于扩散速率、蒸气压以及肺毛细血管中乙醇的浓度等。经消化道摄入的乙醇，80%被小肠吸收，20%经胃吸收。空腹或乙醇的浓度高时，胃的吸收量增加。一般情况下，经消化道摄入乙醇后，健康成人30～60分钟能吸收80%～90%，摄入食物会使吸收延迟4～6小时。动物实验发现，乙醇与豚鼠的皮肤接触19小时以后，约有1%的乙醇透过皮肤吸收入体内。人体经皮肤吸收乙醇主要发生于生产或使用乙醇的工作场所，但渗透率不足以引起严重的中毒。

无论由何种途径进入体内的乙醇可分布于全身，并能通过血脑屏障进入大脑。其分布量与组织含水量成正比，用^{14}C-乙醇研究其急性中毒时体内分布情况，结果发现其含量按以下顺序递减：肝、脾、肺、肾、心、脑和肌肉，血浆中的浓度略高于红细胞中的浓度。乙醇可通过胎盘屏障进入胎盘循环。

乙醇进入体内约95%在体内代谢，其余以原形经肾由尿或由肺排出。乙醇在体内存在3条氧化代谢途径：醇脱氢酶（ADH）途径、微粒体乙醇氧化（MEOS）途径以及过氧化氢酶（CAT）途径。其中以醇脱氢酶（ADH）途径代谢为主，与其毒性机制密切相关，可分为三个步骤进行，首先氧化为乙醛，这一阶段速率恒定，是决定乙醇在体内消除速率的主要步骤；第二步乙醛继续氧化为乙酸；最后再由乙酸氧化形成二氧化碳和水。另外乙醇在体内还可以通过微粒体乙醇氧化系统、过氧化氢酶降解系统以及膜结合离子转运系统等3条非氧化途径进行代谢。

$$CH_3CH_2OH + NAD^+ \xrightleftharpoons{ADH} CH_3CHO + NADH + H^+$$
$$CH_3CHO + NAD^+ \xrightarrow{ALDH} CH_3COOH + NADH + H^+$$
$$CH_3COOH \longrightarrow CH_3CScoA \longrightarrow CO_2$$
$$\underset{O}{} \longrightarrow 脂肪酸$$
$$\longrightarrow 酮体$$
$$\longrightarrow 胆固醇$$

乙醇代谢成乙醛需要三种酶参加。①乙醇脱氢酶，催化乙醇氧化代谢成乙醛，这是乙醇最主要的代谢途径。肝细胞的胞浆中具有很高水平的乙醇脱氢酶。尽管人类肝乙醇脱氢酶在乙醇氧化中起很大作用，但大鼠乙醇毒物动力学模型研究表明，低剂量乙醇摄入时，肝和胃乙醇脱氢酶在乙醇的首过消除中都发挥作用，并且胃乙醇脱氢酶发挥作用较大。乙醇脱氢酶的氧化代谢是可逆的，但乙醛很快在醛脱氢酶的催化下代谢成为乙酸。肝线粒体中的醛脱氢酶是主要的乙醛清除酶。②过氧化氢酶，利用 NADPH 氧化酶和黄嘌呤氧化酶产生的 H_2O_2 来催化乙醇的氧化反应。通常肝细胞中 H_2O_2 的含量极少，因此过氧化氢酶可能只参加不足 10% 的乙醇代谢反应。③乙醇诱导性细胞色素 P450，是肝乙醇氧化系统的主要组成部分。

约 95% 的乙醇在体内代谢，余下的 10% 则通过呼出气、尿液、汗液和粪便排出体外。

四、毒性概述

（一）动物实验资料

1. **急性毒性**　小鼠吸入 7 小时 $55g/m^3$ 的乙醇，麻醉死亡；经口 LD_{50} 为 $9.5g/kg$；皮下及静脉注射 LD_{50} 分别为 $3.2g/kg$ 及 $2.0\sim2.8g/kg$。大鼠吸入 $4.12g/m^3$ 的乙醇 9.8 小时后，出现深度麻醉死亡，浓度减半时半小时未见毒性反应；大鼠经口、皮下、静脉注射 LD_{50} 分别为 $13.7g/kg$、$5\sim6g/kg$、$1.9\sim4.2g/kg$。狗经口或静脉注入乙醇 LD_{50} 分别为 $5.5\sim6.6g/kg$ 及 $4.9g/kg$。兔经口、经皮 LD_{50} 分别为 $7.06g/kg$、$7.34g/kg$。有实验表明某些动物在乙醇中毒时，脑血液循环自动调节功能发生障碍，脑局部血流量减少，导致脑局部的缺血性脑血管病变。

2. **慢性毒性**　大鼠、小鼠及家兔吸入 $8\sim13g/m^3$ 乙醇蒸气，每天作用 4 小时，$4\sim8$ 个月内对乙醇的敏感性增高，阈浓度下降至 $1/16\sim1/8$。但其他试验条件下开始时产生为期不长的习惯性，直至 $6\sim8$ 个月后才转为敏感性增强，对感染的抵抗力降低。染毒停止后，经过几个星期又逐渐恢复正常。Albano 等发现，慢性乙醇染毒的大鼠中，羟乙基自由基与肝微粒体蛋白的共价结合明显增加，肝细胞中羟乙基自由基-蛋白加合物可诱导免疫反应，进一步加重慢性乙醇中毒的肝损伤。

3. 致突变　对鼠伤寒沙门菌试验阴性。小鼠经口给予 $1\sim1.5\text{g}/$（kg · d），2 周，显性致死实验阳性。

4. 致癌　动物实验发现，乙醇可以诱导动物不同部位癌症的发生，包括口腔、舌头及嘴唇等部位肿瘤。

（二）流行病学资料

饮酒是中国人生活中非常重要的一个部分，从 1952 年至今，我国的酒精产量增加了 50 多倍。酒精依赖的患病率也显著升高，在精神疾病患病率中已经位居第三位。世界卫生组织 2002 年的一项报告认为 1990 年中国酒精消耗导致约 114 000 人死亡，212 万寿命年以及 485 万伤残调整寿命年损失。我国最早的关于酒精依赖的现场研究是在 20 世纪 80 年代，被调查的 15 岁以上人群中只有 6 例被诊断为酒精依赖（0.016％），而 2003 年的一篇研究报告显示，被调查人群的酒精依赖发生率约为 3.87％（其中男性为 6.5％，女性为 0.2％），胃炎、胃溃疡的发病率为 7.9％。酒精对肝有明显的毒性作用，重度饮酒者中 90％～100％有一定程度的脂肪肝，10％～35％可发展成酒精性肝炎，8％～20％将发展为肝硬化。美国酒精性肝病死亡居第 10 位，每年 1500～2000 人死于酒精性肝病。我国酒精性肝病在所有肝病中的比例有逐年增加趋势，1994—2003 年吉林大学第一医院消化内科 237 例酒精性肝硬化临床分析显示，酒精性肝硬化占肝硬化发病总数的百分比，已从 1999 年 10.8％上升为 2003 年 24.0％，其他许多流行病学调查也显示出同样的趋势。Lankisch 等统计过去 50 年中不同国家 20 个关于急性胰腺炎的研究，结果表明，酒精在急性胰腺炎发病因素中占 31.7％，仅次于胆道因素（41％）。酒精与慢性胰腺炎密切相关，慢性胰腺炎发生率与饮酒量及持续时间呈正比，近 10％的酗酒者最终发展成慢性胰腺炎，在发达国家 60％～90％慢性胰腺炎由酒精引起。

在一项由 276 000 名美国男性组成的队列研究中，总的致癌危险性随着酒精消耗量的增加而呈增高趋势。Tanaka 等进行的一项系统综述中发现，纳入研究的 22 项队列研究和 24 项病例对照研究中，分别有 14 项和 19 项报告了酒精与肝癌之间的或强或弱的阳性关系。国际癌症研究所（IARC）将乙醇归入 1 类，人类致癌物。乙醇致人类口腔癌、咽喉癌、食管癌和肝癌。

（三）中毒临床及防治原则

1. **急性中毒**　酒精对心血管系统的主要影响主要表现为心动过速，高血压，纤维性颤动，心脏扩大，狭心症，胸痛，充血性心力衰竭，窦性心动过速，室上性心动过速，室性心率不齐，血管扩张等。

酒精对肌肉和骨骼的主要影响有急性横纹肌溶解症、急性酒精中毒性肌病伴低钾血症、骨生长抑制、骨发育迟缓、骨密度降低、骨质疏松、骨坏死、骨折修复抑制等。

临床上急性酒精中毒分为三期：（1）兴奋期。感头痛、欣快、兴奋。（2）共济失调期。肌肉运动不协调。（3）昏迷期。进入昏迷期，表现为昏睡、瞳孔散大、体温降低、血压下降，呼吸减慢，可出现呼吸、循环麻痹而危及生命。

2. **慢性中毒**　长期大量饮酒可导致神经系统损伤，主要表现有：韦-科综合征（Wernicke-Korsakoff Syndrome，WKS）；小脑的前蚓部、上蚓部和邻近半球叶等部位皮质变性，临床表现为走路步距增宽和躯干性共济失调，可伴有眼球震颤、发音障碍和震颤；慢性酒精中毒患者的癫痫发病率为 2%～30%；一项 1000 例酒精中毒病人进行的健康普查中发现痴呆的患病率为 9%；运动障碍主要有酒精性震颤、短暂性运动不能以及慢性或持续性舞蹈运动；慢性酒精中毒性多发神经病，临床上起病缓慢，症状及体征下肢较上肢重，可表现为感觉障碍、运动障碍以及自主神经调节功能异常；脑卒中，饮酒是脑卒中的直接危险因素，长期大量饮酒者有 44.4%发生脑血管意外。

长期过量饮酒可导致机体脂质代谢紊乱，出现高脂血症和脂肪肝，股骨头骨髓内脂肪细胞增殖肥大，骨细胞脂肪变性，骨质疏松等。这些因素可导致股骨头内小血管数量减少或阻塞，从而引起股骨头内微循环障碍而导致股骨头缺血坏死。乙醇可致卟啉病以及巨幼红细胞性贫血。乙醇对内分泌系统的影响广泛，下丘脑、垂体、睾丸、卵巢、甲状腺等内分泌腺体，以及下丘脑-垂体-性腺轴、下丘脑-垂体-肾上腺轴等反馈轴均可受到损伤。

3. 防治原则 对被确诊为急性酒精中毒的病例均给予保暖、吸氧、补液及应用保护胃黏膜的药物和对症处理。

五、毒性表现

(一) 男性生殖毒性表现

酒精可对人的精子数量、活动度、形态及功能造成明显损害。性成熟前饮酒对精子造成的影响大于性成熟后饮酒，与对照相比，性成熟前饮酒可致精子数下降46.5%，精子活动度下降36.9%，随着摄入量的增加，上述指标也分别升高，且短期大量摄入较长期低量摄入更易造成损伤。酒精引起精子形态的改变包括：头端破裂、中段膨胀和尾端卷缩。光镜观察可见输精管内充满精子细胞和极少量缺乏正常尾部的精子，精子细胞退化、吸收，致精液中无成熟精子。

对前列腺和前列腺素的影响表现为前列腺组织松软，前列腺黏液分泌增加，前列腺素分泌下降。

男性长期酗酒可致雄激素水平下降，呈高雌激素血症。高雌激素血症致发育不成熟和性征女性化，还有报告称男性睾丸萎缩、不育、性欲下降及阳萎患者70%~80%与酒精中毒有关。睾丸组织病理分析发现，睾丸组织中有不同程度的生精小管数目减少，间质间隙增大。大剂量摄入酒精可见生精小管内生精细胞排列紊乱，有的甚至广泛脱落，部分全部脱落或退化消失，管壁进一步萎缩变细，致周围间隙增宽，间质细胞弥漫增生。

(二) 对雌 (女) 性生殖的影响

妊娠前三个月是胚胎器官发生期，酒精摄入可导致子代发育异常；在受孕时和胚胎发育第1周内，酒精摄入对受精卵和胚胎产生毒性；孕4~10周酒精摄入可致胚胎中枢神经系统神经细胞变性、坏死；孕8~10周酒精摄入使胚胎分化延缓，胚胎中枢神经系统发育障碍。同时酒精摄入可引起孕妇自然流产、早产、死产和过期妊娠等不良生殖结局。饮酒孕妇出现胎盘早剥、羊水感染等妊娠并发症的发生率也明显高于不饮酒孕妇。

女性饮酒可致性激素分泌水平变化，如卵泡刺激素和黄体生成素的水平降低。在雌性大鼠发情前期的中午 12：00 和下午 1：00 之间单剂注射乙醇，并于当天下午 4：00 处死，发情前期早期的血中乙醇水平为（218±12）mg/dl，发情前期晚期的血中乙醇水平为（232±8）mg/dl。与对照组比较，乙醇导致促黄体生成素水平大幅下降，达 97％（$P<0.001$）。乙醇还显著降低了黄体生成素-释放激素（LHRH）的水平，达 49％（$P<0.01$），而 LHRH 前体的含量无变化，LHRH 与 LHRH 前体的比值也显著降低（$P<0.05$）。与对照相比，急性乙醇染毒使大鼠血清雌二醇水平降低 37％（$P<0.02$），黄体酮水平降低 47％（$P<0.001$）。

酒精中毒育龄妇女的卵巢可发生脂肪变性，排出不成熟卵细胞。大鼠喂饲 7 周含乙醇饲料，发现卵巢、子宫和输卵管发生萎缩。组织学检查可见卵巢缺乏发育良好的滤泡、黄体，出现出血体和分泌性粒层细胞，排卵受到抑制。饮酒女性月经周期提前和延后较不饮酒女性明显增多。

（三）对胎（儿）体的影响

孕妇酗酒可致胎儿出现胚胎性酒精暴露，阻碍胎儿睾酮的合成，抑制垂体释放促性腺激素，甚至会阻碍性神经核的早期发育，进而严重影响性器官和性功能的发育。长期大量饮酒的孕妇，其胎儿性器官畸形率明显高于不饮酒和少量饮酒孕妇的胎儿。畸形包括：两性畸形、阴茎和阴囊发育不良或缺失，阴蒂、阴唇、阴道肥厚，卵巢、输卵管和子宫异常等。动物实验发现，乙醇中毒雄鼠与正常雌鼠交配后，孕鼠子宫内早期胚胎吸收的数量增多，出生的仔鼠数量减少。

怀孕期间饮酒，可导致胎儿出现多种躯体、精神、行为方面的异常，称为酒精胎儿综合征。典型表现为：（1）出生前和出生后生长不足，体重、身长、头围小于正常值第三百分位数，多为中度的生长发育不良；（2）中枢神经系统功能异常，早期表现为新生儿-婴儿酒精撤药综合征：多动、哭吵、易激惹、吸吮力差、颤抖、睡眠不宁、食欲亢进、多汗，少数可见惊厥，之后表现为运动和精神发育迟缓和异常，不同年龄段均呈轻至中度智商低下，注意力难集中，视、听感和语言能力差；（3）特殊的面容特征，表现为短眼裂、鼻短、鼻孔上翻、鼻唇沟平坦、上唇缘薄、上颌平坦等；（4）多器官系统畸形，表现为：①中枢神经系统：小头畸形、无脑儿、前脑无裂、孔洞脑、脑脊膜膨出、脑积水、脑室扩大、透明中隔腔扩大、胼胝体缺如或发育不全、穿窿胼胝体间隙扩大、脑干畸形、小脑畸形、嗅脑缺如、桥脑发育不全、下橄榄体发育不全、海马连合缺如、脑白质减少、侧脑室周围异型神经细胞群、神经胶质细胞移行障碍；②胚胎瘤：成神经细胞瘤、神经节成神经细胞瘤、肾上腺肿瘤、肝胚细胞瘤、骶尾部畸胎瘤；③皮肤：血管瘤、多毛症、皮下结节、掌纹异常；④肌肉：膈疝、脐疝、腹股沟疝、直肠脱出；⑤骨骼：Klippel-Fail 综合征（先天性颈椎缺少或融合、短颈、颈运动受限）、胸骨前凹、胸廓外翻、脊柱侧弯、半脊椎、桡尺骨关节融合、屈性挛缩、指（趾）骨弯曲、第 5 指短、指甲发育不全；⑥心血管：房间隔缺损、室间隔缺损、大血管异位、法洛四联症；⑦肝：肝外胆管闭锁；⑧泌尿生殖系统：肾缺如、肾发育不全或不良、马蹄肾、肾盂积水、输尿管分裂、输尿管扩张、膀胱憩室、膀胱阴道瘘、尿道下裂、阴唇发育不全。

乙醇具有致畸作用。StuckeyE 等观察了 BALB/c 和 CBA/h 两种小鼠的乙醇致畸作用，发现前者的胚胎吸收率高、发育迟缓并常见骨骼畸形，而后者则多见骨和牙齿的畸形。

乙醇致畸的动物实验还发现，动物孕期接受乙醇刺激的时间不同，其胚胎所出现的畸形也不同。胚胎各器官都有着各自的分化时限，在其分化时限内受到乙醇刺激，最容易出现畸形，即处于分化中的器官对乙醇致畸的敏感性最高。如 Sulik-KK 在小鼠孕 7 天腹腔注射或胃灌注乙醇的水溶液，胎鼠出现小头、小鼻、短眼裂小眼等畸形；在孕 8～12 天给予同样剂量的乙醇水溶液，则主要出现类似于 DiGeorge 的颜面异常和前脑、中脑发育异常。

六、毒性机制

（一）对性激素的影响

乙醇影响下丘脑-垂体-睾丸轴。下丘脑-垂体-睾丸轴在雄性生殖方面起着重要作用，下丘脑分泌的促性腺激素释放激素（GnRH）刺激垂体分泌间质细胞刺激素、卵泡刺激素，两者作用于睾丸使之产生精子和睾酮。摄入乙醇可致血清间质细胞刺激素、卵泡刺激素和睾酮含量降低。而睾酮对生精小管的发育、生殖细胞的分化、附睾发育、上皮细胞的分泌及精子成熟等起了关键作用。睾丸中睾酮浓度的变化影响睾酮与雄激素受体结合的靶细胞的功能，从而影响生精细胞的发育和成熟。睾酮水平降低还可影响睾丸内酶的活性，使与细胞增殖有关的酶如 DNA 聚合酶、RNA 聚合酶的活性降低；影响 DNA、RNA 及蛋白质合成，从而直接影响精子的生成。乙醇可直接作用于睾丸间质细胞，使间质细胞合成和分泌睾酮的能力下降，从而使血中睾酮浓度降低。

经对 GnRH 释放机制的研究，证实乙醇可完全阻断一氧化氮生成剂硝普钠诱导的前列腺素 E2 和 GnRH 的释放。去甲肾上腺素刺激神经源性 NO 释放并扩散到 GnRH 的作用位点，从而激活鸟苷酸环化酶使环磷酸鸟苷增加，同时也激活环氧化酶和脂质氧化酶，而乙醇直接抑制环氧化酶和脂质氧化酶或通过其他机制在 GnRH 的作用位点处抑制该酶的活性，从而抑制 GnRH 的释放，致使间质细胞刺激素和卵泡刺激素明显降低。

乙醇作为一种间质细胞毒素，在增强肝 5α-还原酶活性的同时，提高了雄激素的代谢廓清率，并加速雄激素向雌激素的转化，从而导致雄激素水平低于正常，男性则呈高雌激素血症。

在 Wistar 雄性大鼠中进行的研究认为，长期喂饲乙醇可降低大鼠睾丸组织过氧化物酶增殖体激活受体 a 的表达，进一步影响外周型苯二氮䓬类受体的表达，从而影响睾酮的生物合成过程，这是乙醇抑制雄性大鼠生殖能力的可能机制之一。长期喂饲乙醇还可抑制大鼠睾丸组织雄激素结合蛋白的表达，从而影响睾酮生物学效应的发挥，这也是乙醇损害大鼠生殖能力的可能机制。

另外，长期饮酒可致机体免疫力降低，这可能是饮酒影响睾丸功能并最终对性激素产生影响的机制之一。

（二）乙醇致畸

乙醇致胚胎畸形的可能作用机制：（1）乙醇可引起胚胎细胞氧化

损伤，导致细胞过度凋亡。由于早期的胚胎细胞只有微弱的抗氧化保护机制，当乙醇代谢产生较多的自由基时，因不能及时清除而使胚胎细胞受到损伤以至凋亡。研究结果显示，经灌胃染毒，给予大鼠3000、4000mg/kg乙醇，每天一次，连续70天可使血和睾丸组织脂质过氧化产物MDA含量明显升高，抗氧化酶SOD、GSH-Px活性明显下降，抗氧化物质GSH含量明显减少，长期大量饮酒者血中LDH、LDHx和G-6-PD酶活力下降，说明乙醇及其代谢产物可致机体产生脂质过氧化作用。(2)乙醇可抑制神经营养因子的抗细胞凋亡作用，致使胚胎细胞过度凋亡而形成畸形。(3)乙醇影响BCL-2家族的表达。一般认为BCL-2通过抑制诱导凋亡的信号而在肿瘤发生中起作用。(4)乙醇可干扰维生素A的体内代谢而引起发育异常。(5)乙醇可通过损伤胎盘而引起胚胎发育异常。孕鼠灌胃乙醇溶液后，其胎盘重量较正常鼠明显增加。光镜观察发现绒毛间隙扩大、充血，白细胞浸润，蜕膜细胞中糖原颗粒减少，胎盘内的血流速度减慢。从而影响胎盘的物质交换、代谢和内分泌功能，进而影响胎体发育。除此之外，北京大学的研究人员通过建立CD-1小鼠体外全胚胎培养模型、体内致畸实验模型以及中脑细胞原代培养模型，认为乙醇可能的致畸机制还包括如下几个方面：(1)乙醇能够从基因和蛋白水平诱导胚胎中脑组织eNOS/iNOS表达，降低hsp73/NGF表达；(2)乙醇抑制胚胎中脑细胞增殖和分化，抑制中脑细胞神经纤维蛋白的表达，并诱导分化期的中脑细胞过度凋亡；(3)乙醇抑制某些特定核苷酸剪切修复元件的表达，造成胚胎发育过程中DNA损伤蓄积；(4)乙醇抑制胚胎脑线粒体的增殖和功能成熟，导致线粒体功能酶活性降低以及线粒体蛋白组分改变。有研究认为，胎儿酒精综合征的发生还可能与酒精引起的孕期脐带血缺氧、视黄酸产生减少、酸中毒等因素有关。

（三）其他作用机制

乙醇进入子宫后，在卵黄囊膜区域产生大量羟基自由基和过氧化物自由基，致使谷胱甘肽含量降低和卵黄囊细胞膜脂质流动性改变。由于卵黄囊结构与功能改变和膜表面酶的功能降低，使细胞摄取氧及其他营养物质的能力下降，阻止卵黄囊细胞进一步增殖分化。卵黄囊内的有关能量代谢、吞噬和消化功能细胞器的损害，使胚胎细胞合成蛋白质所必需的氨基酸等营养物来源减少。

大量摄入乙醇后，体内 NOS 活性和 NO 含量显著增加，而高浓度的 NO 是一种重要的凋亡诱导因子，它能抑制线粒体呼吸，引起 ATP 酶衰竭而导致多种细胞凋亡。

动物实验研究发现，与连续长期低剂量乙醇染毒相比，一次大剂量乙醇染毒时，胎体短期内暴露的血液乙醇浓度较高，对胎体造成的损伤更大。West 等进行的研究发现，分别以 12 等份和 4 等份摄入等量乙醇，以 4 等份摄入的大鼠幼仔体重和脑重较低。这提示，乙醇生殖毒性与血液中的乙醇浓度紧密相关，单次大剂量染毒所致的毒性更大。

有研究发现，乙醇单独作用于胚胎对发育分化无明显作用，而与乙醛组合时可影响胚胎的部分发育和形态分化指标。乙醇主要影响中脑、后脑、下额突器官形态分化，而乙醛主要影响前肢芽的分化。

（丛　泽　马文军）

第二节　2-乙氧基乙醇

一、理化性质

2-乙氧基乙醇（2-ethoxyethanol，2-EE），商品名溶纤剂，属醇醚类化合物。2-EE 为无色黏稠液体，有特殊气味，极易溶于水，又溶于乙醇、乙醚和液态酯等，是具有水脂兼容性的特殊液体。2-EE 在 44℃以上时可能形成爆炸性蒸气-空气混合物，具有可燃性。

二、来源、存在与接触机会

2-EE 被广泛用于制造保护性涂膜、清洗剂、提取剂和航空燃料等。我国 20 世纪 70 年代引进该技术，2-EE 作为感光液的主要成分，应用于激光照排所用的感光版（PS版）的生产。因此，2-EE的来源主要是工业生产中的职业性接触，呼吸道吸入是工作环境2-EE暴露的重要途径。此外，由于2-EE的蒸气压很低，因此，在生产环境中工人极易通过皮肤接触而吸收。

三、吸收、分布、代谢与排泄

2-EE既可以通过呼吸道吸入，也易经皮肤吸收。当呼吸道和皮肤接触同时存在时，经皮肤吸收的2-EE可达到人体吸收总量的42%。2-EE进入机体后，主要分布睾丸，60%～80%的2-EE在体内经乙醇脱氢酶（ADH）氧化为2-乙氧基乙醛，再经乙醛脱氢酶（ALDH）氧化成2-乙氧基乙酸（EAA）。另外10%～15%的2-EE则通过乙二醇-乙醇醛-乙醇酸-二羟醋酸途径代谢为草酸。主要代谢产物EAA在体内有蓄积性，其清除速率约为13.3ml/（kg·h），在体内的平均半衰期为42小时；EAA大多经肾由尿液排出体外。人体在停止接触2-EE后3～4小时出现EAA排泄的高峰。据估计，大约有75%的EE经肾由尿排出，14%从呼吸道排出。

四、毒性概述

（一）动物实验资料

1. 急性毒性 2-乙氧基乙醇属于低毒类化合物。小鼠经口和腹腔注射LD_{50}分别为4.31和1.7g/kg；大鼠、豚鼠和兔经口LD_{50}分别为3.46、3.79和3.10g/kg。死亡动物可表现为胃肠出血、轻度肝损伤、严重胃损伤和血尿。

2. 亚急性与慢性毒性 大鼠吸入2-EE，浓度为1.37 mg/L（相当于370mg/m³），每天7小时，每周5天，连续染毒5周，未见死亡率增加及对体重的影响，可见血液中幼粒细胞增加，脾中淋巴细胞数降低。给家兔0.1ml/kg 2-EE，连续7天，在第7天时家兔出现蛋白尿。大鼠和兔吸入染毒2-EE，每天染毒6h，每周5天，共染毒13周，剂量为0、25、100、400 mg/m³。未见引起实验动物死亡。

3. 致突变　580~9510μg/ml 2-EE 中国仓鼠卵巢（CHO）细胞染色体畸变试验为阳性。在不加大鼠 S9 混合物的试验系统中，5.8mg/kg 的 2-EE 对 CHO 染色体畸变试验为阳性，说明 2-EE 可能为直接致突变物。

4. 致癌　大鼠和小鼠灌胃、吸入 2-EE，均未见引起实验动物癌瘤的发生。

（二）流行病学资料

高星等对三个工厂 PS 版车间接触不同浓度 2-EE 男工的调查发现，高浓度组（2-EE 浓度为 203mg/m³）男工出现头晕、多梦，血压偏高，以及眼结膜、咽部及呼吸道黏膜充血，RBC、WBC 膜脆性增加、ALT 和 AST 活性均升高，BUN、尿蛋白和尿糖均有增高趋势。

（三）中毒临床表现及防治原则

1. 急性中毒　2-EE 吸入、经皮肤接触，可对皮肤、眼结膜产生较强烈刺激作用。通过吸入或食入引起的急性中毒可表现为蛋白尿和血尿。妇女经口摄入 2-EE 的最低中毒剂量为 600mg/kg，吸入 8 小时最低中毒浓度为 195ppm。

2. 慢性中毒　2-EE 属于低毒类。长期吸入、经皮肤接触较低浓度 2-EE 除引起黏膜刺激和头痛外，还可表现出嗜睡、虚弱、语言不清、步态蹒跚、视物模糊等。未见对肝、肾影响的报道。

3. 防治原则　在 2-乙氧基乙醇生产过程中，保持通风，佩戴防护手套和安全护目镜、穿防护服，并做好吸入防护；在工作时不得进食、饮水和吸烟。

五、毒性表现

（一）雄（男）性生殖毒性

1. 动物实验资料　2-EE 腹腔注射雄性小鼠可引起小鼠睾丸初级精母细胞退变坏死，精细胞分化障碍，精子生成减少，附睾管上皮退变，同时可见睾丸间质细胞增生。上述病理变化随染毒剂量增多而加重，说明 2-EE 对小鼠睾丸和附睾具有病理性损伤作用。用2-EE

腹腔注射染毒雄性小鼠，连续 5 天，在第 1 个月时处死小鼠，122mg/kg 以上组，精子畸形率高于对照组，并呈剂量-反应关系；在第 2 个月时精子畸形率比第 1 月高出 1 倍。精子畸形以头部畸形为主，其次是尾和体畸形。精子数量在染毒 243mg/kg 以上组显著降低，精子活动度在 122mg/kg 以上组均低于对照组，可见 2-EE 导致精子畸形、降低精子数量和活动度。刘瑶瑶等应用雄性 Wistar 大鼠，连续 13 天灌胃 2-EE，剂量 200、400 和 800mg/kg，结果显示，800mg/kg 染毒组睾丸脏器系数明显下降，各级生精细胞明显减少，精子活力下降。

多项动物实验表明，雄性大鼠生精上皮粗线期初级精母细胞和精子细胞对 2-EE 损伤敏感。2-EE 对生精上皮细胞的损伤具有细胞特异性和时期（stage）特异性。病理学表现为初级精母细胞皱缩，细胞浆嗜酸性粒细胞增多、空泡形成、细胞核浓缩、核溶解，精子细胞出现染色质"边缘效应"等。连续染毒时，还可降低早熟的精子细胞数目，使合线期生殖细胞不能发育进入到粗线期，精子成熟过程障碍。停止染毒 2-EE 后，可以观察到精子生成过程基本恢复，但仍有少数生精小管萎缩，精原细胞消失。长时间、高剂量 2-EE 对精子生成的损伤是无法完全恢复的。聂燕敏等应用健康昆明小鼠，观察 2-EE 对小鼠睾丸和精子毒性作用的自然恢复情况，探索其可逆性。2-EE 剂量为 100、300 和 600mg/kg，连续灌胃 35 天，观察其毒作用表现。停止染毒后继续饲养 35 天，观察毒作用的自然恢复情况。结果显示，2-EE 可导致睾丸生精障碍、精子数减少，但经过 35 天的恢复期，受损伤的睾丸及精子的各项指标基本恢复至对照组水平，提示 2-EE 对小鼠睾丸和精子的毒性作用具有明显的可逆性，停止染毒后可以自然恢复到正常水平。

2. 流行病学资料　国外的一项横断面研究，以接触 2-EE 73 名船厂的男性工人作为接触人群，40 名不接触 2-EE 的工人作为对照。研究发现，两组人群精子数未见显著性差异（分别为 $158×10^6/ml$ 和 $211×10^6/ml$），接触组和对照组少精子症的比例分别为 13% 和 5%，而无精子症的比例接触组为 5%，对照组为 0%。另一项在波兰的横断面研究，对比了 37 名金属铸件厂接触 2-EE 男工和 39 名对照男工的精子样本，结果显示，接触男工精子数（113×10⁶/ml）显著低于对照工人（154×10⁶/ml），异常形态精子比例有差异，但两组人群精液量、精子活动度、存活力未见差异。

高星等调查了三个工厂 PS 版作业车间接触不同浓度 2-EE 的男工。甲厂车间空气中 2-EE 平均浓度为 19mg/m³，作为低浓度组；乙厂车间 2-EE 浓度 77mg/m³，作为中浓度组；丙厂车间 2-EE 浓度为 203mg/m³，作为高浓度组，并以该 3 厂内不接触任何毒物的男工作为对照组。调查发现，高、中浓度接触组的工人精子计数、活动力、存活率明显下降，精子畸形率亦显著增加，与低浓度组和对照组比较，差异有统计学意义。这与美国政府和工业卫生学家协会（ACGIH）的报道基本一致，ACGIH 主要依据 2-EE 引起的男性精子数减少的生殖危害，提出作业场所空气中 2-EE 职业接触限值 TWA-TLV 为 18 mg/m³。

高星等研究还发现 2-EE 接触工人精液中乳酸脱氢酶-C4（LDH-C4）活性降低，而且随着接触浓度的增加，LDH-C4 活性逐渐下降，呈现剂量-反应关系。由于 LDH-C4 为精子活动提供能量，是精子糖代谢所必需的酶，如果该酶的活性受到抑制，可能影响精细胞的生成，致使精子数量减少，同时使精子活力下降。

（二）雌（女）性生殖毒性

1. 动物实验资料　未见相关报道。

2. 流行病学资料　美国一项关于 2-EE 与自然流产关系的研究，对在 14 个半导体厂的工人进行回顾性和前瞻性调查，发现自然流产的相对危险度（RR）小幅增加（回顾性 $RR=1.43$，$95\%CI$：$0.95\sim2.09$；前瞻性 $RR=1.25$，$95\%CI$：$0.65\sim1.76$）。在回顾性资料中可见自然流产与主要接触 2-EE 具有相关性，未见对男性和女性生育力的影响。在美国东部半导体厂的另一项回顾性研究，探讨 2-EE 接触与自然流产和少孕症的关系，1150 次妊娠（561 次为半导体厂女工，589 次为半导体厂男工妻子），结果发现，女工高 2-EE 接触组自然流产发生的相对危险度（RR）增加（$RR=2.8$，$95\%CI$：$1.4\sim$

5.6），少孕症发生相对危险度增加（$RR = 4.6$，95% CI：1.6～13.3）。男工妻子资料未见增加自然流产和少孕症的发生。

最近在欧洲6个地区多中心的病例对照研究，探讨孕期2-EE接触与出生缺陷发生的关系。984例出生缺陷为病例，1134例非出生缺陷为对照，在控制主要的混杂因素后，2-EE导致出生缺陷的危险比值比（OR）＝1.44（95% CI：1.10～1.90）。从2-EE接触与出生缺陷分类的结果来看，2-EE与神经管缺陷、唇裂和多发畸形高度相关。

六、毒性机制

对2-EE代谢产物EAA的研究认为，EAA可能是导致生殖发育毒性的主要活性物质。因此，影响EAA代谢和排出的因素可能影响其毒性作用。此外，2-EE代谢过程中重要代谢酶的基因多态性也影响EAA排出量，如细胞色素P450-E1（CYP-E1）、乙醛脱氢酶（ALDH2）基因型不同，EAA排出量都不相同。2-EE可通过血睾屏障，主要作用于粗线期初级精母细胞，连续接触2-EE可使精子成熟过程受阻，合线期生殖细胞不能发育进入到粗线期，进而影响精子的生成和成熟。有关2-EE的生殖毒性机制尚不完全清楚，有待今后进一步探索。

（张敬旭　常元勋）

第三节　甲　醛

一、理化性质

甲醛（formaldehyde），又名蚁醛，是一种无色、有强烈辛辣刺鼻气味的气体，极易燃，与空气充分混合易形成爆炸性混合物。甲醛易溶于水、醇和醚，在常温下是气态，通常以水溶液形式出现，35%～40%的甲醛水溶液称为福尔马林。

二、来源、存在与接触机会

甲醛是一种重要的化工产品，有 300 多种用途，它被广泛运用于树脂、颗粒板、三合板、皮件、纸、药品等生产过程中。在工作和生活中甲醛的暴露也十分常见，如在医学上常被用作防腐剂和消毒剂，作为粘合剂的原料用于室内装修等。

自然界中存在的天然甲醛是多种自然过程的产物。如在森林火灾时有甲醛产生，腐殖质被阳光照射也能产生甲醛。室内甲醛主要来源于甲醛树脂、建筑材料、油漆、地毯等家庭装饰材料和家具。

三、吸收、分布、代谢与排泄

甲醛蒸气通过呼吸道和消化道吸收，并可以更低的浓度经皮吸收。甲醛很容易结合到蛋白质和核酸上，血液中甲醛的半衰期只有 90s。甲醛进入体内迅速被氧化为甲酸经尿排出，或氧化成二氧化碳经呼吸道排出，或用来合成蛋白质或核酸。

四、毒性概述

（一）动物实验资料

1. 急性毒性　大鼠经口 LD_{50} 为 800mg/kg；大鼠吸入 LC_{50} 为 590mg/m^3，家兔经皮 LD_{50} 为 2700mg/kg。

2. 慢性毒性　大鼠吸入 50～70mg/m^3，1 小时/天，3 天/周，35 周，发现气管及支气管基底细胞增生及生化改变。

3. 致突变　无论是否有代谢活化系统的存在，甲醛都能导致鼠伤寒沙门菌和大肠埃希菌发生突变。以 0.5、1.0、3.0mg/m^3 浓度的甲醛连续动态染毒小鼠 72 小时，骨髓嗜多染红细胞微核率显著升高。

4. 致癌　雄性 F344 大鼠分别暴露于 0.36、2.60、17.80mg/m^3 的甲醛，每天 6 小时，每周 5 天，持续 28 个月，暴露组大鼠的鼻肿瘤的发生率为 41%，而在未暴露组则没有发现鼻肿瘤。

（二）流行病学资料

在一项针对葬礼雇员的研究中，暴露于 0.25～1.77ppm 的甲醛中可以引起鼻黏膜刺激、打喷嚏、咳嗽和头痛。一次偶然的甲醛溶液误服事件（37%～50%甲醛水溶液，0%～15%甲醇），发现甲醛可致口腔、喉咙和消化道的腐蚀性烧伤，并在呕吐物中发现了组织碎片和血液。由于吸收入血的甲醛被迅速代谢转化为蚁酸，可引起代谢性酸中毒，在一些严重的患者中，可能伴有抽搐、中枢神经系统抑制和死亡，其致死剂量约为60～90ml。

对接触酚醛树脂的工人以及氨基塑料制造工人的调查研究发现，部分患者短期内反复多次皮炎发作，其皮肤斑贴试验阳性，并可见嗜酸性粒细胞增多现象。在北美进行的一项调查显示，10%的接触性皮炎患者都可能是由甲醛作为过敏原而导致的，甲醛作为半抗原可与血浆清蛋白结合形成完全抗原，从而引起超敏反应。此外，何玉红等调查结果显示甲醛浓度超标的生产皮革工厂的工人中也发现脾肿大等现象。

在关于甲醛和鼻咽癌关系的研究中，6项队列研究中有2项提示可以致癌，4项病例对照研究中有3项提示甲醛与鼻咽癌有关联。另外，一些队列研究还表明接触甲醛会导致脑癌的危险性增加。

对甲醛与人类肿瘤的流行病学研究进行meta分析，其中甲醛最高浓度暴露组患鼻咽癌的危险性增高，相对危险度（RR）值为2.11～21.74，但低浓度暴露均不能增加患鼻咽癌的危险。除了呼吸道肿瘤之外，还有许多关于甲醛与其他系统肿瘤关系的研究。国际癌症研究所（IARC）认为目前已经有足够多的研究数据表明，甲醛是导致人类鼻咽癌发生的危险因素，并将其归入1类，人类致癌物。

（三）中毒临床表现及防治原则

1. 急性中毒　人对甲醛的嗅阈为0.05～1.00ppm，暴露在10ppm浓度的甲醛下可以导致上呼吸道激惹症状，并伴有鼻和喉咙的烧灼感。此外，还可有咳嗽、呕吐和窒息等。暴露在50ppm或更高的浓度下会导致肺炎和肺水肿，肺水肿的症状可以被拖延至暴露后24～48小时出现。

2. 慢性中毒　长期接触低剂量甲醛的危害包括引起慢性呼吸道疾病，引起鼻咽癌、结肠癌等；对女性可致月经紊乱、并发妊娠综合征、新生儿白血病；对青少年可致记忆力和智力下降。

3. 防治原则　急性吸入中毒，应立即脱离中毒环境，脱去污染衣物，卧床休息，保持安静并保暖，皮肤接触部位用清水或肥皂水冲洗，给予吸氧，及时使用支气管解痉镇咳剂，必要时行气管切开术或气管插管术。急性经口中毒，给予 0.1％氨水或 3％碳酸铵或 15％乙酸铵洗胃，并口服豆浆、牛奶、蛋清保护胃黏膜。

职业防护包括：生产装置、运输管道、贮存设备应予以密闭，局部安装排气罩，加强工作场所通风，严防泄漏及意外事故发生，佩戴防毒口罩等。日常防护主要为新装修的居室应敞开门窗，促进空气流通。

五、毒性表现

（一）动物实验资料

以 0.2、2.0、20.0mg/kg 甲醛腹腔注射染毒小鼠 5 天，或以 0.1、1.0、10.0mg/kg 甲醛腹腔注射大鼠 14 天，都可出现睾丸质量下降，睾丸病理结果显示生精小管萎缩，生精小管直径变小，生精上皮层数减少，睾丸间质充血水肿等。大鼠连续腹腔注射 10、15 mg/kg 甲醛 30 天，染毒组大鼠睾丸间质细胞明显受损。甲醛能影响 ICR/Ha 瑞士小鼠睾丸的生精能力，Wistar 大鼠精子活动度及生存能力减弱，精子计数明显减少；采用腹腔注射方式连续 5 天对大鼠染毒，大鼠精子头畸形率升高。

通过腹腔注射给予雄性昆明种小鼠甲醛，每天 1 次，连续 5 天，结果显示 2、20 mg/kg 染毒组小鼠睾丸早期精母细胞微核率显著升高，同时精原细胞姐妹染色单体交换率也显著升高。以 0.5、1.0、3.0 mg/m³ 气态甲醛连续动态染毒雄性昆明种小鼠 72 小时，于首次染毒后第 15 天观察睾丸细胞的微核率，结果表明 3 个染毒组气态甲醛均能诱导早期精母细胞微核率增加，且呈现一定的剂量-反应关系。

以 1.25、2.50、5.00mg/kg 染毒雌性小鼠连续 5 天，可见其卵巢脏器系数显著下降，动情周期明显延长且不规则，卵巢病理切片显示小鼠成熟及闭锁卵泡有轻度变性、卵母细胞胞浆中线粒体肿胀及空泡变，少数卵母细胞崩解液化。

小鼠动态吸入 0.5、1.0、1.5mg/m³ 甲醛 72 小时，可致卵巢 DNA-蛋白质交联，且存在明显的剂量-反应关系。此外，甲醛可致中国仓鼠卵细胞染色体畸变率升高，且非孕雌鼠的敏感性大于妊娠鼠。

（二）流行病学资料

流行病学研究发现，甲醛接触组的职业妇女月经紊乱和有痛经史的比例明显高于非暴露组，同时还发现暴露组低体重儿的数量也明显多于非暴露组。研究者对一千多名从事木材加工的妇女进行调查，发现甲醛对暴露工人的生育力有一定影响，甲醛接触者受孕时间明显推迟，而且接触甲醛可能会增加自发性流产的发生率。

六、毒性机制

由于甲醛是一种具有很高生物活性的挥发性有机化合物，可与氨基酸、蛋白质、核苷酸等反应形成化学性质不稳定的复合物或不可逆转的蛋白质交联，从而诱发染色体畸变。

成年雄性 Wistar 大鼠亚急性（连续 4 周，每周 5 天，8 小时/天）或亚慢性（连续 13 周，每周 5 天，8 小时/天）吸入 12.2、24.4mg/m³ 甲醛后，睾丸组织中铜、锌水平下降。由此推测，甲醛进入机体后，可能是先影响铜、锌，继而引起脂质过氧化，最后导致生殖细胞遗传物质的损伤。此外，甲醛作为一种亲电子剂，可与谷胱甘肽结合生成硫代半缩酸导致还原型谷胱甘肽耗竭从而降低机体的抗氧化能力，随之丙二醛升高，诱发生殖系统脂质过氧化损伤。

彗星试验发现 0.2 mg/kg 甲醛可引起小鼠睾丸细胞明显的 DNA 损伤，而 20 mg/kg 甲醛可导致 DNA 蛋白质交联。体外试验亦显示，甲醛在 10、25、50μmol/L 时对睾丸细胞具有 DNA 断裂作用，在 75μmol/L 时既有 DNA 断裂也有交联作用，甲醛致睾丸细胞 DNA 断裂的临界浓度约为 10μmol/L，峰值浓度约为 50μmol/L，甲醛致 DNA 断裂的机制目前尚不十分清楚，推测与甲醛的强氧化性有关。

　　有研究通过免疫组化实验证明，0.2、2.0、20.0 mg/kg 甲醛连续腹腔注射 5 天，可导致小鼠睾丸细胞凋亡促进因子 Bax 阳性表达率明显增多，而凋亡抑制因子 Bcl-2 的阳性表达率明显低于对照组，提示甲醛染毒后可导致 Bax 和 Bcl-2 蛋白表达异常，两者通过各自作用途径，相互协同，共同诱导生精细胞的凋亡。

　　大鼠吸入甲醛后睾丸组织免疫组化检测显示热休克蛋白 70（HSP70）水平上升。HSP70 是一类重要的应激蛋白，在不利环境因素刺激下可应激合成，它对细胞的线粒体功能有保护作用，能抑制应激激活蛋白和凋亡激活基因 p53、Bax 的表达及其氧自由基的生成，从而可以抑制细胞凋亡的发生。在睾丸组织中 HSP70 主要存在于后期的初级精母细胞、精子发生早期和早期的圆形精子细胞，它的增高可以判断生殖系统受到了不利因素的影响。

　　以 21、42 和 84 mg/m^3 甲醛静式吸入小鼠，每天 2 小时，连续 2 个月，或以 0.2、2.0、20.0 mg/kg 甲醛腹腔注射小鼠，连续 7 天，可见睾丸匀浆中的乳酸脱氢酶、山梨醇脱氢酶活性随染毒剂量的增加而下降，葡萄糖-6-磷酸脱氢酶活性降低，这些因素都可对调节睾酮激素合成产生影响，从而直接关系到精子的生化、增殖、成熟等。

　　采用腹腔注射的方式，对 ICR 雌性小鼠连续染毒甲醛 6 天，染毒剂量分别为 2、20、50mg/kg，研究发现，甲醛染毒后卵母细胞存活率明显降低。此外，采用经过获能培养的精子分别与卵母细胞进行体外受精，24 和 48 小时后染毒组小鼠的体外受精率也明显降低，从而说明一定剂量的甲醛可导致卵巢损伤，这可能是影响卵细胞的受精能力、产生生殖毒性的机制之一。

　　将孕 10～11 天的大鼠胚胎暴露于浓度为 3.0、6.0μg/ml 的甲醛溶液中培养 24h，通过体外全胚胎培养技术研究谷胱甘肽含量在调节甲醛胚胎毒性中的作用，结果发现胚胎有畸形发生，同时胚胎和卵黄囊中的谷胱甘肽含量较对照组显著性降低。此外，通过研究甲醛对叙利亚金黄色仓鼠胚胎细胞染色体的损伤情况发现，甲醛可致胚胎细胞姐妹染色单体交换率和断裂率显著性增加。此外，甲醛还可以通过胎盘屏障进入胎子体内，通过 ^{14}C 标记的甲醛可以跨越胎盘屏障，反射性标记的含量在胚胎组织中甚至比在母体组织中还要高。

（聂燕敏）

主要参考文献

1. 肖瑛，任进. 乙醇中毒的最新研究进展. 毒理学杂志，2004，18（S1）：321-323.

2. 曾艳芳. 慢性酒精中毒的研究进展. 临床荟萃，2005，20（21）：1257-1259.

3. 杨晓明，崔慧先. 酒精对神经及内分泌系统作用的研究进展. 白求恩军医学院学报，2003，1（1）：48-50.

4. 马玉腾，田英平，石汉文，等. 急性酒精中毒1778例分析. 临床荟萃，2006，21（8）：577-578.

5. Hao W, Chen H, Su Z. China: alcohol today. Addiction, 2005, 100（6）：737-741.

6. 黄吉武，周宗灿. 毒理学 毒理的基础科学. 6版. 北京：人民卫生出版社，2005：779-781.

7. 张俊士，邓锦波，贺维亚，等. 胎儿酒精综合征及其中枢神经系统损害的研究进展. 中华预防医学杂志，2010，44（1）：78-81.

8. 李凤英. 胎儿乙醇综合征. 中华妇产科杂志，2000，35（11）：703-704.

9. 刘志中，孟东升. 酒精对男性生殖的影响. 中国男科学杂志，1991，5（3）：185-187.

10. Kuczkowski KM. The effects of drug abuse on pregnancy. Curr Opin Obstet Gynecol, 2007, 19（6）：578-585.

11. Calhoun F, Warren K. Fetal alcohol syndrome: historical perspectives. Neurosci Biobehav Rev, 2007, 31（2）：168-171.

12. Rayburn WF. Adverse reproductive effects of beer drinking. Reprod Toxicol, 2007, 24（1）：126-130.

13. 赵松，解丽君，胡文媛. 乙醇对雄性大鼠生殖毒性的研究. 河北医科大学学报，2005，26（3）：164-167.

14. 李玲，王文青. 酒精致畸及其机理的研究进展. 解剖科学进展，2002，8（1）：70-74.

15. 屈卫东，吴德生，张天宝，等. 乙醇对胚胎发育与卵黄囊超微结构的影响. 中国药理学与毒理学杂志，2001，15（1）：72-75.

16. Hard ML，Einarson TR，Koren G. The role of acetaldehyde in pregnancy outcome after prenatal alcohol exposure. Ther Drug Monit，2001，23（4）：427-434.

17. Maier SE，West JR. Drinking patterns and alcohol-related birth defects. Alcohol Res Health，2001，25（3）：168-174.

18. 高星，李祖瑶，周素梅，等. PS版作业工人健康影响的调查. 中华劳动卫生职业病杂志，1999，16：228-230.

19. 唐小奈，李泳，吴小青，等. 2-乙氧基乙醇对小鼠睾丸和附睾毒性作用的病理形态学研究. 首都医科大学学报，1998，19（4）：345-348.

20. Horimoto M，Isobe Y，Isogai Y，et al. Rat epididymal sperm motion changes induced by ethylene glycol monoethyl ether，sulfasalazine，and 2，5-hexandione. Reprod Toxicol，2000，14（1）：55-63.

21. 聂燕敏，高星，马玲，等. 二乙氧基乙醇致小鼠睾丸和精子毒性恢复性研究. 毒理学杂志，2007，21（6）：447-450.

22. 刘瑶瑶，马玲，赵超英，等. 二乙氧基乙醇雄性生殖毒性研究. 毒理学杂志，2011，25（2）：107-110.

23. ACGIH. Threshold lim it values and biological exposure indices. ACGIH. Cincinnati：OHIO，1996.

24. 高星，陈冰铨，张鹏，等. 接触2-乙氧基乙醇对LDH-C4活性影响与精子毒性关系. 中国工业医学杂志，1997，10：72-75.

25. 王三虎，高星，坂井公. 细胞色素P45022E1基因型对2-乙氧基乙醇代谢影响的研究. 中华劳动卫生职业病杂志，2001，28（6）：19-20.

26. 王三虎，高星，坂井公. 乙醛脱氢酶基因型2-乙氧基乙醇代谢影响的研究. 中华劳动卫生职业病杂志，2001，19（6）：450-452.

27. European Commission，Joint Research Centre，2009. Draft Risk Assessment Report，2008 on：2-ethoxyethanol，http：//ecb. jrc. it/DOCUMENTS/Existing-Chemicals/RISK ASSESSMENT/REPORT/2ethoxyethanol066. pdf.

28. World Health Organization（WHO）. Working Group on Assessment and Monitoring of Exposure to Indoor Pollutants：Indoor Air Pollutants：Exposure Health Effects. Copenhagen，Denmark. World Health Organization.

29. IARC. Monographs on the Evaluation of the Carcinogenic Risk of Chemicals to Humans. Wood dust and formaldehyde. Lyon：International Agency for Research on Cancer. 1995：217-362.

30. Heck HD, Casanova M, Starr TB. Formaldehyde toxicity new understanding. Crit Rev Toxicol, 1990, 20 (6): 397-426.
31. 于立群, 何凤生. 甲醛的健康效应. 国外医学卫生学分册, 2004, 31: 84-87.
32. Schupp T, Bolt HM, Hengstler JG. Maximum exposure levels for xylene, formaldehyde and acetaldehyde in cars. Toxicology. 2005, 206 (3): 461-470.
33. 何玉红, 俞红霞, 李玉琴. 甲醛作业工人脾肿大 22 例分析报告. 职业与健康, 2002, 18 (6): 27.
34. Golalipour MJ, Azarhoush R, Ghafari S, et al. Formaldehyde exposure induces histopathological and morphometric changes in the rat testis. Folia Morphol (Warsz), 2007, 66: 167-171.
35. Liu Y S, Li C M, Lu Z S, et al. Studies on formation and repair of formaldehyde-damaged DNA by detection of DNA-protein crosslinks and DNA breaks. Front Biosci, 2006, 11: 991-997.
36. Wang K, Cao Y, Hu J C, et al. Promotion of serum and plasma on formaldehyde induced DNA-protein crosslink in cells. Asian J Ecotoxicol, 2006, 1 (2): 150-154.
37. Ozen OA, Kus MA, Kus I, et al. Protective effects of melatonin against formaldehyde-induced oxidative damage and apoptosis in rat testes: an immunohistochemical and biochemical study. Syst Biol Reprod Med, 2008, 54: 169-176.
38. 董杰影, 李嫱, 张婵, 等. 甲醛染毒小鼠睾丸 DNA 蛋白质损伤及相关基因蛋白质表达的变化. 中国职业医学, 2007, 34 (2): 90-92.
39. Zhou DX, Qiu SD, Zhang J, et al. The protective effect of vitamin E against oxidative damage caused by formaldehyde in the testes of adult rats. Asian J Androl, 2006, 8: 584-588.
40. Taskinen H, Kyyronen P, Hemminki K, et al. Laboratory work and pregnancy outcome. J Occup Med, 1994, 36: 311-319.
41. Ozen OA, Yaman M, Sarsilmaz M, et al. Testicular zinc, copper and iron concentrations in male rats exposed to subacute and subchronic formaldehyde gas inhalation. J Trace Elem Med Biol, 2002, 16: 119-122.
42. Prohaska JR, Geissler J, Brokate B, et al. Copper, zinc-superoxide dismutase

protein but not mRNA is lower in copper-deficient mice and mice lacking the copper chaperone for superoxide dismutase. Exp Biol Med (Maywood), 2003, 228: 956-966.

43. Chen M, Yuan JX, Shi YQ, et al. Effect of 43 degrees treatment on expression of heat shock proteins 105, 70 and 60 in cultured monkey sertoli cells. Asian J Androl, 2008, 10: 474-485.

44. Ozen OA, Akpolat N, Songur A, et al. Effect of formaldehyde inhalation on Hsp70 in seminiferous tubules of rat testes: an immunohistochemical study. Toxicol Ind Health, 2005, 21: 249-254.

氯代烯烃类

第一节 氯乙烯

一、理化性质

氯乙烯（vinyl chloride，VC）在常温常压下为无色气体，略带芳香气味；微溶于水，溶于醇、醚和四氯化碳等；在 $12\sim14℃$ 时或在一定压力下可变成液体；VC 极易燃烧，热解时释放出光气和氯化氢等刺激性或有毒烟雾（或气体）；VC 气体-空气混合物有爆炸性，爆炸极限为 $3.6\%\sim26.4\%$（容积），所以，运输时常压缩贮存于钢瓶（罐）中。

二、来源、存在与接触机会

VC 主要用于生产聚氯乙烯。也能与丙烯腈、醋酸乙烯酯、丙烯酸酯、偏二氯乙烯等共聚制得各种树脂，还可以用于合成二氯乙烷和三氯乙烷等。在 VC 生产过程中，清洗或抢修反应釜、分馏塔、贮槽，尤其是聚合时可吸入较高浓度的 VC；环境中的过氯乙烯、三氯乙烯等高氯乙烯类溶剂可降解生成 VC，在 VC 和聚氯乙烯工厂或废弃物处理场附近吸入受 VC 污染的空气，饮用受 VC 污染的水，可以接触到 VC。另外在使用聚氯乙烯树脂制造的各种容器制品时，有 VC 单体产生，所以，使用聚氯乙烯制品包装的食品、软饮料或药品以及化妆品等，均可以接触到 VC。

三、吸收、分布、代谢与排泄

VC 可经呼吸道、皮肤和消化道吸收，职业性接触 VC 蒸气，主要经呼吸道吸入，液体 VC 亦可经皮肤吸收。经呼吸道吸入的 VC 主要分布在肝、肾，其次为皮肤、血浆，脂肪最少。并可通过血睾屏障进入睾丸，VC 吸收后，在体内的代谢转化途径与其浓度有关，浓度较低时（$<25.9\text{mg/m}^3$），主要通过肝乙醇脱氢酶（ADH_2）代谢转化，最终以羟乙基半胱氨酸、氯乙酸和亚硫基二乙酸等形式排出体外。当浓度较高时（$>2179\text{mg/m}^3$），经肝微粒体细胞色素 P450（CYP450）进行代谢，主要是经过其同工酶 CYP4502E1 氧化形成氯乙烯环氧化物（CEO），其中一部分 CEO 在谷胱甘肽-S-转移酶（GST）作用下失活，以羟乙基半胱氨酸、氯乙酸、亚硫基二乙酸等形式经肾由尿排出体外，另一部分则直接重排成 2-氯乙醛，经乙醛脱氢酶（$ALDH_2$）氧化成氯乙酸，再和 GSH 结合转化为无毒物质经肾由尿排出体外。

^{14}C-VC 吸入体内后，72 小时内从体内排泄的 ^{14}C-VC 放射性代谢物尿占 68%，呼出气中以 VC 原形占 1.6%，以二氧化碳形式占 12%，粪便中占 4.45%。已经吸收的 VC 在终止接触 10 分钟内，约有 82% 被排出体外。在吸入高达 2600 mg/m^3 的 VC 时，可发生代谢饱和，呼出气中 VC 原形可高达 12.26%。

四、毒性概述

（一）动物实验资料

1. 急性毒性　VC 属于低毒类。小鼠吸入 VC 10 分钟的最低麻醉浓度为 $199.7\sim286.7\text{ g/m}^3$（7.8%～11.2%，V/V）。最小致死浓度为 $573.4\sim691.2\text{ g/m}^3$（22.4%～27.0%，V/V）。急性中毒表现为血压下降、心率不齐、呼吸不规则等，病理解剖可见肺部淤血、水肿和出血，肝、肾充血等。

2. 慢性毒性　大鼠每天吸入 VC 1280 g/m^3，每天 7 小时，每周 5 天，共 4 个半月，表现为肝重增加，肝小叶中央变性以及肾间质和肾小管变性等。大鼠每天吸入 VC 79 g/m^3，每周 5 天，共 12 个月，出现肝炎和间质肺炎、肾病变和肿瘤。朱守民等研究 VC 对大鼠肝细胞 GST，CYP4502E1、ADH_2 和 $ALDH_2$ 等 VC 代谢酶活性的影响表明：腹腔注射染毒剂量分别为 5、10 和 20mg/kg，每周 3 次，持续 12 周。发现 $ALDH_2$ 和 CYP2E1 活性随染毒时间和染毒剂量的增加而增高，存在剂量-反应和时间-效应关系；ADH_2 和 GST 活性则无变化。5mg/kg 组 CYP2E1 活性随染毒时间延长而增强；10mg/kg 和 20mg/kg 剂量组 CYP2E1 活性先升高后降低，且肝细胞 CYP2E1 mRNA 表达明显升高。

3. 致突变　在 Ames 试验中在有活化系统存在的条件下，可引起鼠伤寒沙门菌的碱基置换突变，加入混合功能氧化酶和 NADPH 可显著增加其致突变的能力。VC 可使果蝇隐性伴性致死率增加；可致大肠埃希菌 K12 菌株回复突变，致酵母菌和中国仓鼠卵巢细胞正向突变。VC 可致中国仓鼠骨髓嗜多染红细胞的染色体畸变和姐妹染色单体交换（SCE）率增加。王民生应用单细胞微量凝胶电泳技术（SCGE）方法检测吸入 VC 大鼠肝细胞 DNA 损伤情况，发现大鼠吸入（1900 ± 50）ppmVC 2 小时可引起肝实质性细胞（即肝细胞）和肝非实质性细胞（包括内皮细胞、Kupffer 细胞、贮脂细胞等）的 DNA 断裂损伤；VC 还可引起外周血淋巴细胞 DNA 断裂损伤。

4. 致癌　长期动物实验表明 VC 具有致癌作用，可在多种动物中诱发肝血管肉瘤及其他肝肿瘤。其中对 VC 最敏感的 Sprague-Danley 大鼠，无论经呼吸道吸入还是经消化道吸收都可导致大鼠发生肝血管肉瘤，肾胚胎瘤、神经胚胎瘤、乳腺癌和前胃乳头瘤等，肝血管肉瘤和肿瘤的发生率均具有明显的剂量-效应关系。VC 的致癌作用的特点如下：

（1）VC 对动物既可引起罕见的肝血管肉瘤，也可引起 Zymbalps 腺瘤、肺腺瘤和腺癌、乳腺癌、肾母细胞瘤等。

（2）吸入 VC 引起肿瘤的最小剂量在大鼠为 10ppm，小鼠 50ppm，中国仓鼠 500ppm。

（3）VC 的致癌性和亚硝胺类似，虽属多致癌性外源化学物，但是 VC 只在少数几个器官引起的肿瘤存在剂量-效应关系，其他器官肿瘤发生与对照组动物并无明显差别。

（4）性别差异，肝血管肉瘤在雌性大鼠和小鼠中远高于雄性；相反，肝细胞肿瘤则在雄性大鼠和小鼠远高于雌性；VC 在小鼠所致乳腺瘤雌性发生率较雄性为高。

（二）流行病学资料

职业人群接触 VC 浓度 50～2000ppm 时，可致外周血淋巴细胞染色体畸变，微核率和姐妹染色单体交换率增加。王民生等调查职业性接触 VC（27.79±17.22）mg/m³（低于当时国家最高容许浓度 30mg/m³），发现工人外周血淋巴细胞 DNA 断裂损伤程度和微核率均明显增高。

VC 是确定的人类致癌物，VC 可能是一种多系统（器官）的致癌剂，可诱发人类多种器官肿瘤，尤其是肝血管肉瘤，肝以外的消化系统肿瘤如胰腺癌等。队列研究显示 VC 作业工人全癌标化死亡比（SMR）165.38、肝恶性肿瘤 SMR 533.33、胰腺癌 SMR 101.01，明显高于对照人群。在接触 VC 发生肝血管肉瘤的工人中，ras 基因家族的 Ki-ras 基因 13 号密码子第 2 个碱基发生 G→A 突变的频率高达 83%，这一突变引起编码 p21 蛋白的 Ki-ras 基因 13 号密码子发生 GGC→GAT 的突变（甘氨酸→天冬氨酸），产生 13 位氨基酸残基突变的 p21 蛋白（ASP13p21）。突变的 ras 基因和 p53 基因在位点上存在特异性，目前认为血清癌蛋白 p21 和 p53 作为 VC 致肝血管肉瘤的效应生物标志物有一定特异性，有助于早期发现肝血管肉瘤。

国际癌症研究所（IARC，1987 年,）将 VC 归入 1 类，人类致癌物。可致肝血管肉瘤。我国已把氯乙烯致肝血管肉瘤列入职业肿瘤名单。

（三）中毒临床表现及防治原则

1. **急性中毒** 急性 VC 中毒多因意外事故大量吸入 VC 所致，以中枢神经系统抑制为主要表现的全身性疾病。主要表现为麻醉作用。轻度中毒有眩晕、头痛、乏力、恶心、嗜睡等。重度中毒则可出现意识障碍、昏迷甚至死亡。并可诱发肺水肿及脑水肿。

2. **慢性中毒** 长期接触 VC 对人体各系统（器官）均有不同程度的影响。VC 作业工人可出现"氯乙烯综合征"，表现神经衰弱综合征和自主神经功能紊乱；肝功能异常、肝、脾肿大；皲裂、湿疹、指甲变薄等皮肤损害；溶血和贫血倾向，血中嗜酸性粒细胞增多等血液系统损害。

肢端溶骨症是 VC 引起机体全身性改变在指端局部的一种表现，

也是 VC 作业工人手掌指骨特有的 X 线表现之一。多发生于工龄较长的清釜工，发病工龄最短的仅 1 年。

3. 防治原则 急性中毒患者应及时脱离现场，吸入新鲜空气，污染皮肤用大量清水冲洗。同时对症治疗。轻度中毒，一般恢复较快。重度中毒则按内科急救原则救治。慢性中毒患者给以对症治疗，注意营养，适当休息。有肝损伤或肢端溶骨症的应及时调离。

加强通风和管道密闭，改革工艺，将工作场所空气中 VC 的浓度控制在国家现行的标准以内。进釜出料和清釜前，先通风换气，经测试釜内 VC 浓度合格，穿戴好个人防护装置，在有人监护的前提下方可进入。

五、毒性表现

(一) 动物实验资料

小鼠吸入 69.75～209.26 mg/L VC 可引起精子畸变率的增加；小鼠分别吸入 837、2790、8370mg/m^3 的 VC，精子畸变率增加，且存在着剂量-效应关系。大鼠经腹腔注射 5、10 和 20mg/kgVC 能使其每日精子生成量和精子头计数减少，以及抑制睾丸组织中碱性磷酸酶和乳酸脱氢酶同工酶的活性，但未发现 VC 可致大鼠精子畸形。腹腔注射给予 VC 20 mg/kg 经 12 周亚慢性染毒，使得雄性大鼠每日精子生成量降低。

VC 的胚胎毒性不仅和染毒剂量有关，而且和采用的实验动物的种属也相关。有报道怀孕的小鼠、大鼠和家兔在其仔代主要器官形成期，吸入足够的 VC 时可引起母体毒性，但不引起胚胎和仔代的明显毒性，也不显示致畸作用。雌性小鼠吸入 12.8～27.9mg/m^3 VC 连续 2 周后，其受孕率、胎鼠的平均体重均低于对照组，并有明显的颅骨、胸骨和趾骨等骨化迟缓现象，而且 VC 有明显的胎盘通透性，胎盘和胎鼠中的 VC 含量随着染毒剂量的增高而增加，但未发现明显的致畸效应。但吸入 VC 27.9mg/m^3 4 周或 6 周后的小鼠其受孕率与对照组小鼠受孕率没有显著差异。作者推测 VC 对小鼠妊娠能力的影响只是 VC 的一种暂时性的毒性现象，并认为 VC 对卵巢、垂体的影响只是机能性的，在其研究中也未发现 27.9mg/m³ VC 对胎鼠的胚胎毒性。Ungvary 等的研究认为 5.5、18 和 33g/m³ VC 能透过胎盘屏障，并发现不同妊娠期的大鼠对 VC 敏感性不同，孕早期染毒会引起死胎率增加，显示出一定的胚胎毒性；但孕中期和孕晚期染毒则未发现胚胎毒性。但 Thornton 等以 27.9、279、3069mg/m³ VC 对大鼠进行吸入染毒，则未观察到明显的生殖毒性和胚胎-胎体发育毒性。保毓书教授提出，小鼠在妊娠前、后吸入约 10ppm，无致畸作用和明显的胚胎毒性，只有在浓度高大 5000ppm 时具有胚胎毒性，表现为胎鼠发育迟缓。

（二）流行病学资料

在不同国家和地区进行的有关 VC 生殖毒性的流行病学调查结果不尽一致，这不仅是因研究的样本量、接触浓度和观察指标选取的差异，还在于忽视了研究对象的个体差异和遗传因素。关于 VC 的生殖损伤表现出对接触浓度的依赖性问题。早在 1976 年国外就有了 VC 聚合厂附近居民的婴儿出生缺陷率（18.2‰）高于全国水平（10.1‰）的报道，其中，发生最多的为畸形足、生殖器官畸形、中枢神经系统畸形和腭裂。此外，对 VC 作业男工妻子的 139 次妊娠结局的调查发现，死产率（15.8%）不仅高于对照组（8.8%），而且与男工参加 VC 作业之前（6.1%）相比，也有所升高（$P<0.02$），因而推测 VC 是通过对精子的损伤从而导致了不良妊娠结局。吕策华等对 202 名接触 VC 作业工人的回顾性调查也发现，在 20.5～201.5mg/m³ 暴露条件下，夫妻双方及丈夫接触 VC，不孕、早产、自然流产、低体重儿、先天畸形的发生率均高于对照组（$P<0.05$），作者认为 VC 对生殖机能的影响肯定存在，高浓度的 VC 作业环境会使子代的先天缺陷率升高。平均浓度 14.6～56.6mg/m³ 的 VC 会引起作业女工的妊娠合并症发病率升高，但并没有发现对子代的影响。我国 VC 对工人生殖功能影响调查协作组，对全国 12 个城市的 13 个聚氯乙烯制造工厂中的 2736 名 VC 接触者，进行的生殖功能的流行病学调查表明，工厂中有多个岗位 VC 浓度大于 30mg/m³，对接触男、女工的各项生殖功能指标均未造成影响，但 VC 仍然是引起接触

女工妊娠高血压综合征（妊高症）的危险因素，改进生产工艺后，妊高症的发病率也随之下降。国外在对作业环境中 VC 浓度低于 $2.79mg/m^3$ 的一家工厂进行调查后，并未发现 VC 作业男工妻子的流产率和对照组之间的差异，得出了即使 VC 对生殖系统有影响，也是轻微的结论。Thériault 等对加拿大沙威尼根市氯乙烯聚合厂所在地区的调查发现，在 $0\sim0.126mg/m^3$ 的暴露浓度下，1966—1979 年间该区共出现了 159 例先天畸形患者，明显高于根据另外 3 个对照地区的发生率得出的预期值（107.36 例）。国内对接触 VC（浓度几何均数 $13.36\sim47.17mg/m^3$）3 年以上并具有明显性功能障碍的工人生殖内分泌激素检测发现，作业男工的睾酮和雌二醇，女工的卵泡刺激素和黄体生成素平均值分别为 529.68ng/dl（1ng/dl＝10ng/L）50.76pg/ml、6.69IU/L 和 5.5IU/L，均显著低于对照组（分别为 1426.88ng/dl、106.93pg/ml、27.1IU/L 和 20.49IU/L）。但对平均接触浓度基本在 $15mg/m^3$ 以下的 81 名 VC 作业男性工人的生殖内分泌激素检测发现，虽然睾酮、卵泡刺激素与对照组相比有降低的趋势，但差异无统计学意义。

　　长期接触低浓度 VC 可对生殖系统造成一定的损害，VC 作业男工的配偶或 VC 作业女工易发生不孕、早产、自然流产、妊娠合并症、低体重儿、畸形足、生殖器官畸形、中枢神经系统畸形和腭裂等。作业男工的睾酮和雌二醇、女工的卵泡刺激素和黄体生成素生殖内分泌激素降低。保毓书通过对接触 VC 女工妊娠经过及结局的回顾性研究发现，接触 VC 女工妊高症发病率高于对照组及一般人群的发病水平。其后进行 5 年前瞻性研究的结果，VC 作业女工妊高症发病率仍高于对照组。双向性群组研究结果证实，VC 有使孕妇妊高症发病率增高的危险。尽管众多的研究结果仍未能对 VC 的生殖毒性得出一致结论，但多数职业流行病学调查和实验研究提示 VC 有一定的胚胎毒性，可能威胁到下一代的健康，提示女工应加强职业防护和健康监测。但是，VC 对男性生殖系统损伤和生殖内分泌激素水平影响的研究还不多见，尤其是在分析生殖内分泌激素活性特征和男性生殖系统损伤关系的研究则更不多见。

六、毒性机制

有关 VC 生殖毒性可能机制的研究也较少，动物实验表明 VC 有明显的胎盘通透性，胎盘和胎鼠中的 VC 含量随着染毒剂量的增高而增加，但未发现明显的致畸效应。不同妊娠期的大鼠对 VC 敏感性不同，孕早期染毒会引起死胎率增加，显示出一定的胚胎毒性，但孕中期和孕晚期染毒则未发现胚胎毒性。VC 可抑制睾丸组织中碱性磷酸酶和乳酸脱氢酶同工酶的活性，并未发现 VC 对大鼠精子畸形率的影响。生殖内分泌激素水平是反映生殖系统是否处于正常状态的直观而又简单易测的指标，主要受下丘脑-垂体-性腺轴循环通路的调节，但影响因素众多，研究时点的不同以及混杂因素的影响都有可能造成研究结果的不一致性。因此，VC 对生殖内分泌激素的影响究竟如何，以及其在 VC 可能的生殖毒性中的作用是因还是果，都需要进一步深入研究。

（王民生　蒋晓红　常元勋）

第二节　三氯乙烯

一、理化性质

三氯乙烯（trichloroethylene，TCE）在常温常压下为挥发性无色液体。难溶于水，易溶于乙醇、乙醚，可与大多数有机溶剂混溶。在有空气存在的条件下与热表面或火焰接触时，可分解生成一氧化碳、二氧化碳、光气、氯化氢等有毒和刺激性烟雾（或气体）。

二、来源、存在与接触机会

20 世纪初，TCE 在医学上曾作为麻醉剂、驱虫剂和人工流产剂而应用了半个多世纪。在工业上作为清洗剂、溶剂和萃取剂等而广泛使用，主要用于五金工件电镀和油漆喷涂前的去污，衣物干洗和配制书写改正液等。TCE 的接触机会主要是职业接触，尤以电镀、五金、不锈钢制品和电子工业工人接触机会为多。

三、吸收、分布、代谢与排泄

职业性接触 TCE 蒸气主要经呼吸道吸入，液体 TCE 可经皮肤吸收。进入机体的 TCE 主要分布到全身各组织，主要在脂肪中蓄积，其次在肝、脑、心脏等器官有一定的蓄积。TCE 吸收后，主要在肝经两种途径进行代谢。细胞色素 P450（CYP450）氧化途径和谷胱甘肽（GSH）结合途径。经 CYP450 途径代谢后的终产物主要为水合氯醛，后者可进一步被氧化成三氯乙酸（TCA），或被还原成三氯乙醇。另外，TCE 还可在此代谢途径中经过分子重排后，脱氯生成少量的二氯乙酸（DCA）。经 CYP450 途径氧化代谢生成的产物主要作用于肝和肺。TCE 另外一条代谢途径是在谷胱甘肽 - S - 转移酶（GST）的作用下与谷胱甘肽结合，形成 S -（1,2 - 二氯乙烯）- L - 谷胱甘肽（DCVG），后者被进一步代谢成 S -（1,2 - 二氯乙烯）- L - 半胱氨酸（DCVC）。再经 β - 裂解酶作用后 DCVC 生成丙酮酸、氨和一种能与大分子物质相结合的反应片段，后者可进一步损伤细胞上的巯基，或引起细胞脂质过氧化。经谷胱甘肽结合途径生成的 TCE 反应物，其作用的靶器官主要是肾。Cummings 将新鲜分离的人近端小管细胞与 500mmol/L TCE 进行体外培养 1 小时，发现细胞内有乳酸脱氢酶（LDH）活性明显降低，且未测到有经 CYP450 途径代谢产生的水合氯醛。相比之下，谷胱甘肽结合途径产生的 DCVG、DCVC 则可在每一个标本中检测到。此实验表明，TCE 对肾小管的细胞毒性主要与谷胱甘肽结合途径代谢有关，而与 CYP450 氧化途径代谢似乎无关。

TCE 吸入体内后，约 10% 以原形自呼出气中呼出，滞留率为 56%，大部分在体内代谢后经肾由尿中排出。在接触后 24～48 小时为排出高峰。在 TCE 职业人群健康监护中，血液和尿液中 TCA 含量可能作为 TCE 接触评估的生物标志物。

四、毒性概述

（一）动物实验资料

1. **急性毒性** TCE 属于低毒类。大鼠经口 LD_{50} 为 4.92 g/kg。实验动物急性吸入 TCE 呈现麻醉和呼吸抑制状态，动物急性中毒表现为起初呼吸加速，很快不规则，转入抑制；伴有血压下降、心率减缓和不齐、血管扩张和黏膜刺激。病理解剖可见肺部郁血、水肿和出血，肝、肾充血等。

2. **亚急性毒性** SD 清洁级雄性大鼠吸入浓度为 1、5 和 10 g/m³ 的 TCE，2 h/d，每周 5 天，连续 4 周，染毒结束后，再继续饲养 1 周。每组各随机抽取 5 只大鼠，收集 24 小时尿液，分析其三氯乙酸（TCA）含量作为 TCE 接触指标，采血检测生化指标，同时进行大鼠肝、肾、肺等脏器的病理检查。结果发现各剂量组大鼠 4 周内均无死亡，体重增长差异无统计学意义；第 3 周 5 和 10 g/m³ 剂量组和第 4、5 周 10 g/m³ 剂量组的肝脏器系数变大，与对照组相比，差异有统计学意义（$P < 0.05$）；第 5 周 10 g/m³ 剂量组肾脏器系数变大，与对照组相比，其差异有统计学意义（$P < 0.05$）；血液生化指标检测未见异常；病理组织学检查发现，染毒组与对照组相比，1~4 周肺、肝、肾各脏器病变差异无统计学意义；第 5 周 10 g/m³ 剂量组肺部炎性浸润（支气管炎）及肾小管内蛋白管型明显增多；1~5 周对照组大鼠尿液中均未检测到 TCA；第 1、3、4 周的 5 和 10 g/m³ 剂量组和第 2 周 10 g/m³ 剂量组尿中 TCA 含量增加，和低剂量组相比，差异均有统计学意义（$P < 0.05$）。同时也发现，1~4 周各剂量组大鼠尿中 TCA 含量随着 TCE 染毒用量的增加而增加，有一定的线性趋势，各剂量组停止染毒 TCE 1 周后尿中皆未检测到 TCA；在染毒 4 周中同一剂量组尿中 TCA 含量各时间点差异没有统计学意义，表明 TCA 在体内无蓄积性。

3. **致突变** C57BL/6 小鼠和 SD 大鼠吸入染毒浓度为分别为 5、500、5000 ppm 的 TCE 6 小时后，发现只有大鼠骨髓嗜多染红细胞微核率明显增加，其中 5000 ppm 剂量组微核率是对照组的 4 倍；

TCE 还引起与浓度成正相关的骨髓嗜多染红细胞/正染红细胞比值下降。小鼠腹腔注射 500、1000、2000 和 4000mg/kg 剂量的 TCE 后，发现骨髓嗜多染红细胞微核率也增高。

用 853 ～3412 mg/kg TCE 灌胃染毒 15 天，应用单细胞凝胶电泳（SCGE）技术，检测 TCE 对 ICR 小鼠肝、肾细胞和外周血淋巴细胞 DNA 损伤作用发现，肝、肾、外周血淋巴细胞彗星率较对照组增加。

4. 致癌 动物实验证明 TCE 具有致癌性，可引起大鼠肾细胞瘤，特别是裂缝性细胞肿瘤（interstitial cell tumors）；可诱发 B6C3F1 小鼠肝癌和肺癌，且存在种属差异性。可能与 TCE 在不同动物体内代谢不同有关。例如，TCE 只引起 B6C3F1 和 Swiss 小鼠肺癌发生，且雄性小鼠的肺癌发生率较雌性高。而对 NMRI 小鼠则不致癌；TCE 引起的小鼠肺癌主要局限于 Clara 细胞肺癌，其特征是形成空泡和细胞增殖增高。Clara 细胞是 TCE 代谢产物水合氯醛的蓄积部位，是引起 Clara 细胞毒性的原因。小鼠肺 Clara 细胞具有很高的 CYP450 活性，而大鼠肺中的 Clara 细胞 CYP450 活性较小鼠低得多，故大鼠对 TCE 代谢为水合氯醛的能力也相应很低。小鼠肺中 Clara 细胞将 TCE 代谢为水合氯醛的能力比人类约高 600 倍，因人类肺 Clara 细胞在数量和形态学上均与小鼠有很大的差异，故认为 TCE 基本上不会引起人类肺癌。国际癌症研究所（IARC，1995 年）将 TCE 归入 2A 类，人类可疑致癌物。

（二）流行病学资料

对南方某市 1995—2004 年 18 宗三氯乙烯所致职业性损害事故进行调查分析结果发现 18 起事故中，三氯乙烯药疹样皮炎 17 起（占总数的 94.4％），患者 20 人，其中死亡 6 人，死亡率 30.0％；皮疹表现以剥脱性皮炎为主，多伴有肝功能损害（占总数的 70％），三氯乙烯药疹样皮炎患者从接触三氯乙烯到发病的平均时间为 30.7 天。

对一家饲料原料生产中心的 3814 名工人进行了职业接触 TCE 与癌症死亡率关系的流行病学调查，发现接触 TCE 的工人有肝癌死亡率增高的现象。Bruning 等对 41 名有高浓度 TCE 接触史和 50 名无

TCE 接触史的肾细胞癌（RCC）患者，以及 100 名对照组健康人进行了调查，结果发现有 TCE 接触史的 RCC 患者近端小管损伤率为93%，而无 TCE 接触史的 RCC 患者为 46%，对照组则只有 11%，说明长期、慢性接触 TCE 可引起近端小管损伤，而肾小管的慢性损伤可能是 TCE 引起 RCC 发生的必需前提。鉴于尿 GSTα、α1-微球蛋白含量异常增高主要反映近端小管损害，Bruning 等进一步对过去有 TCE 长期职业接触的工人进行了尿 GSTα、GSTπ、α1-微球蛋白等的检测，发现接触组工人尿液中 GSTα、α1-微球蛋白水平均显著高于对照组，GSTπ 水平则无明显变化。

国内有学者报道作业环境空气中 TCE 平均浓度超过国家标准，对 32 例尿中 TCA 浓度高于对照工人（30 例）的接触 TCE 工人进行外周血淋巴细胞染色体畸变分析，结果表明，接触工人与对照工人之间的外周血淋巴细胞染色体畸变率（分别为 1.15% 与 1.06%）差异无统计学意义，表明未见 TCE 引起接触工人外周血淋巴细胞染色体畸变率的增高。对空气中 TCE 的浓度与接触工人尿中 TCA 含量作相关分析显示，接触工人尿中 TCA 含量与接触 TCE 浓度有很好的正相关关系（$r=0.761$，$P<0.001$），提示尿中 TCA 含量能反映TCE 的接触水平。

（三）中毒临床表现及防制原则

1. 急性中毒　TCE 中毒患者通常是在接触 TCE 2～5 周后发病，主要症状为头痛、头晕、发热等症状，继而出现四肢、躯干皮肤瘙痒、全身乏力、食欲减退、恶心、呕吐，严重中毒患者可出现嗜睡和昏迷，甚至死亡。

TCE 所致皮损常伴有发热，同时还可发生单脏器或多脏器损害，按发生频率、损害严重程度排序，受累脏器以肝最为多见，其次为肾、心、脑、肺、胃肠等。肾损害通常早期出现，表现为颜面及下肢水肿，少尿和尿素氮、肌酐明显升高，严重者出现急性肾衰竭。

2. 慢性中毒　TCE 的慢性损害靶器官主要为神经系统。以神经衰弱综合征最为常见，并有自主神经功能紊乱和体温调节障碍等。

3. 防治原则　对 TCE 职业危害的预防控制首先应从源头抓起，

做到少用少接触，最好不用不接触，使用单位必须加强干洗场所通风排毒等防护设施的建设；其次加强上岗前的健康检查，尽量排除TCE过敏人群和职业禁忌证；提高从业人员的自我保护意识，对从业人员进行健康监护。

急性中毒患者应及时脱离现场，吸入新鲜空气，污染皮肤用大量清水冲洗。同时对症治疗。轻度中毒，一般恢复较快。重度中毒则按内科急救原则救治。慢性中毒患者给以对症治疗，注意营养，适当休息。有肝损伤或致剥脱性皮炎的应及时调离。

加强通风和管道密闭，改革工艺，将工作场所空气中三氯乙烯的浓度控制在国家现行的标准以内；TCE作业场所实行隔离密闭，加强通风排毒设施，使用合格的个人防护用品；对使用TCE劳动者进行培训，严格执行上岗前职业健康监护规定，有明显过敏史禁止接触，减少轮换新劳动者，减少高危个体接触。

五、毒性表现

（一）动物实验资料

用 $853 \sim 1706 mg/kg$ TCE 经口染毒小鼠的精子畸形率 $21.0\% \sim 22.0\%$，说明其对雄性生殖细胞具有遗传毒性。TCE 及其代谢物三氯乙酸、三氯乙醇、二氯乙烯半胱氨酸等的致畸实验研究发现，三氯乙酸有致孕大鼠胎仔心脏畸形作用，且在所测试的 TCE 代谢物中只有三氯乙酸可能是特异的心脏致畸剂。对生育期的雌、雄小鼠进行 TCE（分析纯）$60 ml/m^3$ 静式吸入染毒 72 小时后交配，可导致子鼠体重偏低，发育迟缓，缺肢畸形，表明 TCE 对其后代的生长发育有一定影响。

国外研究者以 41、83、165 mg/kg 的水合氯醛（TCE 主要代谢产物之一）给小鼠腹腔注射，发现精子细胞微核阳性，但着丝粒为阴性。而另一项大鼠实验发现，TCE 染毒后，附睾精子数量和活动能力均明显下降，且用这些染毒大鼠与未染毒 TCE 的雌鼠交配，结果发现雌鼠的生殖能力明显下降。进一步研究发现，生殖能力明显下降与雄鼠附睾精子数量和活动能力下降有关，而后者又与葡萄糖-6-磷酸脱氢酶、17-羟类固醇脱氢酶的活性明显下降有关，这两种脱氢酶活性的明显降低可致睾丸内胆固醇蓄积、血清睾酮浓度下降。实验表明，TCE 致大鼠生殖能力下降的机制可能与睾酮合成障碍有关。

国内研究三氯乙烯（TCE）对大鼠睾丸细胞 DNA 损伤和睾丸组织氧化应激的作用。用 1500、3000mg/kg 的 TCE 分别经灌胃染毒雄性 SD 大鼠（每组 5 只）48 小时。用单细胞凝胶电泳（彗星实验）检测睾丸细胞 DNA 损伤并检测睾丸组织中活性氧（ROS）、丙二醛（MDA）、还原型谷胱甘肽（GSH）的含量。结果发现 TCE 在 1500、3000 mg/kg 剂量条件下，睾丸细胞 DNA 损伤率（42.94% 和 53.11%）明显高于对照组（10.40%）（$P<0.01$）；大鼠睾丸组织的 ROS 含量（5133.63±12.53）kU/g 和（5149.55±12.56）kU/g 和 MDA 含量（1.47±0.12）mol/g 和（1.49±0.13）mol/g 均较对照组（581.21±7.87）kU/g 和（0.66±0.05）mol/g 显著增高（$P<0.01$）。同时还原型 GSH 含量（77.44±6.69）mol/g 和（79.94±6.78）mol/g 又较对照组（127.50±13.11）mol/g 明显下降（$P<0.01$）。说明 TCE 可造成睾丸组织明显的氧化应激并引起睾丸细胞 DNA 损伤。

（二）流行病学资料

国内有调查 135 名接触 TCE≥2 年的女工发现，主诉月经紊乱或无规律、月经量过多或月经短暂停止、自然流产等生殖功能紊乱症候发生率（21.35%），明显高于对照人群（9.8%）。有报道，TCE 也可引起职业接触妇女的自然流产和胎儿先天性心脏畸形。孕妇饮用被 TCE 污染的水后，有致胎儿出现发育缺陷，如神经管畸形或腭裂的报道。

六、毒性机制

有研究发现 TCE 染毒大鼠的生殖能力明显下降与雄鼠附睾精子数量和活动能力下降有关，而后者又与葡萄糖-6-磷酸脱氢酶、17-羟类固醇脱氢酶的活性明显下降有关，这两种脱氢酶活性的明显降低可致睾丸内胆固醇蓄积、血清睾酮浓度下降。表明 TCE 致大鼠生殖能力下降的机制可能与睾酮合成障碍有关。另外，TCE 可明显使大鼠睾丸组织 ROS 含量增加、MDA 生成增多和 GSH 含量下降，TCE 可引起睾丸的氧化应激。TCE 诱导睾丸组织氧化应激的过程中产生多种自由基，后者可致睾丸细胞 DNA 损伤，影响生精过程和精子质量，从而对雄性生殖产生毒性作用。

（蒋晓红　王民生　常元勋）

第三节　二噁英

一、理化性质

二噁英（dioxin）是一组活性相似的卤代三环芳烃类化合物，一般是指含有 2 个或 1 个氧键连结 2 个苯环的含氯有机化合物，由于苯环上氯原子取代个数与位置的不同而形成许多异构体，并能以多种形态存在。具有代表性的二噁英类物质可分为两大类，一类是多氯代二苯并对二噁英（polychlorinated-dibenzo-p-dioxins，PCDDs），其代表 2，3，7，8‐TCDD（图 15‐1），有 75 个异构体；另一类是多氯代二苯并呋喃（polychlorinated dibenzo-furans，PCDFs）其代表 2，3，7，8‐TCDF（图 15‐1），有 135 个异构体，两者化学结构和理化性质相似，常简写为"PCDD/Fs"（图 15‐1）。多氯联苯类（PCBs）则属于这个群体中的氯代化合物类似物。另外，多溴代二苯并呋喃（PBDFs），多溴联苯（PBBs）及其混合卤代化合物等具有与二噁英极为相似的活性，人们也把它们归入二噁英类似物的范围。

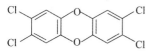

2,3,7,8‐terachlorodibenzo‐p‐dioxin
2,3,7,8‐四氯代二苯并对二噁英
(2,3,7,8‐TCDD)

2,3,7,8‐terachlorodibenzofura
2,3,7,8‐四氯代二苯并呋喃
(2,3,7,8‐TCDF)

图 15‐1　二噁英的基本结构式

　　二噁英类的理化性质十分相似，其特点是稳定性和亲脂性。此类物质无色无味，能以多种形态存在，可溶于大部分有机溶液，难溶于水，对高温、强酸、强碱及氧化剂都非常稳定，对环境中的微生物降解、水解和光解作用有着极强的抵抗力，因此能在环境中长期存在，并在各种生物体内不断蓄积。二噁英在土壤中降解的半衰期为 12 年，蓄积在机体脂肪组织中的二噁英半衰期达 7.1 年，气态中的二噁英在空气中光化学分解的半衰期为 8.3 天，而空气中的二噁英因为强烈吸附在尘埃粒子上而不易被分解。这类物质中最具代表性的也是研究最多、毒性最大的是 2,3,7,8 - 四氯代二苯并对二噁英（2,3,7,8 - TCDD）。二噁英污染难以控制的最主要的原因是它具有超长的物理、化学、生物降解期，需要几十年甚至更长的时间，它几乎不能被降解成无毒物。

二、来源、存在与接触机会

　　二噁英是"斯德哥尔摩公约"所列出的 12 种持久性有机污染物之一，虽然有学者认为二噁英在环境中已存在数千年，但普遍认为二噁英的存在是人为因素造成的环境污染。事实上二噁英遍布于包括空气、土壤、水、沉淀物和食物（尤其是奶制品、肉类、鱼和水生有壳动物）在内的所有媒介中，在土壤、沉淀物及动物食品中的含量最高，在水和空气中的含量较低。

　　二噁英主要由焚烧含氯的有机物形成，如对城市垃圾、医院废弃物和工业废弃物的焚烧、工业燃烧（冶炼炉）、家庭煤柴的燃烧，以及机动车辆燃料特别是含铅汽油的燃烧等，尤其是不完全燃烧或在较低温度下燃烧易产生含大量二噁英的烟尘，进入大气，最后沉降于地表。造纸工业中用氯气漂白纸浆的过程产生大量的含二噁英废气、废水排放到环境中。有机化学物质，尤其是含氯酚的化学物质生产过程中产生二噁英副产物，这些副产品可以溶胶颗粒形式排入大气，散落到地表或作为杂质混于主产品中，在主产品的使用过程中进入环境。用 1,2,4,5 - 四氯代苯生产主产物 2,4,5 - T 时就会产生 2,3,7,8 - TCDD 副产物，其形成过程见图 15 - 2。在我国血吸虫病流行区由于将五氯酚钠作为灭螺药使用，当地的湖水、污泥和居民的血液及乳汁中都含有一定量的二噁英。

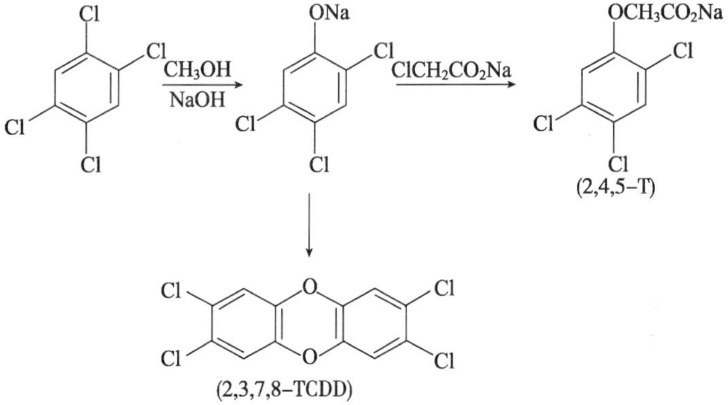

图 15 - 2 2，4，5-T 生产过程中产生 2，3，7，8-TCDD 副产物

二噁英职业性接触的吸收途径主要是经皮肤、黏膜和呼吸道吸收，从事焚烧炉操作、杀虫剂生产、消防、部分化工厂及造纸厂漂白车间的人员均可能接触到较大量的二噁英。普通人群通常是经消化道和呼吸道吸收作为环境或食品污染物的二噁英。由于二噁英高度的稳定性和亲脂性，进入环境的此类污染物长时间地吸附在烟尘、土壤、植被上或存在于水体和污泥中，其化学降解和生物降解又相当缓慢，成为环境中持久的污染源。环境中的二噁英进一步通过食物链在农作物、水生生物、食草动物体内富集并达到较高的浓度，人类作为食物链上最高端的生物，在摄入受污染的鱼、肉、蛋、乳制品等动物性食物后，二噁英进入人体。婴儿通过母乳摄取二噁英的量按单位体重计算可高于成人。近年来含二噁英化学药剂的广泛施用和垃圾焚烧等活动大大加剧了环境二噁英污染的程度和范围。长期低剂量的膳食摄入、空气吸入成为二噁英类物质威胁人类健康最主要的途径。

三、吸收、分布、代谢与排泄

二噁英的主要吸收途径有消化道、皮肤和呼吸道。人在日常生活中二噁英总摄入量的90%来自于食物。消化道的吸收率与食物混合时为50%～60%，皮肤的吸收率仅为1%，且大部分停留在皮肤的角质层。附着在空气中粒子上的二噁英经呼吸道吸入，约有25%被肺吸收，吸入后没有到达肺的以及被肺排出的二噁英，大部分经过吞咽移行到消化道内，被进一步吸收。由于其高度的亲脂性，二噁英很容易以扩散的方式通过各种生物膜进入哺乳动物体内，在各器官、组织的分布因动物种类而不同，主要蓄积在富含脂肪的组织中。2,3,7,8-TCDD在人体内主要蓄积在脂肪组织，在实验动物除豚鼠外主要蓄积在肝。研究发现，二噁英中毒时，4种组织的蓄积量（ppb）分别为：胰腺和脂肪组织1000～2000；肝100～200；甲状腺、脑、肺、肾10～100；血<10。另有研究发现，母乳中的二噁英浓度最高，从未明显接触过二噁英的人组织中也有二噁英检出。二噁英的蓄积作用很强，在生物体内的半衰期为：仓鼠、小鼠15天，猴455天，人类平均11.5年。经母乳进入婴儿体内的二噁英代谢相对较快，其生物半衰期为0.27～0.46年。蓄积在脂肪组织和肝内的二噁英可与胆汁一起进入肠道，一部分随粪便排出，一部分被肠-肝循环再吸收，从而使得二噁英长期蓄积于体内；一小部分二噁英能在肝被转化，与葡萄糖醛酸结合，有40%结合的二噁英经羧基化途径代谢，2,3,7,8-TCDD的主要代谢产物是羟基化TCDD或甲基化TCDD衍生物，最后以尿甘酸化合物和硫酸盐结合形式随尿排出体外。膳食纤维、绿色蔬菜等可促进二噁英类的排出，减少蓄积。刘爱民等实验发现，高野豆腐和水溶性食物纤维给予大鼠后促进胆固醇和胆汁酸的排泄，同样具有促进二噁英排泄的作用，据此推断二噁英类的排泄与胆固醇和胆汁酸在肠道内的循环有密切的关系。

四、毒性概述

（一）动物实验资料

1. **急性毒性**　二噁英可算是目前发现的人类无意识合成的副产品中毒性最强的一种，尤以 2,3,7,8 - TCDD 为著，它的毒性相当于氰化钾的 1000 倍，氰化钠的 130 倍，砒霜的 900 倍，马钱子碱的 500 倍以上；比黄曲霉素高 10 倍，比 3,4 - 苯并（a）芘、多氯联苯和亚硝胺还要高数倍。2,3,7,8 - TCDD 毒性大小因动物种属、品系及年龄而不同，其中豚鼠对其最为敏感。不同种属急性经口毒性的 LD_{50}（$\mu g/kg$）如下：豚鼠 $0.5\sim2$，鸡 $25\sim50$，恒河猴 <70，大鼠 $22\sim100$，兔 $10\sim115$，狗 $>30\sim300$，小鼠 $114\sim284$，仓鼠 $50\sim51$。动物急性中毒时，食欲丧失，体力下降，生殖功能减弱，血压缓慢降低，体重明显减轻并伴有肌肉和脂肪组织的急剧减少（称为废物综合征），其机制可能是通过影响下丘脑和脑垂体功能而使进食量减少。由于进入体内的二噁英的剂量和速度不同，实验动物经数日或数十日后死亡。

2. **慢性毒性**　慢性染毒时的病理改变因动物种类不同而有多样性。豚鼠在给予致死或非致死剂量二噁英时，生长速度减慢，部分动物体重减轻 $25\%\sim35\%$，其次是淋巴器官重量下降，主要是胸腺的绝对或相对重量减少，仅为对照组的 1/4。二噁英类对体液免疫和细胞免疫均有较强的抑制作用，动物实验证明免疫毒性是 2,3,7,8 - TCDD 最敏感的毒效应之一，在非致死剂量时即可致实验动物胸腺的严重萎缩，并可抑制抗体的生成，降低机体的抵抗力。二噁英在多种动物可见到肝毒性，以大鼠和兔最为敏感，主要表现为肝细胞变性坏死，胞浆内脂滴和滑面内质网增多，肝细胞微粒体酶及血清转氨酶活性增高以及单核细胞浸润等。在 2,3,7,8 - TCDD 诱导下，成年猴、大鼠、小鼠、鸡及鱼类等实验动物的肝会出现不同程度的组织病理学改变。

3. **致突变**　虽然二噁英有明确的致癌活性，但目前尚未发现其有明显的致突变性。1 和 10 ng /L 2,3,7,8 - TCDD 体外可诱导肝细胞的凋亡发生率升高，彗星试验结果表明 10 ng /L 2,3,7,8 - TCDD 处理大鼠肝细胞 2 小时可引起细胞 DNA 断裂损伤。

4. 致癌　2,3,7,8 - TCDD 对多种动物有极强的致癌性，尤以啮齿类动物最为敏感，涉及器官众多，主要靶器官有肝、甲状腺、肺、皮肤和软组织。对大、小鼠的最低致肝癌剂量低达 10ng/kg。动物实验表明，大鼠在妊娠第 15 天给予 $1\mu g/kg$ 2,3,7,8 - TCDD 后，能引起子代发生乳腺癌。较长时间给予 2,3,7,8 - TCDD 灌胃 [0~5mg/(kg·d)]，大鼠肝细胞癌、硬腭及鼻甲和肺的扁平上皮癌增加；小鼠肝细胞癌、甲状腺腺泡细胞瘤增加。

2,3,7,8 - TCDD 的致癌模型与已知的化学物质的致癌模型有不同之处，即对器官的特异性不清楚，量效关系不明确，在高暴露人群中相对危险度（RR）较低。鉴于未见 2,3,7,8 - TCDD 有明显的致突变，而体外试验发现，2,3,7,8 - TCDD 能影响细胞的增殖和分化，引起体外培养的人细胞株的恶性转化，当停止处理后 30 周，细胞增殖出现逆转，故认为此类化合物不是一种直接的肿瘤引发剂，其主要作用于肿瘤的促进阶段，是一类作用较强的促癌剂。

（二）流行病学资料

意大利 Seveso 污染事故的追踪调查表明，事故的接触者无论男性还是女性消化道、淋巴系统与造血器官和肝等癌症死亡率均有显著增加。国外对 12 个工厂的 5 132 名接触 2,3,7,8 - TCDD 工人进行的队列死亡分析结果表明，全癌的标化死亡比（SMR）为 1.13（95％ CI 为 1.02~1.25），且随着接触量的增加，全癌和肺癌标化死亡比增高，统计学上呈现线性变化趋势；2,3,7,8 - TCDD 最高接触组的全癌 SMR 为 1.60（95％CI 为 1.15~1.82），该接触量为一般居民接触量的 100~1000 倍，相当于动物致癌实验的 2,3,7,8 - TCDD 染毒剂量。对荷兰的一家化工厂接触苯氧基除草剂、氯酚和污染物（2,3,7,8 - TCDD 和其他多氯 dioxins 和 furans）的工人进行回顾性队列分析结果表明。接触组男性工人与非接触男性工人的内部对照组相比，相对危险度（RR）全死亡为 1.8（95％CI 为 1.2~2.5）、癌症死亡为 4.1（95％CI 1.8~9.0）、呼吸系统癌症为 7.5（95％CI

1.0～56.1）、非霍奇金淋巴瘤为 1.7（95％CI 0.2～16.5）。在日本和中国台湾地区的某些人群中，事故性摄入受到二噁英污染的烹调油后，出现肝毒性、肝肿瘤高发等不良反应。然而对参加越战并接触了大量含有二噁英的落叶剂——橙剂（orange agent）的美国老兵进行的一个回顾性队列研究结果发现，这些老兵的慢性肝损害与病毒和酒精关系较大，与接触橙剂关系不大。国际癌症研究所（IARC，2010年）已将 2,3,7,8-TCDD 归入 1 类，人类致癌物。

　　Humblet 等对流行病学资料的分析显示二噁英类与缺血性心脏病的发病率有非常密切的关系。一项对日本一般人群的调查显示，血液中所有被测的三类二噁英类物质，尤其是 DL-PCBs 的毒性当量（TEQs）与代谢综合征存在着高度的相关性，其中高血压、高甘油三酯和葡萄糖耐受不良与二噁英类污染物的血浓度关系最为密切。类似的研究还发现了二噁英类污染物与风湿性关节炎、垂体肿瘤、非霍奇金淋巴瘤等有关联，婴儿出生前通过母体接触二噁英类污染物可使其下丘-垂体-性腺轴的功能受到损伤。

　　（三）中毒临床表现及防治原则

　　1. 急性中毒　较短期内接触较高浓度的二噁英可出现氯痤疮（皮脂腺损伤）、皮肤黑斑、皮肤过度角化和肝损害。资料显示，与其他生物物种相比，人类对二噁英的致死量并不特别敏感。超高剂量经口摄入也可出现典型的皮肤病变，并有持续的非特异性的胃肠道症状如恶心、呕吐、上腹部疼痛及食欲减退，肌肉、脂肪组织急剧减少，体重急剧下降，即所谓的"废物综合征"。除此之外仅可见极少数临床和生化指标异常，如血脂轻度升高、白细胞增多、自然杀伤（NK）细胞减少等。

　　2. 慢性中毒　慢性中毒的临床症状因人而异，最常见的是皮肤（氯痤疮、高度角化、高色素症）和肝损伤（肝细胞变性、转氨酶活性增高、血脂升高、胆固醇增高），同时有神经、精神障碍（一时性萎靡、头痛、个性改变）。有的氯痤疮患者甚至久治不愈和反复发病，严重时发生卟啉-血红蛋白前体和含铁辅酶（细胞色素）代谢障碍。二噁英慢性接触可见体重减轻、胸腺萎缩、免疫功能低下、内分泌失调、生殖功能受损、糖尿病、子宫内膜异位症等。流行病学研究表明，二噁英的接触与人类某些肿瘤的发生有关。此外，二噁英还可导致新生儿出生畸形、神经发育落后和神经行为障碍，婴幼儿接触二噁英可使牙齿发育不良、出现黄褐斑和牙齿结构改变等。

3. 防治原则　（1）由于二噁英在环境中十分稳定，如其污染源没有很好控制，环境中的存在量会不断升高。针对污染源的措施包括：减少化学物和家庭废弃物、木材、交通燃料、油的燃烧过程中二噁英的排放。对造纸厂和印染厂的漂白方法加速改进，并加强污水处理；禁用五氯酚钠灭螺并研制新的代用品。

（2）人在日常生活中二噁英的总摄入量的 90% 来自于食物，而人群平均接触水平也接近每日耐受摄入量（TDI）。从食品安全的角度出发，良好的控制和操作常规对于制作安全的食品均极为重要，如制定类似于危害分析与关键控制点（hazard analysis and critical control point，HACCP）的操作规范和质量控制方案，提出制定食品中二噁英的最大限值；定期监测二噁英的膳食含量以及在具有指征性的食品中二噁英的含量水平。

（3）制定有效的应急预案以应对可能发生的污染事件，最大限度地控制危害范围。

1990 年 12 月，WHO 基于动物实验中二噁英及其相关化合物肝毒性、生殖毒性以及免疫毒性的结果和人的代谢动力学资料，将 2,3,7,8-TCDD 的每日耐受摄入量（TDI）定为 10 pg/kg 体重。此后，由于对历史上发生的二噁英污染事件的流行病学调查结果和对二噁英的神经毒性、内分泌毒性的认识，1998 年 WHO、欧洲环境与健康研究中心（ECEH）以及国际化学品安全规划署（IPCS），又将二噁英的 TDI 减少到 1~4 pg/kg 体重。一些机构根据雌鼠长期暴露 2,3,7,8-TCDD 而出现肝癌的数据，采用多级线性模式计算安全摄入剂量。在这个模式中，2,3,7,8-TCDD 作为一个完全致癌物，意味着不存在安全剂量阈值。

五、毒性表现

(一) 动物实验资料

1. **雄性生殖毒性** 孕大鼠在着床 15 天时给予 $0.064\mu g/kg$ 的 2,3,7,8 - TCDD（一次染毒）可导致雄性子代出生后睾丸发育和性行为异常，在出生后 120 天检查仍可见睾丸和附睾重量明显轻于对照大鼠，精子数亦有明显减少。刘静等以 2,3,7,8 - TCDD 对 Wistar 雄性大鼠连续经口灌胃染毒 90 天，剂量分别为 2.5、25、250ng/kg，结果各染毒组睾酮水平下降，卵泡刺激素（FSH）和间质细胞刺激素（ICSH）水平上升，但与对照组比较差异无统计学意义（$P>0.05$）；中、高剂量组的睾丸、精囊腺及所有染毒组的前列腺脏器系数均低于对照组；各染毒组精子畸形率随剂量的增加而上升，中、高剂量组与对照组相比差异有统计学意义（$P<0.01$）。

2. **雌性生殖毒性** 动物实验表明，2,3,7,8 - TCDD 可降低大、小鼠的子宫重量和雌激素受体水平，导致受孕率减低，每窝胎仔数减少，甚至不育。赵力军等的研究发现，2.5、25、250 ng/kg 的 2,3,7,8 - TCDD 经口 90 天灌胃，雌性 Wistar 大鼠血清雌二醇水平降低，卵巢脏器系数下降。黄莉等研究证实，给妊娠早期（1～8 天）的 NIH 小鼠经口灌胃 2、50 和 100 ng/(kg·d) 的 2,3,7,8 - TCDD 能够影响妊娠小鼠的生殖功能，表现在抑制假孕小鼠子宫蜕膜细胞反应，使早期妊娠胚胎丢失，子宫胚胎着床数减少；对妊娠期类固醇激素测定结果发现，2,3,7,8 - TCDD 使妊娠小鼠血清雌二醇浓度在整个妊娠期高于正常妊娠小鼠，而血清孕酮浓度在整个妊娠期低于正常妊娠小鼠；50 和 100ng/(kg·d) 剂量的 2,3,7,8 - TCDD 均可造成妊娠小鼠着床前后胚胎丢失，子宫总重量下降，着床后胚胎发育阻滞和胎鼠出生成活率降低。

Guo 等给孕 12 天的雌性猕猴灌胃染毒 1、2、4$\mu g/kg$ 2,3,7,8 - TCDD，其中 10 只猕猴于孕 22～32 天时发生流产，表明二噁英还具有强烈的胎盘毒性。2,3,7,8 - TCDD 染毒后体内雌二醇、人绒毛膜促性腺激素浓度明显降低，血清中孕激素、松驰素降低不明显，表明孕早期暴露于 2,3,7,8 - TCDD 使内分泌不平衡，影响胎盘功能而流产。

3. 致畸性和发育毒性　2,3,7,8 - TCDD 对多种动物有致畸性和发育毒性，敏感性有种属差异，中国仓鼠和豚鼠较不敏感，大鼠和家兔十分敏感，小鼠最为敏感。在小鼠胚胎的器官形成期，孕鼠每日给予 1μg/kg 剂量的 2,3,7,8 - TCDD，可导致腭裂、肾盂积水。大鼠孕期给予 2,3,7,8 - TCDD 可发生死胎、吸收胎、畸形胎和胎体宫内发育迟缓。2,3,7,8 - TCDD 所致胎鼠发育异常可能与胎鼠肝组织差异性甲基化区域（differentially methylated regions，DMRs）甲基化程度降低所引起的胰岛素样生长因子-2（insulin -like growth factor -2，IGF -2）基因的高表达有关。郭磊等研究显示，受孕大鼠经口摄入 5~15μg/kg的 2,3,7,8 - TCDD，诱导了仔鼠骨骼发育畸形，包括内翻足、脊柱裂、腭裂、无尾畸形等，并存在剂量依赖性生物学效应；光镜下可见畸形胎鼠的肢端骨化中心软骨发生带缩小，软骨细胞变性；透射扫描电镜下见软骨细胞内粗面内质网扩张，核基质降解，线粒体嵴不规则，认为 2,3,7,8 - TCDD 可能通过干扰软骨细胞的形态和功能代谢，引起原发性骨化中心的结构紊乱而发挥骨骼致畸效应。2,3,7,8 - TCDD 对后代的两性发育和生殖有显著和深远的影响，不良作用有时可延续几代。出生前暴露于 2,3,7,8 - TCDD 可使仔鼠体重明显降低，雌性仔鼠的阴道平均开放时间明显缩短，雄性仔鼠的睾丸平均下降时间明显延长。大鼠妊娠期或哺乳期 2,3,7,8 - TCDD 染毒可导致雌性后代乳腺组织持久性地发育异常。Jenkins 等发现出生前暴露于 2,3,7,8 - TCDD 使雌性大鼠对化学诱导性乳腺癌的敏感性明显增加。Flaws 等发现雌性大鼠幼仔宫内暴露于 2,3,7,8 - TCDD 可致阴蒂开裂等外生殖器畸形，这种致畸作用也出现在 F2 代。Bruner - Tran 的研究提示雌性小鼠出生前暴露于 2,3,7,8 - TCDD 所致的孕酮抵抗表型可持续数代。

（二）流行病学资料

在越南战争中，美军广泛使用含 2,3,7,8 - TCDD 的落叶剂，导致当地妇女流产、死胎、畸胎发生率增加，如广治省的初步调查结果显示，将近 2000 名儿童罹患了先天缺陷，包括出生时体重减轻、头围降低及其他缺陷。在越南有一个受二噁英污染的村子，从 1979 年 1 月到 1982 年 6 月，其流产、早产率竟分别达到 20％以上，且葡萄胎、先天畸形与对照区差异有统计学意义。有调查显示，参加越战的退伍美军士兵的妻子自然流产及其子女的出生缺陷有所增加。Ngo 等对 1966—2002 年间 22 个涉及橙剂接触与后代出生缺陷关系的流行病学调查资料进行了综合分析，结果显示，接触橙剂者后代发生出生缺陷的相对危险度（RR）为 1.95，而在接触橙剂的越南人中，后代发生出生缺陷的相对危险度（RR）则达到了 3.00。天津医科大学董丽等发现接触五氯酚钠和二噁英的男性工人血浆睾酮水平明显下降，卵泡刺激素水平明显上升，血清中 $2,3,7,8$ - TCDD 水平与睾酮水平呈负相关。

调查发现，1976 年意大利 Seveso 城二噁英泄漏事件中受害的男性人群，其后代中女孩的比例升高。对 1982—1983 年初美国时代海滩二噁英污染事件中受暴露的妇女所生孩子的调查发现，可致免疫系统和大脑功能改变，特别是在大脑两侧前叶处，而且发现女孩的大脑功能丧失比男孩严重，这说明二噁英的激素样活性对发育中的女孩影响要大。Michalek 等进行的一项流行病学调查发现，母体接触二噁英类物质能引起早产、宫内发育迟缓、子宫内膜异位及死胎发生。此外，越南战争退伍军人后代的脊柱裂发生率增加也被认为与当年广泛使用含 $2,3,7,8$ - TCDD 的落叶剂有关。还有报道表明，$2,3,7,8$ - TCDD 可以在对母体无任何毒性的剂量下影响后代的生殖系统，出现下一代睾丸发育不良、隐睾症等，而且有些变化到成年后才被发现，如精子数减少、质量下降、性行为改变等，剂量较大则可造成不育。

六、毒性机制

二噁英的生殖毒性作用主要仍与芳香烃受体（aryl hydrocarbon receptor，AhR）的介导有关。AhR 是一高相对分子质量的蛋白质（110 000～150 000），主要存在于细胞浆中，它属于 basic helix - loop -

helix（bHLH）- Per - ARNT - Sim（PAS）超家族，该家族均为转录因子，这种转录因子含有两个功能部位：螺旋-环-螺旋基序（bHLH）部位和 PAS 功能部位，该族蛋白对激活基因的转录具有重要意义，是一种配体依赖性转录因子。AhR 在细胞浆中是以 380 000 的复合物无活性的形式存在，除自身外还有 3～4 种蛋白质与之结合，如 90 000 的热休克蛋白 90（heatshock protein 90，HSP90），其作用模式类似于甾体类受体，但也有所不同。

通常认为二噁英类化学物通过被动扩散方式进入细胞浆，作为配体与 AhR 结合。据推测，配体结合的 AhR 发生构型的变化，从而暴露出 AhR 分子中的核定位信号，接着 AhR -配体复合物进入细胞核，这时，与 AhR 结合的 HSP 90 等蛋白分子与之脱离，在核内 AhR 以其螺旋-环-螺旋基序区域与一种相对分子质量为 87 000 的芳香烃受体核转运体（aryl hydrocarbon receptor nuclear translocator，ARNT，也属于 bHLH -PAS 超家族）结合形成异型二聚体而活化，这种异型二聚体对核中某些特殊的 DNA 序列即抑制性的二噁英/外来物反应元件/（inhibitory dioxin/xenobiltic responsive elements，iDRE/iXRE）具有高度的亲和力。这些特殊 DNA 序列位于特定的受 AhR 调节的基因上游增强子区域中，它们与二噁英活化的 AhR - ARNT 复合物的结合增加了激活启动子的概率，引起受 AhR 调节的基因的转录和蛋白质的合成。受 AhR 调节的基因种类繁多，但是目前对二噁英激活表达的特定蛋白发挥作用的过程研究却很少，其中研究最多的是细胞色素 P450 基因表达产物（如 CYP1A1、CYP1A2）。

二噁英类化学物有非常突出的内分泌干扰作用，这主要是通过 AhR 的介导而产生的。近年来的研究发现，一系列受内分泌激素调节的基因也可受到 AhR - ARNT 复合物的调节，一些学者甚至正在试图找到 AhR 作为生殖过程中正常生理性角色的证据，AhR 在生殖方面受到的重视似乎部分解释了二噁英类（作为外环境中的 AhR 特异性配体）具有如此明显的内分泌干扰作用的原因。Pocar 等根据多方面的文献报道，总结了 2,3,7,8 - TCDD 等内分泌干扰物通过 AhR

干扰内分泌和雌性生殖功能的几条途径（图 15-3）：（A）活化的 AhR 抑制甾体类激素介导的靶基因转录激活，这一机制适用于所有的性激素受体。以雌激素受体（estrogen receptor，ER）为例，2,3,7,8-TCDD 等活化的 AhR 结合于雌激素受体靶基因增强子的 iXRE 部位。由于（a）在靶基因上的结合位置紧邻雌激素反应元件（estrogen response element，ERE）。（b）干扰某些与 ER 有关的激活蛋白与 DNA 形成复合物。（c）与雌激素竞争某些有限的辅助因子等原因，抑制了雌激素的转录激活活性。（B）由于某些未知的机制，外源化学物活化的 AhR 启动了蛋白酶体的蛋白降解作用，使胞内的 ER 水平迅速下降，这一机制被认为与多种子宫内膜疾病有关，特别是子宫内膜异位症和子宫内膜癌，但在不同的细胞系中观察到的结果并不一致，在各种受试的外源化学物中 2,3,7,8-TCDD 的作用最强。（C）在没有性激素的情况下，如卵巢切除的动物，活化的 AhR 可激起性激素信号，如（a）胞浆中的 AhR 与配体结合后发生了构型变化，释放出了结合的酪氨酸激酶 c-Src 蛋白，c-Src 蛋白激活了几种蛋白激酶，使未与雌激素结合的 ER 发生磷酸化而活化。（b）活化的 AhR-ARNT 复合物在细胞核内与 ER 和辅助因子 p300/CBP 发生联合作用，使 ER 显示出转录激活活性。（c）AhR-ARNT 复合物直接作用于性激素受体本身而激活受体的作用仅在针对雌激素受体的研究中观察到。机制（C）的存在使二噁英类的雌激素干扰作用呈现出了正、反两个方向调节的特点，内源性雌激素浓度决定了毒性作用的具体表现形式，这部分揭示了二噁英类拟雌激素作用和抗雌激素作用共存的可能机制。

Kizu 等利用人前列腺癌细胞 LNCaP 的研究发现，配体激活的 AhR 与前炎症介质转录因子（activator factor-1，AP-1）蛋白相互作用，抑制睾酮对前列腺特异抗原的诱导，这一作用不是由于胞内雄性激素受体（AR）或二氢睾酮（DHT）水平降低而引起的。

除了转录激活方面的机制，二噁英类与 AhR 的结合还可能经蛋白激酶途径产生各种生物学活性，其中就包括酪氨酸蛋白激酶 c-Src 家族，但也有研究结果显示 2,3,7,8-TCDD 引起的蛋白激酶途径可

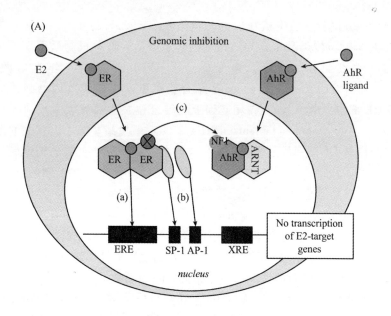

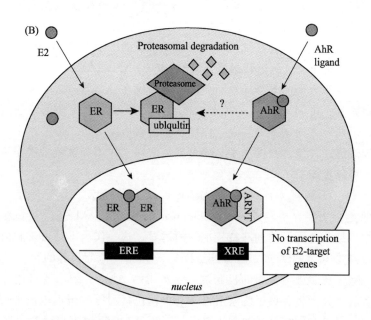

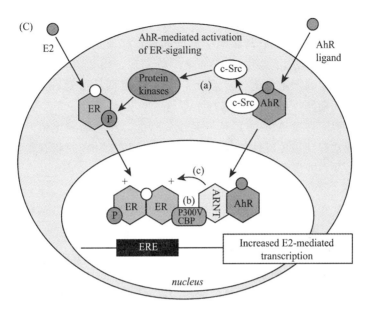

图 15 - 3　AhR 与甾体类激素受体的相互作用

引自：Pocar P，Fischer B，Klonisch T，et al. Reproduction，2005，129（4）：379 - 389.

能不需要 AhR 的参予。Puga 等发现 2,3,7,8 - TCDD 可在 5 分钟之内使 Hepa - 1 细胞浆内 Ca^{2+} 摄入增加。Enan 等也发现 2,3,7,8 - TCDD 使细胞内蛋白激酶激活，Ca^{2+} 水平增高，蛋白质磷酸化程度改变的现象，该现象是不依赖于细胞核的。Blankenship 和 Kohle 等通过实验证实，酪氨酸蛋白激酶在胞浆中与芳香烃受体复合物结合，当配体与芳香烃受体结合，则使酪氨酸蛋白激酶从受体复合物中释放且被激活，从而使细胞内蛋白质的酪氨酸残基的磷酸程度增加。这种磷酸化作用对于细胞的增殖和分化具有重要意义。丝裂原激活蛋白激酶类（MAPKs）是重要的胞内信号调节子，通过磷酸化胞内的转录因子，调节相关基因的表达。Tan 等的研究指出，2,3,7,8 - TCDD 可以诱导胞外信号调节激酶和 c - JunN - terminal - kinase（JNK）途径的即刻激活，这种激活作用不依赖于 AhR，因为在 AhR 表达细胞和 AhR 缺乏细胞中，MAPKs 的激活效率是相同的，Ca^{2+} 离子信号可能参与了 2,3,7,8-TCDD 对 MAPKs 的激活。

二噁英类通过 AhR 影响细胞周期进程和细胞凋亡的控制，干扰细胞的增殖、分化、死亡。Weiss C 等发现，用 2,3,7,8-TCDD 处理大鼠肝卵圆细胞可诱导转录因子 Jun D，继而导致 cyclin A 的上调和细胞周期调控的失常，并揭示了这一作用是经过一条少见的依赖 AhR，但不涉及 ARNT 的信号系统实现的。在生物的生殖发育过程中，凋亡起到了关键性的作用，很多研究发现 AhR 的状态是决定细胞选择凋亡或继续增殖的重要因素。对卵巢组织的免疫组化分析显示 AhR 蛋白的表达总是出现在正进行组织重塑的区域。Abbott 等发现，小鼠在腭突的早期形成过程中伴随着 AhR 和 ARNT 两种蛋白表达的上调，发育中的胎鼠接触 2,3,7,8-TCDD 后，这两种 bHLH 转录因子基因的相对表达水平发生了改变，这与腭裂的发生有密切的关系。早在 20 多年前 Mattison 等就观察到，雌性小鼠暴露于 AhR 配体将导致卵巢原始和初级卵母细胞的迅速缺失。1998 年，Heimler 等证实 2,3,7,8-TCDD 不仅干扰卵巢甾体激素的产生，还能诱导人卵泡粒层细胞凋亡。

二噁英类对下丘脑-垂体-性腺轴也具有干扰作用，但确切机制不明。Gao 等发现，2,3,7,8-TCDD 等 AhR 配体能改变大鼠排卵前 FSH 和 LH 的分泌模式，暴露于相当于环境浓度水平的 2,3,7,8-TCDD 就能引起 FSH 和 LH 水平的明显下降，以外源性的促性腺激素释放激素（GnRH）可部分逆转 2,3,7,8-TCDD 的这一作用，推测 2,3,7,8-TCDD 可能作用于中枢神经系统使下丘脑 GnRH 分泌不足或减少了 GnRH 的释放。进一步研究显示，2,3,7,8-TCDD 所致的这种人绒毛膜促性腺激素冲击性释放的抑制可能是由于下丘脑对血清雌激素水平正反馈应答性的削弱，因为以 10 倍于生理性浓度的雌激素完全扭转了 2,3,7,8-TCDD 对人绒毛膜促性腺激素的下调作用。大脑视前区存在 AhR 的表达，这一区域是控制生殖过程的重要区域，而且 AhR 的表达与 γ-氨基丁酸能神经分布相吻合，γ-氨基丁酸能神经在青春期的发动、雌激素依赖的人绒毛膜促性腺激素冲击性释放和排卵过程中扮演着重要的角色。2,3,7,8-TCDD 对谷氨酸脱羧酶

67（γ-氨基丁酸合成的关键酶）表达的抑制，可致γ-氨基丁酸能神经功能失调，并由此引起一系列形式各异的生殖发育障碍。

（俞　萍　王民生　常元勋）

第四节　氯丁二烯

一、理化性质

氯丁二烯（2-chloro-1,3-butadiene），为无色、挥发性液体。稍溶于水，易溶于乙醇、苯等有机溶剂。高度易燃。

二、来源、存在与接触机会

工业上氯丁二烯是用乙烯基乙炔反应制得。氯丁二烯主要用于制造氯丁橡胶。在氯丁二烯的合成、提纯、单体聚合和氯丁橡胶的水洗、烘干、硫化等加工工序，以及使用氯丁胶乳与氯丁胶沥青时，均有机会接触到本品。氯丁二烯生产设备泄漏事故、聚合釜投料、以及聚合釜、断链槽或凝聚槽的清洗和维修时，可接触到较高浓度的氯丁二烯蒸气。从事生产氯丁二烯、聚合、断链、凝聚、长网、干燥、压胶以及各种含有氯丁二烯单体的氯丁橡胶、胶乳、粘合剂等生产和加工以及分析检验人员在职业工作中会接触氯丁二烯。

三、吸收、分布、代谢与排泄

氯丁二烯可经呼吸道吸入、消化道和皮肤吸收。进入体内的氯丁二烯主要分布于富含脂质的组织。氯丁二烯吸入体内后仅少量经呼气和尿以原形排出，大部分在体内与谷胱甘肽作用而转化，将氯脱去生成氯化氢。氯丁二烯在肝转化为环氧化物，并经过与谷胱甘肽结合、分子重排、酶或非酶水解而解毒。在环氧化之前，一部分氯丁二烯还可能部分发生过氧化作用、部分氯丁二烯的环氧化物有可能转化为醛，然后才与谷胱甘肽结合。氯丁二烯的环氧化物和醛都可对大分子产生氧化作用，从而损伤细胞和组织。故氯丁二烯中毒动物或人体，血或组织中还原型谷胱甘肽（GSH）减少，而脂质过氧化产物丙二醛（MDA）增多。

四、毒性概述

（一）动物实验资料

1. **急性毒性**　小鼠经口 LD_{50} 为 270mg/kg。小鼠吸入 LC_{50} 为 2300mg/m³。小鼠经皮的 MLD 为 958mg/kg。兔吸入氯丁二烯 7500mg/m³ 及大鼠吸入 17 500mg/m³，8 小时可致死。任一种染毒途径均可引起小鼠、大鼠、豚鼠、兔、猫等出现进行性呼吸和中枢神经抑制；首先表现短期烦躁、随之呼吸衰竭死亡；有的步态蹒跚、反应迟钝，最后抽搐死亡；存活动物有咳嗽、鼻黏膜卡他症状和支气管肺炎等。急性中毒动物死亡尸检，见有肺淤血、水肿和灶性出血；肝、肾和其他脏器充血等。

2. **慢性毒性**　小鼠吸入氯丁二烯 3～200mg/m³，共计 6 个月，主要引起肺水肿，为灶性，损害一叶或多叶。

3. **致突变**　氯丁二烯 Ames 试验［TA100（+S9）］、大肠杆菌回变、枯草杆菌重组修复、果蝇隐性伴性致死试验结果均为阳性。氯丁二烯还可以导致大鼠、小鼠骨髓细胞和外周血淋巴细胞染色体畸变。

4. **致癌**　小鼠吸入氯丁二烯 2.9～189.4mg/m³，每天 4 小时、共计 7 个月。观察 8 个月。氯丁二烯组肺肿瘤发生率明显高于对照组，而且肿瘤发生率或平均肿瘤数均有剂量-反应关系。以乳头状腺瘤为主，少数为腺瘤。国外报道用纯度 99% 的氯丁二烯，500μg/ml 可使处理中国仓鼠肺细胞恶性转化，将这些转化细胞接种于同种动物，可发展为纤维肉瘤，有的恶性程度极高。而国外另有 4 篇动物致癌实验报告为阴性结果，可能实验设计存在一定问题未得出阳性结果。国际癌症研究所（IARC，2010 年）将氯丁二烯归入 2B 类，人类可能致癌物。

（二）流行病学资料

郭术田等采用配对病例对照的方法，收集某化工厂1987—2002年癌症死亡及非癌症死亡病例，比较其氯丁二烯的职业接触情况的差异。并对癌症死亡组中接触氯丁二烯工人和不接触氯丁二烯工人进行死亡年龄比较。结果显示在较低的接触浓度下，尚不能认为氯丁二烯接触能使全癌症死亡危险增加，但能使肝癌死亡的危险度增加。接触氯丁二烯（浓度平均为$18mg/m^3$）的工人，周围血淋巴细胞染色体畸变率为（4.77±0.57)%显著高于对照组。其染色体畸变主要是染色单体畸变。

1976年有报告1名长期接触氯丁橡胶成品的工人发生了肝血管肉瘤。15年流行病学观察，氯丁二烯可引起肺癌和皮肤癌发病率增高，又可使这两种癌的平均发病年龄（比非化工工人早14.8年，比化工工人早10.4年）和平均发病工龄缩短。氯丁二烯接触者全癌死亡年龄均值比非接触者缩短了13.2岁，差异有统计学意义，但肿瘤原发部位在接触者与非接触者间差异未见统计学意义。对1661名接触氯丁二烯工人1957—1974年的发病率进行研究，工人接触氯丁二烯30～40年，共发生肺癌20例，其中保修工263名，占总人数17%，尽管发生肺癌8例，占肺癌总数的40%，然而8例肺癌中有7人吸烟。泮媞华等对接触氯丁二烯的工人进行了为期14年的职业性肿瘤的回顾性调查，结果表明其癌症死亡率与青岛市居民癌症死亡率比较，差别无统计学意义。而氯丁二烯接触工人与非氯丁二烯接触工人的癌症发生平均年龄亦无统计学意义。

（三）中毒临床表现及防治原则

1.急性中毒　氯丁二烯引起的急性中毒主要为眼、鼻与呼吸道刺激和中枢神经麻醉症状。轻度中毒时患者有轻咳、气急、胸痛和恶心等；致严重中毒时，患者短期内出现头晕、呕吐、面色苍白、四肢冰冷、血压下降和昏迷，体检可有双侧肺叶散在性干、湿啰音，X线胸片示肺纹理增强或肺水肿征象，病情严重者可死于肺水肿。

2.慢性中毒　长期接触氯丁二烯也可出现头晕、头痛、乏力、失眠或嗜睡、记忆力减退、胸闷、心悸、四肢酸痛等症状。此外，氯丁二烯作业工人还可出现脱发，常先从头顶开始，严重者发展至全秃，有时眉毛、睫毛、腋毛和阴毛也有脱落，胡须生长可变慢。皮肤接触氯丁二烯后可导致接触性皮炎，皮疹消退后可遗留色素沉着，或指甲变为灰褐色等。眼部接触氯丁二烯可导致结膜炎及角膜周边性坏死。

3. 防治原则　急性氯丁二烯中毒的救治可参照一般急性化学物中毒处理和对症治疗。处理氯丁二烯污染事故，应先疏散泄漏污染区人员至安全区。禁止无关人员进入污染区，切断火源。应急处理人员应佩戴自给式呼吸器，穿消防防护服，在确保安全情况下堵漏。进入土壤中的氯丁二烯会通过快速的蒸发或渗透进入大气或地下水中。进入水体中的氯丁二烯会快速蒸发进入大气中，在水体中的氯丁二烯不会发生显著的化学水解、生物富集以及吸附于底泥或悬浮物上。如果进入大气中，氯丁二烯会发生光化学反应，半衰期 1.6 小时。

五、毒性表现

(一) 动物实验资料

雌性大鼠吸入氯丁二烯 10、30 和 1400mg/m³，每天 5 小时，共计 6 个月，发现各组动物卵巢皮质毛细血管内皮细胞膜和细胞器受到损伤。雌性大鼠连续三代吸入氯丁二烯 30mg/m³，每天 5 小时，受孕率降低，生殖力下降。雌性大鼠在整个孕期吸入氯丁二烯 56、130、600、3000 和 4000mg/m³，每天 4 小时，3000mg/m³、4000mg/m³ 组总胚胎死亡率增高，活胎体重降低，胎仔血管通透性失调；130mg/m³、600mg/m³ 组生后 3 周子鼠死亡率升高；56mg/m³ 组未见异常改变；130mg/m³ 为氯丁二烯对胚胎影响的阈浓度。有报道，孕大鼠在整个孕期吸入或在孕第 1、2 天，第 3、4 天，第 11、12 天吸入氯丁二烯 4mg/m³，有胚胎毒作用，可以致畸，主要为脑疝和脑积水。

氯丁二烯染毒雄性大鼠（浓度 3.8～39mg/m³），然后与雌鼠交配，发现雌性子鼠死亡数显著比对照组高。显性致死实验阳性。雄性大鼠和小鼠吸入氯丁二烯 42～540mg/m³ 和 430～2240mg/m³，可见睾丸萎缩及重量减轻。雄性大鼠每天经口给予氯丁二烯 0.05mg/kg，20 天后大鼠精液的乳酸脱氢酶同工酶活性下降，睾丸的 β-半乳糖苷酶活性下降，睾丸线粒体内的苹果酸脱氢酶被抑制。睾丸线粒体内的次黄嘌呤核苷二磷酸酶活性增加。睾丸萎缩、精子数目减少和活动性降低。雄性大鼠吸入氯丁二烯 3.8mg/m³，每天 4 小时，吸入 48 天后与雌鼠交配，子鼠死亡率升高。小鼠吸入氯丁二烯 0.32mg/m³，两个月后影响精子发生，表现精子生成量和活力下降。但也有人给雄性大鼠吸入氯丁二烯 90mg/m³，每天 4 小时，连续共计 22 天后，每周配以 3 只未染毒氯丁二烯的雌鼠，结果受孕率、着床率、胚胎死亡率与对照组比较，差异无统计学意义，认为 90mg/m³ 的氯丁二烯对雄性大鼠的生殖力无影响。

（二）流行病学资料

Sanoisky 发现从事氯丁二烯作业男工的精子数量和活力降低，工龄 10 年以上者，精子形态学有改变，其妻子的自然流产率比对照组高 3 倍。对在氯丁橡胶工厂聚合和加工车间工作，接触氯丁二烯浓度为 13.2～36.2mg/m³ 的 134 名男工进行精液状况检查，工龄 5 年以上的工人每毫升精子数量和活动精子的相对数均显著低于对照组；工龄 10 年以上者，精子形态正常的精子数相对减少。对 143 名氯丁二烯作业男工妻子的 709 次妊娠结局调查结果，自然流产率显著高于对照组，有流产史的人数也显著多于对照组。席力强等对在三个氯丁橡胶工厂接触氯丁二烯 1 年以上，平均接触浓度达 14.21～584.54mg/m³ 的 1446 名男工和 1127 名对照男工的生殖结局进行回顾性流行病学调查的结果，氯丁二烯作业的男工妻子的自然流产率（5.52%）显著高于对照组（3.52%），表明氯丁二烯对男工有生殖毒性。

对接触 1～8mg/m³ 氯丁二烯的 65 名氯丁乳胶手套生产女工调查结果，月经异常发生率高达 47%，显著高于对照组（10%），且随接触工龄的增长而增高。接触 36.2～132mg/m³ 氯丁二烯的女工，无论以妊娠次数或以妊娠人数为基数计算，自然流产率均显著增高。席力强等对 375 名接触氯丁二烯年平均浓度为 14.21～584.54mg/m³，接触工龄 1 年以上的三个氯丁橡胶工厂的已婚女工，和当地 930 名对照已婚女工的妊娠结局进行回顾性调查的结果，接触组自然流产的发生率为 10.53%，显著高于对照组 4.47%（$P < 0.01$），对氯丁二烯作业女工的自然流产资料进一步统计分析的结果，早期自然流产的发生率为 8.27%，显著高于对照组（3.32%），而晚期自然流产的发生率为 2.26%，与对照组（1.24%）比较差异无统计学意义；过期产、早产、死产、新生儿死亡和围产儿的发生率与对照组比较差异无统计学意义。

接触氯丁二烯的授乳妇女，其乳汁中蛋白质浓度降低，半胱氨酸、赖氨酸、精氨酸、缬氨酸、蛋氨酸、亮氨酸、异亮氨酸等的含量明显低于对照组。表明氯丁二烯能影响乳汁质量。对在橡胶工厂附近居住的授乳妇女调查的结果，发现接触氯丁二烯可能影响母乳的分泌量和质量，并有一定的剂量-反应关系。席力强等对接触氯丁二烯女工的 230 名婴儿和对照组女工的 706 名婴儿的出生体重进行分析的结果，接触组低出生体重儿的发生率达 14.48%，显著高于对照组（8.22%）。接触氯丁二烯女工的婴儿先天异常的发生率（16.95‰）虽高于对照组（5.24‰），但差异无统计学意义。

六、毒性机制

对氯丁二烯生殖毒性机制的研究发现，用 0.5mg/kg 氯丁二烯给雄性大鼠灌胃 20 天后，可引起精液中乳酸脱氢酶和 β-半乳糖甘酶活性升高，睾丸细胞线粒体中苹果酸脱氢酶活性降低，干扰三羧酸循环的正常进行，进而导致精子渗透抵抗力下降、活动变弱、活动时间缩短。进一步分析后发现，睾丸的 β-半乳糖甘酶活性表现的增加与下降交替出现，线粒体内的苹果酸脱氢酶被抑制，睾丸线粒体内的次黄嘌呤核苷二磷酸酶活性增加。氯丁二烯可引起雌性大鼠卵巢功能的紊乱，动物实验证实，氯丁二烯染毒的雌大鼠卵巢细胞结构改变，受孕率降低以及胎鼠死亡率增加。低浓度氯丁二烯会使雄性动物的生殖器官产生雌性化改变，导致生殖障碍，并指出雄性动物比雌性动物对氯丁二烯的毒性更敏感。

流行病学资料提示氯丁二烯可能是引起女工自然流产的危险因素。推测很可能是氯丁二烯损伤了卵细胞、受精卵或作用于胚胎、导致胚胎发育异常或胚胎死亡而流产。有研究报告提到早期自然流产中多数具有严重畸形，所以氯丁二烯可能造成人类细胞遗传性损伤，导致胎儿严重畸形而发生流产。氯丁二烯作业男工妻子的自然流产可能是由于氯丁二烯直接作用于男性性腺，损伤精子或使精子的生成出现异常，影响受精卵或胚胎的发育而导致胚胎发育异常或胚胎死亡所致。此外，氯丁二烯作业男工妻子早期自然流产率增加提示，氯丁二烯可能会引起男性生精细胞的染色体畸变，从而导致胚胎严重畸形而流产。因为有一些研究报告提到早期自然流产中多数具有严重畸形或染色体畸变。有关接触氯丁二烯男工妻子自然流产的机制有待进一步研究证实。

（徐　军　王民生　常元勋）

主要参考文献

1. 常元勋. 靶器官与环境有害因素. 北京：化学工业出版社，2008.

2. 江泉观，纪云晶，常元勋主编. 环境化学毒物防治手册. 北京：化学工业出版社，2004.

3. 吕策华，秦静怡，刘雨林. 氯乙烯对子一代影响的调查分析. 齐齐哈尔医学院学报，2001，22（10）：1200.

4. 冀芳，朱守民，孙品，等. I、II 相代谢酶基因多态性与氯乙烯作业工人 DNA 损伤的关系研究. 卫生研究，2009，38（1）：7-10.

5. 刘静，王威，仇玉兰，等. 氯乙烯致 DNA 损伤与 DNA 修复基因甲基化. 复旦学报（医学版），2008，35（2）：190-193.

6. 王笑笑，李斌，肖经纬. 氯乙烯生殖毒性研究现状. 国外医学卫生学分册，2008，35（3）：147-150.

7. 王爱红，吴建辉，朱守民，等. 氯乙烯对大鼠精子生成量和畸形率的影响. 环境与职业医学，2004，21（3）：210-213.

8. 黄海雄，张锦周，黄钰，等. 三氯乙烯精子畸形试验研究. 中国职业医学，2002，29（4）：25-26.

9. 陈敏，彭巨成，邱星元. 三氯乙烯对大鼠睾丸细胞 DNA 损伤和氧化应激的影响. 中国职业医学，2009，36（6）：512-513.

10. 胡训军，肖萍，王文静，等. TCE 生物标志物的研究进展. 环境与职业医学，2006，23（1）：76-78.

11. 黄海燕，庄志雄，刘建军. 三氯乙烯中毒表现及其作用机制研究进展. 环境与职业医学，2006，23（1）：79-81.

12. 刘移民，艾宝民，王致. 我国三氯乙烯职业危害研究十年回顾. 中国工业医学杂志，2007，20（2）：120-121.

13. 胡训军，卢伟，肖萍，等. 三氯乙烯亚急性毒作用研究. 环境与职业医学，2005，22（2）：116-118.

14. 李刚，屠平，李斌. 18 起三氯乙烯所致职业性损害的调查. 现代预防医学，2005，32（9）：1174-1175.

15. 刘爱民，兰玉. 高野豆腐等对大白鼠中二噁英类的排泄作用研究. 环境科学与管理，2007，32（8）：58-64.

16. 姚玉红，刘格林. 二噁英的健康危害研究进展. 环境与健康杂志，2007，24（7）：560-562.

17. 夏革清，韩平. 二噁英的拟雌激素作用和雌激素拮抗作用. 国外医学卫生学分册，2003，30（6）：325-328.

18. 侯蕾，陈必良. 二噁英的胎盘毒性及研究进展. 中国妇幼健康研究，2006，17（3）：179-181.

19. 赵力军，汤乃军，刘静，等. 亚慢性暴露于 2,3,7,8-四氯二苯并二噁英对 Wistar 雌性大鼠生殖系统的影响. 中国预防医学杂志，2007，8（4）：374-377.

20. 刘静，汤乃军，赵力军，等. 亚慢性染毒 2,3,7,8-四氯二苯并二噁英对雄性大鼠生殖系统的影响. 中国工业医学杂志，2006，19（4）：196-198，204.

21. 黄莉，戴丽军，叶炳飞，等. 2,3,7,8-四氯二苯并二噁英对 NIH 小鼠胚胎发育的影响. 中国比较医学杂志，2005，15（3）：150-153.

22. 谭凤珠，张建军，马聪兴，等. 哺乳期暴露 2,3,7,8-四氯二苯并-p-二噁英的子代小鼠生殖发育以及肺组织 CYP1A1 水平. 环境与健康杂志，2008，25（7）：587-589.

23. 罗琼，朱依敏，黄荷凤. 二噁英类内分泌干扰物对胚胎的影响及其机制. 国外医学妇幼保健分册，2005，16（1）：45-47.

24. 王珺，赵彦艳，刘洪，等. Igf2 基因差异性甲基化区域在二噁英致畸中的作用. 中华医学遗传学杂志，2007，24（2）：162-166.

25. 郭磊，赵玉岩，张世亮，等. 二噁英致大鼠先天骨骼发育畸形中软骨细胞的病理学改变. 中国实验动物学报，2008，16（1）：45-47.

26. 保毓书主编. 环境因素与生殖健康. 北京：化学工业出版社，2002：180-183.

27. 34. 郭术田，杨青，董奇男，等. 氯丁二烯职业接触人群致癌性的病例对照研究. 四川大学学报（医学版），2002，35（2）：292-293.

28. Bolt HM. Vinyl chloride-a classical industrial toxicant of new interest. Crit Rev Toxicol，2005，35（4），307-323.

29. Li Y，Marion MJ，Zipprich J，et al. Gene-environment interactions between DNA repair polymorphisms and exposure to the carcinogen vinyl chloride. Biomarkers，2009，10：1-8.

30. Fernandes PH，Kanuri M，Nechev LV，et al. Mammalian cell mutagenesis of the DNA adducts of vinyl chloride and crotonaldehyde. Environ Mol Mutagen，2005，45（5）：455-459.

31. Dogliotti E. Molecular mechanisms of carcinogenesis by vinyl chloride. Ann Ist Super Sanita，2006，42（2）：163-169.

32. Sass JB，Castleman B，Walling AD. Vinyl chloride：a case study of data suppression and misrepresentation. Environ Health Perspect，2005，113（7）：809-812.

33. Schindler RJ，LI Y，Marion MJ，et al. The effect of genetic polymorphisms in the vinyl chloride metabolic pathway on mutagenic risk. J Hum Genet，2007，52（5）：448-455.

34. Kumanov P，Nandipati K，Tomova K. Inhibin B is a better marker of spermatogenesis than other hormones in theevaluation of male factor infertility. Fertil Steril，2006，86：333-338.

35. Thornton SR，Schroeder RE，Robison L，et al . Embryo-fetal developmental and reproductive toxicology of vinyl chloride in rats. Toxicol Sci，2002，（68）：207-219.

36. Miao Wenbin，Wang Wei，Qiu Yǔla，et al. Micronucleus occurrence related to base excision repair gene polymorphisms in Chinese workers occupationally exposed to vinyl chloride monomer. J Occup Environ Med，2009，51（5）：578-585.

37. Qiu YL, Wang W, Wang T, et al. Genetic polymorphisms, messenger RNA expression of p53, p21, and CCND1, and possible links with chromosomal aberrations in Chinese vinyl chloride-exposed workers. Can Epidemiol Biomar Prev, 2008, 17 (10): 2578-2584.

38. Zhu SM, Xia ZL, Wang AH, et al. Polymorphisms and haplotypes of DNA repair and xenobiotic metabolism genes and risk of DNA damage in Chinese vinyl chloride monomer (VCM) -exposed workers. Toxicol Lett, 2008, 178 (2): 88-94.

39. XU H, Tanphaichitr N, Forkert PG, et al. Exposure to trichloroethylene and its metabolites causes impairment of sperm fertilizing ability in mice. Toxicol Sci, 2004, 82 (2): 590-597.

40. Duteaux SB, Berger T, Hess RA, et al. Male reproductive toxicity of trichloroethylene: sperm protein oxidation and decreased fertilizing ability. Biol Reprod, 2004, 70 (5): 1518-1526.

41. Ramdhan DH, Kamijima M, Yamada N, et al. Molecular mechanism of trichloroethylene - induced hepatotoxicity mediated by CYP2E1. Toxicol Appl Pharmacol, 2008, 231 (3): 300-307.

42. Shen T, Zhu QX, Yang S, et al. Trichloroethylene induced cutaneous irritation in BALB/c hairless mice: histopathological changes and oxidative damage. Toxicology, 2008, 248 (2-3): 113-120.

43. Kamijima M, Wang H, Huang H, et al. Trichloroethylene causes generalized hypersensitivity skin disorders complicated by hepatitis. J Occup Health, 2008, 50 (4): 328-338.

44. Tang X, Que B, Song X, et al. Characterization of liver injury associated with hypersensitive skin reactions induced by trichloroethylene in the guinea pig maximization test. J Occup Health, 2008, 50 (2), 114-121.

45. Scott CS, Chiu WA. Trichloroethylene cancer epidemiology: a consideration of select issues. Environ Health Perspect, 2006, 114 (9): 1471-1478.

46. Rahm BG, Richardson RE. Dehalococcoides' gene transcripts as quantitative bioindicators of tetrachloroethene, trichloroethene, and cis - 1,2 - dichloroethene dehalorespiration rates. Environ Sci Technol, 2008, 42 (14): 5099 - 5105.

47. Gilbert KM, Przybyla B, Pumford NR, et al. Delineating liver events in tri-

chloroethylene induced autoimmune hepatitis. Chem Res Toxicol, 2009, 22 (4): 626-632.

48. Xu X, Yang R, Wu N, et al . Severe hypersensitivity dermatitis and liver dysfunction induced by occupational exposure to trichloroethylene. Ind Health, 2009, 47 (2): 107-112.

49. Brauch H, Weirich G, Klein B, et al. VHL mutations in renal cell cancer: does occupational exposure to trichloroethylene make a difference? Toxicol Lett, 2004, 151: 301-310.

50. Ljarrat E, De La Cal A, Larrazabal D, et al. Occurrence of polybrominatediphenylethers, polychlorinated-dibenzo-p-dioxins, dibenzofurans andiphenyls in coastal sediments from Spain. Environ Pollut, 2005, 36: 493-501.

51. Leung HW, Kerger BD, Paustenbach DJ. Elimination half-lives of selected polychlorinated dibenzodioxins and dibenzofurans in breast-fed human infants. J Toxicol Environ Health, 2006, 69 (6): 437-443.

52. Abnet CC. Carcinogenic food contaminants. Can Invest, 2007, 25 (3): 189-196.

53. Arisawa K, Takeda H, Mikasa H. Background exposure to PCDDs/PCDFs/PCBs and its potential health effects: a review of epidemiologic studies. J Med Invest, 2005, 52 (1-2): 10-21.

54. Uemura H, Arisawa K, Hiyoshi M, et al. Prevalence of metabolic syndrome associated with body burden levels of dioxin and related compounds among Japan's general population. Environ Health Perspect, 2009, 117 (4): 568-573.

55. Lee DH, Jacobs DR, Porta M. Association of serum concentrations of persistent organic pollutants with the prevalence of learning disability and attention deficit disorder. J Epidemiol Community Health, 2007, 61 (7): 591-596.

56. Foster WG. Endocrine toxicants including 2,3,7,8-terachlorodibenzo-p-dioxin (TCDD) and dioxin-like chemicals and endometriosis: is there a link? J Toxicol Environ Health Crit Rev, 2008, 11 (3-4): 177-187.

57. Foster WG, Maharaj-Briceno S, Cyr DG. Dioxin-induced changes in epididymal sperm count and spermatogenesis. Environ Health Perspect, 2010, 118 (4): 458-464.

58. Ngo AD, Taylor R, Roberts CL, et al. Association between Agent Orange and birth defects: systematic review and meta-analysis. Int J Epidemiol, 2006,

35 (5): 1220-1230.

59. Cao Y, Winneke G, Wilhelm M, et al. Environmental exposure to dioxins and polychlorinated biphenyls reduce levels of gonadal hormones in newborns: results from the Duisburg cohort study. Int J Hyg Environ Health, 2008, 211 (1-2): 30-39.

60. Cooper GS, Jones S. Pentachlorophenol and cancer risk: focusing the lens on specific chlorophenols and contaminants. Environ Health Perspect, 2008, 116 (8): 1001-1008.

61. Weiss C, Faust D, Schreck I, et al. TCDD deregulates contact inhibition in rat liver oval cells via Ah receptor, JunD and cyclin A. Oncogene, 2008, 27 (15): 2198-2207.

62. Jenkins S, Rowell C, Wang J, et al. Prenatal TCDD exposure predisposes for mammary cancer in rats. Reprod Toxicol, 2007, 23 (3): 391-396.

63. Bruner-Tran KL, Yeaman GR, Crispens MA, et al. Dioxin may promote inflammation-related development of endometriosis. Fertil Steril, 2008, 89 (5) Suppl: 1287-1298.

64. Bruner-Tran KL, Ding T, Osteen KG. Dioxin and endometrial progesterone resistance. Semin Reprod Med, 2010, 28 (1): 59-68.

65. Sikka SC, Wang R. Endocrine disruptors and estrogenic effects on male reproductive axis. Asian J Androl, 2008, 10 (1): 134-145.

66. Pocar P, Fischer B, Klonisch T, et al. Molecular interactions of the aryl hydrocarbon receptor and its biological and toxicological relevance for reproduction. Reproduction, 2005, 129 (4): 379-389.

67. Petersen SL, Krishnan S, Hudgens ED. The aryl hydrocarbon receptor pathway and sexual differentiation of neuroendocrine functions: Endocrinology, 2006, 147 (6) Suppl: S33-42.

68. Valentine R, Himmelstein MW. Overview of the acute, subchronic, reproductive, developmental and genetic toxicology of beta-chloroprene. Chem Biol Interact, 2001, 1: 81-100; 135-136.

69. Bukowski JA. Epidemiologic evidence for chloroprene carcinogenicity: review of study quality and its application to risk assessment. Risk Anal, 2009, 29 (9): 1203-1216.

第十六章

酚类和酯类

第一节 双酚 A

一、理化性质

双酚 A（bisphenolA，BPA）是环境雌激素的一种，它又名 4 - 二羟基二苯基丙烷、二苯酚基丙烷，结构式为 $HO-\bigcirc-\overset{CH_3}{\underset{CH_3}{C}}-\bigcirc-OH$，是一类苯酚衍生物。BPA 为白色至淡褐色粉末或片状结晶，具有酚气味及苦味，不溶于水，易溶于醇、醚、丙酮及碱性溶液。

二、来源、存在与接触机会

BPA 是制造聚碳酸脂、环氧树脂、聚树脂、聚酚氧树脂、抗氧化剂等的前体物质。由于聚碳酸脂塑料具有高的强度、硬度、韧性、透明度等特性，而且能耐多种酸和油类，因此广泛应用于染料及机械仪表、医疗器械、食品包装材料与饮料容器、餐具、婴儿用瓶的生产。此外，BPA 还可用于以树脂为原料的牙齿密封剂、牙科填充剂。

人们接触 BPA 的机会也越来越多。BPA 在水中的溶解度 120～300μg/ml，因此从工厂排出的废水虽经过处理，但仍能检测到 BPA 的存在，成为水环境 BPA 污染的主要来源之一。此外，垃圾填埋法的沥出物中可检测到高浓度的 BPA，此为水环境 BPA 污染的又一来源。研究显示，使 BPA 生物降解的细菌在水体中是广泛存在的，但通常的生物半衰期为 3～5 天，足以对水中生物体产生作用，而且 BPA 在海水中更不易被生物降解，海鱼体内 BPA 含量高于淡水鱼。

三、吸收、分布、代谢与排泄

在职业生产和日常生活中,人们可以通过皮肤、呼吸道、消化道等途径接触。通过测定人体尿液中 BPA 含量,大部分尿液中均可检测到 BPA 的存在（≥ 0.1ng/ml）。欧洲科学委员会在 2002 年估算了人体每日 BPA 摄入量:婴儿为 $1.6\mu g/(kg \cdot d)$,$4\sim6$ 岁儿童为 $1.2\mu g/(kg \cdot d)$,成人为 $0.4\mu g/(kg \cdot d)$。

BPA 的葡萄糖醛酸化作用具有解毒的作用,BPA 在尿中的主要代谢产物为葡萄糖苷酸,约为 $13\%\sim28\%$,而粪便中则主要以游离 BPA（占 $56\%\sim82\%$）的形式存在。Kamrin 的研究认为 $>99\%$ 的游离 BPA 及其代谢物从粪便及尿液排泄,只有不到 1% 的 BPA 存于组织中。此外,BPA 可通过胎盘屏障,怀孕大鼠经口染毒 BPA,可观察到其通过胎盘屏障,并可在胎盘组织中蓄积。Iezuki 等对更年期前、怀孕早期、足月妊娠妇女的血液、足月儿脐带血、卵巢卵泡液及羊水的检测发现,BPA 存在于各期血浆、卵巢卵泡液、胎儿血浆和羊水中,值得注意的是,在孕 $15\sim18$ 周的羊水中,BPA 浓度为其他体液介质的 5 倍左右,说明 BPA 可能在早期的胎儿发育阶段有蓄积作用。

四、毒性概述

（一）动物实验资料

1. **急性毒性** BPA 属低毒性化学物。大鼠经口 LD_{50} 为 $3300\sim4240$mg/kg,吸入途径暴露的 LC_{50} 为 2000ppm;小鼠经口 LD_{50} 为 $2500\sim5200$mg/kg。

2. **亚急性毒性** 给雄性 BALB/c 小鼠皮下注射染毒 BPA（5mg/kg）,1 周 5 天,连续 4 周。可使小鼠脾内 T 淋巴细胞、B 淋巴细胞和巨噬细胞数量明显减少,同时抑制感染过程中淋巴细胞和巨噬细胞在感染部位的迁移、聚集,降低中性粒细胞吞噬活性,导致机体非特异性免疫功能降低。

3. **致突变** 研究表明,BPA 处理人胚肝细胞后,彗星试验显示

BPA 在 $10\mu mol/L$ 时可致 DNA 氧化损伤作用。细胞生长抑制实验
（MTT 法）显示，$1\mu mol/L$ 的双酚 A 就对人胚肝细胞株 L-02 产生
生长抑制作用，$\geqslant 50\mu mol/L$ 则显著降低其存活率。体外研究表明，
在缺乏大鼠肝微粒体酶混合物（-S9）条件下，BPA 能诱导中国仓鼠
卵巢（CHO）细胞畸变率显著增加。

4. 致癌　研究表明，BPA 与雌激素受体具有一定的亲和力，能
够诱导人类乳腺癌细胞（MCF-7）的孕酮受体表达水平升高并刺激
MCF-7 细胞增殖。BPA 经口染毒（剂量为 0、1000、2000mg/kg）
可引起 F344 雌、雄性大鼠白血病，以及雄性大鼠睾丸间质细胞肿瘤
发生率增加。BPA 经口染毒 B6C3F1 雄性小鼠（剂量为 0、5000、
10000mg/kg），可使小鼠淋巴瘤和白血病发病率增加。

（二）流行病学资料　未见相关报道。

（三）中毒临床表现及防治原则

1. 临床表现　BPA 对皮肤、呼吸道、消化道和角膜有中等强度
刺激性。尚未见职业或环境接触引起的急性中毒。

2. 防治原则　对于职业人群应做好工作场所 BPA 的个人防护和
空气监测，注意个人卫生，减少 BPA 通过空气和皮肤接触进入体内。
对于普通人群，在生活中尽量减少塑料餐具和罐装食品的使用，降低
BPA 的生活接触。

五、毒性表现

（一）雄（男）性生殖毒性

1. 动物实验资料　BPA 染毒方式和染毒剂量不同所引起的雄性生
殖系统损害不同。经皮下或腹膜下注射染毒 BPA 比经口染毒 BPA 对雄
性生殖器官的毒性更大，$20mg/(kg \cdot d)$ 的 BPA 可使大鼠和小鼠的前
列腺和输精管重量下降。Nagao 等在胚胎期、青春期、性成熟期分别灌
胃给予雌激素敏感型 C57BL/6N 小鼠 2、20、$200\mu g/kg$BPA，以评价低
剂量 BPA 对雄性生殖器官的影响，结果显示，$200\mu g/kg$ 以下剂量 BPA
对 C57BL/6N 小鼠未产生对生殖器官的影响。给成年雄性大鼠喂饲 25
和 $100\mu g/kg$ 的 BPA 可导致其附睾的精子计数减少、睾丸和精囊的

绝对重量降低。Tyl 等研究发现，经口染毒 $50mg/(kg \cdot d)$ 的 BPA 未见对成年雄性大鼠产生不良的生殖效应。而经口染毒 $50\mu g/d$ BPA，可使小鼠精子活动率降低、畸形率升高。小鼠经口染毒 BPA（剂量分别为 48、120、240 mg/kg）连续达 6 周，发现 120 mg/kg 及以上剂量组使小鼠附睾精子计数、活精率、生育指数和妊娠率下降，而精子畸形率随染毒剂量增加而升高，提示小鼠的生精功能受到了损害。当 BPA 染毒剂量达 240mg/kg 时，不仅生精功能受损严重且交配指数下降。孙延霞等 5 天连续腹腔注射 BPA 染毒成年 KM 雄性小鼠，剂量为 250、500 和 $1000\mu g/kg$，之后饲养 30 天，结果显示中、高剂量 BPA 染毒组小鼠的精子畸形率较对照组高，睾丸和附睾的脏器系数均低于对照组，血清二氧化氮（NO）含量、一氧化氮合酶（NOS）活性均高于对照组。

有研究认为，BPA 对雄性生殖系统的损伤是可逆的。给大鼠和小鼠皮下注射 BPA 到青春期后，依次引起初级精母细胞、次级精母细胞、精子细胞和精子的顶体颗粒和顶体核畸形，精细胞分化出现部分或完全消失。但当动物发育成熟后，未见 BPA 对睾丸有影响，并且这些动物仍可生育，因此认为，BPA 的雌激素样作用到其成年期后仍可逆转。Toyama 等给成年小鼠或大鼠皮下注射 20 或 $200\mu g/kg$ 的 BPA，发现精子顶体囊泡、顶体帽、顶体和顶体核及精囊严重畸形，在染毒停止 2 个月后，其睾丸组织学形态和生育力恢复正常，因而认为 BPA 的不良作用具有可逆性。

Bond 等对雄性 SD 大鼠连续 5 次腹腔注射给予最大耐受剂量 $85mg/(kg \cdot d)$ BPA，并使之与未染毒 BPA 的雌鼠交配，未观察到胚胎死亡率增加。提示 BPA 在体外（-S9）能引起染色体异常和 DNA 损伤，具有一定的遗传毒性效应，但在体内可能不会对细胞或机体产生遗传毒性。

2. 流行病学资料　有关 BPA 影响人类生殖功能的研究不多。最初的报告发表于 1999 年，上海研究人员发表了一篇关于 BPA 职业暴露对男性生殖功能影响的研究报告，结果显示，BPA 接触工人性生活频率每周少于 1 次的相对危险度为 1.8（95% CI：0.8~4.3），接触工人首次计划妊娠时间大于 1 年者有 14.3％（对照组 12.5％），接触组研究对象尿中的睾酮浓度（4.06±2.34）nmol/L 比对照组的睾酮浓度（4.32±3.20）nmol/L 低 6％。尽管该研究规模较小，但其结果提供了 BPA 对人类男性生殖功能影响的初步证据。另有研究观察了 33 名男性接触 BPA 工人和当地 43 名男性对照者激素水平差异，发现接触组和对照组性激素（睾酮、雌二醇、卵泡刺激素、雄烯二酮）水平间差异无统计学意义，而且性激素水平与血清 BPA 水平无关联。

（二）雌（女）性生殖毒性

1. 动物实验资料　早在 1938 年，研究人员就观察到 BPA 使切除卵巢雌鼠产生雌激素。BPA 作用于切除卵巢的小鼠，可使其阴道角质化，引起子宫糖原浓度升高。Mathews 等的研究显示，BPA 具有类似雌二醇的作用，可使大鼠子宫湿重增加，子宫/体重比增高，子宫平滑肌厚度和宫腔上皮高度均增加，阴道开口时间提前，并呈现明显的剂量-效应关系。

另外，研究较多的是 BPA 对胚胎发育的毒性作用。BPA 对大、小鼠均具有胚胎发育毒性。Morrissey 等研究发现，经口对大鼠和小鼠染毒 BPA，能使妊娠大鼠的体重和子宫重量增加；并导致妊娠小鼠死亡。高剂量组（1250 mg/kg）的死亡率达 18％，且妊娠小鼠体重增加显著降低，妊娠小鼠子宫重量和胎鼠平均体重减少，而出生幼鼠的再吸收率大大增加，但未见 BPA 致胎鼠畸形。提示小鼠在器官形成期染毒 BPA，可致胚胎毒性，但尚不会引起胎鼠形态学的发育异常。逄兵等对妊娠 Wistar 大鼠灌胃染毒 200 mg/(kg·d) BPA 亦未发现胎仔有明显的畸形。但 Hardin 等在 SD 大鼠孕第 1～15 天腹腔注射 85mg/kgBPA 染毒，发现其能引起胎鼠骨化不全，腹腔注射 125mg/kg BPA 能引起胎鼠的肛门闭锁、脑室扩大等畸形。

此外，目前研究较多的是 BPA 染毒对雄性后代生殖功能的影响。Vom Saal 等用低剂量 BPA 染毒妊娠期小鼠，发现其雄性后代生殖器明显变小，每日产生的精子数减少，提示 BPA 能透过血睾屏障，干扰精子的生长和发育过程。Susan 等经口连续 7 天灌胃染毒妊娠 11

天的小鼠，剂量为 $20\mu g/(kg \cdot d)$，结果发现，子代雄鼠前列腺重量、睾丸重量及睾丸肾重量比明显改变。吕毅等用 BPA 灌胃染毒昆明种妊娠小鼠，染毒时间为妊娠第 1 天至仔鼠出生，剂量为 30、120 和 $360mg/(kg \cdot d)$，子鼠出生 30 天时，实验组小鼠睾丸生精小管上皮细胞排列紊乱，成熟精子数量减少，部分上皮与基底部分离，且随剂量增加而加重，随剂量增加精子畸形率增高，差异均具有统计学意义。提示胚胎期接触 BPA 对 F1 代雄性仔鼠的生殖功能产生影响。

2. 流行病学资料　Takeuch 等抽样调查发现，肥胖的正常妇女血浆 BPA 浓度和多囊卵巢综合征的血浆 BPA 浓度显著高于不肥胖的正常妇女，且与血浆总睾酮、游离睾酮、雌二酮的浓度均呈正相关。

六、毒性机制

(一) 雄性生殖毒性机制

双酚 A 对雄性生殖毒性的机制尚不十分清楚，可能的机制主要有以下几方面：(1) BPA 可通过血睾屏障，使睾丸内生精细胞、支持细胞及间质细胞受到不同程度损害，产生直接毒性作用，比如，BPA 可影响成年大鼠睾丸支持细胞的波形蛋白，导致支持细胞体积变小、变狭长，影响其维持支持细胞-精原细胞连接位点或干扰细胞膜与细胞核之间信号转导媒介的作用，导致精原细胞与支持细胞分离，进而干扰和阻碍精子的发育和成熟，导致精子数量减少、活力降低、畸形率增加。而诱发的精子畸变主要发生在精子头部，可能是由于 BPA 与精子 DNA 作用并干扰有关基因表达，进而影响精子的形成和发育。(2) BPA 可透过损伤睾丸间质细胞，抑制睾酮分泌，使小鼠生精能力下降。(3) BPA 可使体内一氧化氮（NO）含量增加，一氧化氮合酶（NOS）活性升高，诱导生精细胞凋亡。(4) BPA 还可直接导致 DNA 单链断裂，或与细胞 DNA 发生不可逆的共价结合形成 DNA 加合物，从而导致细胞损伤。(5) BPA 可抑制睾丸内质网钙泵活性，从而干扰细胞内钙稳态。细胞内钙稳态失衡可激活钙离子介导的一系列生化反应。

（二）雌性生殖毒性机制

目前，BPA 的雌性生殖毒性机制尚不明确。BPA 进入机体后与细胞内雌激素受体结合，通过多种机制产生拟雌激素或抗雌激素作用，从而干扰内分泌系统的正常功能。BPA 可通过模拟雌二醇（E_2）竞争性与雌激素受体（ER）结合，调节靶基因的转录和多种蛋白的表达。雌激素受体（ER）存在两种亚型，即 ERα 和 ERβ。与 ERα 受体结合可使受体构象发生改变并且发生同型二聚体化，这种同型二聚体复合物和 DNA 上雌激素反应元件（ERE）有高度亲和力，结合后同型二聚体将使转录子聚集到靶基因启动子上，并促发基因转录的增强，从而启动一系列雌激素依赖的生理生化过程。而 BPA 与 ERβ 结合后，则抑制靶基因转录，表现出与雌激素效应相拮抗的作用。因此，BPA 对机体的雌激素效应取决于雌激素受体的亚型和靶细胞的类型。龙鼎新等的研究发现，60mg/L 以上剂量 BPA 处理培养大鼠胚胎，可影响其正常生长发育，同时导致卵黄囊（VYS）血管分化不良，影响胚胎氧和营养物质的供应，造成胚胎缺氧和新陈代谢紊乱，从而导致胚胎发育异常。从而提示，破坏 VYS 结构、干扰其功能发挥可能是 BPA 胚胎毒性的重要机制之一。此外，BPA 还可与甲状腺激素受体（TR）结合，影响甲状腺激素的信号传导，抑制 TR 介导的基因转录活动。BPA 还可以干扰很多不同类型的核激素受体功能，其协同因子也可干扰机体激素内环境。

（张敬旭　常元勋）

第二节　邻苯二甲酸酯类

一、理化性质

邻苯二甲酸酯（phthalic acid esters，PAEs）是一类脂溶性有机化合物，包括邻苯二甲酸-（2-乙基己基）酯（di-2-ethylhexyl phthalate，DEHP）、邻苯二甲酸二丁酯（dibutyl phthalate，DBP）、

邻苯二甲酸丁基苄基酯（butyl benzyl phthalate，BBP）、邻苯二甲酸二己基酯（DnHP）和邻苯二甲酸二乙酯（DEP）等几十种。邻苯二甲酸酯的一般化学结构是由一个刚性平面芳烃和两个可塑的非线性脂肪侧链组成，常温下呈无色油状黏稠液体。其中，DBP 是无色无臭的油状液体。易溶于几乎所有的有机溶剂，而难溶于水。DBHP 或称邻苯二甲酸二辛酯（dioctyl phthalate，DOP）是无色有微臭的油状液体。能溶于有机溶剂，特别易溶于苯、甲苯，但难溶于水。邻苯二甲酸丁基苄基酯（BBP）是透明的有芳香族特有气味的液体，也不溶于水。

二、来源、存在与接触机会

邻苯二甲酸酯主要作为聚氯乙烯塑料的增塑剂，广泛存在于各种塑料制品中，如医疗器具（输液管、血袋、透析用品等）、儿童玩具、食品包装袋等。还可用作气溶胶颗粒的悬浮剂、人工瓣膜的润滑剂、抗泡沫剂和皮肤软化剂等用于化妆品、清洁剂、室内装潢材料相关的建筑、汽车、家庭日用品等诸多领域。PAEs 的含量在这些物品中变化较大，通常为 20%～50%，有的高达 90% 以上。

大气中的 PAEs 主要来源于工业污染、涂料喷涂、塑料垃圾焚烧和农用薄膜中增塑剂的挥发。一般认为，烷基链小于 6 碳的 PAEs 主要以蒸气状态存在，而大于 6 碳的 PAEs 则以颗粒状态存在。目前在世界各地的大气中均检出 PAEs，提示 PAEs 对大气污染的普遍性。PAEs 在水体中的分布与其组分的溶解度关系很大，分子量较低的PAEs 易溶于水，分子量较高的 PAEs 不溶于水，在未被吸附或结合时，后者一般呈透明油脂状，浮于水面。工业废水、垃圾及其渗滤液是地表水中 PAEs 的重要污染来源。目前，全球地面水中 PAEs 含量一般为 $1\mu g/L$，接近工业区的水域含量较高。土壤中的 PAEs 通常来自农田的塑料薄膜、塑料废品、垃圾和污水灌溉等，城市周围和污水灌溉地区的土壤受 PAEs 污染相对比较严重。土壤中 PAEs 的种类和浓度可因区域和施用不同而有较大差异。土壤中较低和较高分子量的PAEs 存在状态不同，彼此在迁移、转化和生物可利用性上也存在明显差异。由于环境中存在的 PAEs 多达近 20 种，在日常生活中通常是同时接触 2 种或 2 种以上的 PAEs（如同时接触 DBP 和 DEHP），它们之间的单独及相互作用需要引起重视。

职业接触　从事邻苯二甲酸酯类物质生产、贮存和使用的工人，均有机会接触到此类物质。

环境接触　由于 PAEs 在塑料中或其他合成材料中为非共价键结合，因此，很容易溶出污染大气、水体、土壤等自然环境中，并可通过食物链进行生物累积。对我国长江三角洲地区 DBP 的暴露情况进行总体评估结果显示，人体经大气、室内空气、饮用水和食物的估计摄入量分别为 0.046，0.134，1.28，13.4μg/(kg·d)。由此可见，人体接触的最大来源可能来自食物，占总摄入量的 90.2%，其次为饮用水，占 8.6%。

三、吸收、分布、代谢与排泄

邻苯二甲酸酯类可以通过呼吸道吸入、皮肤吸收、消化道吸收，以及输血、肾透析从静脉进入人体。普通人群内的体液，包括脐带血和羊水中均可以检测到 PAEs 物质。

邻苯二甲酸酯类进入机体后，快速代谢为其各自单酯，这些单酯产物将被进一步代谢为具有氧化特性的带有亲脂性脂肪侧链的产物，PAEs 的单酯和其具有氧化特性的代谢产物可与葡萄糖苷酸共轭结合，不论游离或共轭结合的代谢产物均通过尿液或粪便排泄。比如，实验证实，在人体内 DBP 生物半衰期较短（<3h），可见 DBP 在体内并没有蓄积。DBP 吸收入人体后，可迅速被小肠内的酯酶水解为单丁基邻苯二甲酸盐（MBP），然后主要在小肠吸收，分布在全身各组织，最后主要由尿液排出，在 24 小时内约 55% 的 MBP 经尿液排出，29% 经粪便排出。与其类似，DEHP 进入人体的主要途径为污染的食物和饮水通过消化道吸收，进入机体的 DEHP 能被肠黏膜细胞和胰腺等组织中的水解酶水解为邻苯二甲酸单乙基己酯（mono-2-ethylhexyl phthalate，MEHP），最后在肝中被完全代谢为邻苯二甲酸（phthalate acid）。此外，DEHP 还可以通过胎盘屏障进入胎儿体

内，通过乳汁分泌使新生儿和婴幼儿接触。

四、毒性概述

(一) 动物实验资料

1. **急性与亚急性毒性**　小鼠吸入 $250mg/m^3$ 的 DBP 气溶胶 2 小时，可表现上呼吸道刺激、中枢神经系统抑制，严重可因呼吸麻痹而死亡。大鼠经口 BBPLD$_{50}$ 为 2～20g/kg。DEHP 大鼠经口 LD$_{50}$ 为 30～34g/kg。DEHP 口服染毒 12 个月龄长尾猴 14 天，雌、雄各 5 只，剂量 2000g/(kg·d)，观察到长尾猴体重降低，但未见对脏器重量的影响。另有研究将 8 只 2 岁猕猴分为 2 组，各喂饲 0 和 500mg/(kg·d) 的 DEHP 14 天，未见对猕猴体重的影响，但组织学检查可见 1 只猕猴有肝非特异性退行性变，未见睾丸损害。

2. **慢性毒性**　DEHP 喂饲染毒 B6C3F1 小鼠 4 周，剂量为 0，1000，5000，10000mg/kg，结果显示睾丸和胸腺萎缩，卵巢黄体减少，肾重量减轻及急性炎性反应，肝增重及肝细胞肿胀。该研究最低观察到有害作用的水平 (LOAEL) 为 5000mg/kg，未观察到有害作用水平 (NOAEL) 为 1000mg/kg。DEHP 染毒 SD 大鼠 13 周，结果显示肝重量增加及组织学改变，睾丸输精管萎缩及精子生成减少。该研究最低观察到有害作用的水平 (LOAEL) 为 500mg/kg，未观察到有害作用水平 (NOAEL) 为 50mg/kg。BBP 染毒 Wistar 大鼠 3 个月 (剂量 2500～12 000或 2500～20 000mg/kg)，在低剂量值观察到肝体比增大；中等剂量还观察到体重下降，肝体比和肾体比均增大；高剂量组还可见肝坏死和贫血。LOAEL 为 151～171mg/(kg·d)。而在同一实验中，以 0，188，375，750，1125 或 1500mg/(kg·d) 剂量 BBP 染毒 SD 大鼠，结果提示 SD 大鼠对 BBP 更不敏感，未见肝和睾丸萎缩的变化；NOAEL 为 375mg/(kg·d)，LOAEL 为 750 mg/(kg·d)。对 DBP 的研究显示，肝和睾丸均是 DBP 的靶器官。此外，在一些种系的大鼠和高剂量时可引起小鼠造血系统的影响。对成年大鼠，在 720mg/(kg·d) 剂量可观察到睾丸萎缩及肝体比和肾体比的增加，与其他 PAEs 的毒性效应一致。某些 PAEs 可引起过氧化物小体增生，推测可能为过氧化物小体增生剂（peroxisome proliferator）。

3. 致突变 邻苯二甲酸二乙酯在 Ames 试验中对 TA100、TA100（-S9）具有致突变性。DBP 在小鼠淋巴瘤细胞 tk 位点基因突变试验（-S9）中显示具有致突变性。但小鼠单次腹腔注射 BBP1250～5000mg/kg，可引起骨髓嗜多染红细胞姐妹染色单体交换率增加或致染色体畸变。小鼠淋巴瘤基因突变试验（+S9）中显示阳性反应，推测可能由于 DBP 在体内代谢为乙醛的结果。

4. 致癌 表 16-1 为美国国家毒理规划（National Toxicology Program，NTP）1982 年著名的实验报告，结果显示大鼠和小鼠通过长期喂饲 DEHP 可引发肝癌。尽管 DBP 也可诱导与肝细胞癌有关的过氧化物小体增生，但目前尚无确定资料证明其有致癌性。

表 16-1 3 种邻苯二甲酸酯的致癌实验结果

化合物名称	致癌实验结果
邻苯二甲酸二异辛酯	在雌性与雄性大鼠与小鼠中均有致肝癌作用
己二酸二异辛酯	在小鼠中有致肝癌作用
邻苯二甲酸丁基苄基酯	在雌性大鼠中有可疑致肝癌作用

国际癌症研究所（IARC，1987 年）将 DEHP 归入 2B 类，人类可能致癌物。

（二）流行病学资料

有关职业人群吸入接触 DEHP 可引起神经性疾病发生的报道，由于没有对照人群，而且是几种 PAEs 的混合吸入，因此存在质疑。另有报道，在热电塑料工厂的工人吸入 DEHP 的浓烟引起红细胞和血小板的降低。未见 DEHP 引起人类肝损害的报道。

（三）中毒临床表现及防治原则

1. 临床表现 PAEs 为低毒至中等毒，如意外摄食可引起胃肠道刺激症状，严重时伴昏迷及低血压。接触 $2.0g/m^3$ 的 PAEs 烟雾，可引起眼、鼻和上呼吸道的刺激症状。DBP 的挥发性非常低，因此，由于吸入其蒸气而引起中毒的危险很小，但由于其对黏膜具有刺激作用，吸入其蒸气可刺激咽喉，误饮大约 10g 的 DBP，有引起肾炎和角膜炎的可能。DEHP 对皮肤具有中等度刺激作用，也具有较弱的致敏性。

2. 防治原则 在 PAEs 的生产过程中，应做好个人防护，比如注意通风、佩戴防护手套和护目镜等做好皮肤和眼的防护；工作时不得进食、饮水和吸烟，避免食入性中毒的发生。在日常生活中，减少塑料制品的使用，并尽量避免使用塑料制品加热食物和贮存食物，防止 PAEs 类物质的溶出污染食品。

五、毒性表现

(一) 动物实验资料

PAEs 可以通过胎盘屏障，进而可能对发育中的胚胎产生毒性作用。以含邻苯二甲酸二乙酯为 0.25%～2.5% 的饲料喂饲小鼠，未见影响第一代生育，但可影响第二代的产仔数目和体重。以含 1.0% DBP 的饲料喂饲妊娠小鼠，发现母鼠体重下降，胎仔吸收，出现神经管畸变，生长迟缓和骨化延迟等胎体发育异常。Wistar 大鼠孕 11～21 天喂饲染毒 DBP，在 555mg/(kg·d) 剂量及以上组可见孕鼠体重增重减少，同时伴摄食量下降；在 661mg/(kg·d) 剂量组发现胎仔体重降低，腭裂和骨骼畸形发生增加；在 555 mg/(kg·d) 和 661mg/(kg·d) 剂量组，雄性胎仔肛门直肠距离缩短，并伴有睾丸下降异常。在大鼠妊娠 6～15 天，每日经口染毒 DBP，剂量为 700mg/kg 和 1000mg/kg，可引起每窝平均活胎数显著减少，胎吸收数和死胎数显著增多，胎鼠的平均体重轻，平均体长和尾长短，器官畸形率增加。DEHP 于妊娠第 5 天和 15 天腹腔注射染毒 SD 大鼠，可出现胚胎死亡和畸胎。Hansen 等应用大鼠全胚胎培养实验发现，在 DEHP 较低剂量（0.15%）时即可引起大鼠畸胎的发生，提示了低剂量的 DEHP 就有胚胎毒性作用。其他 PAEs 的体外试验结果显示，DBP、BBP 对体外培养的大鼠中脑和肢芽细胞具有生长和分化的抑制作用，且呈剂量依赖关系。与中脑细胞相比，肢芽细胞对 DBP 和 BBP 更敏感。DBP 对中脑细胞和肢芽细胞分化的半数抑制浓度（IC_{50}）分别为 27.47ng/L 和 21.21ng/L；BBP 为 412.24ng/L 和 40.13ng/L。同样地，邻苯二甲酸单丁酯（MBUP）对肢芽细胞的分化也具有抑制作用。雄性出生前暴露于 PAEs 可引起睾丸和输精管畸形,胚胎间质细胞聚集异常。PAEs 还可选择性地诱导精母细胞凋亡,引起睾丸萎缩,导致生物(包括人类)繁殖能力下降和生殖器官畸形。

(二)流行病学资料

PAEs 具有模拟人体内源性激素的作用,干扰体内生殖激素水平,从而表现出对女性和男性生殖内分泌的影响。长期职业接触 DEHP 的女工受孕率下降、流产率升高。19 名被调查的 30~40 岁的妇女,由于 7~9 年职业接触 DEHP 后,有 10 名出现伴随雌激素水平降低和不排卵的妇科病变,与对照组比较差异有统计学意义。中国学者对 189 名职业接触 DEHP 的女工进行妇产科检查也发现,33%的女工正常,33%的女工患子宫内膜异位,与对照组比较,妊娠率降低较明显。Tabacova 等测定了一家塑料厂附近居住的孕妇尿样中的 PAEs 含量,发现 PAEs 含量与怀孕的并发症具有相关性,具有贫血、毒血症和先兆子痫等不良妊娠结局的孕妇尿液中平均 PAEs 浓度远高于无并发症者,差异有统计学意义。意大利学者 Cobellis 等采用高效液相色谱法(HPLC)测定患有子宫内膜异位症(endometriosis)的妇女体内的 DEHP 含量,结果显示,这些妇女血浆中 DEHP 的浓度(均值为 0.57ng/L)显著高于对照组(均值为 0.18ng/L),这项调查证实了血浆中高浓度的 DEHP 与子宫内膜异位症的相关性,并首次提出了 PAEs 作为子宫内膜异位症发病原因的可能性。

2003 年 Duty 等对 168 名低生育力的男性尿液中的 DBP 代谢产物邻苯二甲酸单丁酯(MBP)含量和精液质量进行测试,结果表明精液中 MBP 含量与精子密度和精子活力的降低显著相关,并且两者之间具有剂量-反应关系。张蕴晖等对上海地区部分健康男性精液的研究发现,DBP 与精液的液化时间呈显著正相关,与精液量呈显著负相关,与年龄、精子密度、pH 和精子活动率间无显著相关性。精液液化时间的延长,提示精液成分发生了改变,附属性腺的功能可能受到影响。职业性接触 DEHP,可影响男性生殖系统激素含量,该研究将工作场所经常接触到 DEHP 等增塑剂的 74 名工人作为接触组,不经常接触到 DEHP 等增塑剂的 63 名工人作为对照组（非接触组），分别测定其尿液中 DEHP 代谢产物及血清游离睾酮含量，结果显示，在接触组和非接触组，尿液中 MEHP 含量分别为 565.7 和 5.7μg/g 肌酐（$P<0.001$），血清游离睾酮含量分别为 8.4 和 9.7μg/g 肌酐（$P=0.019$），在接触组尿液中 MEHP 含量和血清中游离睾酮含量负相关。可见，PAEs 暴露与人类精液质量的改变有直接联系，而且，由于人类往往同时接触于多种 PAEs 物质，从而对生殖系统发育产生叠加或综合的不良影响。

母亲在孕期接触 PAEs 物质，其所生的男孩表现为肛门生殖器距离缩短、双侧睾丸下降异常等变化，与啮齿类实验动物孕期暴露的影响很相似。另一项近期研究分析了母乳中的邻苯二甲酸单酯及婴儿体内的生殖激素水平，结果显示，5 种 PAEs（MEP，MBP，MMP，MEHP、MINP）在健康男孩体内含量与其体内雄激素水平降低有关联。

六、毒性机制

（一）雄性生殖毒性机制

PAEs 的毒性机制之一是其抗雄激素作用，引起体内雄激素和胰岛素样生长因子-3（IGF-3）水平变化及二者调控的组织器官发育异常。睾丸间质细胞存在于睾丸结缔组织中，主要合成、分泌雄激素和 IGF-3，二者共同决定了雄性的第二性征发育（阴茎及附属性腺）。PAEs 的雄性生殖毒性机制研究多以啮齿类动物为实验对象。而啮齿类动物间质细胞的分化从胚胎发生到青春期之间可划分为两大阶段，即胚胎间质细胞和成年间质细胞阶段。由于不同时期睾丸内间质细胞分化存在差异，因此 PAEs 引起的雄性生殖毒性表现也不尽相同。出生前暴露会引起睾丸和输精管畸形，胚胎间质细胞聚集异常，整个睾丸间质细胞的数量和体积减小，雄激素水平降低。而雄激素水平对于雄性生殖系统的发育和分化具有十分重要的作用。

此外，PAEs 还可使睾丸组织支持细胞数量减少，进而降低细胞中苗勒管抑制物质（MIS）的含量。敖红等应用 RT-PCR 方法观察

DBP 对大鼠子代不同发育阶段睾丸的 MIS、雄激素结合蛋白（ABP）和抑制素（inhibin）表达水平的影响，同时采用 ELISA 法检测染毒后大鼠睾酮水平的变化情况。与对照组比较，各 DBP 染毒组大鼠睾丸中 MIS 表达差异及血清总睾酮水平差异均无统计学意义。但高剂量 DBP（1000 mg/kg）组睾丸支持细胞中 ABP 和抑制素的 mRNA 表达量显著减少，且与睾丸损害间呈时间-效应关系。提示 DBP 雄性生殖毒性的主要作用机制之一可能是 DBP 干扰大鼠发育过程中睾丸支持细胞 ABP 和抑制素的表达，从而对性腺发育产生影响。其他的机制还包括 DEHP 代谢产物 MEHP 通过 FAS（又称 apo-1，即 cD95 分子）系统引起生殖细胞凋亡。DEHP 可影响雄性后代大脑内下丘脑/视前区雄激素向雌激素转化的关键酶——芳香酶活性；或通过诱导精母细胞凋亡引起睾丸萎缩等。

（二）雌性生殖毒性机制

研究发现，DEHP 主要是通过其代谢产物 MEHP 影响卵巢功能从而发挥其雌性生殖毒性作用的，作用位点主要是卵巢颗粒细胞。DEHP 可显著抑制排卵前期颗粒细胞产生雌二醇（estradiol），由于血中雌激素水平的降低，反馈性促使 FSH 水平再升高，由于不能刺激 LH 分泌峰的出现而产生无排卵性周期或排卵延迟。另外，通过 MEHP 与大鼠颗粒细胞体外共同培养发现孕酮的分泌量的下降与 MEHP 间存在剂量-效应关系。MEHP 影响颗粒细胞分泌雌激素和孕激素的路径可能不同，在大鼠卵巢颗粒细胞培养时，无论培养物中是否加有 FSH 和 8-溴-环磷酸腺苷（8br-cAMP），DEHP 的代谢活化产物 MEHP 均按照剂量-效应关系降低雌激素水平，但孕酮分泌受 MEHP 所抑制的现象却因 cAMP 刺激物的加入而得到纠正，因而雌激素水平的下降是不依赖于 FSH cAMP 途径的。在几种结构上有联系的 PAEs 中，仅有 DEHP 能导致颗粒细胞雌激素分泌水平的下降，同时也导致颗粒细胞中作为雄激素向雌激素转化的限速酶——芳香化酶 mRNA 水平的下降，并且芳香化酶 mRNA 水平的下降同芳香化酶蛋白水平的下降具有很好的一致性，这一过程也可被过氧化物小体增生剂——Wy-14643 所重现，提示 MEHP 与 Wy-14643 具有某种内在的联系。

Okubo 等学者应用 MCF‑7 细胞体外增殖试验，研究了 19 种 PAEs 类物质的雌激素活性，结果显示 DCHP、DEHP 和 BBP 均具有雌激素活性，且可被雌激素拮抗剂完全抑制，其中 DCHP 的雌激素活性极低，DEHP、BBP 浓度在 0.001 mol/L 时，可刺激细胞增殖，表现出雌激素活性。然而，邻苯二甲酸单戊己酯（MPP）、邻苯二甲酸单苄酯（MBIP）、邻苯二甲酸单异丙酯（MIPrP）和 BBP 的浓度高于 0.0001 mol/L 时，才具有抗雌激素活性。

当然，由于实验动物和人存在种属差异，而且 PAEs 在实验动物和人体内暴露途径不同，体内代谢方式也并不一致。因此，实验得到的 PAEs 对雄性和雌性动物的毒性机制还无法外推到人类。

（张敬旭　常元勋）

主要参考文献

1. Jeong HK, Fusao K, Yoshiki K. Human exposure to bisphenol A. Toxicology, 2006, 226: 79‑89.

2. Catherine AR, Linda SB, Francesca F, et al. In vivo effects of bisphenol A in laboratory rodent studies. Reprod Toxicol, 2007, 24: 199‑224.

3. Snyder RW, Maness SC, Gaido KW, et al. Metabolism and disposition of bisphenol A in female rats. Toxicol Appl Pharmacol, 2000, 168: 225 ‑ 234.

4. Kamrin MA. Bisphenol A: a scientific evaluation. Med Gen Med, 2004, 6: 7.

5. 王佳综述. 双酚 A 对机体影响及其机制的研究进展. 预防医学情报杂志, 2005, 21 (5): 541‑544.

6. Samuelsen M, Olsen C, Holme JA, et al. Estrogen – like properties of brominated analogs of bisphenol A in the MCF‑7 human breast cancer cell line. Cell Biol Toxicol, 2001, 17: 139‑151.

7. Lois A, Haighton, Jason J. An Evaluation of the possible carcinogenicity of bisphenol A to humans. Regul Toxicol Pharmacol, 2002, 35 (2): 238‑254.

8. 王薛君，张玉敏，李海山，等. 双酚 A 对小鼠生殖和发育毒性的研究. 中国职业医学，2005，32（3）：37-39.

9. 孙延霞，刘基芳，宋祥福，等. 双酚 A 对雄性小鼠生殖毒性的影响. 中国比较医学杂志，2008，18（7）：33-35.

10. 肖国兵，石峻岭，何国华，等. 环氧树脂生产工人血清双酚 A 与性激素水平的调查. 环境与职业医学，2005，22（4）：295-298.

11. Matthews JB，Twomey K，Zacharewski TR. In vitro and in vivo interaction of bisphenol A and its metabolite，bisphenol A glucuronide，with estrogen receptors alpha and beta. Chem Res Toxicol，2001，14（2）：149-157.

12. 逢兵，周袁芬，周天喜，等. 双酚 A 对大鼠胚胎毒性的初步研究. 劳动医学，2000，17（2）：76-77.

13. 吕毅，吕海霞，王洪海，等. 双酚 A 对雄性仔鼠生殖功能的影响. 吉林大学学报（医学版），2008，34（4）：618-621.

14. 邓茂先，吴德生，陈祥贵，等. 双酚 A 雄性生殖毒性的体内外实验研究. 中华预防医学杂志，2004，38（6）：383-387.

15. Massaad C，Entezami F，Messade I，et al. How can chemical compounds alter human fertility. Eur J Roduc Biol，2002，100（2）：127-137.

16. 龙鼎新，李勇. 应用中脑细胞微团培养技术探讨双酚 A 的发育毒性. 中国职业医学，2003，14，30（2）：5-7.

17. 裴新荣，李勇，龙鼎新，等. 双酚 A 对小鼠早期胚胎发育毒性的体外实验研究. 中国生育健康杂志，2003，14（1）：34-37.

18. Kenji Moriyama，Tetsuya Tagami，Takashi Akamizu，et al. Thyroid Hormone Action Is Disrupted by Bisphenol A as an Antagonist. Clin Endocrin，2002，87（11）：5185-5190.

19. 保毓书主编. 环境因素与生殖健康. 北京：化学工业出版社，2002：202-206.

20. 张蕴晖，林玲，阚海东，等. 邻苯二甲酸二丁酯的人群综合暴露评价. 中国环境科学，2007，27（5）：651-656.

21. Latini G，Massaro M，De Felice C. Prenatal exposure to phthalates and intrauterine inflammation：a unifying hypothesis. Toxicol. Sci，2005，85：743.

22. Koch HM，Drexler H，Angerer J. An estimation of the daily intake of di（2-ethylhexyl）phthalate（DEHP）and other phthalates in the general population. Int J Hyg Environ Health，2003，206：77-83.

23. Latini G，De Felice C，Presta G，et al. Exposure to di（2-ethylhexyl）

phthalate in humans during pregnancy. A preliminary report. Biol Neonate, 2003, 83: 22-24.

24. Shea KM. Pediatric exposure and potential toxicity of phthalate plasticizers. Pediatrics, 2003, 111: 1467-1474.

25. Robert K, Kim B, Robert Ch, et al. NTP Center for the Evaluation of Risks to Human Reproduction: phthalates expert panel report on the reproductive and developmental toxicity of di (2-ethylhexyl) phthalate. Reproduc Toxicol, 2002, 16: 529-653.

26. Robert K, Kim B, Robert Ch, et al. NTP Center for the Evaluation of Risks to Human Reproduction: phthalates expert panel report on the reproductive and developmental toxicity of di-n-butyl phthalate. Reproduc Toxicol, 2002, 16: 489-527.

27. Robert K, Kim B, Robert Ch, et al. NTP Center for the Evaluation of Risks to Human Reproduction: phthalates expert panel report on the reproductive and developmental toxicity of butyl benzyl phthalate. Reproduc Toxicol, 2002, 16: 453-487.

28. 李丽萍, 刘秀芳, 王桂燕, 等. 邻苯二甲酸 (2-乙基己基) 酯低剂量暴露对雄性小鼠生殖发育的影响. 环境与健康杂志, 2008, 25 (4): 308-309.

29. Andrade AJ, Grande SW, Talsness CE, et al. A dose response study following in utero and lactational exposure to di-(2-ethylhexyl) phthalate (DEHP): reproductive effects on adult male offspring rats. Toxicology, 2006, 228 (1): 85-97.

30. 张蕴晖, 陈秉衡, 郑力行, 等. 邻苯二甲酸二丁酯的环境暴露及对雄性生殖系统的损害. 中华预防医学杂志, 2003, 37 (6): 429-434.

31. Pan GW, Hanaoka T, Yoshimura M, et al. Decreased serum free testosterone in workers exposed to high levels of di-n-butyl phthalate (DBP) and di-2-ethylhexyl phthalate (DEHP): a cross-sectional study in China. Environ Health Perspect, 2006, 114 (11): 1643-1648.

32. Hoei-Hansen CE, Holm M, Rajpert-De Meyts E, et al. Histological evidence of testicular dysgenesis in contralateral biopsies from 218 patients with testicular germ cell cancer. J Pathol, 2003, 200: 370-374.

33. Hotchkiss AK, Parks-Saldutti LG, Ostby JS, et al. A mixture of the "anti-androgens" linuron and butyl benzyl phthalate alters sexual differentiation of

the male rat in a cumulative fashion. Biol Reprod, 2004, 71: 1852-1861.

34. Liu K, Lehmann KP, Sar M, et al. Gene expression profiling following in utero exposure to phthalate esters reveals new gene targets in the etiology of testicular dysgenesis. Biol Reprod, 2005, 73: 180-192.

35. Mahood IK, Hallmark N, McKinnell C, et al. Abnormal Leydig cell aggregation in the fetal testis of rats exposed to di (n-butyl) phthalate and its possible role in testicular dysgenesis. Endocrinology, 2005, 146: 613-623.

36. Swan SH, Prenatal phthalate exposure and anogenital distance in male infants. Environ. Health Perspect. 2006, 114: A88-A89.

37. Lottrup G, Andersson AM, Leffers H, et al. Possible impact of phthalates on infant reproductive health. Int J Androl, 2006, 29: 172-180.

38. Main KM, Jensen RB, Asklund C, et al. Lowbirth weight and male reproductive function. Horm Res, 2006, 65 (Suppl 3): 116-122.

39. Grande SW, Andrade AJ, Talsness CE, et al. A dose-response study following in utero and lactational exposure to di (2-ethylhexyl) phthalate: effects on female rat reproductive development. Toxicol Sci, 2006, 91 (1): 247-254.

40. Cobellis L, Latini G, De Felice C, et al. High plasma concentrations of di-(2-ethylhexyl)-phthalate in women with endometriosis. Hum Reprod, 2003, 18 (7): 1512-1515.

41. Ge RS, Chen G R, Tanrikut C, et al. Phthalate ester toxicity in leydig cells: developmental timing and dosage considerations. Reprod Toxicol, 2007, 23 (3): 366-373.

42. 敖红, 林玲, 阚海东, 等. 邻苯二甲酸二丁酯雄性生殖毒性分子作用机制. 中国公共卫生, 2007, 23 (5): 631-633.

43. Okubo T, Suzuki T, Yokoyama Y, et al. Estimation of estrogenic and anti-estrogenic activities of some phthalate di-esters and monoesters by MCF-7 cell proliferation assay in vitro. Biol Pharm Bull, 2003, 26 (8): 1-19.

44. 秦定霞综述, 崔航桂, 刘嘉茵审校. 双酚A对生殖系统的影响及其作用机制. 国际生殖健康/计划生育杂志, 2010, 29 (1): 26-29.

45. 周娴颖, 曹霖, 朱焰. 双酚A影响雌性动物生殖系统及子代发育的研究进展. 生殖与避孕, 2011, 31 (1): 43-48.

46. 王立鑫, 杨旭. 邻苯二甲酸酯毒性及健康效应研究进展. 环境与健康杂志, 2010, 27 (3): 276-281.

47. 王民生. 邻苯二甲酸酯（塑化剂）的毒性及对人体健康的危害. 江苏预防医学，2011，22（4）：68-70.

48. 徐希柱，于晓旭，洒荣浓，等. 邻苯二甲酸酯的研究进展. 现代预防医学，2012，39（4）：822-824.

第十七章

芳香族硝基化合物

第一节 二硝基苯

一、理化性质

二硝基苯（dinitrobenzene）分为间二硝基苯、邻二硝基苯和对二硝基苯 3 种同分异构体。间二硝基苯又称作 1,3-二硝基苯，邻二硝基苯又称作 1,2-二硝基苯，对二硝基苯又称作 1,4-二硝基苯。间二硝基苯，是一种有挥发性的无色固体。邻二硝基苯，是一种有苦杏仁味的无色到黄色片状结晶。

二、来源、存在与接触机会

1,3-二硝基苯主要用于有机合成及用作染料中间体，并用来制造炸药。邻二硝基苯主要用于有机合成及用作染料中间体。主要在生产环境中，及使用、装卸、搬运的过程中有可能接触。对于非生产环境，使用 2,4-二硝基甲苯的工厂排放的废水废气是主要污染源，贮运过程中的翻车、泄漏、容器破裂等事故，是又一污染源。

三、吸收、分布、代谢与排泄

人体研究表明无论是固态、液态还是蒸气形式的 1,3-二硝基苯都可以迅速被皮肤吸收。动物实验经口灌胃显示，1,3-二硝基苯也可以迅速被胃肠道吸收，其吸收率约为 70%，同时显示极性溶剂有助于 1,3-二硝基苯在胃肠道的吸收。

大鼠经口给予 ^{14}C 标记的 1,3-二硝基苯后，经示踪显示主要分布在血液、肝、肾、睾丸、坐骨神经以及脑干等处。大鼠经口给予 25 mg/kg 的 1,3-二硝基苯在染毒后 0.5 小时可以达到在血液中的峰值约为 4.2mg/L。

1,3-二硝基苯主要尿中代谢物为 2,4-二氨基苯酚（约占 31%），1,3-硝基苯胺，1,3-亚硝基硝基苯（两者合计占 35%），以及 2-氨基-4-硝基酚（24%）。尿液代谢物占经口给予剂量大于 80%，粪代谢产物占经口给予剂量的 5%左右。在一项研究中，用具有放射标记^C-1,4-二硝基苯的各种同分异构体观察其在雄性 Fischer-344 大鼠肝细胞中的代谢情况。结果表明在有氧条件下，1,3-二硝基苯和 1,4-二硝基苯主要代谢途径为在微粒体酶的中通过氧化型辅酶Ⅱ（NADP$^+$）还原反应，其代谢物主要为 1,3-硝基苯胺和 1,4-硝基苯胺，分别占全部代谢产物的 74%和 81%。1,2-二硝基苯的主要代谢产物为 S-(2-硝基苯基)谷胱甘肽和邻硝基苯胺，分别占全部代谢产物的 48.1%和 29.5%。二硝基苯代谢物主要经过肾由尿液、少量的经由粪便排出。

四、毒性概述

(一) 动物实验资料

1. 急性毒性　1,3-二硝基苯 LD$_{50}$大鼠经口 56～124mg/kg，大鼠腹腔注射 28mg/kg。二硝基苯在血液中可产生高铁血红蛋白，动物出现缺氧症状。

2. 亚急性毒性　经口给予大鼠 50，100，200 mg/L 的 1,3-二硝基苯持续 8 周，最高剂量组 50%的雄性大鼠在第 4 周死亡，16.7%的雌性大鼠在第 6 周死亡。其余大鼠存活，但最高剂量组的雌、雄两组大鼠的体重显著下降，并出现轻度且持续的红细胞数量及血红蛋白含量降低。所有染毒剂量组的大鼠均出现脾肿大。雄性大鼠出现明显的睾丸萎缩，但雌性大鼠卵巢并未出现明显病变。肝枯否细胞出现棕黄色的色素沉着。同时大鼠的睡眠时间也有轻度延长。

3. 致突变　二硝基苯对鼠伤寒沙门菌 TA98 (-S9) 的条件下阳性。

4. 致癌　未见相关报道。

(二) 流行病学资料　未见相关报道。

（三）中毒临床表现及防治原则

1. 急性中毒　急性二硝基苯中毒经几小时的潜伏期发病。高铁血红蛋白达 $10\%\sim15\%$ 时患者黏膜和皮肤开始出现紫绀。高铁血红蛋白达 30% 以上时，头部沉重感、头晕、头痛、耳鸣、全身无力等相继出现。高铁血红蛋白升至 50% 时，可出现心悸、胸闷、气急、恶心、呕吐，甚至昏厥等。如高铁血红蛋白进一步增加到 $60\%\sim70\%$ 时患者可发生休克、心律失常、惊厥，以至昏迷。经及时抢救，一般可在 24 小时内意识恢复，脉搏和呼吸逐渐好转，但头昏、头痛等可持续数天。血高铁血红蛋白的致死浓度在 $85\%\sim90\%$。

2. 慢性中毒　慢性中毒可有神经衰弱综合征，主要表现为头痛、头晕、疲倦等症状。慢性溶血时，可出现贫血、黄疸还可引起中毒性肝病。血液中出现高铁血红蛋白时皮肤与黏膜出现紫绀。

3. 防治原则　任何含有二硝基苯的产品应该标明。二硝基苯不能用于生产直接用于皮肤或者与皮肤接触的产品。确定用于放置硝基苯、二硝基苯及其相关化学物的污染区域。

当空气中本品浓度超标时，佩戴自吸过滤式防尘口罩。紧急事态抢救或撤离时，佩戴空气呼吸器。在工作场所应配戴安全防护眼镜，穿防毒物渗透工作服，戴橡胶手套。实行就业前和定期的体检。急性中毒时，应迅速将患者移离中毒现场清除皮肤、眼污染，并密切观察给予对症治疗。高铁血红蛋白血症的治疗酌情应用美蓝（$1\sim2mg/kg$）进行对症、支持疗法。

五、毒性表现

1,3 - 二硝基苯对 SD 大鼠具有睾丸毒性，主要表现为睾丸萎缩，并且与正常雌性大鼠交配，雌性大鼠不孕。而 1,2 - 二硝基苯、1,4 - 二硝基苯未见对大鼠类似的睾丸毒性。

给予叙利亚金黄仓鼠 50mg/kg 的 1,3 - 二硝基苯未观察到明显的毒性作用，而给予 SD 大鼠仅一半剂量 25mg/kg 的 1,3 - 二硝基苯即可观察到明显的睾丸毒性，出现睾丸萎缩，输精管内精细胞减少，支持细胞（Sertoli 细胞）包浆中出现大量空泡以及断片。

通过经口给予及腹腔注射两种染毒途径，分别给予雄性 SD 大鼠 25mg/kg 的 1,3 - 二硝基苯，结果表明，虽然腹腔注射染毒下大鼠血液中的 1,3 - 二硝基苯的代谢产物的浓度是经口给药染毒的 3 倍，但两种不同染毒途径所造成的睾丸损伤并无明显差异，均表现为睾丸萎缩、精子形态异常等。

经腹腔注射分别给予不同年龄组（31 天，75 天及 120 天）的 SD 大鼠 25mg/kg 的 1,3 - 二硝基苯，结果表明随着大鼠年龄的增长，1,3 - 二硝基苯血中的峰值逐渐降低并伴随着清除率的下降。该剂量下的低年龄 SD 大鼠组（31 天）未出现明显的睾丸毒性，输精管及其中精子形态正常，偶见形态异常的精子；部分中年龄（75 天）组 SD 大鼠中后期出现精子生成减少，输精管形态出现部分异常，主要表现为输精管上皮支持细胞松弛，但细胞排列未见异常；而高年龄组（120 天）SD 大鼠的睾丸损伤较为严重，主要表现为输精管严重萎缩，支持细胞脱落缺失，输精管内可见大量形态异常的精子等。

将 SD 雄性大鼠共分 9 组，经口给予 48mg/kg 的 1,3 - 二硝基苯，分别于染毒后的第 1 天、第 2 天、第 4 天、第 8 天、第 16 天、第 24 天、第 32 天、第 72 天和第 175 天处死。在染毒后第 4 天处死大鼠，解剖发现睾丸的重量减轻，光镜下发现睾丸内精子数目减少。在染毒后第 16 天处死大鼠，解剖发现附睾重量减轻，光镜下发现睾丸内活动精子数目减少、形态异常的精子数目增多。其中第 175 天处死大鼠，在此期间的第 3 周、第 4 周、第 6 周、第 9 周、第 13 周和第 24 周与未染毒的雌鼠交配。发现在染毒后第 4 周大鼠与正常雌鼠交配，正常雌鼠的阴栓数目显著降低；至染毒后第六周大鼠与正常雌鼠交配的阴栓降至 0，严重影响了雄性大鼠的生育能力。染毒后第 13 周大鼠与正常雌鼠交配，发现部分雄性大鼠的生育能力逐步恢复，但仍有 30% 的雌性大鼠不育。

SD 雄性大鼠经口给予 48mg/kg 的 1,3 - 二硝基苯 24 小时后，睾丸经组织病理学检验发现，输精管退化并伴有粗线期精母细胞减少，精细胞染色质边集，巨细胞生成，精子头部变形，以及减数分裂相减少等现象。在染毒后 48 小时主要表现集中在粗线期精母细胞的脱落，出现圆形精子以及减数分裂停滞等。这些退化效应将持续至染毒后 24 天，之后输精管将逐渐萎缩或慢慢恢复。在该研究终末 175 天时 45％的大鼠出现输精管萎缩的不可逆反应。本研究表明 1,3-二硝基苯对于大鼠输精管具有非常显著的特异性毒性，且恢复非常缓慢并具有一定的不可逆性。

此外雌性大鼠在怀孕 7～20 天经口给予最低中毒剂量 1,3-二硝基苯：1050mg/kg。该剂量下可引起新生鼠的血液和淋巴系统（包括脾脏和骨髓）发育异常和迟发效应。

六、毒性机制

1,3-二硝基苯对大鼠产生睾丸毒性的作用靶位为支持细胞，而非血-睾屏障，因此无法通过特定的生物标志物（某些漏出蛋白）做早期的睾丸损害监控。早期针对大鼠的经口染毒研究表明，1,3-二硝基苯可造成支持细胞的损伤，继而引发精细胞凋亡。而针对大鼠睾丸支持细胞体外培养的试验表明，1,3-二硝基苯并未对大鼠睾丸支持细胞直接造成损伤，细胞形态学未出现改变，也未见细胞凋亡。但当培养液中加入 1,3-二亚硝基硝基苯（NNB）共培养时，脱落生精细胞数明显增加，支持细胞骨架松弛、回缩。这表明 1,3-二硝基苯并不直接造成支持细胞损伤，直接造成损伤的是其体内代谢的中间产物 1,3-亚硝基硝基苯（NNB）。

此外大鼠经口染毒 1,3-二硝基苯后，通过组织病理检测及 TUNEL 法可检测到粗线期精母细胞凋亡数目的增加，RT-PCR 分析可检测到 Bax、Bcl-xL 及 Bcl-xs 等凋亡相关基因的表达增加，而该类基因与大鼠睾丸线粒体通道的正向调节具有密切关系。在最近的一项针对 1,3-二硝基苯对小鼠支持细胞损伤的试验研究表明，随着 1,3-二硝基苯剂量的增加，细胞存活度明显下降，并出现细胞的凋亡与坏死。1,3-二硝基苯降低了凋亡抑制蛋白 Bcl-2 的转录与蛋白表达水平，并提高了前凋亡蛋白 Bax 的表达水平。细胞周期被阻止在 G2 期或 M 期，并伴有 p21 蛋白表达的显著增加与 cdc2 蛋白表达的减少，从而造成支持细胞损伤。

乳酸是睾丸支持细胞产生的一种重要的能量底物，其在支持细胞形成后被单羧酸运载体（monocarboxylate transporters，MCT）转运至生精细胞，通过无氧酵解途径产生 ATP 为生精细胞提供能量。1,3-二硝基苯通过对支持细胞乳酸和丙酮酸分泌的影响而使生精细胞能量代谢紊乱，导致生精障碍。

此外，1,3-二硝基苯还能通过引起支持细胞-生精小管紧密连接，即血-睾屏障发生障碍，导致生精细胞从生精上皮释放到生精小管管腔部的数量减少，即出现生精上皮"生精细胞丢失"现象。

（李　芳　谭壮生　常元勋）

第二节　三硝基甲苯

一、理化性质

三硝基甲苯（trinitrotolune，TNT）有 6 种同分异构体，通常所指的是 2，4，6-TNT。TNT 是一种呈黄色单斜状结晶或无色的斜方结晶，极难溶于水，而易溶于丙酮、苯、氯仿、乙醚等各种有机溶剂。TNT 的化学性质比较稳定，在常温下与酸不发生化学反应，只是物理的溶解过程。但 TNT 可与碱、酚及氨反应，生成极敏感的化合物，如 TNT 与固体氢氧化钾混合，80℃下就燃烧成火焰。硫化钠能完全分解 TNT，生成非爆炸性物质，故可借此反应处理 TNT 废物。TNT 的热安定性很高，真空安定性实验表明，在 150℃时，几乎没有变化，40 小时后分解，约 310℃时发生爆炸。室温下可贮存 20 年；65℃下，能贮存 1 年，性质不变。TNT 可熔融再固化，反复 50 次，也不分解。但 TNT 突然受热易引起爆炸。

二、来源、存在与接触机会

TNT 是制造炸药、染料、照相药品、药品等的原料或中间体等。

广泛应用于国防、煤炭、化工、采矿及建筑等行业。在以上所有这些生产和使用 TNT 的行业及部门均有可能接触 TNT 而受到危害。TNT 具有一定的亲脂性,易在富有油脂的皮肤上被吸附。TNT 在精制过程中还可产生少量的四硝基甲烷等有害气体(剧毒,会引起皮炎和肺炎)。在目前条件下,以上各种生产过程中,在一定时期内,人体直接和间接接触 TNT 气体、蒸气和粉尘的状况仍然不可避免。

三、吸收、分布、代谢与排泄

在生产及使用过程中,TNT 的粉尘及蒸气,主要是通过皮肤和呼吸道吸收进入机体,眼结膜也可吸收。TNT 通过无损皮肤进入体内是最主要的途径,TNT 皮肤污染量可高达 $2.26g/d$。人体皮肤中手掌最容易吸收 TNT,其次为颈部和面部,油质皮肤、出汗过多和皮肤损伤都使 TNT 更容易被吸收。这是因为 TNT 有亲脂性,很容易吸附于有油脂的皮肤上,并通过完整的皮肤吸收中毒,尤其是夏季气温高,相对湿度大,劳动者的皮肤暴露面积大,加上皮肤出汗,TNT 更易被皮肤吸附,增加了中毒的可能性。含有 TNT 的硝铵炸药具更有很强的吸湿性,在多汗的皮肤及湿润的黏膜上能促进 TNT 溶解吸收,且极不容易清洗去除,更易造成中毒,所以经皮吸收是 TNT 急、慢性中毒的主要原因。

TNT 进入机体后的代谢尚不完全明了。进入体内的 TNT 除一部分以原形经肾由尿排出体外,大部分在肝微粒体和线粒体,通过氧化、还原、结合等途径进行代谢。(1)氧化反应:TNT 的甲基氧化成羟基,进一步氧化为羧基或 TNT 的苯环氧化成酚类化合物。(2)还原反应:三硝基甲苯 2,4,6 位的硝基基团在不同酶的参与下经过逐步还原,最终形成氨基。一部分还原为 4-氨基-2,6-二硝基甲苯(4-A);其次为 2-氨基-4,6-二硝基甲苯(2-A),经尿排出。硝基还原反应是 TNT 代谢的主要途径,其毒理学意义较大,因为它与中毒机制密切相关,且在血和尿中浓度高,可用于 TNT 接触者的生物监测。(3)结合反应:TNT 及其多种代谢产物与葡萄糖醛酸结合后经尿排出。接触 TNT 工人尿中可以检出 4-A,2-A,原形 TNT

以及其他代谢产物。

TNT 及其多种代谢产物与葡萄糖醛酸结合后经肾由尿排出，这是结合产物中最主要的形式，但其含量取决于动物种系与染毒途径，小鼠体内含量最低，皮肤染毒尿内含量低于经口染毒；胆汁内含量最高，尿粪排泄比为 5∶1。接触 TNT 工人尿内可分离检出近１０种TNT 代谢产物，经尿、粪 TNT 排出量占 5 天总排出量的 90％ 以上。尿 4-A 和原形 TNT 含量可作为职业接触的生物检测指标，国际劳工组织（ILO）1983 年提出接触 TNT 工人尿中 4-A 的接触限量应为 30 mg/L。通过胆汁而排泄于肠道的 TNT 及其代谢产物，可被再吸收，此即所谓的肠-肝循环。因此，在 TNT 的防治工作中应特别注意这一特点。代谢动力学研究表明，无论何种染毒途经，TNT 在大鼠体内的廓清率小，消除半衰期较长，有一定的蓄积作用。

四、毒性概述

（一）动物实验资料

1. 急性毒性　大鼠、小鼠的急性中毒主要表现为神经系统症状，震颤，癫痫样发作等，最后导致死亡。也有呼吸系统症状，如呼吸抑制，发绀等。肝肿大，肝细胞表现混浊肿胀，甚至发生弥漫性坏死。死亡多发生在染毒后几小时之内。TNT 急性染毒大鼠（100mg/kg，腹腔注射）也可引起卟啉代谢的紊乱，主要表现为红细胞粪卟啉含量与 σ-氨基酮戊酸合成酶活性均下降；肝血红素合成酶活性下降而血红素加氧酶活性升高，但这些酶活性变化的确切意义，尚有待进一步研究。

2. 慢性毒性　迄今为止，已对猴、狗、兔、豚鼠、猫、大鼠及小鼠进行过亚急性及长期（亚慢性与慢性）毒性实验。对于啮齿类动物给予 TNT 长期染毒，可造成血液系统、消化系统、免疫系统以及生殖系统等多系统的损害。各种动物经 TNT 染毒后都表现出体重减轻、食欲降低、瘦弱等症状。多数种属的动物尚出现中枢神经系统症状，如流唾液、压抑、粗暴、共济失调、类眼球震颤等。此外，尚有消化道症状，如腹泻、呕吐（仅在经口染毒的狗发现）等。

　　肝是 TNT 的靶器官之一，但在各个种属动物的毒理学实验中，肝形态和生化阳性表现较少。染毒动物肝肿大、肝细胞混浊肿胀，甚至有弥漫性坏死，但在低剂量长时间作用下，脂肪浸润是更为主要的表现，并且以中央静脉周围更为显著。20 世纪 90 年代北京医科大学常元勋教授等研究证实，血清甘油三酯含量下降和胆固醇含量升高、胆酸和血糖含量升高；血清白蛋白和黏蛋白含量下降；血清铜蓝蛋白（CP）、ALT 和 AST 活性下降，而磷酸化酶 a 活性升高。上述这些生化指标的变化代表或可能代表 TNT 诱发的肝损害。又有研究报道指出，对于大鼠进行亚慢性 TNT 染毒后，测定其肝和血清中的一些生化指标，发现肝过氧化氢酶（CAT）和超氧化物歧化酶（SOD）活性明显增高。同时，血清中脂质过氧化（LPO）水平也显著增高。这种变化与过氧化物小体增生剂引起的改变相类似。推测 TNT 可能为过氧化物小体增生剂，引起体内一系列酶的变化，过氧化反应，从而影响到肝和血液的损伤。近年的研究表明 TNT 染毒小鼠肝、脾环磷酸腺苷和环磷酸鸟苷含量明显下降，提示机体免疫功能可能有所改变。

　　血液是 TNT 的靶器官之一，表现为红细胞数、血红蛋白含量、红细胞容积、平均细胞容积、每一红细胞的血红蛋白平均浓度等均显著下降，而网织细胞与有核细胞的增多及巨红细胞症都是代偿性反应。这种变化在大鼠、兔和狗等的实验中都可见到。但 TNT 染毒猴的血象变化却不明显，TNT 按 120mg/kg 染毒 3 个月，红细胞、白细胞及血红蛋白均无明显的改变。

　　TNT 可诱发接触工人白内障，TNT 诱发大鼠白内障的特点是病变均始于晶体的周边部，有尖向内、底向外的楔形混浊域；严重者肉眼下可见全部白内障；大鼠双眼发生白内障不是同步的，且雌性较雄性严重。

　　3. 致突变　许多研究已证明 TNT 具有致突变作用，最早是以 TNT 作为测试对象，用 Ames 的鼠伤寒沙门菌 TA 98 进行突变试验，结果证明 TNT 为移码型诱变剂。进一步的研究表明 TNT 的致突变作用，也是通过 TNT 的还原活化而进行的，主要依靠鼠伤寒沙门菌内固有的硝基还原催化，因而并不需要外加代谢系统。北欧学者首先报告了 1000 名 TNT 接触工人尿的 Ames 试验（TA98），结果呈阳性，吸烟与否对结果无显著影响。梁丽燕等给恒河猴不同剂量（0、60、120 mg/kg）TNT 经口染毒（每周连续 4 天，每天 1 次，共 90 天），染毒后第 60 天、第 90 天分别取外周血按微量全血培养法加 5-溴脱氧尿嘧啶核苷（BrdU）体外培养，制片后分析姐妹染色单体交换（SCE）率，结果发现 SCE 率与剂量之间呈剂量-效应关系，较高剂量时致突变活性较强。SCE 是同源座位上 DNA 复制产物的相互交换，它可能与 DNA 断裂和重接有关，提示 DNA 损伤。由此提示 TNT 可对细胞遗传物质造成损伤，具有一定的致突变性。

4. 致癌　关于 TNT 的致癌作用问题，目前尚有不同看法，而且实验与流行病学调查资料极少，故目前尚难以获得明确结论。大鼠 120 天 TNT 喂养实验未能证明有致癌作用；但在 2 年的喂养实验中 TNT 混于饲料中的剂量为 0、0.4、2.0、10、50mg/(kg·d)，实验结束时，47 只 Fischer344 大鼠中，有 12/47 只膀胱上皮细胞增生，有 11/47 只膀胱上皮细胞癌变，这两种变化都有显著意义，但都发生在高剂量组，而且并未观察到有剂量-反应关系。同时，由于肝和肾也有增生性病变，因此，该项研究的主持者 Furedi 等认为 TNT 具有致癌作用。一些整体的实验没能直接证实暴露于 TNT 的小鼠发生肝癌和其他癌症的概率增高，但是其确实提示了对于长期暴露于中毒剂量的 TNT 中的动物发生血液、泌尿、消化系统肿瘤的风险性增加。国际癌症研究所（IARC，2008 年）将 TNT 归入 2B 类，人类可能致癌物。

（二）流行病学资料

关于 TNT 肝损伤的特征，早先在第一、二次世界大战期间 TNT 所致大量中毒病例及死亡病例多为中毒性黄疸或急性黄色肝萎缩。目前认为可能属于 TNT 亚临床肝损伤的变化有：LDH 同工酶活性、血清铜蓝蛋白、血清甘氨胆酸及黏蛋白含量，但它们的确切意义，尚有待进一步研究。肝损伤的患病率，据 1981 年全国 TNT 中毒普查资料总结分析的 804 名 TNT 作业工人中，肝肿大 1cm 以上者

286名，检出率为35.6%；可见TNT对肝的损害是较为严重的。有研究认为，肝肿大在中毒性肝病诊断中有重要意义。有许多报道表明，接触较高浓度TNT，确可引起肝损伤，并主要表现为肝肿大。吕林萍等在对94名TNT作业工人肝B超的研究中发现，TNT对人体肝的损害主要是表现为肝实质弥漫性的损害和肝肿大，严重者还会发生肝硬化。同时也发现了在暴露人群肝B超中有类似脂肪肝的超声声像图，可能与TNT引起肝脂肪变性有关。

接触TNT可引起晶状体特殊的混浊改变，称之为TNT白内障。这是TNT职业危害最常见且具有特异性的改变。其特点是：（1）晶状体对TNT的毒作用是非常敏感的，即使在很低的浓度下作业，TNT白内障仍有可能发生。国外报道，作业场所空气中TNT浓度为0.19、0.58及$0.14mg/m^3$时，12名作业工人中有6名出现了双侧晶状体赤道部对称性混浊（白内障）。我国兵器工业部报道车间空气中TNT浓度低于$0.1\ mg/m^3$时，白内障检出率为8.0%；$0.2\sim0.3mg/m^3$时，检出率为12.2%；$0.4\sim0.5mg/m^3$时，检出率为17.7%。（2）TNT白内障的发生是渐变性的，通常需几年时间。TNT白内障最短发病工龄一般为3年。（3）脱离接触后仍可发病及原有病情亦可加重。很多文献报道TNT白内障形成后，即使不再接触TNT，原有的白内障仍可加重，脱离时未发现白内障的工人数年后仍可发生。可见，TNT被吸收后可长期蓄积在体内，代谢缓慢，对晶状体损害的毒作用持久。（4）患病率高，TNT白内障患病率与接触工龄等有关，全国TNT普查（1981年）表明，10年以上工龄的工人，白内障检出率为82.0%，可见TNT白内障的患病率是很高的。

（三）中毒临床表现及防治原则

1. 急性中毒 从事TNT作业的工人，在短时间内，大量TNT进入体内，即可发生急性中毒，对人的急性致死量，估计为$1\sim2\ g$。但在目前生产条件下发生急性中毒的情况比较少见，一般只有接触高浓度TNT粉尘或蒸气，才可引起急性中毒。

（1）轻度中毒 患者表现为头痛、头晕、恶心、呕吐、厌食、无

力、腹胀，发绀可扩展到鼻尖、耳壳、指（趾）端等处，这可能与高
铁血红蛋白的形成有关。体检可见肝肿大，并有压痛和叩击痛，可出
现黄疸。化验可见血胆红素增高、尿胆红素阳性、ALT和AST活
性升高等变化。

（2）重度中毒　大量接触TNT时，除上述症状和体征加重外，
某些化验指标呈阳性。血液化验可见高铁血红蛋白和Heinz小体。患
者表现为意识不清、呼吸浅表、频速，偶有惊厥、甚至大小便失禁、
瞳孔散大、对光反应消失、角膜及腱反射消失等。严重者可因呼吸麻
痹死亡。另外，可发生严重肝损害，发病凶险，短时间内出现黄疸，
腹水，肝、肾衰竭，昏迷。常死于急性黄色肝萎缩。

2. 慢性中毒　长期接触较低浓度的TNT则神经衰弱综合征的发
病率较高，主要表现为头晕、头痛、倦怠无力等，而且常伴有植物神
经功能紊乱，如周身发冷，发热感、皮温不对称、四肢发麻、心悸、
多汗等。

TNT接触工人的皮肤，常被染成深黄色；指甲也呈黄色。面部
成黄染者，常被称为"TNT面容"，表现为面部苍黄，而口唇、耳壳
为青紫色。这是TNT污染皮肤及排出代谢物的缘故。

TNT中毒的一个典型症状为皮肤苍白和口唇青紫，这是缘于高
铁血红蛋白与亚硝基血红蛋白的形成，并导致红细胞转运氧的功能受
损所致。血中还可检出Heinz小体。接触较低浓度TNT时，高铁血
红蛋白血症不明显，血中Heinz小体一般在10％以下。

慢性中毒患者出现白内障是常见而具有特征性的体征，一般需
接触TNT 2～3年后发病，工龄越长发病率越高，10年以上工龄检
出率可高达82％。

综上所述，TNT作业工人可能会出现各种临床表现。往往有两
种或两种以上病变会同时发生。中毒性白内障患病率最高，中毒性肝
炎的发病率次之，而再生障碍性贫血较为少见。

3. 防治原则　对于TNT中毒的预防，必须强调综合防治措施：
首先是要从根源上解决问题，严格执行"企业建设三同时"的有关规
定，采取有效的防毒技术措施，降低作业环境中其粉尘和蒸气的浓

度，通过加强密闭通风，隔离操作来实现。从而可减少对 TNT 气体，蒸气和粉尘的接触，甚至不接触。其次根据 TNT 中毒发病的特点，进行有关工时调整、轮换作业、提前退休等劳动组织方面的制度改革。加强个人防护和个人卫生，工作时要做好防护措施，穿防护工作服，工作后彻底沐浴。可用一些对于 TNT 有指示的溶液洗手，从而确定有没有彻底清除 TNT 的污染。最后是要做好就业前的体检和作业工人的定期体检，保证一些有职业禁忌证的人群不从事该项工作。对于出现问题的作业人群及时进行控制处理，预防控制，保证工人的健康。

五、毒性表现

（一）动物实验资料

1. 大鼠 TNT 作用于雄性大鼠可导致大鼠生精细胞变性、生精小管中精细胞消失以及睾丸及附睾中精子数目的急剧下降以及精子畸形率增加。当暴露剂量达到 200 mg/（kg·d）持续 6 周时，大鼠的睾丸重量及睾丸中锌、铜的浓度均出现显著下降，血浆铜蓝蛋白活性亦显著下降。当暴露剂量达到 125，160，或 300 mg/（kg·d）并持续 13 周以上时，大鼠会出现严重的生殖毒性表现，包括生精细胞上皮变性、睾丸萎缩以及生精小管萎缩。此外江泉观等在 TNT 对雄性生殖毒性的研究中发现在急性、亚急性和亚慢性 TNT 染毒大鼠的睾丸酶活性皆有所变化，TNT 急性染毒后第 4 天，乳酸脱氢酶（LDH）、酸性磷酸酶（ACP）、琥珀酸脱氢酶（SDH）和葡萄糖-6-磷酸脱氢酶（G-6-PD）活性显著降低。亚急性染毒时，SDH 于染毒后 6 周活性显著下降，其余几种酶均与染毒后 8 周活性出现下降。亚急性染毒中，大鼠睾丸及血清睾酮含量发生同步下降。

经 TNT 染毒雌性大鼠的激素水平也出现了变化，雌二醇（E_2）显著低于对照组。TNT 对子代大鼠的发育也有一定毒性，主要表现为胎鼠体重明显降低，骨骼发育迟缓畸形、胚胎吸收与死胎率增加及胎鼠皮下出血率增加，出生后发育迟缓等现象。

2. 小鼠 给予雄性小鼠 35、70、140mg/kgTNT 灌胃 1 个月后，

光镜下主要改变是各级生精细胞减少；电镜观察发现，经不同剂量的
TNT染毒后小鼠睾丸出现了不同程度的超微结构变化，在140mg/
kg组及70mg/kg组小鼠睾丸生精细胞超微结构的变化要比35mg/kg
组明显。生精小管上皮层次变薄、精原细胞透明变性表明TNT对小
鼠生精上皮有严重的损伤，影响了生精细胞的分化。生精小管间出现
了精子，生精小管基膜皱缩，凹凸不平，这些都说明TNT破坏了生
精小管的基膜。TNT还可通过破坏血睾屏障改变生精细胞分化发育
的内环境，出现大片未脱落的细胞质残余体。另有实验给予小鼠1/
5，1/20，1/50 LD_{50} TNT灌胃染毒每天1次，连续5天。与对照组
相比，1/5，1/20 LD_{50} 组小鼠睾丸精母细胞染色体畸变率增高，其中
以染色体的断裂为主。TNT染毒小鼠精子数有减少趋势，活动精子
率降低，精子畸形率增高，精子畸形类型主要是卷尾、精子头无钩及
无定型精子，少数可见双尾或双头。由此说明，TNT对小鼠精子的
生成有损害作用，是生殖细胞潜在诱变剂，可能会影响雄性小鼠的生
殖功能。李建秀等在TNT对小鼠精子乳酸脱氢酶同工酶的影响的实
验中发现，TNT（35、70和140mg/kg），连续染毒30天的小鼠精子
特异的乳酸脱氢酶同工酶其活性降低，从而影响了精子代谢中能量的
来源，精子的活动能力降低。

　　TNT染毒雌性小鼠卵巢在光镜下的主要改变是各级卵泡出现过
多的早期闭锁现象，生长卵泡发育停顿，使成熟卵泡明显减少。电镜
下见卵泡细胞核固缩、分解、线粒体肿胀、嵴断裂及空泡形成等，变
化程度与剂量有关。

　　3. 其他动物　TNT对雄性猕猴生殖系统的影响主要表现为睾丸
生精细胞繁殖和分化障碍，间质细胞功能退化，而生殖激素水平的变
化与对照组相比差异无统计学意义。另有资料表明TNT能抑制斑马
鱼胚胎的发育，高浓度的TNT（大于927.76μg/L）还能引起斑马鱼
幼苗畸形甚至胚胎全致死效应，这表明高浓度的TNT的胚胎发育毒
性较大。

　　（二）流行病学资料

　　经过流行病学调查发现，接触TNT的工人引起的职业损害包括

男性、女性生殖功能异常以及胚胎发育毒性。常元勋等 1991 年和 1992 在河南三家工厂对 72 名接触 TNT 的男工进行了生殖毒性的流行病学调查研究，结果表明在经常暴露于空气 TNT 浓度大于 MAC（1mg/m^3）且皮肤污染较为严重的条件下，TNT 接触男工性功能异常数目（包括性欲减退、早泄和阳痿）显著高于对照组，TNT 接触男工血清睾酮含量远低于对照组。此外 TNT 接触男工常规精液检查也出现显著异常，包括精液体积减少，液化时间延长，精子存活率降低，精子数目降低，精子形态异常率增高等。高云等在某厂 130 名接触 TNT 的女工进行了生殖机能及子代影响的调查研究。结果表明接触 TNT 对女工的月经有一定影响，月经异常特点表现为月经经期延长，痛经，经前综合征。TNT 接触女工的自然流产率、早产率、低体重儿出生率与对照组比较差异无统计学意义。从调查中发现接触 TNT 女工的子女在 1 周岁以内患感染性疾病的发生率明显高于对照组。且该调查发现接触 TNT 女工子女发生先天性缺陷的（包括唇腭裂、先心病、先天近视、身体智力发育迟缓等）占全部人群的 3.33%，高于对照组 2 个百分点，提示 TNT 对人胚胎具有胚胎毒性作用及致畸作用。

六、毒性机制

TNT 为氧化应激毒物，进入机体后转运至睾丸组织，在大鼠睾丸间质细胞的微粒体中经 NADPH-细胞色素 P-450 还原酶的作用下发生还原活化，生成大量的超氧阴离子自由基（O_2^-），O_2^- 在 SOD 的作用下转变为 H_2O_2，并诱发脂质过氧化反应，导致睾丸间质细胞中丙二醛的形成明显增多，从而造成睾丸间质细胞损伤。而大鼠睾丸支持细胞中活性氧以及脂质过氧化产物水平无明显升高迹象，因此大鼠睾丸间质细胞比支持细胞对 TNT 的毒性更为敏感，与病理检查结果一致，可能与间质细胞活化 TNT 的能力有关。无论是 TNT 接触者还是 TNT 染毒大鼠，其血清中铜蓝蛋白（ceruloplasmin，CP）活性均下降。因为 Fe^{3+} 存在时，Fe^{2+} 与 H_2O_2 发生 Fenton 反应，该反应会产生氧化能力很强的羟基自由基（OH·）。而 CP 作为铁氧化酶可

通过转变 Fe^{3+} 为 Fe^{2+} 而消除 Fenton 反应，由于在上述反应中 CP 分子中 Cu^{2+} 转变为 Cu^+，此时血清中 CP 的活性下降。

其他研究表明 TNT 的睾丸毒性是直接作用于睾丸并不影响内分泌的调节机制。测定 TNT 染毒大鼠血清中睾酮（T）、卵泡刺激素（FSH）和间质细胞刺激素（ICSH）的水平，发现高剂量组血清中 T 的水平显著低于对照组，而 FSH 和 ICSH 水平高剂量组与对照组相比差异无统计学意义，由于睾丸间质细胞的功能之一为产生睾酮，因此仅睾酮下降反映的是 TNT 对睾丸的局部毒作用，说明下丘脑-垂体-睾丸轴未受影响，TNT 对于睾丸的损伤可能是其直接作用所致。国外也有类似报道 TNT 染毒大鼠精细胞中的 8-oxo-7,8-二羟基—2'脱氧鸟苷的水平上升，而血浆中睾丸激素的水平并未出现变化。从而进一步证明了 TNT 致的生殖毒作用是直接作用于精细胞而非依赖睾丸激素的内分泌调节机制。TNT 在体内的代谢产物为 4-氨基-2,6-二硝基甲苯，该产物可以引发铜介导的对 DNA32P 片段的损伤并引起 8-oxo-7,8-二羟基—2'脱氧鸟苷的水平上升，从而造成 DNA 损伤。

此外 TNT 染毒会造成睾丸中锌、铜含量的显著下降，其原因是 TNT 染毒体内 SOD 活性上升，而 SOD 为铜、锌酶，当体内大量合成 SOD 时会需要大量的铜、锌，因此造成睾丸中两种元素的下降。此外补锌对 TNT 的睾丸毒性具有一定拮抗作用，其机制可能有两方面的原因：首先补充了 TNT 所致睾丸锌的丢失，使得睾丸的锌含量维持在最低生理和生化功能水平，由于锌是多种脱氢酶的必需成分，补锌可使 SDH 活性得以维持，此外锌参与睾酮的合成与转运，可以拮抗 TNT 所致的血清睾酮含量的下降；其次，锌具有抗脂质过氧化和促进膜稳定性的作用，因此可以拮抗 TNT 诱发的氧化性应激作用。

（李　芳　谭壮生　梁婕　王民生　常元勋）

主要参考文献

1. 常元勋. 靶器官与环境有害因素. 北京：化学工业出版社，2008：262-263.

2. Elkin ND, Piner JA, Sharpe RM. Toxicant-induced leakage of germ cell-specific proteins from seminiferous tubules in the rat: relationship to blood-testis barrier integrity and prospects for biomonitoring. Toxicol Sci, 2010, 117 (2): 439-448.

3. Muguruma M, Yamazaki M, Okamura M, et al. Molecular mechanism on the testicular toxicity of 1,3-dinitrobenzene in Sprague-Dawley rats: preliminary study. Arch Toxicol, 2005, 79 (12): 729-736.

4. Lee YS, Yoon HJ, Oh JH, et al, 1,3-Dinitrobenzene induces apoptosis in TM4 mouse Sertoli cells: Involvement of the c-Jun N-terminal kinase (JNK) MAPK pathway. Toxicol Lett, 2009, 189 (2): 145-151.

5. Meada T, Nakamura R, Kadokami K, et al. Relationship between mutagenicity and reactivity or biodegradability for nitroaromatic compounds. Environ Toxicol Chem, 2007, 26 (2), 273-241.

6. 梁丽燕, 郑巧玲, 李来玉. 三硝基甲苯对恒河猴外周血淋巴细胞姐妹染色单体交换的影响. 中国热带医学, 2005, 5 (5): 1146-1147.

7. Sabbioni G, Sepai O, Norppa H, et al. Comparison of biomarkers in workers exposed to 2, 4, 6-trinitrotoluene. Biomarkers, 2007, 12 (1): 21-37.

8. Bolt HM, Degen GH, Dorn SB, et al. Genotoxity and potential Carcinogenicity of 2, 4, 6-trinitrotoluene: structural and toxicological considerations. Rev Environ health, 2006, 21 (4), 217-228.

9. 李建秀, 刘惠民, 王俊红. 三硝基甲苯对小鼠精子乳酸脱氢酶同工酶 C_4 的影响。职业与健康, 2003, 19: 39-40.

10. Sabbioni G, Liu YY, Yan H, et al. Hemoglobin adducts, urinary metabolites and health effects in 2, 4, 6-trinitrotoluene exposed workers. Carcinogenesis, 2005, 26 (7), 1272-1279.

11. McFarland CA, Quinn MJ Jr, Bazar MA, et al. Toxicity of oral exposure to 2, 4, 6-trinitrotoluene in the western fence lizard (Sceloporus occidentalis). Environ Toxicol Chem, 2008, 27 (5), 1102-1111.

12. Homma-Takeda S, Hiraku Y, Ohkuma Y et al; 2, 4, 6-trinitrotoluene-induced reproductive toxicity via oxidative DNA damage by its metabolite, Free

Radic Res，2002，36（5），555-566.

13. 吕林萍，李旭春，董燕. 94名三硝基甲苯作业工人肝脏B超检查结果分析. 中国城乡企业卫生，2008，3：21-22.

14. 陈自然. 三硝基甲苯、邻甲苯胺、苯及同系物致肝损害的调查分析. 公共卫生与预防医学，2006，17（6）：68-70.

15. 常元勋. 我国三硝基甲苯中毒研究现状. 卫生毒理学杂志，2000，14（3）：136-140.

16. 孙凯，常元勋，郭群. 三硝基甲苯亚慢性染毒大鼠某些生化指标的改变. 卫生毒理学杂志，2000，14（1）：40-43.

17. 江泉观，常元勋，崔京伟，等. 三硝基甲苯对雄性生殖毒性的研究. 卫生毒理学杂志，1992，6（2）：75-77.

18. 李建秀. 三硝基甲苯对雄性小鼠生殖系统生理机能的影响. 职业与健康，2003，19（9）：38-39.

19. 李来玉，江泉观，李寅增，等. 三硝基甲苯对雄性猕猴生殖系统影响的实验研究. 卫生毒理学杂志，1993，S1：41-46.

20. 谢松，王佳，叶正芳，等. 三硝基甲苯对斑马鱼半致死浓度和致畸率的测定. 绿色科技，2010（12）：177-179.

21. 常元勋，吴利平，崔京伟，等. 三硝基甲苯对接触男工生殖毒性的调查研究. 卫生毒理学杂志，1993，S1：27-29.

22. 杨春，刘春华，刘福环，等. 三硝基甲苯对女工月经及作业工人生殖结局影响的调查. 职业医学，1994，21（3）：53-54.

23. 高云，赖纯米. 三硝基甲苯对女工生殖机能及子代影响的研究. 职业卫生与病伤，2000，（1）：25-27.

24. 崔京伟，赵春艳，叶康平，等. 三硝基甲苯在大鼠睾丸间质细胞和支持细胞内的还原活化及其脂质过氧化作用. 卫生毒理学杂志，1992（2），144.

25. 常元勋. 铜蓝蛋白的抗氧化特性. 国外医学卫生学分册，1992（4）：193-195.

26. 常元勋，崔京伟，胡瑞萍，等. 三硝基甲苯对大鼠锌、铜负荷状态的影响. 工业卫生与职业病，1991，17（6）：368-369.

27. 吴利平，江泉观，常元勋. 补锌对三硝基甲苯所致大鼠睾丸损伤的拮抗作用. 卫生毒理学杂志，1993（4）：242-243.

第十八章

酰 胺 类

第一节　丙烯酰胺

一、理化性质

丙烯酰胺（acrylamie，AA），在常温下是一种白色有升华性的固体结晶。无味，易溶于水、乙醇、丙酮、乙基丙酮，可溶于乙醚、氯仿和丁醚，可以与酸、碱及氧化剂等发生反应，并可以被微生物降解，有较强的反应活性。

二、来源、存在与接触机会

聚丙烯酰胺可作为工业废水、下水道污水处理化工厂促进沉淀的凝集剂，以及土壤调节剂、土质稳定剂，还可应用于造纸、食物包装材料和耐高压纤维工业等方面。丙烯酰胺的应用尽管很广泛，但以聚丙烯酰胺的合成过程为主，约占 90%。在食物的加工过程中室内空气、饮水、食品包装材料中都可检测到单体丙烯酰胺的存在。因此，人群对丙烯酰胺的接触为多途径。职业环境中主要是通过皮肤接触，吸入生产环境中含有丙烯酰胺的粉尘或蒸气而接触。对于普通人群来说，接触途径包括饮用被丙烯酰胺污染的水，吸烟以及高淀粉类油炸食物等摄入丙烯酰胺。鉴于饮水是丙烯酰胺重要的暴露途径，WHO 将饮用水中丙烯酰胺的含量限定为 $1\mu g/L$，我国 2007 年 7 月 1 日实施的《生活饮用水卫生标准》对 AA 的限值为 $0.5\mu g/L$。2002 年，瑞典研究人员宣布，油炸和焙烤的淀粉类食品中发现的 AA 含量高出 WHO 规定的饮水标准的 500 倍以上，是非职业人群接触 AA 的又一重要途径。

三、吸收、分布、代谢与排泄

机体可通过皮肤、黏膜、消化道吸收，呼吸道吸入丙烯酰胺等，其中经消化道吸收最快。广泛分布于体内各组织中，在母乳中可检测到丙烯酰胺的存在。丙烯酰胺可通过血脑屏障和胎盘屏障。

丙烯酰胺进入机体后，可在细胞色素 P450E1 的作用下，生成其活性物质—环氧丙酰胺（glycidamide）。丙烯酰胺在血浆中清除较快，半衰期大约为 2.5 小时，而红细胞中半衰期约为 10～13 天。因此，可用红细胞中丙烯酰胺浓度反映其体内负荷情况。丙烯酰胺代谢物形式主要通过尿排泄，24 小时内可排出摄入剂量的 2/3，第 7 天时排出可达 3/4。

四、毒性概述

（一）动物实验资料

1. **急性毒性**　丙烯酰胺小鼠经口 LD_{50} 均在 $13.9～28mg/kg$；大鼠经口 LD_{50} 在 $42～46mg/kg$；兔经皮的 LD_{50} 在 $164～1022mg/kg$。丙烯酰胺染毒小鼠，可见染毒小鼠血清天冬氨酸转氨酶、乳酸脱氢酶、碱性磷酸酶、肌酸激酶活性明显升高，同时尿酸和尿素氮含量也升高，并表现出肝、肾、脾等组织的病理改变，提示丙烯酰胺对心、肝、肾等组织具有一定毒性作用。

2. **慢性毒性**　据欧洲委员会联合研究中心 2001 年危险度评价报告，含丙烯酰胺饲料喂饲大鼠 102 周，小鼠 18 个月，可引起大小鼠死亡和小鼠体重降低，大鼠未观察到有害作用的剂量（NOAEL）为每天 $0.05mg/kg$，小鼠 NOAEL 为每天 $2mg/kg$。

3. **致突变**　丙烯酰胺在沙门菌试验中对 TA100、TA104 和 TA98 显示为直接致突变物。在果蝇性连锁隐性伴性致死试验中，显示 AA 为致突变物。丙烯酰胺在体外可致中国仓鼠卵巢（CHO）细胞（-S9）姐妹染色单体交换率增加。AA 处理可引起人外周血淋巴细胞姐妹染色单体交换率增加。Maniere 等采用单细胞凝胶电泳技术（SCGE）检测了丙烯酰胺一次染毒后，大鼠脑、骨髓、肝、睾丸、血淋巴细胞 DNA 损伤情况，与对照组相比，脑、睾丸、血淋巴细胞 DNA 均出现明显损伤。郭红刚等也应用 SCGE 试验，一次腹腔注射 50mg/kgAA 染毒昆明小鼠，可见在染毒后 1～12 天内的不同时间点，小鼠睾丸组织细胞、外周血淋巴细胞 DNA 的迁移率均显著高于阴性对照组，随时间推移两种细胞 DNA 迁移距离逐渐降低，同一时间点睾丸组织细胞 DNA 损伤比外周血淋巴细胞 DNA 损伤更严重，两者差异有统计学意义（$P<0.05$）。

4. 致癌　丙烯酰胺灌胃染毒小鼠，剂量为 0，6.25，12.5 或 25.0mg/kg，每周 3 次，连续 8 周，可见小鼠肺腺瘤发生率与 AA 剂量高度相关。大鼠通过饮水摄入丙烯酰胺，饮水剂量达到 210mg/kg 时，乳腺癌、甲状腺滤泡上皮癌、口腔癌、子宫癌、睾丸间皮瘤、中枢神经胶质瘤等的发生率增加。国际癌症研究所（IARC）2008 年将丙烯酰胺归入 2A 类，人类可疑致癌物。

（二）流行病学资料

Calleman 报道在大剂量接触丙烯酰胺的工人中，丙烯酰胺血红蛋白加合物的量与神经毒性相关，而血浆中丙烯酰胺的浓度与神经毒性症状关系较弱。

对职业接触和饮食接触于丙烯酰胺的人群的流行病学研究未发现丙烯酰胺与癌症的关联。Mucci 等对瑞士女性的调查也显示丙烯酰胺的摄入与乳腺癌无关，可能是由于丙烯酰胺的人群暴露剂量低于作用剂量，因此不会引起癌症。

（三）中毒临床表现及防治原则

1. 急性中毒　在生产过程中，如果疏于防护可导致急性中毒。国内曾有 2 例中毒报道，分别在工作接触后 3 天和 4 天出现双手脱皮、手汗成滴、手足发麻、颤动、持物不稳、上肢活动受限，随后伴有持续性头痛、头昏、乏力、食欲不振、视物模糊等症状。其中 1 例以椎体外系和小脑病变的临床征象为主要表现；另 1 例除椎体外系症状外，还出现明显脊髓前角细胞病变的症状，比如左上肢和左肩运动障碍，部分肌肉萎缩和震颤等。1 例经治疗后自觉症状基本消失，体征亦明显好转。

2. **慢性中毒**   在生产条件下，长期经皮肤接触、呼吸道吸入数月或数年后，可逐渐出现头痛、头昏、手指刺痛、麻木感等症状，多伴有双手掌发红、脱屑、手掌足心多汗等。进而出现四肢无力、肌肉疼痛。神经系统检查可见深反射减弱或消失，呈手套、袜套样感觉过敏、闭目难立征试验阳性、音叉振动觉和位置觉减退，且均表现双侧异常。

3. **防治原则**   对于职业人群，在丙烯酰胺生产过程中保持室内通风、并做好个人防护。对非职业人群，尽量减少丙烯酰胺通过食物的摄入。

五、毒性表现

（一）雄（男）性生殖毒性表现

1. **动物实验资料**   用剂量分别为 0、5、15、30、45、60mg/(kg·d) 的丙烯酰胺连续 5 天给雄性大鼠灌胃。结果显示，精子的活动度和曲线速率均较对照组下降，致使精子到达子宫腔时间延长。Yang 等研究发现，丙烯酰胺扰乱睾丸正常的生精过程，使生精细胞多核化增加、生精小管萎缩和空泡化及附睾尾精子密度下降。Sakamoto 等以 150mg/kg 丙烯酰胺经口单次染毒青春期前的小鼠，损伤表现为睾丸精子细胞核空泡和细胞肿胀，还可见精子细胞和精母细胞的变性；而支持细胞，间质细胞对丙烯酰胺有较强的抵抗力。但 Yang 等在之后的研究中发现，30 mg/(kg·d) 剂量的丙烯酰胺连续 5 天染毒 SD 大鼠，对其睾丸间质细胞具有毒性，可使睾丸间质细胞分泌睾酮能力下降。此外，研究发现通过给大鼠饮用含丙烯酰胺饮水，剂量相当 0、0.1、0.5、2.0mg/(kg·d)，染毒 2 年，在高剂量组可引起雄性大鼠睾丸间皮瘤的发生。

通过给大鼠饮用含 100 mg/L 的丙烯酰胺饮水 10 周，然后与未处理的雌鼠交配，发现丙烯酰胺明显影响雄鼠交配行为。研究认为丙烯酰胺对交配行为的影响，可能由其神经毒性引起周围神经损伤，致使后肢支撑力降低，影响阴茎的勃起和插入雌性生殖道障碍所致。以 5、30、45、60 mg/(kg·d) 剂量丙烯酰胺染毒 5 天后，发现雄鼠的交配率与对照组比较显著下降，验证了丙烯酰胺影响雄性交配的作用。

应用小鼠研究 AA 对受精卵着床前胚胎发育的显性致死和染色质加合物的影响，结果显示，显性致死所表现的着床前丢失的实质原因是由于受精过程的失败，而不是由于 AA 的早期胚胎毒性；该研究同时检测了睾丸精子和附睾精子的染色质加合物，结果显示，AA 染毒 9 天后染色质加合物含量达到高峰。

2. 流行病学资料　到目前为止，丙烯酰胺对人类男性生殖系统毒性作用的资料比较少。在对 10 例男性职业性慢性丙烯酰胺中毒患者报告分析发现，其中 4 名已婚患者出现性功能减退。4 名患者中最短发病工龄为 28 天，最长发病工龄为 12 个月，平均发病工龄为 4.4 个月。同样，李涛等对 16 例男性丙烯酰胺职业性中毒患者分析也表明，这些患者平均 27.3 岁，平均工龄 2.1 个月。其中轻度中毒患者 3 人中的 1 人和重度中毒患者 12 人中的 7 人出现性功能障碍，主要表现为阳痿和无性欲。

（二）雌性生殖毒性表现

正常雌鼠与 AA 染毒的雄鼠交配后的受精卵发生染色体变异，且与剂量呈正相关关系。另有研究发现，雌鼠受精前以 125mg/kg 的高剂量丙烯酰胺注射染毒，交配后随着染毒时间的延长，活胎数减少，吸收胎增加，活胎中畸形率也增加。孕鼠通过饮用含丙烯酰胺 75 mg/L 饮水后，可引起胎鼠的肝，骨髓的造血系功能及淋巴组织发育不全，胎盘组织学可见出血表现。

在大鼠孕前 2 周直到哺乳期，以 0，25，50，100 mg/L 剂量的丙烯酰胺饮水途径染毒，未见影响出生时乳鼠的活力、活产数、哺乳期的死亡率和幼鼠的体重等，也未见引起明显的脑部畸形。但孕前 2 周以及随后的哺乳期饮水染毒丙烯酰胺 100 mg/L 或 50 mg/L 的剂量，其交配率比对照组有明显下降的趋势。Field 等采用大鼠和小鼠的孕鼠进行丙烯酰胺染毒，未见对大鼠的胎鼠产生明显的生殖和发育毒性效应；而在 15mg/kg 和 45mg/kg 剂量组的小鼠孕鼠的子宫重量和高剂量组每窝的胎鼠体重都有降低的现象，肝重量呈线性降低趋势，在小鼠乳鼠的后肢发现外权现象。胎鼠的多肋畸形率随染毒剂量成明显的递增趋势。提示，受孕后的丙烯酰胺染毒会引起小鼠的发育延缓。

六、毒性机制

目前有关丙烯酰胺的生殖毒性机制研究较少，且多为对雄性生殖功能影响的机制研究。

研究发现，丙烯酰胺可通过对大鼠睾丸间质细胞的毒性，影响睾丸间质细胞分泌睾酮。间质细胞的功能和睾酮合成受损都会引起类固醇激素依赖组织的发育缺陷，从而产生一系列毒性效应，比如影响成年动物的睾丸功能、精子生成以及生育能力等。AA 对睾酮分泌的影响还可能干扰睾丸基因的正常表达，如动力蛋白连接蛋白 RKM23、硫氧还蛋白、谷胱甘肽-S-转移酶等，也可能干扰与细胞周期和细胞凋亡相关的基因表达。

此外，干扰机体内正常的氧化还原平衡也可能是丙烯酰胺影响雄性生殖的机制之一。国外学者通过饮水相当以 25、50、250、500μg/(kg·d) 剂量 AA 喂饲大鼠 10 周，发现睾丸匀浆中丙二醛含量增加，超氧化物歧化酶和谷胱甘肽-S-转移酶活性升高，说明 AA 引起了机体的氧化损伤。国内有学者用雄性昆明小鼠连续 7 天 AA 灌胃染毒［剂量 0、250、500、750μg/(kg·d)］，结果也发现了其对雄性小鼠的氧化损伤效应。AA 单体引起生殖毒性的可能机制为 AA 作用于睾丸间质细胞，与蛋白、染色体和 DNA 形成烷化物，导致雄性生殖系统的损伤。

（张敬旭　常元勋）

第二节　环磷酰胺

一、理化性质

环磷酰胺（cyclophosphamid，CP），又名环磷氮芥。本品为白色结晶或结晶性粉末，失去结晶水即液化。本品易溶于水，在室温下，水中的最大溶解度为 4％；亦溶于乙醇、丙酮；干燥状态、室温下稳定，而水溶液稳定性差，应临时配用，存放时间不得超过 3 小时。

二、来源、存在与接触机会

本品由化学合成。本品为最常用的烷化剂类抗肿瘤药，进入体内后，在肝微粒体酶催化下分解释出烷化作用很强的磷酰胺氮芥，而对肿瘤细胞产生细胞毒作用。此外本品还具有显著免疫作用。

临床用于恶性淋巴瘤、多发性骨髓瘤、白血病、乳腺癌、卵巢癌、宫颈癌、前列腺癌、结肠癌、支气管癌、肺癌等，有一定疗效。也可用于类风湿关节炎、儿童肾病综合征以及自身免疫疾病的治疗。

三、吸收、分布、代谢与排泄

本品在体外无活性，在体内经肝微粒体混合功能氧化酶 P450 活化后方具有烷化活力。首先是其环 N 原子邻近的 C 被氧化，生成 4 - 羟基环磷酰胺（4 - hydroxycyclophosphamide），自发开环生成醛磷酰胺（aldophosphamide），4 - 羟基环磷酰胺与醛磷酰胺两者维持动态平衡，经可溶性酶分别氧化成 4 - 酮基环磷酰胺和羧基磷酰胺，后两者无细胞毒作用，是从尿中排泄的失活性产物，约占 CP 用量的 80％。未经氧化的醛磷酰胺可自发生成丙烯醛（acrolein）和磷酰胺氮芥（phosphamide mustard，PM），PM 是 CP 的活性代谢物，具有烷化活性和细胞毒作用。4 - 羟基环磷酰胺和醛磷酰胺不具有烷化活性，是一种转运型化合物，将高度极性的 PM 转运到细胞内和血液循环中，PM 和 DNA 形成交叉联结，影响 DNA 功能，抑制肿瘤细胞生长与繁殖。

本品口服后易被吸收，迅速分布全身，生物利用度为 74％～97％，血液浓度 1 小时后达高峰，与血浆蛋白结合不足 20％。在肝转化释放出磷酰胺氮芥，半衰期为 4～6.5 小时；48 小时内经肾由尿排出 50％～70％，68％为代谢物，32％为原形。静脉给药 60mg/kg

后，血浆峰浓度 $500\mu mol/L$，血浆半衰期为 $3\sim10$ 小时。环磷酰胺能少量通过血脑屏障，脑脊液中的浓度仅为血浆的 20%。

四、毒性概述

(一) 动物实验资料

1. 致突变　对 CP 进行的大量整体、体外的遗传学实验均为阳性结果。本品可与小鼠肾、肺、肝中 DNA 结合，引起隐性致死突变、染色体畸变、微核发生、姐妹染色单体交换、突变率升高、DNA 损伤。在果蝇中引起非整倍体、遗传性易位、体和性连锁隐性致死性突变。真菌中引起非整倍体、突变、重组、基因转换和 DNA 损伤。在宿主间介试验 (host-mediated assay) 中，可引起人淋巴细胞染色体畸变、姐妹染色单体交换，酵母基因转换，细菌突变。

2. 致癌　使用与临床相似的剂量，CP 对大鼠经腹腔注射、静脉注射；对小鼠经腹腔注射、皮下注射有致癌性。主要是致肺癌和淋巴网状内皮细胞癌，也致肝和生殖器官癌，皮肤肉瘤和鳞状细胞癌。

(二) 流行病学资料

临床上使用环磷酰胺治疗自身免疫性疾病能引起体内某些细胞因子的改变。如用环磷酰胺冲击疗法治疗 42 例狼疮性肾炎患者，治疗前后测定血清中白细胞介素-6 (IL-6) 水平，发现治疗后 IL-6 水平明显降低 ($P<0.01$)。提示 CP 可能通过抑制单核细胞、T 细胞、B 细胞及肾固有细胞产生 IL-6，使 B 细胞产生自身抗体减少、系膜细胞增殖下降而减轻免疫损伤和肾组织硬化。

Rehhadevi 报道，对印度的一家医院的 60 名职业接触抗肿瘤药物的肿瘤科护士进行了遗传毒理学测试。彗星试验观察到这些护士的外周血淋巴细胞的 DNA 损伤明显高于对照组。同样，外周血淋巴细胞和口腔上皮细胞微核率也比对照组高 ($P<0.05$)。多重回归分析显示职业接触和年龄对平均彗尾长度和微核率有明显作用。

CP 能引起膀胱、造血器官、皮肤等部位恶性肿瘤发病升高。按总剂量和随访时间不同，整个恶性率提高 $1.6\sim2.4$ 倍，其中皮肤癌的风险提高 10.4 倍，淋巴瘤风险提高 11 倍，白血病风险提高 5.7

倍。膀胱癌的发病率正常不到1％，增加到3％～5％之间，相当于增长了5～33倍，并且随总剂量和随访时间的增长风险增加，随访15年后发病率可达16％。Baker的资料显示，在使用CP剂量超过70g和随访时间超过8年的关节炎患者中，恶性肿瘤特别是膀胱癌发病升高。CP引起骨髓异常增生综合征（myelodysplastic syndrome，MDS）的发病率在2％～8％之间。MDS在病程的晚期，中位CP剂量112g后（诊断后中位60个月后）出现。它可在很短时间内发展成白血病，对大多数患者预后较差，中位存活时间仅仅6～12个月。

（三）中毒临床表现及防治原则

CP能引起骨髓抑制，主要为白细胞减少。泌尿道症状主要来自化学性膀胱炎，如尿频、尿急、膀胱尿感强烈、血尿，甚至排尿困难，系本品代谢物丙烯醛对尿路刺激所致。消化系统症状有恶心、呕吐及厌食，静注或口服均可发生，静脉注射大量后3～4小时即可出现。常见的皮肤症状有脱发，但停药后可再生细小新发。长期应用，男性可致睾丸萎缩及精子缺乏。妇女可致闭经、卵巢纤维化或致畸胎。偶可影响肝功能，出现黄疸及凝血酶原减少。高剂量时可产生心肌坏死，可能引起心脏毒性，出现急性心衰而致死，多发生于首次给药15日内。长期使用可发生继发性肿瘤。

应多饮水，增加尿量，给予碱化尿液的药物可减少出血性膀胱炎的发生。孕妇慎用；肝功能不良者慎用。

五、毒性表现

（一）动物实验资料

对6周龄的雄性ICR小鼠腹腔注射CP 50、100、150、200mg/kg，每周1次，并分别在第1、5周处死。第1周处死的各剂量组小鼠睾丸重量均明显减轻，精子活力随着剂量升高而下降，各剂量组副睾中的精子数均有明显下降，输精管呈严重损坏。而第5周处死的实验小鼠只有200mg/kg组的小鼠睾丸重量明显减轻、精子活力，副睾中的精子数与输精管损伤程度均有所恢复。但同时还发现，与第5周处死的各剂量组小鼠合笼饲养的雌性小鼠的受孕率分别下降了17％、

50%、58%、100%。这些结果表明，低浓度的 CP 即可对雄性小鼠生殖器官及生殖力造成影响，高浓度时影响更为严重，虽然小鼠的自身生理调节作用在一定程度和范围内能对抗这种影响，但精子的质量受到的损害通常是不可逆的。

章晓玲等报道，一旦孕鼠注射 CP，其体重增长即明显减缓。孕鼠注射一定剂量 CP 后，引起相当数量的死胎和吸收胎，窝平均死胎数明显高于阴性对照组，并呈剂量-反应关系。在幸存活胎中，可检查出胎鼠的体长、尾长和体重较阴性对照组明显降低。在注射 CP 的孕鼠产出的胎鼠中，表现了脑膨出或外露、小头、腹部水肿、短肢、足内翻或外翻、短卷尾、缺趾和并趾等畸形外观，而波状肋、肋骨缺少、尾椎缺少和肱、尺、桡、掌骨缺少等骨畸形更是明显。Mirkes 等研究了 CP 对大鼠致畸作用的有效剂量范围和最佳给药时间。孕小鼠腹腔注射 CP 5～10mg/kg，未见畸形胎鼠出生，而孕后 8～12 天施行 20mg/kg 剂量的注射，发现多种足畸形胎。若剂量达 40mg/kg，则全为死胎。

（二）流行病学资料

Huong 等对 84 名静脉注射 CP 的妇女卵巢衰退和生殖风险进行了研究。84 人中，56 人患系统性红斑狼疮（systemic lupus erythematosus，SLE），28 人患其他疾病，主要为 Wegener 肉芽肿和系统性血管炎。静脉注射 CP 时的平均年龄（29 ± 10）岁（范围 13～53岁），平均剂量（0.9 ± 0.14）g/冲击（范围 0.5～1g），冲击数（13 ± 6.5）次（范围 3～42），平均随访时间（5.1 ± 3.7）年。23 人从注射 CP 开始（4 ± 3.6）个月后无月经，19 人持续无月经。卵巢衰退开始的平均年龄是（40 ± 7.6）岁。卵巢衰退的风险与使用 CP 时的年龄相关（$P<0.0001$），与发炎性疾病无关。18 人（SLE 13 人，其他疾病 5 人）在 CP 治疗期间或之后怀孕，怀孕次数共 22 次。怀孕前使用 CP 的平均年龄和平均次数（最多 40 次）同患 SLE 和其他疾病的妇女相似。6 人在 CP 治疗期间怀孕，3 人人工流产，1 人自然流产，2 人怀孕后停止使用 CP。16 人在停用 CP 后（2.9 ± 2.1）年怀孕。3 人因畸形和 SLE 复发而人工流产，3 人自然流产，10 人生

产健康婴儿。结论为卵巢衰退与静脉注射 CP 开始时的年龄相关。CP 治疗期间可怀孕，但应采取有效的避孕措施。停用 CP 后，2/3 的妇女能生产健康婴儿。

Wetzels JF 总结了因治疗先天性肾病综合征或恶性肿瘤而口服 CP 的男性患者的研究资料发现，总的来讲 CP 的治疗持续时间和累积剂量与无精子的风险有明显相关性。在累积剂量大于 300mg/kg 时，无精子的风险尤其显著。如果治疗开始于青春期之前，无精子的风险较低，尽管这一说法并无定论。大约在治疗后 2～3 个月开始出现无精子并持续于整个治疗期间，康复取决于累积剂量，累积剂量小于 7.5 g/m² 的患者超过 70% 能康复，大于 7.5 g/m² 康复率不超过 10%。

六、毒性机制

CP 最重要的临床作用是肿瘤细胞对它的敏感性，引起 DNA 损伤后诱导凋亡，鉴于胚胎快速的细胞周期和 DNA 修复酶的低表达，因此对 CP 引起的 DNA 交联、链断裂、加合物形成尤其敏感，但这些在致畸机制中的作用并不确定。CP 可引起体外培养大鼠胚胎 DNA 交联。用代谢中间产物 4-羟基环磷酰胺对大鼠胚胎体外处理也会形成 DNA 加合物，但保护因 CP 引起的致畸作用采取的干预措施使致畸率下降，但并没有降低加合物的形成，因此不能证明这种加合物有致畸作用。同样，CP 引起的 DNA 断裂的致畸作用也没有得到确证。当孕 C3H 小鼠在交配后 11 天以 15、30、60mg/kg 染毒，3～9 小时后检测到胚胎头部有 DNA 单链断裂，这与 CP 引起小鼠头部畸形相一致，提示 DNA 损伤是作用机制。但随后的研究证明，给孕 11 天 C3H 小鼠使用抗氧化剂抗坏血酸与 CP 同时给药，所有胎仔均形态正常且无宫内生长迟缓，但并不能阻止头部 DNA 断裂。

除了 DNA 损伤与 CP 致畸密切相关外，细胞中其他大分子也可能是它作用的靶分子，一项研究证明 mRNA 烷化与 CP 致畸有关，但没有进行后续研究。

一般认为丙烯醛没有致突变作用，但狗外周血淋巴细胞以

6.6mg/kgCP 处理 1 小时后发现丙烯醛 DNA 加合物，使用大鼠全胚胎培养证明丙烯醛易于与胚胎蛋白质结合。

CP 介导的对生物大分子 DNA、RNA、蛋白质的损伤可能对胚胎有严重作用后果，但并不能明确对致畸的作用是什么及如何起作用。可从以下三方面进行讨论。

（一）细胞死亡

CP 可引起胚胎细胞死亡，在很少或几乎没有程序性死亡的地方如神经上皮引起细胞凋亡。在预计发育过程中会发生死亡的地方，如肢芽的叉指状区域，凋亡细胞数目显著增多。这是由于 DNA 损伤来不及修复引起细胞凋亡。

（二）细胞周期停滞

野生型 C57BL/6 小鼠的肢芽试验中，CP 使细胞周期停滞于 G1/S 期；大鼠全胚胎培养实验中 4 - 羟基环磷酰胺可使细胞周期停滞于 G2/M 期，然而细胞周期停滞是起保护胚胎作用还是致畸作用，还有待于进一步研究。

（三）蛋白质失活

CP 可能与胚胎中的蛋白共价结合从而削弱它们的活性。一个可能的靶分子是氧化还原反应调控转录因子——核因子-κB（NF-κB），在非胚胎组织及细胞系中发现，由于丙烯醛使 NF-κB 的调节因子 IκB 磷酸化，抑制了 NF-κB DNA 结合活性。最近发现丙烯醛是通过烷化 p50/NF-κB 蛋白亚单位的 DNA 结合区的半胱氨酸和精氨酸残基，而抑制 NF-κB DNA 结合活性的。由丙烯醛在肿瘤细胞中的这种作用机制推测它在胚胎中也起同样作用。NF-κB 是胚胎发育中的一个重要因素，因为它能调控一系列与四肢发育有关的基因表达并且是胚胎应激反应的重要组成成分。小鼠在孕 12 天注射 CP，24 小时后检测发现 NF-κB DNA 结合活性显著降低，但并不知道产生这种作用的代谢中间产物。最近有研究进一步证实 NF-κB 途径在保护 CP 致畸方面的作用。

CP 染毒还会引起生殖器官的毒性。雌性或雄性动物在交配前 CP 染毒，交配后有一定致畸作用。雄性介导的致畸：接受 CP 治疗的男性肿瘤患者幸存者，有不可逆转的性腺损伤，如精子缺乏，精子减少，间质细胞刺激素水平升高，并且生育率降低。在交配前 4 周雄性大鼠染毒低剂量 CP，对大鼠的生殖系统无或很小副作用。但这种表面上正常的动物与未经染毒的雌性大鼠交配后，后代畸形率、宫内生长迟缓、死胎数目均显著增加，这种现象在不再继续染毒的情况下甚至可持续到第二代。最初的研究表明在染毒大鼠的精子中有 DNA 损伤如突变或 DNA 序列改变，最近研究表明，父本大鼠染毒在早期受精卵中检测到 DNA 甲基化及组蛋白 H4 第 5 个赖氨酸乙酰化的正常动力学调控发生改变。总之，父本 CP 染毒可检测到大鼠胚胎内细胞团细胞死亡，细胞间的接触改变，细胞黏附分子异常表达，mRNA 合成降低，DNA 损伤以及核苷酸切除修复酶的诱导等变化。

雌性动物孕前染毒对致畸的影响：滤泡成熟的四个阶段（大生长滤泡、小生长滤泡、初级滤泡、原始滤泡）中，原始滤泡对致畸最为敏感。但 CP 对母体 BALB/c 小鼠在大生长滤泡阶段的染毒，产生的后代胚胎死亡率和致畸率均较其他组高。虽然未在滤泡中检测到 DNA 加合物，但在丙烯醛染毒中国仓鼠卵巢细胞中检测到可形成 DNA 加合物，这可以部分解释雌性动物的生殖毒性。

（李　煜　赵超英　常元勋）

主要参考文献

1. Dybing E，Sanner T. Risk assessment of acrylamide in foods. Toxicol Sci，2003，75：7-15.

2. Toda M，Uneyama C，Yamamoto M，et al. Recent trends in evaluating risk associated with acrylamide in foods. Focus on a new approach（MOE）to risk assessment by JECFA. Kokuritsu Iyakuhin Shokuhin Eisei Kenkyusho Hokoku，2005，123（1）：63-67.

3. Jagerstad M，Skog K. Genotoxicity of heat2p rocessed foods. Mutat Res，2005，574（1-2）：156-172.

4. Mottram DS，Wedzicha BL，Dodson AT. Food chemistry：acrylamide is formed in the Maillard reaction. Nature，2002，419：448-449.

5. Adler ID, Gonda H, Hrabé de Angelis M, et al. Heritable translocations induced by dermal exposure of male mice to acrylamide. Cytogenet Genome Res, 2004, 104 (1-4): 271-276.

6. Klaunig JE, Kamendulis LM. Mechanisms of acrylamide induced rodent carcinogenesis. Adv Exp Med Biol, 2005, 561: 49-62.

7. Maniere I, Godard T, Doerge D R, et al. DNA damage and DNA adduct formation in rat tissues following oral administration of acrylamide. Mutat Res, 2005, 580 (1-2): 119-129.

8. Stadler RH, Scholz G. Acrylamide: an update on current knowledge in analysis, levels in food, mechanisms of formation, and potential strategies of control. Nutr Rev, 2004, 62 (12): 449-467.

9. 韩嘉媛综述, 张淳文审校. 丙烯酰胺的毒性研究. 卫生研究, 2006, 35 (4): 513-515.

10. Besaratinia A, Pfeifer GP. Weak yet distinct mutagenicity of acrylamide in mammalian cells. J Natl Cancer Inst, 2003, 95 (12): 889-896.

11. Mucci LA, Dickman PW, Steineck G, et al. Dietary acrylamide and cancer of the large bowel, kidney, and bladder: absence of an association in a populationbased study in Sweden. Br J Cancer, 2003, 88 (1): 84-89.

12. Mucci LA, Sandin S, Balter K, et al. Acrylamide intake and breast cancer risk in Swedish women. JAMA, 2005, 293 (11): 1326-1327.

13. Thulesius O, Waddell WJ. Human exposures to acrylamide are below the threshold for carcinogenesis. Hum Exp Toxicol, 2004, 23 (7): 357-358.

14. Tyl RW, MarrMC, Myers CB, et al. Relationship between acrylamide reproductive and neurotoxicity in male rats. Reprod Toxicol, 2000, 14 (2): 147-157.

15. Yang HJ, Lee SH, J in Y, et al. Toxicological effects of acrylamide on rat testicular gene exp ression p rofile. Reprod Toxicol, 2005, 19 (4): 527-534. 19

16. 宋宏绣. 丙烯酰胺的雄性生殖毒性. 中华男科学杂志, 2008, 14 (2): 159-162.

17. 苗贞荣, 贾允山, 杨晓发, 等. 职业性丙烯酰胺中毒 10 例调查报告. 工业卫生与职业病, 2002, 28 (1): 29-30.

18. 李涛, 程建军. 丙烯酰胺中毒 16 例临床分析. 中华劳动卫生职业病杂志, 2003, 21 (2): 152.

19. 保毓书. 环境因素与生殖健康. 北京：化学工业出版社，2002：193-196.

20. European Commission, Joint Research Centre, 2002. Risk assessment reportacryl-amide. Firstprioritylist, vol. 24. http：//ecb. jrc. it/DOCUMENTS/Existing-Chemicals/RISKASSESSMENT/REPORT/acrylamidereport011. pdfS.

21. Doerge DR, da Costa GG, McDanielLP, et al. DNA adducts derived from administration of acrylamide and glycidamide to mice and rats. Mutat Res, 2005, 580 (1-2)：131-141.

22. Yousef MI, E Demerdash FM. Acrylamide-induced oxidative stress and biochemical perturbations in rats. Toxicology, 2006, 219 (123)：133-141.

23. 李坊贞，刘菲予，黄贤华，等. 丙烯酰胺对小鼠氧化损伤的实验研究. 赣南医学院学报，2005，25 (2)：133-134.

24. Rekhadevi PV, Sailaja N, Chandrasekhar M, et al. Genotoxicity assessment in oncology nurses handling anti-neoplastic drugs. Mutagenesis, 2007, 22 (6)：395-401.

25. Haubitz M. Acute and Long-term Toxicity of Cyclophosphamide. Transplantationsmedizin, 2007, 19：26-31.

26. Elangovan N, Chiou TJ, Tzeng WF, et al. Cyclophosphamide treatment causes impairment of sperm and its fertilizing ability in mice. Toxicology, 2006, 222 (1-2)：60-70.

27. Huong DL, Amoura Z, Duhaut P, et al. Risk of ovarian failure and fertility after intravenous cyclophosphamide. A study in 84 patients. J Rheumatol, 2002, 29 (12)：2571-2576.

28. Wetzels JF. Cyclophosphamide-induced gonadal toxicity：a treatment dilemma in patients with lupus nephritis? Neth J Med, 2004, 62 (10)：347-352.

29. Ozolins TR. Cyclophosphamide and the Teratology Society：an awkward marriage. Birth Defects Res B Dev Reprod Toxicol, 2010, 89 (4)：289-299.

30. Lambert C, Li J, Jonscher K, et al. Acrolein inhibits cytokine gene expression by alkylating cysteine and arginine residues in the NF-kappaB1 DNA binding domain. J Biol Chem, 2007, 282 (27)：19666-19675.

31. Torchinsky A, Shepshelovich J, Orenstein H, et al. TNF-alpha protects embryos exposed to developmental toxicants. Am J Reprod Immunol, 2003, 49 (3)：159-168.

32. Molotski N, Savion S, Gerchikov N, et al. Teratogen-induced distortions in

the classical NF-kappaB activation pathway: correlation with the ability of embryos to survive teratogenic stress. Toxicol Appl Pharmacol, 2008, 229 (2): 197-205.

33. Barton TS, Robaire B, Hales BF. Epigenetic programming in the preimplantation rat embryo is disrupted by chronic paternal cyclophosphamide exposure. Proc Natl Acad Sci USA, 2005, 102 (22): 7865-7870.

34. Harrouk W, Robaire B, Hales BF. Paternal exposure to cyclophosphamide alters cell-cell contacts and activation of embryonic transcription in the preimplantation rat embryo. Biol Reprod, 2000, 63 (1): 74-81.

35. Meirow D, Epstein M, Lewis H, et al. Administration of cyclophosphamide at different stages of follicular maturation in mice: effects on reproductive performance and fetal malformations. Hum Reprod, 2001, 16 (4): 632-637.

36. 张娟, 杨媛媛, 王文娟, 等. 丙烯酰胺对雄性小鼠生殖毒性的研究. 毒理学杂志, 2011, 25 (2): 90-92.

37. 王国霞, 孙宏, 吕俊萍. 职业性慢性丙烯酰胺中毒 2 例报告. 工业卫生与职业病, 2010, 36 (3): 191.

38. 杨建一, 杨媛媛, 马红莲, 等. 丙烯酰胺致小鼠睾丸和附睾组织氧化损伤作用的研究. 毒理学杂志, 2011, 25 (3): 211-213.

第十九章

有机磷农药

一、化学结构及理化性质

有机磷农药（organophosphorous pesticides，OPs）多数品种为有机磷酸酯类化合物。OPs大多呈油状或结晶状，有蒜臭味，挥发性强，微溶于水，易溶于多种有机溶剂，在碱作用下迅速水解。

二、来源、存在与接触机会

OPs为人工制备生产，主要用于农、林、牧业有害生物（病、虫、草、鼠）的防治，生产和使用中均有机会接触本品。

三、吸收、分布、代谢与排泄

OPs可经呼吸道、消化道、皮肤及黏膜吸收。被吸收后的OPs可通过血液、淋巴迅速分布至全身各组织器官，其中肝中含量最高，其次为肾、肺和脑等。

OPs在机体内的代谢、转化主要通过微粒体酶系统发生两种相关变化。一是通过代谢引起化学结构的改变，使代谢产物的毒性发生变化；二是代谢产物极性增大，水溶性增强，从而容易从体内排出。这些代谢过程包括氧化、水解、基团转化、还原、结合等反应。OPs及其代谢产物大部分从肾由尿排出，少部分从消化道排出。

四、毒性概述

（一）动物实验资料

1. 急性毒性　几乎所有的OPs都具有急性毒性，其急性毒性的发病机制为OPs使体内胆碱酯酶（cholinesterase，ChE）磷酰化，丧失水解乙酰胆碱（acetylcholine，Ach）的能力，导致Ach在胆碱能神经突触中蓄积，引起毒蕈碱样、烟碱样和中枢神经系统症状。

除抑制乙酰胆碱酯酶（acetylcholinesterase，AChE）活性外，OPs 还可抑制乙酰胆碱受体（acetylcholine receptor，AChR）功能。伍一军等研究发现，急性乐果染毒后，大鼠的 M_1、M_2 受体密度有下降趋势，减轻了胆碱能亢进的症状。

2. 亚急性与慢性毒性　乐果亚急性染毒诱导大鼠耐受实验中，发现用小剂量（25 mg/kg）诱导后，再用大剂量染毒（最高剂量 100 mg/kg），血中 ChE 有轻度下降，脑中 ChE 轻度抑制，未出现中毒症状。但电镜发现神经元已坏死，受体检测发现 M1 和 M2 密度均下降，也可能动物形成耐受的同时掩盖了某些潜在的危害。有研究表明，用含三唑磷（3、100 mg/kg）的饲料喂饲大鼠连续 6 个月后，各剂量组大鼠 6 个月内均无死亡，体重增重、脏器系数均无明显差异。第 4 周时，各剂量组全血胆碱酯酶（BChE）和血浆胆碱酯酶（PChE）的活性被显著抑制。病理组织学检查发现 100 mg/kg 剂量组肝细胞浊肿及空泡变性；脾有淤血、见色素沉着。

3. 致突变　OPs 的遗传毒性研究涉及许多外源化学物和不同观察终点，包括整体与体外研究。表 19-1 列举了常用 OPs 的致突变性试验结果。这些研究结果表明，敌敌畏等一些有机磷杀虫剂 Ames 试验阳性；一些有机磷杀虫剂能引起小鼠骨髓细胞微核率和染色体畸变率增加、动物肝细胞的 DNA 受到损伤。

表 19-1　常用有机磷杀虫剂的致突变性

名称试验	试验生物	阳性农药
Ames 试验	沙门菌 TA97、TA100	亚胺硫磷、乙酰甲胺磷、毒虫畏、敌敌畏、乐果
细菌 DNA 重组修复试验	枯草杆菌	乙拌磷、杀螟硫磷、乐果、敌敌畏、对硫磷、甲基对硫磷、保棉磷、乙基保棉磷、乙拌磷、毒死蜱、甲基毒死蜱、磷酸三甲酯、伏杀磷、二嗪农

名称试验	试验生物	阳性农药
微核试验	小鼠皮肤细胞	敌敌畏
	小鼠骨髓细胞	乐果、乙拌磷、乙硫磷、二嗪农、甲基对硫磷
姐妹染色单体交换（SCE）试验	小鼠脾细胞	毒死蜱、杀虫畏
	中国仓鼠卵巢（CHO）细胞	敌敌畏、敌百虫、久效磷、高灭磷、甲胺磷
	人外周血淋巴细胞	马拉硫磷
	小鼠骨髓细胞	马拉硫磷
染色体畸变试验	小鼠骨髓细胞	马拉硫磷
	中国仓鼠卵巢（CHO）细胞	敌百虫、敌敌畏、甲胺磷
	鸡骨髓细胞	久效磷、乙硫磷
DNA损伤试验	大鼠原代肝细胞	敌敌畏
	人肝癌HepG2细胞	甲基对硫磷、甲基对氧磷
隐性伴性致死试验	果蝇	久效磷

引自：周炯林. 有机磷农药遗传毒性研究进展. 国外医学卫生学分册，2007，34（6）：355.

4. 致癌　倍硫磷1730 mg/kg喂饲小鼠103周，可引起皮肤癌；对硫磷1.26 mg/kg喂饲大鼠80周，可见肾上腺皮质瘤发生率高于对照组。另外乐果的慢性毒性实验中看到，大鼠肌内注射每日176 mg/kg，连续染毒6周后发生肝肿瘤及白血病。马国云等探讨三唑磷农药对大鼠的致癌作用，认为大鼠在长期摄入较高剂量三唑磷农药后，肿瘤发生率有一定程度增高，雌性动物尤为明显，诱发肿瘤多为乳腺瘤及雌性内分泌生殖系统肿瘤，较高剂量三唑磷农药可干扰雌性大鼠内分泌功能，影响其机体激素代谢，有促进致癌效应。国外研究显示低浓度OPs，如0.2 μmol/L的久效磷和0.4 μmol/L的氧化乐果有促进乳腺癌MCF-7细胞的显著增殖作用。但是大部分有机磷农药品种的致癌实验为阴性。

国际癌症研究所（IARC）2004 年在对 900 种化学物致癌性的综合评价中，将敌敌畏归入 2B 类，人类可能致癌物；将马拉硫磷、甲基对硫磷、对硫磷、杀虫畏、敌百虫归入 3 类，现有证据不能对人类致癌性进行分类。

（二）流行病学资料

采用前瞻性队列研究方法，对 257 例急性 OPs 中毒患者在出院后进行神经系统的检查和随访。中毒后 2 个月内迟发性周围神经病发病率为 3.5%，中毒 2 个月后，随访患者中枢神经症状和精神症状阳性率仍高于中毒前，表明急性 OPs 中毒后部分患者可遗留神经精神损害，生命质量和生活质量下降，应加强对中毒者精神心理卫生服务。

（三）中毒临床表现及防治原则

1. **急性中毒**　潜伏期　一般经口摄入潜伏期最短，约 5～10 分钟；经呼吸道吸入，约 30 分钟；经皮肤吸收，约 2～6 小时。

临床表现　经口中毒者早期症状常见恶心、呕吐，而后进入昏迷；吸入中毒者为呼吸道刺激症状，呼吸困难，进而出现全身症状；皮肤吸收中毒者有头晕、烦躁、出汗、肌张力减低及共济失调。根据急性中毒的症状体征可分为毒蕈碱样、烟碱样及中枢神经系统三大症状。职业性 OPs 中毒可根据国家标准 GBZ8‐2002 分为轻、中、重三级。

2. **慢性影响**　多见于生产工人，由于长期少量接触 OPs 所致。迄今为止，多数调查结果显示：长期接触有机磷农药后，血中胆碱酯酶活性明显抑制，但症状、体征较轻。症状多为神经衰弱综合征，头痛、头昏、恶心、食欲不振、乏力、容易出汗。部分患者可出现毒蕈碱样或烟碱样症状，如：瞳孔缩小、肌肉纤维颤动等。

3. **防治原则**　急性中毒主要依据为：（1）确切的短时间接触较大量 OPs 的职业史。（2）以自主神经、中枢神经和周围神经系统症状为主的典型临床表现。（3）实验室检查，其中血液 ChE 活性是决定急性 OPs 中毒的诊断和疗效观察的重要指标之一。将血液 ChE 活性测定结果与 OPs 接触史、临床表现密切结合，参考作业环境的劳动卫生调查资料，进行综合分析，排除其他类似疾病后，方可诊断。

慢性影响判断主要根据职业接触情况、车间内接触环境、症状及体征、实验室检查（如血 ChE、脑电图、神经肌电图等）进行综合分析，以得出正确结论。

急救与治疗，应及时清除 OPs，防止继续吸收；对症和支持治疗；同时必须及时应用解毒药物。

预防措施生产环境应有通风、局部排气和呼吸保护用具。皮肤防护，应有防护手套和防护服。应有面罩或眼睛保护结合呼吸保护器。工作时不得进食、饮水或吸烟，进食前洗手。

五、毒性表现与机制

（一）雄（男）性生殖毒性与机制

1. 动物实验资料

（1）对生殖器官的影响　文一等用 0.44、1.32 和 3.97 mg/kg 氧化乐果连续染毒雄性大鼠 6 周后发现，与对照组相比，大鼠体重明显下降。睾丸重量随染毒剂量增加而逐渐增加。各染毒组的附睾重量、睾丸和附睾脏器系数呈上升趋势，肉眼观察某些睾丸和附睾有充血现象，表明睾丸和附睾因为发生了充血、水肿或增生而导致睾丸重量增加。睾丸组织病理学结果显示，随着染毒剂量的增加，生精小管逐渐萎缩、变性，排列逐渐稀疏，间质缝隙逐渐增宽，各级生精细胞显著减少，3.97 mg/kg 剂量组的部分生精小管中的生精细胞脱落为一层，支持细胞数量减少，并发生明显的病变。

李敏等研究了大鼠连续摄入 12.5 mg/kg 乐果 60 天后睾丸组织结构的变化，发现睾丸部分生精小管上皮层次有所减少，多数表现为 2 层，上皮部分变性，部分腔内成熟精子减少。这些结果表明，OPs 可使支持细胞与生精细胞分离，从而减弱了支持细胞对生精细胞的保护作用，影响了精子的发生成熟过程。

张波等通过彗星试验研究发现，小鼠灌胃染毒 1、2、4 mg/kg 氧化乐果后，睾丸细胞彗尾长和彗尾长与头长之比显著高于对照组，且随染毒剂量的增加，彗尾长也逐渐增加，并有剂量-效应关系。由于在一定条件下彗尾的长度可以反映 DNA 受损程度的大小，因此该实验结果表明氧化乐果可导致 DNA 链断裂，从而引起小鼠睾丸细胞 DNA 的损伤。

Joshi 等用 30 mg/kg 的甲基对硫磷连续染毒 SD 大鼠 30 天发现，与对照组比较，染毒组大鼠睾丸、附睾和前列腺重量明显减轻，精子密度降低。睾丸、附睾、精囊、前列腺唾液酸（sialic acid）和睾丸的糖原含量显著减少，而蛋白质和胆固醇含量显著提高。80％的大鼠在染毒后出现生育率下降现象。

黄斌等以 1.2、6、30 mg/kg 甲基对硫磷连续染毒 SD 大鼠 6 周，与对照组比较发现，高剂量组大鼠睾丸脏器系数显著降低，各染毒组动物精子存活率明显下降，精子畸形率显著升高，且有剂量-效应关系。各染毒组大鼠睾丸组织中 SOD 活性显著低于对照组，且随染毒剂量的升高而下降，MDA 含量显著高于对照组，且随染毒剂量的升高而上升。睾丸细胞流式分析结果显示甲基对硫磷可导致睾丸细胞的 DNA 合成受抑制，使睾丸细胞出现 G2 期阻滞，有丝分裂延迟，使进入 M 期的细胞百分数减少。另外，中、高剂量组大鼠睾丸生精细胞凋亡率与对照组相比显著增加。由此可见，甲基对硫磷很可能是通过氧化应激反应引起生精细胞细胞周期的改变和凋亡的增加，使大鼠表现为生殖器官重量的下降、精子存活率的降低和畸形率的升高。

（2）对激素水平的影响　胡静熠等以 5.9、29.4、147.0 mg/kg 辛硫磷连续染毒 SD 大鼠 15 天，与对照组比较发现，大鼠血清间质细胞刺激素（ICSH）、卵泡刺激素（FSH）和睾酮（T）等性激素水平显著增加，睾丸匀浆中 T 含量呈下降趋势。染毒 30 天时，血清 ICSH 水平先升高后降低，FSH 虽持续升高，但是趋势减缓，同时睾丸匀浆内 T 含量明显减少，表明辛硫磷对大鼠激素分泌可产生明显影响。

辛硫磷对生精过程的损伤机制一方面可能是间质细胞受损后引起 ICSH 受体数目减少或失活，cAMP 的含量减少，降低了胆固醇进入线粒体的速度，导致睾酮的合成和分泌障碍；另一方面可能是支持细胞及间质细胞损伤后，致使在睾酮合成中起重要作用的细胞色素

P450 酶系统的活性下降，抑制了睾酮的合成。

李敏等研究发现，12.5 mg/kg 剂量的乐果作用雄性大鼠 60 天后，与对照组比较，大鼠血清 T 和 ICSH 含量明显降低，ACP、LDH 等酶活力被明显抑制；血清 ICSH 和 FSH 含量在血清 T 含量大幅度降低的情况下没有相应的反馈性升高，提示长期小剂量乐果染毒不仅可损害睾丸，也可能影响垂体促性腺激素的分泌。

Walsh 等（2000 年）用乐果处理大鼠 MA‐10 间质瘤细胞，发现乐果抑制类固醇的合成且呈剂量及时间依赖性，而不影响整个蛋白质的合成及蛋白酶的活性，同时降低了细胞色素 P450 侧链裂解酶的活性。作者认为乐果抑制类固醇的合成主要是通过阻断类固醇急性调节（StAR）基因的转录，而 StAR 蛋白介导类固醇激素合成的限速及急性调节步骤，将胆固醇从线粒体膜外转移至膜内。

（3）对精子的影响　文一等研究发现，氧化乐果染毒的大鼠附睾精子活动力随染毒剂量增加而逐渐下降。精子运动能力下降，可能与精子的能量代谢受阻有关，也可能与畸形精子数增高有关。1.32 和 3.97 mg/kg 氧化乐果能引起大鼠附睾精子畸形率显著增高，表明氧化乐果能干扰精子正常生长与成熟，对精子生成具有潜在的不利影响。结合睾丸组织病理学分析，推测氧化乐果对精子毒作用机制可能是氧化乐果透过血睾屏障作用于生精细胞，从而干扰精子的生长、发育和能量代谢过程。

刘秀芳等用 5.84～46.75 mg/kg 剂量的辛硫磷连续染毒 5 天，在首次染毒 35 天发现各剂量组对小鼠生长发育无明显影响。除最低剂量组外，各染毒组精子数量均显著低于阴性对照组。精子活率各染毒组均显著低于阴性对照组，并呈剂量‐反应关系。精子畸形率各染毒组均显著高于阴性对照组，且以精子头部畸形为主，说明辛硫磷对小鼠生殖细胞具有明显毒性作用。

詹宁育等研究了不同剂量辛硫磷经口染毒大鼠 60 天后，对精子生成量和精子运动能力的影响。结果显示，与对照组相比，较高剂量组（24.5 和 73.5 mg/kg）大鼠睾丸精子生成量显著降低，精子活跃程度和运动能力有明显的降低。推测辛硫磷可能通过抑制雄激素的产生而干扰精子发生过程和附睾功能，导致精子生成量减少和精子活动能力下降。

张波等连续给予小鼠 0.5、1、24 mg/kg 氧化乐果 35 天，与对照组比较发现，中、高剂量组良好精子的构成比和精子密度明显降低，各剂量组死亡精子的构成比和精子畸形率显著增高。精子畸形主要以胖头和尾折叠为主，表明氧化乐果不仅影响精子的存活，对小鼠精子 DNA 也有明显损伤作用。

周好乐等分别以 5.0、10.0、20.0 mg/kg 敌敌畏及 2.5、5.0、l0.0 mg/kg 氧化乐果经口染毒小鼠，连续 21 天，结果表明，各染毒组精子畸形率均显著高于对照组，呈剂量-反应关系，引起多种类型的畸形精子，表明两种 OPs 均可引起小鼠生殖毒性。

宁艳花等研究发现，乙酰甲胺磷可导致大鼠精子数量、精子活率显著低于对照组，并呈剂量-效应关系；各染毒组的精子畸形率均显著增高，且高剂量以头部畸形为主，低剂量以尾部畸形为主。精子形态的改变反映雄性生精细胞的遗传损伤，其中遗传物质主要集中在精子头部，头部畸形会造成流产、早产、子代畸形及遗传性疾病；而精子的运动装置主要位于尾部，尾部畸形影响精子的活动能力，导致不育。以上结果表明，乙酰甲胺磷可对雄性大鼠产生明显的生殖毒性作用，影响大鼠精子的生成和活动能力。

Uzunhisarcikli 等用甲基对硫磷连续染毒大鼠 7 周后，与对照组比较发现，染毒组大鼠体重和睾丸重量明显下降，精子数量显著减少，精子活力明显降低，精子形态异常发生率也明显增加，并有明显的时间-效应关系。Pina 等用 3～20 mg/kg 甲基对硫磷染毒 Outbred 小鼠，通过测定小鼠精子染色体结构、DNA 完整性和脂质过氧化物产物 MDA 水平来探讨其毒性机制。结果表明，染毒 7 天后，小鼠精子染色质发生改变，DNA 损伤增加 2～5 倍；染毒 28 天后，染色质和 DNA 出现不可逆性的改变，且 MDA 和精子 DNA 完整性呈正相关。分析氧化损伤可能是甲基对硫磷改变精子 DNA 完整性、造成染色质和 DNA 损伤的主要原因之一。

OPs 引起精子数量的减少，可能是通过影响睾丸生精细胞的生精过程和改变间质细胞和支持细胞的功能所致，也可能是通过影响下丘脑-垂体-睾丸轴内分泌功能而影响精子的发生。精子活率的降低可能是通过抑制糖酵解，从而抑制 ATP 产生，影响精子的活动能力，也可能与精子受到损伤和精子畸形率升高有关。OPs 引起精子畸形率增加的机制可能是：通过诱发基因突变干扰精子的正常生长与成熟；对各级生精细胞直接抑制的结果；抑制动物体内 SOD 的活力并能诱导过氧化氢酶活性升高，使体内产生过多的自由基，引起脂质过氧化产物蓄积并和 DNA 交联，破坏了 DNA 的正常结构，导致染色体畸变率增加。

（4）对生殖结局的影响　李敏等研究结果表明，长期给予摄入小剂量乐果雄性大鼠，除了明显降低其睾丸性激素水平及睾丸生物标志酶活性外，胎鼠体重亦明显下降，并有短肢畸形和吸收胎，可能与长期摄入小剂量乐果后对精子的质量产生不利影响所致。

2. 流行病学资料　刘学等（1999 年）初步研究了 OPs 对精子机能的影响，以 20 名农药厂工人作为 OPs 接触组，23 名毛毯厂工人为对照组，发现长期慢性接触 OPs 的男性，其精子的质量与数量均呈下降趋势。接触 OPs 与精子多倍体和亚倍体的发生也有密切关系。Perez-Herrera 等以南墨西哥长期接触 OPs 的 54 名农民（18～55 岁）为研究对象，通过分析其精液和血液样本发现，OPs 可作用于精子发生过程的所有细胞，并且 OPs 接触产生的效应与对氧磷酶 1（PON1）Q192R 基因多态性有关，有 192R 基因型特征的农民暴露于 OPs 后更易引起生殖毒性损害。

Sanchez-Pena 等从 227 名不同 OPs 接触水平的农场工人中随机抽取了 33 名工人（18～50 岁），以研究长期低剂量接触 OPs（主要是甲基对硫磷、甲胺磷、乐果和二嗪农）对精子染色质结构影响的研究。通过分析其精液和尿液样本，发现大部分工人的精液染色质结构发生了改变，约有 75％的精液样品是低受精能力的，DNA 破碎指数（DFI）＞30％，而对照人群的平均 DFI 为 9.9％。82％的 OPs 接触工人的不成熟精子的指标高于参考值。

(二) 雌 (女) 性生殖毒性与机制

1. 动物实验资料

(1) 对生殖器官的影响　Guney 等用 5 mg/kg 甲基对硫磷连续染毒成熟雌性大鼠 4 周,与对照组相比发现,染毒组子宫内膜上皮细胞排列明显不规则,部分上皮细胞固缩成团,有细胞空泡和核固缩现象出现,尤其在腺上皮中这些组织学变化更为明显。免疫组化结果显示,染毒组大鼠细胞凋亡相关基因 Caspase‐3 在子宫内膜上皮细胞中呈现中度弥散性反应,在基底细胞和基质毛细血管内皮细胞则有中度至强度的免疫着色;另一种凋亡相关基因 Caspase‐9 在子宫内膜呈中度细胞质反应。分析甲基对硫磷对大鼠子宫内膜上皮细胞的损伤作用可能与氧化损伤反应有关。

刘秀芳等用不同剂量 (11.81～47.25 mg/kg) 乙酰甲胺磷染毒雌性大鼠,结果显示,高剂量组 (47.25 mg/kg) 可引起雌性大鼠卵巢组织产生明显病理学改变,表现为卵巢始基卵泡和初级卵泡明显增多,次级卵泡和成熟卵泡较少见,闭锁卵泡增多。各染毒组卵巢组织匀浆中 SOD 活力显著降低,高剂量组卵巢 MDA 含量显著升高,表明乙酰甲胺磷可诱导卵巢组织脂质过氧化反应,抑制卵巢的抗氧化酶活性。

吴一丁等研究表明,0.25 g/kg 敌百虫可引起小鼠卵巢和子宫的脏器系数明显增加,卵巢和子宫明显充血,并可显著降低小鼠卵母细胞体外存活率,并抑制卵母细胞减数分裂的正常进行,提示该剂量组的敌百虫对卵巢和子宫具有一定的毒性作用。0.084、0.25 g/kg 剂量组均可显著降低小鼠体内卵母细胞第一极体的释放率,从而抑制卵母细胞的体内成熟,有可能影响卵母细胞和精子的正常受精,使体外受精率下降。但是敌百虫的这种毒性作用是短暂的,随着在体外正常培养液中的培养,敌百虫对卵母细胞成熟的抑制或破坏作用会逐渐减弱。该研究结果还显示,敌百虫可以显著抑制小鼠卵母细胞的体外受精能力,这种毒性作用,可能是由于敌百虫对卵母细胞的直接损伤或抑制减数分裂和成熟造成的。

体外试验研究结果显示,敌百虫可诱导小鼠卵母细胞异倍体生成,其作用机制可能与脂质过氧化和氧化损伤有关。Cukurcam 等报道,用高浓度(100 μg/ml)敌百虫处理小鼠卵母细胞后,可引起卵子发生过程中减数分裂 I 染色体不分离,50 μg/ml 敌百虫处理主要减数分裂 II 染色单体分离错误,从而导致卵母细胞异倍体。

Kaur 等用低残留剂量(1/8~1/5 LD$_{50}$)的久效磷、乐果和甲基对硫磷对 Albino 大鼠连续染毒 90 天,结果显示,3 种 OPs 均能显著降低卵巢细胞浆和细胞膜的结合蛋白、总脂、磷酸酯和胆固醇的浓度,卵巢呈现衰退性变化,表明这 3 种 OPs 可引起卵巢发生改变而导致生殖毒性,其作用机制可能与对卵巢直接毒作用,影响下丘脑-垂体-卵巢轴功能,抑制乙酰胆碱酯酶活性等有关。

(2)对性周期和性行为的影响 刘秀芳等研究结果表明,11.81~47.25 mg/kg 剂量乙酰甲胺磷均可引起雌性大鼠的动情周期的延长,其中 47.25 mg/kg 染毒组与对照组相比有差异有统计学意义,导致雌性大鼠动情周期的紊乱,表明乙酰甲胺磷可对雌性性腺产生明显的毒性作用。

Guney 等用 5 mg/kg 甲基对硫磷染毒雌性大鼠 4 周,与对照组相比发现,染毒组的雌性大鼠动情次数明显减少,每个动情周期持续时间显著缩短。还有研究显示,乐果能干扰雌性小鼠的动情周期,显著减少动情前期、动情期和动情后期的持续时间,延长动情间期的持续时间。

(3)对生殖结局的影响 许多研究证实 OPs 暴露可导致着床前胚胎丢失或着床后胚胎丢失,严重暴露可引起不孕不育。有研究表明,Albino 小鼠经口给予 28 mg/kg 的乐果 7 天后,可导致 100% 的着床前胚胎丢失,显著高于对照组 8.08% 的着床前胚胎丢失率,其机制可能是着床前依赖的雌激素/孕激素的比例失调所致。

丁瑜等报道,雌性 ICR 小鼠经口给予 10、50mg/kg 敌百虫 30 天,在未对孕鼠产生明显毒性的情况下,50 mg/kg 染毒组,雌性、雄性胚胎体重较对照组均显著降低,导致胎鼠生长发育延缓,可能是敌百虫透过胎盘屏障直接作用于胚胎的结果。10、50 mg/kg 染毒组胎鼠胸腺 DNA 损伤(DNA 百分含量、尾长、尾矩、Olive 尾矩、细

胞拖尾率）均较对照组严重，引起明显的 DNA 遗传学损伤，提示
DNA 遗传学损伤可能是宫内低剂量敌百虫暴露引起胎鼠发育延缓的
机制之一。

周淑芳等以 2、10、50mg/kg 敌百虫经口灌胃雌性 ICR 小鼠 30
天，与对照组比较发现，高剂量组可致着床前胚胎平均细胞数目减
少，且发育到胚泡胚阶段的胚胎百分率显著减少，桑葚胚百分率、平
均固缩核数显著增多，从而引起着床前期胚胎发育迟缓。着床前胚胎
细胞数目减少的机制一方面可能是敌百虫通过降低抗氧化酶的活性作
用诱导体内氧化自由基增多，使细胞膜脂质过氧化，氨基酸和核酸氧
化，导致细胞凋亡和坏死。另一方面可能是通过敌百虫的氧化作用机
制，细胞凋亡（固缩核平均数）增多所致。此外，敌百虫也可能通过
抑制胚胎细胞的有丝分裂而减少胚胎的平均细胞数目。

戴斐等分别用 12.5、25、50 mg/kg 敌百虫经口染毒正在胎鼠器
官形成期的孕小鼠，发现各染毒组对孕鼠的生育力及生殖结局无影
响，但各染毒组胎鼠外观畸形发生率分别为 22.15%～28.35%，比
对照组 6.25% 的外观畸形发生率显著增高，表明敌百虫可影响仔代
胚胎的生长发育。以往研究表明，OPs 可以透过胎盘屏障直接作用
于胚胎组织来影响胚胎的形成与发育，敌百虫的这种致畸作用可能与
通过烷化作用损伤 DNA，从而产生致突变效应有关，还可能和抑制
胎盘中酯酶的活性，影响胎鼠营养的吸收和利用有关。

龚学德等研究表明，敌敌畏作用于孕大鼠可以导致雄性子鼠发生
尿道下裂，并发现敌敌畏可能损害了子鼠睾丸组织中产生睾酮的间质
细胞，引起胚胎期睾丸组织中间质细胞数量减少，睾酮水平降低，使
其形成雄性外生殖器的过程发生障碍，从而导致尿道下裂的发生。

Farag 等研究结果显示，25 mg/kg 毒死蜱可引起大多数母鼠毒
性反应，并可导致胎鼠死亡、早期吸收胎和出生畸形显著增多，表明
毒死蜱在母鼠毒性剂量下有胚胎毒性和致畸影响。但 Farag 等另一项
研究发现，28 mg/kg 乐果可引起母鼠颤抖、腹泻、虚弱等胆碱能神
经兴奋症状，母鼠和胎鼠乙酰胆碱酯酶活性显著被抑制，但对胚胎无
任何致畸作用。

Tian 等研究表明，给怀孕第 10 天小鼠注射 80 mg/kg 毒死蜱后，活胎数比对照组显著减少，吸收胎数显著增高，并有外表和骨骼畸形，上颚裂胎儿百分率显著增高，胸椎骨和尾椎骨的数目显著减少。表明在胎鼠器官形成期，母体暴露毒死蜱可诱导胎鼠畸形及死胎发生。Tian 等在小鼠怀孕 6 小时给予 100 或 200 mg/kg 的敌百虫，发现染毒组胎鼠外部畸形与对照组相比差异无显著性，表明小鼠合子期间急性暴露于敌百虫，对后期胚胎发育无致畸作用。

上述研究结果不一致之处可能与 OPs 种类、暴露时期及动物品系不同有关。其致畸机制可能是 OPs 干扰母体生殖细胞减数分裂或诱导遗传物质突变，导致胎体出生畸形，OPs 也可直接对胎体或胎盘发生毒性作用。

2. 流行病学资料

（1）对女性月经的影响　Farr 等调查了 3103 名农村接触过杀虫剂的妇女，发现其中接触 OPs 的妇女的月经周期延长（>36 天）和月经周期不规则（>6 周未来月经）的危险性显著增加，其比值比（OR）为 1.5，表明 OPs 暴露可导致妇女月经周期紊乱，可能会降低生育力。

吕林萍等调查了某农药厂 298 名接触 OPs 的作业女工，结果显示，作业女工月经异常发生率（51.52%）显著高于对照组（27%），其中以月经周期异常发生率（22.73%），对照组（6%）的改变最明显，表明 OPs 可对作业女工月经产生不利影响。

徐娅等（2000 年）对某农药厂从事氧化乐果农药作业半年以上，生育年龄 18～45 岁的 315 名女工进行了生殖机能（月经异常、不良妊娠结局等）调查，结果表明接触组女工月经先兆症状如乳房胀痛、嗜睡、失眠、乏力、烦躁不安的发生率和月经异常率显著升高，其中月经量减少最为显著，并且接触组的不良妊娠结局显著高于对照组。

OPs 对女性月经的影响的机制可能为：①OPs 抑制了胆碱酯酶活性，造成乙酰胆碱蓄积，引起神经功能紊乱，进而对中枢神经系统起抑制作用。②影响神经-内分泌功能，导致下丘脑-垂体-卵巢的相互作用平衡失调，从而影响月经功能。

（2）对胎儿的影响 Levario-Carrillo 等在墨西哥一农村进行了一项流行病学研究，以调查与宫内发育迟缓相关的高危因素。调查对象中 79 例为宫内发育迟缓组，292 例为无宫内发育迟缓组。结果表明，OPs 暴露后，妇女和新生儿乙酰胆碱酯酶活性均低于 20% 是宫内发育迟缓的高危因素，*OR* 值为 2.33。

Berkowitz 等（1998—2002 年）对纽约 404 名新生儿进行了一项前瞻性队列研究，调查结果显示，在不考虑母亲对氧磷酶 1（PON1）水平情况下，未发现孕期毒死蜱接触使新生儿头围减小，但当考虑母亲 PON1 水平时，即发现毒死蜱接触可引起新生儿头围减小。表明孕期毒死蜱接触可减小新生儿头围，对胎儿神经发育有不利影响；母体 PON1 水平可影响毒死蜱对胎儿的毒性作用，孕妇高水平的 PON1 对胎儿有保护作用，PON1 水平较低的孕妇，其胎儿对毒死蜱毒性更敏感。

此外，也有许多调查研究显示 OPs 接触对出生体重、身长等无影响。Eskenazi 等调查了美国加州农村妇女孕期接触 OPs 对胎儿生长和怀孕持续时间的影响，发现宫内接触 OPs 后可使怀孕持续时间显著缩短，但对胎儿增长（体重、头围、身长）无显著影响。以上 OPs 接触结果不一致的原因可能是不同地区人群或接触水平差异而引起。

流行病学研究也提示，妇女孕前或孕后接触 OPs 可诱发胚胎和胎儿致畸或发育缺陷。Whyatt 等研究表明，出生前接触 OPs，母亲血清、脐带血、尿液中农药的含量与胎儿体重下降、妊娠期缩短以及身长降低成正相关。

（3）对生殖结局的影响 研究表明 OPs 具有烷基化作用，能亲电攻击 DNA、蛋白质，干扰母体生殖细胞减数分裂或诱导遗传物质突变，导致胎儿出生畸形，严重的可导致胚胎死亡。OPs 的脂质过氧化作用也是胎儿毒性的一个作用机制。

张霜红等对 601 名 OPs 作业女工（主要在生产乐果、氧化乐果、甲胺磷的供料车间、合成车间和包装车间工作）的生殖功能及其子代的健康进行了调查，发现长期接触 OPs 的一线女工的异常生殖结局

（早产、过期产、自然流产、出生低体重和新生儿出生缺陷）和妊娠并发症（妊娠高血压症、妊娠贫血）的发生率明显高于对照组。Ferrari 等对接触杀虫剂的工人的研究发现，其外周血淋巴细胞的染色体畸变率和姐妹染色单体互换率升高。

黄菊香等对 165 名从未婚-结婚-生育全过程均在 OPs 生产岗位作业的女工进行调查，发现接触敌敌畏、敌百虫、乐果等作业女工异常生殖结局发生率明显增高并与工龄呈正相关，主要表现为不育、自然流产及死胎，以敌敌畏、敌百虫作业工人的发生率最高。

Lacasana 等在对墨西哥 2000—2001 年间 151 例无脑畸形病例的危险因素分析调查中发现，受孕之前 1 个月和（或）受孕最初 3 个月间在农区工作接触 OPs 的孕妇，其胎儿患无脑畸形危险性显著增高（OR 值为 4.57），表明该期间接触 OPs 能增加无脑畸形发生的危险。匈牙利某村庄孕妇由于误食敌百虫高残留的鱼，导致了 15 名新生儿中 11 名发生神经管畸形、内脏畸形等出生缺陷，且 4 名伴有唐氏综合征。Heeren 等在非洲南部一农村于 2000—2001 年调查了 89 例接触杀虫剂（主要为 OPs）的女性及其子女，178 例对照组女性及其子女。结果发现通过在花园和菜地、预防牲畜身上的虱子、使用曾装过农药的塑料容器装饮用水 3 种方式接触于农用化学物，出生缺陷危险性显著增高（OR 值分别为 7.18、1.92 和 6.5），表明 OPs 接触是出生缺陷的一个独立的危险因素。

罗细娥等调查研究了广东省英德市妇幼保健院 1998 年 1 月至 2003 年 9 月间就诊的孕 20 周及以上的所有孕妇及婴儿、孕 20 周到产后 42 天内各种出生结局（活产、死胎、死产及所有围产儿检出发现畸形 20 周以上引产）的围产儿共 5571 例，检出 63 例畸形，发生率为 11.3%，分析畸形发生的有关因素，发现孕期接触 OPs（甲胺磷、甲基磷等）的共 8 例，占 12.7%。提示 OPs 与出生畸形发生有一定关系。

目前 OPs 的生殖毒性作用机制尚不明确，胆碱酯酶抑制说是目前普遍认同的 OPs 的急性中毒机制，而有关 OPs 低剂量长期接触引起的慢性效应及其机制的研究较少。随着 OPs 的接触程度、剂量-反应关系、对生殖发育的影响等相关研究的深入，其生殖毒作用机制也将进一步被明确。

（杜宏举）

主要参考文献

1. 伍一军，杨琳，李薇. 有机磷农药的多毒性作用. 环境与职业医学，2005，22（4）：367-370.

2. 戴斐，田英，沈莉，等. 敌百虫暴露对小鼠及胎鼠生殖发育影响. 中国公共卫生，2007，23（5）：595-596.

3. 胡静熠，王心如. 辛硫磷对大鼠生殖内分泌系统的影响. 江苏医药，2008，34（12）：1258-1261.

4. 马国云，董竞武，金耀球. 三唑磷农药对大鼠的致癌性实验病理观察. 环境与职业医学，2007，24（6）：592-595.

5. 丁新志. 机械通气联合血液灌流治疗急性重度有机磷中毒 34 例. 中国危重病急救医学，2006，18（7）：448.

6. 董竞武，肖萍，潘喜华，等. 喂饲三唑磷 6 个月对大鼠效应生物标志物的影响. 环境与职业医学，2003，20（5）：369-373.

7. 沈宏，宋立荣，周培疆，等. 有机磷农药对滇池微囊藻生长和摄磷效应的影响. 水生生物学报，2007，31（6）：863-867.

8. 马小董，詹佩娟，陆瑾如. 急性有机磷中毒致迟发性周围神经病 31 例临床分析. 中国实用神经疾病杂志，2007，10（2）：99.

9. 张根平，闫磊. 急性有机磷中毒后迟发性神经病 30 例临床观察分析. 医学临床研究，2008，25（1）：184-185.

10. 陆娴婷，赵美蓉，刘维屏. 农药的免疫毒性研究. 生态毒理学报，2007，2（1）：10-17.

11. 舒静波，高峰，孙莉，等. 接触马拉硫磷对免疫功能的影响. 中国公共卫生，2004，20（8）：914.

12. 文一，魏帅，潘家荣. 氧化乐果对雄性大鼠生殖毒性及作用机制. 核农学报，2009，23（1）：170-174.

13. 李敏，沈志雷，王炳森. 乐果对雄性大鼠生殖系统及其胎鼠发育的影响. 中国公共卫生，2002，18（2）：183-184.

14. 张波，徐光翠. 氧化乐果对小鼠睾丸细胞 DNA 的损伤. 环境与健康杂志，2007，24 (8)：622-624.

15. 黄斌，祝明清，程丽薇，等. 甲基对硫磷对大鼠生殖毒性损伤作用. 中国公共卫生，2009，25 (2)：209-210.

16. 刘秀芳，宁艳花，屠霞，等. 辛硫磷对雄性小鼠生殖细胞毒性作用的实验研究. 宁夏医学院学报，2006，28 (5)：412-417.

17. 周好乐，刘桂荣，苏秀兰. 敌敌畏和氧乐果对小鼠精子畸形的影响. 环境与健康杂志，2007，24 (3)：167-168.

18. 宁艳花，刘秀芳，郭凤英，等. 乙酰甲胺磷致雄性大鼠生殖毒性作用. 中国公共卫生，2008，24 (10)：1233-1234.

19. 姚新民，周志俊. 长期接触低剂量有机磷农药对人体健康影响的研究进展. 环境与健康杂志，2008，25 (4)：409-411.

20. 刘秀芳，宁艳花，郭凤英，等. 乙酰甲胺磷对雌性大鼠氧化损伤及卵巢功能的影响. 癌变·畸变·突变，2008，20 (6)：463-466.

21. 丁瑜，周淑芳，沈莉，等. 敌百虫暴露对孕鼠脏器及胎鼠 DNA 和生长发育的影响. 上海交通大学学报医学版，2009，29 (3)：248-251.

22. 周淑芳，沈莉，高宇，等. 母鼠低剂量敌百虫染毒对着床前期胚胎细胞发育及微核的影响. 环境与职业医学，2008，25 (2)：144-147.

23. 龚学德，曾莉，张洁，等. 敌敌畏对仔代大鼠睾丸 Leydig 细胞影响的研究. 临床小儿外科杂志，2008，7 (5)：10-13.

24. 吕林萍. 有机磷农药对作业女工月经影响的调查. 职业与健康，2004，20 (12)：40.

25. 张霜红，王绵珍，王治明，等. 职业性农药接触对女工生殖功能的影响. 现代预防医学，2004，31 (5)：664-665.

26. HreljacI，Zajc I，Lah T，et al. Effects of model organophosphorous pesticides on DNA damage and proliferation of HepG2 cells. Environ Mol Mutagen，2008，49 (5)：360-367.

27. Gomes J，Lloyd OL，Hong Z. Oral exposure of male and female mice to formulations of organophosphorous pesticides：congenital malformations. Hum Exp Toxicol，2008，27 (3)：231-240.

28. Perez-Herrera N，Polanco-Minaya H，Salazar-Arredondo E，et al. PON1Q192R genetic polymorphism modifies organophosphorous pesticide effects on semen quality and DNA integrity in agricultural workers from south-

ern Mexico. Toxicol Appl Pharm, 2008, 230 (2): 261-268.

29. Zhao XL, Zhu ZP, Zhang TL, et al. Tri-ortho-cersyl phosphate (TOCP) decreases the levels of cytoskeletal proteins in hen sciatic nerve. Toxicol Lett, 2004, 152 (2): 139-147.

30. John M, Oommen A, Zachariah A. Muscle injury in organophosphorous poisoning and its orle in the development of intermediate syndrome. Neurotoxicology, 2003, 24 (1): 43-53.

31. Thrasher JD, Heuser G, Broughton A . Immunological abnormalities in humans chronically exposed to chlorpyrifos. Arch Environ Health, 2002, 57 (3): 181-187.

32. Li Q. New mechanism of organophosphorus pesticide-induced immunotoxicity. J Nippon Med Sch, 2007, 74 (2): 92-105.

33. Kaur P, Radotra B, Minz RW, et al. Impaired mitochondrial energy metabolism and neuronal apoptotic cell death after chronic dichlorvos (OP) exposure in rat brain. Neurotoxicology, 2007, 28 (6): 1208-1219.

34. Joshi SC, Mathur R, Gajraj A, et al. Influence of methyl parathion on reproductive parameters in male rats. Environ Toxicol Phar, 2003, 14 (3): 91-98.

35. Uzunhisarcikli M, Kalender Y, Dirican K, et al. Acute, subacute and subchronic administration of methyl parathion-induced testicular damage in male rats and protective role of vitamins C and E. Pestic Biochem Phys, 2007, 87: 115-122.

36. Pina GB, Solis-Heredia MJ, Rojas-Garcia AE, et al. Genetic damage caused by methyl-parathion in mouse spermatozoa is related to oxidative stress. Toxicol Appl Pharm, 2006, 216 (2): 216-224.

37. Sanchez-Pena LC, Reyes BE, Lopez-Carrillo L, et al. Organophosphorous pesticide exposure alters sperm chromatin structure in Mexican agricultural workers. Toxicol Appl Pharm, 2004, 196 (1): 108-113.

38. Guney M, Oral B, Demirin H, et al. Evaluation of caspase-dependent apoptosis during methyl parathion-induced endometrial damage in rats: ameliorating effect of Vitamins E and C. Environ Toxicol Phar, 2007, 23 (3): 221-227.

39. Cukurcam S, Sun F, Betzendahl I, et al. Trichlorfon predisposes to aneuploidy and interferes with spindle formation in vitro maturing mouse oocytes. Mutat Res, 2004, 564 (2): 165-178.

40. Farag AT, Karkour TA, El-Okazy A. Developmental toxicity of orally administered technical dimethoate in rats. Birth Defects Res B Dev Reprod Toxicol, 2006, 77 (1): 40-46.

41. Levario-Carrillo M, Amato D, Ostrosky-wegman P, et al. Relation between pesticide exposure and intrauterine growth retardation. Chemosphere, 2004, 55 (10): 1421-1427.

42. Eskenazi B, Harley K, Bradman A, et al. Association of in utero organophosphate pesticide exposure and fetal growth and length of gestation in an agricultural population. Environ Health Perspect, 2004, 112 (10): 1116-1124.

第二十章

氨基甲酸酯类农药

一、理化性质

氨基甲酸酯类农药多为白色或淡黄色结晶，易溶于有机溶剂，微溶于水，有一定的脂溶性。在大气中易被光解、水解或被空气氧化。对酸性物质稳定，遇碱性物质易分解失效。常见的氨基甲酸酯类农药有克百威、速灭威、涕灭威、残杀威、抗蚜威、灭多威、甲萘威。

二、来源、存在与接触机会

氨基甲酸酯类农药施用后对环境的污染主要表现为对土壤、大气和水体的污染，可通过各种途径进入机体。生产、运输、贮存、使用本品的从业人员均有机会接触。在住宅内外使用本品均可经呼吸道或消化道接触本品。食品中的农药残留污染和误食可造成中毒。

三、吸收、分布、代谢与排泄

氨基甲酸酯类农药可经消化道、呼吸道及皮肤吸收。吸收后主要分布在血、肝、肾和脂肪组织。进入体内的氨基甲酸酯类农药可经水解、氧化和结合反应转化，在体内易分解，排泄较快。一部分经水解、氧化或与葡萄糖醛酸结合而解毒，一部分以原形或代谢产物形式迅速经肾由尿排出。代谢产物的毒性一般较母体化合物小。

四、毒性概述

（一）动物实验资料

1. 急性毒性　动物急性中毒主要出现胆碱酯酶抑制症状，表现如口鼻、呼吸道分泌物增多，四肢无力，瞳孔缩小，肌肉震颤，抽搐，肺水肿、呼吸衰竭等。皮肤、眼轻度刺激作用。

2. 亚急性与慢性毒性　幼猪每天喂饲含甲萘威 150mg/kg 的饲料 1～2 个月，剂量达到 324～389g 时，呈现进行性肌无力、共济失调、运动性震颤、阵挛性抽搐、截瘫、不能站立、厌食、烦渴，脊髓反射存在。病理可见小脑出现中等到严重的水肿，轴突中等增大和破裂、小脑束细胞成分坏死、血管充血、内皮肥大、血管退化和出血等，并认为这是由于甲萘威诱导的血管变化的病理效应所致。狗每天喂饲含甲萘威 100mg/kg 的饲料 45 天，尸检发现肠黏膜充血，肝淤血肿大，肝细胞胞浆内糖原堆积。大鼠每天经口给予甲萘威，剂量为 0.7～70mg/kg，6～12 个月，发现腺垂体、性腺、肾上腺和甲状腺等损害，表现为充血和水肿。

3. 致突变　氨基甲酸酯类农药在生物体内或体外可被亚硝化成为亚硝基类化合物，后者酷似亚硝胺，具有诱变性。例如，西维因在生物体内外均能与亚硝酸钠起反应成为 N-亚硝基西维因，它是一种碱基取代型诱变物，在某些诱变试验中，如 Ames 实验等呈阳性反应。

4. 致癌　据报道经口大剂量给予西维因可引起大鼠血管肉瘤，大鼠及小鼠肝恶性肿瘤，诱发非霍奇金淋巴瘤危险性增高等。其理论解释是氨基甲酸酯类农药可与消化道内的亚硝酸盐发生反应生成具有致癌作用的亚硝胺。但氨基甲酸酯类农药对人是否致癌尚未确定。

（二）流行病学资料

作为农药使用的氨基甲酸酯类农药有近 50 种。根据我国 20 世纪 60 年代初至 90 年代中期收集的资料表明，能引起中毒的氨基甲酸酯杀虫剂品种有呋喃丹、西维因、速灭威、叶蝉散，其中中毒数最多的为呋喃丹中毒，累计超过千例。其中毒主要原因是：（1）氨基甲酸酯类农药生产加工车间，缺乏通风设施与个人防护，工人在此环境下操作，特别是炎夏易发生中毒。（2）施药方法欠妥，农民违章操作，直接用手搓洗原药，将呋喃丹颗粒化水喷洒，在喷洒中缺乏个人防护。某县 925 人在施药中，将 3％呋喃丹颗粒剂用手充分搓洗，加水浸泡，配成 1：1500 药液进行棉田喷雾，其中 112 人发生中毒，中毒发生率 12.10％。（3）搬运工人在搬运药袋过程中，赤脚露背加之天气炎热，药袋封闭不严，造成皮肤污染吸收中毒。曾报道炎夏季节 12 名工人赤脚露背、不戴口罩、搬卸 3‰呋喃丹药袋，2 小时内 8 人中毒，停止作业后另 4 名也发生中毒，据反映工人在搬运中汗流如注、汗液呈紫色流布全身。(4) 经口中毒，自服与误服。后者见于食入刚施用过氨基甲酸酯杀虫剂的蔬菜、水果。有报道一妇女在喷过呋喃丹棉田给婴儿喂奶，并在棉田地逗留 1 小时，该妇女喂奶时未清洗被呋喃丹污染的双手，半小时后婴儿发生重度急性呋喃丹中毒。

（三）中毒临床表现及防治原则

1. 急性中毒　轻度中毒患者有较轻的毒蕈碱样症状，如头晕、头痛、恶心、呕吐、腹痛、腹泻、瞳孔缩小等。部分患者可伴有肌束震颤等烟碱样表现。重度中毒患者表现为癫痫、昏迷、肺水肿、脑水肿或呼吸衰竭。生产性中毒多表现为轻度，重度中毒一般为口服患者。急性氨基甲酸酯类农药中毒常具有以下临床特点：潜伏期短。脱离接触并及时处理后数小时内恢复。除全身症状外，可有局部作用。

2. 慢性中毒　长期低剂量接触氨基甲酸酯类农药可能干扰人类内分泌、免疫及神经系统，表现不同症状和体征。

3. 防治原则　根据明确的氨基甲酸酯类农药接触史及其出现的相应临床表现，结合全血或红细胞胆碱酯酶活性的及时测定结果，参考现场劳动卫生学调查资料，进行综合分析，排除其他疾病后，方可诊断。

对氨基甲酸酯类农药中毒的治疗原则是：(1) 清除毒物、阻止其继续吸收。(2) 阿托品是首选解毒药，它能迅速地控制因胆碱酯酶受抑制所引起的症状和体征。(3) 对症与支持疗法。

应积极开展农药污染的宣传教育，加强食品运输、保存及农药使用的管理，减少对环境造成污染。生产及使用人员应加强个人防护。在用于防治害虫时，应遵守农药安全操作规程。发生皮肤或眼污染应及时用大量清水冲洗。误服中毒应催吐并对症治疗。

五、毒性表现

(一) 对子代生长发育的影响

狗在全部妊娠期每天摄入超过 3125mg/kg 的西维因可导致畸胎,可诱发胎犬出现腹壁裂、短颌症和骨胳异常。Robens 研究表明,在豚鼠器官形成期的孕豚鼠给予西维因 300mg/kg 时,发现有胎鼠并趾和颈椎骨突出。Murray 每天以 200mg/kg 的西维因喂饲家兔,可致仔代骨骼发育迟缓和第五胸骨融合。另有报道,家兔每天摄入西维因 150mg/kg 可引起仔代脐膨出、半脊椎和鼻中隔缺失。Feeley 用蟾蜍所做研究表明,西维因主要引起其仔代小头畸形、水肿等,其次为心、脊髓和脊索的畸形。Weis 还发现西维因可引起鲤鱼的仔鱼的心血管异常和发育障碍。

有研究认为,受孕大鼠在妊娠 1～20 天给予 106mg/kg 西维因,胚胎死亡率为 30%。Dougherty 每天经口给予恒河猴 2 和 10mg/kg 的西维因,其流产率大幅增加。1971 年 Collins 等按照美国 FDA 的标准对西维因做了雌性大鼠三代生殖毒性研究,结果表明各剂量组受试大鼠幼仔出生体重明显低于正常对照组,两个最大剂量组受试大鼠的受精能力下降,每窝幼仔数减少,活产子鼠数及其生存能力下降,并有剂量-反应关系。

Savitz 等调查了 1898 名使用农药的农民子代的妊娠结局,发现其子代自然流产发生率的增高与使用西维因及硫代氨基甲酸酯类农药有关。Arbuckle 等对加拿大安大略地区 2110 名使用农药的女性农民及男性农民的妻子在怀孕时自然流产的发生率进行流行病学调查,发现使用硫代氨基甲酸酯农药发生自然流产的相对危险度为 1.8 (95% CI: 1.1～3.0)。

也有学者认为,虽然通过各种实验动物(大鼠、小鼠、豚鼠、家兔、犬和猪等)的生殖毒性研究,证实西维因确有胚胎和胎仔毒性,但仅在实验剂量较大时才出现毒作用。据此说明发育中的动物对西维因的毒性不敏感,相反引起子代发育异常的剂量与引起母体中毒的剂量接近,该剂量远远大于实际环境中的剂量水平。

（二）对生殖器官和生殖功能的影响

有研究报道经口给予雄性大鼠 50、20 和 5mg/kg 西维因 1 个月，大鼠睾丸水肿、变性，精子的生成减少，可能会影响生殖功能。

苏联学者 G.G. Avilova 曾对西维因的生殖毒性做报道，雌、雄性大鼠经口给予西维因，剂量为 50、40、20、10、5 和 1mg/kg，时间 1 个月，可使大鼠的睾丸和卵巢水肿、充血和变性。还有报道，雄性大鼠慢性给予西维因 15 mg/kg 时，睾丸葡萄糖-6-磷酸-脱氢酶和琥珀酸脱氢酶的活性下降。西维因剂量为 14.7mg/kg 时，使雌性大鼠的性周期延长，降低了雄鼠精子的活性。有人指出，给雄性大鼠 0.5、0.1、0.05mg/kg 西维因 2 个月，大鼠精子减少，在 2 个月之内不能恢复，生殖能力下降。

（三）对精液质量的影响

精子运动能力可间接反映精子的受精力，精子直线运动速度（VSL）、鞭打频率（BCF）、直线性（LIN）、前向性（STR）等运动参数与受精率明显相关。Toth 等研究发现，某些生殖毒物在不引起其他生殖指标改变的剂量下，多项精子运动指标即发生明显改变。说明精子运动能力测试是研究男性生殖毒性比较敏感的方法。谭立峰等曾采用上述精子运动能力测试方法对某农药厂接触西维因男工的精子和精液质量进行研究，以了解西维因的男性生殖毒性。选择接触西维因生产的男工 31 名为接触组；该厂行政区男性员工 46 名为内对照组；某疾病预防控制中心男性员工 22 名为外对照组。收集各组人群的精液，进行精液质量、精子的形态学评价，用计算机辅助精子分析（CASA）系统分析精子的运动能力。同时对各组环境空气中西维因及其相关气体异氰酸甲酯（MIC）、氨气及总酚进行连续 3 天的监测；选接触组及外对照组各 3 人进行个体采样并测定其皮肤污染量。结果发现接触组作业环境空气中西维因的几何平均浓度（G）为 52.41 mg/m^3、总酚为 0.08 ms/m^3，均高于内、外对照组。接触组男工个体采样西维因浓度（G）为 7.38 mg/m^3，皮肤的污染量（G）为 862.47 ms/m^2；外对照组均未检出。接触组男工精子直线运动速度 [VSL，（26.29±7.84）μm/s]、鞭打频率 [BCF，（3.99±1.55）

Hz]、直线性（LIN，39.89%±6.00%）、前向性（STR，71.51%±11.22%）均低于内、外对照组。接触组男工精液黏稠度、精子活动度异常率及精子总畸形发生率均高于外对照组。精液量［（2.39±1.44）ml]、精子活动度［（1.77±0.61）级］低于外对照组，差异均有统计学意义。结论为西维因职业暴露对男工精子和精液质量有一定影响。

Wyrobek 等对接触于西维因 1～18 年的 49 名男工及 34 名非接触男工的精液质量进行了分析，发现接触组男工精子形态异常率（52.2%）显著增加高于对照组（41.9%,），但精子的其他参数未受到影响。

六、毒性机制

(一) 对生精细胞的直接作用

氨基甲酸酯类农药可直接作用于生精细胞，导致生精细胞发生形态和功能改变。谭立峰等研究证实，可致接触西维因男工精子畸形率的增高。动物实验也表明，西维因染毒大鼠精子发生畸形。由于哺乳动物的生精呈周期性，一般认为，精母细胞期最易受外源化学物的影响导致畸形。人的生精周期约为 70 天。从事农药生产工作 6 个月以上的工人，暴露时间大于人的生精周期，在精子发生的各期均可受到农药的影响，因此精子较易发生畸形。精子畸形产生的机制目前尚不清楚，可能与控制精子生成的基因发生改变或基因在转录、翻译及表达过程中出现异常有关。

(二) 通过对抗氧化及内分泌系统的影响导致生殖功能改变

动物实验证实，抗氧化酶活性下降以及氧自由基含量增多可以导致黄体细胞和颗粒细胞凋亡，从而导致黄体退化和卵巢闭锁。邱阳等用西维因给雌性大鼠灌胃染毒，观察其对大鼠动情周期、雌激素水平以及对抗氧化系统功能的影响，初步探讨西维因的生殖毒性及可能机制。染毒剂量分别为 0、1.028、5.140、25.704mg/(kg·d)。采用阴道脱落细胞涂片法观察大鼠动情周期的变化；放射免疫法测定其血清雌二醇（E_2）、孕酮（P）水平；分光光度法测定其血清超氧化物歧化酶（SOD）、谷胱甘肽-S-转移酶（GST）的活性以及丙二醛（MDA）、谷胱甘肽（GSH）的含量。结果发现，各剂量西维因染毒组大鼠动情周期发生大鼠数明显低于对照组。染毒后 15 天大鼠动情各期出现变化，与对照组的差异有统计学意义。25.704mg/(kg·d) 组大鼠血清中 E_2 水平为（19.93±2.21）nmol/L 和 1.028 mg/(kg·d) 天组大鼠 P 水平为（1.21±0.40）nmol/L，与对照组（28.76±6.12）和（0.63±0.39）nmol/L 的差异均有统计学意义。随染毒剂量增高，大鼠 SOD 活性在卵巢先降后升，在血清中略升后下降。MDA 含量则呈在卵巢中升高，在血清中略升后降低趋势。GSH 含量和 GST 活性在卵巢中呈先降后升趋势，但在血清中，GSH 含量呈下降趋势，GST 活性先上升后下降。结论为西维因可致雌性大鼠动情周期紊乱及雌激素水平改变，对大鼠的抗氧化系统产生一定影响。

胡凡等研究了西维因农药接触与男性工人精子 DNA 损伤的关系，并探讨其可能的机制。选择某农药厂西维因生产男工 31 名为接触组；该厂行政区男性员工 36 名为内对照组；同地区男性行政人员 22 名为外对照组。检测 3 组人群精子 DNA 损伤、精浆超氧化物歧化酶（SOD）活性及精子活性氧（ROS）含量。结果显示，与内、外对照组相比，接触组男性精子 DNA 断裂损伤显著增加，精浆 SOD 活性降低及精子 ROS 含量增加。相关性分析的结果表明，精子 DNA 损伤与精浆 SOD 的活性呈负相关（$r=-0.53$，$P<0.001$），与精子 ROS 水平呈正相关（$r=0.32$，$P=0.002$）。

选用培养的小鼠精母细胞（GC2-spd 细胞）进行体外功能学验证，在不同浓度西维因处理条件下，分析细胞存活率、凋亡及 SOD 活性，ROS 含量的变化。小鼠精母细胞随西维因处理剂量增加细胞存活率显著下降，凋亡细胞增多，并且细胞 SOD 活性下降及 ROS 含量增加。结论为西维因可影响男性精液质量，其可能的机制是通过氧化应激导致精子 DNA 的损伤。初步推断氧化应激可能是造成西维因接触人群精子 DNA 损伤的重要因素之一。

呋喃丹又名卡巴呋喃，属氨基甲酸酯类杀虫剂。段志文等探讨农药呋喃丹对雄性大鼠生殖系统急性损害作用。以 0.3、1.5 和 3.0

mg/kg 呋喃丹经口染毒 7 天，检测大鼠血清及睾丸组织匀浆中超氧化物歧化酶（SOD）、谷胱甘肽过氧化物酶（GSH-Px）活性、丙二醛（MDA）和活性氧水平；睾丸组织 β-葡萄糖醛酸苷酶（β-G）、葡萄糖-6-磷酸脱氢酶（G-6-PD）、乳酸脱氢酶同工酶-X（LDH-x）活性，以及一氧化氮（NO）含量，一氧化氮合酶（NOS）活性。结果显示，染毒 7 天大鼠血清 GSH-Px、β-G、NOS 活性下降，睾丸组织匀浆中 MDA 和活性氧水平以及 β-G、NOS 活性升高，而 GSH-Px 和 SOD 活性下降。结论为短时间染毒呋喃丹对大鼠可诱发氧化应激和亚硝化应激，从而导致睾丸的损害。

Mahgoub 等经口给雄性大鼠灭多威 17 mg/(kg·d)，连续 2 个月，结果发现染毒组大鼠血清睾酮（T）水平显著下降，同时卵泡刺激素（FSH）、间质细胞刺激素（ICSH）、催乳素（PRL）显著增高；组织病理学检查显示，染毒组大鼠睾丸内生精小管不同程度的退行性变，直至所有生精细胞的坏死；组织化学结果显示，染毒组大鼠酸性磷酸酶、α-脂酶、琥珀酸脱氢酶与对照组相比活性显著降低，而碱性磷酸酶活性无变化。在停用灭多威后激素的变化和睾丸的损伤仍能持续 30 天，提示慢性灭多威暴露对大鼠睾丸有毒性作用，并有持久的影响。

（三）对生精细胞某些酶的活性影响

已知 G-6-PD、β-G 和 LDHx 可分别作为睾丸损伤的标志酶，其活性的变化能较特异性的表示这些细胞的功能状态。一氧化氮合酶（NOS）作为关键限速酶，通过影响 NO 生物信号分子的合成，从而对生精细胞进行调控。一般认为，NOS 有两种类型，即原生型（cNOS）和诱导型（iNOS）。Zini 等研究认为，睾丸间质细胞、支持细胞中都存在 iNOS，它参与精子的生成和成熟过程的调节，当睾丸缺血再灌注后，脱落的生精上皮细胞中 iNOS 活性升高。段志文等研究发现，以 0.3、1.5 和 3.0mg/kg 剂量经口给予雄性大鼠呋喃丹，连续 7 天，β-G 活性升高，G-6-PD 和 LDHx 活性无明显变化，表明呋喃丹可致大鼠睾丸损伤；NOS 活性血清中明显降低，而睾丸组织中明显升高，说明呋喃丹可损伤生精细胞。

（四）致畸作用机制

对于西维因的致畸作用机制，目前尚不十分清楚，但一些学者的提示值得参考。

Nesnow 认为西维因可通过抑制母体大鼠肝微粒体氨基比林-N-脱甲基酶、P-硝基茴香醚-O-脱甲基酶，抑制仔代脑胆碱酯酶而导致畸胎。Dymoscloni 认为鸟类肢小畸形、羽毛改变与胚胎氧化型烟酰胺腺嘌呤二核苷酸（NAD^+）水平下降有关，但其水平变化与关节弯曲、斜颈等畸形无关。Eto 也证明西维因抑制鸡胚犬鸟氨酸酶和甲酰氨基酶引起鸡胚 NAD^+ 浓度降低，导致羽毛异常和肢小畸形。

（马　玲）

主要参考文献

1. 夏世均，孙金秀，白喜耕. 农药毒理学. 北京：化学工业出版社，2008：298-316.

2. 阚秀荣，王致峰，陈连生. 氨基甲酸酯杀虫剂对生产工人免疫水平的影响. 中国工业医学杂志，2003，16（3）：180-181.

3. 邱阳，陈建锋，宋玲. 甲萘威对雌性大鼠血清雌激素水平及抗氧化系统功能的影响. 中华劳动卫生职业病杂志. 2005，23（4）：290-293.

4. 孙英，张立金，闵顺耕. 三种氨基甲酸酯类农药化合物对 DNA 的潜在损伤作用. 农业环境科学学报，2004，23（3）：464-466.

5. 许玲芬，曲丹，孙力. 小儿急性氨基甲酸酯类农药中毒临床分析. 小儿急救医学，2004，11（1）：84-85.

6. 王捷，宋宏宇，胡翠清. 农药生殖毒性的回顾. 农药，2005，44（11）：489-550.

7. 谈立峰，孙雪照，李燕南，甲萘威农药生产职业暴露对男工精子和精液质量的影响. 中华劳动卫生职业病杂志，2005，23（2）：87-90.

8. 李燕南. 谈立峰，孙雪照. 职业暴露甲萘威对女性生殖内分泌的影响. 中国工业医学杂志，2005，18（3）：163-165.

9. 胡凡，顾爱华，吉贵祥. 西维因致男性工人精子 DNA 损伤的机制初探. 南京医科大学学报（自然科学版），2009，29（10）：1380-1383.

10. 谭立峰，王守林. 农药杀虫剂的男（雄）性生殖毒性研究进展. 中华男科学杂志，2004，10（7）：533-537.

11. 段志文，张玉敏，李海山. 呋喃丹对雄性大鼠急性生殖损伤的研究. 工业卫生与职业病，2002，28（5）：267-270.

12. Ma J，Lu N，Qin W et al. Differential responses of eight cyanobacterial and green algal species，to carbamate insecticides. Ecotoxic Environ Safe，2006，63（2）：268-274.

13. Caldas ED，Boon PE，Tressou J. Probabilistic assessment of the cumulative acute exposure to organophosphorus and carbamate insecticides in the Brazilian diet. Toxicology，2006，222（1-2）：132-142.

14. Gordon CJ，Herr DW，Gennings C，et al. Thermoregulatory response to an organophosphate and carbamate insecticide mixture：Testing the assumption of dose-additivity. Toxicology，2006，217（1）：1-13.

15. Mahgoub AA，El-Medany AH. Evaluation of chronic exposure of the male rat reproductive system to the insecticide methomyl. Pharmacol Res，2001，44：73-80.

16. XiaY，ChengS，BianQ et al. Genotoxic Effects on spermatozoa of carbaryl-exposed workers. Toxicol Sci，2005，85：615-623.

17. 王泽镕，宋超，陈家长. 氨基甲酸酯类农药的环境激素效应研究进展. 安徽农业科学，2011，39（18）：10942-10946.

18. 王静，刘铮铮，潘荷芳. 浙江省市级饮用水源地氨基甲酸酯农药的分析. 污染特征及健康风险，2010，29（4）：623-628.

第二十一章

氯代烃杀虫剂

第一节 概 述

一、分类

有机氯（organochlorine）农药是一种广谱、高效、低毒及高残留的化学杀虫剂。主要包括以苯为原料和以环戊二烯为原料的两大类。以苯为原料的有机氯农药主要是滴滴涕（DDT）和六六六（HCH），以及 DDT 的类似物甲氧滴滴涕（MXC）等。以环戊二烯为原料的有机氯农药包括作为杀虫剂的氯丹、七氯、艾氏剂、狄氏剂、异狄氏剂、硫丹、毒杀芬等。

二、特性

常用的有机氯农药有下列特性：

1. 不易挥发，降解缓慢，在食物链中存在生物浓集和生物放大效应。

2. 氯苯结构较为稳定，不易被生物体内酶系降解，在体内的生物转化和降解速度极其缓慢。

3. 多为脂溶性化合物，水中溶解度低，较易吸附于土壤颗粒，在土壤中的滞留期多达数年。

4. 土壤微生物将该类农药还原或氧化为类似的衍生物，但其产物也存在残留毒性问题。

5. 该类农药还可随气流和水流等扩散至全球各地。

三、环境危害

有机氯农药性质稳定，在自然界极难分解，虽然环境中药残浓度一般较低，但可通过生物富集和食物链集中到农、畜及水产品中，并最终通过食物链进入人体和动物体内。一旦进入人体，只有小部分进入血液，在肝内降解或排出；大部分以原药或转变成某种衍生物蓄积在肝、肾、心等组织中。有机氯农药均为脂溶性，对富含脂肪的组织有很强的亲和力。因此，它们在体内的清除速度非常缓慢，如林丹需要几周，DDT、狄氏剂、艾氏剂则需数月，甚至数年。有机氯农药分解后主要从尿液中排出，也有少量从粪便和乳汁中排出。

四、毒性概述

（一）中毒临床特征

1. 急性中毒　潜伏期的长短依毒物的种类、剂型、剂量及侵入途径而各异，多在半小时或数小时内发病。

（1）轻度中毒　表现为头痛、眩晕、全身乏力、易激动、睡眠障碍、咽部不适、视力模糊。有时有不自主的轻度抽搐、出汗、流涎、恶心及食欲不振等。

（2）中度中毒　表现为上述症状加重，神经系统兴奋性明显增高，四肢疼痛、脸部及四肢肌肉抽搐、惊厥、眼球震颤、视力障碍、多汗、共济失调、剧咳、吐痰和咯血、呼吸困难、呕吐和腹泻等。

（3）重度中毒　表现为体温升高（中枢性发热）、癫痫样抽搐（DDT、六六六、狄氏剂和艾氏剂等中毒时，多呈肌强直性阵挛性抽搐，而毒杀芬则以全身癫痫样抽搐为特点）。抽搐时间很短，呼吸先快后慢，血压下降，脉搏频数，心律失常，甚至可发生心室颤动，口吐白沫，反射减弱。抽搐剧烈和反复发作时，亦可陷入木僵、意识丧失、甚至昏迷、呼吸衰竭及循环衰竭，并可有少尿或尿闭、肝及心肌的损害。

（4）呼吸道吸入时有肺水肿。局部损害接触后有黏膜刺激症状及皮疹等改变。

2. 慢性中毒　有机氯类农药在人体内的蓄积可导致慢性中毒，中毒途径主要有：一是农药经呼吸道、消化道和皮肤渗入体内的直接中毒；二是食用被污染的农畜水产品造成的间接中毒。慢性中毒的主要表现为食欲不振、恶心、呕吐、头晕、头痛、失眠、乏力、四肢酸痛、全身不适等症状，有的还会出现神经炎症、贫血或血小板减少等症状。其慢性毒作用主要是影响神经系统和侵害肝，可引起肌肉震颤、肝肿大和中枢神经系统功能障碍等改变。

五、防治原则

1. 预防措施　今后应尽量减少这类农药的使用，并在使用中做好个人防护。

2. 急救处理及治疗　迅速将患者移离中毒现场，移至空气清新处。消除毒物，阻止毒物继续吸收。可同时给予对症治疗措施。

第二节　滴滴涕

一、理化性质

滴滴涕（DDT）化学名称是 2，2 - 双-（对氯苯基）-1，1，1 - 三氯乙烷。DDT 农药分两大类，一类为同分异构体，分别为 2，2 - 双-（对对氯苯基）-1，1，1 - 三氯乙烷（p，p'-DDT）和 2，2 - 双-（邻对氯苯基）-1，1，1 - 三氯乙烷（o，p'-DDT）。另一类为同系物，分别为 2，2 - 双-（对氯苯基）-1，1 - 二氯乙烯（p，p'-DDE）和 2，2 - 双-（对氯苯基）-1，1 - 二氯乙烷（p，p'-DDD）。两者为 DDT 农药在环境中的代谢产物。

DDT 化合物异构体为白色晶体或淡黄色粉末，无味，难溶于水，易溶于苯、氯仿等有机溶剂。DDT 化学性质稳定，在常温下不分解。对酸稳定，强碱及含铁溶液易促进其分解。当温度高于熔点时，特别是有催化剂或光的情况下，p，p'-DDT 经脱氯化氢可形成 p，p'-DDE。在空气中遇明火和高温可燃，其粉体与空气可形成爆炸性混合物，当达到一定浓度时遇火星会发生爆炸。DDT 受高热易分解释放出氯化氢等有毒气体。

二、来源、存在与接触机会

DDT 为人工制备生产，主要作为农药，曾是广泛使用的杀虫剂之一。也用于环境卫生，防治蚊、蝇、臭虫等。在 DDT 生产、包装以及在农业喷洒杀虫使用时均可接触，对人体产生危害和中毒。

三、吸收、分布、代谢与排泄

DDT 可经多种途径吸收，但与其他有机氯农药相比，不易经皮吸收。吸收进入机体后，可分布于血液、肝、肾及中枢神经系统，尤在脂肪组织中浓度最高，将会长期贮留在脂肪组织中。DDT 在人体内的降解主要有两种途径：一是脱去氯化氢生成 DDE，在人体内 DDT 转化成 DDE 相对较为缓慢，3 年间转化成 DDE 的 DDT 还不到 20％。DDE 从体内排放尤为缓慢，生物半衰期约需 8 年，因而 DDE 是贮存在组织中的主要残留物。DDT 还可以通过一级还原作用生成 DDD，后者被最终转化成双-(对氯苯基)-乙酸（DDA），DDA 生物半衰期只需约 1 年，更易溶解于水而排出体外。DDT 经代谢分解后主要经肾由尿排出，少量经粪、乳汁和呼吸道排出，而且能经胎盘传给胎儿。

四、毒性概述

(一) 动物实验资料

1. 急性毒性　DDT 是中等毒性化合物，可对哺乳动物中枢神经系统产生兴奋作用，主要作用于脑桥和脑干。经口 LD_{50} 大鼠为 113 mg/kg；小鼠为 135 mg/kg。经皮 LD_{50} 大鼠为 2500 mg/kg。大鼠经口急性中毒主要表现为不安、躁动、对外界刺激过敏，严重中毒可在 1～3 天内死亡。

2. 亚急性与慢性毒性　狗经口给予 DDT 41～80 mg/(kg·d)，39～49 个月内，全部死亡；狗经口给予 DDT 21～40 mg/(kg·d)，39～49 个月内，25％死亡。猴经口给予 DDT 41～80 mg/(kg·d)，70 天内，全部死亡。

3. 致突变   从哺乳动物实验系统（整体和体外）所得的证据尚无肯定的结论。DDT 经微生物诱变筛选试验没有得到阳性结果，包括鼠伤寒沙门菌和大肠杆菌的回复突变试验、枯草杆菌的重组试验等。DDT 对哺乳动物可有轻度诱变性，可引起 DDT 染毒小鼠白细胞染色体缺失和断裂增加。

4. 致癌   小鼠经口给予 DDT 11～20 mg/(kg·d)，染毒 2 年，肝肿瘤危险性提高 4.4 倍；小鼠经口给予 DDT 0.16～0.31 mg/(kg·d) 染毒 2 代，雄性肝肿瘤危险性增加 2 倍。用 DDT、DDE 和 DDD 在小鼠中（在大鼠中也有可能）诱发出了肝肿瘤，但是关于这些肿瘤的意义尚存在着不同意见。国际癌症研究所（IARC，2004 年）将 DDT 归入 2B 类，人类可能致癌物。

（二）流行病学资料

Laws 等在一个 DDT 生产厂调查的大量接触 DDT 的 35 名工人，未发现有任何癌症和血液病。在工厂开办的 19 年中，工作人员从 111 名增至 135 名，未见 1 例癌症患者。美国从 1942 年开始大量使用 DDT，根据其对肝及肝胆管癌总死亡率的结果，有明显下降趋势。从 1930 年的 8.8 降至 1944 年的 8.4，至 1972 年为 5.6（均按 10 万人为基数计数），说明在使用 DDT 的数十年内也没有证据说明肝癌有所增长。但人类流行病学研究发现，长期接触 DDT 可导致女性患乳癌、子宫癌及子宫内膜疾病危险性增加，并可对机体生殖结局产生影响。如张宏等采用病例对照研究发现，乳腺癌患者乳房组织中的 DDT 浓度明显高于非恶性乳腺癌患者，表明 DDT 与乳腺癌发生之间有相关性。刘守庆等采用回顾性调查方法，调查了临沂市某农药厂附近和对照区出生的新生儿的出生缺陷发生率，结果发现污染区和对照区出生缺陷的发生率有明显差别，而且距离农药厂越近，食品中的 DDT 和六六六的含量就越高，出生缺陷的发生率就越高。

（三）中毒临床表现及防治原则

1. 急性中毒   口服 10 mg/kg 剂量就可出现 DDT 中毒的征象；经皮肤吸收或呼吸道吸入其蒸气和雾，也可导致中毒。

早期症状主要表现为面部、口唇、舌麻木感，以及恶心、呕吐、眩晕、乏力、食欲减退、腹痛等症状。

神经系统症状主要表现为中枢神经系统应激性显著增加，作用的主要部位在桥脑和脑干，且能通过大脑皮层影响植物神经系统及周围神经。根据临床表现和病情的不同，分为轻度、中度及重度中毒。

吸入中毒者，有呼吸道黏膜刺激症状，出现咳嗽、咳痰等症状。严重者可出现呼吸困难、肺水肿，甚至因呼吸衰竭而死亡。

眼部污染者表现畏光、流泪、疼痛等结膜炎症状。皮肤受污染者，引起皮肤红肿、烧灼感、瘙痒、皮炎，甚至水疱出现。

2. 慢性中毒 DDT 慢性中毒。主要表现为头痛、头晕、乏力、易激惹、失眠等神经衰弱综合征症状。少数患者可出现贫血。长期慢性中毒可能会增加肝肿瘤的发生率。

3. 防治原则

（1）急性中毒诊断主要依据为：①明确的 DDT 接触史。②有 DDT 毒作用的典型临床表现。③现场和劳动卫生学调查资料及分析。④相关的实验室检查资料。

DDT 急性中毒诊断需注意与其他化学性中毒及临床疾病相鉴别。

（2）慢性中毒诊断依据与急性相似，但更需重视现场和劳动卫生学调查资料及分析，经过仔细的鉴定后才可得出结论。

（3）急救与治疗　阻断毒源，减少毒物吸收。DDT 的急性中毒救治，无特殊解毒药物，主要是对症处理。

（4）预防措施包括加强职业教育，注意安全与劳动保护措施。作业场所禁止明火、火花，保障局部有充足的通风。要求从事 DDT 作业的人员，应进行就业前体检，禁忌证包括神经系统疾病，如神经衰弱综合征及其他器质性神经病，明显的肝肾疾病。职业接触者应当做好呼吸道和皮肤的防护，如佩戴防护口罩、护目镜、穿戴防护服装，工作时不得进食、饮水或吸烟。工作完毕，淋浴更衣。保持良好的卫生习惯。

五、毒性表现与机制

研究已表明 DDT 及其主要代谢产物 p，p'-DDE 属于环境内分泌干扰物（EDCs），在结构上与人体内源性雌激素相似，具有雌激素样效应，可对生物体的内分泌和生殖功能产生干扰作用。

（一）雄（男）性生殖毒性与机制

1. 动物实验资料　动物实验研究结果显示，DDT 及其主要代谢产物中以 o，p'-DDT 的雌激素活性最强。卵黄微注射，o，p'-DDT 可引起雄性青鱼向雌性转变。用工业级 DDT（含 20% 的 o，p'-DDT 和 80% 的 p，p'-DDT）染毒大鼠，可引起大鼠睾丸萎缩。

Rhouma 等将 50、100 mg/(kg·d) 的 DDT 连续灌胃成年雄性大鼠 10 天后发现，与对照组比较，染毒组大鼠睾丸重量减轻，附睾活动精子比例下降，且均呈剂量依赖性；睾丸组织学结果表明，输精管管腔内精子数量明显减少。同时血清间质细胞刺激素（ICSH）和卵泡刺激素（FSH）均升高，可能与类固醇损伤下丘脑-垂体轴的负反馈有关。以上结果提示 DDT 对雄性大鼠生殖系统的损伤既可直接作用于睾丸也可通过改变神经内分泌的功能起作用。

Rignell 等报道，p，p'-DDE 可以竞争雄激素受体表现出抗雄激素作用。You 等研究结果表明，p，p'-DDE 可通过诱导大鼠体内芳香酶，以催化 C19 类固醇转化为雌激素，从而发挥雄激素受体拮抗剂样作用来影响雄性生殖系统。大鼠在围生期暴露 p，p'-DDE 可产生肛门生殖器距离缩短等抗雄激素样效应，这些生殖毒性主要与 p，p'-DDE 是雄激素受体拮抗剂，能抑制雄激素与雄激素受体的结合，从而产生抗雄激素效应有关。

胡雅飞等以 10、30、50 μmol/L 的 p，p'-DDE 分别处理睾丸支持细胞 24 小时，检测支持细胞乳酸脱氢酶（LDH）的漏出率、总超氧化物歧化酶（SOD）活力和丙二醛（MDA）含量的变化。结果显示，随着 p，p'-DDE 染毒剂量的增加，支持细胞存活率和总 SOD 活力呈剂量依赖性下降，而 LDH 的漏出率和 MDA 含量呈剂量依赖性增加，提示 p，p'-DDE 处理可引起支持细胞抗氧化能力下降和脂质过氧化增强，并造成细胞膜的通透性增加和细胞存活率的下降。由于氧化应激作为一种普遍存在的应激反应，在生殖功能损伤中发挥重要作用，推测 p，p'-DDE 引起的氧化应激可能在睾丸支持细胞凋亡及对生殖功能损害中发挥重要作用。

刘宏凯等以 10、30、50 μmol/L 的 p，p'-DDE 分别处理 SD 大鼠离体培养的睾丸支持细胞 24 小时，检测支持细胞内雄激素结合蛋白（ABP）基因 mRNA 水平。结果显示，随着 p，p'-DDE 浓度的增加，支持细胞 ABP 基因转录水平逐渐升高，且呈现剂量依赖性关系，可能导致后续性的 ABP 蛋白表达的升高。雄性激素主要由睾丸间质细胞分泌，在 p，p'-DDE 作用下支持细胞内 ABP 基因转录水平升高，可导致 ABP 表达的升高，从而促进其与雄性激素的结合，维持生精过程。这种现象可能是支持细胞 ABP 基因表达的一种反馈性或代偿性升高，或者是 ABP 表达中抑制性因素或途径的反馈性降低所致。研究还发现，p，p'-DDE 可激活支持细胞内 ERK（细胞外信号调节激酶）传导通路，进而影响 MAPK（丝裂原活化蛋白激酶）级联信号通路，可能抑制细胞凋亡，维持或提高支持细胞的存活。以上研究表明，p，p'-DDE 对雄性大鼠生殖内分泌干扰的作用机制是极其复杂的，支持细胞可能通过促进 ABP 表达以及信号传导通路的异常改变来反应性地维持生精过程。

刘宏凯等以 10、30、50 μmol/L 的 p，p'-DDE 处理睾丸支持细胞 24 小时，与对照组比较，均可显著抑制支持细胞转铁蛋白的基因转录，并呈现剂量依赖关系。由于转铁蛋白在维持正常的生精过程中发挥着极其重要的作用，提示转铁蛋白的表达抑制而造成的精子生成异常可能是 p，p'-DDE 导致雄（男）性生殖功能障碍的重要机制。

王铁楠等研究显示，50 μmol/L 的 p，p'-DDE 处理离体培养的大鼠睾丸支持细胞后，与对照组比较，细胞内 FasL mRNA 表达水平显著升高，进而可能导致 FasL 蛋白表达的升高，激活 Fas 与 FasL 系统；同时 NF-κB 活性也明显增加。由于 FasL 水平增加与 NF-κB 活性增加在引发生殖细胞凋亡过程中发挥重要作用，而 NF-κB 还可参与 FasL 的表达调控。以上研究结果表明，p，p'-DDE 可能通过调节 FasL、NF-κB 等途径影响睾丸支持细胞的凋亡，从而干扰正常精子的发生。

2. 流行病学资料 de Jager 等研究了非职业性接触 DDT 对男性

生殖功能的影响，通过分析长期接触 DDT 的 116 名社区男性的精液样本，发现其中有 46.6% 的样本出现精子染色质浓缩现象，血浆高浓度的 DTT 与不完全 DNA 浓缩有关，并降低精子活动率和活力，增加精子尾部缺陷比例。接触者血浆中 p,p'-DDE 浓度高于未接触者 100 倍，血浆中 p,p'-DDE 水平与精液质量差相关。然而也有研究持相反观点，Weiss 等报道提示精浆中低浓度 DDT 和 DDE 不会对精液质量产生影响。上述结果互相矛盾的原因可能与暴露的有机氯农药种类和暴露剂量不同有关。

（二）女性生殖毒性与机制

国内曾进行了一项病例对照的流行病学研究，在对病例组与对照组人群进行了年龄和体重指数（BMI）调整后发现，血浆 p,p'-DDE 水平每升高 $1\ \mu g/L$，发生自然流产的危险性即增加为原来的 1.13 倍。有流行病学调查显示，有机氯农药的使用还可能与人类乳腺癌的发病率升高有关。Isabelle 等通过一项病例-对照研究发现：血浆 DDT 水平和乳腺癌的发病无明显关系，而血浆 DDE 水平较高可增加女性乳腺癌发病率，尤其是对于绝经后女性。由于血浆 DDT 水平反映的是新近接触 DDT 农药的情况，而 DDE 反映以前的接触情况，所以作者认为长期接触 DDT，可以诱发乳腺癌，尤其是对于绝经后妇女。

第三节　六六六

一、理化性质

六六六化学名称是六氯环己烷是一种广谱性的有机氯杀虫剂，主要由 α、β、γ、δ4 种异构体构成。六六六为晶体粉末，4 种异构体化学性质与 DDT 相似。

二、来源、存在与接触机会

六六六是由人工制备生产，是一种用量很大的农业杀虫剂。对昆虫有触杀、胃毒和熏蒸作用，杀虫力强，应用范围广。另外，还大量运用于蚊、蝇、虱、蚤等害虫的消灭。在其生产和使用过程中均有广泛的接触机会，对人体产生危害和中毒。

三、吸收、分布、代谢与排泄

六六六可经消化道、呼吸道及皮肤吸收，分布到全身各器官。在血中可全部与血浆蛋白结合，蓄积在脂肪组织中。4 种异构体进入人体后 α、γ、δ 异构体在几周内就会消失，只有 β-六六六不易消失而蓄积于体内，故可以 β-六六六作为评定六六六在体内蓄积量的指标。

四、毒性概述

（一）动物实验资料

1. 急性毒性　六六六四种同分异构体中杀虫效力最强的是 γ-六六六，γ-六六六提纯后的物质称为林丹。六六六经口 LD_{50} 大鼠为 1250 mg/kg。经皮 LD_{50} 大鼠为 500 mg/kg；家兔为 300 mg/kg。经口急性中毒症状表现为呼吸加快，间歇性肌痉挛、流涎、惊厥、昏迷，常在 24 小时内死亡。

2. 亚急性与慢性毒性　六六六长期经口给予，大鼠在 2.6～5.0 mg/(kg·d)剂量下，肝出现轻微病变。小鼠在 6～10 mg/(kg·d) 见肝小叶中央区有增生性病灶，20 mg/(kg·d) 以上剂量可诱导小鼠肝肿瘤的出现。

3. 致突变　在 0.5 mg/L 和 1.0 mg/L 浓度培养下的人淋巴细胞染色体结构损伤的比例与浓正比。

4. 致癌　以每天大于 20 mg/kg 经口给予可诱发小鼠肝肿瘤，其中 α 异构体要比 β、γ、δ 异构体的致癌性强。国际癌症研究所（IARC，2004 年）将六六六、β-六六六归入 2B 类，人类可能致癌物。

（二）流行病学资料

由于六六六化学性质非常稳定，与 DDT 相似，其在环境中有高残留性。在人体内有蓄积性。Siddiqui 发现在人乳腺恶性肿瘤细胞中

有较高浓度的 β-六六六，并且认为 β-六六六具有环境雌激素效应，是导致生殖系统恶性肿瘤的原因之一。但是关于这些肿瘤的意义尚无肯定结论。

（三）中毒临床表现及防治原则

1. **急性中毒**　多由误服引起，也可在烟熏灭蚊蝇时，在现场停留时间较长，造成中毒。食用刚喷洒过六六六的水果、蔬菜或毒死的家禽时均可导致人类中毒。六六六主要损害中枢神经系统，此外对心、肝、肾等实质性脏器亦有显著毒性，对皮肤黏膜有刺激性。急性毒性表现与 DDT 类似。

2. **慢性中毒**　在六六六生产和不合理使用过程中，长期少量接触可引起慢性中毒。主要表现为神经衰弱综合征等症状。患者可伴有慢性胃炎、慢性肝病等症状，白细胞减少、血沉加快。长期慢性中毒可能会造成生殖毒性，导致女性患乳腺癌、子宫颈癌等生殖器官的恶性肿瘤等疾病的危险性增加。

3. **防治原则**　六六六的急性和慢性中毒诊断原则与 DDT 相似。可参考 DDT 相关内容。对六六六的急性中毒救治，无特殊解毒药物，主要是对症治疗。具体的救治原则和方法可参考 DDT 章节有关内容。慢性六六六中毒亦主要是重点对中枢神经系统、心血管系统及肝、肾损害等症状进行的对症支持治疗。预防措施与 DDT 相似，参见 DDT 有关内容。

五、毒性表现与机制

（一）对雄性动物生殖毒性与机制

Prasad 等（1995 年）证实大鼠连续经皮给予六六六 120 天，会引起睾丸特异细胞标志酶活性的改变，如琥珀酸脱氢酶（SDH）、葡萄糖-6-磷酸脱氢酶（G6PDH）、γ-谷氨酰转肽酶（γ-GT）等，同时血浆黄体酮水平下降，精子数减少，活力降低及精子异常率增加。

Singh 等研究了 γ-六六六对产卵期的淡水鲶鱼的影响，发现 10 mg/L 的 γ-六六六显著降低了鲶鱼血浆中 gonadosomatic index（GSI）和促性腺激素的浓度，还使雄鱼体内睾丸素和雌鱼体内 17β-

雌二醇水平降低，导致生殖功能紊乱。

Samanta 等在小鼠睾丸发育的关键时期（出生后 6～30 天）染毒六六六，结果在出生后第 46 天即出现中毒反应，同时随着睾丸超氧化物歧化酶、过氧化氢酶活性和抗坏血酸的含量降低，睾丸脂质过氧化反应增强，H_2O_2 含量升高。另外睾丸 Ca^{2+}-Mg^{2+}-ATP 酶活性升高。从而证实了小鼠在生殖器官发育的关键时期染毒六六六，会损坏成年后的睾丸功能。

（二）对雌（女）性生殖毒性与机制

1. 动物实验资料　有研究者用 β-六六六染毒小鼠，探讨其对雌激素活性的影响。结果显示，β-六六六高剂量组（500 $\mu g/kg$）子宫脏器系数与低剂量组和对照组相比较显著增加，低剂量组（100 $\mu g/kg$）子宫过氧化物酶（PO）活性与高剂量组和对照组比较显著升高。低剂量组 PO 活性显著高与高剂量组，作者分析可能与 β-六六六特殊的雌激素样作用有关。与其他雌激素不同，β-六六六不与雌二醇竞争结合雌激素受体，但可激活 MAPK（丝裂原活化蛋白激酶）信号分子，活化的 MAPK 可使转录因子磷酸化，促使后者进入核内调节与生长有关的基因转录。高剂量组可能是由于给药剂量较高而引起 MAPK 磷酸化的反馈抑制，反而导致 PO 活性下降。

2. 流行病学资料　刘国红等通过测定产妇静脉血中 DDT 和六六六的含量，研究了有机氯农药残留对人体生殖内分泌的影响。结果显示，产妇静脉血卵泡刺激素（FSH）、雌二醇（E_2）、孕酮（P）和脐带血 FSH、间质细胞刺激素（ICSH）、E_2 随着体内有机氯农药残留水平的升高而增高，存在明显的剂量-效应关系；而静脉血 ICSH 和脐带血中 P 随着体内残留水平的升高而下降，也存在明显的剂量-效应关系。既往不良妊娠结局（包括自然流产、人工流产、葡萄胎、异位妊娠、死胎、死产、早产、过期产和畸形儿）的次数随着体内有机氯农药残留水平的升高而有增加趋势，各残留组与对照组比较差异均有统计学意义，但高残留组低于中残留组；婴儿平均出生体重各残留组均高于对照组，且低残留组＞中残留组＞高残留组，高残留组与对照组之间差异无统计学意义，而低、中残留组与对照组比较差异有统计学意义。在总六六六的残留水平明显高于总 DDT 的混合暴露作用下,表现为拟雌激素作用为主。至于婴儿出生体重的增加,推测其可能与机体内部反馈调节作用有关,具体机制有待于进一步研究。

第四节　甲氧滴滴涕

一、理化性质

甲氧滴滴涕(MXC),属新型有机氯类杀虫剂,化学名称为 1,1,1-三氯-2,2-双-(对-甲氧苯基)-乙烷。MXC 为无色晶体(原油为灰色粉末),不溶于水,易溶于醇、氯代烃类、酮类溶剂、植物油和二甲苯等有机溶剂。MXC 具有抗氧化作用和耐热性能。可与碱发生反应,特别是有催化剂条件下反应迅速,失去氯化氢,但比 DDT 慢。在重金属作用下也易脱去氯化氢。

二、来源、存在与接触机会

MXC 是一种人工合成的广谱杀虫剂,主要用于消灭家庭卫生害虫、动物体外寄生虫、蔬菜、果园害虫等。在生产使用过程中及饮食过程中均有暴露于 MXC 的机会。

三、吸收、分布、代谢与排泄

主要通过食物链途径进入机体。与 DDT 相比,具有在哺乳动物体内代谢快、易排泄、毒性低及可生物降解,在机体内无累积作用,易被多功能氧化酶分解而转化为水溶性无毒排泄物,不易造成环境污染等特性。目前在许多国家被广泛使用。

四、毒性概述

(一)动物实验资料

1. 急性毒性　经口 LD_{50} 大鼠为 5800 mg/kg;小鼠为 1850 mg/kg。

经皮 LD_{50} 大鼠为 6800 mg/kg；家兔为 600 mg/kg。

2．亚急性与慢性毒性　大鼠吸入 10％的粉尘每天 2 小时共 5 周，可出现中毒症状。大鼠经皮染毒 2000～3000 mg/kg 每周 5 次共 13 周。2000 mg/kg 剂量组未见动物死亡，但体重增长速度明显减慢。3000 mg/kg 剂量组 8 天后有 1/3 的动物死亡。

3．致突变与致癌　未见相关报道。

（二）中毒临床表现及防治原则

1．急性中毒　MXC 可经呼吸道、消化道及皮肤接触吸收而引起中毒。其毒性比 DDT 低，急性中毒症状类似于 DDT，参见 DDT 有关章节。

2．慢性中毒　中毒症状类似于 DDT，参见 DDT 有关章节。。

3．防治原则　与 DDT 相似，参见 DDT 有关章节。

五、毒性表现与机制

（一）对雄性动物生殖毒性与机制

Latchoumycandane 等研究了 MXC 对大鼠睾丸的生殖毒性，经口给予大鼠 1、10、100 mg/(kg·d) 的 MXC，连续 45 天，结果显示大鼠睾丸、附睾、精囊等部位重量显著下降；附睾内精子计数减少、精子运动能力下降，且在大鼠睾丸内线粒体、微粒体丰富的部位抗氧化酶，如超氧化物歧化酶（SOD）、谷胱甘肽还原酶（GR）、谷胱甘肽过氧化物酶（GSH-Px）的活性显著下降，并呈剂量依赖关系；H_2O_2 含量和脂质过氧化反应增加，使用抗氧化剂维生素 E 可阻断此过氧化反应，说明 MXC 可通过诱导大鼠睾丸内的氧化应激反应产生生殖毒性。

MXC 可以导致附睾中 H_2O_2 升高，H_2O_2 在穿越精子细胞膜后，进入核内造成 DNA 链断裂。同时，作为结构蛋白的 GSH-Px 参与精子中段线粒体的组成，它的生物合成障碍会使精子中段发生形态学改变，直接造成精子质量异常。这可能是 MXC 导致精子畸形率增加的原因。

Cupp 等分别用 MXC 及其代谢产物 2,2-双-(p-羟基苯)-1,1,

1-三氯乙烷（HPTE）体外处理胎鼠睾丸，发现 MXC 及 HPTE 能使胎鼠睾丸的精索数量减少、出现异常的肿胀精索甚至完全阻止精索的形成，研究者认为它们对精索发育的影响可能是通过对雄激素和/或雌激素受体作用产生的。另外，MXC 及 HPTE 处理围生期大鼠睾丸细胞的胸苷结合试验的结果显示，MXC 及 HPTE 可明显改变胎鼠睾丸正常的生长与发育过程，其作用机制可能与通过对发育中睾丸的类固醇受体起作用有关。

Gray 等（1999 年）给断奶雄性大鼠暴露 0、200、300、400 mg/（kg·d）的 MXC，连续 10 个月。结果发现 MXC 可影响中枢神经系统、附睾精子总数、附属性腺及延迟交配，但并不显著影响 LH、催乳素（PRL）、促甲状腺激素（TSH）的分泌。表明 MXC 不改变雌激素或抗雄激素方式的垂体内分泌功能。

Murono 等研究表明，经口给予大鼠 MXC 50、100、200 mg/（kg·d）连续 7 天，可以引起大鼠精囊、附睾、前列腺重量显著下降。MXC 还可使雄鱼血浆中睾酮浓度显著下降，诱导产生卵黄蛋白原。成年雄鼠暴露 MXC 可引起血中睾丸酮水平下降，同时离体间质细胞内睾丸酮的量也会减少。

唐国华等将 100 mg/（kg·d）MXC 分别喂饲大鼠 5、10 和 15 天，用流式细胞术研究了 MXC 对雄性大鼠生精细胞的细胞周期影响。结果表明，随着 MXC 染毒时间的延长，睾丸生精细胞进入 S 期的百分数逐渐减少，S 时相的抑制提示 MXC 可以抑制睾丸生殖细胞 DNA 复制；而 G2/M 期细胞有显著性增加，表明细胞有丝分裂期延迟，使细胞阻滞于 G2/M 期。推测 MXC 使细胞阻滞于 G2/M 期，可能是通过调控周期蛋白或是抑制细胞周期蛋白依赖激酶的活性，实现细胞周期阻滞。该研究还发现，10、15 天染毒组单倍体细胞数所占比例减少，而二倍体和四倍体细胞数增加，表明喂服 MXC 可导致大鼠睾丸各类生殖细胞的比例改变。并且随着染毒时间的延长，精子形成减少，其机制可能与次级精母细胞分裂受阻滞有关外，还可能与 MXC 的雌激素作用及抗雄激素激活作用有关。

(二) 对雌性动物生殖毒性与机制

1. 对卵巢和子宫的影响　Eroschenko 等（1995 年）给新生小鼠每天分别腹腔注射 0.05、0.1、0.5、1.0 mg/kg 的 MXC14 天，发现各剂量组小鼠均出现卵巢萎缩，卵巢重量减少和黄体缺失，而注射 0.05 或 0.1 mg/kg MXC 的小鼠子宫增重增大且充满黄体；另外除 1.0 mg/kg MXC 外，其他组均出现了滤泡囊肿。作者认为 MXC 可能改变了下丘脑-垂体的功能，而模拟雌激素在低剂量和高剂量时的加强和抑制作用。

Tiemann 等（1996 年）研究了 MXC 对体外培养的卵巢颗粒细胞激素合成、分化、DNA 合成的影响，结果发现 MXC 可以抑制体外培养的卵巢颗粒细胞合成孕激素、雌激素，低浓度的 MXC 可刺激颗粒细胞分化及 DNA 合成。Borgeest 等研究结果显示，小鼠给予 32 mg/(kg·d) 的 MXC 后，其卵巢闭锁卵泡数量增多，卵巢上皮增厚。通过检测暴露后的小鼠卵巢，发现 MXC 可引起剂量依赖性的卵巢卵泡闭锁数量增加，卵巢闭锁卵泡 Bcl-2 表达无改变，Bax 表达上调，MXC 没有改变促性腺素和雌激素水平，也没有影响卵泡素刺激及其受体，过度表达 Bcl-2 的小鼠和 Bax 表达缺乏的小鼠对 MXC 暴露有保护作用。提示 MXC 可能是通过直接作用于卵巢 Bcl-2 信号途径诱发卵泡闭锁。

Tomic 等给过度表达雌激素 α 受体的转基因小鼠经口给予不同浓度 MXC 后收集卵巢，观察卵泡的变化。结果显示，过度表达雌激素 α 受体的小鼠卵巢闭锁卵泡数量显著增加，表明雌激素受体途径可以介导 MXC 及其代谢产物抑制卵泡生长，诱发卵泡闭锁的毒性。小鼠卵巢窦状卵泡培养研究显示，MXC 也可能通过氧化应激途径诱发卵泡闭锁、抑制卵泡生长。Gupta 等进一步研究了 MXC 暴露引起的氧化应激反应对小鼠卵巢的氧化损伤及对线粒体呼吸的影响，结果表明，MXC 显著干扰了线粒体的呼吸作用，导致卵巢中 H_2O_2 产生增多，活性氧（硝基酪氨酸和 8-羟基脱氧鸟苷生成）表达增加，抗氧化酶（GSH-Px、SOD 和 GR）表达减少，推测 MXC 通过抑制卵巢，尤其是窦状卵泡的线粒体呼吸作用，引起活性氧增加，减少抗氧化酶表达，即通过线粒体产生活性氧诱导氧化应激反应造成卵巢窦状卵泡闭锁。

另有研究发现 MXC 可致成年雌蛙产卵延迟，卵母细胞体积增大、数量下降，受孕率降低，血浆中卵黄蛋白原浓度显著降低。但Ankley 等研究发现 MXC 可使雌鱼血浆中 β-雌二醇浓度显著降低，卵黄蛋白原浓度显著增加。MXC 对卵黄蛋白原的影响结果不同是由于剂量不同还是物种差异引起的还有待进一步研究。

2. 对早期胚胎发育和着床的影响　Amstislavsky 等研究了 MXC暴露对孕早期（胚胎植入前）小鼠的长期作用，给刚受孕 2～4 天的小鼠皮下注射 5.0 mg 的 MXC，结果发现，与对照组比较仔鼠死亡率显著增加，仔鼠身长变短；出生后第 21 天，雄性仔鼠肛门生殖器间距离明显缩短；还可使更多的雌性仔鼠出现性早熟，在断奶期阴道口便过早的开放。可见胚胎植入前暴露 MXC 可导致两种性别仔鼠性发育长期受到影响，并延迟其生长和体重的增加。

研究表明，同源盒基因 HOXA-10 作为一种多效性的转录因子参与胚胎种植的多个环节，如子宫内膜的增殖、分化、容受性的建立、胚胎的定位与粘附等有关，HOXA-10 的异常表达不仅可改变正常妇女子宫的内环境，影响胚胎的着床，且与子宫内膜异位症密切相关。作者推测 MXC 影响胚胎着床的可能机制为：抑制子宫内膜HOXA-10 基因的表达，扰乱了子宫的容受性，使胚胎着床窗口期开放时间及持续时间与胚胎发育不同步，从而降低着床率。

翟青枝等用 16、32 和 64 mg/(kg·d) 的 MXC 慢性染毒雌性小鼠，结果发现 MXC 可显著抑制小鼠子宫 HOXA-10 mRNA 的表达。其中、中、高剂量组有显著性差异，并呈现剂量依赖性。Johnson 等报道，MXC 和雌二醇一样可抑制胚胎发育成胚泡，减少胚胎细胞数目，甚至导致异常胚泡的形成，这可能与其增加了胚泡细胞核断裂和微核百分比有关。

3. 对胎体宫内生长及出生后发育的影响　Masutomi 等给予妊娠雌性大鼠从妊娠 15 天到产后 10 天经口给予不同剂量 MXC，结果显示，1200 μg/ml MXC 暴露组仔鼠青春期提前，随后的动情周期紊乱，生殖道及腺垂体发生组织病理改变。该暴露剂量下的雌性幼仔出生后 3 周处死时，垂体黄体生成素（LH）阳性细胞数量减少，雌性幼仔出生后 11 周处死时，垂体催乳素（PRL）阳性细胞数量增加。

Suzuki 等研究了从妊娠第 15 天到产后 10 天给予围产期大鼠不同剂量的 MXC（24、240 和 1200 $\mu g/ml$），在幼鼠性成熟后检测子代的生殖功能。结果显示，雄性幼鼠性成熟后血中 LH 和 FSH 水平有所降低，但是睾酮水平正常，并且不影响交配行为。雌性幼鼠性成熟后动情周期内阴道角化时间延长，动情前 LH 峰被抑制。另外，作者推断 MXC 暴露雌性大鼠在动情前期晚上脊柱前凸反射和排卵前 LH 波动都被抑制。以上结果提示围产期暴露 MXC 可对雄性和雌性大鼠生殖功能产生持久性的影响。

王晓蓉等从小鼠妊娠第 12～17 天每天经口给予 MXC（0、20、100 和 200 mg/kg），探讨 MXC 对孕鼠生殖和胎鼠发育的影响。结果表明，与对照组相比，MXC 可导致孕鼠体质量增长减少，卵巢黄体数、子宫着床数和活胎数也明显减少，而死胎、吸收胎等不良妊娠结局增加；同时孕鼠血清雌二醇（E_2）和孕酮（P）含量显著增高，说明 MXC 可以干扰孕鼠的生殖功能，作用机制可能是 MXC 及其代谢产物与体内雌激素受体结合，发挥雌激素样作用，改变小鼠体内激素水平有关。另外，MXC 对胎鼠发育也有影响，中、高剂量组胎鼠体质量显著低于对照组，雄性胎鼠肛门与生殖器距离明显缩短。提示发育中的胚胎和胎体是 MXC 作用的敏感靶器官，MXC 具有胚胎发育毒性。各剂量组和对照组胎鼠均没有出现明显的外观及骨骼畸形，这可能与染毒剂量和染毒时间有一定关系。

以上研究结果表明，有机氯农药及其代谢产物可通过直接毒性作用、氧化应激、拟雌激素活性、信号通路及下丘脑-垂体调节等多种途径对雄性和雌性生殖系统产生毒性作用，今后有必要对这些途径间是否有联系、相互之间有何影响等方面进行深入研究，以进一步揭示有机氯农药的生殖毒性机制，最大限度的预防和减轻有机氯农药对人类生殖系统和健康的危害。

（杜宏举）

主要参考文献

1. 夏世钧. 农药毒理学. 北京：化学工业出版社，2008.

2. 史双昕，周丽，邵丁丁，等. 长江下游表层沉积物中有机氯农药的残留状况及风险评价. 环境科学研究，2010，23（1）：7-13.

3. 赵云峰，吴永宁，王绪卿. 食品安全与中国居民膳食中农药残留的研究. 中华流行病学杂志，2003，24（8）：661-663.

4. 李佳圆，龙启明，胡锐，等. 有机氯农药、CYP1A1易感基因型与乳腺癌的交互作用研究. 现代预防医学，2008，35（1）：34-38.

5. 李明，代小秋，孙东良，等. 唐山地区乳腺癌患者血清有机氯农药残留物水平研究. 中国综合临床，2010，26（8）：855-858.

6. 刘宏凯，杨克敌，王翀，等. p，p'-DDE对睾丸支持细胞雄激素结合蛋白表达的影响. 环境与职业医学，2006，23（2）：108-111.

7. 胡雅飞，于海歌，梁先敏，等. p，p'-DDE和β-BHC联合染毒对大鼠离体支持细胞脂质过氧化的影响. 环境与健康杂志，2007，24（11）：845-847.

8. 王轶楠，于海歌，宋杨，等. p，p'-DDE、β-BHC对大鼠支持细胞FasL mRNA表达及NF-κB活性的影响. 环境与职业医学，2008，25（3）：248-251.

9. 郑丽舒，金一和，靳翠红，等. 双酚A和β-六氯环己烷对小鼠雌激素活性的实验研究. 中国公共卫生，2002，18（8）：922-924.

10. 高苗，陈比良，马向东. 甲氧滴滴涕对小鼠卵母细胞体外成熟的影响. 第四军医大学学报，2008，29（10）：903-905.

11. 唐国华，唐朝克，贺修胜，等. 甲氧滴滴涕对雄性大鼠生殖细胞毒性的影响. 毒理学杂志，2005，19（4）：275-277.

12. 陈必良，马佳佳，马向东，等. 甲氧滴滴涕对孕鼠胎盘及仔鼠的影响. 解放军医学杂志，2008，33（4）：403-406.

13. 翟青枝，张建芳，马佳佳，等. 甲氧滴滴涕染毒对小鼠着床期HOXA-10基因表达的影响. 第四军医大学学报，2009，30（11）：982-984.

14. 王晓蓉，陈必良，马向东，等. 甲氧滴滴涕对孕鼠生殖及其胎鼠发育的影响. 第四军医大学学报，2007，28（7）：634-636.

15. Bodiguel X, Loizeau V, Le Guellec AM, et al. Influence of sex, maturity and reproduction on PCB and p, p'-DDE concentrations and repartitions in the European hake (Merluccius merluccius, L.) from the Gulf of Lions (N. W. Mediterranean). Sci Total Environ, 2009, 408 (2): 304-311.

16. Rignell-Hydbom A, Rylander L, Giwercman A, et al. Exposure to PCBs and p, p '-DDE and human sperm chromatin integrity. Environ Health Perspect, 2005, 113 (2): 175-179.

17. de Jager C, Farias P, Barraza VA, et al. Reduced seminal parameters associated with environmental DDT exposure and p, p '-DDE concentrations in men in Chapas, Mexico: a cross-sectional study. J Androl, 2006, 27 (1): 16-27.

18. Weiss JM, Bauer O, Bluthgen A, et al. Distribution of persistent organochlorine contaminants in infertile patients from Tanzania and Germany. J Assist Reprod Genet, 2006, 23 (9-10): 393-399.

19. Toft G, Rignell-Hydbom A, Tyrkiel E, et al. Semen quality and exposure to persistent organochlorine pollutants. Epidemiology, 2006, 17 (4): 450-458.

20. Singh PB, Canario AV. Reproductive endocrine disruption in the freshwater catfish, Heteropneustes fossilis, in response to the pesticide gamma-hexachlorocyclohexane. Ecotoxicol Environ Saf, 2004, 58 (1): 77-83.

21. Siddiqui MK, Anand M, Mehrotrab PK, et al. Biomonitoring of organochlorines in women with benign and malignant breast disease. Environ Res, 2005, 98 (2): 250-257.

22. Ottinger MA, Wu JM, Hazelton JL, et al. Assessing the consequences of the pesticide methoxychlor: neuroendocrine and behavioral meaasures as indicators of biological impact of an estrogcnic environmental chemical. Brain Res Bull, 2005, 65 (3): 199-209.

23. Murono EP, Derk RC, Akgul Y, et al. In vivo exposure of young adult male rats to methoxychlor reduces serum testosterone levels and ex vivo Leydig cell testosterone formation and cholesterol side-chain cleavage activity. Reprod Toxicol, 2006, 21 (2): 148-153.

24. Vaithinathan S, Saradha B, Mathur PP. Transient inhibitory effect of methoxychlor on testicular steroidogenesis in rat: an in vivo study. Arch Toxicol, 2008, 82 (11): 833-839.

25. Miller KP, Gupta RK, Greenfeld CR, et al. Methoxychlor directly affects ovarian antral foilicle growth and atresia through Bcl-2 and Bax-mediated pathways. Toxicol Sci, 2005, 88 (1): 213-221.

26. Tomic D, Frech MS, Babus JK, et al. Methoxychlor induces atresia of antral

follicles in ERalpha - overexpressing mice. Toxicol Sci, 2006, 93 (1): 196-204.

27. Amstislavsky SY, Kizilova EA, Golubitsa AN, et al. Preimplantation exposures of murine embryos to estradiol or methoxychlor change posnatal development. Reprod Toxicol, 2004, 18 (1): 103-108.

28. Vitiello D, Kodaman PH, Taylor HS, et al. HOX genes in implantation. Semin Reprod Med, 2007, 25 (6): 431-436.

第二十二章

放射性核素

第一节 铀

一、理化性质

天然铀（uranium，U）包括 3 种放射性核素，即 ^{234}U、^{235}U 和 ^{238}U，丰度分别为 0.0058%，0.714%、99.274%。^{235}U 是核反应堆和核武器中的裂变材料，从天然铀富集 ^{235}U 后的副产物即是贫铀（depleted uranium，DU）。DU 中 ^{235}U 和 ^{234}U 的含量比天然铀更低，理化性质没有本质区别。由于天然铀的放射性主要来源于 ^{235}U 和 ^{234}U，因此 DU 的比放射性低于天然铀（约为天然的 60%）。DU 是低水平放射性重金属，密度为 18.9g/cm^3。DU 的主要成分 ^{238}U 为 α 粒子辐射体，半衰期约 45 亿年。

二、来源、存在与接触机会

铀是一种天然产生无处不在的重金属，在所有的土壤、岩石和海洋中以各种化学形式存在。人体大约含有 90μg 的铀，它来自于正常摄入的水、食物和空气；骨骼中含有 66%，肝中含有 16%，肾中含有 8%，其他组织 10%。DU 出于和平目的有几种应用：在飞机中用于平衡或稳定，用于放射治疗医疗设备中的防护屏，以及运送放射性材料的贮存器等。由于它的高密度及其他物理特性，DU 用于贫铀弹的制造，也用于加固军用交通工具，例如坦克。

在战争中使用 DU 军需品期间或之后，由于风或其他干扰因素使环境中的 DU 再次悬浮在大气，可引起人吸入暴露。事故性吸入也可能由于 DU 贮存设备失火、飞机坠毁等。如果饮用水或食物受到 DU 的污染则可发生摄食暴露。此外，儿童吃土也被认为是一种可能的重要暴露途径。

三、吸收、分布、代谢与排泄

在生产条件下，铀化合物主要以气溶胶粒子的形式经呼吸道进入体内。粒子大时多沉降于上呼吸道或被气管支气管清除，随痰咳出或吞咽到胃肠道。进入呼吸道的铀粉尘约 50％缓慢吸收入血。

根据国际辐射防护委员会（ICRP）第 30 号出版物推荐，易溶性铀化合物 UF_6、UO_2F_2 和 $UO_2(NO_3)_2$，微溶性铀化合物 UO_3、UF_4、UCl_4，难溶性氧化合物 UO_2、U_3O_8 进入胃肠道后其吸收分数（f1）分别为：0.05，0.05 和 0.002。

难溶性铀化合物不易经完整皮肤吸收，易溶性铀化合物可经过正常皮肤吸收。酸和碱可损伤皮肤而增加铀的吸收；伤口铀的吸收可数倍于完整皮肤。通过眼结膜亦可吸收。

难溶性 4 价铀需转变成 6 价铀才能吸收。吸收入血的 6 价铀形成铀酰离子 UO_2^{2+}，它部分与有机酸和 HCO_3^- 形成络合物，特别是易与 HCO_3^- 形成重碳酸铀酰络离子 $[UO_2(CO_3)_3]^{4-}$，这种反应是可逆的；部分与血浆蛋白主要是白蛋白结合，其反应亦为可逆的，与球蛋白结合较少，白蛋白和球蛋白结合铀量之比是 3.5：1。4 价铀与 6 价铀相比，前者与血浆蛋白质亲和力强，因此与蛋白质反应结合的多。在血浆中，当 $[UO_2(CO_3)_3]^{4-}$ 络离子与铀酰白蛋白达到平衡时，其比例为 6：4，$[UO_2(CO_3)_3]^{4-}$ 络离子易扩散并透过生物膜，在血中滞留时间短，在铀的排出、转运和再分配方面起重要作用，而铀酰白蛋白则不易扩散和不易透过生物膜，在血中滞留时间相对较长。注入血循环中的 6 价铀，在 6 分钟后血循环中只剩注入量的 1/3，20 小时后只剩注入量的 1％，吸收入血的铀迅速分布到全身器官组织，24 小时后，主要分布于肾、骨、肝和脾，其他器官含量很少。晚期骨中铀比例明显比其他组织高。如大鼠静脉注入硝酸铀酰后 24 小时，铀滞留（占注入量）肾 26％，骨 12％，肝 2.3％，脾 0.6％，尿排出46％，粪便排出 1.3％，其他器官很少。吸入可溶性铀化合物时，主要沉积于骨，其次为肾。吸入难溶性铀化合物时，主要滞留于肺淋巴结和肺，肝、脾含铀很少，如犬在 5 年间吸入 UO_2 粉尘，结果体内各器官组织中铀含量顺序如下：肺淋巴结＞肺＞骨＞肾＞肝＞脾。在细胞中铀主要与胞浆中可溶性蛋白质结合，以后定位于线粒体，其次为溶酶体。

经口摄入的铀，主要由粪排出，尿铀：粪铀比为 1：100，进入血中的 6 价铀，由于在血中形成的重碳酸铀酰络离子和铀酰-柠檬酸复合物易于透过肾小球滤出，故很易由肾排出。而 4 价铀在血浆中大部分与蛋白质结合，排出较少。沉积于肺的难溶性铀化合物，排出很慢，进入肺门淋巴结的铀，排出更为缓慢。

四、毒性概述

(一) 动物实验资料

1. 急性与亚急性毒性　硝酸铀酰的静脉注射毒性很高，LD_{50} 兔近似为 0.1mg/kg，豚鼠、大鼠、小鼠分别为 0.3、1、10 ～ 20 mg/kg。

大鼠喂饲 0.5％可溶性铀化合物，以及 20％不溶性铀化合物，一般都需要经 30 天才能致死。大鼠腹腔注射最小致死剂量，氟化铀酰为 40 mg/kg，四氯化铀为 400 mg/kg。兔吸入铀酰盐浓度为 4.5～20mg/m³ 时，约 80％致死。六氟化铀毒性更强，吸入浓度低至 0.3 mg/m³时，亦能使 14％的兔致死。

2. 致突变　DU 处理体外培养的人成骨细胞 36 天出现延迟增殖死亡和微核率增加，其姐妹染色单体交换率是正常细胞的 9.6 倍，50 mmol/L的 DU 能引起人成骨细胞双着丝粒染色体的增加。Ames 试验表明，植入 DU 弹片的 SD 大鼠其尿液可引起 TA98 和 TA7001 - TA7006 混合菌株突变率升高；在 DU 诱发的大鼠白血病模型中可观察到脾细胞 DNA 甲基化。

3. 致癌　Stokinger 研究表明，犬或猴吸入 UO_2 粉尘的浓度为 5mg/m³，5 年后，肺淋巴结和肺内组织的辐射剂量已达到辐射损伤的水平，淋巴结和肺组织有局部组织坏死和纤维化，其中 4 只犬吸入 $UO_2$5 年后继续观察 22～67 个月，肺组织的剂量达到 5.6～6.5 Gy，肺门淋巴结的剂量达到 $130\sim158$ Gy；一只犬发生肺肿瘤，2 例发生肺癌。另有 4 只犬吸入 UO_2 1 年后，继续观察 $37\sim70$ 个月，没有发生肺肿瘤，但观察到癌前病变。

(二) 流行病学资料

海湾战争后，美国有数万名退伍军人，发现患上了被称为"海湾战争综合征"的疾病。虽然还不能明确其健康问题与战场上暴露 DU 有直接关系，但初步研究结果表明，内分泌失调与神经功能认识能力下降与其暴露的 DU 剂量间存在一定程度的相关性。美国对海湾战争中可能存在 DU 暴露（DU 误击事件、清理操作和事故中）的人员进行了剂量估算。最高暴露水平（主要是当 DU 弹击中时战车内或附近的士兵，或 DU 击中后立即进入车内的士兵），摄入 DU 的最大量为 237 mg，辐射剂量当量达 4.8×10^{-2} Sv，肾铀浓度为 4.83 mg/kg。均可能影响健康。中间暴露水平（对 DU 污染车辆进行维修、清理和处置的人员）和最低暴露水平（DU 军火燃烧或 DU 弹攻击时，处于下风向士兵，或进入 DU 污染的伊拉克坦克内士兵）不存在 DU 暴露的健康影响。对最高暴露水平的退伍军人进行身体检查，结果发现：尿铀水平明显增高，最高者高出正常水平数千倍；一些人的精液中铀浓度高于检测限值；计数尿铀水平高的 9 人的全身放射性活度，检测出体内存在铀，并观察到他们认知能力有所下降。

铀致突变的研究见于波黑地区 DU 暴露者人外周血淋巴细胞微核形成增加，海湾战争老兵人外周血淋巴细胞次黄嘌呤-鸟嘌呤磷酸核糖转移酶基因突变增加。暴露还可导致人外周血淋巴细胞染色体不稳定。Schroder 报道 16 名自认吸入 DU 的海湾和巴尔干战争老兵人外周血淋巴细胞染色体不稳定增加，表现为双着丝粒和环状染色体增加。

从 2000 年开始，意大利也对肿瘤与 DU 接触的相关性进行流行病学调查，调查的疾病包括霍奇金淋巴瘤，非霍奇金淋巴瘤，急性淋巴细胞白血病，所有的实体肿瘤和癌症。人员包括 4 万名士兵，年龄在 $20\sim59$ 岁。结果表明癌症的总发病率明显低于基于意大利癌症水平所期望的发病率，只有一种癌症，霍奇金淋巴瘤发病率明显增加。

前南斯拉夫（巴尔干战争中使用贫铀武器地区）边境的两所医院，在爆炸前（1997—1999 年）和后（2000—2002 年），妇女宫颈上皮内瘤样变分别由 0.68％ 和 0.9％上升到 1.11％ 和 1.13％，但无统计学意义（$P>0.05$），而作为对照的远离边境的一所大学医院妇女宫颈上皮内瘤样变发病率则降低且有统计学意义（$P<0.05$）。

（三）中毒临床表现及防治原则

1. **急性中毒**　当主要是可溶性化合物短期、大量进入机体时，即可引起急性铀中毒。此时铀主要作为一种重金属毒物而起作用，放射性损害在晚期才出现。

急性中毒时，一般有 1～2 天的潜伏期，然后出现不适、寒战、恶心、呕吐。临床上最特异变化是肾的急性中毒性损害，出现低比重尿，蛋白尿、透明管型和红细胞，继之可出现血非蛋白氮增高，白细胞增多。严重患者还可出现尿毒症并伴有中毒性实质性肝炎，甚至致死。轻度患者则经过良好。

2. **慢性中毒**　慢性铀中毒的特点是长时间无临床症状，貌似健康。年轻接触者渐见发育障碍，成人体重减轻，并逐渐出现植物神经系统功能紊乱或乏力等症状。此后可见贫血、血色指数偏高、网织红细胞增加、白细胞总数增多或减少、淋巴细胞增多、嗜酸性粒细胞增加、血小板减少和白细胞质变（有空泡、溶解、固缩、中毒颗粒出现）等。

在易溶性铀化合物的作用下，肾的改变出现较快。美国一企业曾发现由于可溶性铀化合物的慢性作用，130 名工人中有 7 名得了铀性肾病，尿铀含量达 0.015mmol/L。

3. **防治原则**　由于铀还会产生放射性物质的直接作用，除遵守一般金属毒物的常规预防措施外，还必须采取一系列放射防护措施。对铀中毒的治疗，目前认为最有效的措施是人体内铀的促排。碳酸氢钠具有较理想的促排效果。Tiron（钛铁试剂）、喹胺酸（即 811，螯合羧酚）、7601（CBMIDA、PCDMA、双酚胺酸）、H73-10、8102（CAB-MIDA）和膦酸类螯合剂都有一定的促排效果，但存在毒副作用和促排不彻底等缺点。其他一些支持疗法，如营养、促进肾功能恢复、纠正体内电解质和酸碱平衡等，对铀的急性肾损伤也有很好的效果。

五、毒性表现

(一) 动物实验资料

急性吸入大剂量的 DU 粉尘（瞬时浓度最高可达 $1800mg/m^3$），可引起雄性小鼠睾丸损伤，精子数量降低，生精细胞凋亡率上升；雌性小鼠受孕率下降，胚胎显性致死率显著升高。给大鼠气管内输注 DU 粒子后，所有 DU 组大鼠睾丸诱导型一氧化氮合酶 mRNA 表达均增高。雌性大鼠经手术皮下植入 DU 片，在孕 20 天时，母鼠肾、胎盘和全胎鼠的铀水平显著增加。美国陆军放射生物研究所的初步资料显示，当将植 DU 片后的雌性大鼠饲养 6 个月或更长时间，动物的产仔数量下降。给雌、雄性大鼠喂饲一定剂量的硝酸酰铀 [0～80mg/(kg·d)]，持续 64 天，雌性大鼠的妊娠率显著下降，但无剂量相关关系；但在所研究的剂量水平，雄性大鼠睾丸功能和精子生成均未受影响，睾丸和附睾正常，精子生成正常。此外另有报道，在大鼠体内植入 0、12、20 个 1mmDU 小丸后 150 天，雄性大鼠精子浓度、运动力和运动速度，与对照组比较差异无统计学意义，DU 对植入后 30～45 天和 120～145 天的大鼠成功交配没有危害，即不会对雄性生育、精子浓度和精子运动速度有负面影响。

小鼠睾丸内注射氟化铀酰可诱发不同发育阶段生精细胞畸变，畸变率随内污染时间延长而增高，精原细胞染色体出现多倍体、断片和裂隙，初级精母细胞染色体出现断片、单价体和多价体，精子则出现 DNA 断裂和精子畸形。

(二) 流行病学资料

Araneta 等在 2000 年和 2003 年进行的对参加 1991 年海湾战争美国老兵队列研究表明，对父亲为参战老兵的统计结果表明，参战老兵在战后妻子怀孕所生后代患主动脉瓣狭窄、三尖瓣闭锁不全的相对危险度要高于未参战老兵战后妻子怀孕所生后代（$P < 0.05$）。参战老兵战后妻子怀孕所生后代患主动脉瓣狭窄和肾发育不全的相对危险度

比战前所生后代高（$P<0.05$）。Doyle 等对英国海湾战争参战老兵进行了邮寄问卷调查，当把调查人员自我报告的畸形包括在数据库内，那么参战老兵妻子怀孕后所生后代某些类或亚类的畸形发生率要比未参战老兵更普遍，但如果仅仅对临床诊断证实的畸形（占 55%）进行分析则无显著性。对澳大利亚海湾战争参战老兵进行的调查没有发现其后代出生缺陷有显著性。

六、毒性机制

铀的生殖毒性机制研究其少。有人认为主要是铀的化学毒性起作用，但也有人认为化学和放射毒性均有作用。铀的生殖毒性的机制可能有以下几方面。

1. 铀可引起 DNA 损伤。UO_2^{2+} 可与 DNA 结合并催化其断裂。20 世纪 60 年代，人们发现铀盐是一种极好的 DNA 染料。对其研究发现，pH、浓度和 DNA 结构的完整性都会影响 DNA 与 UO_2^{2+} 的结合。Huxley 等通过详细的研究发现，纯化的 DNA 可以从 2% 的 UO_2^{2+} 溶液中提取出几乎等重的醋酸铀酰，表明两者之间有较高的亲和力。UO_2^{2+} 可结合在 DNA 的磷酸基团上，并催化 DNA 分子发生化学修饰。Nielsen 等观察到，在 420nm 可见光的存在的条件下，UO_2^{2+} 能催化单链 DNA 产生缺口，缺口出现的位置是随机的。其机制是 UO_2^{2+} 能与核苷酸和/或核苷的磷酸基团结合，从而破坏了单链 DNA 结构的完整性。UO_2^{2+} 在体外抗坏血酸的存在下也可使 DNA 单链断裂。这些缺口的出现很容易使 DNA 复制时发生碱基错配，从而引起 DNA 的点突变。Nielsen 等随后又提出在 DNA 双螺旋小沟，UO_2^{2+} 也可以催化 DNA 断裂，这一反应与 O_2^- 无关。Sonnichsend 等在研究 dsD-NA 富含（A - T）4 的小沟结构时，发现 UO_2^{2+} 催化的 DNA 断裂增强，说明在富含 A - T 序列的小沟易发生断裂现象。

2. DU 的主要成分 ^{238}U 为 α 粒子辐射体，半衰期约 45 亿年。除 α 粒子外，DU 在衰变过程中也能产生其他类型的辐射，如 β 粒子、γ 射线，但数量极小，由于 α 粒子没有外照射影响，β 粒子、γ 射线数量极小，因此，DU 的外照射危害很小。内照射危害主要来自铀放出

的 α 射线。铀是高传能线密度（LET＞3.5keV/μm）的 α 辐射体，α 粒子电离密度很大，在 1μm 的机体组织内可产生 3700～4500 对离子，致伤集中。α 射线生物效应（RBE）值最大，β 射线次之，γ 射线最小。生物体吸收核辐射的能量后，会使细胞内物质的分子和原子发生电离和激发，进而导致高分子物质（如蛋白质和核酸等）分子键断裂。α 射线对 DNA 的损伤较重，较大分子量的 DNA 链在 α 射线的照射下断裂，导致限制性内切酶活化，从而引起 DNA 在核小体间的断裂；α 射线还可以打断细胞的 DNA 脱氧核糖核酸分子链，使基因发生变异从而产生遗传病。DU 发射的 α 射线能通过与溶剂发生反应，产生多种自由基对细胞造成损伤，其机制可能是 UO_2^{2+} 参与了类似 Fe^{2+} 催化的 Fenton 反应产生氧自由基，氧自由基与细胞中生物大分子（如 DNA）等作用形成加合物，DNA 加合物很容易使 DNA 复制时发生碱基错配，从而引起 DNA 的点突变。

（李　煜　赵超英　常元勋）

第二节　氚

一、理化性质

氚（tritium，^{3}H 或 T）是氢的同位素，为放射性核素，氚的比活度为 360TBq/g，物理半衰期（$t_{1/2}$）12.33 年。它是纯 β 射线，最大能量为 18keV，平均能量为 5.7keV，在水中射程为 1μm。故常用于放射自显影。氚的扩散性强，并能在物质表面被吸附。氚的化学性质与氢相似，但反应常数不同。氚可与化合物中的氢置换而进入该化合物。在与碳形成共价键 C-^{3}H 时，比 C-^{1}H 稳定。核素氚在空气中可通过氧化反应和同位素交换反应生成氚水。同位素交换反应比氧化反应速率快。

二、来源、存在与接触机会

天然氚主要是宇宙射线与大气中氮、氧作用产生的，年产量约为

$7.4×10^{10}$ MBq。目前全球累计贮量约为 $1.3×10^{12}$ MBq。小部分天然氚来自太阳系和其他星球。天然氚99%转化为氚水，并参与自然界的水循环。海洋表层水中氚的浓度约为0.1Bq/L，淡水中氚的浓度高于海水，平均约为0.4 Bq/L。人工生成的氚主要来源于核爆炸和核反应堆。随着原子能事业的发展，核反应堆的数目日益增多，向环境中排放的氚（主要为氚水和氚气）也日益增多。氚又是核聚变反应的重要核素之一。在核反应堆事故中，也常有大量氚泄露到环境中，造成环境污染。氚还可用于制造发光涂料。生物学和医学领域大量应用氚来标记化合物。在上述部门工作的人均可接触到氚和氚的化合物。环境中的氚可通过动植物的摄取进入生物圈。人可通过空气、水和食物进入人体。

三、吸收、分布、代谢与排泄

饮入氚水后，经40~45分钟就被完全吸收。吸收部位主要在小肠，然后分布到全身；通过毛细淋巴管吸收仅占3%。体表污染的氚水可透过皮肤。摄入体内的氚，不管是氚水还是氚气，都呈全身均匀性分布。机体吸入核素氚后，绝大部立即随呼气排除，溶入血液的部分约有80%在1.5小时内经呼吸道排除。氚水主要经尿、呼气和汗排除。少量经唾液、乳汁和粪便排除。

四、毒性概述

（一）动物实验资料

1. 急性毒性　兔经口给予氚水9.25kBq/ml，在第10天即可见到血红蛋白、红细胞、白细胞和网织红细胞的数量明显下降。当给动物氚水一次经口剂量增至11.1MBq/ml时，即可引起轻度放射病。一次摄入量为14.8MBq/ml时，可引起重度急性放射病，在33~45天内死亡。

2. 致突变　在整体试验中，BNL小鼠饮用氚水 $3×3.7×10^4$ Bq/ml 90~700天，并在不同时间点取肝组织，发现在330天或500天时，小鼠肝细胞染色体损伤明显增加。把^{3}H-TdR $(10^{-3}~10)×3.7×10^4$

Bq/ml 和氚水（$10^{-3} \sim 10^2$）$\times 3.7 \times 10^4$ Bq/ml 加入人淋巴细胞的培养液中培养 48 小时。结果，两者均可以使细胞的染色体发生畸变，而且畸变率与剂量相关。

3. 致癌　Yokoro K 给小鼠腹膜内注入氚水后，首先出现的是白血病，白血病发生率与受照剂量成正相关。0、1.4×10^2、2.80×10^2、5.60×10^2、7.4×10^2 兆贝可/只，白血病发生率分别为 0.8%、3.3%、6.7%、15.9%、12.1%，潜伏期分别为 584 天、$481 \sim 523$ 天、$273 \sim 467$ 天、$146 \sim 570$ 天、$120 \sim 257$ 天。同样活度氚水（5.6×10^2 兆贝可/只和 7.6×10^2 兆贝可/只）分 4 次注射，白血病发病率明显高于一次性注射，分别为 27.4% 和 45.0%，而且潜伏期明显缩短分别为 $87 \sim 382$ 天、$77 \sim 163$ 天。除白血病外，几乎所有组织都出现了肿瘤，如子宫瘤、卵巢肿瘤、肝癌、甲状腺癌、垂体肿瘤、肺癌、乳腺癌、肾上腺肿瘤、Harderian 腺瘤、骨癌等，可见氚水致癌效应没有特殊靶组织。俄罗斯学者指出不同种属恶性肿瘤谱有很大不同，恶性肿瘤的总频率与摄入的量无剂量反应关系，但是大鼠受氚水照射后不同的恶性肿瘤的剂量反应关系可分为三类：①白血病、肺癌和乳腺癌、皮肤癌等的恶性肿瘤和新生物，以及骨肉瘤的发生频率与剂量成正比。②肺淋巴肉瘤等与剂量成反比。③内分泌器官、睾丸和胃肠系统等的恶性肿瘤与剂量无关。

（二）流行病学资料

文献中曾报道过两批遭受严重氚照射的病例，他们都是从事生产氚水发光涂料的工作人员。在第一批的 4 例中，有 1 例在 8 年中曾处理 277TBq 的氚气和氚水，其中有一半左右的氚是以气态或蒸气状态释放于工作环境中，其尿氚浓度波动在 $5.18 \sim 41.4$ MBq/L 的范围内，估算总剂量约为 3.0Gy。该例在工作末期出现了倦怠、恶心等症状，红细胞进行性减少，最后死于再生性全骨髓细胞减少症。尸检测定尿和其他体液中氚浓度为 4.1MBq/L，而干燥骨髓和睾丸的氚含量约为 0.888 MBq/kg。另一例接受的剂量约为前一例的一半，在工作三四年后，也出现了中度贫血。第二批有 3 名工作人员 3 年中共接触 10^2 TBq 的氚，其中 1 例在第 3 年因恶心、倦怠等症状而停止工作，1 年多后死于骨髓细胞减少症。此例生前尿氚浓度为 $1.96\sim4.33$ MBq/L。估计 3 年内接受的总剂量约为 10Gy。尸检测得组织中的氚浓度为尿氚浓度的 $6\sim12$ 倍。以上两例与氚有关的死亡病例，以往曾有 ^{226}Ra 和 ^{90}Sr 的作业史。

俄国对长期（50 年）慢性暴露于氚 β 照射的 79 名核专家进行了遗传学检查，分析了不稳定（传统方法）和稳定（Fish 法）的染色体畸变，发现所有指标均有差异，放射特异性标志物（双着丝粒和环）超过对照组两倍，不稳定畸变发生频率和总吸收剂量间有显著性但相关性差。俄国的另一项对职业暴露于氚或氚水的工厂工人的家庭成员进行的研究表明：研究组（19 户家庭）小卫星突变频率为 4.7%，而对照组（23 户家庭）为 0.7%，差异有统计学意义（$P<0.01$）。研究组（19 户家庭）微卫星突变频率为 3.0%，而对照组（23 户家庭）为 1.5%，但差异无统计学意义。

（三）中毒临床表现及防治原则

1. 急性中毒　急性氚水中毒时主要表现为急性放射病症状，全血减少，出血，感染和发热等。氚水对人的急性致死活度 >40TBq。

2. 慢性中毒　氚长期慢性进入体内时，一般健康状况下降，恶心，乏力，出现神经衰弱症候群，红细胞持续下降，继之白细胞下降。最后可出现全骨髓造血衰竭，导致死亡。尿氚排出明显增高。

3. 防治原则　临床上大都采用大量饮水的措施来加速体内氚的排出，最好是饮用茶水。增加体内水代谢，能使尿氚排出增加 $10\sim20$ 倍。也可采用利尿剂如双氢克尿噻。

五、毒性表现

（一）氚对生精细胞的影响

DBA 小鼠在注入剂量为 $(0.5\sim40)\times3.7\times10^4$ Bq/g 的氚水 72 小时后，睾丸内量为 $6.8\times3.7\times10^4$ Bq/g。初级精母细胞可减少 27%，相对于 X 射线的 RBE 值为 $1.6\sim2.4$。^{3}H - TdR 的效能为氚水的 4 倍。Bhatia 等给交配后 16 天的妊娠小鼠喂饲 $5\times3.7\times10^4$ Bq/ml 的氚水，发现子鼠 3 周龄时睾丸病理变化最明显，与对照组比，A 型

精原细胞、中间型和 B 型精原细胞分别保留 80%、70% 和 60%，而精母细胞保留 70%。在 4 周龄和 5 周龄时，精子细胞均为对照组的 45%。

Hass 等从妊娠第 9 天起每天给孕 Wistar 大鼠以 $(290\sim5800)\times3.7\times10^4$ Bq/ml 的氚水，直至仔鼠出生，发现雌性子鼠卵母细胞减少与剂量相关，剂量为 $1450\times3.7\times10^4$ Bq/ml 时，卵母细胞仅为对照组的 50%，剂量为 $5800\times3.7\times10^4$ Bq/ml 时，全部子鼠的卵巢均发育不全，而此项试验 ^{3}H‑TdR 的效能是氚水的 10 倍。

(二) 对胚胎发育的影响

用氚水喂养孕 SD 大鼠，在整个妊娠期间未与组织有机结合的氚即体水氚浓度保持稳定。各组动物体水氚浓度在 $(37\sim37)\times10^2$ MBq/L，胚胎的吸收剂量率为 $(3\times10^{-3})\sim(3\times10^{-1})$ Gy/d，总剂量为 0.066~6.6Gy。结果表明各剂量组新生鼠的外形正常；体水氚浓度为 370MBq/L 组新生鼠的性腺和脑的重量减轻；体水氚浓度大于 740MBq/L 组，胚胎发育停滞，新生鼠的身长较短、体重减轻，器官重量普遍下降，并且剂量越高下降得越多；体水氚含量为 37×10^2 MBq/L 组，死胎增多，产仔数减少。

美国橡树岭实验室所做的氚水诱发小鼠特定位点突变实验中所测得的剂量和遗传效应之间的定量关系，在辐射遗传研究中很有意义。他们培养的品系在 2，4，7，9 和 14 对染色体上共有 7 个特定的基因位点，由它们决定的性状是明确的。例如，第 9 对染色体上就有两个特定基因 Se 和 d，决定的性状分别是短耳和淡色毛。在氚水照射下，这两个位点的突变频率较高。氚水照射后小鼠晚期精原细胞，7 个特定位点的平均突变频率为每个位点 44×10^{-6} 次/戈瑞；对于精原细胞为 15×10^{-6} 次/戈瑞。

六、毒性机制

(一) 基因突变

氚之所以诱发基因突变，是因为氚可以掺入遗传信息的 DNA 分子中。DNA 嘧啶环第 5 位碳上的氚衰变，诱发遗传突变的概率为 1。

而嘧啶环第 6 位碳上的^{3}H 和甲基上的^{3}H 衰变诱发遗传突变效应仅及第 5 位碳上的^{3}H 衰变诱发的 1/6～1/3。分离提取的 DNA，嘧啶环第 6 位碳上的^{3}H 衰变，每次引起 DNA 单链断裂的概率约为 0.3。一般而言，细胞核吸收 β 辐射引起的 DNA 结构改变较氚引起的转换突变效应大，只有嘧啶环第 5 位碳上的^{3}H 衰变才可使两者所致的损伤效应大致相等。

(二) 染色体畸变

与遗传密切相关的是生殖细胞稳定性染色体畸变，其中主要是染色体相互易位。精原细胞染色体易位已成为氚水遗传效应的很有意义的指标。给雄性小鼠注射氚水后，初级精母细胞染色体畸变（易位）率明显升高，而且与氚 β 粒子的剂量呈正相关。

（李煜　赵超英　常元勋）

主要参考文献

1. 朱寿彭，李章. 放射毒理学. 苏州：苏州大学出版社，2004.

2. Miller AC, Xu J, Stewart M, et al. Observation of radiation-specific damage in human cells exposed to depleted uranium: dicentric frequency and neoplastic transformation as endpoints. Radiat Prot Dosimetry, 2002, 99, 275-278.

3. Miller AC, Stewart M, Rivas R. DNA methylation during depleted uranium-induced leukemia. Biochimie, 2009, 91, 1328-1330.

4. Miller AC, McClain DA. Review of depleted uranium biological Effects: in vitro and in vivo studies. Rev Environ Health, 2007, 22 (1): 75.

5. Domingo JL. Reproductive and developmental toxicity of natural and depleted uranium: a review. Reprod Toxicol, 2001, 15 (6): 603-609.

6. Kundt M, Ubios AM, Cabrini RL. Effects of uranium poisoning on cultured preimplantation embryos. Biol Trace Elem Res, 2000, 75 (1-3): 235-244.

7. Pujadas BMM, Lemlich L, MandalunisPM, et al. Exposure to oral uranyl nitrate delays tooth eruption and development. Health Phys, 2003, 84 (2): 163-169.

8. Schroder H, Heimers A, Frentzel-Beyme R, et al. Chromosome aberration a-

nalysis in peripheral lymphocytes of Gulf War and Balkan War veterans. Radiat Prot Dosimetry, 2003, 103: 211-220.

9. Ibrulj S, Krunic-Haveric A, Haveric S, et al. Micronuclei occurrence in population exposed to depleted uranium and control human group in correlation with sex, age and smoking habit. Med Arch, 2004, 58: 335-338.

10. Nuccetelli C, Grandolfo M, Risica S. Depleted uranium: possible health effects and experimental issues. Microchem J, 2005, 79 (1-2): 331-335.

11. Papathanasiou K, Gianoulis C, Tolikas A, et al. Effect of depleted uranium weapons used in the Balkan war on the incidence of cervical intraepithelial neoplasia (CIN) and invasive cancer of the cervix in Greece. Clin Exp Obstet Gynecol, 2005, 32 (1): 58-60.

12. Araneta MRG, Schlangen KM, Edmonds LD, et al. Prevalence of birth defects among infants of Gulf War veterans in Arkansas, Arizona, California, Georgia, Hawaii, and Iowa, 1989-1993. Birth Defects Res (Part A), 2003, 67: 246-260.

13. Doyle P, Maconochie N, Davies G, et al. Miscarriage, stillbirth and congenital malformation in the offspring of UK veterans of the first Gulf War. Int J Epidemiol, 2004, 33: 74-86.

14. Maconochie N, Doyle P, Davies G, et al. The study of reproductive outcome and the health of offspring of UK veterans of the Gulf war: Methods and description. BMC Public Health (on-line), 2003, 3: 4.

15. 李积胜, 张珩, 杨芳, 等. 贫铀对大鼠肺诱导型一氧化氮合酶基因表达的影响. 毒理学杂志, 2005, 19 (4): 257-259.

16. Arfsten DP, Schaeffer DJ, Johnson EW, et al. Evaluation of the effect of implanted depleted uranium on male reproductive success, sperm concentration, and sperm velocity. Environ Res, 2006, 100 (2): 205-15.

17. Snigireva GP, Khaĭmovich TI, Bogomazova AN, et al. Cytogenetic examination of nuclear specialists exposed to chronic beta-radiation of tritium. Radiats Biol Radioecol, 2009, 49 (1): 60-66.

18. Shaĭkhaev GO, Kuz'mina NS, Miazin AE, et al. The analysis of mutations at mini- and microsatellite DNA loci in the family members of a group of occupationally exposed to tritium and tritium oxide plant workers. Radiats Biol Radioecol, 2008, 48 (6): 690-697.

第二十三章

药 物

第一节 己烯雌酚

一、概述

(一) 来源及理化性质

己烯雌酚（DES）又名乙底酚、乙烯雌酚、人造求偶剂、人造催情剂，是一种人工合成非甾体类雌激素，具有酚羟基结构。外观呈白色结晶样粉末，几乎无臭。溶于乙醇、脂肪和稀的氢氧化钠溶液，不溶于水。Dolds（1938）在英国一家实验室首次成功合成，发现其有较强的雌激素特性，口服作用为雌二醇的 $2\sim3$ 倍。

DES 是脂溶性物质，很难降解，易在动物体内残留，即使其排出体外也会在水源和土壤中富积，造成环境激素污染恶性循环。而且通过食用有 DES 残留的动物产品也会增加患癌症的风险。尽管人们已经广泛认同 DES 的致癌作用，但不管是在临床治疗还是动物生产中 DES 作用都是不可忽视的，因为目前还没有其他更合适的药物来取代其在某些方面的重要作用。

(二) 吸收、分布、代谢与排泄

己烯雌酚口服易吸收，在肝内代谢缓慢，主要形成葡萄糖醛酸结合物，由尿和粪便排出。大多数天然雌激素在动物体内易被肝分解，不易产生残留。但 DES 是亲脂性物质，较稳定，不易降解，易在人和动物含脂肪较多组织中残留，长期服用会导致肝损伤。此外，DES 在水源和土壤中也很难降解，还可以通过食物链在体内富集而导致其他慢性疾病。

(三) 毒副作用

1. 实验动物资料 蒋义国等对小鼠肌肉注射己烯雌酚和乌拉坦，

显示出已烯雌酚可能是一种促癌因子，可提高致癌物质的致癌性。从现有的资料分析，雌激素对乳腺上皮既不是直接的促分裂剂，也不是直接的致癌剂，认为是一种促癌物。在与雌激素有关的肝肿瘤动物实验模型中，亚硝基二乙胺（DEN）是致癌启动剂，而已炔雌二醇（EE_2，类似 DES 作用）是促癌剂，给予大鼠 EE_2 60 天，在无 DEN 条件下并不发生肿瘤，而同时接受 DEN 和 EE_2 的大鼠中 80％发生了肝肿瘤。高凤鸣等研究了临床应用的雌激素复方已酸孕酮注射液（EP）（内含 DES）与 γ 线照射的联合作用，实验时单独用 γ 线照射或注射 EP 对小鼠均未引起肿瘤，但两者联合应用后，能显著提高小鼠肝肿瘤发生率。

2. 临床资料

（1）常见不良反应　人服用 DES，经常出现厌食、恶心、呕吐、头昏、体重增加或减少等，减少剂量或从小剂量开始逐渐增量可减轻症状。

（2）少见或罕见的但应注意的不良反应　①长期应用时女性患者可出现性欲亢进、乳房胀痛、乳头与乳晕色素沉着、宫体增大、子宫出血等。长期应用男性患者可导致阳痿和女性化。②困倦、精神抑郁、严重的或突发的头痛；动作突然失去协调，不自主的动作（舞蹈病）；胸、上腹（胃）、腹股沟或腿痛，尤其是腓肠肌痛、臂或腿无力或麻木；突然言语或发音不清。③尿频或尿痛。④突发的呼吸急促，血压升高。⑤视力突然下降（眼底出血或血块）、角膜混浊及视网膜病变。⑥可引起黄褐斑、光敏性皮炎，使卟啉症、系统性红斑狼疮（SLE）恶化。⑦长期大量应用可致脂肪代谢异常、水钠潴留、踝及足水肿，偶有血清钙升高；少数可出现血栓性静脉炎；肝功能不全者会出现胆汁淤积性黄疸。因此，高血压及肝功不良者慎用。

二、用途与药理作用

（一）用途

用于卵巢功能不全或垂体功能异常引起的各种疾病、闭经、子宫发育不全、功能性子宫出血、绝经期综合征、老年性阴道炎等。还用于不能进行手术的晚期前列腺癌。20 世纪 40~70 年代曾广泛用于临床妊娠早期保胎、预防和治疗骨质疏松症和雌激素替代疗法，也作为动物促生长剂应用于畜禽生产中。

（二）药理作用

促进女性性器官及第二性征正常发育，使子宫内膜增生产生周期性变化，形成月经周期，增强子宫平滑肌对缩宫素的敏感性。小剂量刺激、而大剂量抑制垂体前叶促性腺激素及催乳素的分泌。有对抗雄性激素的作用。可使骨骼钙盐沉积，加速骨骺闭合；预防绝经期妇女骨质丢失。减轻妇女更年期或妇科手术后因性腺功能不足而产生的全身性紊乱。

三、毒性表现

（一）实验动物资料

20 世纪 70 年代大量的动物实验证明，尤其大、小鼠在孕期喂饲DES 会增加其子代患生殖器官癌症的风险，如阴道和子宫颈透明细胞腺癌、阴道癌、子宫内膜癌、睾丸异常等。Steinmetz 等研究发现，大鼠子宫和阴道对 DES 特别敏感，能诱导 F344 大鼠的子宫和阴道上皮细胞增殖、分化及 c-fos 基因的表达。

Siegfried 等和 Waalkes 研究结果均发现，DES 具有增进致癌物质致癌性的功能，并且能加速子宫内膜癌、乳腺癌和泌尿生殖器官癌细胞的生长。龚春雨等 2004 年报道 DES 对子代雄鼠睾丸的毒性主要表现为支持细胞、间质细胞变性、坏死。

Mikkila 等就新生小鼠睾丸组织对 DES 的敏感性进行研究，结果发现所有染毒 DES 的小鼠其血液中的睾酮均减少。Shukuwa 等发现，DES 会导致雄性大鼠催乳素分泌明显增加。李俊锁等，报道当水体中 DES 浓度为 1ng/ml 时，可导致雄性日本青鳉两性化；5~10ng/ml 则完全雌性化。另外，DES 还会导致雄性小鼠后代睾丸网增生、睾丸和前列腺重量减轻。

（二）流行病学资料

Herbst 发现母亲在怀孕期间服用 DES，可以直接诱发女性胎儿的阴道和子宫颈透明细胞腺癌（CCA），通常在女儿 15～22 岁左右才能表现出来。这种病变过去多发于绝经期后的中老年妇女，在青少年中十分罕见，但是 20 世纪 70 年代后其发病率在年轻女性中有所增加。

另外，Herbst 在对 1275 名胎儿期接触过 DES 的女婴进行常规检查中发现，约 34% 出现生殖道异常，但是这种异常是否会恶化而影响其生育，尚不明确。

Kinch 等报道在 400 例 CCA 患者中发现大多数均与其母亲在妊娠早期服用过 DES 有关。并且，现在大多数女孩月经初潮明显提前也与 DES 有关。

据 Omar 等报道孕期服用 DES 会导致胎儿早产，还会导致胎儿脑瘫痪，失明和其他神经缺陷。Papiernik 等就孕期服用 DES 对孕妇分娩情况是否有影响进行了对照试验，结果发现试验组其早产率和产后大出血均高于对照组，而死胎率和夭折率则低于对照组。

据 Li 等（2003 年）研究发现，孕期服用 DES 后可能会导致 DNA 甲基化异常，影响胎儿生殖器官的发育，同时也可能增加胎儿患生殖道癌症的风险。

四、毒性机制

经过多年大量的试验研究已经充分证实了 DES 确实具有致癌性，但是其致病机制还一直困扰科学家们。但可以肯定的是，不是所有服用 DES 的人都会患与 DES 相关的疾病，也不是所有生殖道癌变都与 DES 有关。

经 DES 处理的小鼠阴道上皮细胞中发现 DDV10 的表达。已知 DDV10 是一种新型的 C-型外源凝血素，在阴道上皮细胞分层和角质化时表达。最初在经雌二醇（E_2）处理 12～18 小时后的小鼠阴道上皮细胞中发现。DES 和 E_2 都具有诱导阴道上皮细胞增殖和分化的功能。由此可见，DES 与 E_2 竞争雌激素受体的结合位点而使基因发生改变。

DES 之所以有致癌性主要依赖于其与雌激素受体的结合。雌激素受体与 DES 结合后其构象发生改变，而进入子宫细胞的细胞核内并与染色体结合，使蛋白质的合成发生改变，最终导致子宫细胞发生癌变。

晚期前列腺癌患者使用 DES 后，随着 DES 浓度增加，导致细胞中自由基含量增多及脂质过氧化程度增强。DES 通过降低细胞抗氧化酶水平，增加 ROS（活性氧）含量，使生精细胞处于氧化损伤状态，干扰生精细胞的正常功能，表明氧化损伤可能是 DES 对男性生殖毒性的作用机制之一。

（刘建中　赵超英　常元勋）

第二节　棉籽油和棉酚

一、概述

（一）来源及理化性质

粗制毛棉籽原油是农村土榨油坊未经充分蒸炒和精炼的油，油色乌浊呈糊状。其中含有多种杂质。分析表明，在粗制毛棉籽原油中，含有 0.1%～0.3% 的毒性物质——棉酚。

棉酚可由锦葵科植物草棉、树棉或陆地棉成熟种子中提取的一种多元酚类物质。另外，棉花的茎、叶中也有少量棉酚存在。棉酚是一种天然化合物，是通过棉花中倍半萜（十五碳）的法尼基焦磷酸环化后合成的次生代谢产物。无气味，遇光或热易变质，可溶于多种有机溶剂，如丙酮、氯仿、乙醇及乙醚等，但不溶于水及低沸点的石油醚。

（二）吸收与分布

棉酚若被家畜摄入，大部分可在消化道中形成结合棉酚由粪便直接排出，小部分会被吸收，分布于肝、血、肾和肌肉组织，尤以肝内含量最高。棉酚的排泄比较缓慢，在体内有明显的蓄积作用。因此，家畜长期食用棉籽饼粕，会因棉酚在体内积累而发生中毒。

棉酚口服后,药物在体内的分布广泛,由于它较难通过血脑屏障,以致在脑组织中的浓度也较低。但是:(1)睾丸的生精上皮对药物的反应极敏感,因此,在对一般组织不至于产生明显毒性作用的剂量下,即可达到抗生育的作用。(2)药物在体内的代谢缓慢,完全消除需要 20 天左右的时间或更长,即它在体内有一定的积蓄作用。

(三)毒副作用

因食用粗制棉籽油可引起棉酚中毒。棉酚中含有酚毒甙,对人体的神经和血管系统有毒害作用,对胃肠黏膜刺激性较强,可使心肌收缩力受到抑制,对肝、肾损害也较严重。急性中毒表现有胃内灼热、恶心、呕吐、下腹疼痛等肠胃症状,继而出现头晕、头痛、下肢麻木,有冷热感、全身无力等。患者体温、心律基本正常,血压稍低等,进食量大或年老者症状较重。

食用粗制棉籽原油中毒的特征:(1)均为棉区农民,有食用粗制棉籽原油史。(2)血清 K^+、Mg^{2+} 水平降低。(3)心电图有低钾表现,心肌损害。(4)轻度中毒者伴肢体无力或下肢轻度瘫痪。中度中毒者肢体运动障碍、瘫痪。重度中毒者膝腱反射消失,个别出现昏迷、抽搐。棉酚可使血清镁降低,而低镁血症时神经-肌肉和中枢神经系统应激性增高,出现精神错乱,定向力失常,甚至惊厥、昏迷等。

长期多量食用粗制棉籽原油,还可使人患日晒病,表现症状为晒后发作,全身无力或少汗,皮肤灼热、潮红,心慌气短,头昏眼花,四肢麻木,食欲减退。慢性中毒的后遗症导致男性不育,女性出现月经不调或闭经以及子宫萎缩。棉酚可以促进肾组织合成前列腺素及抑制钾-钠三磷酸腺成酶的活性,降低肾保留钾的能力,从而导致低钾血症。

二、用途与药理作用

(一)用途

甲酸棉酚和醋酸棉酚除用作口服男用避孕药外,还可作外用杀精子剂;还用于治疗妇科疾病,包括月经过多或失调、子宫肌瘤、子宫内膜异位症等。同时棉酚也是一种抗癌剂，它对前列腺癌、乳腺癌、转移肾上腺癌等都有抑制作用。

棉酚作为一种抗癌剂，可抑制癌变细胞的增生，改变癌变细胞的表型变化，从而使癌变细胞逆转为正常细胞。其机制包括直接作用于肿瘤细胞线粒体等细胞器，引起肿瘤细胞损伤；抑制细胞周期调控因子增加细胞核抗原的表达，阻止细胞进入 S 期；抑制 rDNA 的转录活性，从而抑制 rRNA 的合成。

（二）药理作用

棉酚可破坏睾丸生精小管的生精上皮，使精子数量减少，直至无精子生成，可作为避孕药。

三、毒性表现

（一）动物实验资料

有实验研究表明，雄性、雌性大鼠食用含毛棉籽原油的饲料 4 个月左右，雄性大鼠睾丸明显缩小，精细胞显著减少甚至消失；雌性大鼠子宫缩小，子宫内膜及腺体萎缩，卵巢轻度萎缩，肾实质细胞有轻度水肿。

醋酸棉酚以 120 mg/kg 给小鼠连续经口给药 20 天，镜下观察小鼠睾丸切片可见生精小管内的精子细胞排列疏松，少数管腔内精子尾部减少，精原细胞与初级精母细胞间有断层（出现较大空隙）。

经上述处理的雄性、雌性大鼠进行交配试验结果提示，醋酸棉酚可影响雌鼠受孕率，仔胎数减少。

（二）流行病学资料

20 世纪 60 年代末，我国南方棉区的一些成年男子中有近一半的人患有不育症。通过大量调查研究发现，当地人以种植棉花为生，食用油也是从棉籽中提取的。经分析确定，是棉籽油中的棉酚抑制了精子的发生，使当地成年男子精液中的精子数明显下降，甚至几乎降至为零。经过进一步研究，1979 年，中国科学家提出：棉酚可以作为男性口服避孕药。之后，经过大量动物试验和对上万名受试者的临床观察，证实棉酚是一种高效抗生精物质。认为人长期食用棉籽油或经这种油煎炒、油炸的食品,生殖系统会受到损害。服用棉子油所引起的睾丸损害并不能在停服棉子油后得以恢复,相反,有可能继续加剧。

棉酚可致永久性无精子症,使得生精上皮萎缩。然而个体间的差异很大,有些人食用后生精上皮的形态不发生明显的变化;有少数人食用后,生精上皮却可发生明显萎缩。部分生精上皮损害时仍有可能恢复生育力,但若全部受损则不能恢复,而造成永久性不育。

目前,山东菏泽地区农村、新疆的一些棉区仍以棉籽油为主要食用油,但棉酚中毒很少发生,故不被人们注意。

四、毒性机制

研究表明棉酚可抑制精子生成,使精子数大为减少;抑制精子运动,特异性地作用于精子线粒体,并抑制鞭毛动力蛋白 ATP(腺嘌呤核苷三磷酸)酶活性。

棉酚可能作为一种端粒酶抑制剂,选择性地干扰精子发生。由于性腺细胞中端粒酶的活性很高,棉酚对其抑制必然会导致精子发生障碍。

精浆中磷脂酶 A2(PLA2)的活性水平与男性不育呈正相关。研究发现,$100\mu mol/L$ 的棉酚完全破坏了精子水解磷脂酰甘油(PG)的能力。因此,棉酚也可能是通过抑制 PLA2 的活性而实现其抗生育作用。

一般认为支持细胞对棉酚不敏感,不会造成病理改变,但在生精障碍不可逆性病例,支持细胞都呈现一系列超微结构的病理变化,如线粒体排列无序、胞质空泡化、溶酶体脂滴增多,更有甚者见支持细胞脱落、解体,部分生精小管闭塞。支持细胞的病理变化对精子发生都将产生影响。间质细胞常呈现退行性变,表现为线粒体空泡化、滑面内质网扩张、胞质出现髓样结构、晶体状结构明显增加,间质细胞常可为胶原纤维所围绕。此外,间质小血管管壁常增厚或透明变性。间质细胞的退行性变及间质血管病变也可能是不可逆性生精障碍的原因之一。

作为避孕药的棉酚可以引起大鼠生精细胞凋亡。细胞凋亡的过程包括 Fas（Ⅰ型横跨膜受体蛋白）系统、bax（一种促凋亡基因）和 caspase（半胱天冬蛋白酶）家族基因，凋亡的范围和细胞类型取决于棉酚浓度。棉酚导致精母细胞的凋亡也与蛋白激酶 C（PKC）活性的降低有关，蛋白激酶 C 基本活性的保持可阻止精母细胞发生凋亡。棉酚引起的精母细胞凋亡促使了细胞周期和凋亡蛋白的改变。

（刘建中　赵超英　常元勋）

主要参考文献

1. 黄芬，叶绍辉，龚振明. 己烯雌酚的研究进展. 中国畜牧兽医，2007，34（2）：51-54.

2. 陈眷华. 己烯雌酚致胎鼠睾丸病理损伤的研究. 贵州畜牧兽医，2006，30（2）：1-3.

3. 杨宝峰主编. 药理学. 北京：人民卫生出版社，2008：339-340.

4. 傅宏义. 新编药物大全. 3 版. 北京：中国医药科技出版社，2010：660.

5. 李家泰. 临床药理学. 3 版. 北京：人民卫生出版社，2007：663；1746.

6. 迟延青，姬胜利，高树华，等. 最新临床药物必备. 北京：北京大学医学出版社，2011：574-575.

7. 耿洪业，王少华. 实用治疗药物学. 2 版. 北京：人民卫生出版社，2003：327. 1353-1354.

8. 陈新谦，金有豫，汤光. 新编药物学. 北京：人民卫生出版社，2011：629.

9. 张鉴，魏爱英，李彦博. 药物不良反应与合理应用. 济南：山东科学技术出版社，2002：413-414.

10. 李桂玲，孙小娜，张殿新，等. 己烯雌酚对体外培养仓鼠生精细胞毒性作用的研究. 动物医学进展，2010，31（5）：36-40.

11. Mishra DP, Shaha C. Estrogen—induced spermatogenic cell apoptosis occurs via the mitochondrial pathway：role of superoxide and nitricoxide. J Biol Chem，2005，280（7）：6181-6196.

12. Hendry WJ, Weaver BP, Naecarato TR, et al. Differential progression of neonatal diethylstilbestrol-induced disruption of the hamster testis and seminal vesicle. Reprod Toxieol，2006，21（3）：225-240.

13. 查树伟，查估，黄宇烽，等. 男性抗生育药与细胞凋亡. 中华男科学杂志，2008，14（1）：75-78.

14. 崔光辉，钱晓菁，许增禄，等. 低剂量棉酚甲基睾丸酮和炔雌醇联合用药作为男性避孕药的安全性检测. 解剖学报，2007，38（6）：713-717.

15. 陈思东，许雅，曾转萍. 醋酸棉酚对雄性小鼠生育能力影响的实验研究. 广东药学院学报，2007，23（2）：172-174.

16. 杨宝峰等. 药理学. 北京：人民卫生出版社，2008：345.

17. 孙冰，孙少芳，刘秀珍. 浅谈棉籽油中毒的镁治疗. 北京医学，2008，30（11）：690.

18. 洪锴，姜辉，白泉，等. 212例染色体正常的无精子症患者临床研究. 中国男科学杂志，2008. 22（11）：47-50.

19. Mehta RH，Makwana S，Ranga GM，et al. Prevalences of oligozoospermia and azoospermia in male partners of infenile couples frome different parts of lndia. Asian J Androl，2006，8（1）：89-93.

20. Samli H，Samli MM，Solak M，et al. Genetic anomalies detected in patients with non-obstructive azoospermia and oligozoospermia. Arch Androl，2006，52（4）：263-267.

21. Mego M. Telomerase in hibitors in anticancer therapy：gossypol as a potential telomerase inhibitor. Bratisl Lek Listy，2002，103（10）：378-381.